经济应用数学基础

新形态教材

微积分

第五版 学习参考

赵树嫄　胡显佑　陆启良　褚永增 / 编著

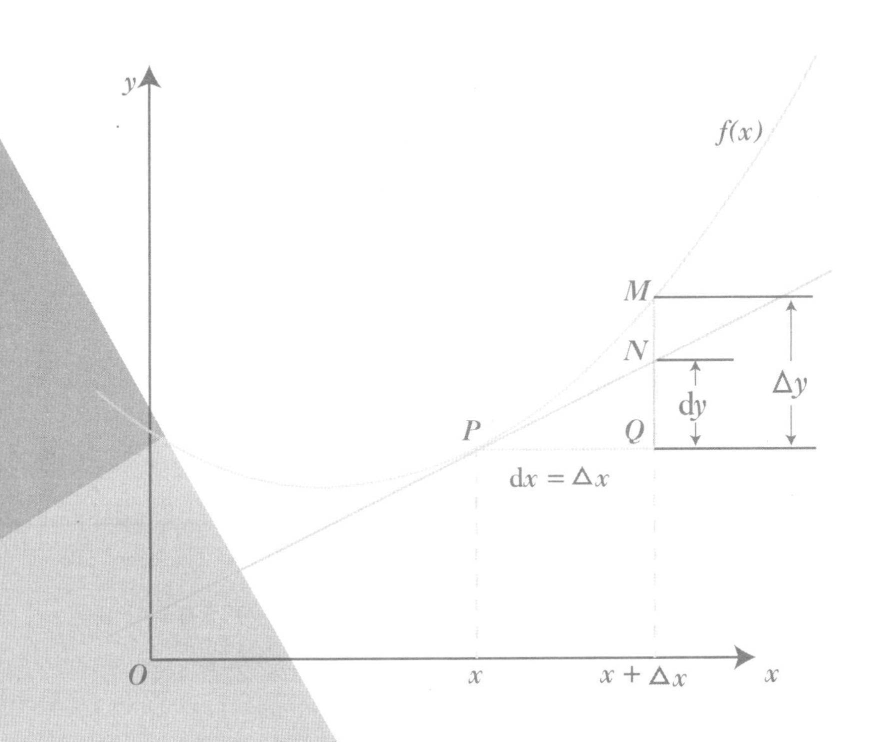

中国人民大学出版社
· 北京 ·

图书在版编目（CIP）数据

微积分(第五版)学习参考/赵树嫄等编著. . -- 北京：中国人民大学出版社，2022.5
(经济应用数学基础)
ISBN 978-7-300-30607-0

Ⅰ.①微… Ⅱ.①赵… Ⅲ.①微积分—高等学校—教学参考资料 Ⅳ.①O172

中国版本图书馆 CIP 数据核字（2022）第 080034 号

经济应用数学基础
微积分(第五版)学习参考
赵树嫄 胡显佑 陆启良 褚永增 编著
Weijifen (Di-wu Ban) Xuexi Cankao

出版发行 中国人民大学出版社
社　　址 北京中关村大街 31 号　　**邮政编码** 100080
电　　话 010－62511242（总编室）　　010－62511770（质管部）
010－82501766（邮购部）　　010－62514148（门市部）
010－62515195（发行公司）　　010－62515275（盗版举报）
网　　址 http://www.crup.com.cn
经　　销 新华书店
印　　刷 涿州市星河印刷有限公司
规　　格 185 mm×260 mm　16 开本　　**版　　次** 2022 年 5 月第 1 版
印　　张 28　　**印　　次** 2024 年 6 月第 3 次印刷
字　　数 659 000　　**定　　价** 62.00 元

出版说明

由赵树嫄教授主编的“经济应用数学基础”系列教材，40多年来深受广大读者喜爱，发行量极大，影响很广。该套教材的读者既有在校师生，也有很多自学读者。为适应读者学习或参考的需要，我社听取了许多方面的意见和建议，为此教材提供配套的学习辅导和教学参考读物。

为适应公共数学教学形势的发展，我社邀请赵树嫄教授主持对《微积分》第四版的修订工作，推出了第五版。同时，为了满足广大读者尤其是自学读者的学习需要，我们邀请赵树嫄、胡显佑、陆启良、褚永增等老师编写了这本《微积分》（第五版）的学习参考读物，本书是一本教与学的参考书。

这里要特别指出的是，编写、出版学习参考书的目的是使读者更加清晰、准确地把握正确的解题思路和方法，扩大知识面，加深对教材内容的理解，及时纠正解题中出现的错误，克服在一些习题求解过程中遇到的困难，读者一定要本着对自己负责的态度，先自己做教材中的习题，不要先看解答或抄袭解答，在独立思考、独立解答的基础上，再参考本书，并领会注释中的点评，总结规律、加深对基本概念的理解、提高解题能力。

《微积分（第五版）学习参考》各章内容均分为三部分。

（一）习题解答与注释

该部分基本上对《微积分》（第五版）中的习题给出了解答，并结合教与学作了大量注释。通过这些注释，读者可以深刻领会教材中基本概念的准确含义，开阔解题思路，掌握解题方法，避免在容易发生错误的环节出现问题，从而提高解题能力，培养良好的数学思维。

（二）参考题（附解答）

该部分编写了一些难度略大且有参考意义的题目，目的是给愿意多学一些、多练一些的学生及准备考研的读者提供一些自学材料，也为教师在复习、考试等环节的命题工作提供一些参考资料。

本书给出了较多的单项选择题。单项选择题是答案唯一且不考核推理步骤的题型，因此，不论用什么方法（诸如排除法、图形法、计算法、逐项检查法，等等），只要能找出正确选项即可。在必须使用逐项检查法时，只要检查到符合题目要求的选项，就可得出答案，停止检查，不必将所有选项全部检查完。但是选择题的各个选项恰恰具有迷惑性、概念容易混淆或者计算容易出错，恰恰是需要读者搞清楚的问题，所以本书作为辅导书，在使用逐项检查法时，对四个选项均做了探讨，目的是使读者不仅能解答这个题目，而且能对这个题目有更全面、更准确的认识，通过总结规律，提高知识水平与解题技能。必须提醒读者，在参加考试时，一旦辨别出所要求的选项，即可停止探讨，不必继续往下讨论，以免浪费考试时间。

（三）新形态的数字化资源

《微积分（第五版）学习参考》同教材一样，以《教育信息化 2.0 行动计划》为指导，运用大数据和人工智能技术，将传统教材和多种形式的数字内容有机融合，打造了以读者为中心的新形态教材并提供了丰富的数字化学习资源，对重难点题型邀请名师录制了详细的讲解视频，扫描书中的二维码即可查看。我们希望通过这种数字化手段改进教学的创新，从教与学两方面使得读者能够高效率地学习！

本书是我社出版的《微积分》（第五版）的配套参考书，但它本身独立成书，选用其他微积分教材的读者也可以选作参考书，同时也适合自学读者或准备考研的读者作为自学和练习的读物。

由于多方面原因，书中不妥之处在所难免，我们衷心欢迎广大读者批评指正。

中国人民大学出版社

2022 年 1 月

目　录

第一章

01 02 03 04 05 06 07 08 09

函　　数

(一)习题解答与注释

(A)

1. 按下列要求举例：

(1) 一个有限集合

(2) 一个无限集合

(3) 一个空集

(4) 一个集合是另一个集合的子集

解： 略.

2. 用集合的描述法表示下列集合：

(1) 大于 5 的所有实数集合

(2) 方程 $x^2-7x+12=0$ 的根的集合

(3) 圆 $x^2+y^2=25$ 内部(不包括圆周)一切点的集合

(4) 抛物线 $y=x^2$ 与直线 $x-y=0$ 交点的集合

解： 下面的 x，y 都是实数.

(1) $\{x \mid x>5\}$

(2) $\{x \mid x^2-7x+12=0\}$

(3) $\{(x, y) \mid x^2+y^2<25\}$

(4) $\{(x, y) \mid y=x^2$ 且 $x-y=0\}$

3. 用列举法表示下列集合：

(1) 方程 $x^2-7x+12=0$ 的根的集合

(2) 抛物线 $y=x^2$ 与直线 $x-y=0$ 交点的集合

(3) 集合 $\{x \mid |x-1| \leqslant 5$，$x$ 为整数$\}$

解：(1) 方程 $x^2-7x+12=0$ 的根为 $x=3$，$x=4$，故方程 $x^2-7x+12=0$ 的根的集合为 $\{3, 4\}$.

(2) 求抛物线 $y=x^2$ 与直线 $x-y=0$ 的交点，得 $(0, 0)$，$(1, 1)$，故抛物线 $y=x^2$ 与直线 $x-y=0$ 交点的集合为 $\{(0, 0), (1, 1)\}$.

(3) $|x-1|\leqslant 5$，即 $-5\leqslant x-1\leqslant 5$，也就是 $-4\leqslant x\leqslant 6$. 由于 x 为整数，故集合 $\{x \mid |x-1|\leqslant 5, x\text{ 为整数}\}$ 用列举法表示为 $\{-4, -3, -2, -1, 0, 1, 2, 3, 4, 5, 6\}$.

4. 写出 $A=\{0, 1, 2\}$ 的一切子集.

解：A 的子集有：$\varnothing$，$\{0\}$，$\{1\}$，$\{2\}$，$\{0, 1\}$，$\{0, 2\}$，$\{1, 2\}$，$\{0, 1, 2\}$.

> **注释** 不要忘记空集是任何集合的子集，即 $\varnothing\subset A$；任何集合都是它自身的子集，即 $A\subset A$. 这是因为，如果 $A\subset B$，则有"如果 $x\notin B$，则 $x\notin A$"，对于空集 $\varnothing$ 来说，$x\notin\varnothing$ 永远成立，所以对任何集合 A，都有 $\varnothing\subset A$；根据子集的定义，对任何集合，都有 $A\subset A$.

5. 设 $A=\{1, 2, 3\}$，$B=\{1, 3, 5\}$，$C=\{2, 4, 6\}$，求：

(1) $A\cup B$　　(2) $A\cap B$　　(3) $A\cup B\cup C$

(4) $A\cap B\cap C$　　(5) $A-B$

解：(1) $A\cup B=\{1, 2, 3, 5\}$

(2) $A\cap B=\{1, 3\}$

(3) $A\cup B\cup C=\{1, 2, 3, 4, 5, 6\}$

(4) $A\cap B\cap C=\varnothing$

(5) $A-B=\{2\}$

6. 如果 $A=\{x \mid 3<x<5\}$，$B=\{x \mid x>4\}$，求：

(1) $A\cup B$　　(2) $A\cap B$　　(3) $A-B$

解：(1) $A\cup B=\{x \mid x>3\}$

(2) $A\cap B=\{x \mid 4<x<5\}$

(3) $A-B=\{x \mid 3<x\leqslant 4\}$

7. 设集合 $A=\{(x, y) \mid x+y-1=0\}$，集合 $B=\{(x, y) \mid x-y+1=0\}$，求 $A\cap B$.

解：$A\cap B=\{(x, y) \mid x+y-1=0 \text{ 且 } x-y+1=0\}$.

解方程组 $\begin{cases}x+y-1=0\\x-y+1=0\end{cases}$，得 $\begin{cases}x=0\\y=1\end{cases}$，于是有

$$A\cap B=\{(x, y) \mid x+y-1=0 \text{ 且 } x-y+1=0\}=\{(0, 1)\}$$

8. 如果 $A=\{(x, y) \mid x-y+2\geqslant 0\}$

$B=\{(x, y) \mid 2x+3y-6\geqslant 0\}$

$C=\{(x, y) \mid x-4\leqslant 0\}$

在坐标平面上标出集合 $A\cap B\cap C$ 的区域.

解：集合 A 在坐标平面上直线 $x-y+2=0$ 的右下方，包括直线上的点；集合 B 在直线 $2x+3y-6=0$ 的右上方，包括直线上的点；集合 C 在直线 $x-4=0$ 的左方，包括直线上的点.

因此，集合$A\cap B\cap C$是由三条直线围成的、包括边界在内的、用阴影表示的三角形区域，如图1-1所示.

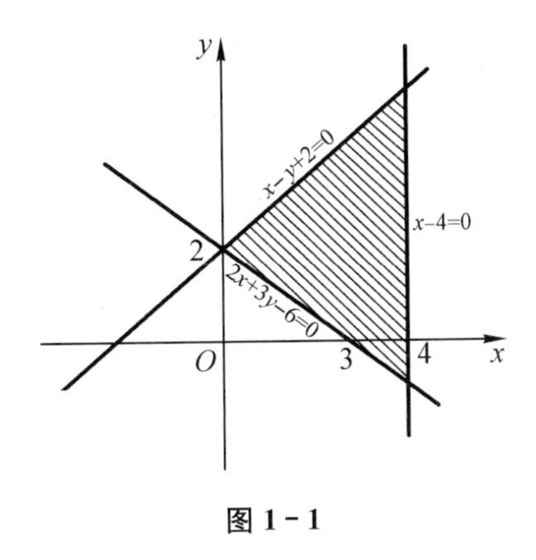

图1-1

注释 用下面的方法判断$Ax+By+C>0$（或<0）的解集.

直线$Ax+By+C=0$将坐标平面分成两个半平面，把原点(0, 0)代入$Ax+By+C=0$，若得$Ax+By+C>0$（或<0），则原点所在的半平面为$Ax+By+C>0$（或<0）的解集，另外一个半平面为$Ax+By+C<0$（或>0）的解集. 不等式为“$<$”或“$>$”时不包括直线上的点，不等式为“$\leqslant$”或“$\geqslant$”时包括直线上的点. 若直线过原点，另选其他点检验.

9. 设全集$U=\{1, 2, 3, 4, 5, 6\}$，$A=\{1, 2, 3\}$，$B=\{2, 4, 6\}$，求：

(1) $\overline{A}$ (2) $\overline{B}$ (3) $\overline{A}\cup\overline{B}$ (4) $\overline{A}\cap\overline{B}$

解：(1) $\overline{A}=\{4, 5, 6\}$

(2) $\overline{B}=\{1, 3, 5\}$

(3) $\overline{A}\cup\overline{B}=\{1, 3, 4, 5, 6\}$

(4) $\overline{A}\cap\overline{B}=\{5\}$

10. 已知$A=\{a, 2, 3, 4\}$，$B=\{1, 3, 5, b\}$，若$A\cap B=\{1, 2, 3\}$，求a和b.

解：由$A\cap B=\{1, 2, 3\}$可知集合A，B中都必有元素1，2，3，因此可知$a=1$，$b=2$.

11. 用集合的运算律证明：$X\cup\overline{X\cap Y}\cup Y=U$.

证：根据摩根律$\overline{A\cap B}=\overline{A}\cup\overline{B}$和结合律$(A\cup B)\cup C=A\cup(B\cup C)$，得

$$\begin{aligned}X\cup\overline{X\cap Y}\cup Y&=X\cup(\overline{X}\cup\overline{Y})\cup Y\\&=[(X\cup\overline{X})\cup\overline{Y}]\cup Y\\&=(U\cup\overline{Y})\cup Y\\&=U\cup Y=U\end{aligned}$$

12. 如果$A=\{a, b, c, d\}$，$B=\{a, b, c\}$，求$A\times B$.

解：$A\times B=\{(a, a), (a, b), (a, c), (b, a), (b, b), (b, c), (c, a), (c, b), (c, c), (d, a), (d, b), (d, c)\}$

13. 如果$X=Y=\{3, 0, 2\}$，求$X\times Y$.

解： $X \times Y = \{(3, 3), (3, 0), (3, 2), (0, 3), (0, 0), (0, 2), (2, 3), (2, 0), (2, 2)\}$

14. 设集合 $A=\{$北京，上海$\}$，$B=\{$南京，广州，深圳$\}$，求 $A\times B$ 与 $B\times A$.

解： $A\times B=\{$(北京，南京)，(北京，广州)，(北京，深圳)，(上海，南京)，(上海，广州)，(上海，深圳)$\}$

$B\times A=\{$(南京，北京)，(南京，上海)，(广州，北京)，(广州，上海)，(深圳，北京)，(深圳，上海)$\}$

15. 设集合 $X=\{x_1, x_2, x_3\}$，$Y=\{y_1, y_2\}$，$Z=\{z_1, z_2\}$，求 $X\times Y\times Z$.

解： $X\times Y\times Z=\{(x_1, y_1, z_1), (x_1, y_1, z_2), (x_1, y_2, z_1), (x_1, y_2, z_2), (x_2, y_1, z_1), (x_2, y_1, z_2), (x_2, y_2, z_1), (x_2, y_2, z_2), (x_3, y_1, z_1), (x_3, y_1, z_2), (x_3, y_2, z_1), (x_3, y_2, z_2)\}$

16. 解下列不等式：

(1) $x^2<9$　　(2) $|x-4|<7$　　(3) $0<(x-2)^2<4$

(4) $|ax-x_0|<\delta$　($a>0$，$\delta>0$，x_0 为常数)

解： (1) $x^2<9$，即 $|x|<3$，所以有 $-3<x<3$.

(2) $|x-4|<7$，即 $-7<x-4<7$，所以有 $-3<x<11$.

(3) $0<(x-2)^2<4$，即$(x-2)^2<4$ 且$(x-2)^2>0$，那么有$|x-2|<2$ 且$x\neq 2$，也就是$-2<x-2<2$ 且 $x\neq 2$，即 $0<x<4$ 且$x\neq 2$.

(4) $|ax-x_0|<\delta$，即 $-\delta<ax-x_0<\delta$，也即 $x_0-\delta<ax<x_0+\delta$，又因为 $a>0$，所以有 $\frac{x_0-\delta}{a}<x<\frac{x_0+\delta}{a}$.

17. 用区间表示满足下列不等式的所有 x 的集合：

(1) $|x|\leqslant 3$　　(2) $|x-2|\leqslant 1$

(3) $|x-a|<\varepsilon$　(a 为常数，$\varepsilon>0$)

(4) $|x|\geqslant 5$　　(5) $|x+1|>2$

解： (1) 由 $|x|\leqslant 3$，有 $-3\leqslant x\leqslant 3$，故 $x\in[-3, 3]$.

(2) 由 $|x-2|\leqslant 1$，有 $-1\leqslant x-2\leqslant 1$，即 $1\leqslant x\leqslant 3$，故 $x\in[1, 3]$.

(3) 由 $|x-a|<\varepsilon$，有 $-\varepsilon<x-a<\varepsilon$，即 $a-\varepsilon<x<a+\varepsilon$，故$x\in(a-\varepsilon, a+\varepsilon)$.

(4) 由 $|x|\geqslant 5$，有 $x\leqslant -5$ 或 $x\geqslant 5$，即 $x\in(-\infty, -5]\cup[5, +\infty)$.

(5) 由 $|x+1|>2$，有 $x+1<-2$ 或 $x+1>2$，也就是 $x<-3$ 或 $x>1$，即 $x\in(-\infty, -3)\cup(1, +\infty)$.

18. 用区间表示下列实数集合：

(1) $I_1=\{x\,|\,|x+3|<2\}$

(2) $I_2=\{x\,|\,1<|x-2|<3\}$

(3) $I_3=\{x\,|\,|x-2|<|x+3|\}$

解： (1) 由 $|x+3|<2$，有 $-2<x+3<2$，也就是 $-5<x<-1$，即$x\in(-5, -1)$，于是可得 $I_1=(-5, -1)$.

(2) 由 $|x-2|<3$，有 $-3<x-2<3$，即 $-1<x<5$；由 $|x-2|>1$，有 $x-2>1$ 或

$x-2<-1$，即 $x>3$ 或 $x<1$，那么有 $-1<x<1$ 或 $3<x<5$，即 $x\in(-1,1)\cup(3,5)$，于是可得：$I_2=(-1,1)\cup(3,5)$.

(3) 由 $|x-2|<|x+3|$ 可得

$$x+3>|x-2| \quad ①$$

或

$$x+3<-|x-2| \quad ②$$

由式①有 $\begin{cases}x-2<x+3\\x-2>-x-3\end{cases}$，可得 $x>-\dfrac{1}{2}$.

由式②有 $|x-2|<-x-3$，即 $\begin{cases}x-2<-3-x\\x-2>x+3\end{cases}$，无解.

故 $|x-2|<|x+3|$ 的解集为 $x\in\left(-\dfrac{1}{2},+\infty\right)$，于是可得 $I_3=\left(-\dfrac{1}{2},+\infty\right)$.

注释 第18题(3)亦可采用如下解法：

$|x-2|<|x+3|$，即 $\sqrt{(x-2)^2}<\sqrt{(x+3)^2}$，那么有：$(x-2)^2<(x+3)^2$. 化简得 $10x>-5$，所以 $x>-\dfrac{1}{2}$，即 $x\in(-\dfrac{1}{2},+\infty)$.

注释 解绝对值不等式时要设法去掉绝对值符号，常用的主要是绝对值的定义与性质，当 $a>0$ 时，$|x|<a\Longleftrightarrow -a<x<a$，$|x|>a\Longleftrightarrow x<-a$ 或 $x>a$. 有时也可用不等式两边平方.

19. 下列给出的关系是不是函数关系？

(1) $y=\sqrt{-x}$ (2) $y=\lg(-x^2)$

(3) $y=\sqrt{-x^2-1}$ (4) $y=\sqrt{-x^2+1}$

(5) $y=\arcsin(x^2+2)$ (6) $y^2=x+1$

解：(1) $y=\sqrt{-x}$

$-x\geqslant 0$，即 $x\leqslant 0$，所以 $y=\sqrt{-x}$ 是定义域 $(-\infty,0]$ 上的函数关系.

(2) $y=\lg(-x^2)$

对数的真数要求大于零，但 $-x^2\leqslant 0$，所以 $y=\lg(-x^2)$ 不是函数关系.

(3) $y=\sqrt{-x^2-1}$

偶次根号下要求大于等于零，但 $-x^2-1=-(x^2+1)<0$，所以 $y=\sqrt{-x^2-1}$ 不是函数关系.

(4) $y=\sqrt{-x^2+1}$

$-x^2+1\geqslant 0$，$x^2\leqslant 1$，$|x|\leqslant 1$，$-1\leqslant x\leqslant 1$，所以 $y=\sqrt{-x^2+1}$ 是定义域 $[-1,1]$ 上的函数关系.

(5) $y=\arcsin(x^2+2)$

反正弦函数要求 $|x^2+2|\leqslant 1$，但 $|x^2+2|>1$，所以 $y=\arcsin(x^2+2)$ 不是函数关系.

(6) $y^2=x+1$

$y=\pm\sqrt{x+1}$，$x+1\geqslant 0$，$x\geqslant -1$. 对于 $x\in[-1,+\infty)$ 中的每一个 x 值，变量 y 都有两个值与之对应，所以 $y^2=x+1$ 不是(单值) 函数关系.

注释 讨论给定关系是不是函数关系，要看下列两点：

(i) 定义域非空；

(ii) 对应规则能使定义域中每一个自变量的值都有唯一确定的因变量的实数值与之对应.

20. 下列给出的各对函数是不是相同的函数?

(1) $y=\dfrac{x^2-1}{x-1}$ 与 $y=x+1$

(2) $y=\lg x^2$ 与 $y=2\lg x$

(3) $y=\sqrt{x^2(1-x)}$ 与 $y=x\sqrt{1-x}$

(4) $y=\sqrt[3]{x^3(1-x)}$ 与 $y=x\sqrt[3]{1-x}$

(5) $y=\sqrt{x(x-1)}$ 与 $y=\sqrt{x}\ \sqrt{x-1}$

(6) $y=\sqrt{x(1-x)}$ 与 $y=\sqrt{x}\ \sqrt{1-x}$

解：(1) $y=\dfrac{x^2-1}{x-1}$ 的定义域要求 $x\neq 1$，即定义域为$(-\infty,1)\cup(1,+\infty)$，$y=x+1$ 的定义域为$(-\infty,+\infty)$，故二者不是相同的函数.

(2) $y=\lg x^2$ 的定义域为$(-\infty,0)\cup(0,+\infty)$，$y=2\lg x$ 的定义域为$(0,+\infty)$，故二者不是相同的函数.

(3) $y=\sqrt{x^2(1-x)}$ 的定义域为$(-\infty,1]$，$y=x\sqrt{1-x}$ 的定义域为$(-\infty,1]$，$y=\sqrt{x^2(1-x)}$ 与 $y=x\sqrt{1-x}$ 的定义域虽然相同，但其对应规则不同，$y=\sqrt{x^2(1-x)}$ 的值域为$[0,+\infty)$，而 $y=x\sqrt{1-x}$ 的值域为$\left(-\infty,\dfrac{2\sqrt{3}}{9}\right)$，故二者不是相同的函数.

(4) $y=\sqrt[3]{x^3(1-x)}$ 与 $y=x\sqrt[3]{1-x}$ 的定义域皆为$(-\infty,+\infty)$，且其对应规则相同，故二者是相同的函数.

(5) $y=\sqrt{x(x-1)}$ 的定义域要求满足 $\begin{cases}x\geqslant 0\\x-1\geqslant 0\end{cases}$ 或 $\begin{cases}x\leqslant 0\\x-1\leqslant 0\end{cases}$，即 $\begin{cases}x\geqslant 0\\x\geqslant 1\end{cases}$ 或 $\begin{cases}x\leqslant 0\\x\leqslant 1\end{cases}$，亦即 $x\geqslant 1$ 或 $x\leqslant 0$. 因此，$y=\sqrt{x(x-1)}$ 的定义域为$(-\infty,0]\cup[1,+\infty)$；而 $y=\sqrt{x}\ \sqrt{x-1}$ 的定义域要求满足 $\begin{cases}x\geqslant 0\\x-1\geqslant 0\end{cases}$，即 $x\geqslant 1$，因此，$y=\sqrt{x}\ \sqrt{x-1}$ 的定义域为$[1,+\infty)$，所以二者不是相同的函数.

(6) $y=\sqrt{x(1-x)}$ 的定义域要求满足 $\begin{cases}x\geqslant 0\\1-x\geqslant 0\end{cases}$ 或 $\begin{cases}x\leqslant 0\\1-x\leqslant 0\end{cases}$，即 $\begin{cases}x\geqslant 0\\x\leqslant 1\end{cases}$ 或 $\begin{cases}x\leqslant 0\\x\geqslant 1\end{cases}$，亦即 $0\leqslant x\leqslant 1$. 因此，$y=\sqrt{x(1-x)}$ 的定义域为$[0, 1]$，$y=\sqrt{x}\sqrt{1-x}$ 的定义域为$[0, 1]$，二者对应规则亦相同，故二者是相同的函数.

注释 函数的两要素是定义域与对应规则，只有两要素均相同的函数，才是相同的函数，判别两函数是否相同就从这两方面着手：

(ⅰ) 验证定义域是否相同；

(ⅱ) 判别对应规则是否一致.

仅当二者完全相同时，两函数才是相同的函数.

相同函数的定义域相同且对应规则相同，而对应规则相同则值域肯定相同，因为对应规则相同就表现在相同的自变量的值对应相同的函数值上. 因此，如果值域不同，则对应规则肯定不同. 在判别两函数的对应规则是否相同时，能由值域不同得出对应规则不同的结论. 但值域相同，对应规则不一定相同. 例如 $y=x^2$ 与 $y=x^4$，定义域皆为$(-\infty, +\infty)$，值域皆为$[0, +\infty)$，但对应规则不同，所以，不能用值域相同来说明对应规则相同.

21. 已知 $f(x)=x^2-3x+2$，求：$f(0)$，$f(1)$，$f(2)$，$f(-x)$，$f\left(\dfrac{1}{x}\right)$ $(x\neq 0)$，$f(x+1)$.

解： $f(0)=2$，$f(1)=0$，$f(2)=0$，$f(-x)=x^2+3x+2$

$$f\left(\frac{1}{x}\right)=\frac{1}{x^2}-\frac{3}{x}+2\quad(x\neq 0)$$

$$f(x+1)=(x+1)^2-3(x+1)+2=x^2-x$$

22. 设 $f(x)=\dfrac{x}{1-x}$，求：$f[f(x)]$，$f\{f[f(x)]\}$.

解： $$f[f(x)]=\frac{f(x)}{1-f(x)}=\frac{\dfrac{x}{1-x}}{1-\dfrac{x}{1-x}}=\frac{x}{1-2x}$$

$$f\{f[f(x)]\}=\frac{f[f(x)]}{1-f[f(x)]}=\frac{\dfrac{x}{1-2x}}{1-\dfrac{x}{1-2x}}=\frac{x}{1-3x}$$

23. 如果 $f(x)=\dfrac{e^{-x}-1}{e^{-x}+1}$，证明 $f(-x)=-f(x)$.（e 是一个常数，它是无理数，$e\approx 2.718\,28$.）

证： $$f(-x)=\frac{e^x-1}{e^x+1}=\frac{1-e^{-x}}{1+e^{-x}}=-\frac{e^{-x}-1}{e^{-x}+1}=-f(x)$$

24. 如果 $f(x)=\dfrac{1-x^2}{\cos x}$，证明 $f(-x)=f(x)$.

证：$f(-x)=\frac{1-(-x)^2}{\cos(-x)}=\frac{1-x^2}{\cos x}=f(x)$

25. 如果 $f(x)=a^x(a>0$ 且 $a\neq 1)$，证明：

$$f(x)\cdot f(y)=f(x+y),\qquad \frac{f(x)}{f(y)}=f(x-y)$$

证：$f(x)\cdot f(y)=a^x\cdot a^y=a^{x+y}=f(x+y)$

$$\frac{f(x)}{f(y)}=\frac{a^x}{a^y}=a^{x-y}=f(x-y)$$

26. 如果 $f(x)=\log_a x(a>0$ 且 $a\neq 1)$，证明：

$$f(x)+f(y)=f(xy),\qquad f(x)-f(y)=f\left(\frac{x}{y}\right)$$

证：$f(x)+f(y)=\log_a x+\log_a y=\log_a(xy)=f(xy)$

$$f(x)-f(y)=\log_a x-\log_a y=\log_a\frac{x}{y}=f\left(\frac{x}{y}\right)$$

27. 确定下列函数的定义域：

(1) $y=\sqrt{9-x^2}$　　(2) $y=\frac{1}{1-x^2}+\sqrt{x+2}$

(3) $y=\frac{-5}{x^2+4}$　　(4) $y=\arcsin\frac{x-1}{2}$

(5) $y=1-2^{1-x^2}$　　(6) $y=\frac{\lg(3-x)}{\sqrt{|x|-1}}$

(7) $y=\sqrt{\lg\frac{5x-x^2}{4}}$　　(8) $y=\frac{\arccos\frac{2x-1}{7}}{\sqrt{x^2-x-6}}$

(9) $y=\lg[\lg(\lg x)]$

解：(1) $9-x^2\geqslant 0$，即 $x^2\leqslant 9$，$|x|\leqslant 3$，所以函数定义域为$[-3,3]$.

(2) $\begin{cases}1-x^2\neq 0\\ x+2\geqslant 0\end{cases}$，即 $\begin{cases}x\neq\pm 1\\ x\geqslant -2\end{cases}$，所以函数定义域为$[-2,-1)\cup(-1,1)\cup(1,+\infty)$.

(3) $x^2+4\neq 0$，x 可取任意实数，所以函数定义域为$(-\infty,+\infty)$.

(4) $\left|\frac{x-1}{2}\right|\leqslant 1$，即$-1\leqslant\frac{x-1}{2}\leqslant 1$，亦即$-2\leqslant x-1\leqslant 2$，因此有$-1\leqslant x\leqslant 3$，所以函数定义域为$[-1,3]$.

(5) x 可取任意实数，所以函数定义域为$(-\infty,+\infty)$.

(6) $\begin{cases}3-x>0\\ |x|-1>0\end{cases}$，即$\begin{cases}x<3\\ x<-1 \text{ 或 } x>1\end{cases}$，所以函数定义域为$(-\infty,-1)\cup(1,3)$.

(7) $\lg\frac{5x-x^2}{4}\geqslant 0$，即$\frac{5x-x^2}{4}\geqslant 1$，即 $x^2-5x+4\leqslant 0$，即$(x-1)(x-4)\leqslant 0$，只需 $\begin{cases}x-1\leqslant 0\\ x-4\geqslant 0\end{cases}$ 或 $\begin{cases}x-1\geqslant 0\\ x-4\leqslant 0\end{cases}$，即$\begin{cases}x\leqslant 1\\ x\geqslant 4\end{cases}$ 或$\begin{cases}x\geqslant 1\\ x\leqslant 4\end{cases}$，因此有 $1\leqslant x\leqslant 4$，所以函数定义域为

$[1, 4]$.

(8) $\begin{cases} \left|\dfrac{2x-1}{7}\right| \leqslant 1 \\ x^2-x-6>0 \end{cases}$, 即 $\begin{cases} |2x-1| \leqslant 7 & ① \\ (x+2)(x-3)>0. & ② \end{cases}$

由式 ① 有 $-7 \leqslant 2x-1 \leqslant 7$, 即 $-6 \leqslant 2x \leqslant 8$, 即 $-3 \leqslant x \leqslant 4$.

由式 ② 有 $\begin{cases} x+2>0 \\ x-3>0 \end{cases}$ 或 $\begin{cases} x+2<0 \\ x-3<0 \end{cases}$, 即 $\begin{cases} x>-2 \\ x>3 \end{cases}$ 或 $\begin{cases} x<-2 \\ x<3 \end{cases}$, 只需 $x>3$ 或 $x<-2$.

因此有 $\begin{cases} -3 \leqslant x \leqslant 4 \\ x<-2 \text{ 或 } x>3 \end{cases}$, 即 $-3 \leqslant x<-2$ 或 $3<x \leqslant 4$, 所以函数定义域为 $[-3, -2) \cup (3, 4]$.

(9) $\begin{cases} x>0 \\ \lg x>0 \\ \lg(\lg x)>0 \end{cases}$, 即 $\begin{cases} x>0 \\ x>1 \\ \lg x>1 \end{cases}$, 亦即 $\begin{cases} x>0 \\ x>1 \\ x>10 \end{cases}$, 所以函数定义域为 $(10, +\infty)$.

注释 对应规则由公式表示的函数的自然定义域是使因变量有唯一确定实数值与之对应的全体自变量数值的集合, 求函数定义域要考虑:

(i) 分式的分母不等于零;

(ii) 负数不能开偶次方;

(iii) 对数的真数大于零;

(iv) 正切函数的定义域为 $x \neq k\pi + \dfrac{\pi}{2}$ $(k=0, \pm 1, \cdots)$;

(v) 余切函数的定义域为 $x \neq k\pi$ $(k=0, \pm 1, \cdots)$;

(vi) 反正弦函数 $(\arcsin x)$ 和反余弦函数 $(\arccos x)$ 要求 $|x| \leqslant 1$.

注释 函数的运算仅在相同的区域内才能进行, 因此如果函数表达式由若干项代数和、差、积组成, 则其定义域是各项定义区间的交集.

复合函数的定义域: 根据基本初等函数的定义域列出满足复合函数表达式中各部分要求的不等式组, 解不等式组即可得到复合函数的定义域.

28. 如果函数 $f(x)$ 的定义域为 $(-1, 0)$, 求函数 $f(x^2-1)$ 的定义域.

解: 因 $f(x)$ 的定义域为 $(-1, 0)$, 那么 $f(x^2-1)$ 的定义域要求满足 $-1<x^2-1<0$, 即 $0<x^2<1$, 因此有 $|x|<1$ 且 $x \neq 0$, 故 $f(x^2-1)$ 的定义域为 $(-1, 0) \cup (0, 1)$.

注释 设函数 $f(x)$ 的定义域为 $[a, b]$, 则 $f[\varphi(x)]$ 的定义域满足 $a \leqslant \varphi(x) \leqslant b$, 从中解出 x, 即得出 $f[\varphi(x)]$ 的定义域.

29. 确定下列函数的定义域，并作出函数的图形.

(1) $f(x)=\begin{cases}1, & x>0\\ 0, & x=0\\ 1, & x<0\end{cases}$

(2) $f(x)=\begin{cases}\sqrt{1-x^2}, & |x|\leqslant 1\\ x-1, & 1<|x|<2\end{cases}$

解：(1) $f(x)$ 的定义域为$(-\infty, +\infty)$，图形如图 1-2 所示.

(2) $f(x)$ 的定义域为$(-2, 2)$，图形如图 1-3 所示.

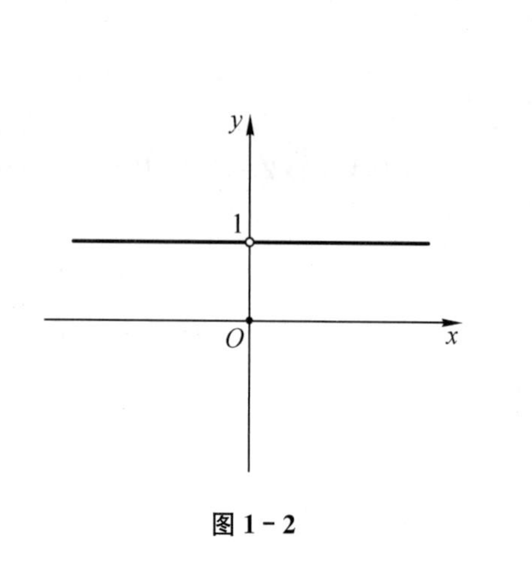

图 1-2

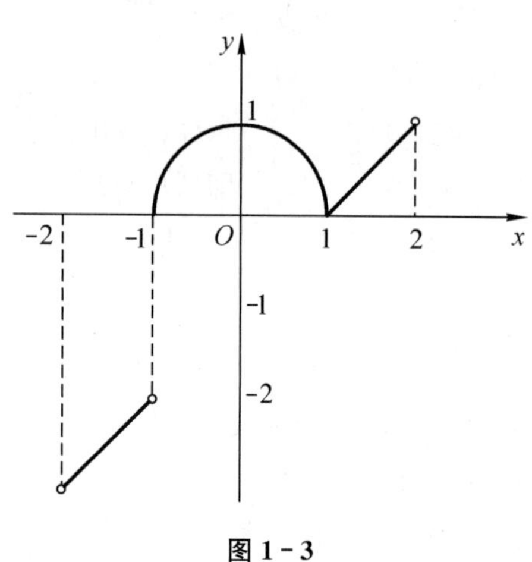

图 1-3

注释　对应于不同的区间，函数有不同的表达式，这样的函数称为分段函数. 分段函数表示一个函数而不是几个函数，分段函数的定义域是各分段区间的定义区间的并集.

30. 设 $f(x)=\begin{cases}x+3, & x\geqslant 1\\ x^2-1, & x<1\end{cases}$，求：$f(0)$，$f(2)$，$f(x-1)$.

解：$f(0)=-1$，$f(2)=5$

$$f(x-1)=\begin{cases}(x-1)+3, & x-1\geqslant 1\\ (x-1)^2-1, & x-1<1\end{cases}$$

$$=\begin{cases}x+2, & x\geqslant 2\\ x^2-2x, & x<2\end{cases}$$

31. 设 $f(x)=\begin{cases}1, & x<0\\ 0, & x=0\\ 1, & x>0\end{cases}$，求：$f(x+1)$，$f(x^2-1)$.

解：$f(x+1)=\begin{cases}1, & x+1<0\\ 0, & x+1=0\\ 1, & x+1>0\end{cases}$

$$=\begin{cases}1 & x<-1\\0, & x=-1\\1, & x>-1\end{cases}$$

$$f(x^2-1)=\begin{cases}1, & x^2-1<0\\0, & x^2-1=0\\1, & x^2-1>0\end{cases}$$

$$=\begin{cases}1, & |x|<1\\0, & |x|=1\\1, & |x|>1\end{cases}$$

32. 设 $\varphi(x+1)=\begin{cases}x^2, & 0\leqslant x\leqslant 1\\2x, & 1<x\leqslant 2\end{cases}$，求 $\varphi(x)$.

解: 令 $t=x+1$，则 $x=t-1$.

$$\varphi(t)=\begin{cases}(t-1)^2, & 0\leqslant t-1\leqslant 1\\2(t-1), & 1<t-1\leqslant 2\end{cases}$$

$$=\begin{cases}(t-1)^2, & 1\leqslant t\leqslant 2\\2(t-1), & 2<t\leqslant 3\end{cases}$$

即
$$\varphi(x)=\begin{cases}(x-1)^2, & 1\leqslant x\leqslant 2\\2(x-1), & 2<x\leqslant 3\end{cases}$$

注释 由 $f(x)$ 的表达式求 $f[\varphi(x)]$ 的表达式时将 $\varphi(x)$ 代入 $f(x)$ 的表达式中所有的 x 处，整理一下即可，注意不要忽略了定义区间的变化. 由 $f[\varphi(x)]$ 的表达式求 $f(x)$，令 $t=\varphi(x)$. 解出 $x=\varphi^{-1}(t)$，代入 $f[\varphi(t)]$ 中可得出 $f(t)$ 的表达式，然后利用"函数关系与用什么字母表示无关"，将 $f(t)$ 中所有的 t 改为 x，即可得出 $f(x)$ 的表达式.

33. 将函数 $y=5-|2x-1|$ 用分段形式表示，并作出函数图形.

解: 当 $2x-1\geqslant 0$ 时，$|2x-1|=2x-1$；当 $2x-1<0$ 时，$|2x-1|=1-2x$. 所以有
$$y=\begin{cases}5-2x+1, & 2x-1\geqslant 0\\5+2x-1, & 2x-1<0\end{cases}$$

$$=\begin{cases}6-2x, & x\geqslant \dfrac{1}{2}\\4+2x, & x<\dfrac{1}{2}\end{cases}$$

函数图形如图 1-4 所示.

34. 作 $x^2+(y-3)^2=1$ 的图形，并求出两个 y 是 x 的函数的单值支的显函数关系.

解: $x^2+(y-3)^2=1$，即 $(x-0)^2+(y-3)^2=1^2$，其图形是以 $(0, 3)$ 为圆心，以 1 为半径的圆周，如图 1-5 所示.

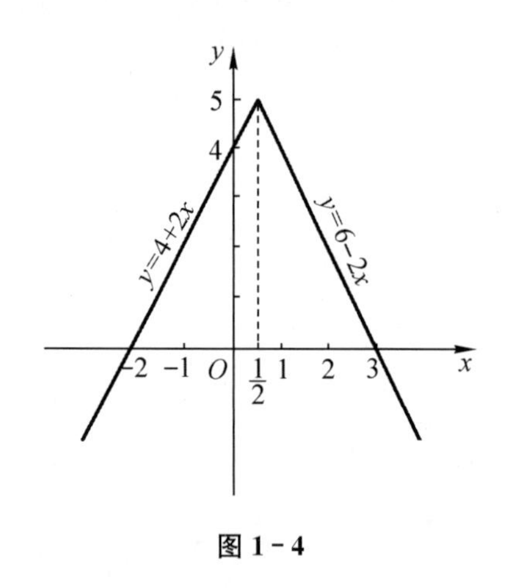

图 1-4

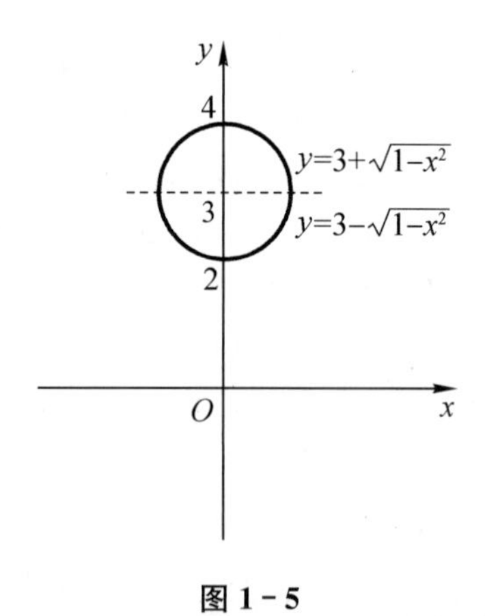

图 1-5

由 $x^2+(y-3)^2=1$ 解出 $y=3\pm\sqrt{1-x^2}$. 因此，得出两个单值函数：$y=3+\sqrt{1-x^2}$，其图形为圆周的上半部分；$y=3-\sqrt{1-x^2}$，其图形为圆周的下半部分.

35. 设一矩形面积为 A，试将其周长 S 表示为宽 x 的函数，并求其定义域.

解： 矩形面积为 A，宽为 x，则长为$\dfrac{A}{x}$，因此有

$$S=2\left(x+\frac{A}{x}\right),\ x\in(0,+\infty)$$

注释 实际应用问题中的函数的定义域是有实际意义的全体自变量取值的集合.

36. 在半径为 r 的球内嵌入一个圆柱，试将圆柱的体积表示为其高的函数，并确定此函数的定义域.

解： 设圆柱的体积为 V，高为 h，底半径为 r_1，那么 $r_1=\sqrt{r^2-\left(\dfrac{h}{2}\right)^2}$，$r_1^2=r^2-\dfrac{h^2}{4}$，于是有

$$V=\pi h\left(r^2-\frac{h^2}{4}\right),\quad 0<h<2r$$

37. 用铁皮做一个容积为 V 的圆柱形罐头筒，试将它的全面积表示成底半径的函数，并确定此函数的定义域.

解： 设罐头筒的全面积为 A，底半径为 r，则其高为 $\dfrac{V}{\pi r^2}$，于是有

$$A=2\pi r^2+2\pi rh=2\left(\pi r^2+\frac{V}{r}\right),\quad 0<r<+\infty$$

38. 拟建一个容积为 V 的长方体水池，设它的底为正方形，如果池底单位面积的造价是四周单位面积造价的 2 倍，试将总造价表示成底边长的函数，并确定此函数的定义域.

解： 设总造价为 P，底边长为 x，四周单位面积造价为 a，则水池深为$\dfrac{V}{x^2}$，四周面积为 $4x\cdot\dfrac{V}{x^2}=\dfrac{4V}{x}$，于是有

$$P = 2ax^2 + a \cdot \frac{4V}{x} = 2a\left(x^2 + \frac{2V}{x}\right), \quad 0 < x < +\infty$$

39. 设生产与销售某产品的总收益R是产量x的二次函数，经统计得知：当产量$x = 0$，2，4时，总收益$R = 0$，6，8，试确定总收益R与产量x的函数关系.

解： 设$R = ax^2 + bx + c$，将$x = 0$，2，4代入，则有

$$\begin{cases} c = 0 \\ 4a + 2b + c = 6 \\ 16a + 4b + c = 8 \end{cases}$$

解方程组可得$a = -\dfrac{1}{2}$，$b = 4$，$c = 0$.

于是得到总收益函数为$R = -\dfrac{1}{2}x^2 + 4x$.

40. 某商品供给量Q对价格P的函数关系为

$$Q = Q(P) = a + bc^P \quad (c \neq 1)$$

已知当$P = 2$时，$Q = 30$；当$P = 3$时，$Q = 50$；当$P = 4$时，$Q = 90$. 求供给量Q对价格P的函数关系.

解： 由$Q = Q(P) = a + bc^P$，有

$$\begin{cases} a + bc^2 = 30 & ① \\ a + bc^3 = 50 & ② \\ a + bc^4 = 90 & ③ \end{cases}$$

式③－式②，得$bc^3(c - 1) = 40$. ④

式②－式①，得$bc^2(c - 1) = 20$. ⑤

因$c \neq 1$，式④÷式⑤，得$c = 2$，代入式⑤，得$b = 5$，将$c = 2$，$b = 5$代入式①，得$a = 10$.

因此，供给函数为$Q = 10 + 5 \times 2^P$.

41. 某化肥厂生产某种产品1 000吨，每吨定价为130元，销售量在700吨以下时，按原价出售，超过700吨时，超过的部分打九折出售，试将销售总收益与总销售量的函数关系用数学表达式表示出来.

解： 设销售总收益为R，总销售量为x，则有

$$R = \begin{cases} 130x, & 0 \leqslant x \leqslant 700 \\ 130 \times 700 + 130 \times 0.9(x - 700), & 700 < x \leqslant 1\,000 \end{cases}$$

整理得

$$R = \begin{cases} 130x, & 0 \leqslant x \leqslant 700 \\ 117x + 9\,100, & 700 < x \leqslant 1\,000 \end{cases}$$

42. 某网络电商以每件P元的价格销售某种商品，如买家一次购买5件以上，则超出5件的商品以每件7折的价格出售，试将一次成交的销售收入R表示为销售量x的函数.

解： 已知一次销售收入R元，销售量为x件，则有

$$R = \begin{cases} Px, & 0 \leqslant x \leqslant 5 \\ 5P + 0.7P(x - 5), & x > 5 \end{cases}$$

注释　第41题与第42题是同样类型的题目，不同之处是第41题的自变量x在所求出的区间内可取有理数，严格写出其答案应为

$$R=\begin{cases}130x, & 0\leqslant x\leqslant 700\\ 117x+9\,100, & 700<x\leqslant 1\,000\end{cases}\text{（x 为有理数）}$$

而第42题的自变量x在所求出的区间内只能取正整数，其答案应为

$$R=\begin{cases}Px, & 0\leqslant x\leqslant 5\\ 5P+0.7P(x-5), & x>5\end{cases}\text{（x 为正整数）}$$

在本书的实际应用问题中，自变量所取的单位与题目中相应的已知量单位一致，故在答案中只求出自变量的变化区间，而未证明其在实数中的种类.

43. 某运输公司的一辆运输车在一年中其单车保险、司机固定工资等费用支出共90 000元，若该车每公里油耗费用为0.42元，司机每公里驾驶补贴为0.1元. 将一年中该车每公里的总支出表示为行驶公里的函数，试写出函数表达式.

解： 设行驶公里数为x，总支出为y，那么每公里平均固定费用为$\frac{90\,000}{x}$. 每公里油耗费用为0.42元，司机每公里驾驶补贴为0.1元，故每公里行驶总支出为

$$y=\frac{90\,000}{x}+0.42+0.1$$

即

$$y=\frac{90\,000}{x}+0.52\ (x>0)$$

44. 判断下列函数的奇偶性(其中a为常数)：

(1) $f(x)=\frac{|x|}{x}$　　(2) $f(x)=xa^{x^2}$

(3) $f(x)=2^x$　　(4) $f(x)=\frac{a^x+a^{-x}}{2}$

(5) $f(x)=\frac{a^x-1}{a^x+1}$　　(6) $f(x)=x^2\cos x$

(7) $f(x)=x+\sin x$　　(8) $f(x)=\lg(\sqrt{x^2+1}-x)$

(9) $f(x)=\lg\frac{1-x}{1+x}$　　(10) $f(x)=\begin{cases}1-x, & x\leqslant 0\\ 1+x, & x>0\end{cases}$

(11) $f(x)=\begin{cases}1, & x\geqslant 0\\ -1, & x<0\end{cases}$　　(12) $f(x)=\begin{cases}-x^2+x, & x>0\\ x^2+x, & x<0\end{cases}$

解： (1) $f(-x)=\frac{|-x|}{-x}=-\frac{|x|}{x}=-f(x)$，所以$f(x)$为奇函数.

(2) $f(-x)=(-x)a^{(-x)^2}=-xa^{x^2}=-f(x)$，所以$f(x)$为奇函数.

(3) $f(-x)=2^{-x}$，$f(-x)\neq f(x)$，$f(-x)\neq -f(x)$，所以$f(x)$为非奇非偶函数.

(4) $f(-x)=\frac{a^{-x}+a^{-(-x)}}{2}=\frac{a^x+a^{-x}}{2}=f(x)$，所以$f(x)$为偶函数.

(5) $f(-x)=\dfrac{a^{-x}-1}{a^{-x}+1}=\dfrac{1-a^x}{1+a^x}=-\dfrac{a^x-1}{a^x+1}=-f(x)$，所以 $f(x)$ 为奇函数.

(6) $f(-x)=(-x)^2\cos(-x)=x^2\cos x=f(x)$，所以 $f(x)$ 为偶函数.

(7) $f(-x)=(-x)+\sin(-x)=-x-\sin x=-(x+\sin x)=-f(x)$，所以 $f(x)$ 为奇函数.

(8) $f(-x)=\lg[\sqrt{(-x)^2+1}-(-x)]=\lg(\sqrt{x^2+1}+x)=\lg\dfrac{1}{\sqrt{x^2+1}-x}=-\lg(\sqrt{x^2+1}-x)=-f(x)$，所以 $f(x)$ 为奇函数.

(9) $f(-x)=\lg\dfrac{1-(-x)}{1+(-x)}=\lg\dfrac{1+x}{1-x}=-\lg\dfrac{1-x}{1+x}=-f(x)$，所以 $f(x)$ 为奇函数.

(10)
$$f(-x)=\begin{cases}1+x, & -x\leqslant 0\\ 1-x, & -x>0\end{cases}=\begin{cases}1+x, & x\geqslant 0\\ 1-x, & x<0\end{cases}=\begin{cases}1+x, & x>0\\ 1-x, & x\leqslant 0\end{cases}=f(x)$$

所以 $f(x)$ 为偶函数.

(11)
$$f(-x)=\begin{cases}1, & -x\geqslant 0\\ -1, & -x<0\end{cases}=\begin{cases}1, & x\leqslant 0\\ -1, & x>0\end{cases}$$

因为 $f(-x)\neq f(x)$，$f(-x)\neq -f(x)$，所以 $f(x)$ 为非奇非偶函数.

(12)
$$f(-x)=\begin{cases}-(-x)^2+(-x), & -x>0\\ (-x)^2+(-x), & -x<0\end{cases}=\begin{cases}-(x^2+x), & x<0\\ -(-x^2+x), & x>0\end{cases}=-f(x)$$

所以 $f(x)$ 为奇函数.

45. 函数 $f(x)$ 在 $(-\infty,+\infty)$ 内有定义，$f(x)$ 不恒等于1，下列给出的函数中，哪些必为奇函数？哪些必为偶函数？

(1) $f(x^2)$　　(2) $xf(x^2)$

(3) $x^2f(x)$　　(4) $f^2(x)$

(5) $f(|x|)$　　(6) $|f(x)|$

(7) $f(x)+f(-x)$　　(8) $f(x)-f(-x)$

解：(1) $f(x^2)$，(5) $f(|x|)$，(7) $f(x)+f(-x)$ 必为偶函数.

(2) $xf(x^2)$，(8) $f(x)-f(-x)$ 必为奇函数.

(3) $x^2f(x)$，(4) $f^2(x)$，(6) $|f(x)|$ 不一定为偶函数或奇函数.

46. 设 $F(x)=f(x)\left(\frac{1}{2^x+1}-\frac{1}{2}\right)$，已知 $f(x)$ 为奇函数，判断 $F(x)$ 的奇偶性.

解: 设 $\varphi(x)=\frac{1}{2^x+1}-\frac{1}{2}$，那么 $\varphi(-x)=\frac{1}{2^{-x}+1}-\frac{1}{2}=\frac{2^x}{1+2^x}-\frac{1}{2}=\frac{2^x+1-1}{1+2^x}-\frac{1}{2}=-\frac{1}{1+2^x}+\frac{1}{2}=-\left(\frac{1}{1+2^x}-\frac{1}{2}\right)=-\varphi(x)$，所以 $\varphi(x)$ 是奇函数. 因为 $f(x)$ 是奇函数，故有 $F(-x)=f(-x)\cdot\varphi(-x)=-f(x)\cdot[-\varphi(x)]=f(x)\varphi(x)=F(x)$，所以 $F(x)$ 为偶函数.

注释 关于函数的奇偶性，要注意：

(ⅰ) 函数的奇偶性是就函数的定义域关于原点对称时而言的，若函数的定义域关于原点不对称，则函数无奇偶性可言，那么函数既不是奇函数也不是偶函数.

(ⅱ) 判断函数的奇偶性一般是用函数奇偶性的定义：若对所有的 $x\in D(f)$，$f(-x)=f(x)$ 成立，则 $f(x)$ 为偶函数；若对所有的 $x\in D(f)$，$f(-x)=-f(x)$ 成立，则 $f(x)$ 为奇函数；若 $f(-x)=f(x)$ 或 $f(-x)=-f(x)$ 不能对所有的 $x\in D(f)$ 成立，则 $f(x)$ 既不是奇函数也不是偶函数.

(ⅲ) 奇偶函数的运算性质：两偶函数之和是偶函数；两奇函数之和是奇函数；一奇一偶函数之和是非奇非偶函数(两函数均不恒等于零)；两奇(或两偶) 函数之积是偶函数；一奇一偶函数之积是奇函数.

第 46 题在判断了 $\varphi(x)$ 为奇函数后，亦可根据奇偶函数的运算性质得到 $F(x)$ 是偶函数的结论.

47. 判断下列函数的单调性：

(1) $y=2x+1$　　(2) $y=\left(\frac{1}{2}\right)^x$

(3) $y=\log_a x(a>0,\ a\neq 1)$　　(4) $y=1-3x^2$

(5) $y=x+\lg x$

解: (1) 任取 $x_1,\ x_2\in(-\infty,+\infty)$，设 $x_1<x_2$，

$$y_2-y_1=2x_2+1-2x_1-1=2(x_2-x_1)$$

因为 $x_1<x_2$，所以 $x_2-x_1>0$，因此 $y_2-y_1>0$，即 $y_1<y_2$，所以 $y=2x+1$ 在$(-\infty,+\infty)$ 内单调增加.

(2) 任取 $x_1,\ x_2\in(-\infty,+\infty)$，设 $x_1<x_2$，

$$y_2-y_1=\left(\frac{1}{2}\right)^{x_2}-\left(\frac{1}{2}\right)^{x_1}=\frac{1}{2^{x_2}}-\frac{1}{2^{x_1}}=\frac{2^{x_1}-2^{x_2}}{2^{x_1+x_2}}$$

因为 $x_1<x_2$，所以 $2^{x_1}<2^{x_2}$，又因为 $2^{x_1+x_2}>0$，于是$y_2-y_1<0$，即$y_2<y_1$，所以 $y=\left(\frac{1}{2}\right)^x$ 在$(-\infty,+\infty)$ 内单调减少.

(3) 任取 $x_1,\ x_2\in(0,+\infty)$，设 $x_1<x_2$，

$$y_2 - y_1 = \log_a x_2 - \log_a x_1 = \log_a \frac{x_2}{x_1}$$

因 $x_2 > x_1$，故 $\frac{x_2}{x_1} > 1$.

（ⅰ）若 $a > 1$，则 $\log_a \frac{x_2}{x_1} > 0$，即 $y_2 > y_1$，所以 $y = \log_a x$ 在 $(0, +\infty)$ 内单调增加.

（ⅱ）若 $0 < a < 1$，则 $\log_a \frac{x_2}{x_1} < 0$，即 $y_2 < y_1$，所以 $y = \log_a x$ 在 $(0, +\infty)$ 内单调减少.

(4) 任取 x_1，$x_2 \in (-\infty, +\infty)$，设 $x_1 < x_2$，

$$\begin{aligned} y_2 - y_1 &= 1 - 3x_2^2 - 1 + 3x_1^2 = 3(x_1^2 - x_2^2) \\ &= 3(x_1 + x_2)(x_1 - x_2) \end{aligned}$$

当 $x_1 < x_2 \leqslant 0$ 时，有 $y_2 - y_1 > 0$，即 $y_2 > y_1$，所以 $y = 1 - 3x^2$ 在 $(-\infty, 0)$ 内单调增加；当 $0 \leqslant x_1 < x_2$ 时，有 $y_2 - y_1 < 0$，即 $y_2 < y_1$，所以 $y = 1 - 3x^2$ 在 $(0, +\infty)$ 内单调减少. 因此，在 $(-\infty, +\infty)$ 内，$y = 1 - 3x^2$ 不是单调函数.

(5) 任取 x_1，$x_2 \in (0, +\infty)$，设 $x_1 < x_2$，

$$y_2 - y_1 = x_2 + \lg x_2 - x_1 - \lg x_1 = (x_2 - x_1) + \lg \frac{x_2}{x_1}$$

因为 $x_2 - x_1 > 0$，$\lg \frac{x_2}{x_1} > 0$，所以 $y_2 - y_1 > 0$，于是可知 $y = x + \lg x$ 在 $(0, +\infty)$ 内单调增加.

注释 关于函数单调性的判别，第四章将会给出更方便的方法. 在这里我们常采取的是任取 x_1，$x_2 \in (a, b)$，设 $x_1 < x_2$，将 $f(x_2) - f(x_1)$ 与零进行比较，根据定义判别 $f(x)$ 在 (a, b) 内的单调性.

48. 已知 $f(x)$ 为周期函数，那么下列函数是否都是周期函数？

(1) $f^2(x)$　　(2) $f(2x)$

(3) $f(x+2)$　　(4) $f(x)+2$

解： 设 $f(x)$ 的周期为 T.

(1) $f^2(x+T) = f(x+T) \cdot f(x+T) = f(x) \cdot f(x) = f^2(x)$，所以 $f^2(x)$ 是以 T 为周期的周期函数.

(2) $f\left[2\left(x + \frac{T}{2}\right)\right] = f(2x + T) = f(2x)$，所以 $f(2x)$ 是以 $\frac{T}{2}$ 为周期的周期函数.

(3) $f[(x+T)+2] = f[(x+2)+T] = f(x+2)$，所以 $f(x+2)$ 是以 T 为周期的周期函数.

(4) $f(x+T)+2 = f(x)+2$，所以 $f(x)+2$ 是以 T 为周期的周期函数.

注释 若函数 $f(x)$ 是以 T 为周期的周期函数，则 $f(kx)(k>0)$ 是以 $\frac{T}{k}$ 为周期的周期函数，那么有

(i) $\left.\begin{array}{l} y=\sin kx \\ y=\cos kx \end{array}\right\}(k\neq 0)$ 的周期为 $\frac{2\pi}{|k|}$；

(ii) $\left.\begin{array}{l} y=\tan kx \\ y=\cot kx \end{array}\right\}(k\neq 0)$ 的周期为 $\frac{\pi}{|k|}$.

49. 求函数 $y=\cos^4 x-\sin^4 x$ 的周期.

解： $y=\cos^4 x-\sin^4 x=(\cos^2 x+\sin^2 x)(\cos^2 x-\sin^2 x)=\cos^2 x-\sin^2 x=\cos 2x$.

因为 $\cos x$ 的周期为 2π，所以 $\cos 2x$ 的周期为 $\frac{2\pi}{2}=\pi$，因此可知 $y=\cos^4 x-\sin^4 x$ 的周期为 π.

50. 证明下列函数是有界函数：

(1) $y=\frac{x^2}{1+x^2}$　　　(2) $y=\frac{x}{1+x^2}$

证：(1) $y=\frac{x^2}{1+x^2}$ 的定义域为$(-\infty,+\infty)$

$$|y|=\left|\frac{x^2}{1+x^2}\right|=\frac{1+x^2-1}{1+x^2}=1-\frac{1}{1+x^2}<1$$

所以 $y=\frac{x^2}{1+x^2}$ 为有界函数.

(2) $y=\frac{x}{1+x^2}$ 的定义域为$(-\infty,+\infty)$

$$|y|=\frac{|x|}{1+x^2}=\frac{1}{2}\cdot\frac{2|x|}{1+x^2}\leqslant\frac{1}{2}\quad(\text{因 } 1+x^2\geqslant 2|x|)$$

所以 $y=\frac{x}{1+x^2}$ 是有界函数.

注释 一个函数的有界性不仅与函数表达式有关，而且与考察的区间有关. 一个函数可能在某个区间内无界，在另一个区间内有界. 第50题未指明考察区间，就意味着在整个定义域内考察其有界性.

51. 讨论函数 $f(x)=e^{-x^2}$ 的奇偶性、有界性、单调性、周期性.（$e\approx 2.718\,28$）

解： 奇偶性：$f(x)$ 的定义域为$(-\infty,+\infty)$.

$$f(-x)=e^{-(-x)^2}=e^{-x^2}=f(x)$$

所以 $f(x)$ 是偶函数.

有界性：$0<|e^{-x^2}|\leqslant 1$，所以 $f(x)$ 为有界函数.

单调性：对于任意的 $x_1<x_2<0$，有 $x_1^2>x_2^2$，那么 $e^{-x_2^2}>e^{-x_1^2}$，即$f(x_2)>f(x_1)$，所以 $f(x)=e^{-x^2}$ 在$(-\infty,0)$ 内单调增加.

对于任意的 $0<x_1<x_2$，有 $x_1^2<x_2^2$，$e^{-x_2^2}<e^{-x_1^2}$，即 $f(x_2)<f(x_1)$，所以 $f(x)=e^{-x^2}$ 在$(0,+\infty)$内单调减少.

因此，$f(x)=e^{-x^2}$ 在$(-\infty,+\infty)$内不是单调函数.

周期性：$f(x)=e^{-x^2}$ 显然不是周期函数.

52. 求下列函数的反函数：

(1) $y=2x+1$　　(2) $y=\dfrac{x+2}{x-2}$

(3) $y=x^3+2$　　(4) $y=1+\lg(x+2)$

(5) $y=1+2\sin\dfrac{x-1}{x+1}$

解：(1) 由 $y=2x+1$，得 $x=\dfrac{y-1}{2}$，所以 $y=2x+1$ 的反函数为$y=\dfrac{x-1}{2}$.

(2) 由 $y=\dfrac{x+2}{x-2}$，得 $(y-1)x=2(y+1)$，$x=\dfrac{2(y+1)}{y-1}$，所以$y=\dfrac{x+2}{x-2}$ 的反函数为 $y=\dfrac{2(x+1)}{x-1}$.

(3) 由 $y=x^3+2$，得 $x=\sqrt[3]{y-2}$，所以 $y=x^3+2$ 的反函数为$y=\sqrt[3]{x-2}$.

(4) 由 $y=1+\lg(x+2)$，得 $\lg(x+2)=y-1$，$x=10^{y-1}-2$，所以 $y=1+\lg(x+2)$ 的反函数为 $y=10^{x-1}-2$.

(5) 由 $y=1+2\sin\dfrac{x-1}{x+1}$，得$\dfrac{y-1}{2}=\sin\dfrac{x-1}{x+1}$，故

$$\frac{x-1}{x+1}=\arcsin\frac{y-1}{2},\quad x-1=x\arcsin\frac{y-1}{2}+\arcsin\frac{y-1}{2}$$

于是 $x=\dfrac{1+\arcsin\dfrac{y-1}{2}}{1-\arcsin\dfrac{y-1}{2}}$，所以 $y=1+2\sin\dfrac{x-1}{x+1}$ 的反函数为$y=\dfrac{1+\arcsin\dfrac{x-1}{2}}{1-\arcsin\dfrac{x-1}{2}}$.

注释 关于反函数要注意以下几点.

(i) 给定 y 是 x 的函数 $y=f(x)$，x 是自变量，y 是因变量. 由$y=f(x)$解出 x（用 y 的关系式表达），得出一个 x 是 y 的函数的表达式$x=f^{-1}(y)$，此时 y 是自变量，x 是因变量. 将 x 换成 y，y 换成 x，即得$y=f(x)$ 的反函数 $y=f^{-1}(x)$. 此时两函数均以 x 为自变量，y 为因变量.

(ii) 解出 x 后，若有偶次方根，要注意根据 $y=f(x)$ 的定义域决定根号前应取的符号.

(iii) $y=f(x)$ 的定义域为 $D(f)$，值域为 $Z(f)$，$y=f^{-1}(x)$ 的定义域为 $D(f^{-1})=Z(f)$，值域为 $Z(f^{-1})=D(f)$.

(iv) $y=f(x)$ 与 $y=f^{-1}(x)$ 的图形关于直线 $y=x$ 对称.

(v) 只有一一对应的函数，才有反函数.

(vi) 分段函数的反函数，要分段求，要特别注意分段点的变化.

53. 设函数

$$y=f(x)=\begin{cases}-4x^2, & -3\leqslant x<0\\ x, & 0<x\leqslant 4\\ \dfrac{x^2}{4}, & x>4\end{cases}$$

求 $y=f(x)$ 的反函数 $y=f^{-1}(x)$ 的定义域.

解: 函数 $y=f^{-1}(x)$ 的定义域即函数 $y=f(x)$ 的值域，考察函数 $y=f(x)$ 的值域.

当 $-3\leqslant x<0$ 时，有 $-36\leqslant y<0$.

当 $0<x\leqslant 4$ 时，有 $0<y\leqslant 4$.

当 $x>4$ 时，有 $y>4$.

所以可得 $y=f(x)$ 的值域为 $[-36,0)\cup(0,+\infty)$，即 $y=f^{-1}(x)$ 的定义域为 $[-36,0)\cup(0,+\infty)$.

54. 如果 $y=u^2$，$u=\log_a x$，将 y 表示成 x 的函数.

解: $y=(\log_a x)^2=\log_a^2 x$

55. 如果 $y=\sqrt{u}$，$u=2+v^2$，$v=\cos x$，将 y 表示成 x 的函数.

解: $y=\sqrt{2+\cos^2 x}$

56. 如果 $f(x)=3x^3+2x$，$\varphi(t)=\lg(1+t)$，求 $f[\varphi(t)]$.

解: $f[\varphi(t)]=3\varphi^3(t)+2\varphi(t)=3\lg^3(1+t)+2\lg(1+t)$

57. 下列函数可以看成由哪些简单函数复合而成?(其中 a 为常数，$\mathrm{e}\approx 2.718\,28$)

(1) $y=\sqrt{3x-1}$　　(2) $y=a\sqrt[3]{1+x}$

(3) $y=(1+\lg x)^5$　　(4) $y=\mathrm{e}^{\mathrm{e}^{-x^2}}$

(5) $y=\sqrt{\lg\sqrt{x}}$　　(6) $y=\lg^2\arccos x^3$

解: (1) $y=\sqrt{u}$，$u=3x-1$.

(2) $y=a\sqrt[3]{u}$，$u=1+x$.

(3) $y=u^5$，$u=1+v$，$v=\lg x$.

(4) $y=\mathrm{e}^u$，$u=\mathrm{e}^v$，$v=-x^2$.

(5) $y=\sqrt{u}$，$u=\lg v$，$v=\sqrt{x}$.

(6) $y=u^2$，$u=\lg v$，$v=\arccos t$，$t=x^3$.

58. 分别就 $a=2$，$a=\dfrac{1}{2}$，$a=-2$ 讨论 $y=\lg(a-\sin x)$ 是不是复合函数. 如果是复合函数，求其定义域.

解: 要使 $y=\lg(a-\sin x)$ 能成为复合函数，必须满足 $a-\sin x>0$，即 $\sin x<a$，因此有下列结论:

当 $a=2$ 时，因为 $-1\leqslant\sin x\leqslant 1$，所以 $2-\sin x>0$ 总成立，因此 $y=\lg(2-\sin x)$ 是

复合函数，定义域为$(-\infty, +\infty)$.

当$a=\frac{1}{2}$时，要使$\frac{1}{2}-\sin x>0$，即$\sin x<\frac{1}{2}$，只要$2n\pi-\frac{7}{6}\pi<x<2n\pi+\frac{\pi}{6}$（$n=0, \pm1, \pm2, \cdots$），所以$y=\lg\left(\frac{1}{2}-\sin x\right)$是复合函数，其定义域满足：

$$2n\pi-\frac{7}{6}\pi<x<2n\pi+\frac{\pi}{6},\ n=0, \pm1, \pm2, \cdots$$

当$a=-2$时，x取任何实数，均不能使$-2-\sin x>0$成立，即满足$-2-\sin x>0$的实数集合为空集，所以$y=\lg(-2-\sin x)$不是复合函数.

注释 $y=f(u)$，$u=\varphi(x)$并不一定能复合成复合函数$y=f[\varphi(x)]$. $y=f[\varphi(x)]$能成为复合函数的条件是$D(f)\cap Z(\varphi)$非空. 如第58题中，当$a=2$时，$y=\lg u$，$u=2-\sin x$，$D(f)=(0, +\infty)$，$Z(\varphi)=[1, 3]$，$D(f)\cap Z(\varphi)\neq\varnothing$；而当$a=-2$时，$y=\lg u$，$u=-2-\sin x$，$D(f)=(0, +\infty)$，$Z(\varphi)=[-3, -1]$，$D(f)\cap Z(\varphi)=\varnothing$.

※59. 先作$y=x^2$及$y=\frac{1}{x}$的图形，再由这两个函数的图形叠加出函数$y=x^2+\frac{1}{x}$的图形.

解： 如图 1-6 所示.

※60. 由$y=2^x$的图形作下列函数的图形：

(1) $y=3\times2^x$ (2) $y=2^x+4$ (3) $y=-2^x$ (4) $y=2^{-x}$

解： 如图 1-7 所示.

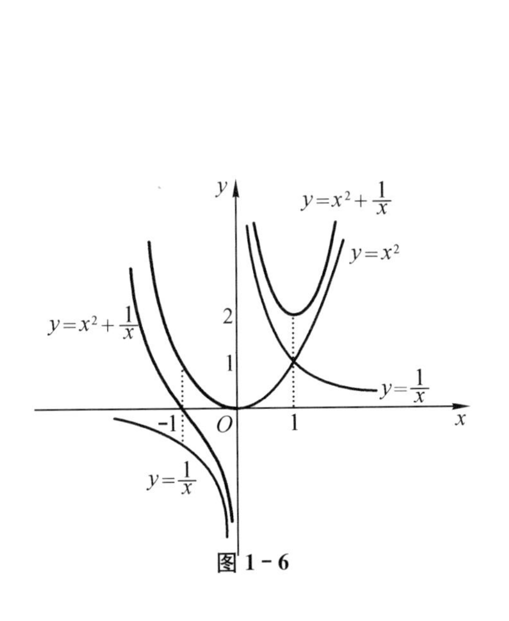

图 1-6

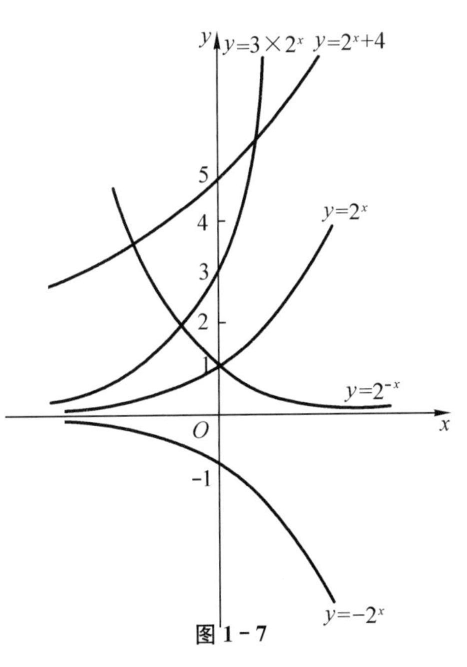

图 1-7

※**61.** 由函数 $y=\lg x$ 的图形作下列函数的图形：

(1) $y=2\lg x$ (2) $y=\lg x^2$ (3) $y=\lg\sqrt{x}$ (4) $y=\lg\frac{1}{x}$

解：如图 1-8 所示.

※**62.** 由 $y=\sin x$ 的图形作下列函数的图形：

(1) $y=\sin 2x$ (2) $y=2\sin 2x$ (3) $y=1-2\sin 2x$

解：如图 1-9 所示.

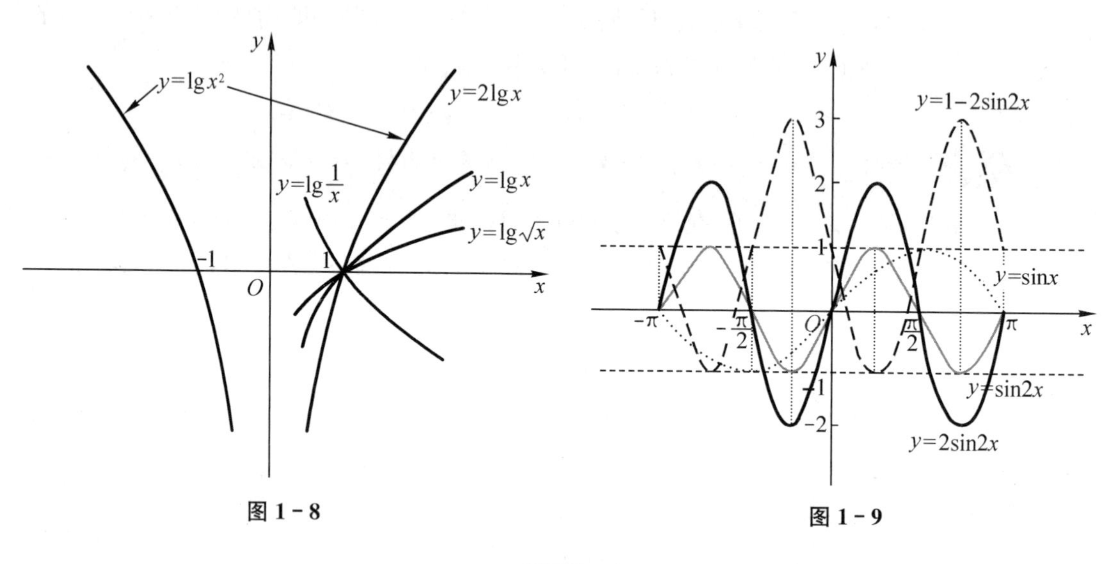

图 1-8

图 1-9

(B)

1. 设集合 $A=\{1, 2, a, b\}$，$B=\{2, 4, c, d\}$，已知 $A\cup B=\{1, 2, 3, 4, 5, 6\}$，$A\cap B=\{2, 4\}$，$A-B=\{1, 3\}$，那么 a, b, c, d 可以是[　　].

(A) $a=3, b=5, c=1, d=5$ (B) $a=5, b=6, c=3, d=5$

(C) $a=4, b=5, c=3, d=6$ (D) $a=3, b=4, c=5, d=6$

解：(A) $A=\{1, 2, 3, 5\}$，$B=\{2, 4, 1, 5\}$

$A\cup B=\{1, 2, 3, 4, 5\}$ 与已知条件不符.

(B) $A=\{1, 2, 5, 6\}$，$B=\{2, 4, 3, 5\}$

$A\cup B=\{1, 2, 3, 4, 5, 6\}$ 与已知条件相符.

$A\cap B=\{2, 5\}$ 与已知条件不符.

(C) $A=\{1, 2, 4, 5\}$，$B=\{2, 4, 3, 6\}$

$A\cup B=\{1, 2, 3, 4, 5, 6\}$，$A\cap B=\{2, 4\}$ 与已知条件相符. $A-B=\{1, 5\}$ 与已知条件不符.

(D) $A=\{1, 2, 3, 4\}$，$B=\{2, 4, 5, 6\}$

$A\cup B=\{1, 2, 3, 4, 5, 6\}$，$A\cap B=\{2, 4\}$，$A-B=\{1, 3\}$ 与已知条件相符.

故本题应选(D).

2. 不等式 $\frac{|x-1|-1}{|x-3|}>0$ 的解集(用区间表示)为[　　].

(A) $(-\infty, 0)$　　(B) $(-\infty, 3)\cup(3, +\infty)$

(C) $(2, 3)\cup(3, +\infty)$　　(D) $(-\infty, 0)\cup(2, 3)\cup(3, +\infty)$

解：给定不等式的解集必须满足不等式组

$\begin{cases}|x-1|-1>0\\|x-3|\neq 0\end{cases}$，解得 $\begin{cases}x>2\text{ 或 }x<0\\x\neq 3\end{cases}$

于是可得 $\dfrac{|x-1|-1}{|x-3|}>0$ 的解集为$(-\infty, 0)\cup(2, 3)\cup(3, +\infty)$.

故本题应选(D).

3. 下列各对函数中，两函数相同的是[　　].

(A) $y=\lg[x(x-1)]$ 与 $y=\lg x+\lg(x-1)$

(B) $y=\lg[x(x+1)]$ 与 $y=\lg x+\lg(x+1)$

(C) $y=\lg\dfrac{1-x}{x}$ 与 $y=\lg(1-x)-\lg x$

(D) $y=\lg\dfrac{1+x}{x}$ 与 $y=\lg(1+x)-\lg x$

解：(A) $y=\lg[x(x-1)]$ 的定义域要求$\begin{cases}x>0\\x-1>0\end{cases}$或$\begin{cases}x<0\\x-1<0\end{cases}$，即$\begin{cases}x>0\\x>1\end{cases}$或$\begin{cases}x<0\\x<1\end{cases}$，也就是 $x>1$ 或 $x<0$，所以 $y=\lg[x(x-1)]$ 的定义域为$(-\infty, 0)\cup(1, +\infty)$.

$y=\lg x+\lg(x-1)$ 的定义域要求$\begin{cases}x>0\\x-1>0\end{cases}$，即 $x>1$，所以$y=\lg x+\lg(x-1)$ 的定义域为$(1, +\infty)$. 两函数定义域不同，故不是相同的函数.

(B) 用与(A) 中同样的方法，可以求出 $y=\lg[x(x+1)]$ 的定义域为$(-\infty, -1)\cup(0, +\infty)$，而 $y=\lg x+\lg(x+1)$ 的定义域为$(0, +\infty)$，两函数定义域不同，故不是相同的函数.

(C) 用同样的方法可以求出 $y=\lg\dfrac{1-x}{x}$ 与 $y=\lg(1-x)-\lg x$ 的定义域均为$(0, 1)$，且其对应规则相同，故 $y=\lg\dfrac{1-x}{x}$ 与 $y=\lg(1-x)-\lg x$ 是相同的函数. 故本题应选(C).

读者可用同样的方法，验证(D) 中两函数不是相同的函数.

4. 下列论述中正确的是[　　].

(A) 因 $\dfrac{\sin 2x}{\cos x}=\dfrac{2\sin x\cos x}{\cos x}=2\sin x$，故 $y=\dfrac{\sin 2x}{\cos x}$ 与 $y=2\sin x$ 是相同的函数

(B) 因 $\tan x=\dfrac{\sin x}{\cos x}$，故 $y=\tan x$ 与 $y=\dfrac{\sin x}{\cos x}$ 是相同的函数

(C) 因 $\sqrt{\dfrac{x-3}{x-2}}=\dfrac{\sqrt{x-3}}{\sqrt{x-2}}$，故 $y=\sqrt{\dfrac{x-3}{x-2}}$ 与 $y=\dfrac{\sqrt{x-3}}{\sqrt{x-2}}$ 是相同的函数

(D) 因$\sqrt{(x-2)^2}=x-2$，故 $y=\sqrt{(x-2)^2}$ 与 $y=x-2$ 是相同的函数

解：(A)$y=2\sin x$ 的定义域为$(-\infty, +\infty)$，$y=\dfrac{\sin 2x}{\cos x}$ 的定义域要求$\cos x\neq 0$，即 $x\neq$

$(2n+1)\cdot\frac{\pi}{2}$ $(n=0, \pm1, \cdots)$. 两函数定义域不同，故 $y=\frac{\sin 2x}{\cos x}$ 与 $y=2\sin x$ 不是相同的函数.

(B) $y=\tan x$ 与 $y=\frac{\sin x}{\cos x}$ 的定义域相同，均为 $x\neq(2n+1)\cdot\frac{\pi}{2}$ $(n=0, \pm1, \cdots)$，且其对应规则相同，所以 $y=\tan x$ 与 $y=\frac{\sin x}{\cos x}$ 是相同的函数. 故本题应选(B).

(C) $y=\sqrt{\frac{x-3}{x-2}}$ 的定义域要求满足 $\begin{cases}x-3\geqslant 0\\x-2>0\end{cases}$ 或 $\begin{cases}x-3\leqslant 0\\x-2<0\end{cases}$，即 $\begin{cases}x\geqslant 3\\x>2\end{cases}$ 或 $\begin{cases}x\leqslant 3\\x<2\end{cases}$，亦即 $x\geqslant 3$ 或 $x<2$. 因此，$y=\sqrt{\frac{x-3}{x-2}}$ 的定义域为 $(-\infty, 2)\cup[3, +\infty)$.

$y=\frac{\sqrt{x-3}}{\sqrt{x-2}}$ 的定义域要求满足 $\begin{cases}x-3\geqslant 0\\x-2>0\end{cases}$，即 $\begin{cases}x\geqslant 3\\x>2\end{cases}$，亦即 $x\geqslant 3$. 因此，$y=\frac{\sqrt{x-3}}{\sqrt{x-2}}$ 的定义域为 $[3, +\infty)$.

两函数定义域不同，所以 $y=\sqrt{\frac{x-3}{x-2}}$ 与 $y=\frac{\sqrt{x-3}}{\sqrt{x-2}}$ 不是相同的函数.

(D) $y=\sqrt{(x-2)^2}$ 的定义域是 $(-\infty, +\infty)$. $y=x-2$ 的定义域是 $(-\infty, +\infty)$.

两函数的定义域虽然相同，但其对应规则不同，$y=\sqrt{(x-2)^2}$ 的值域为 $[0, +\infty)$，而 $y=x-2$ 的值域为 $(-\infty, +\infty)$，故 $y=\sqrt{(x-2)^2}$ 与 $y=x-2$ 不是相同的函数.

注释 第4题中，(A) $\frac{\sin 2x}{\cos x}=2\sin x$ 只有在 $x\neq(2n+1)\frac{\pi}{2}$ $(n=0, \pm1, \pm2, \cdots)$ 的条件下才成立；(B) 中 $\sqrt{\frac{x-3}{x-2}}=\frac{\sqrt{x-3}}{\sqrt{x-2}}$ 只有在 $x\geqslant 3$ 的条件下才成立；(D) 中 $\sqrt{(x-2)^2}=|x-2|\neq x-2$，$\sqrt{(x-2)^2}=x-2$ 只有在 $x\geqslant 2$ 时才成立.

5. 若 $f(x-1)=x^2(x-1)$，则 $f(x)=$[　　].

(A) $x(x+1)^2$　　(B) $x(x-1)^2$　　(C) $x^2(x+1)$　　(D) $x^2(x-1)$

解: 令 $x-1=t$，则 $x=t+1$，那么有

$$f(t)=(t+1)^2t,\ 即\ f(x)=x(x+1)^2$$

故本题应选(A).

6. $f(x)=\frac{1}{\lg|x-5|}$ 的定义域是[　　].

(A) $(-\infty, 5)\cup(5, +\infty)$

(B) $(-\infty, 6)\cup(6, +\infty)$

(C) $(-\infty, 4)\cup(4, +\infty)$

(D) $(-\infty, 4)\cup(4, 5)\cup(5, 6)\cup(6, +\infty)$

解：$f(x)$ 的定义域要求满足

$$\begin{cases} x \neq 5 \\ x-5 \neq 1 \\ x-5 \neq -1 \end{cases}，即 \begin{cases} x \neq 5 \\ x \neq 6 \\ x \neq 4 \end{cases}$$

因此，$f(x)$ 的定义域是 $(-\infty, 4) \cup (4, 5) \cup (5, 6) \cup (6, +\infty)$.

故本题应选(D).

7. 如果函数 $f(x)$ 的定义域为 $[1, 2]$，则函数 $f(x)+f(x^2)$ 的定义域为[　　].

(A) $[1, 2]$　　(B) $[1, \sqrt{2}]$

(C) $[-\sqrt{2}, \sqrt{2}]$　　(D) $[-\sqrt{2}, -1] \cup [1, \sqrt{2}]$

解：$f(x)$ 的定义域为 $[1, 2]$，故 $f(x^2)$ 的定义域应满足 $1 \leqslant x^2 \leqslant 2$，即 $1 \leqslant |x| \leqslant \sqrt{2}$，也就是 $\begin{cases} |x| \leqslant \sqrt{2} \\ |x| \geqslant 1 \end{cases}$，即 $\begin{cases} -\sqrt{2} \leqslant x \leqslant \sqrt{2} \\ x \leqslant -1 \text{ 或 } x \geqslant 1 \end{cases}$，所以 $f(x^2)$ 的定义域为 $[-\sqrt{2}, -1] \cup [1, \sqrt{2}]$.

$f(x)+f(x^2)$ 的定义域为 $f(x)$ 的定义域与 $f(x^2)$ 的定义域的交集 $[1, \sqrt{2}]$. 故本题应选(B).

8. 如果函数 $f(x)$ 的定义域为 $[0, 1]$，则函数 $g(x)=f\left(x+\frac{1}{4}\right)+f\left(x-\frac{1}{4}\right)$ 的定义域是[　　].

(A) $[0, 1]$　　(B) $\left[-\frac{1}{4}, \frac{3}{4}\right]$

(C) $\left[\frac{1}{4}, \frac{3}{4}\right]$　　(D) $\left[-\frac{1}{4}, \frac{5}{4}\right]$

解：$f(x)$ 的定义域是 $[0, 1]$，那么 $g(x)$ 的定义域应该满足 $\begin{cases} 0 \leqslant x+\frac{1}{4} \leqslant 1 \\ 0 \leqslant x-\frac{1}{4} \leqslant 1 \end{cases}$，即 $\begin{cases} -\frac{1}{4} \leqslant x \leqslant \frac{3}{4} \\ \frac{1}{4} \leqslant x \leqslant \frac{5}{4} \end{cases}$，所以 $g(x)$ 的定义域为 $\left[-\frac{1}{4}, \frac{3}{4}\right] \cap \left[\frac{1}{4}, \frac{5}{4}\right] = \left[\frac{1}{4}, \frac{3}{4}\right]$. 故本题应选(C).

9. 设 $f(x)=\frac{1}{\sqrt{3-x}}+\lg(x-2)$，那么 $f(x+a)+f(x-a)$ $\left(0<a<\frac{1}{2}\right)$ 的定义域是[　　].

(A) $(2-a, 3-a)$　　(B) $(2+a, 3+a)$

(C) $(2+a, 3-a)$　　(D) $(2-a, 3+a)$

解：先求 $f(x)$ 的定义域. $f(x)$ 的定义域要求满足 $\begin{cases} 3-x>0 \\ x-2>0 \end{cases}$，即 $2<x<3$，即 $f(x)$ 的定义域为 $(2, 3)$，那么 $f(x+a)+f(x-a)$ 的定义域

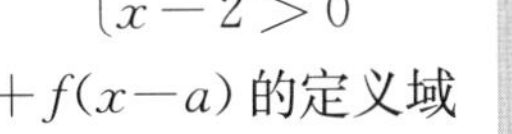

应满足$\begin{cases}2<x+a<3\\2<x-a<3\end{cases}$，即$\begin{cases}2-a<x<3-a\\2+a<x<3+a\end{cases}$，亦即$2+a<x<3-a$，所以$f(x+a)+f(x-a)$的定义域为$(2+a,\ 3-a)$ $\left(0<a<\dfrac{1}{2}\right)$. 故本题应选(C).

10. 下列函数中是偶函数的是[　　].

(A) $f(x)=\begin{cases}1, & x>0\\0, & x=0\\-1, & x<0\end{cases}$　　(B) $f(x)=\begin{cases}x-1, & x>0\\0, & x=0\\x+1, & x<0\end{cases}$

(C) $f(x)=\begin{cases}1-x, & x\leqslant 0\\1+x, & x>0\end{cases}$　　(D) $f(x)=\begin{cases}2x^2, & x\leqslant 0\\-2x^2, & x>0\end{cases}$

解：(A) $f(-x)=\begin{cases}1, & -x>0\\0, & -x=0\\-1, & -x<0\end{cases}$

$$=\begin{cases}1, & x<0\\0, & x=0\\-1, & x>0\end{cases}$$

$$=-f(x)$$

所以$f(x)$是奇函数.

(B) $f(-x)=\begin{cases}-x-1, & -x>0\\0, & -x=0\\-x+1, & -x<0\end{cases}$

$$=\begin{cases}-(x+1), & x<0\\0, & x=0\\-(x-1), & x>0\end{cases}$$

$$=-f(x)$$

所以$f(x)$是奇函数.

(C) $f(-x)=\begin{cases}1+x, & -x\leqslant 0\\1-x, & -x>0\end{cases}$

$$=\begin{cases}1+x, & x\geqslant 0\\1-x, & x<0\end{cases}$$

$$=\begin{cases}1+x, & x>0\\1-x, & x\leqslant 0\end{cases}$$

$$=f(x)$$

所以$f(x)$是偶函数. 故本题应选(C).

(D) $f(-x)=\begin{cases}2(-x)^2, & -x\leqslant 0\\-2(-x)^2, & -x>0\end{cases}$

$$=\begin{cases}2x^2, & x\geqslant 0\\-2x^2, & x<0\end{cases}$$

$$=\begin{cases}2x^2, & x>0\\ -2x^2, & x\leqslant 0\end{cases}$$
$$=-f(x)$$

所以 $f(x)$ 是奇函数.

11. 函数 $y=\lg(\sqrt{x^2+1}+x)+\lg(\sqrt{x^2+1}-x)$[　　].

(A) 是奇函数，非偶函数　　(B) 是偶函数，非奇函数

(C) 既非奇函数，又非偶函数　　(D) 既是奇函数，又是偶函数

解: $y=\lg(\sqrt{x^2+1}+x)+\lg(\sqrt{x^2+1}-x)=\lg(x^2+1-x^2)=\lg1=0$，所以 $y=\lg(\sqrt{x^2+1}+x)+\lg(\sqrt{x^2+1}-x)$ 既是奇函数，又是偶函数. 故本题应选(D).

注释　一个函数可能是奇函数，也可能是偶函数，也可能既不是奇函数也不是偶函数，但只有一个函数既是奇函数也是偶函数.

设 $f(x)$ 既是奇函数又是偶函数，那么 $f(x)$ 满足

$$\begin{cases}f(-x)=f(x)\\ f(-x)=-f(x)\end{cases}$$

两式相减有：$2f(x)=0$，即 $f(x)=0$.

所以既是奇函数又是偶函数的函数必为 $y=0$，仅此一个.

12. 设 $f(x)$ 是 $(-\infty,+\infty)$ 内的偶函数，并且当 $x\in(-\infty,0)$ 时，有 $f(x)=x+2$，则当 $x\in(0,+\infty)$ 时，$f(x)$ 的表达式是[　　].

(A) $x+2$　　(B) $-x+2$　　(C) $x-2$　　(D) $-x-2$

解: 当 $x\in(0,+\infty)$ 时，$-x\in(-\infty,0)$，那么 $f(-x)=-x+2$. 由于 $f(x)$ 是偶函数，因此当 $x\in(0,+\infty)$ 时，有

$$f(x)=f(-x)=-x+2$$

故本题应选(B).

13. 设 $f(x)$ 是以 T 为周期的函数，则函数 $f(x)+f(2x)+f(3x)+f(4x)$ 的周期是[　　].

(A) T　　(B) $2T$　　(C) $12T$　　(D) $\frac{T}{12}$

解: $f(x)$ 的周期是 T，$f(2x)$ 的周期是 $\frac{T}{2}$，$f(3x)$ 的周期是 $\frac{T}{3}$，$f(4x)$ 的周期是 $\frac{T}{4}$，而 T，$\frac{T}{2}$，$\frac{T}{3}$，$\frac{T}{4}$ 同时能整除的最小正数为 T，故 $f(x)+f(2x)+f(3x)+f(4x)$ 的周期是 T. 故本题应选(A).

14. 设 $f(x)=\sin2x+\tan\frac{x}{2}$，则 $f(x)$ 的周期是[　　].

(A) $\frac{\pi}{2}$　　(B) π　　(C) 2π　　(D) 4π

解：$\sin 2x$ 的周期是 π，$\tan\dfrac{x}{2}$ 的周期是 2π，能被 π 与 2π 同时整除的最小正数为 2π，所以 $f(x)$ 的周期是 2π. 故本题应选(C).

15. 设函数 $f(x)=2^{\cos x}$，$g(x)=\left(\dfrac{1}{2}\right)^{\sin x}$，在区间 $\left(0,\dfrac{\pi}{2}\right)$ 内[　　].

(A) $f(x)$ 是增函数，$g(x)$ 是减函数

(B) $f(x)$ 是减函数，$g(x)$ 是增函数

(C) $f(x)$ 与 $g(x)$ 都是增函数

(D) $f(x)$ 与 $g(x)$ 都是减函数

解：在 $\left(0,\dfrac{\pi}{2}\right)$ 内，$\cos x$ 是减函数，所以 $2^{\cos x}$ 是减函数；$\sin x$ 是增函数，$\left(\dfrac{1}{2}\right)^{x}$ 是减函数，所以 $\left(\dfrac{1}{2}\right)^{\sin x}$ 是减函数. 故本题应选(D).

16. 下列给定区间中是函数 $f(x)=|x^2-1|$ 的单调有界区间的是[　　].

(A) $[-1,1]$　　　　(B) $(1,+\infty)$

(C) $[-2,-1]$　　　　(D) $[-2,0]$

解：$f(x)=|x^2-1|$ 的图形如图 1-10 所示，可以看出，$f(x)$ 在 $[-1,1]$ 上有界但非单调，在 $(1,+\infty)$ 内单调但无界，在 $[-2,0]$ 上有界但非单调，而在 $[-2,-1]$ 上单调减少且有界. 故本题应选(C).

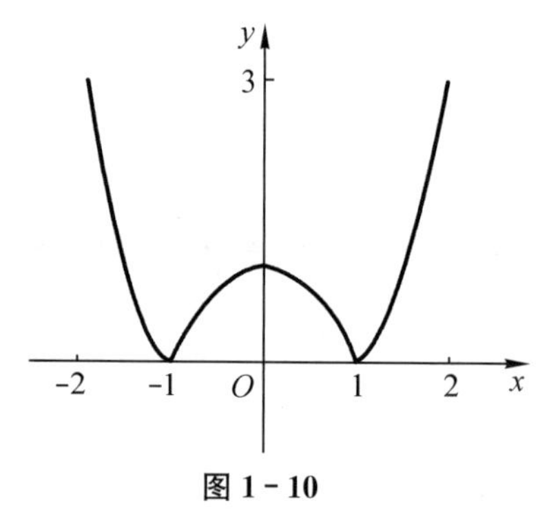

图 1-10

17. 函数 $f(x)=e^{\cos x}$ ($e\approx 2.718\,28$) 不是[　　].

(A) 偶函数　　　　(B) 单调函数

(C) 有界函数　　　　(D) 周期函数

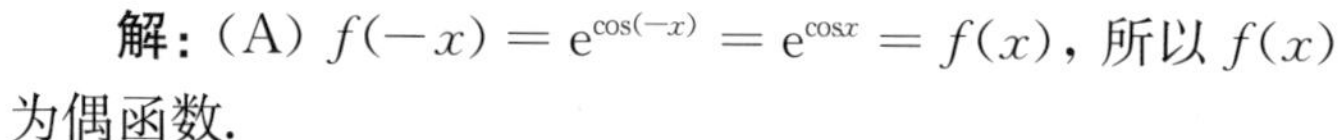

解：(A) $f(-x)=e^{\cos(-x)}=e^{\cos x}=f(x)$，所以 $f(x)$ 为偶函数.

(C) 因 $|\cos x|\leqslant 1$，因此 $e^{-1}\leqslant e^{\cos x}\leqslant e$，所以 $f(x)$ 有界.

(D) $f(x+2\pi)=e^{\cos(x+2\pi)}=e^{\cos x}=f(x)$，所以 $f(x)$ 是以 2π 为周期的周期函数.

(A)、(C)、(D) 均成立.

$f(x)$ 为偶函数，又是周期函数，就不可能是单调函数(严格单调)，所以(B)不成立. 故本题应选(B).

18. 函数 $f(x)=-\sqrt{1-x^2}$ ($0\leqslant x\leqslant 1$) 的反函数 $f^{-1}(x)=$[　　].

(A) $\sqrt{1-x^2}$

(B) $-\sqrt{1-x^2}$

(C) $\sqrt{1-x^2}$ ($-1\leqslant x\leqslant 0$)

(D) $-\sqrt{1-x^2}$ ($-1\leqslant x\leqslant 0$)

解：设 $y=f(x)=-\sqrt{1-x^2}$ (图形如图 1-11 所示)，可得 $x=\pm\sqrt{1-y^2}$. 因给定函数 $f(x)$ 的定义域为 $0\leqslant x\leqslant 1$，即 x 为区间 $[0,1]$ 内的非负数，故上式根号前应取正号，即 $x=\sqrt{1-y^2}$，所以可得：

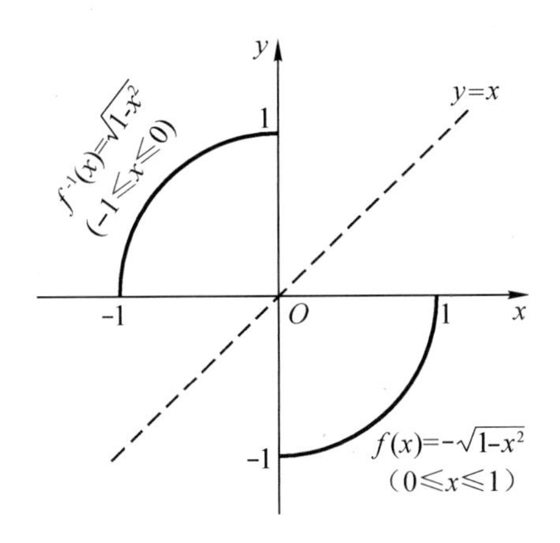

图 1-11

$$y = f^{-1}(x) = \sqrt{1-x^2}$$

又因给定函数的值域为$-1 \leqslant y \leqslant 0$，即反函数的定义域为$[-1, 0]$，因此，所求反函数为$y = \sqrt{1-x^2}$ $(-1 \leqslant x \leqslant 0)$. 故本题应选(C).

注释 第 18 题求出的反函数的定义域不是函数$y = \sqrt{1-x^2}$的自然定义域，而是自然定义域的一部分$[-1, 0]$，故不选(A)，而选(C).

19. 函数$f(x) = \dfrac{e^x - e^{-x}}{2}$的反函数$f^{-1}(x)$是[　　].

(A) 奇函数　　(B) 偶函数

(C) 既是奇函数，也是偶函数　　(D) 既非奇函数，也非偶函数

解：$f(-x) = \dfrac{e^{-x} - e^x}{2} = -\dfrac{e^x - e^{-x}}{2} = -f(x)$，故$f(x)$为奇函数，$f(x)$与$f^{-1}(x)$关于$y = x$对称，因此$f^{-1}(x)$也必是奇函数. 故本题应选(A).

20. 函数$y = f(x)$与$y = \sqrt{x-1}$的图形关于直线$y = x$对称，则$f(x) = $[　　].

(A) $-\sqrt{x-1}$　$(x \geqslant 1)$　　(B) x^2+1　$(-\infty < x < +\infty)$

(C) x^2+1　$(x \leqslant 0)$　　(D) x^2+1　$(x \geqslant 0)$

解：根据题设可知$y = f(x)$与$y = \sqrt{x-1}$互为反函数. 由$y = \sqrt{x-1}$可得$y^2 = x-1$，即$x = y^2+1$，因此有$y = x^2+1$. 因$y = \sqrt{x-1}$的值域为$[0, +\infty)$，因而$y = f(x) = x^2+1$的定义域为$[0, +\infty)$，即$x \geqslant 0$，如图 1-12 所示. 故本题应选(D).

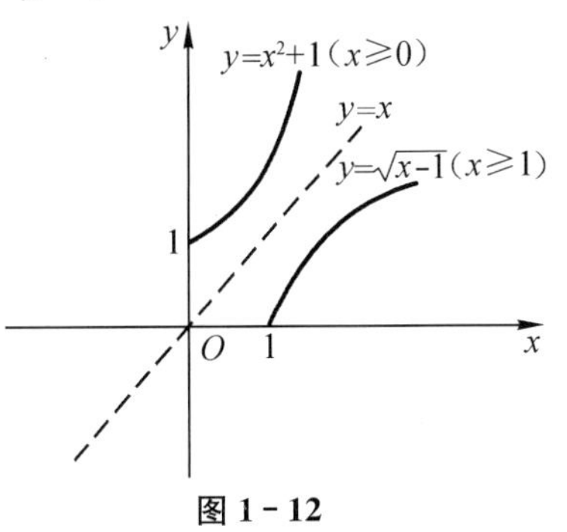

图 1-12

21. 下列函数$y = f(u)$，$u = \varphi(x)$中能构成复合函数$y = f[\varphi(x)]$的是[　　].

(A) $y=f(u)=\dfrac{1}{\sqrt{u-1}}$，　$u=\varphi(x)=-x^2+1$

(B) $y=f(u)=\lg(1-u)$，$u=\varphi(x)=x^2+1$

(C) $y=f(u)=\arcsin u$，　$u=\varphi(x)=x^2+2$

(D) $y=f(u)=\arccos u$，　$u=\varphi(x)=-x^2+2$

解：(A) $y=f(u)=\dfrac{1}{\sqrt{u-1}}$, $D(f)=(1,+\infty)$

$u=\varphi(x)=-x^2+1$，　$Z(\varphi)=(-\infty,1]$

$D(f)\cap Z(\varphi)=\varnothing$

所以 $y=\dfrac{1}{\sqrt{u-1}}$, $u=-x^2+1$ 不能构成复合函数，即 $y=\dfrac{1}{\sqrt{-x^2+1-1}}=\dfrac{1}{\sqrt{-x^2}}$ 不是函数关系.

(B) $y=f(u)=\lg(1-u)$, $D(f)=(-\infty,1)$

$u=\varphi(x)=x^2+1$，　$Z(\varphi)=[1,+\infty)$

$D(f)\cap Z(\varphi)=\varnothing$

所以 $y=\lg(1-u)$, $u=x^2+1$ 不能构成复合函数，即 $y=\lg(1-x^2-1)=\lg(-x^2)$ 不是函数关系.

(C) $y=f(u)=\arcsin u$, $D(f)=[-1,1]$

$u=\varphi(x)=x^2+2$, $Z(\varphi)=[2,+\infty)$

$D(f)\cap Z(\varphi)=\varnothing$

所以 $y=\arcsin u$, $u=x^2+2$ 不能构成复合函数，即 $y=\arcsin(x^2+2)$ 不是函数关系.

(D) $y=f(u)=\arccos u$, $D(f)=[-1,1]$

$u=\varphi(x)=-x^2+2$, $Z(\varphi)=(-\infty,2]$

$D(f)\cap Z(\varphi)\neq\varnothing$

所以 $y=\arccos u$, $u=-x^2+2$ 可以构成复合函数 $y=\arccos(-x^2+2)$. 其定义域满足 $|-x^2+2|\leqslant 1$，即$\begin{cases}|x|\leqslant\sqrt{3}\\|x|\geqslant 1\end{cases}$，所以 $y=\arccos(-x^2+2)$ 为定义在$[-\sqrt{3},-1]\cup[1,\sqrt{3}]$上的复合函数. 故本题应选(D).

22. 函数 $y=\sqrt{1-u^2}$ 与 $u=\lg x$ 能构成复合函数 $y=\sqrt{1-\lg^2 x}$ 的区间是[　　].

(A) $(0,+\infty)$　　(B) $\left[\dfrac{1}{10},10\right]$　　(C) $\left[\dfrac{1}{10},+\infty\right)$　　(D) $(0,10)$

解：要使 $y=\sqrt{1-\lg^2 x}$ 是复合函数，须满足

$\begin{cases}1-\lg^2 x\geqslant 0\\x>0\end{cases}$，即$\begin{cases}\lg^2 x\leqslant 1\\x>0\end{cases}$，亦即$\begin{cases}|\lg x|\leqslant 1\\x>0\end{cases}$. 只要$\begin{cases}-1\leqslant\lg x\leqslant 1\\x>0\end{cases}$，即$\dfrac{1}{10}\leqslant x\leqslant 10$ 即可. 所以当 $x\in\left[\dfrac{1}{10},10\right]$时，$y=\sqrt{1-\lg^2 x}$ 是复合函数. 故本题应选(B).

23. 下列关系中，是复合函数关系的是[　　].

(A) $y = x + \sin x$　　(B) $y = 2x^2 e^x$

(C) $y = \sqrt{\sin x - 2}$　　(D) $y = \cos\sqrt{x}$

解：(A) $y = x + \sin x$ 是基本初等函数 x 与 $\sin x$ 之和，非复合函数.

(B) $y = 2x^2 e^x$ 是基本初等函数 2，x^2 及 e^x 之积，非复合函数.

(C) $y = \sqrt{\sin x - 2}$，因 $\sin x < 2$，偶次方根号下为负数，定义域为空集，不能构成函数关系.

(D) $y = \cos\sqrt{x}$ 是由 $y = \cos u$，$u = \sqrt{x}$ 复合而成的复合函数，定义域为$[0, +\infty)$.

故本题应选(D).

24. 下列函数中不是初等函数的是[　　].

(A) $y = x^x$　　(B) $y = |x|$

(C) $y = \operatorname{sgn} x$　　(D) $e^x + xy - 1 = 0$

解：(A) $y = x^x = e^{x\ln x}$ 是初等函数.

(B) $y = |x| = \sqrt{x^2}$ 是初等函数.

(C) $y = \operatorname{sgn} x = \begin{cases} 1, & x > 0 \\ 0, & x = 0 \\ -1, & x < 0 \end{cases}$ 不是初等函数.

故本题应选(C).

(D) $e^x + xy - 1 = 0$，$y = \dfrac{1 - e^x}{x}$ 是初等函数.

注释　如果隐函数不能表示成显函数形式，则它不是初等函数.

25. 已知 $y = f(x)$ 的图形如图 1－13 所示，那么 $y = \dfrac{1}{2}[|f(x)| + f(x)]$ 的图形是[　　].

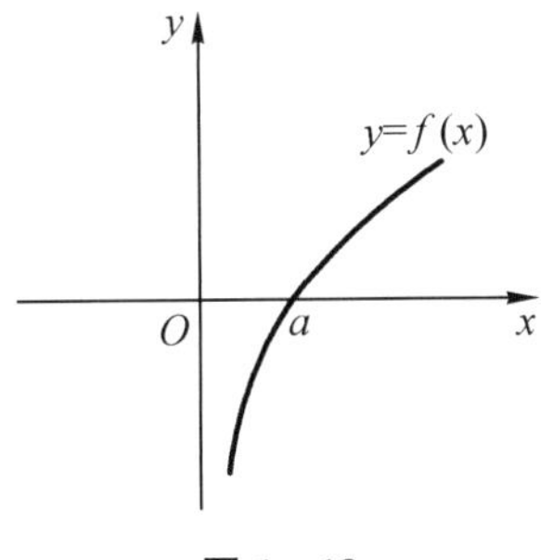

图 1－13

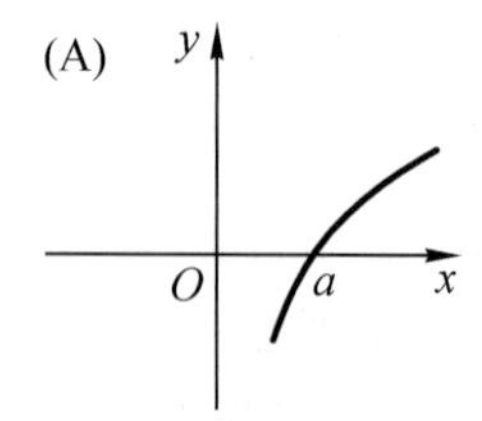

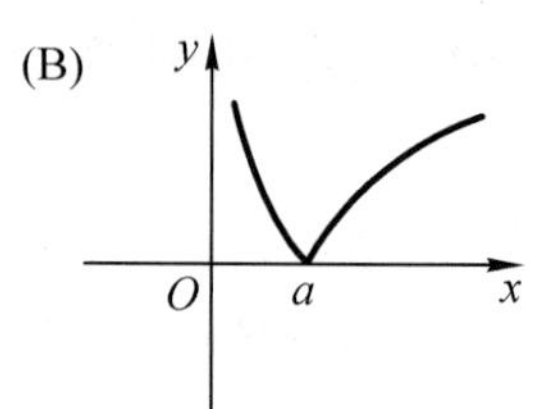

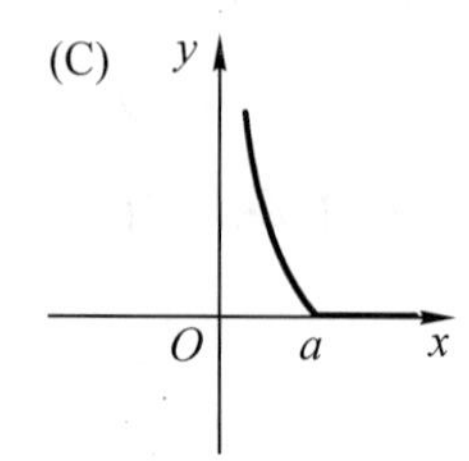

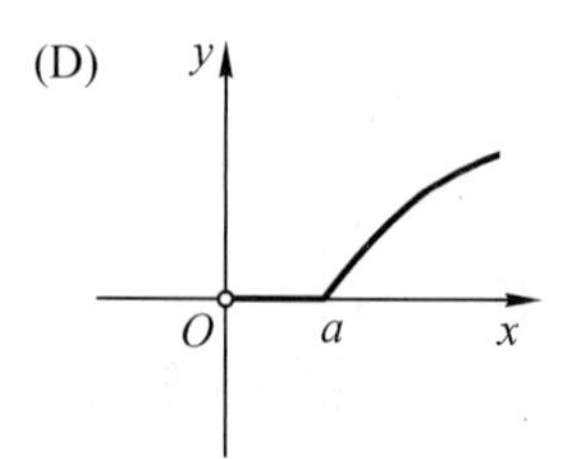

解：在$(0, a)$内，$f(x)<0$，所以 $\frac{1}{2}[|f(x)|+f(x)]=0$；在$[a, +\infty)$内，$f(x)\geqslant 0$，所以$\frac{1}{2}[|f(x)|+f(x)]=\frac{1}{2}\times 2f(x)=f(x)$. 故本题应选(D).

(二) 参考题(附解答)

(A)

1. 用区间表示满足关系式 $|(x+1)(x-3)|=(x+1)(x-3)$ 的解集.

解：根据实数绝对值的定义，若 $|(x+1)(x-3)|=(x+1)(x-3)$，则必有$(x+1)(x-3)\geqslant 0$，否则若$(x+1)(x-3)<0$，则应有$|(x+1)(x-3)|>(x+1)(x-3)$（或 $|(x+1)(x-3)|=-(x+1)(x-3)$）.

解不等式$(x+1)(x-3)\geqslant 0$，解集应满足

$$\begin{cases}x+1\geqslant 0\\x-3\geqslant 0\end{cases} \text{ 或 } \begin{cases}x+1\leqslant 0\\x-3\leqslant 0\end{cases}，\text{即}\begin{cases}x\geqslant -1\\x\geqslant 3\end{cases} \text{ 或 } \begin{cases}x\leqslant -1\\x\leqslant 3\end{cases}$$

从而有$x\geqslant 3$ 或 $x\leqslant -1$，所以可得关系式 $|(x+1)(x-3)|=(x+1)(x-3)$ 的解集为$(-\infty, -1]\cup[3, +\infty)$.

2. 已知 $f(x)=\begin{cases}0, & x<0\\1, & x\geqslant 0\end{cases}$，求 $f(x)+f(x+1)$.

解：$f(x+1)=\begin{cases}0, & x+1<0\\1, & x+1\geqslant 0\end{cases}$

$$=\begin{cases}0, & x<-1\\1, & x\geqslant -1\end{cases}$$

当 $x<-1$ 时，$f(x)+f(x+1)=0+0=0$.

当 $-1 \leqslant x < 0$ 时，$f(x)+f(x+1)=0+1=1$.

当 $x \geqslant 0$ 时，$f(x)+f(x+1)=1+1=2$.

所以 $f(x)+f(x+1)=\begin{cases}0, & x<-1 \\ 1, & -1 \leqslant x<0. \\ 2, & x \geqslant 0\end{cases}$

3. 设 $f(x)=\begin{cases}1-|x|, & |x| \leqslant 1 \\ 0, & |x|>1\end{cases}$，求当 $a=0$，1，2时，$f(x) \cdot f(a-x)$ 的表达式，并作出图形.

解： $f(x)=\begin{cases}1+x, & -1 \leqslant x \leqslant 0 \\ 1-x, & 0<x \leqslant 1 \\ 0, & |x|>1\end{cases}$

(1) 当 $a=0$ 时

$$f(0-x)=f(-x)=\begin{cases}1-x, & -1 \leqslant -x \leqslant 0 \\ 1+x, & 0<-x \leqslant 1 \\ 0, & |-x|>1\end{cases}$$

$$=\begin{cases}1-x, & 0 \leqslant x \leqslant 1 \\ 1+x, & -1 \leqslant x<0 \\ 0, & |x|>1\end{cases}$$

$$=\begin{cases}1+x, & -1 \leqslant x \leqslant 0 \\ 1-x, & 0<x \leqslant 1 \\ 0, & |x|>1\end{cases}$$

那么 $f(x) \cdot f(-x)=\begin{cases}(1+x)^2, & -1 \leqslant x \leqslant 0 \\ (1-x)^2, & 0<x \leqslant 1. \\ 0, & |x|>1\end{cases}$

图形如图 1－14 所示.

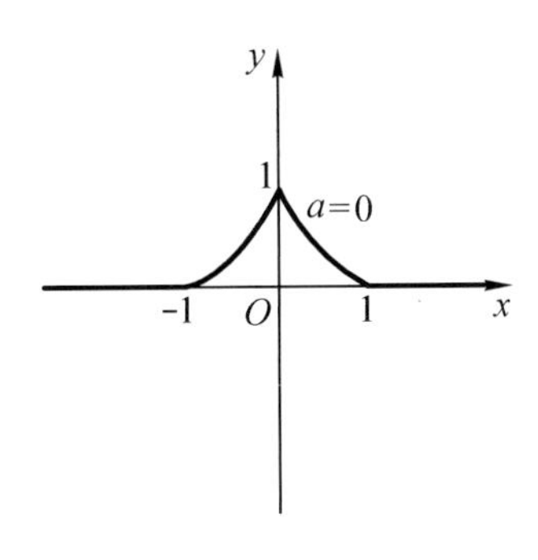

图 1－14

(2) 当 $a=1$ 时

$$f(1-x)=\begin{cases}2-x, & -1\leqslant 1-x\leqslant 0\\ x, & 0<1-x\leqslant 1\\ 0, & |1-x|>1\end{cases}$$

$$=\begin{cases}x, & 0\leqslant x\leqslant 1\\ 2-x, & 1<x\leqslant 2\\ 0, & x<0 \text{ 或 } x>2\end{cases}$$

$$f(x)\cdot f(1-x)=\begin{cases}x(1-x), & 0\leqslant x\leqslant 1\\ 0, & 1<x\leqslant 2\\ 0, & x<0 \text{ 或 } x>2\end{cases}$$

$$=\begin{cases}x(1-x), & 0\leqslant x\leqslant 1\\ 0, & x<0 \text{ 或 } x>1\end{cases}$$

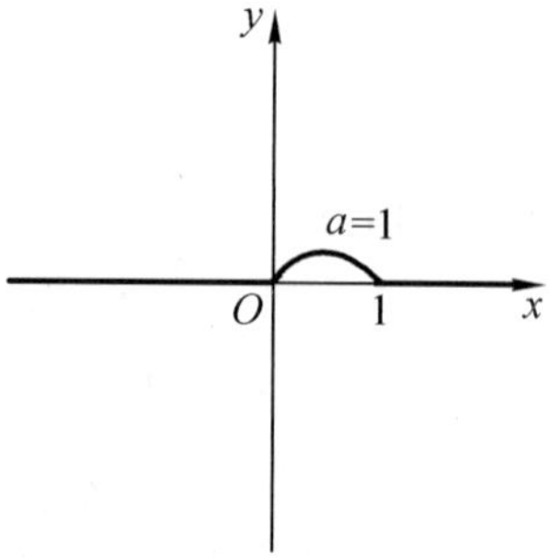

图形如图 1-15 所示.

图 1-15

(3) 当 $a=2$ 时

$$f(2-x)=\begin{cases}3-x, & -1\leqslant 2-x\leqslant 0\\ -1+x, & 0<2-x\leqslant 1\\ 0, & |2-x|>1\end{cases}$$

$$=\begin{cases}3-x, & 2\leqslant x\leqslant 3\\ -1+x, & 1\leqslant x<2\\ 0, & x<1 \text{ 或 } x>3\end{cases}$$

$$f(x)\cdot f(2-x)=\begin{cases}0, & 1\leqslant x<2\\ 0, & 2\leqslant x\leqslant 3\\ 0, & x<1 \text{ 或 } x>3\end{cases}$$

$$=0\quad(-\infty<x<+\infty)$$

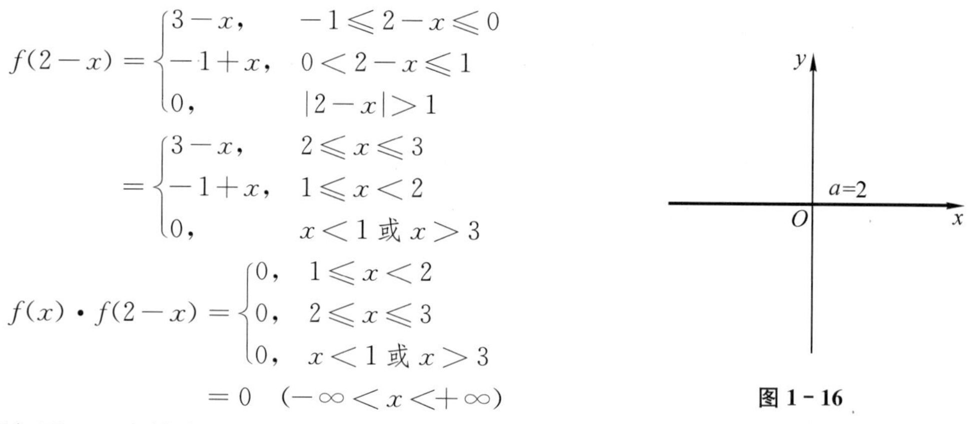

图 1-16

图形如图 1-16 所示.

4. 设 $f(x)$ 满足关系式 $2f(x)-f(1-x)=x^2-1$, $x\in(-\infty,+\infty)$, 求 $f(x)$.

解: 已知 $2f(x)-f(1-x)=x^2-1$, 则令 $1-x=t$, $x=1-t$, 代入上式有

$$2f(1-t)-f(t)=(1-t)^2-1=t^2-2t$$

即
$$2f(1-x)-f(x)=x^2-2x$$

解方程组

$$\begin{cases}2f(x)-f(1-x)=x^2-1 & ①\\ -f(x)+2f(1-x)=x^2-2x & ②\end{cases}$$

$2\times$ 式①+式②, 得 $3f(x)=3x^2-2x-2$.

于是可得

$$f(x)=\frac{1}{3}(3x^2-2x-2).$$

5. 求函数 $y=\sqrt{1-\left|\frac{x-4}{x}\right|}$ 的定义域.

解: 若函数有定义，则需要满足：

$$\left|\frac{x-4}{x}\right|\leqslant 1$$

若 $x\geqslant 4$，则须有 $x-4\leqslant x$，则 $-4\leqslant 0$，此式恒成立.

若 $0<x<4$，则须有 $x-4\geqslant -x$，则 $x\geqslant 2$.

若 $x<0$，则须有 $x-4\geqslant x$，则 $-4\geqslant 0$，此式不成立.

故函数要有定义，须有 $x\geqslant 2$. 因此，函数定义域为$[2,+\infty)$.

6. 求 $y=2^{\frac{1}{x}}+\arcsin[\lg(1-x)]$ 的定义域.

解: 对于 $2^{\frac{1}{x}}$，要求 $x\neq 0$.

对于 $\arcsin[\lg(1-x)]$，要求$\begin{cases}|\lg(1-x)|\leqslant 1\\ 1-x>0\end{cases}$.

解不等式组$\begin{cases}-1\leqslant \lg(1-x)\leqslant 1\\ 1-x>0\\ x\neq 0\end{cases}$，即$\begin{cases}\frac{1}{10}\leqslant 1-x\leqslant 10\\ x<1\\ x\neq 0\end{cases}$，

亦即 $\begin{cases}1-10\leqslant x\leqslant 1-\frac{1}{10}\\ x<1\\ x\neq 0\end{cases}$，于是得$\begin{cases}-9\leqslant x\leqslant \frac{9}{10}\\ x\neq 0\end{cases}$，

所以所求函数的定义域为$[-9,0)\cup\left(0,\frac{9}{10}\right]$.

7. 研究函数 $f(x)=\mathrm{e}^{|x|}$ 的单调性（$\mathrm{e}\approx 2.718\,28$）.

解: $f(x)=\mathrm{e}^{|x|}=\begin{cases}\mathrm{e}^{x}, & x\geqslant 0\\ \mathrm{e}^{-x}, & x<0\end{cases}$，定义域为$(-\infty,+\infty)$.

当 $x<0$ 时，设 x_1，x_2 为$(-\infty,0)$ 内任意两点，且 $x_1<x_2$.

$$f(x_2)-f(x_1)=\mathrm{e}^{-x_2}-\mathrm{e}^{-x_1}<0，即 f(x_1)>f(x_2)$$

所以 $f(x)$ 在$(-\infty,0)$ 内单调减少.

当 $x\geqslant 0$ 时，设 x_1，x_2 为$[0,+\infty)$ 内任意两点，且 $x_1<x_2$.

$$f(x_2)-f(x_1)=\mathrm{e}^{x_2}-\mathrm{e}^{x_1}>0，即 f(x_1)<f(x_2)$$

所以 $f(x)$ 在$[0,+\infty)$ 内单调增加.

8. 讨论函数 $f(x)=\sqrt{2x-x^2}$ 的奇偶性、单调性、有界性及周期性.

解: 定义域：$f(x)$ 的定义域要求满足：

$$\begin{cases}x\geqslant 0\\ 2-x\geqslant 0\end{cases} 或 \begin{cases}x\leqslant 0\\ 2-x\leqslant 0\end{cases}$$

由此可得函数的定义域为[0, 2].

奇偶性：$f(-x)=\sqrt{-x(2+x)}$，既不等于 $f(x)$，也不等于$-f(x)$，故 $f(x)$ 为非奇非偶函数.

单调性：任取 x_1，$x_2\in[0, 2]$，$x_1<x_2$，则

$$\begin{aligned}f(x_2)-f(x_1)&=\sqrt{2x_2-x_2^2}-\sqrt{2x_1-x_1^2}\\&=\frac{2x_2-x_2^2-2x_1+x_1^2}{\sqrt{2x_2-x_2^2}+\sqrt{2x_1-x_1^2}}\\&=\frac{2(x_2-x_1)-(x_2^2-x_1^2)}{\sqrt{2x_2-x_2^2}+\sqrt{2x_1-x_1^2}}\\&=\frac{(x_2-x_1)[2-(x_2+x_1)]}{\sqrt{2x_2-x_2^2}+\sqrt{2x_1-x_1^2}}\end{aligned}$$

由于 $x_2-x_1>0$，因此，若 x_1，$x_2\in(0, 1)$，则 $2-(x_2+x_1)>0$，从而有 $f(x_2)>f(x_1)$，所以 $f(x)$ 单调增加.

若 x_1，$x_2\in(1, 2)$，则 $2-(x_2+x_1)<0$，从而有 $f(x_2)<f(x_1)$，所以 $f(x)$ 单调减少.

可见 $f(x)$ 在[0, 2]上是非单调函数.

有界性：

$$f^2(x)=2x-x^2-1+1=1-(x-1)^2\leqslant 1$$

故 $|f(x)|\leqslant 1$，所以 $f(x)$ 有界.

周期性：$f(x)$ 的定义域为[0, 2]，显然 $f(x)$ 是非周期函数.

9. 求函数 $f(x)=\begin{cases}x^2-9, & 0\leqslant x\leqslant 3\\ x^2, & -3\leqslant x<0\end{cases}$ 的反函数 $f^{-1}(x)$.

解： 设 $y=f(x)=\begin{cases}x^2-9, & 0\leqslant x\leqslant 3\\ x^2, & -3\leqslant x<0\end{cases}$.

当 $0\leqslant x\leqslant 3$ 时，由 $y=x^2-9$ 得出 $x=\pm\sqrt{y+9}$. 由于 $x\in[0, 3]$，x 为正数，故 $x=\pm\sqrt{y+9}$ 中根号前应取正号，即 $x=\sqrt{y+9}$，$-9\leqslant y\leqslant 0$. 所以，当 $0\leqslant x\leqslant 3$ 时，$f(x)$ 的反函数 $f^{-1}(x)=\sqrt{x+9}$，$-9\leqslant x\leqslant 0$.

当 $-3\leqslant x<0$ 时，由 $y=x^2$ 得出 $x=\pm\sqrt{y}$. 由于 $x\in[-3, 0)$，x 为负数，故 $x=\pm\sqrt{y}$ 的根号前应取负号，即 $x=-\sqrt{y}$，$0<y\leqslant 9$. 所以，当 $-3\leqslant x<0$ 时，$f(x)$ 的反函数 $f^{-1}(x)=-\sqrt{x}$，$0<x\leqslant 9$.

从而可得，在[-3, 3]上 $f(x)$ 的反函数为

$$f^{-1}(x)=\begin{cases}\sqrt{x+9}, & -9\leqslant x\leqslant 0\\ -\sqrt{x}, & 0<x\leqslant 9\end{cases}$$

如图 1－17 所示.

10. 已知 $f\left(\frac{1}{x}\right)=\frac{x+1}{x}$，求 $f(x)$ 的反函数 $f^{-1}(x)$.

解： 令 $\frac{1}{x}=t$，则 $x=\frac{1}{t}$，那么有 $f(t)=1+t$，将 t 换成 x 得 $f(x)=1+x$. 设 $y=$

$f(x)$，即 $y=1+x$，解出 $x=y-1$. x 与 y 互换可得 $y=x-1$，即 $f^{-1}(x)=x-1$.

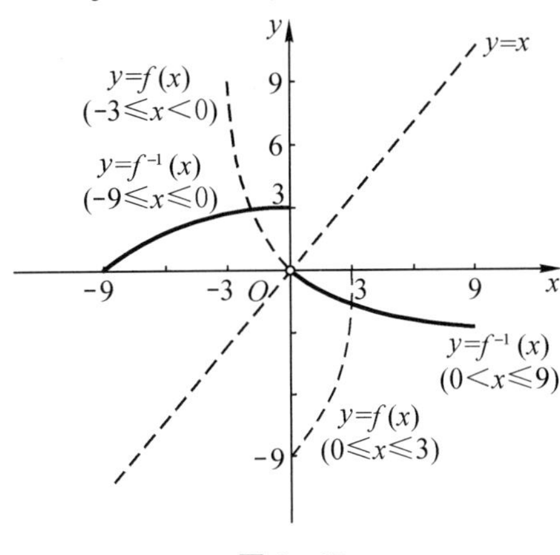

图 1－17

11. 求函数 $f(x)=(1+x^2)\text{sgn}x$ 的反函数 $f^{-1}(x)$.

解： 设 $y=f(x)=(1+x^2)\text{sgn}x=\begin{cases}1+x^2, & x>0\\0, & x=0.\\-(1+x^2), & x<0\end{cases}$

当 $x>0$ 时，由 $y=1+x^2$ 解出 $x=\sqrt{y-1}$（因 $x>0$，故根号前取正号），$y>1$.

当 $x=0$ 时，$y=0$.

当 $x<0$ 时，由 $y=-(1+x^2)$ 解出 $x=-\sqrt{-y-1}$（因$x<0$，故根号前取负号），$y<-1$.

x 与 y 互换可得

$$y=f^{-1}(x)=\begin{cases}\sqrt{x-1}, & x>1\\0, & x=0\\-\sqrt{-x-1}, & x<-1\end{cases}$$

12. 求函数 $y=\dfrac{10^x-10^{-x}}{10^x+10^{-x}}$ 的值域.

解： 函数的值域即反函数的定义域，先求给定函数的反函数：

$$10^{2x}\cdot y+y=10^{2x}-1,\ 10^{2x}(1-y)=1+y,\ 10^{2x}=\frac{1+y}{1-y}$$

于是可得 $x=\dfrac{1}{2}\lg\dfrac{1+y}{1-y}$. x 与 y 互换，得反函数为 $y=\dfrac{1}{2}\lg\dfrac{1+x}{1-x}$，其定义域满足 $\dfrac{1+x}{1-x}>0$，即$\begin{cases}1+x>0\\1-x>0\end{cases}$或$\begin{cases}1+x<0\\1-x<0\end{cases}$，亦即$\begin{cases}x>-1\\x<1\end{cases}$或$\begin{cases}x<-1\\x>1\end{cases}$. 于是可得 $-1<x<1$. 所以反函数 $y=\dfrac{1}{2}\lg\dfrac{1+x}{1-x}$ 的定义域为 $(-1,1)$，即函数 $y=\dfrac{10^x-10^{-x}}{10^x+10^{-x}}$ 的值域为 $(-1,1)$.

13. 求由 $y=f(u)=\arctan u^2$，$u=\varphi(v)=\tan v$，$v=\psi(x)=a^2+x^2$ 复合成的复合函数 $y=f\{\varphi[\psi(x)]\}$ 及其定义域.

解: $y=\arctan[\tan^2(a^2+x^2)]$

其定义域 $D=\{x \mid a^2+x^2\neq k\pi+\frac{\pi}{2}, k\text{为整数}\}$.

14. 某公司全年需购进某型号设备 1 000 台，每台购进价格为 3 500 元. 若分若干批进货，每批进货台数相同，则一批商品销售完后，马上进下一批货，每进货一次需消耗费用 1 500 元，商品均匀投放市场(即平均年库存量为批量的一半)，该商品每年每台库存费为进货价格的 5%，试将公司每年在该商品上的投资总额表示为每批进货量的函数.

解: 设每批进货量为 x 台，总投资为 y 元，则全年进货批数为$\frac{1\,000}{x}$，有

全年进货费用为$\frac{1\,000}{x}\times 1\,500$ 元

全年库存费用为$\frac{x}{2}\times 3\,500\times 5\%$ 元

全年商品付款为 $1\,000\times 3\,500$ 元

于是可得总投资为

$$y=1\,000\times 3\,500+\frac{x}{2}\times 3\,500\times 5\%+\frac{1\,000}{x}\times 1\,500$$

即
$$y=3\,500\,000+\frac{175}{2}x+\frac{1\,500\,000}{x}\quad (x>0)$$

15. 某产品产量的增长函数是 $Q=1\,000\times 1.1^t$，式中 t 为年数，Q 为产量. 问几年后该产品的产量可以翻一番?

解: 当 $t=0$ 时，$Q=1\,000$，即原产量为 1 000，要翻一番，即产量达到 $Q=2\,000$.

求 $Q=1\,000\times 1.1^t$ 的反函数.

$$\lg Q=\lg 1\,000+t\lg 1.1$$

那么可得 $t=\frac{\lg Q-3}{\lg 1.1}$.

当 $Q=2\,000$ 时，$t=\frac{\lg 2\,000-3}{\lg 1.1}=\frac{3+\lg 2-3}{\lg 1.1}=\frac{\lg 2}{\lg 1.1}\approx\frac{0.301\,0}{0.041\,4}\approx 7.27$，即约在 7.27 年后，产量可以翻一番。

注释 $t=\frac{\lg Q-3}{\lg 1.1}$($Q$ 为自变量，t 为因变量) 就是 $Q=1\,000\times 1.1^t$(t 为自变量，Q 为因变量) 的反函数.

一般情况下写为 $Q=\frac{\lg t-3}{\lg 1.1}$ (t 为自变量，Q 为因变量)，但在做应用问题时，不要改变自变量与因变量的字母.

(B)

1. 下列 y 与 x 的关系中不是函数关系的是[　　].

(A) $y=\begin{cases}x, & x<0\\ -x, & x\geqslant 0\end{cases}$

(B) $y=\begin{cases}1+f^2(x), & f(x)>1\\ 1-f^2(x), & f(x)\leqslant 1\end{cases}$，其中 $f(x)=|x|$

(C) $y=f(x)$，已知 $f(x+1)=\begin{cases}1, & 0\leqslant x\leqslant 2\\ -1, & 2<x\leqslant 4\end{cases}$

(D) $y=f(2x)+f(x-5)$，其中 $f(x)=\begin{cases}1, & 0\leqslant x\leqslant 2\\ -1, & 2<x\leqslant 4\end{cases}$

解：(A) $y=\begin{cases}x, & x<0\\ -x, & x\geqslant 0\end{cases}$，$y$ 与 x 是定义在$(-\infty, +\infty)$ 上的函数关系.

(B) $$y=\begin{cases}1+f^2(x), & f(x)>1\\ 1-f^2(x), & f(x)\leqslant 1\end{cases}=\begin{cases}1+x^2, & |x|>1\\ 1-x^2, & |x|\leqslant 1\end{cases}$$

y 与 x 是定义在$(-\infty, +\infty)$ 上的函数关系.

(C) $f(x+1)=\begin{cases}1, & 0\leqslant x\leqslant 2\\ -1, & 2<x\leqslant 4\end{cases}$，令 $x+1=t$，则 $x=t-1$.

那么有 $$f(t)=\begin{cases}1, & 0\leqslant t-1\leqslant 2\\ -1, & 2<t-1\leqslant 4\end{cases}=\begin{cases}1, & 1\leqslant t\leqslant 3\\ -1, & 3<t\leqslant 5\end{cases}$$

即 $f(x)=\begin{cases}1, & 1\leqslant x\leqslant 3\\ -1, & 3<x\leqslant 5\end{cases}$，所以 y 与 x 是定义在 $[1, 5]$ 上的函数关系.

(D) $f(x)$ 的定义域是 $[0, 4]$，$y=f(2x)+f(x-5)$ 若是 y 与 x 的函数关系，则其定义域应满足：

$$\begin{cases}0\leqslant 2x\leqslant 4\\ 0\leqslant x-5\leqslant 4\end{cases}，即\begin{cases}0\leqslant x\leqslant 2\\ 5\leqslant x\leqslant 9\end{cases}$$

此不等式组无解，即解集为空集.

所以 $y=f(2x)+f(x-5)$ 不是 y 与 x 的函数关系.

故本题应选(D).

2. 下列结论正确的是[　　].

(A) $S=\sin^2\alpha+\cos^2\alpha$ 和 $y=\dfrac{\sqrt{x^2}}{x}$ 都与 $y=1$ 是相同的函数

(B) $y=\sqrt{x^4}$ 和 $y=x\sqrt{x^2}$ 都与 $y=x^2$ 是相同的函数

(C) $y=|x|$ 和 $y=x\operatorname{sgn}x$ 都与 $y=\begin{cases}x, & x\geqslant 0\\ -x, & x<0\end{cases}$是相同的函数

(D) $y=\arcsin(\sin x)$ 和 $y=\sin(\arcsin x)$ 都与 $y=x$ 是相同的函数

解：(A) $S=\sin^2\alpha+\cos^2\alpha$ 与 $y=1$ 的定义域均为$(-\infty, +\infty)$，值域均为$\{1\}$，$y=\dfrac{\sqrt{x^2}}{x}$ 的定义域为$(-\infty, 0)\cup(0, +\infty)$，值域为$\{-1, 1\}$. 所以 $S=\sin^2\alpha+\cos^2\alpha$ 与 $y=1$ 是相同的函数，而 $y=\dfrac{\sqrt{x^2}}{x}$ 与 $y=1$ 不是相同的函数.

(B) $y=\sqrt{x^4}$ 与 $y=x^2$ 的定义域均为$(-\infty, +\infty)$，值域均为$[0, +\infty)$，且对应规则相同. $y=x\sqrt{x^2}$ 的定义域为$(-\infty, +\infty)$，值域为$(-\infty, +\infty)$. 所以 $y=\sqrt{x^4}$ 与 $y=x^2$ 是相同的函数，而 $y=x\sqrt{x^2}$ 与$y=x^2$ 不是相同的函数.

(C) $y=|x|$，$y=x\operatorname{sgn}x$ 与 $y=\begin{cases}x, & x\geqslant 0\\ -x, & x<0\end{cases}$ 的定义域均为$(-\infty, +\infty)$，值域均为$[0, +\infty)$，对应规则相同，所以 $y=|x|$ 和 $y=x\operatorname{sgn}x$ 均与 $y=\begin{cases}x, & x\geqslant 0\\ -x, & x<0\end{cases}$ 是相同的函数. 故本题应选(C).

继续考察(D)：$y=x$ 的定义域为$(-\infty, +\infty)$，值域为$(-\infty, +\infty)$；$y=\arcsin(\sin x)$ 的定义域为$(-\infty, +\infty)$，值域为$\left[-\dfrac{\pi}{2}, \dfrac{\pi}{2}\right]$；$y=\sin(\arcsin x)$ 的定义域为$[-1, 1]$. 三者皆非相同的函数.

3. 设 $f(x)=\begin{cases}2-x, & x\leqslant 0\\ 2+x, & x>0\end{cases}$，$\varphi(x)=\begin{cases}x^2, & x<0\\ -x, & x\geqslant 0\end{cases}$，则 $f[\varphi(x)]=$[　　].

(A) $\begin{cases}2+x^2, & x<0\\ 2-x, & x\geqslant 0\end{cases}$　　(B) $\begin{cases}2-x^2, & x<0\\ 2+x, & x\geqslant 0\end{cases}$

(C) $\begin{cases}2-x^2, & x<0\\ 2-x, & x\geqslant 0\end{cases}$　　(D) $\begin{cases}2+x^2, & x<0\\ 2+x, & x\geqslant 0\end{cases}$

解：$f[\varphi(x)]=\begin{cases}2-\varphi(x), & \varphi(x)\leqslant 0\\ 2+\varphi(x), & \varphi(x)>0\end{cases}$

当 $x<0$ 时，$\varphi(x)=x^2>0$；当 $x\geqslant 0$ 时，$\varphi(x)=-x\leqslant 0$.

故 $f[\varphi(x)]=\begin{cases}2+x^2, & x<0\\ 2+x, & x\geqslant 0\end{cases}$.

故本题应选(D).

4. 已知函数 $f(x)$ 的定义域为$(-1, 0)$，则下列函数中定义域仍是$(-1, 0)$ 的函数是[　　].

(A) $f(x^2-1)$　　(B) $[f(x)]^2$　　(C) $f(2x)$　　(D) $f(x-1)$

解：(A) $f(x^2-1)$ 的定义域满足$-1<x^2-1<0$，即$0<x^2<1$，所以有$-1<x<1$ 且 $x\neq 0$，即 $f(x^2-1)$ 的定义域为$(-1, 0)\cup(0, 1)$.

(B) $[f(x)]^2$ 的定义域仍为$(-1, 0)$. 故本题应选(B).

(C) $f(2x)$ 的定义域满足 $-1<2x<0$，即 $-\dfrac{1}{2}<x<0$，所以 $f(2x)$ 的定义域

为$\left(-\frac{1}{2}, 0\right)$.

(D) $f(x-1)$ 的定义域满足 $-1<x-1<0$，即 $0<x<1$，所以 $f(x-1)$ 的定义域为 $(0, 1)$.

5. 设 $f(x)=e^{x^2}$，$f[\varphi(x)]=1-x$，且 $\varphi(x)\geqslant 0$，则 $\varphi(x)$ 的定义域是[　　].

(A) $(1, +\infty)$　(B) $(-\infty, 0]$　(C) $(-\infty, +\infty)$　(D) $(0, +\infty)$

解：$f[\varphi(x)]=e^{\varphi^2(x)}=1-x$，那么

$$\varphi^2(x)=\ln(1-x)，即 \varphi(x)=\sqrt{\ln(1-x)}$$

$\varphi(x)$ 的定义域要求满足：

$$\begin{cases}\ln(1-x)\geqslant 0\\ 1-x>0\end{cases}，即\begin{cases}1-x\geqslant 1\\ 1-x>0\end{cases}，亦即 x\leqslant 0$$

故本题应选(B).

6. 设函数 $f(x)=\begin{cases}1, & 0\leqslant x\leqslant 1\\ 2, & 1<x\leqslant 2\end{cases}$，给定四个函数：

(1) $f(x)$　(2) $f(2x)$　(3) $f(x-2)$　(4) $f(2x-2)$

及四个定义域：

(a) $[1, 2]$　(b) $[2, 4]$　(c) $[0, 1]$　(d) $[0, 2]$

四个函数与四个定义域的对应关系为[　　].

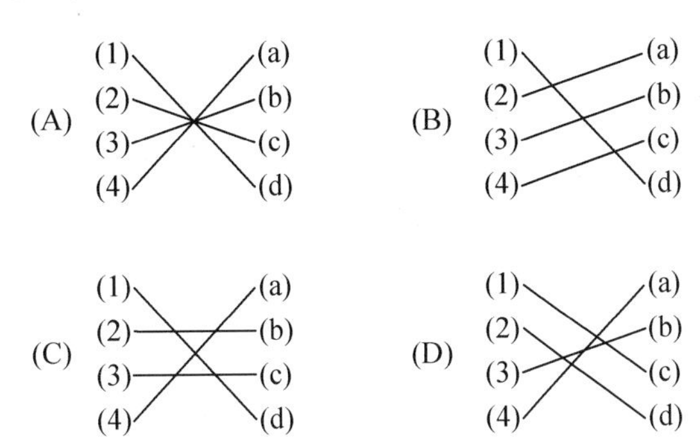

解：本题应选(A).

7. 下列函数中只是偶函数不是奇函数的是[　　].

(A) $y=D(x)=\begin{cases}1, & x 为有理数\\ 0, & x 为无理数\end{cases}$

(B) $y=\operatorname{sgn}x=\begin{cases}1, & x>0\\ 0, & x=0\\ -1, & x<0\end{cases}$

(C) $y=[x]$　　($[x]$ 表示不超过 x 的最大整数)

(D) $y=0$

解：(A) 当 x 为有理数时，$-x$ 也为有理数，故有 $D(-x)=D(x)=1$；当 x 为无理数时，$-x$ 也为无理数，故有 $D(-x)=D(x)=0$，所以

$$y=D(x)=\begin{cases}1, & x\text{为有理数}\\0, & x\text{为无理数}\end{cases}$$

是偶函数，不是奇函数. 故本题应选(A).

(B) $$\operatorname{sgn}(-x)=\begin{cases}1, & -x>0\\0, & -x=0\\-1, & -x<0\end{cases}$$

$$=\begin{cases}1, & x<0\\0, & x=0\\-1, & x>0\end{cases}$$

$$=-\operatorname{sgn}(x)$$

所以$y=\operatorname{sgn}x$是奇函数.

(C) $[-x]\neq[x]$且$[-x]\neq-[x]$. 例如，$x=3.1$，$[3.1]=3$，$[-3.1]=-4$，$-[3.1]=-3$，所以$y=[x]$既不是偶函数，也不是奇函数.

(D) $y=0$既是偶函数，又是奇函数.

8. $f(0)=0$是定义在$(-a,a)$内的函数$f(x)$为奇函数的[　　].

(A) 必要条件　　(B) 充分条件

(C) 充分且必要条件　　(D) 无关条件

解: $f(x)$为奇函数，则有$f(-x)=-f(x)$，因此有$f(0)=-f(0)$，即$f(0)=0$，所以$f(0)=0$是$f(x)$为奇函数的必要条件.

但满足$f(0)=0$，$f(x)$不一定是奇函数. 例如，$y=x^2$，$f(0)=0$，但非奇函数，故$f(0)=0$不是$f(x)$为奇函数的充分条件.

故本题应选(A).

9. 函数(1) $f(x)=\dfrac{x}{1+x}$，(2) $\varphi(x)=\dfrac{x^2}{1+x^2}$，(3) $g(x)=\dfrac{x}{1+x^2}$，(4) $h(x)=\dfrac{x^3}{1+x^2}$，在其定义域内有界的是[　　].

(A) (1) 与(2)　　(B) (2) 与(3)

(C) (1) 与(3)　　(D) (1)，(2) 与(3)

解: (1) 取$x=-1+\varepsilon$ (ε为任意小的正数)，则$|f(x)|=\left|\dfrac{-1+\varepsilon}{\varepsilon}\right|=\dfrac{1-\varepsilon}{\varepsilon}=\dfrac{1}{\varepsilon}-1$，可以任意大，故$f(x)$无界.

(2) $|\varphi(x)|=\left|\dfrac{x^2}{1+x^2}\right|<\dfrac{1+x^2}{1+x^2}=1$，故$\varphi(x)$有界.

(3) $|g(x)|=\left|\dfrac{x}{1+x^2}\right|=\dfrac{|x|}{1+x^2}\leqslant\dfrac{1}{2}$，故$g(x)$有界.

(4) $|h(x)|=\left|\dfrac{x^3}{1+x^2}\right|=\dfrac{|x^3|}{1+x^2}>\dfrac{|x|^3}{2x^2}=\dfrac{1}{2}|x|$（$|x|>1$时），可以任意大，故$h(x)$无界.

因此，本题应选(B).

10. 下列函数中是无界函数的是[　　].

(A) $f(x)=\operatorname{sgn}x\cdot\sin\dfrac{1}{x}\quad(x\neq 0)$　(B) $f(x)=\dfrac{[x]}{x}\quad(x>0)$

(C) $f(x)=\dfrac{e^x}{1+\cos x}$　(D) $y=\dfrac{x\cos x}{1+x^2}$

解: (A) 因为 $|\operatorname{sgn}x|\leqslant 1$, $\left|\sin\dfrac{1}{x}\right|\leqslant 1$, 因此

$$\left|\operatorname{sgn}x\cdot\sin\frac{1}{x}\right|=|\operatorname{sgn}x|\cdot\left|\sin\frac{1}{x}\right|\leqslant 1$$

所以 $f(x)=\operatorname{sgn}x\cdot\sin\dfrac{1}{x}\ (x\neq 0)$ 是有界函数.

(B) 当 $x>0$ 时, $0\leqslant\dfrac{[x]}{x}\leqslant 1$, 所以 $f(x)=\dfrac{[x]}{x}$ 是有界函数.

(C) $f(x)=\dfrac{e^x}{1+\cos x}$, 对任给的 $M>0$, 总可以找到 $x\in(-\infty,+\infty)$, 使 $\left|\dfrac{e^x}{1+\cos x}\right|>M$, 所以 $f(x)=\dfrac{e^x}{1+\cos x}$ 无界. 故本题应选(C).

(D) $|y|=\dfrac{|x\cos x|}{1+x^2}\leqslant\dfrac{|x|}{1+x^2}\leqslant\dfrac{1}{2}$, 所以 $f(x)=\dfrac{x\cos x}{1+x^2}$ 是有界函数.

11. 下列函数中不是周期函数的是[　　].

(A) $f(x)=\sin(x+1)$　(B) $f(x)=|\sin x|$

(C) $f(x)=x\cos x$　(D) $f(x)=1+\sin\pi x$

解: (A) $f(x+2\pi)=\sin(x+2\pi+1)=\sin[(x+1)+2\pi]=\sin(x+1)=f(x)$, 所以 $f(x)=\sin(x+1)$ 是以 2π 为周期的周期函数.

(B) $f(x+\pi)=|\sin(x+\pi)|=|-\sin x|=|\sin x|=f(x)$, 所以 $f(x)=|\sin x|$ 是以 π 为周期的周期函数.

(C) 因 $\cos x$ 以 2π 为周期

$$\begin{aligned}f(x+2k\pi)&=(x+2k\pi)\cos(x+2k\pi)\\&=(x+2k\pi)\cos x\neq f(x)\quad(k\neq 0)\end{aligned}$$

所以 $f(x)$ 不是周期函数. 故本题应选(C).

(D) $f(x+2)=1+\sin[\pi(x+2)]=1+\sin(\pi x+2\pi)=1+\sin\pi x=f(x)$, 所以 $f(x)=1+\sin\pi x$ 是以 2 为周期的周期函数.

12. 若对任意的 x, 恒有 $f(x+2)=-f(x)$, 那么[　　].

(A) $f(x)$ 不一定是周期函数

(B) $f(x)$ 一定不是周期函数

(C) $f(x)$ 一定是周期函数, 且周期为 2

(D) $f(x)$ 一定是周期函数, 且周期为 4

解: 若 $f(x+2)=-f(x)$, 则 $f(x+4)=-f(x+2)=f(x)$, 所以 $f(x)$ 是以 4 为周期的周期函数

故本题应选(D).

13. 下列区间中不能使 $y=f(u)=\arcsin(|u|-2)$ 与 $u=\varphi(x)=2-|x|$ 构成复合函数 $y=f[\varphi(x)]$ 的区间是[　　].

(A) $[-1, 1]$　　(B) $[-3, 3]$　　(C) $[3, 5]$　　(D) $[-5, -3]$

解: $y=\arcsin(|u|-2)$ 的定义域要求 $-1\leqslant|u|-2\leqslant1$，即 $1\leqslant|u|\leqslant3$，即 $-3\leqslant u\leqslant-1$ 或 $1\leqslant u\leqslant3$.

若 $-3\leqslant u\leqslant-1$，即 $-3\leqslant2-|x|\leqslant-1$，则有 $-5\leqslant x\leqslant-3$ 或 $3\leqslant x\leqslant5$.

若 $1\leqslant u\leqslant3$，即 $1\leqslant2-|x|\leqslant3$，则有 $-1\leqslant x\leqslant1$.

因此，$x\in[-5, -3]$，$x\in[3, 5]$，$x\in[-1, 1]$ 均可使 $y=\arcsin(|u|-2)$ 与 $u=2-|x|$ 构成复合函数 $y=f[\varphi(x)]$，只有 $x\in[-3, 3]$ 不能使 $y=\arcsin(|u|-2)$ 与 $u=2-|x|$ 构成复合函数 $y=f[\varphi(x)]$.

故本题应选(B).

第二章

01 02 03 04 05 06 07 08 09

极限与连续

(一) 习题解答与注释

(A)

1. 写出下列数列的前五项：

(1) $y_n = 1 - \frac{1}{2^n}$　　(2) $y_n = \left(1 + \frac{1}{n}\right)^n$

(3) $y_n = \frac{1}{n}\sin\frac{\pi}{n}$　　(4) $y_n = \frac{n^2(2n+1)}{n^3+n+4}$

(5) $y_n = \frac{m(m-1)\cdots(m-n+1)}{n!}$

解： 略.

2. 用数列极限的定义证明下列极限：

(1) $\lim\limits_{n\to\infty}\frac{n}{n+1} = 1$　　(2) $\lim\limits_{n\to\infty}\left(1 - \frac{1}{2^n}\right) = 1$　　(3) $\lim\limits_{n\to\infty}\frac{1}{\sqrt{n}} = 0$

证： (1) 任给 $\varepsilon > 0$，要使 $\left|\frac{n}{n+1} - 1\right| = \frac{1}{n+1} < \varepsilon$，只需 $n+1 > \frac{1}{\varepsilon}$，即 $n > \frac{1}{\varepsilon} - 1$. 取 $N = \left[\frac{1}{\varepsilon} - 1\right]$，当 $n > N$ 时，总有 $\left|\frac{n}{n+1} - 1\right| < \varepsilon$. 根据数列极限的定义，有：

$$\lim_{n\to\infty}\frac{n}{n+1} = 1$$

(2) 任给 $\varepsilon > 0$，要使 $\left|1 - \frac{1}{2^n} - 1\right| = \frac{1}{2^n} < \varepsilon$，只需 $2^n > \frac{1}{\varepsilon}$，即 $n > \log_2\frac{1}{\varepsilon}$. 取 $N = \left[\log_2\frac{1}{\varepsilon}\right]$，当 $n > N$ 时，总有 $\left|1 - \frac{1}{2^n} - 1\right| < \varepsilon$. 根据数列极限的定义有：

$$\lim_{n\to\infty}\left(1-\frac{1}{2^n}\right)=1$$

(3) 任给 $\varepsilon>0$，要使 $\left|\frac{1}{\sqrt{n}}-0\right|<\varepsilon$，即$\frac{1}{\sqrt{n}}<\varepsilon$，只要$\sqrt{n}>\frac{1}{\varepsilon}$，即$n>\frac{1}{\varepsilon^2}$. 取 $N=\left[\frac{1}{\varepsilon^2}\right]$，当 $n>N$ 时，总有$\left|\frac{1}{\sqrt{n}}-0\right|<\varepsilon$. 根据数列极限的定义有：

$$\lim_{n\to\infty}\frac{1}{\sqrt{n}}=0$$

3. 用观察的方法判断下列数列是否收敛：

(1) y_n：$-\frac{1}{3}$，$\frac{3}{5}$，$-\frac{5}{7}$，$\frac{7}{9}$，$-\frac{9}{11}$，…

(2) y_n：1，$\frac{3}{2}$，$\frac{1}{3}$，$\frac{5}{4}$，$\frac{1}{5}$，$\frac{7}{6}$，…

(3) y_n：0，$\frac{1}{2}$，0，$\frac{1}{4}$，0，$\frac{1}{6}$，0，$\frac{1}{8}$，…

解：(1) $y_n=(-1)^n\frac{2n-1}{2n+1}$，当 $n\to\infty$ 时，$y_{2n-1}\to-1$，$y_{2n}\to1$，所以数列发散.

(2) $y_n=\begin{cases}\frac{1}{n}, & n\text{ 为奇数}\\ \frac{n+1}{n}, & n\text{ 为偶数}\end{cases}$

当 $n\to\infty$ 时，$y_{2n-1}\to0$，$y_{2n}\to1$，所以数列发散.

(3) $y_n=\begin{cases}0, & n\text{ 为奇数}\\ \frac{1}{n}, & n\text{ 为偶数}\end{cases}$

当 $n\to\infty$ 时，$y_{2n-1}\to0$，$y_{2n}\to0$，即 $\lim\limits_{n\to\infty}y_n=0$，所以数列收敛.

4. 用函数极限的定义证明下列极限：

(1) $\lim\limits_{x\to3}(3x-1)=8$　　(2) $\lim\limits_{x\to\infty}\frac{2x+3}{x}=2$

(3) $\lim\limits_{x\to-2}\frac{x^2-4}{x+2}=-4$　　(4) $\lim\limits_{x\to-\infty}2^x=0$

证：(1) 任给 $\varepsilon>0$，要使 $|3x-1-8|=3|x-3|<\varepsilon$，只需 $|x-3|<\frac{\varepsilon}{3}$. 取 $\delta=\frac{\varepsilon}{3}$，则当 $0<|x-3|<\delta$ 时，总有 $|3x-1-8|<\varepsilon$. 根据函数极限的定义有 $\lim\limits_{x\to3}(3x-1)=8$.

(2) 任给 $\varepsilon>0$，要使$\left|\frac{2x+3}{x}-2\right|=\left|\frac{3}{x}\right|<\varepsilon$，只需 $|x|>\frac{3}{\varepsilon}$. 取$M=\frac{3}{\varepsilon}$，则当 $|x|>M$ 时，总有$\left|\frac{2x+3}{x}-2\right|<\varepsilon$. 根据函数极限的定义有 $\lim\limits_{x\to\infty}\frac{2x+3}{x}=2$.

(3) $x\to-2$，$x\neq-2$，所以 $\frac{x^2-4}{x+2}=x-2$. 任给 $\varepsilon>0$，要使$\left|\frac{x^2-4}{x+2}-(-4)\right|=|x-2+4|=|x+2|<\varepsilon$，只需取 $\delta=\varepsilon$，则当 $0<|x-(-2)|<\delta$ 时，总有$\left|\frac{x^2-4}{x+2}-\right.$

$(-4)\Big| < \varepsilon$. 根据函数极限的定义有 $\lim\limits_{x\to -2}\dfrac{x^2-4}{x+2}=-4$.

(4) 任给 $\varepsilon>0$(不妨设 $0<\varepsilon<1$)，要使 $|2^x-0|=2^x<\varepsilon$，只需$x<\log_2\varepsilon$. 取 $M=-\log_2\varepsilon$，则当 $x<-M$时，总有 $|2^x-0|<\varepsilon$. 根据函数极限的定义有 $\lim\limits_{x\to-\infty}2^x=0$.

5. 设 $f(x)=\begin{cases}x, & x<3\\ 3x-1, & x\geqslant 3\end{cases}$，作 $f(x)$ 的图形，并讨论当 $x\to 3$ 时，$f(x)$ 的左、右极限(利用第 4 题(1) 的结果).

解： $\lim\limits_{x\to 3^-}f(x)=\lim\limits_{x\to 3^-}x=3$

$\lim\limits_{x\to 3^+}f(x)=\lim\limits_{x\to 3^+}(3x-1)=8$　(根据第 4 题(1))

$f(x)$ 的图形如图 2-1 所示.

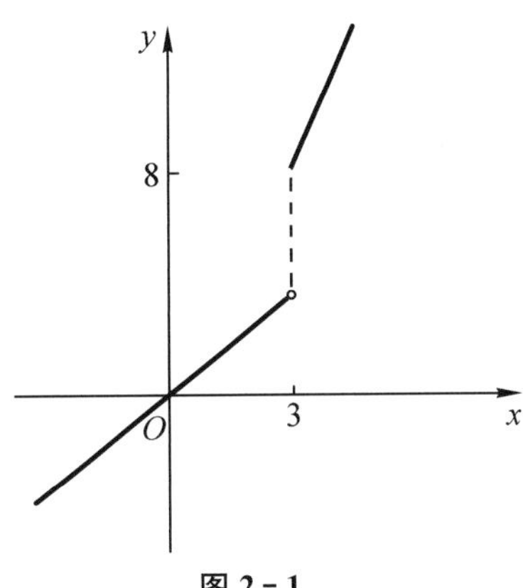

图 2-1

6. 证明 $\lim\limits_{x\to 0}\dfrac{|x|}{x}$ 不存在.

证： $\lim\limits_{x\to 0^-}\dfrac{|x|}{x}=\lim\limits_{x\to 0^-}\dfrac{-x}{x}=-1$

$\lim\limits_{x\to 0^+}\dfrac{|x|}{x}=\lim\limits_{x\to 0^+}\dfrac{x}{x}=1$

$\lim\limits_{x\to 0^-}\dfrac{|x|}{x}\neq\lim\limits_{x\to 0^+}\dfrac{|x|}{x}$

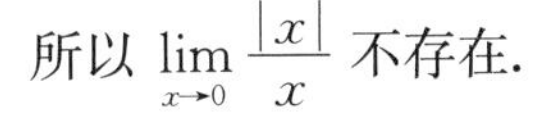
所以 $\lim\limits_{x\to 0}\dfrac{|x|}{x}$ 不存在.

7. 函数 $y=\dfrac{1}{(x-1)^2}$ 在什么变化过程中是无穷大量？又在什么变化过程中是无穷小量？

解： $\lim\limits_{x\to 1}\dfrac{1}{(x-1)^2}=+\infty$

所以当 $x\to 1$ 时，$y=\dfrac{1}{(x-1)^2}$ 是无穷大量.

$\lim\limits_{x\to\infty}\dfrac{1}{(x-1)^2}=0$

所以当 $x\to\infty$ 时，$y=\dfrac{1}{(x-1)^2}$ 是无穷小量.

8. 以下数列在 $n\to\infty$ 时是否为无穷小量？

(1) $y_n=(-1)^{n+1}\dfrac{1}{2^n}$　　(2) $y_n=\dfrac{1+(-1)^n}{n}$　　(3) $y_n=\dfrac{1}{n^2}$

解： (1)，(2)，(3) 中均有 $\lim\limits_{n\to\infty}y_n=0$，所以当 $n\to\infty$ 时，它们都是无穷小量.

9. 当 $x\to 0$ 时，下列变量中哪些是无穷小量？哪些是无穷大量？哪些既不是无穷小量也不是无穷大量？

$100x^2$，$\sqrt[3]{x}$，$\sqrt{x+1}$，$\dfrac{2}{x}$，$\dfrac{x}{x^2}$，$\dfrac{x^2}{x}$，0，

$x^2+0.01$，$\frac{1}{x-1}$，$x^2+\frac{1}{2}x$，$\frac{x-1}{x+1}$

解: $100x^2$，$\sqrt[3]{x}$，$\frac{x^2}{x}$，0，$x^2+\frac{1}{2}x$ 是无穷小量.

$\frac{2}{x}$，$\frac{x}{x^2}$ 是无穷大量.

$\sqrt{x+1}$，$x^2+0.01$，$\frac{1}{x-1}$，$\frac{x-1}{x+1}$ 既不是无穷小量，也不是无穷大量.

10. 当$x\to+\infty$时，上题中的变量，哪些是无穷小量？哪些是无穷大量？哪些既不是无穷小量也不是无穷大量？

解: $\frac{2}{x}$，$\frac{x}{x^2}$，0，$\frac{1}{x-1}$ 是无穷小量.

$100x^2$，$\sqrt[3]{x}$，$\sqrt{x+1}$，$\frac{x^2}{x}$，$x^2+0.01$，$x^2+\frac{1}{2}x$ 是无穷大量.

$\frac{x-1}{x+1}$ 既不是无穷小量，也不是无穷大量.

11. 求下列各极限：

(1) $\lim\limits_{x\to-2}(3x^2-5x+2)$　　(2) $\lim\limits_{x\to0}\left(1-\frac{2}{x-3}\right)$

(3) $\lim\limits_{x\to\sqrt{3}}\frac{x^2-3}{x^4+x^2+1}$　　(4) $\lim\limits_{x\to2}\frac{x^2-3}{x-2}$

(5) $\lim\limits_{x\to1}\frac{x^2-1}{2x^2-x-1}$　　(6) $\lim\limits_{x\to0}\frac{4x^3-2x^2+x}{3x^2+2x}$

(7) $\lim\limits_{x\to1}\frac{x^2-3x+2}{1-x^2}$　　(8) $\lim\limits_{h\to0}\frac{(x+h)^3-x^3}{h}$

(9) $\lim\limits_{x\to1}\frac{x^n-1}{x-1}$　（n 为正整数）　　(10) $\lim\limits_{x\to\frac{\pi}{6}}\frac{2\sin^2x+\sin x-1}{2\sin^2x-3\sin x+1}$

(11) $\lim\limits_{x\to\infty}\frac{2x+3}{6x-1}$　　(12) $\lim\limits_{x\to\infty}\frac{1\,000x}{1+x^2}$

(13) $\lim\limits_{n\to\infty}\frac{(n-1)^2}{n+1}$　　(14) $\lim\limits_{u\to+\infty}\frac{\sqrt[4]{1+u^3}}{1+u}$

(15) $\lim\limits_{x\to\infty}\frac{2x+1}{\sqrt[5]{x^3+x^2-2}}$　　(16) $\lim\limits_{x\to+\infty}\frac{(\sqrt{x^2+1}+2x)^2}{3x^2+1}$

(17) $\lim\limits_{x\to\infty}\frac{(2x-1)^{30}(3x-2)^{20}}{(2x+1)^{50}}$　　(18) $\lim\limits_{x\to0}\frac{x^2}{1-\sqrt{1+x^2}}$

(19) $\lim\limits_{x\to0}\frac{\sqrt[n]{1+x}-1}{\frac{x}{n}}$　　(20) $\lim\limits_{x\to-8}\frac{\sqrt{1-x}-3}{2+\sqrt[3]{x}}$

(21) $\lim\limits_{x\to4}\frac{\sqrt{2x+1}-3}{\sqrt{x-2}-\sqrt{2}}$　　(22) $\lim\limits_{x\to1}\left(\frac{3}{1-x^3}-\frac{1}{1-x}\right)$

(23) $\lim\limits_{x\to+\infty}(\sqrt{x^2+x+1}-\sqrt{x^2-x+1})$

(24) $\lim\limits_{x\to+\infty}(\sqrt{(x+p)(x+q)}-x)$

(25) $\lim\limits_{n\to\infty}\left(\frac{1}{n^2}+\frac{2}{n^2}+\cdots+\frac{n}{n^2}\right)$　　(26) $\lim\limits_{n\to\infty}\frac{1+3+5+\cdots+(2n-1)}{2+4+6+\cdots+2n}$

(27) $\lim\limits_{n\to\infty}(\sqrt{2}\cdot\sqrt[4]{2}\cdot\sqrt[8]{2}\cdot\cdots\cdot\sqrt[2^n]{2})$　(28) $\lim\limits_{x\to\infty}\frac{x^2+1}{x^3+x}(3+\cos x)$

(29) $\lim\limits_{x\to-1}\left(\frac{1}{x+1}+\frac{1}{x^2-1}\right)$　　(30) $\lim\limits_{x\to\infty}\frac{\sin x^2+x}{\cos^2 x-x}$

解：(1) $\lim\limits_{x\to-2}(3x^2-5x+2)=\lim\limits_{x\to-2}3x^2-\lim\limits_{x\to-2}5x+\lim\limits_{x\to-2}2$

$$=3\times(-2)^2-5\times(-2)+2=24$$

(2) $\lim\limits_{x\to0}\left(1-\frac{2}{x-3}\right)=\lim\limits_{x\to0}1-\lim\limits_{x\to0}\frac{2}{x-3}=1-\left(-\frac{2}{3}\right)=\frac{5}{3}$

(3) 分子的极限 $\lim\limits_{x\to\sqrt{3}}(x^2-3)=\lim\limits_{x\to\sqrt{3}}x^2-\lim\limits_{x\to\sqrt{3}}3=3-3=0$. 分母的极限 $\lim\limits_{x\to\sqrt{3}}(x^4+x^2+1)=\lim\limits_{x\to\sqrt{3}}x^4+\lim\limits_{x\to\sqrt{3}}x^2+\lim\limits_{x\to\sqrt{3}}1=9+3+1=13\neq0$.

由极限运算法则有

$$\lim_{x\to\sqrt{3}}\frac{x^2-3}{x^4+x^2+1}=\frac{\lim\limits_{x\to\sqrt{3}}x^2-\lim\limits_{x\to\sqrt{3}}3}{\lim\limits_{x\to\sqrt{3}}x^4+\lim\limits_{x\to\sqrt{3}}x^2+\lim\limits_{x\to\sqrt{3}}1}=\frac{3-3}{9+3+1}=\frac{0}{13}=0$$

(4) 分母的极限 $\lim\limits_{x\to2}(x-2)=0$，分子的极限 $\lim\limits_{x\to2}(x^2-3)=1\neq0$，$\lim\limits_{x\to2}\frac{x-2}{x^2-3}=0$，当 $x\to2$ 时，$\frac{x-2}{x^2-3}$ 为无穷小量，无穷小量的倒数为无穷大量，故有

$$\lim_{x\to2}\frac{x^2-3}{x-2}=\infty$$

注释　若分式分子的极限为 0，分母的极限不为 0，则此分式的极限等于 0；若分子的极限不为 0，分母的极限为 0，则此分式的极限为 ∞.

(5) $\lim\limits_{x\to1}\frac{x^2-1}{2x^2-x-1}=\lim\limits_{x\to1}\frac{(x-1)(x+1)}{(x-1)(2x+1)}=\lim\limits_{x\to1}\frac{x+1}{2x+1}=\frac{2}{3}$

(6) $\lim\limits_{x\to0}\frac{4x^3-2x^2+x}{3x^2+2x}=\lim\limits_{x\to0}\frac{x(4x^2-2x+1)}{x(3x+2)}$

$$=\lim_{x\to0}\frac{4x^2-2x+1}{3x+2}=\frac{1}{2}$$

(7) $\lim\limits_{x\to1}\frac{x^2-3x+2}{1-x^2}=\lim\limits_{x\to1}\frac{(x-1)(x-2)}{(1-x)(1+x)}$

$$=\lim_{x\to1}\frac{-(x-2)}{1+x}=\frac{1}{2}$$

注释　求分子、分母的极限都是零的“$\frac{0}{0}$”型极限，常用方法是将分子、分母因式分解，消去分子、分母中趋向于零的公因子，再求极限.

(8) $\lim\limits_{h\to 0}\dfrac{(x+h)^3-x^3}{h}=\lim\limits_{h\to 0}\dfrac{[(x+h)-x][(x+h)^2+x(x+h)+x^2]}{h}$

$=\lim\limits_{h\to 0}[(x+h)^2+x(x+h)+x^2]=3x^2$

注释　注意第 (8) 题中求极限的自变量是 h，而不是 x.

(9) $\lim\limits_{x\to 1}\dfrac{x^n-1}{x-1}=\lim\limits_{x\to 1}\dfrac{(x-1)(x^{n-1}+x^{n-2}+\cdots+x+1)}{x-1}$

$=\lim\limits_{x\to 1}(x^{n-1}+x^{n-2}+\cdots+x+1)=n$

(10) $\lim\limits_{x\to\frac{\pi}{6}}\dfrac{2\sin^2x+\sin x-1}{2\sin^2x-3\sin x+1}=\lim\limits_{x\to\frac{\pi}{6}}\dfrac{(2\sin x-1)(\sin x+1)}{(2\sin x-1)(\sin x-1)}$

$=\lim\limits_{x\to\frac{\pi}{6}}\dfrac{\sin x+1}{\sin x-1}=-3$

(11) $\lim\limits_{x\to\infty}\dfrac{2x+3}{6x-1}=\lim\limits_{x\to\infty}\dfrac{2+\dfrac{3}{x}}{6-\dfrac{1}{x}}=\dfrac{1}{3}$

(12) $\lim\limits_{x\to\infty}\dfrac{1\,000x}{1+x^2}=\lim\limits_{x\to\infty}\dfrac{\dfrac{1\,000}{x}}{\dfrac{1}{x^2}+1}=0$

(13) $\lim\limits_{n\to\infty}\dfrac{(n-1)^2}{n+1}=\lim\limits_{n\to\infty}\dfrac{n^2-2n+1}{n+1}$

仿第(12)题的方法，有

$$\lim_{n\to\infty}\frac{n+1}{n^2-2n+1}=\lim_{n\to\infty}\frac{\dfrac{1}{n}+\dfrac{1}{n^2}}{1-\dfrac{2}{n}+\dfrac{1}{n^2}}=0$$

所以　$\lim\limits_{n\to\infty}\dfrac{(n-1)^2}{n+1}=+\infty$

注释　对于分子、分母都是多项式函数且当自变量趋向于∞时，分子、分母都趋向于∞的“$\dfrac{\infty}{\infty}$”型极限，有下列结论：

$$\lim_{x\to\infty}\frac{a_0x^n+a_1x^{n-1}+\cdots+a_{n-1}x+a_n}{b_0x^m+b_1x^{m-1}+\cdots+b_{m-1}x+b_m}=\begin{cases}0, & n<m\\ \dfrac{a_0}{b_0}, & n=m\\ \infty, & n>m\end{cases}$$

(a_0，b_0 为不等于零的常数)

这个结论是说：分子最高次项的指数低于分母最高次项的指数时，结果为 0；分子最高次项的指数高于分母最高次项的指数时，结果为 ∞；分子、分母最高次项的指数相等时，结果为最高次项的系数比. 此结论也适用于 m 和 n 不是正整数的情况.

(14) $\lim\limits_{u\to+\infty}\dfrac{\sqrt[4]{1+u^3}}{1+u}=\lim\limits_{u\to+\infty}\dfrac{\sqrt[4]{\dfrac{1}{u^4}+\dfrac{1}{u}}}{\dfrac{1}{u}+1}=0$

注释　第(14)题中分子最高次项的指数为$\dfrac{3}{4}$，分母最高次项的指数为1，分子最高次项的指数低于分母最高次项的指数，故结果为0.

(15) $\lim\limits_{x\to\infty}\dfrac{2x+1}{\sqrt[5]{x^3+x^2-2}}=\infty$

注释　第(15)题分子最高次项的指数为1，分母最高次项的指数为$\dfrac{3}{5}$，分子最高次项的指数高于分母最高次项的指数，故结果为∞.

(16) $$\lim_{x\to+\infty}\frac{(\sqrt{x^2+1}+2x)^2}{3x^2+1}=\lim_{x\to+\infty}\frac{x^2+1+4x\sqrt{x^2+1}+4x^2}{3x^2+1}$$
$$=\lim_{x\to+\infty}\frac{5x^2+4x\sqrt{x^2+1}+1}{3x^2+1}$$
$$=\lim_{x\to+\infty}\frac{5+4\sqrt{1+\dfrac{1}{x^2}}+\dfrac{1}{x^2}}{3+\dfrac{1}{x^2}}$$
$$=\frac{9}{3}=3$$

注释　第(16)题中分子、分母最高次项的指数相等，结果为最高次项的系数比，注意，当$x\to+\infty$时分子最高次项的系数是$5+4=9$.

(17) $$\lim_{x\to\infty}\frac{(2x-1)^{30}(3x-2)^{20}}{(2x+1)^{50}}=\lim_{x\to\infty}\frac{\left(2-\dfrac{1}{x}\right)^{30}\left(3-\dfrac{2}{x}\right)^{20}}{\left(2+\dfrac{1}{x}\right)^{50}}$$
$$=\frac{2^{30}\times3^{20}}{2^{50}}=\left(\frac{3}{2}\right)^{20}$$

(18) $$\lim_{x\to0}\frac{x^2}{1-\sqrt{1+x^2}}=\lim_{x\to0}\frac{x^2(1+\sqrt{1+x^2})}{(1-\sqrt{1+x^2})(1+\sqrt{1+x^2})}$$
$$=\lim_{x\to0}\frac{x^2(1+\sqrt{1+x^2})}{1-(1+x^2)}$$
$$=\lim_{x\to0}\left[-(1+\sqrt{1+x^2})\right]=-2$$

(19) $\lim\limits_{x\to 0}\dfrac{\sqrt[n]{1+x}-1}{\dfrac{x}{n}}$

$$=\lim_{x\to 0}\frac{n(1+x-1)}{x[\sqrt[n]{(1+x)^{n-1}}+\sqrt[n]{(1+x)^{n-2}}+\cdots+\sqrt[n]{1+x}+1]}$$

$$=\lim_{x\to 0}\frac{n}{\sqrt[n]{(1+x)^{n-1}}+\sqrt[n]{(1+x)^{n-2}}+\cdots+\sqrt[n]{1+x}+1}=1$$

(20) $\lim\limits_{x\to -8}\dfrac{\sqrt{1-x}-3}{2+\sqrt[3]{x}}$

$$=\lim_{x\to -8}\frac{(\sqrt{1-x}-3)(\sqrt{1-x}+3)(4-2\sqrt[3]{x}+\sqrt[3]{x^2})}{(2+\sqrt[3]{x})(4-2\sqrt[3]{x}+\sqrt[3]{x^2})(\sqrt{1-x}+3)}$$

$$=\lim_{x\to -8}\frac{-(x+8)(4-2\sqrt[3]{x}+\sqrt[3]{x^2})}{(8+x)(\sqrt{1-x}+3)}=-\lim_{x\to -8}\frac{4-2\sqrt[3]{x}+\sqrt[3]{x^2}}{\sqrt{1-x}+3}$$

$$=\frac{-12}{6}=-2$$

(21) $\lim\limits_{x\to 4}\dfrac{\sqrt{2x+1}-3}{\sqrt{x-2}-\sqrt{2}}$

$$=\lim_{x\to 4}\frac{(\sqrt{2x+1}-3)(\sqrt{2x+1}+3)(\sqrt{x-2}+\sqrt{2})}{(\sqrt{x-2}-\sqrt{2})(\sqrt{x-2}+\sqrt{2})(\sqrt{2x+1}+3)}$$

$$=\lim_{x\to 4}\frac{2(x-4)(\sqrt{x-2}+\sqrt{2})}{(x-4)(\sqrt{2x+1}+3)}=\lim_{x\to 4}\frac{2(\sqrt{x-2}+\sqrt{2})}{\sqrt{2x+1}+3}=\frac{2}{3}\sqrt{2}$$

注释 求分子或分母或分子与分母含有根式，且分子、分母的极限均为零的“$\frac{0}{0}$”型极限时，常用有理化分子或分母的方法，消去分子、分母中趋向于零的公因子.

(22) $\lim\limits_{x\to 1}\left(\dfrac{3}{1-x^3}-\dfrac{1}{1-x}\right)=\lim\limits_{x\to 1}\dfrac{3-1-x-x^2}{(1-x)(1+x+x^2)}$

$$=\lim_{x\to 1}\frac{(1-x)(2+x)}{(1-x)(1+x+x^2)}=\lim_{x\to 1}\frac{2+x}{1+x+x^2}=\frac{3}{3}=1$$

(23) $\lim\limits_{x\to +\infty}(\sqrt{x^2+x+1}-\sqrt{x^2-x+1})$

$$=\lim_{x\to +\infty}\frac{x^2+x+1-x^2+x-1}{\sqrt{x^2+x+1}+\sqrt{x^2-x+1}}$$

$$=\lim_{x\to +\infty}\frac{2x}{\sqrt{x^2+x+1}+\sqrt{x^2-x+1}}$$

$$=\lim_{x\to +\infty}\frac{2}{\sqrt{1+\frac{1}{x}+\frac{1}{x^2}}+\sqrt{1-\frac{1}{x}+\frac{1}{x^2}}}=1$$

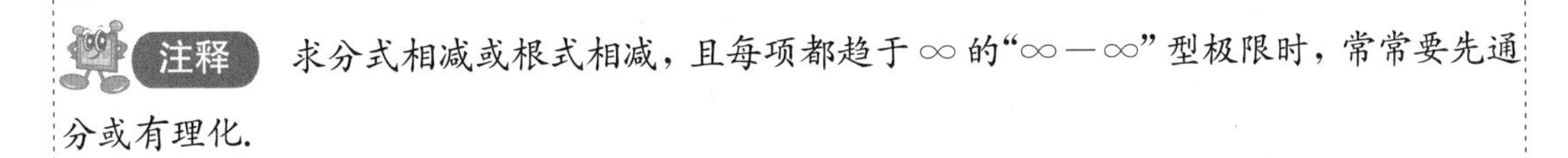

注释　求分式相减或根式相减，且每项都趋于 ∞ 的“$\infty-\infty$”型极限时，常常要先通分或有理化.

(24) $\lim\limits_{x\to+\infty}(\sqrt{(x+p)(x+q)}-x)$

$$=\lim_{x\to+\infty}\frac{(\sqrt{(x+p)(x+q)}-x)(\sqrt{(x+p)(x+q)}+x)}{\sqrt{(x+p)(x+q)}+x}$$

$$=\lim_{x\to+\infty}\frac{(p+q)x+pq}{\sqrt{(x+p)(x+q)}+x}=\lim_{x\to+\infty}\frac{p+q+\frac{pq}{x}}{\sqrt{(1+\frac{p}{x})(1+\frac{q}{x})}+1}$$

$$=\frac{p+q}{2}$$

(25) $\lim\limits_{n\to\infty}\left(\frac{1}{n^2}+\frac{2}{n^2}+\cdots+\frac{n}{n^2}\right)=\lim\limits_{n\to\infty}\frac{1}{n^2}(1+2+\cdots+n)$

$$=\lim_{n\to\infty}\frac{1}{n^2}\cdot\frac{n(n+1)}{2}=\frac{1}{2}$$

(26) $\lim\limits_{n\to\infty}\frac{1+3+5+\cdots+(2n-1)}{2+4+6+\cdots+2n}=\lim\limits_{n\to\infty}\frac{\frac{n}{2}(1+2n-1)}{\frac{n}{2}(2+2n)}$

$$=\lim_{n\to\infty}\frac{2n}{2+2n}=1$$

(27) $\lim\limits_{n\to\infty}(\sqrt{2}\cdot\sqrt[4]{2}\cdot\sqrt[8]{2}\cdot\cdots\cdot\sqrt[2^n]{2})=\lim\limits_{n\to\infty}(2^{\frac{1}{2}}\cdot2^{\frac{1}{4}}\cdot2^{\frac{1}{8}}\cdot\cdots\cdot2^{\frac{1}{2^n}})$

$$=\lim_{n\to\infty}2^{(\frac{1}{2}+\frac{1}{2^2}+\frac{1}{2^3}+\cdots+\frac{1}{2^n})}$$

$\frac{1}{2}+\frac{1}{2^2}+\frac{1}{2^3}+\cdots+\frac{1}{2^n}$ 是公比为$\frac{1}{2}$ 的几何级数，于是有

$$\frac{1}{2}+\frac{1}{2^2}+\frac{1}{2^3}+\cdots+\frac{1}{2^n}=\frac{1}{2}\,\frac{1-\frac{1}{2^n}}{1-\frac{1}{2}}=1-\frac{1}{2^n}$$

所以　$\lim\limits_{n\to\infty}(\sqrt{2}\cdot\sqrt[4]{2}\cdot\sqrt[8]{2}\cdot\cdots\cdot\sqrt[2^n]{2})=\lim\limits_{n\to\infty}2^{1-\frac{1}{2^n}}=2$

注释　第(25)～(27)题均为当 $n\to\infty$ 时 n 项和的极限．因为是无穷多项和，故不能使用代数和的极限法则．如第(25)题，假如使用代数和的极限法则，有：

$$\lim_{n\to\infty}\left(\frac{1}{n^2}+\frac{2}{n^2}+\cdots+\frac{n}{n^2}\right)=\lim_{n\to\infty}\frac{1}{n^2}+\lim_{n\to\infty}\frac{2}{n^2}+\cdots+\lim_{n\to\infty}\frac{n}{n^2}$$

$$=0+0+\cdots+0=0$$

这是错误的. 对无穷多项和求极限，必须酌情处理，将和式化简. 第(25)题和第(26)题使用了等差数列前 n 项和的公式

$$S_n=\frac{n}{2}(a_1+a_n)\quad (n\text{ 为项数}, a_1\text{ 为首项}, a_n\text{ 为末项})$$

第(27)题使用了等比数列前 n 项和的公式

$$S_n=\begin{cases}\dfrac{a_1(1-q^n)}{1-q}, & q\neq 1\\ na_1, & q=1\end{cases}\quad (a_1\text{ 为首项}, q\text{ 为公比}).$$

(28) $\lim\limits_{x\to\infty}\dfrac{x^2+1}{x^3+x}=0$，所以当 $x\to\infty$ 时，$\dfrac{x^2+1}{x^3+x}$ 是无穷小量；$3+\cos x$ 为有界变量. 由于无穷小量与有界变量的乘积为无穷小量，所以可得

$$\lim_{x\to\infty}\frac{x^2+1}{x^3+x}(3+\cos x)=0$$

注释 第(28)题中，当 $x\to\infty$ 时，$3+\cos x$ 的极限不存在，故不能写成

$$\lim_{x\to\infty}\frac{x^2+1}{x^3+x}(3+\cos x)=\lim_{x\to\infty}\frac{x^2+1}{x^3+x}\cdot\lim_{x\to\infty}(3+\cos x)=0$$

(29) $\lim\limits_{x\to-1}\left(\dfrac{1}{x+1}+\dfrac{1}{x^2-1}\right)=\lim\limits_{x\to-1}\dfrac{x-1+1}{x^2-1}=\lim\limits_{x\to-1}\dfrac{x}{x^2-1}=\infty$

注释 第(29)题中，当 $x\to-1$ 时，$\dfrac{1}{x+1}$ 与 $\dfrac{1}{x^2-1}$ 的极限均不存在，故不能写成

$$\lim_{x\to-1}\left(\frac{1}{x+1}+\frac{1}{x^2-1}\right)=\lim_{x\to-1}\frac{1}{x+1}+\lim_{x\to-1}\frac{1}{x^2-1}=\infty+\infty=\infty$$

(30) $\lim\limits_{x\to\infty}\dfrac{\sin x^2+x}{\cos^2x-x}=\lim\limits_{x\to\infty}\dfrac{\dfrac{1}{x}\sin x^2+1}{\dfrac{1}{x}\cos^2x-1}=\dfrac{0+1}{0-1}=-1$

注释 第(30)题中，当 $x\to\infty$ 时，$\dfrac{1}{x}\sin x^2$ 与 $\dfrac{1}{x}\cos^2x$ 均利用无穷小量与有界变量之积为无穷小量的性质，故极限为 0.

12. 设 $f(x)=\sqrt{x}$，求 $\lim\limits_{h\to 0}\dfrac{f(x+h)-f(x)}{h}$.

解： $\lim\limits_{h\to 0}\dfrac{f(x+h)-f(x)}{h}=\lim\limits_{h\to 0}\dfrac{\sqrt{x+h}-\sqrt{x}}{h}$

$$=\lim_{h\to 0}\frac{(\sqrt{x+h}-\sqrt{x})(\sqrt{x+h}+\sqrt{x})}{h(\sqrt{x+h}+\sqrt{x})}$$

$$=\lim_{h\to 0}\frac{h}{h(\sqrt{x+h}+\sqrt{x})}=\frac{1}{2\sqrt{x}}$$

13. 设

$$f(x)=\begin{cases}3x+2, & x\leqslant 0\\ x^2+1, & 0<x\leqslant 1\\ \dfrac{2}{x}, & x>1\end{cases}$$

分别讨论 $x\to 0$ 及 $x\to 1$ 时，$f(x)$ 的极限是否存在.

解： $\lim\limits_{x\to 0^-}f(x)=\lim\limits_{x\to 0^-}(3x+2)=2$

$\lim\limits_{x\to 0^+}f(x)=\lim\limits_{x\to 0^+}(x^2+1)=1$

$\lim\limits_{x\to 0^-}f(x)\neq\lim\limits_{x\to 0^+}f(x)$

所以 $\lim\limits_{x\to 0}f(x)$ 不存在.

$\lim\limits_{x\to 1^-}f(x)=\lim\limits_{x\to 1^-}(x^2+1)=2$

$\lim\limits_{x\to 1^+}f(x)=\lim\limits_{x\to 1^+}\dfrac{2}{x}=2$

$\lim\limits_{x\to 1^-}f(x)=\lim\limits_{x\to 1^+}f(x)$

所以 $\lim\limits_{x\to 1}f(x)$ 存在且 $\lim\limits_{x\to 1}f(x)=2$.

$f(x)$ 的图形如图 2－2 所示.

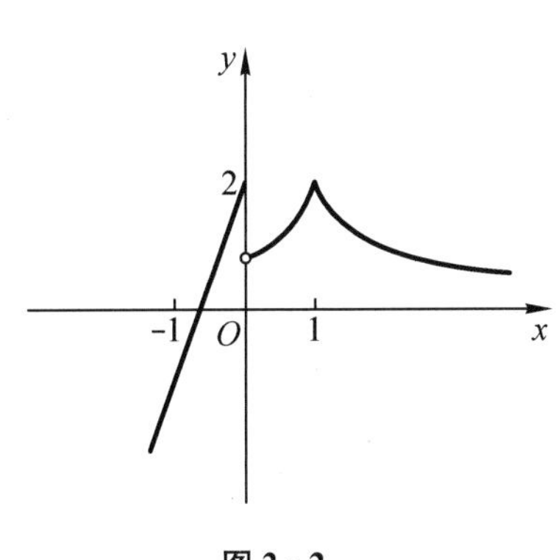

图 2－2

14. 设

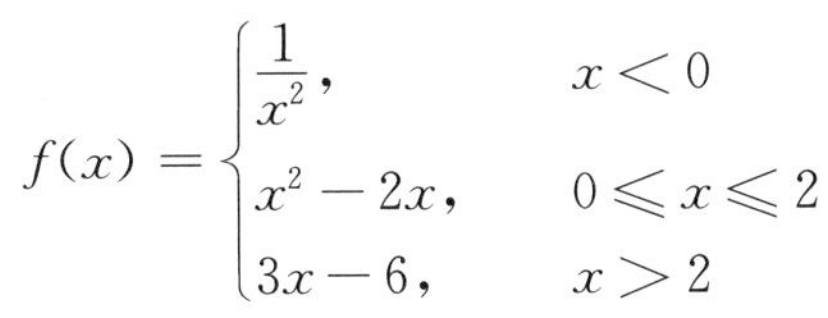

$$f(x)=\begin{cases}\dfrac{1}{x^2}, & x<0\\ x^2-2x, & 0\leqslant x\leqslant 2\\ 3x-6, & x>2\end{cases}$$

讨论 $x\to 0$，$x\to 1$ 及 $x\to 2$ 时，$f(x)$ 的极限是否存在，并且求 $\lim\limits_{x\to -\infty}f(x)$ 及 $\lim\limits_{x\to +\infty}f(x)$.

解： $\lim\limits_{x\to 0^-}f(x)=\lim\limits_{x\to 0^-}\dfrac{1}{x^2}=+\infty$

$\lim\limits_{x\to 0^+}f(x)=\lim\limits_{x\to 0^+}(x^2-2x)=0$

所以 $\lim\limits_{x\to 0}f(x)$ 不存在.

$\lim\limits_{x\to 1}f(x)=\lim\limits_{x\to 1}(x^2-2x)=-1$

所以 $\lim\limits_{x\to 1}f(x)$ 存在，且 $\lim\limits_{x\to 1}f(x)=-1$.

$\lim\limits_{x\to 2^-}f(x)=\lim\limits_{x\to 2^-}(x^2-2x)=0$

$\lim\limits_{x\to 2^+}f(x)=\lim\limits_{x\to 2^+}(3x-6)=0$

由于 $\lim\limits_{x\to 2^-}f(x)=\lim\limits_{x\to 2^+}f(x)$，所以 $\lim\limits_{x\to 2}f(x)$ 存在且 $\lim\limits_{x\to 2}f(x)=0$.

$$\lim_{x\to-\infty} f(x) = \lim_{x\to-\infty} \frac{1}{x^2} = 0$$

$$\lim_{x\to+\infty} f(x) = \lim_{x\to+\infty} (3x-6) = +\infty$$

$f(x)$ 的图形如图 2－3 所示.

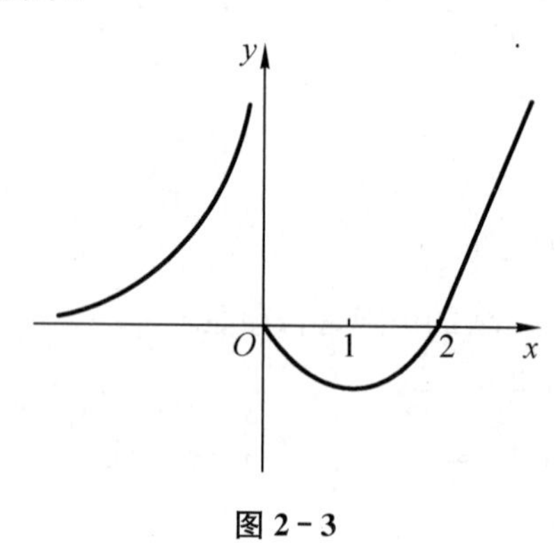

图 2－3

注释 求分段函数在点 $x=x_0$ 处的极限时要注意点 $x=x_0$ 在分段函数的哪一个分段区间内，求极限时要用该区间内相应的函数表达式. 如果点 $x=x_0$ 恰好是分段区间的分界点，就需要求出函数在该点的左、右极限，如果左、右极限存在且相等，则该点极限存在；如果左、右极限不全存在，或存在而不相等，则该点极限不存在.

15. 已知 $\lim\limits_{x\to c} f(x)=4$，$\lim\limits_{x\to c} g(x)=1$，$\lim\limits_{x\to c} h(x)=0$，求：

(1) $\lim\limits_{x\to c}\dfrac{g(x)}{f(x)}$　　(2) $\lim\limits_{x\to c}\dfrac{h(x)}{f(x)-g(x)}$

(3) $\lim\limits_{x\to c}[f(x)\cdot g(x)]$　　(4) $\lim\limits_{x\to c}[f(x)\cdot h(x)]$

(5) $\lim\limits_{x\to c}\dfrac{g(x)}{h(x)}$　$(h(x)\neq 0)$

解：(1) $\lim\limits_{x\to c}\dfrac{g(x)}{f(x)} = \dfrac{\lim\limits_{x\to c} g(x)}{\lim\limits_{x\to c} f(x)} = \dfrac{1}{4}$

(2) $\lim\limits_{x\to c}\dfrac{h(x)}{f(x)-g(x)} = \dfrac{\lim\limits_{x\to c} h(x)}{\lim\limits_{x\to c} f(x)-\lim\limits_{x\to c} g(x)} = \dfrac{0}{4-1} = 0$

(3) $\lim\limits_{x\to c}[f(x)\cdot g(x)] = \lim\limits_{x\to c} f(x)\cdot\lim\limits_{x\to c} g(x) = 4\times 1 = 4$

(4) $\lim\limits_{x\to c}[f(x)\cdot h(x)] = \lim\limits_{x\to c} f(x)\cdot\lim\limits_{x\to c} h(x) = 4\times 0 = 0$

(5) 因 $\lim\limits_{x\to c}\dfrac{h(x)}{g(x)} = 0$，所以 $\lim\limits_{x\to c}\dfrac{g(x)}{h(x)} = \infty$.

16. 若 $\lim\limits_{x\to 3}\dfrac{x^2-2x+k}{x-3} = 4$，求 k 的值.

解：题中分式的分母极限为零，且分式的极限为一个有限数，那么分子的极限必为零，否则，若分子极限不为零，则分式极限必为 ∞，所以有

$$\lim_{x\to3}(x^2-2x+k)=9-6+k=3+k=0$$

于是可得 $k=-3$.

17. 若 $\lim\limits_{x\to1}\dfrac{x^2+ax+b}{1-x}=5$，求 a，b 的值.

解： 题中分式的分母极限为零，且分式的极限为一个有限数，那么分子的极限必为零，所以有

$$\lim_{x\to1}(x^2+ax+b)=1+a+b=0$$

由此可得 $b=-1-a$，代入给定的分式极限中，得

$$\begin{aligned}\lim_{x\to1}\frac{x^2+ax-a-1}{1-x}&=\lim_{x\to1}\frac{(x-1)(x+a+1)}{1-x}\\&=-\lim_{x\to1}(x+a+1)=-2-a=5\end{aligned}$$

所以 $a=-7$，$b=6$.

18. 若 $\lim\limits_{x\to\infty}\left(\dfrac{x^2+1}{x+1}-ax-b\right)=0$，求 a，b 的值.

解：

$$\begin{aligned}\lim_{x\to\infty}\left(\frac{x^2+1}{x+1}-ax-b\right)&=\lim_{x\to\infty}\frac{x^2+1-ax^2-ax-bx-b}{x+1}\\&=\lim_{x\to\infty}\frac{(1-a)x^2-(a+b)x+1-b}{x+1}\\&=0\end{aligned}$$

当 $x\to\infty$ 时，若分子最高次项的指数低于分母最高次项的指数，则该极限才能为0，故必有

$$\begin{cases}1-a=0\\a+b=0\end{cases}$$，解之可得 $a=1$，$b=-1$.

19. 已知 $f(x)=\dfrac{px^2-2}{x^2+1}+3qx+5$，当 $x\to\infty$ 时，p，q 取何值时 $f(x)$ 为无穷小量？p，q 取何值时 $f(x)$ 为无穷大量？

名师解题

解：

$$\begin{aligned}&\lim_{x\to\infty}\frac{px^2-2}{x^2+1}+3qx+5\\=&\lim_{x\to\infty}\frac{px^2-2+3qx^3+3qx+5x^2+5}{x^2+1}\\=&\lim_{x\to\infty}\frac{3qx^3+(p+5)x^2+3qx+3}{x^2+1}\end{aligned}$$

当 $x\to\infty$ 时，若分子最高次项的指数低于分母最高次项的指数，则 $f(x)$ 的极限为 0，此时必有 $3q=0$，$p+5=0$. 所以若 $p=-5$，$q=0$，则当 $x\to\infty$ 时，$f(x)$ 为无穷小量.

当 $x\to\infty$ 时，若分子最高次项的指数高于分母最高次项的指数，则 $f(x)$ 的极限为 ∞，此时必有 $3q\neq0$，即 $q\neq0$. 所以若 $q\neq0$，p 为任意实数，则当 $x\to\infty$ 时，$f(x)$ 为无穷大量.

20. 由理由：$\lim\limits_{x\to-\infty}\dfrac{1}{x}\sqrt{\dfrac{x^3}{x-1}}$ 存在，且 $\lim\limits_{x\to+\infty}\dfrac{1}{x}\sqrt{\dfrac{x^3}{x-1}}$ 存在，得出结论：$\lim\limits_{x\to\infty}\dfrac{1}{x}\sqrt{\dfrac{x^3}{x-1}}$ 存在.

上述推论是否正确？如不正确，错在何处？

解： 由题设理由，不能得出题中结论.

因为
$$\lim_{x\to-\infty}\frac{1}{x}\sqrt{\frac{x^3}{x-1}}=\lim_{x\to-\infty}\frac{-x}{x}\sqrt{\frac{x}{x-1}}=-1$$
$$\lim_{x\to+\infty}\frac{1}{x}\sqrt{\frac{x^3}{x-1}}=\lim_{x\to+\infty}\frac{x}{x}\sqrt{\frac{x}{x-1}}=1$$
$$\lim_{x\to-\infty}\frac{1}{x}\sqrt{\frac{x^3}{x-1}}\neq\lim_{x\to+\infty}\frac{1}{x}\sqrt{\frac{x^3}{x-1}}$$

所以 $\lim\limits_{x\to\infty}\frac{1}{x}\sqrt{\frac{x^3}{x-1}}$ 不存在.

只有 $\lim\limits_{x\to-\infty}\frac{1}{x}\sqrt{\frac{x^3}{x-1}}$ 与 $\lim\limits_{x\to+\infty}\frac{1}{x}\sqrt{\frac{x^3}{x-1}}$ 都存在且相等时，$\lim\limits_{x\to\infty}\frac{1}{x}\sqrt{\frac{x^3}{x-1}}$ 才存在.

注释 $\lim\limits_{x\to\infty}\frac{1}{x}\sqrt{\frac{x^3}{x-1}}=\lim\limits_{x\to\infty}\frac{|x|}{x}\sqrt{\frac{x}{x-1}}$，不要将“$x\to\infty$”误作为“$x\to+\infty$”，而出现 $\lim\limits_{x\to\infty}\frac{1}{x}\sqrt{\frac{x^3}{x-1}}=\lim\limits_{x\to\infty}\frac{x}{x}\sqrt{\frac{x}{x-1}}=1$.

21. 当 $x\to0$ 时，试将下列无穷小量与无穷小量 x 进行比较：

(1) $x^2+1\,000x$ (2) $\sqrt{1+x}-\sqrt{1-x}$

解： (1) $\lim\limits_{x\to0}\frac{x^2+1\,000x}{x}=\lim\limits_{x\to0}(x+1\,000)=1\,000$

所以当 $x\to0$ 时，$x^2+1\,000x$ 与 x 是同阶非等价无穷小量.

(2)
$$\lim_{x\to0}\frac{\sqrt{1+x}-\sqrt{1-x}}{x}=\lim_{x\to0}\frac{1+x-1+x}{x(\sqrt{1+x}+\sqrt{1-x})}=\lim_{x\to0}\frac{2}{\sqrt{1+x}+\sqrt{1-x}}=1$$

所以当 $x\to0$ 时，$\sqrt{1+x}-\sqrt{1-x}$ 与 x 是等价无穷小量.

注释 不是任意两个无穷小量都可以进行比较. 例如，$\lim\limits_{x\to0}x=0$，$\lim\limits_{x\to0}x\sin\frac{1}{x}=0$，即当 $x\to0$ 时，x 与 $x\sin\frac{1}{x}$ 都是无穷小量，但是 $\lim\limits_{x\to0}\frac{x\sin\frac{1}{x}}{x}=\lim\limits_{x\to0}\sin\frac{1}{x}$，该极限不存在，且不是无穷大量，那么 $x\sin\frac{1}{x}$ 与 x 就不能进行比较.

22. 求 $\lim\limits_{n\to\infty}\left(\frac{1}{n^2+n+1}+\frac{2}{n^2+n+2}+\cdots+\frac{n}{n^2+n+n}\right)$.

解：
$$\sum_{i=1}^{n}\frac{i}{n^2+n+n}\leqslant\sum_{i=1}^{n}\frac{i}{n^2+n+i}\leqslant\sum_{i=1}^{n}\frac{i}{n^2+n+1}$$

$$\lim_{n\to\infty}\sum_{i=1}^{n}\frac{i}{n^2+n+n}=\lim_{n\to\infty}\frac{1}{n^2+2n}\cdot\frac{n(n+1)}{2}=\frac{1}{2}$$

$$\lim_{n\to\infty}\sum_{i=1}^{n}\frac{i}{n^2+n+1}=\lim_{n\to\infty}\frac{1}{n^2+n+1}\frac{n(n+1)}{2}=\frac{1}{2}$$

所以
$$\lim_{n\to\infty}\sum_{i=1}^{n}\frac{n}{n^2+n+i}$$

$$=\lim_{n\to\infty}\left(\frac{1}{n^2+n+1}+\frac{2}{n^2+n+2}+\cdots+\frac{n}{n^2+n+n}\right)=\frac{1}{2}$$

23. 求下列极限：

(1) $\lim\limits_{x\to0}\frac{\tan x-\sin x}{x}$　　(2) $\lim\limits_{x\to0}\frac{\sin2x}{\sin3x}$

(3) $\lim\limits_{x\to0}\frac{x-\sin x}{x+\sin x}$　　(4) $\lim\limits_{x\to0}\frac{2\arcsin x}{3x}$

(5) $\lim\limits_{x\to0}\frac{\tan x-\sin x}{\sin^3x}$　　(6) $\lim\limits_{x\to a}\frac{\cos x-\cos a}{x-a}$

(7) $\lim\limits_{x\to\infty}x\cdot\sin\frac{1}{x}$

解：(1) $\lim\limits_{x\to0}\frac{\tan x-\sin x}{x}=\lim\limits_{x\to0}\frac{\frac{\sin x}{\cos x}-\sin x}{x}=\lim\limits_{x\to0}\frac{\sin x(1-\cos x)}{x\cos x}$

$$=\lim_{x\to0}\frac{\sin x}{x}\cdot\frac{1-\cos x}{\cos x}=1\times0=0$$

(2) $\lim\limits_{x\to0}\frac{\sin2x}{\sin3x}=\lim\limits_{x\to0}\left(\frac{\sin2x}{2x}\cdot\frac{2x}{3x}\cdot\frac{3x}{\sin3x}\right)$

$$=\lim_{x\to0}\frac{\sin2x}{2x}\cdot\lim_{x\to0}\frac{2x}{3x}\cdot\lim_{x\to0}\frac{3x}{\sin3x}$$

$$=1\cdot\frac{2}{3}\cdot1=\frac{2}{3}$$

(3) $\lim\limits_{x\to0}\frac{x-\sin x}{x+\sin x}=\lim\limits_{x\to0}\frac{1-\frac{\sin x}{x}}{1+\frac{\sin x}{x}}=\frac{1-1}{1+1}=0$

(4) $\lim\limits_{x\to0}\frac{2\arcsin x}{3x}\overset{x=\sin t}{=\!=\!=}\lim\limits_{x\to0}\frac{2t}{3\sin t}=\frac{2}{3}\lim\limits_{t\to0}\frac{t}{\sin t}=\frac{2}{3}$

(5) $\lim\limits_{x\to0}\frac{\tan x-\sin x}{\sin^3x}=\lim\limits_{x\to0}\frac{\sin x(1-\cos x)}{\cos x\sin^3x}=\lim\limits_{x\to0}\frac{1-\cos x}{\sin^2x}\cdot\lim\limits_{x\to0}\frac{1}{\cos x}$

$$=\lim_{x\to0}\frac{2\sin^2\frac{x}{2}\left(\frac{x}{2}\right)^2}{\left(\frac{x}{2}\right)^2\sin^2x}$$

$$=\frac{1}{2}\lim_{x\to0}\frac{\sin^2\frac{x}{2}}{\left(\frac{x}{2}\right)^2}\lim_{x\to0}\frac{x^2}{\sin^2x}=\frac{1}{2}$$

(6) $\lim\limits_{x\to a}\dfrac{\cos x-\cos a}{x-a}=\lim\limits_{x\to a}\dfrac{-2\sin\dfrac{x-a}{2}\sin\dfrac{x+a}{2}}{x-a}$

$$=-\lim_{x\to a}\frac{\sin\dfrac{x-a}{2}}{\dfrac{x-a}{2}}\cdot\lim_{x\to a}\sin\frac{x+a}{2}$$

$$=-1\cdot\sin a=-\sin a$$

(7) $\lim\limits_{x\to\infty}x\sin\dfrac{1}{x}=\lim\limits_{\frac{1}{x}\to 0}\dfrac{\sin\dfrac{1}{x}}{\dfrac{1}{x}}=1$

注释 公式 $\lim\limits_{x\to 0}\dfrac{\sin x}{x}=1$ 是一个“$\dfrac{0}{0}$”型极限，如果公式中所有的 x 都换作 $\varphi(x)$，那么当 $\varphi(x)\to 0$ 时，公式 $\lim\limits_{\varphi(x)\to 0}\dfrac{\sin\varphi(x)}{\varphi(x)}=1$ 仍然成立.

某些三角函数可以通过三角恒等变换，凑成$\dfrac{\sin\varphi(x)}{\varphi(x)}$的形式，只要在$x\to 0$ 的变化过程中能保证 $\varphi(x)\to 0$，就可以使用公式 $\lim\limits_{\varphi(x)\to 0}\dfrac{\sin\varphi(x)}{\varphi(x)}=1$. 当 $x\to x_0$ 或 $x\to\infty$ 时，有 $\varphi(x)\to 0$，$\lim\limits_{\varphi(x)\to 0}\dfrac{\sin\varphi(x)}{\varphi(x)}=1$ 亦成立.

24. 求下列极限：

(1) $\lim\limits_{x\to\infty}\left(1+\dfrac{2}{x}\right)^{2x}$　　(2) $\lim\limits_{x\to\infty}\left(1-\dfrac{2}{x}\right)^{\frac{x}{2}-1}$

(3) $\lim\limits_{x\to 0}\left(\dfrac{2-x}{2}\right)^{\frac{2}{x}}$　　(4) $\lim\limits_{x\to\infty}\left(\dfrac{x-1}{x+1}\right)^{x}$

(5) $\lim\limits_{x\to+\infty}\left(1-\dfrac{1}{x}\right)^{\sqrt{x}}$　　(6) $\lim\limits_{n\to\infty}\{n[\ln(n+2)-\ln n]\}$

(7) $\lim\limits_{x\to 0}\dfrac{\ln(1+2x)}{\sin 3x}$

(**提示**：解题过程中需用到“极限符号与函数符号交换位置”，其理由在教材 §2.8 中给出.)

解：(1) $\lim\limits_{x\to\infty}\left(1+\dfrac{2}{x}\right)^{2x}=\lim\limits_{x\to\infty}\left[\left(1+\dfrac{2}{x}\right)^{\frac{x}{2}}\right]^{4}=e^{4}$

(2) $\lim\limits_{x\to\infty}\left(1-\dfrac{2}{x}\right)^{\frac{x}{2}-1}=\lim\limits_{x\to\infty}\left\{\left[\left(1+\dfrac{-2}{x}\right)^{-\frac{x}{2}}\right]^{-1}\left(1-\dfrac{2}{x}\right)^{-1}\right\}=e^{-1}$

(3) $\lim\limits_{x\to 0}\left(\dfrac{2-x}{2}\right)^{\frac{2}{x}}=\lim\limits_{x\to 0}\left[\left(1-\dfrac{x}{2}\right)^{-\frac{2}{x}}\right]^{-1}=e^{-1}$

(4) $\lim\limits_{x\to\infty}\left(\dfrac{x-1}{x+1}\right)^{x}=\lim\limits_{x\to\infty}\left\{\left[\left(1-\dfrac{2}{x+1}\right)^{-\frac{x+1}{2}}\right]^{-2}\cdot\left(1-\dfrac{2}{x+1}\right)^{-1}\right\}=e^{-2}$

或
$$\lim_{x\to\infty}\left(\frac{x-1}{x+1}\right)^{x}=\lim_{x\to\infty}\frac{\left(1-\dfrac{1}{x}\right)^{x}}{\left(1+\dfrac{1}{x}\right)^{x}}=\frac{e^{-1}}{e}=e^{-2}$$

(5) $\lim\limits_{x\to+\infty}\left(1-\dfrac{1}{x}\right)^{\sqrt{x}}=\lim\limits_{x\to+\infty}\left[\left(1-\dfrac{1}{x}\right)^{-x}\right]^{-\frac{1}{\sqrt{x}}}=e^{0}=1$

(6) $\lim\limits_{n\to\infty}\{n[\ln(n+2)-\ln n]\}=\lim\limits_{n\to\infty}\ln\left(\dfrac{n+2}{n}\right)^{n}$

$$=\lim_{n\to\infty}\ln\left[\left(1+\frac{2}{n}\right)^{\frac{n}{2}}\right]^{2}=\ln e^{2}=2$$

(7) $\lim\limits_{x\to 0}\dfrac{\ln(1+2x)}{\sin 3x}=\lim\limits_{x\to 0}\ln(1+2x)^{\frac{1}{\sin 3x}}$

$$=\lim_{x\to 0}\ln[(1+2x)^{\frac{1}{2x}\cdot\frac{3x}{\sin 3x}\cdot\frac{2x}{3x}}]$$

$$=\ln\lim_{x\to 0}[(1+2x)^{\frac{1}{2x}}]^{\frac{3x}{\sin 3x}\cdot\frac{2}{3}}=\ln e^{\frac{2}{3}}=\frac{2}{3}$$

注释 公式 $\lim\limits_{n\to\infty}\left(1+\dfrac{1}{n}\right)^{n}=e$ 或 $\lim\limits_{x\to 0}(1+x)^{\frac{1}{x}}=e$ 都是形如“$(1+\text{无穷小量})^{\text{无穷大量}}$”的“$1^{\infty}$”型极限，公式中无穷小量部分必须与指数位置的无穷大量部分互为倒数.

在上面两公式中，若将所有的“n”或“x”换作“$\varphi(x)$”，那么当 $\varphi(x)\to\infty$ 时，公式 $\lim\limits_{\varphi(x)\to\infty}\left[1+\dfrac{1}{\varphi(x)}\right]^{\varphi(x)}=e$ 成立；当 $\varphi(x)\to 0$ $(\varphi(x)\neq 0)$ 时，公式 $\lim\limits_{\varphi(x)\to 0}[1+\varphi(x)]^{\frac{1}{\varphi(x)}}=e$ 成立.

25. 求下列极限：

(1) $\lim\limits_{x\to 1}x^{\frac{1}{1-x}}$　　　　(2) $\lim\limits_{x\to 0}(1+\sin x)^{\frac{1}{x}}$

解：(1) $\lim\limits_{x\to 1}x^{\frac{1}{1-x}}=\lim\limits_{x\to 1}[1+(x-1)]^{\frac{1}{1-x}}$

$$=\lim_{x\to 1}\{[1+(x-1)]^{\frac{1}{x-1}}\}^{-1}=e^{-1}$$

(2) $\lim\limits_{x\to 0}(1+\sin x)^{\frac{1}{x}}=\lim\limits_{x\to 0}[(1+\sin x)^{\frac{1}{\sin x}}]^{\frac{\sin x}{x}}=e^{1}=e$

26. 当 $x\to\infty$ 时，下列变量中，哪些是无穷小量？哪些是无穷大量？哪些既非无穷小量也非无穷大量？

(1) $\left(1+\dfrac{1}{x^{3}}\right)^{x}$　　　　(2) $\left(1-\dfrac{1}{x^{3}}\right)^{x}$

(3) $\left(1+\dfrac{1}{x}\right)^{x^{3}}$　　　　(4) $\left(1-\dfrac{1}{x}\right)^{x^{3}}$

解：(1) $\lim\limits_{x\to\infty}\left(1+\dfrac{1}{x^{3}}\right)^{x}=\lim\limits_{x\to\infty}\left[\left(1+\dfrac{1}{x^{3}}\right)^{x^{3}}\right]^{\frac{1}{x^{2}}}=e^{0}=1$

所以当 $x\to\infty$ 时，$\left(1+\dfrac{1}{x^{3}}\right)^{x}$ 既非无穷小量，也非无穷大量.

(2) $\lim\limits_{x\to\infty}\left(1-\dfrac{1}{x^3}\right)^x=\lim\limits_{x\to\infty}\left[\left(1-\dfrac{1}{x^3}\right)^{-x^3}\right]^{-\frac{1}{x^2}}=\mathrm{e}^0=1$

所以当 $x\to\infty$ 时，$(1-\dfrac{1}{x^3})^x$ 既非无穷小量，也非无穷大量.

(3) $\lim\limits_{x\to\infty}\left(1+\dfrac{1}{x}\right)^{x^3}=\lim\limits_{x\to\infty}\left[\left(1+\dfrac{1}{x}\right)^x\right]^{x^2}=+\infty$

所以当 $x\to\infty$ 时，$\left(1+\dfrac{1}{x}\right)^{x^3}$ 是无穷大量.

(4) $\lim\limits_{x\to\infty}\left(1-\dfrac{1}{x}\right)^{x^3}=\lim\limits_{x\to\infty}\left[\left(1-\dfrac{1}{x}\right)^{-x}\right]^{-x^2}=0$

所以当 $x\to\infty$ 时，$\left(1-\dfrac{1}{x}\right)^{x^3}$ 是无穷小量.

27. 下列无穷小量在给定的变化过程中与 x 相比是什么阶的无穷小量？

(1) $x+\sin x^2\ (x\to 0)$

(2) $\sqrt{x}+\sin x\ (x\to 0^+)$

(3) $\dfrac{(x+1)x}{4+\sqrt[3]{x}}\ (x\to 0)$

(4) $\ln(1+2x)\ (x\to 0)$

解： (1) $\lim\limits_{x\to 0}\dfrac{x+\sin x^2}{x}=\lim\limits_{x\to 0}\left(1+x\dfrac{\sin x^2}{x^2}\right)=1$

所以当 $x\to 0$ 时，$x+\sin x^2$ 与 x 是等价无穷小量.

(2) $\lim\limits_{x\to 0^+}\dfrac{\sqrt{x}+\sin x}{x}=\lim\limits_{x\to 0^+}\left(\dfrac{1}{\sqrt{x}}+\dfrac{\sin x}{x}\right)=+\infty$

所以当 $x\to 0^+$ 时，$\sqrt{x}+\sin x$ 是比 x 低阶的无穷小量.

(3) $\lim\limits_{x\to 0}\dfrac{\dfrac{(x+1)x}{4+\sqrt[3]{x}}}{x}=\lim\limits_{x\to 0}\dfrac{x+1}{4+\sqrt[3]{x}}=\dfrac{1}{4}$

所以当 $x\to 0$ 时，$\dfrac{(x+1)x}{4+\sqrt[3]{x}}$ 是 x 的同阶非等价无穷小量.

(4) $\lim\limits_{x\to 0}\dfrac{\ln(1+2x)}{x}=\lim\limits_{x\to 0}\ln(1+2x)^{\frac{1}{x}}=\lim\limits_{x\to 0}\ln[(1+2x)^{\frac{1}{2x}}]^2=\ln\mathrm{e}^2=2$

所以当 $x\to 0$ 时，$\ln(1+2x)$ 是 x 的同阶非等价无穷小量.

28. 用等价无穷小量代换求下列极限：

(1) $\lim\limits_{x\to 0}\dfrac{1-\cos x}{x\sin x}$

(2) $\lim\limits_{x\to 0}\dfrac{(\sqrt{1+2x}-1)\arcsin x}{\tan x^2}$

(3) $\lim\limits_{x\to 0}\dfrac{\tan x-\sin x}{\sqrt{2+x^2}(\mathrm{e}^{x^3}-1)}$

(4) $\lim\limits_{x\to a}\dfrac{\cos x-\cos a}{x-a}$

(5) $\lim\limits_{x\to 0^+}\dfrac{1-\sqrt{\cos x}}{x(1-\cos\sqrt{x})}$

解： (1) 因为 $\sin x\sim x\ (x\to 0)$，$1-\cos x\sim\dfrac{x^2}{2}\ (x\to 0)$，所以

$$\lim_{x\to 0}\frac{1-\cos x}{x\sin x}=\lim_{x\to 0}\frac{\frac{x^2}{2}}{x\cdot x}=\frac{1}{2}$$

(2) 因为 $\sqrt{1+x}-1\sim\frac{x}{2}$ $(x\to 0)$，故有 $\sqrt{1+2x}-1\sim\frac{2x}{2}$ $(x\to 0)$；因为 $\tan x\sim x$ $(x\to 0)$，故有 $\tan x^2\sim x^2$ $(x\to 0)$，$\arcsin x\sim x$ $(x\to 0)$，所以

$$\lim_{x\to 0}\frac{(\sqrt{1+2x}-1)\arcsin x}{\tan x^2}=\lim_{x\to 0}\frac{x\cdot x}{x^2}=1$$

(3) $\lim\limits_{x\to 0}\dfrac{\tan x-\sin x}{\sqrt{2+x^2}(e^{x^3}-1)}=\lim\limits_{x\to 0}\dfrac{\sin x(1-\cos x)}{\cos x\cdot\sqrt{2+x^2}(e^{x^3}-1)}$

$$\sin x\sim x\ (x\to 0),\quad 1-\cos x\sim\frac{x^2}{2}\ (x\to 0)$$

因 $e^x-1\sim x$ $(x\to 0)$，故有 $e^{x^3}-1\sim x^3$ $(x\to 0)$，所以

$$\lim_{x\to 0}\frac{\sin x(1-\cos x)}{\cos x\cdot\sqrt{2+x^2}(e^{x^3}-1)}=\lim_{x\to 0}\frac{x\cdot\frac{x^2}{2}}{\cos x\cdot\sqrt{2+x^2}\cdot x^3}$$

$$=\lim_{x\to 0}\frac{1}{2\sqrt{2+x^2}\cos x}=\frac{1}{2\sqrt{2}}$$

即
$$\lim_{x\to 0}\frac{\tan x-\sin x}{\sqrt{2+x^2}(e^{x^3}-1)}=\frac{1}{2\sqrt{2}}$$

(4) $\lim\limits_{x\to a}\dfrac{\cos x-\cos a}{x-a}=\lim\limits_{x\to a}\dfrac{-2\sin\frac{x-a}{2}\sin\frac{x+a}{2}}{x-a}$

因为当 $x\to a$ 时，$\frac{x-a}{2}\to 0$，所以有 $\sin\frac{x-a}{2}\sim\frac{x-a}{2}(x\to a)$，因此

$$\lim_{x\to a}\frac{-2\sin\frac{x-a}{2}\sin\frac{x+a}{2}}{x-a}=\lim_{x\to a}\frac{-2\cdot\frac{x-a}{2}\cdot\sin\frac{x+a}{2}}{x-a}$$

$$=\lim_{x\to a}\left(-\sin\frac{x+a}{2}\right)=-\sin a$$

注释 第(4)题与第23(6)题是一样的，但其求得极限值的方法却是不同的. 第23(6)题使用的是两个重要极限，第28(4)题使用的是无穷小量代换，得到的结果是相同的.

注释 第(4)题中 $\sin\frac{x-a}{2}$ 用等价无穷小量 $\frac{x-a}{2}$ 代换，而 $\sin\frac{x+a}{2}$ 不能用$\frac{x+a}{2}$代换，因为当 $x\to a$ 时，$\frac{x-a}{2}\to 0$，因而有 $\sin\frac{x-a}{2}\sim\frac{x-a}{2}$ $(x\to a)$，而当 $x\to a$ 时，$\frac{x+a}{2}\to a\neq 0$，即当 $x\to a$ 时，$\sin\frac{x+a}{2}$ 与$\frac{x+a}{2}$ 均非无穷小量.

(5) $\lim\limits_{x\to 0^+}\dfrac{1-\sqrt{\cos x}}{x(1-\cos\sqrt{x})}=\lim\limits_{x\to 0^+}\dfrac{1-\cos x}{x(1-\cos\sqrt{x})(1+\sqrt{\cos x})}$

因为 $1-\cos x \sim \frac{x^2}{2}\ (x\to 0)$，故有 $1-\cos\sqrt{x} \sim \frac{(\sqrt{x})^2}{2}\ (x\to 0^+)$，所以

$$\lim_{x\to 0^+}\frac{1-\cos x}{x(1-\cos\sqrt{x})(1+\sqrt{\cos x})}=\lim_{x\to 0^+}\frac{\frac{x^2}{2}}{x\cdot\frac{x}{2}(1+\sqrt{\cos x})}=\frac{1}{2}$$

即 $$\lim_{x\to 0^+}\frac{1-\sqrt{\cos x}}{x(1-\cos\sqrt{x})}=\frac{1}{2}$$

29. 用求极限的方法将循环小数 0.123 412 341 234… 表示为分数形式.

解： 0.123 412 341 234…

$$=\frac{1\ 234}{10^4}+\frac{1\ 234}{(10^4)^2}+\frac{1\ 234}{(10^4)^3}+\cdots+\frac{1\ 234}{(10^4)^n}+\cdots$$

$$=\lim_{n\to\infty}\frac{\frac{1\ 234}{10^4}\left[1-\left(\frac{1}{10^4}\right)^n\right]}{1-\frac{1}{10^4}}$$

$$=\frac{1\ 234}{10^4-1}\left[1-\lim_{n\to\infty}\left(\frac{1}{10^4}\right)^n\right]=\frac{1\ 234}{9\ 999}$$

30. 证明下列函数在$(-\infty,+\infty)$内是连续函数.

(1) $y=3x^2+1$　　　　(2) $y=\cos x$

证： (1) $y=3x^2+1,\ x\in(-\infty,+\infty)$

设 x_0 是$(-\infty,+\infty)$内任意一点，当 x 从 x_0 产生改变量 Δx 时，函数改变量为

$$\Delta y=3(x_0+\Delta x)^2+1-3x_0^2-1=6x_0\Delta x+3(\Delta x)^2$$

$$\lim_{\Delta x\to 0}\Delta y=\lim_{\Delta x\to 0}[6x_0\Delta x+3(\Delta x)^2]=0$$

因此，根据函数连续的定义，$y=3x^2+1$ 在点 $x=x_0$ 处连续，由于 x_0 是$(-\infty,+\infty)$内的任意点，所以 $y=3x^2+1$ 在$(-\infty,+\infty)$内连续.

(2) $y=\cos x,\ x\in(-\infty,+\infty)$

设 x_0 是$(-\infty,+\infty)$内任意一点，当 x 从 x_0 产生改变量 Δx 时，函数改变量为

$$\begin{aligned}\Delta y&=\cos(x_0+\Delta x)-\cos x_0\\&=\cos x_0\cos\Delta x-\sin x_0\sin\Delta x-\cos x_0\\&=\cos x_0(\cos\Delta x-1)-\sin x_0\sin\Delta x\end{aligned}$$

$$\lim_{\Delta x\to 0}\Delta y=\lim_{\Delta x\to 0}[\cos x_0(\cos\Delta x-1)-\sin x_0\sin\Delta x]=0$$

因此，根据函数连续的定义，$y=\cos x$ 在点 $x=x_0$ 处连续，由于 x_0 是$(-\infty,+\infty)$内的任意点，所以 $y=\cos x$ 在$(-\infty,+\infty)$内连续.

31. 求下列函数的间断点，并判断间断点的类型.

(1) $y=\frac{1}{(x+2)^2}$　　　　(2) $y=\frac{x^2-1}{x^2-3x+2}$

(3) $y=\frac{\sin x}{x}$　　　　(4) $y=\begin{cases}\frac{1-x^2}{1-x}, & x\neq 1\\ 0, & x=1\end{cases}$

(5) $y=\begin{cases}0, & x<1\\ 2x+1, & 1\leqslant x<2\\ 1+x^2, & 2\leqslant x\end{cases}$ (6) $y=\begin{cases}\dfrac{\sin x}{x}, & x<0\\ 0, & x=0\\ \mathrm{e}^{-x}, & x>0\end{cases}$

解: (1) 在点 $x=-2$ 处，函数无定义. 因 $\lim\limits_{x\to-2}y=+\infty$，极限不存在，所以点 $x=-2$ 是函数 $y=\dfrac{1}{(x+2)^2}$ 的第二类间断点且为无穷间断点.

(2) $y=\dfrac{x^2-1}{x^2-3x+2}=\dfrac{(x-1)(x+1)}{(x-1)(x-2)}$

当 $x=1$，$x=2$ 时，函数无定义.

$$\lim_{x\to1}y=\lim_{x\to1}\frac{x^2-1}{x^2-3x+2}=\lim_{x\to1}\frac{x+1}{x-2}=-2$$

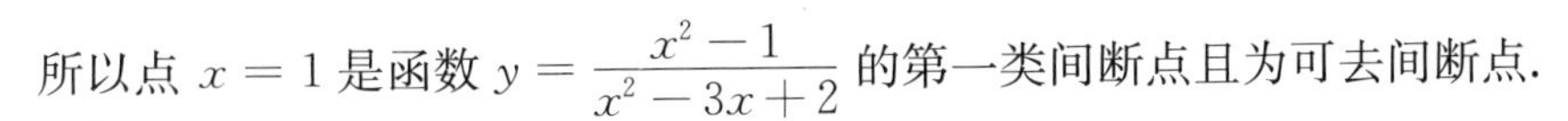

所以点 $x=1$ 是函数 $y=\dfrac{x^2-1}{x^2-3x+2}$ 的第一类间断点且为可去间断点.

$$\lim_{x\to2}y=\lim_{x\to2}\frac{x^2-1}{x^2-3x+2}=\infty$$

所以点 $x=2$ 为函数 $y=\dfrac{x^2-1}{x^2-3x+2}$ 的第二类间断点且为无穷间断点.

(3) 在点 $x=0$ 处，函数无定义.

$$\lim_{x\to0}y=\lim_{x\to0}\frac{\sin x}{x}=1$$

所以点 $x=0$ 是函数 $y=\dfrac{\sin x}{x}$ 的第一类间断点且为可去间断点.

(4) $\lim\limits_{x\to1}y=\lim\limits_{x\to1}\dfrac{1-x^2}{1-x}=\lim\limits_{x\to1}(1+x)=2$

而 $y|_{x=1}=0$，即 $\lim\limits_{x\to1}y\neq y|_{x=1}$，所以点 $x=1$ 是函数的第一类间断点且为可去间断点.

(5) 考察在分段点 $x=1$ 及 $x=2$ 处函数的连续性.

在点 $x=1$ 处：

$$\lim_{x\to1^-}y=0,\ \lim_{x\to1^+}y=\lim_{x\to1^+}(2x+1)=3$$

$$\lim_{x\to1^-}y\neq\lim_{x\to1^+}y$$

所以点 $x=1$ 是函数 $y=\begin{cases}0, & x<1\\ 2x+1, & 1\leqslant x<2\\ 1+x^2, & 2\leqslant x\end{cases}$ 的第一类间断点且为跳跃间断点.

在点 $x=2$ 处：

$$\lim_{x\to2^-}y=\lim_{x\to2^-}(2x+1)=5,\ \lim_{x\to2^+}y=\lim_{x\to2^+}(1+x^2)=5$$

$$\lim_{x\to2}y=5=y|_{x=2}$$

所以点 $x=2$ 为函数 $y=\begin{cases}0, & x<1\\ 2x+1, & 1\leqslant x<2\\ 1+x^2, & 2\leqslant x\end{cases}$ 的连续点，非间断点.

(6) 考察在分段点 $x=0$ 处函数的连续性。

$$\lim_{x\to0^-}y=\lim_{x\to0^-}\frac{\sin x}{x}=1$$

$$\lim_{x\to0^+}y=\lim_{x\to0^+}\mathrm{e}^{-x}=1$$

$$\lim_{x\to0^-}y=\lim_{x\to0^+}y=\lim_{x\to0}y=1\neq y|_{x=0}$$

所以 $x=0$ 是函数 $y=\begin{cases}\dfrac{\sin x}{x}, & x<0\\ 0, & x=0\\ \mathrm{e}^{-x}, & x>0\end{cases}$ 的第一类间断点且为可去间断点.

32. 函数 $f(x)=\begin{cases}x-1, & x\leqslant 0\\ x^2, & x>0\end{cases}$ 在点 $x=0$ 处是否连续？作出 $f(x)$ 的图形.

解： $\lim\limits_{x\to0^-}f(x)=\lim\limits_{x\to0^-}(x-1)=-1$

$$\lim_{x\to0^+}f(x)=\lim_{x\to0^+}x^2=0$$

$$\lim_{x\to0^-}f(x)\neq\lim_{x\to0^+}f(x)$$

所以 $f(x)$ 在点 $x=0$ 处不连续，图形如图 2－4 所示.

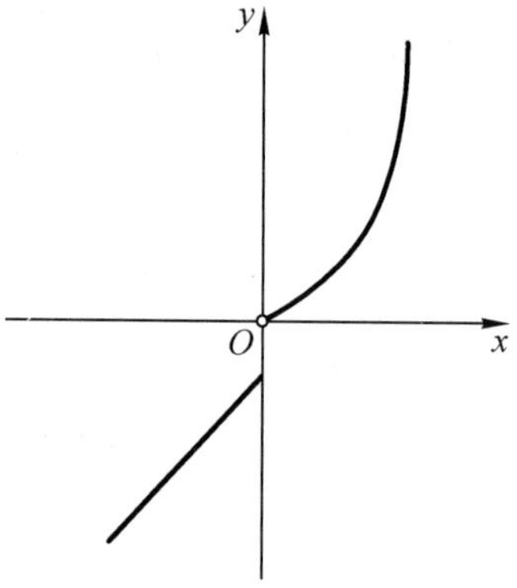

图 2－4

33. 函数 $f(x)=\begin{cases}2x, & 0\leqslant x<1\\ 3-x, & 1\leqslant x\leqslant 2\end{cases}$ 在闭区间$[0, 2]$上是否连续？作出 $f(x)$ 的图形.

解： $f(x)$ 在$(0, 1)$及$(1, 2)$内为初等函数，$f(x)$ 连续.

考察在分段点 $x=1$ 处函数的连续性.

$$\lim_{x\to1^-}f(x)=\lim_{x\to1^-}(2x)=2$$

$$\lim_{x\to1^+}f(x)=\lim_{x\to1^+}(3-x)=2$$

$$\lim_{x\to1^-}f(x)=\lim_{x\to1^+}f(x)=2=f(1)$$

所以在分段点 $x=1$ 处 $f(x)$ 连续.

$$\lim_{x\to0^+}f(x)=\lim_{x\to0^+}2x=0=f(0)$$

所以函数在定义区间左端点 $x=0$ 处右连续.

$$\lim_{x\to2^-}f(x)=\lim_{x\to2^-}(3-x)=1=f(2)$$

所以函数在定义区间右端点 $x=2$ 处左连续.

因此，函数 $y=\begin{cases}2x, & 0\leqslant x<1\\ 3-x, & 1\leqslant x\leqslant 2\end{cases}$ 在$[0, 2]$上连续，图形如图 2－5 所示.

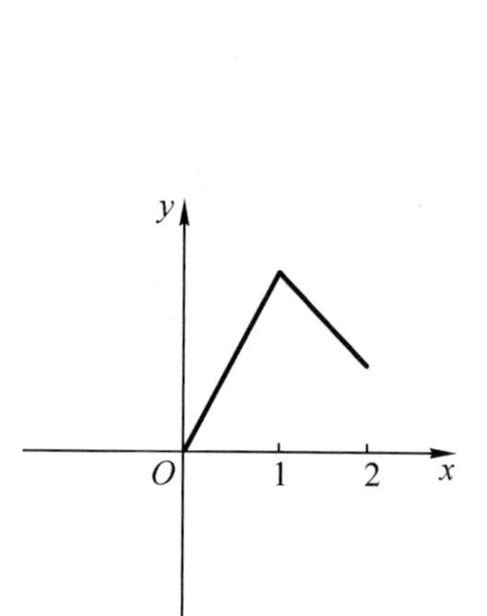

图 2－5

34. 函数 $f(x)=\begin{cases}|x|, & |x|\leqslant 1\\ \dfrac{x}{|x|}, & 1<|x|\leqslant 3\end{cases}$ 在其定义域内是否连续？作出 $f(x)$ 的图形.

解： $f(x)$ 的定义域为$[-3, 3]$.

在$(-3,-1)$，$(-1,1)$，$(1,3)$内 $f(x)$ 为连续函数.

下面考察函数在定义域区间端点及分段点的连续性：

$$\lim_{x\to -3^+} f(x)=\lim_{x\to -3^+}\left(\frac{x}{|x|}\right)=\lim_{x\to -3^+}\left(\frac{x}{-x}\right)=-1=f(-3)$$

所以 $f(x)$ 在定义区间左端点 $x=-3$ 处右连续.

$$\lim_{x\to 3^-} f(x)=\lim_{x\to 3^-}\frac{x}{|x|}=\lim_{x\to 3^-}\frac{x}{x}=1=f(3)$$

所以 $f(x)$ 在定义区间右端点 $x=3$ 处左连续.

$$\lim_{x\to -1^-} f(x)=\lim_{x\to -1^-}\frac{x}{|x|}=\lim_{x\to -1^-}\left(\frac{x}{-x}\right)=-1$$

$$\lim_{x\to -1^+} f(x)=\lim_{x\to -1^+}|x|=\lim_{x\to -1^+}(-x)=1$$

$$\lim_{x\to -1^-} f(x)\neq\lim_{x\to -1^+} f(x)$$

所以，在分段点 $x=-1$ 处 $f(x)$ 不连续.

$$\lim_{x\to 1^-} f(x)=\lim_{x\to 1^-}|x|=1,\ \lim_{x\to 1^+} f(x)=\lim_{x\to 1^+}\frac{x}{|x|}=1$$

$$\lim_{x\to 1^-} f(x)=\lim_{x\to 1^+} f(x)=\lim_{x\to 1} f(x)=1=f(1)$$

所以 $f(x)$ 在分段点 $x=1$ 处连续.

函数 $f(x)$ 在其定义域$[-3,3]$内除在一个分段点 $x=-1$ 处不连续外，在其他点均连续，图形如图 2－6 所示.

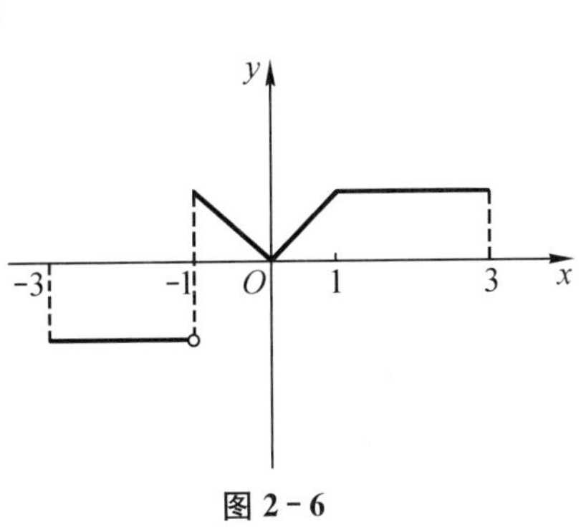

图 2－6

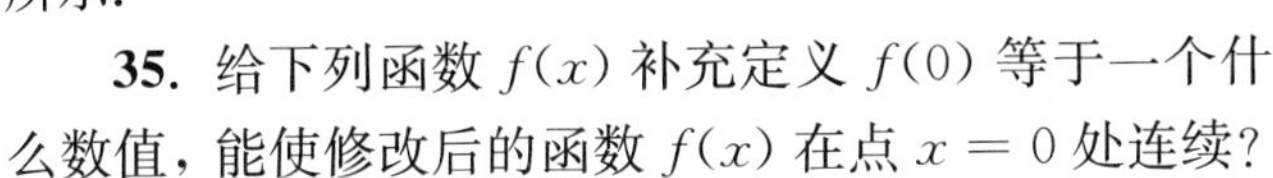

35. 给下列函数 $f(x)$ 补充定义 $f(0)$ 等于一个什么数值，能使修改后的函数 $f(x)$ 在点 $x=0$ 处连续？

(1) $f(x)=\dfrac{\sqrt{1+x}-\sqrt{1-x}}{x}$

(2) $f(x)=\sin x\cos\dfrac{1}{x}$

(3) $f(x)=\ln(1+kx)^{\frac{m}{x}}$　(k，m 为常数)

解：(1) $\lim\limits_{x\to 0} f(x)=\lim\limits_{x\to 0}\dfrac{\sqrt{1+x}-\sqrt{1-x}}{x}$

$$=\lim_{x\to 0}\frac{2x}{x(\sqrt{1+x}+\sqrt{1-x})}$$

$$=1$$

所以补充定义 $f(0)=1$，可使修改后的 $f(x)$ 在点 $x=0$ 处连续.

(2) $\lim\limits_{x\to 0} f(x)=\lim\limits_{x\to 0}\sin x\cos\dfrac{1}{x}=0$

所以补充定义 $f(0)=0$，可使修改后的 $f(x)$ 在点 $x=0$ 处连续.

(3) $\lim\limits_{x\to 0} f(x)=\lim\limits_{x\to 0}\ln(1+kx)^{\frac{m}{x}}=\lim\limits_{x\to 0}\ln[(1+kx)^{\frac{1}{kx}}]^{mk}=\ln e^{mk}=mk$

所以补充定义 $f(0)=mk$，可使修改后的 $f(x)$ 在点 $x=0$ 处连续.

36. 设 $f(x)=\begin{cases}\dfrac{1}{x}\sin x, & x<0\\ k, & x=0\\ x\sin\dfrac{1}{x}+1, & x>0\end{cases}$ (其中 k 为常数)，问 k 为何值时，函数 $f(x)$ 在其定义域内连续？为什么？

解： $f(x)$ 的定义域为 $(-\infty,+\infty)$，$f(x)$ 在 $x\neq 0$ 处均连续，要使 $f(x)$ 在定义域内连续，只要 $f(x)$ 在点 $x=0$ 处连续即可.

$$\lim_{x\to 0^-}f(x)=\lim_{x\to 0^-}\frac{1}{x}\sin x=1$$

$$\lim_{x\to 0^+}f(x)=\lim_{x\to 0^+}x\sin\frac{1}{x}+1=1$$

所以只要定义 $f(0)=k=1$，就有 $\lim\limits_{x\to 0}f(x)=f(0)$，则 $f(x)$ 在点 $x=0$ 处连续，所以当 $k=1$ 时，$f(x)$ 在定义域 $(-\infty,+\infty)$ 内连续.

37. 设 $f(x)=\begin{cases}\dfrac{\sin 2x}{x}, & x<0\\ 3x^2-2x+k, & x\geqslant 0\end{cases}$ (其中 k 为常数)，问 k 为何值时，函数 $f(x)$ 在其定义域内连续？为什么？

解： $f(x)$ 的定义域为 $(-\infty,+\infty)$，$f(x)$ 在 $x\neq 0$ 处均连续，要使 $f(x)$ 在定义域内连续，只要 $f(x)$ 在点 $x=0$ 处连续即可.

显然不论 k 为何值，$f(x)$ 在点 $x=0$ 处均右连续，因此只要 $f(0)=k$ 的值等于 $f(x)$ 在点 $x=0$ 处的左极限值即可.

$$\lim_{x\to 0^-}\frac{\sin 2x}{x}=2$$

因此，当 $k=2$ 时，就有 $\lim\limits_{x\to 0}f(x)=f(0)$，则 $f(x)$ 在点 $x=0$ 处连续，所以当 $k=2$ 时，$f(x)$ 就在其定义域 $(-\infty,+\infty)$ 内连续.

38. 下列函数 $f(x)$ 在点 $x=0$ 处是否连续？为什么？

(1) $f(x)=\begin{cases}x^2\sin\dfrac{1}{x}, & x\neq 0\\ 0, & x=0\end{cases}$

(2) $f(x)=\begin{cases}e^{-\frac{1}{x^2}}, & x\neq 0\\ 0, & x=0\end{cases}$

(3) $f(x)=\begin{cases}\dfrac{\sin x}{|x|}, & x\neq 0\\ 1, & x=0\end{cases}$

(4) $f(x)=\begin{cases}e^x, & x\leqslant 0\\ \dfrac{\sin x}{x}, & x>0\end{cases}$

解： (1) $\lim\limits_{x\to 0}f(x)=\lim\limits_{x\to 0}x^2\sin\dfrac{1}{x}=0=f(0)$

所以 $f(x)$ 在点 $x=0$ 处连续.

(2) $\lim\limits_{x\to0}f(x)=\lim\limits_{x\to0}e^{-\frac{1}{x^2}}=0=f(0)$

所以 $f(x)$ 在点 $x=0$ 处连续.

(3) $\lim\limits_{x\to0^-}f(x)=\lim\limits_{x\to0^-}\dfrac{\sin x}{-x}=-1$

$\lim\limits_{x\to0^+}f(x)=\lim\limits_{x\to0^+}\dfrac{\sin x}{x}=1$

$\lim\limits_{x\to0}f(x)$ 不存在，所以 $f(x)$ 在点 $x=0$ 处不连续.

(4) 显然 $f(x)$ 在点 $x=0$ 处左连续，即 $\lim\limits_{x\to0^-}f(x)=1=f(0)$

$\lim\limits_{x\to0^+}f(x)=\lim\limits_{x\to0^+}\dfrac{\sin x}{x}=1=f(0)$

所以 $f(x)$ 在点 $x=0$ 处右连续. 因此，$f(x)$ 在点 $x=0$ 处连续.

39. 证明方程 $x^5-3x=1$ 在 1 与 2 之间至少存在一个实根.

证： 设 $f(x)=x^5-3x-1$，则 $f(x)$ 在闭区间$[1, 2]$上连续，且 $f(1)=1-3-1=-3<0$，$f(2)=32-6-1=25>0$，由闭区间上连续函数的介值定理可知，至少存在一个 $x\in(1, 2)$，使 $f(x)=0$，即方程$x^5-3x=1$ 在 1 与 2 之间至少有一个实根.

40. 证明曲线 $y=x^4-3x^2+7x-10$ 在 $x=1$ 与 $x=2$ 之间至少与 x 轴有一个交点.

证： 设 $y=y(x)=x^4-3x^2+7x-10$，显然，$y(x)$ 在$[1, 2]$上连续，且 $y(1)=-5<0$，$y(2)=8>0$，所以至少存在一个 $x\in(1, 2)$，使$y(x)=0$，即曲线 $y=x^4-3x^2+7x-10$ 在 $x=1$ 与 $x=2$ 之间与 x 轴至少有一个交点.

41. 设 $f(x)=e^x-2$，求证在区间$(0, 2)$内至少有一点 x_0，使$e^{x_0}-2=x_0$.

证： 设 $\varphi(x)=e^x-2-x$，那么$\varphi(x)$在$[0, 2]$上连续，$\varphi(0)=e^0-2-0=-1<0$，$\varphi(2)=e^2-2-2=e^2-4>0$，所以在区间$(0, 2)$内至少有一点 x_0，使 $\varphi(x_0)=e^{x_0}-2-x_0=0$，于是可得 $e^{x_0}-2=x_0$.

42. 求下列极限：

(1) $\lim\limits_{x\to0}\dfrac{\ln(1+x^2)}{\sin(1+x^2)}$　　　　(2) $\lim\limits_{x\to0}\left[\dfrac{\lg(100+x)}{a^x+\arcsin x}\right]^{\frac{1}{2}}$

解： (1) $f(x)=\dfrac{\ln(1+x^2)}{\sin(1+x^2)}$ 是初等函数，在 $x=0$ 处连续，所以

$$\lim_{x\to0}\frac{\ln(1+x^2)}{\sin(1+x^2)}=\frac{\ln(1+0)}{\sin(1+0)}=\frac{0}{\sin1}=0$$

(2) $f(x)=\left[\dfrac{\lg(100+x)}{a^x+\arcsin x}\right]^{\frac{1}{2}}$ 是初等函数，在 $x=0$ 处连续，所以

$$\lim_{x\to0}\left[\frac{\lg(100+x)}{a^x+\arcsin x}\right]^{\frac{1}{2}}=\left[\frac{\lg(100+0)}{a^0+\arcsin0}\right]^{\frac{1}{2}}=\sqrt{\frac{2}{1}}=\sqrt{2}$$

(B)

1. 下列数列收敛的是[　　].

(A) $f(n)=(-1)^{n+1}\dfrac{n}{n+1}$　　(B) $f(n)=\begin{cases}\dfrac{1}{n}+1, & n\text{ 为奇数}\\ \dfrac{1}{n}-1, & n\text{ 为偶数}\end{cases}$

(C) $f(n)=\begin{cases}\dfrac{1}{n}, & n\text{ 为奇数}\\ \dfrac{1}{n+1}, & n\text{ 为偶数}\end{cases}$　　(D) $f(n)=\begin{cases}\dfrac{1+2^n}{2^n}, & n\text{ 为奇数}\\ \dfrac{1-2^n}{2^n}, & n\text{ 为偶数}\end{cases}$

解：(A)，(B)，(D) 中的数列 $f(n)$ 都是奇数项趋向于 1 且偶数项趋向于 -1，故都是发散的，只有(C) 中数列 $f(n)$ 以 0 为极限.

故本题应选(C).

2. 下列数列发散的是[　　].

(A) 1，0，1，0，…　　(B) $\frac{1}{2}$，0，$\frac{1}{4}$，0，…

(C) $\frac{3}{2}$，$\frac{2}{3}$，$\frac{5}{4}$，$\frac{4}{5}$，…　　(D) 1，$\frac{1}{3}$，$\frac{1}{2}$，$\frac{1}{5}$，$\frac{1}{3}$，$\frac{1}{7}$，$\frac{1}{4}$，$\frac{1}{9}$，…

解：(A) 1，0，1，0，… 发散；

(B) $\frac{1}{2}$，0，$\frac{1}{4}$，0，… 收敛于零；

(C) $\frac{3}{2}$，$\frac{2}{3}$，$\frac{5}{4}$，$\frac{4}{5}$，… 收敛于 1；

(D) 1，$\frac{1}{3}$，$\frac{1}{2}$，$\frac{1}{5}$，$\frac{1}{3}$，$\frac{1}{7}$，$\frac{1}{4}$，$\frac{1}{9}$，… 收敛于零.

故本题应选(A).

3. 设 $y_n=0.\underbrace{11\cdots1}_{n个1}$，则当 $n\to\infty$ 时，数列 y_n[　　].

(A) 收敛于 0.1　　(B) 收敛于 0.2

(C) 收敛于$\frac{1}{9}$　　(D) 发散

解：因为 $y_n=0.11\cdots1=\dfrac{1}{10}+\dfrac{1}{10^2}+\cdots+\dfrac{1}{10^n}=\dfrac{\frac{1}{10}\left(1-\frac{1}{10^n}\right)}{1-\frac{1}{10}}$

$$=\frac{1}{9}\left(1-\frac{1}{10^n}\right)$$

所以 $$\lim_{n\to\infty}y_n=\lim_{n\to\infty}\frac{1}{9}\left(1-\frac{1}{10^n}\right)=\frac{1}{9}$$

故本题应选(C).

4. 数列 x_n 与 y_n 的极限分别为 A 与 B，且 $A\neq B$，那么数列 x_1，y_1，x_2，y_2，x_3，y_3，…的极限是[　　].

(A) A　　(B) B　　(C) $A+B$　　(D) 不存在

解：数列 x_1，y_1，x_2，y_2，x_3，y_3，… 的奇数项趋向于 A，偶数项趋向于 B，由于

$A \neq B$，因此给定数列的极限不存在.

故本题应选(D).

5. “$f(x)$ 在点 $x=x_0$ 处有定义”是当 $x \to x_0$ 时 $f(x)$ 有极限的[　　].

(A) 必要条件　　(B) 充分条件

(C) 充分必要条件　　(D) 无关条件

解: 函数 $f(x)$ 在点 $x=x_0$ 处极限是否存在与 $f(x)$ 在点 $x=x_0$ 处是否有定义无关.

故本题应选(D).

6. $\lim\limits_{x \to 2} \dfrac{|x-2|}{x-2} =$ [　　].

(A) -1　　(B) 1　　(C) ∞　　(D) 不存在

解: $\lim\limits_{x \to 2^-} \dfrac{|x-2|}{x-2} = \lim\limits_{x \to 2^-} \dfrac{2-x}{x-2} = -1$

$$\lim_{x \to 2^+} \frac{|x-2|}{x-2} = \lim_{x \to 2^+} \frac{x-2}{x-2} = 1$$

所以 $\lim\limits_{x \to 2} \dfrac{|x-2|}{x-2}$ 不存在.

故本题应选(D).

7. $\lim\limits_{x \to \infty} e^x =$ [　　].

(A) 0　　(B) $+\infty$　　(C) ∞　　(D) 不存在

解: $\lim\limits_{x \to -\infty} e^x = 0$，$\lim\limits_{x \to +\infty} e^x = +\infty$，所以$\lim\limits_{x \to \infty} e^x$ 不存在.

故本题应选(D).

8. $\lim\limits_{x \to 1} \dfrac{x^2-1}{x-1} e^{\frac{1}{x-1}} =$ [　　].

(A) ∞　　(B) $+\infty$　　(C) 0　　(D) 不存在

解: 因 $\lim\limits_{x \to 1} \dfrac{x^2-1}{x-1} = 2$

$$\lim_{x \to 1^+} e^{\frac{1}{x-1}} = +\infty,\quad \lim_{x \to 1^-} e^{\frac{1}{x-1}} = 0$$

故
$$\lim_{x \to 1^+} \frac{x^2-1}{x-1} e^{\frac{1}{x-1}} = +\infty$$

$$\lim_{x \to 1^-} \frac{x^2-1}{x-1} e^{\frac{1}{x-1}} = 0$$

所以 $\lim\limits_{x \to 1} \dfrac{x^2-1}{x-1} e^{\frac{1}{x-1}}$ 不存在.

故本题应选(D).

注释 (i) $x \to x_0$(包括 $x \to x_0^-$ 与 $x \to x_0^+$).

当 $\lim\limits_{x \to x_0^-} f(x) = \lim\limits_{x \to x_0^+} f(x) = A$ (或 ∞) 时才有$\lim\limits_{x \to x_0} f(x) = A$ (或 ∞).

(ii) $x \to \infty$ 是指 x 的绝对值无限增大(包括 $x \to -\infty$ 与 $x \to +\infty$).

当 $\lim\limits_{x \to -\infty} f(x) = \lim\limits_{x \to +\infty} f(x) = A$ (或 ∞) 时才有$\lim\limits_{x \to \infty} f(x) = A$ (或 ∞).

9. 下列极限存在的是[　　].

(A) $\lim\limits_{x\to\infty}\dfrac{x(x+1)}{x^2}$　　(B) $\lim\limits_{x\to 0}\dfrac{1}{2^x-1}$

(C) $\lim\limits_{x\to 0}e^{\frac{1}{x}}$　　(D) $\lim\limits_{x\to+\infty}\sqrt{\dfrac{x^2+1}{x}}$

解: (A) $\lim\limits_{x\to\infty}\dfrac{x(x+1)}{x^2}=1$，故本题应选(A).

(B) 中极限为∞，(D) 中极限为$+\infty$，(C) 中左极限为零，右极限为$+\infty$，极限不存在.

10. 已知 $\lim\limits_{x\to 2}\dfrac{x^2+ax+b}{x^2-x-2}=2$，则 a，b 的值是[　　].

(A) $a=-8$，$b=2$　　(B) $a=2$，b 为任意值

(C) $a=2$，$b=-8$　　(D) a，b 均为任意值

解: 由 $\lim\limits_{x\to 2}\dfrac{x^2+ax+b}{x^2-x-2}=2$ 且 $\lim\limits_{x\to 2}(x^2-x-2)=0$，必有 $\lim\limits_{x\to 2}(x^2+ax+b)=4+2a+b=0$，于是有 $b=-2a-4$，代入原式，有

$$\lim_{x\to 2}\frac{x^2+ax-2a-4}{x^2-x-2}=\lim_{x\to 2}\frac{(x-2)(x+2+a)}{(x-2)(x+1)}$$
$$=\lim_{x\to 2}\frac{x+2+a}{x+1}=\frac{4+a}{3}=2$$

所以可得 $a=2$，$b=-8$.

故本题应选(C).

11. $\lim\limits_{x\to\infty}\dfrac{x^2+2x-\sin x}{2x^2+\sin x}=$[　　].

(A) $\dfrac{1}{2}$　　(B) 2　　(C) 0　　(D) 不存在

解: $\lim\limits_{x\to\infty}\dfrac{x^2+2x-\sin x}{2x^2+\sin x}=\lim\limits_{x\to\infty}\dfrac{1+\dfrac{2}{x}-\dfrac{\sin x}{x^2}}{2+\dfrac{\sin x}{x^2}}=\dfrac{1}{2}$

(其中$\lim\limits_{x\to\infty}\dfrac{\sin x}{x^2}=0$ 利用了“无穷小量与有界变量的乘积极限为 0”的性质.)

故本题应选(A).

12. 下列变量在给定的变化过程中，不是无穷大量的是[　　].

(A) $e^{-\frac{1}{x}}$　$(x\to 0^-)$　　(B) $\dfrac{x}{\sqrt{x^3+1}}$　$(x\to+\infty)$

(C) $\lg x$　$(x\to 0^+)$　　(D) $\lg x$　$(x\to+\infty)$

解: (A) $\lim\limits_{x\to 0^-}e^{-\frac{1}{x}}=+\infty$

(B) $\lim\limits_{x\to+\infty}\dfrac{x}{\sqrt{x^3+1}}=\lim\limits_{x\to+\infty}\dfrac{1}{\sqrt{x+\dfrac{1}{x^2}}}=0$

故本题应选(B).

(C) $\lim\limits_{x\to 0^+}\lg x=-\infty$

(D) $\lim\limits_{x\to+\infty}\lg x=+\infty$

13. 数列 $f(n)=\begin{cases}\dfrac{n^2+\sqrt{n}}{n}, & n\text{ 为奇数}\\ \dfrac{1}{n}, & n\text{ 为偶数}\end{cases}$，当 $n\to\infty$ 时，$f(n)$ 是[　　].

(A) 无穷大量　　(B) 无穷小量

(C) 有界变量，但非无穷小量　　(D) 无界变量，但非无穷大量

解：当 n 为奇数时，$\lim\limits_{n\to\infty}f(n)=\lim\limits_{n\to\infty}\dfrac{n^2+\sqrt{n}}{n}=+\infty$；当 n 为偶数时，$\lim\limits_{n\to\infty}f(n)=\lim\limits_{n\to\infty}\dfrac{1}{n}=0$，所以 $f(n)$ 无界，但非无穷大量.

本题应选(D).

14. 当 $x\to 0$ 时，无穷小量 $\alpha=x^2$ 与 $\beta=1-\sqrt{1-2x^2}$ 的关系是[　　].

(A) β 与 α 是等价无穷小量　　(B) β 与 α 是同阶非等价无穷小量

(C) β 是比 α 高阶的无穷小量　　(D) β 是比 α 低阶的无穷小量

解：
$$\lim_{x\to 0}\frac{1-\sqrt{1-2x^2}}{x^2}=\lim_{x\to 0}\frac{1-1+2x^2}{x^2(1+\sqrt{1-2x^2})}=\lim_{x\to 0}\frac{2}{1+\sqrt{1-2x^2}}=1$$

所以 β 与 α 是等价无穷小量.

故本题应选(A).

15. 当 $x\to\infty$ 时，若 $\dfrac{1}{ax^2+bx+c}=o\left(\dfrac{1}{x+1}\right)$，则 a，b，c 的值一定为[　　].

(A) $a=0$，$b=1$，$c=1$　　(B) $a\neq 0$，$b=1$，c 为任意常数

(C) $a\neq 0$，b，c 为任意常数　　(D) a，b，c 均为任意常数

解：根据题设
$$\lim_{x\to\infty}\frac{\dfrac{1}{ax^2+bx+c}}{\dfrac{1}{x+1}}=\lim_{x\to\infty}\frac{x+1}{ax^2+bx+c}=0$$

只有当 $a\neq 0$ 时，上式才能为 0. 当 $a\neq 0$ 时，b，c 取任何常数对上面的极限都没有影响.

故本题应选(C).

16. 当 $x\to\infty$ 时，若 $\dfrac{1}{ax^2+bx+c}\sim\dfrac{1}{x+1}$，则 a，b，c 的值一定是[　　].

(A) $a=0$，$b=1$，$c=1$　　(B) $a=0$，$b=1$，c 为任意常数

(C) $a=0$，b，c 为任意常数　　(D) a，b，c 均为任意常数

解：根据题设

$$\lim_{x\to\infty}\frac{\dfrac{1}{ax^2+bx+c}}{\dfrac{1}{x+1}}=\lim_{x\to\infty}\frac{x+1}{ax^2+bx+c}=1$$

若 $a\neq 0$，则上式极限应为0，所以只能 $a=0$；但若 $b\neq 1$，则上式极限为 $\frac{1}{b}$，故必须有 $b=1$；当 $a=0$，$b=1$ 时，c 为任意常数，上式极限均为1.

故本题应选(B).

17. 已知当 $x\to 0$ 时，$f(x)$ 是无穷大量，下列变量当 $x\to 0$ 时一定是无穷小量的是[　　].

(A) $x\cdot f(x)$　　(B) $x+f(x)$

(C) $\dfrac{x}{f(x)}$　　(D) $f(x)-\dfrac{1}{x}$

解：(A) $x\cdot f(x)$ 是无穷小量与无穷大量的乘积，不一定是无穷小量. 例如，$f(x)=\frac{1}{x}$ 当 $x\to 0$ 时是无穷大量，但 $x\cdot f(x)=x\cdot\frac{1}{x}=1$ 不是无穷小量；$f(x)=\frac{1}{\sqrt{x}}$ 当 $x\to 0$ 时是无穷大量，但 $xf(x)=x\cdot\frac{1}{\sqrt{x}}=\sqrt{x}$ $(x>0)$ 当 $x\to 0$ 时是无穷小量．故 $x\cdot f(x)$ 有可能是无穷小量，但不一定是无穷小量.

(B) $x+f(x)$ 是无穷小量与无穷大量之和，是无界变量，不是无穷小量.

(C) $\lim\limits_{x\to 0}\dfrac{x}{f(x)}=\lim\limits_{x\to 0}x\lim\limits_{x\to 0}\dfrac{1}{f(x)}=0$，所以当 $x\to 0$ 时，$\dfrac{x}{f(x)}$ 是无穷小量.

故本题应选(C).

(D) $f(x)-\frac{1}{x}$ 是无穷大量与无穷大量之差，不一定是无穷小量. 例如，$f(x)=\frac{2}{x}$ 是无穷大量，但 $f(x)-\frac{1}{x}=\frac{2}{x}-\frac{1}{x}=\frac{1}{x}$ 是无穷大量；如果 $f(x)=\frac{1}{x}$，那么 $f(x)-\frac{1}{x}=0$ 是无穷小量．故 $f(x)-\frac{1}{x}$ 有可能是无穷小量，但不一定是无穷小量.

18. 下列变量在给定的变化过程中为无穷大量的是[　　].

(A) $x\sin\dfrac{1}{x}$　$(x\to 0)$　　(B) $\dfrac{1}{x}\sin x$　$(x\to 0)$

(C) $x\cos x$　$(x\to\infty)$　　(D) $\dfrac{1}{x}\cos x$　$(x\to 0)$

解：(A) $\lim\limits_{x\to 0}x\sin\dfrac{1}{x}=0$

(B) $\lim\limits_{x\to 0}\dfrac{1}{x}\sin x=1$

(C) 当 $x\to\infty$ 时，$x\cos x$ 的绝对值虽然有时可以大于任意给定的正数 M，但因 $\cos x$ 的值周期性地等于零，故 $x\cos x$ 不能保证以后永远大于 M，所以当 $x\to\infty$ 时，$x\cos x$ 无界，但不是无穷大量.

(D) $\lim\limits_{x\to 0}\frac{1}{x}\cos x=\infty$

故本题应选(D).

19. 如果 $\lim\limits_{x\to 0}\frac{3\sin mx}{2x}=\frac{2}{3}$，则 $m=$[　　].

(A) $\frac{2}{3}$　　(B) $\frac{3}{2}$　　(C) $\frac{4}{9}$　　(D) $\frac{9}{4}$

解: $\lim\limits_{x\to 0}\frac{3\sin mx}{2x}=\frac{3}{2}\lim\limits_{x\to 0}\frac{m\sin mx}{mx}=\frac{3}{2}m=\frac{2}{3}$

所以 $m=\frac{4}{9}$.

故本题应选(C).

20. $\lim\limits_{x\to 1}\frac{\sin(x^2-1)}{x-1}=$[　　].

(A) 1　　(B) 2　　(C) $\frac{1}{2}$　　(D) 0

解: $\lim\limits_{x\to 1}\frac{\sin(x^2-1)}{x-1}=\lim\limits_{x\to 1}\frac{(x+1)\sin(x^2-1)}{x^2-1}=2$

故本题应选(B).

21. 当 $x\to 0$ 时，下列变量是 $\sin^2 x$ 的等价无穷小量的是[　　].

(A) $\sqrt{x}$　　(B) x　　(C) x^2　　(D) x^3

解: (A) $\lim\limits_{x\to 0}\frac{\sin^2 x}{\sqrt{x}}=\lim\limits_{x\to 0}\frac{\sin^2 x}{x^2}\cdot x\cdot\sqrt{x}=0$

(B) $\lim\limits_{x\to 0}\frac{\sin^2 x}{x}=\lim\limits_{x\to 0}\frac{\sin^2 x}{x^2}\cdot x=0$

(C) $\lim\limits_{x\to 0}\frac{\sin^2 x}{x^2}=1$

故本题应选(C).

(D) $\lim\limits_{x\to 0}\frac{\sin^2 x}{x^3}=\lim\limits_{x\to 0}\frac{\sin^2 x}{x^2}\frac{1}{x}=\infty$

22. 当 $x\to\infty$ 时，下列变量中不是无穷小量的是[　　].

(A) $\frac{x\sin(1-x^2)}{1-x^2}$　　(B) $(1-x^2)\sin\frac{x}{1-x^2}$

(C) $\frac{(1-x^2)\sin\frac{1}{1-x^2}}{x}$　　(D) $\frac{1}{1-x^2}\sin\frac{1-x^2}{x}$

解: (A) $\lim\limits_{x\to\infty}\frac{x\sin(1-x^2)}{1-x^2}=\lim\limits_{x\to\infty}\frac{x}{1-x^2}\sin(1-x^2)=0$

(B) $\lim\limits_{x\to\infty}(1-x^2)\sin\frac{x}{1-x^2}=\lim\limits_{x\to\infty}\frac{x\sin\frac{x}{1-x^2}}{\frac{x}{1-x^2}}=\infty$

故本题应选(B).

(C) $\lim\limits_{x\to\infty}\dfrac{(1-x^2)\sin\dfrac{1}{1-x^2}}{x}=\lim\limits_{x\to\infty}\dfrac{1}{x}\dfrac{\sin\dfrac{1}{1-x^2}}{\dfrac{1}{1-x^2}}=0$

(D) $\lim\limits_{x\to\infty}\dfrac{1}{1-x^2}\sin\dfrac{1-x^2}{x}=\lim\limits_{x\to\infty}\dfrac{1}{x}\cdot\dfrac{\sin\dfrac{1-x^2}{x}}{\dfrac{1-x^2}{x}}=0$

23. 下面结论正确的是[　　].

(A) $\lim\limits_{x\to\infty}\left(1-\dfrac{1}{x}\right)^{x}=\mathrm{e}$　　(B) $\lim\limits_{x\to\infty}\left(1+\dfrac{1}{x}\right)^{-x}=\mathrm{e}$

(C) $\lim\limits_{x\to\infty}\left(1-\dfrac{1}{x}\right)^{1-x}=\mathrm{e}$　　(D) $\lim\limits_{x\to\infty}\left(1+\dfrac{1}{x}\right)^{2x}=\mathrm{e}$

解: (A) $\lim\limits_{x\to\infty}\left(1-\dfrac{1}{x}\right)^{x}=\lim\limits_{x\to\infty}\left[\left(1-\dfrac{1}{x}\right)^{-x}\right]^{-1}=\mathrm{e}^{-1}$

(B) $\lim\limits_{x\to\infty}\left(1+\dfrac{1}{x}\right)^{-x}=\lim\limits_{x\to\infty}\left[\left(1+\dfrac{1}{x}\right)^{x}\right]^{-1}=\mathrm{e}^{-1}$

(C) $\lim\limits_{x\to\infty}\left(1-\dfrac{1}{x}\right)^{1-x}=\lim\limits_{x\to\infty}\left(1-\dfrac{1}{x}\right)^{-x}\left(1-\dfrac{1}{x}\right)=\mathrm{e}$

故本题应选(C).

(D) $\lim\limits_{x\to\infty}\left(1+\dfrac{1}{x}\right)^{2x}=\lim\limits_{x\to\infty}\left[\left(1+\dfrac{1}{x}\right)^{x}\right]^{2}=\mathrm{e}^{2}$

24. 下列极限中结果等于 e 的是[　　].

(A) $\lim\limits_{x\to0}\left(1+\dfrac{\sin x}{x}\right)^{\frac{x}{\sin x}}$　　(B) $\lim\limits_{x\to\infty}\left(1+\dfrac{\sin x}{x}\right)^{\frac{x}{\sin x}}$

(C) $\lim\limits_{x\to\infty}\left(1-\dfrac{\sin x}{x}\right)^{-\frac{\sin x}{x}}$　　(D) $\lim\limits_{x\to0}\left(1+\dfrac{\sin x}{x}\right)^{\frac{\sin x}{x}}$

解: (A) $\lim\limits_{x\to0}\left(1+\dfrac{\sin x}{x}\right)^{\frac{x}{\sin x}}=2$

(B) $\lim\limits_{x\to\infty}\left(1+\dfrac{\sin x}{x}\right)^{\frac{x}{\sin x}}=\mathrm{e}$

故本题应选(B).

(C) $\lim\limits_{x\to\infty}\left(1-\dfrac{\sin x}{x}\right)^{-\frac{\sin x}{x}}=1$

(D) $\lim\limits_{x\to0}\left(1+\dfrac{\sin x}{x}\right)^{\frac{\sin x}{x}}=2$

25. 函数 $f(x)=\begin{cases}\mathrm{e}^{-\frac{1}{x-1}}, & x\neq1\\ 0, & x=1\end{cases}$ 在点 $x=1$ 处[　　].

(A) 连续 (B) 不连续，但右连续

(C) 不连续，但左连续 (D) 左、右都不连续

解： $\lim\limits_{x\to1^-}f(x)=\lim\limits_{x\to1^-}e^{-\frac{1}{x-1}}=+\infty$

$\lim\limits_{x\to1^+}f(x)=\lim\limits_{x\to1^+}e^{-\frac{1}{x-1}}=0=f(1)$

所以 $f(x)$ 在点 $x=1$ 处不连续，但右连续.

故本题应选(B).

26. 设 $f(x)=\begin{cases}\dfrac{1}{x}\sin x, & x<0\\ a, & x=0\\ x\sin\dfrac{1}{x}+b, & x>0\end{cases}$，在 $x=0$ 处，下列结论不一定正确的是[ ].

(A) 当 $a=1$ 时 $f(x)$ 左连续 (B) 当 $a=b$ 时 $f(x)$ 右连续

(C) 当 $b=1$ 时 $f(x)$ 必连续 (D) 当 $a=b=1$ 时 $f(x)$ 必连续

解： 因 $\lim\limits_{x\to0^-}f(x)=\lim\limits_{x\to0^-}\dfrac{1}{x}\sin x=1$，$\lim\limits_{x\to0^+}f(x)=\lim\limits_{x\to0^+}(x\sin\dfrac{1}{x}+b)=b$，所以(A)，(B)，(D) 均正确，只有(C) 不一定正确.

故本题应选(C).

27. 函数 $y=\dfrac{1}{\ln|x|}$ 的间断点有[ ].

(A) 1 个 (B) 2 个 (C) 3 个 (D) 4 个

解： 点 $x=0$，$x=-1$，$x=1$ 为 $y=\dfrac{1}{\ln|x|}$ 的间断点.

故本题应选(C).

28. 下列函数在点 $x=0$ 处均不连续，其中点 $x=0$ 是 $f(x)$ 的可去间断点的是[ ].

(A) $f(x)=1+\dfrac{1}{x}$ (B) $f(x)=\dfrac{1}{x}\sin x$

(C) $f(x)=e^{\frac{1}{x}}$ (D) $f(x)=\begin{cases}e^{\frac{1}{x}}, & x<0\\ e^x, & x\geqslant0\end{cases}$

解： (A) $\lim\limits_{x\to0}\left(1+\dfrac{1}{x}\right)=\infty$，$\lim\limits_{x\to0}f(x)$ 不存在，所以点 $x=0$ 是 $f(x)$ 的第二类间断点.

(B) $\lim\limits_{x\to0}\left(\dfrac{1}{x}\sin x\right)=1$，$\lim\limits_{x\to0}f(x)$ 存在，$f(x)$ 在点 $x=0$ 处无定义，点 $x=0$ 是 $f(x)$ 的可去间断点.

故本题应选(B).

(C) $\lim\limits_{x\to0^-}e^{\frac{1}{x}}=0$，$\lim\limits_{x\to0^+}e^{\frac{1}{x}}=+\infty$，$\lim\limits_{x\to0}f(x)$ 不存在，所以点 $x=0$ 是 $f(x)$ 的第二类间断点.

(D) $\lim\limits_{x\to0^-}e^{\frac{1}{x}}=0$，$\lim\limits_{x\to0^+}e^{x}=1$，$\lim\limits_{x\to0}f(x)$ 不存在，所以点 $x=0$ 是 $f(x)$ 的第一类间断点

且为跳跃间断点.

29. 若要修补 $f(x)=\dfrac{1-\sqrt{1-x}}{1-\sqrt[3]{1-x}}$，使其在点 $x=0$ 处连续，则要补充定义 $f(0)=$ [　　].

(A) $\dfrac{3}{2}$　　(B) $\dfrac{1}{2}$　　(C) 3　　(D) 1

解:
$$\begin{aligned} f(0)&=\lim_{x\to 0}f(x)=\lim_{x\to 0}\frac{1-\sqrt{1-x}}{1-\sqrt[3]{1-x}}\\ &=\lim_{x\to 0}\frac{[1-(1-x)][1+\sqrt[3]{1-x}+\sqrt[3]{(1-x)^2}]}{(1+\sqrt{1-x})[1-(1-x)]}\\ &=\lim_{x\to 0}\frac{1+\sqrt[3]{1-x}+\sqrt[3]{(1-x)^2}}{1+\sqrt{1-x}}=\frac{3}{2}\end{aligned}$$
故本题应选(A).

(二) 参考题(附解答)

(A)

1. 用数列极限定义证明：

数列 0.9，0.99，0.999，…，$0.\underbrace{99\cdots9}_{n个9}$，… 以 1 为极限.

证: 令 $y_n=1-\dfrac{1}{10^n}$，$n=1, 2, 3, \cdots$.

任给 $\varepsilon>0$，不妨设 $0<\varepsilon<1$，要使 $\left|1-\dfrac{1}{10^n}-1\right|=\dfrac{1}{10^n}<\varepsilon$，只需 $10^n>\dfrac{1}{\varepsilon}$，即 $n>\lg\dfrac{1}{\varepsilon}$. 取 $N=\left[\lg\dfrac{1}{\varepsilon}\right]$，则当 $n>N$ 时就有 $\left|1-\dfrac{1}{10^n}-1\right|<\varepsilon$，根据数列极限定义有
$$\lim_{n\to\infty}y_n=\lim_{n\to\infty}\left(1-\frac{1}{10^n}\right)=1$$
即数列 0.9，0.99，0.999，…，$0.\underbrace{99\cdots9}_{n个9}$，… 以 1 为极限.

2. 用函数极限定义证明 $\lim\limits_{x\to\infty}\dfrac{\sin x}{x}=0$.

证: 任给 $\varepsilon>0$，若要 $\left|\dfrac{\sin x}{x}-0\right|=\left|\dfrac{\sin x}{x}\right|<\varepsilon$，由于 $|\sin x|\leqslant 1$，所以只需 $\left|\dfrac{\sin x}{x}\right|\leqslant\dfrac{1}{|x|}<\varepsilon$ 即可，亦即 $|x|>\dfrac{1}{\varepsilon}$. 取 $M=\dfrac{1}{\varepsilon}$，则当 $|x|>M$ 时，就有 $\left|\dfrac{\sin x}{x}\right|<\varepsilon$，根据函数极限定义有

$$\lim_{x\to\infty}\frac{\sin x}{x}=0$$

3. 就 x 的不同取值考察 $\lim\limits_{n\to\infty}x^n$ 的结果.

解: $$\lim_{n\to\infty}x^n=\begin{cases}0, & |x|<1\\ \text{不存在}, & x=-1\\ \infty, & x<-1\\ 1, & x=1\\ +\infty, & x>1\end{cases}$$

4. 求 $\lim\limits_{x\to 1}\dfrac{n-(x+x^2+\cdots+x^n)}{x-1}$.

解: $$\lim_{x\to 1}\frac{n-(x+x^2+\cdots+x^n)}{x-1}$$

$$=-\lim_{x\to 1}\frac{(x-1)+(x^2-1)+\cdots+(x^n-1)}{x-1}$$

$$=-\lim_{x\to 1}[1+(x+1)+(x^2+x+1)+\cdots+(x^{n-1}+x^{n-2}+\cdots+1)]$$

$$=-(1+2+3+\cdots+n)=-\frac{n}{2}(n+1)$$

5. 求 $\lim\limits_{n\to\infty}\left[\sqrt{1+2+\cdots+n}-\sqrt{1+2+\cdots+(n-1)}\right]$.

解: $$\lim_{n\to\infty}\left[\sqrt{1+2+\cdots+n}-\sqrt{1+2+\cdots+(n-1)}\right]$$

$$=\lim_{n\to\infty}\left(\sqrt{\frac{n(n+1)}{2}}-\sqrt{\frac{n(n-1)}{2}}\right)$$

$$=\lim_{n\to\infty}\frac{\dfrac{n(n+1)}{2}-\dfrac{n(n-1)}{2}}{\sqrt{\dfrac{n(n+1)}{2}}+\sqrt{\dfrac{n(n-1)}{2}}}$$

$$=\lim_{n\to\infty}\frac{n}{\sqrt{\dfrac{n(n+1)}{2}}+\sqrt{\dfrac{n(n-1)}{2}}}$$

$$=\lim_{n\to\infty}\frac{1}{\sqrt{\dfrac{1}{2}(1+\dfrac{1}{n})}+\sqrt{\dfrac{1}{2}(1-\dfrac{1}{n})}}$$

$$=\frac{\sqrt{2}}{2}$$

6. 求 $\lim\limits_{n\to\infty}\left(\dfrac{1}{n^k}+\dfrac{2}{n^k}+\cdots+\dfrac{n}{n^k}\right)$ (k 为常数).

解: $$\lim_{n\to\infty}\left(\frac{1}{n^k}+\frac{2}{n^k}+\cdots+\frac{n}{n^k}\right)=\lim_{n\to\infty}\frac{1}{n^k}\,\frac{n(n+1)}{2}$$

$$=\lim_{n\to\infty}\left(\frac{n^2}{2n^k}+\frac{n}{2n^k}\right)=\lim_{n\to\infty}\left(\frac{1}{2n^{k-2}}+\frac{1}{2n^{k-1}}\right)$$

$$=\begin{cases}0, & k>2\\ \dfrac{1}{2}, & k=2\\ +\infty, & k<2\end{cases}$$

7. 求 $\lim\limits_{x\to-\infty}x(\sqrt{x^2+100}+x)$.

解: $\lim\limits_{x\to-\infty}x(\sqrt{x^2+100}+x)=\lim\limits_{x\to-\infty}\dfrac{100x}{\sqrt{x^2+100}-x}$

为避免发生错误，不妨设 $x=-t$，则

$$原式=\lim_{t\to+\infty}\frac{-100t}{\sqrt{t^2+100}+t}=\lim_{t\to+\infty}\frac{-100}{\sqrt{1+\dfrac{100}{t^2}}+1}=-50$$

8. 设 $x_n=\dfrac{1}{2+1}+\dfrac{1}{2^2+1}+\cdots+\dfrac{1}{2^n+1}$，证明$\lim\limits_{n\to\infty}x_n$ 存在.

证: $x_{n+1}=x_n+\dfrac{1}{2^{n+1}+1}$，$x_n<x_{n+1}$，所以 x_n 为单调增加数列.

又
$$x_n=\frac{1}{2+1}+\frac{1}{2^2+1}+\cdots+\frac{1}{2^n+1}<\frac{1}{2}+\frac{1}{2^2}+\cdots+\frac{1}{2^n}$$
$$=1-\frac{1}{2^n}<1$$

所以 x_n 有上界.

由 x_n 单调增加有上界，可知 $\lim\limits_{n\to\infty}x_n$ 存在.

9. 求$\lim\limits_{n\to\infty}\sqrt[n]{1+2^n+3^n+\cdots+100^n}$.

解: $\sqrt[n]{100^n}\leqslant\sqrt[n]{1+2^n+3^n+\cdots+100^n}$
$\leqslant\sqrt[n]{100^n+100^n+\cdots+100^n}$

$$100\leqslant\sqrt[n]{1+2^n+3^n+\cdots+100^n}\leqslant100\sqrt[n]{100}$$

由
$$\lim_{n\to\infty}100=100,\ \lim_{n\to\infty}100\sqrt[n]{100}=100$$

所以
$$\lim_{n\to\infty}\sqrt[n]{1+2^n+3^n+\cdots+100^n}=100$$

10. 判断下面的做法有无错误，如果有错误，请改正.

$$\lim_{x\to\infty}\frac{x^2\sin\dfrac{1}{x}}{3x-2}=\lim_{x\to\infty}\frac{\sin\dfrac{1}{x}}{\dfrac{3}{x}-\dfrac{2}{x^2}}=\infty$$

解: 正确做法:

$$\lim_{x\to\infty}\frac{x^2\sin\dfrac{1}{x}}{3x-2}=\lim_{x\to\infty}\frac{x}{3x-2}\cdot\frac{\sin\dfrac{1}{x}}{\dfrac{1}{x}}=\lim_{x\to\infty}\frac{x}{3x-2}\cdot\lim_{x\to\infty}\frac{\sin\dfrac{1}{x}}{\dfrac{1}{x}}$$
$$=\frac{1}{3}\times1=\frac{1}{3}$$

11. 在 x 的什么变化过程中，下列变量为无穷小量？

(1) $\dfrac{\sqrt{1-x}}{x+1}$　　(2) $e^{\frac{1}{1-x}}$　　(3) $\dfrac{1}{\ln(1-x)}$　　(4) $\dfrac{(\sqrt{x}+1)^2}{x^2+1}$

解：(1) $\lim\limits_{x\to1^-}\dfrac{\sqrt{1-x}}{x+1}=0$，$\lim\limits_{x\to-\infty}\dfrac{\sqrt{1-x}}{x+1}=0$

所以当 $x\to1^-$ 及 $x\to-\infty$ 时，$\dfrac{\sqrt{1-x}}{x+1}$ 为无穷小量.

(2) $\lim\limits_{x\to1^+}e^{\frac{1}{1-x}}=0$

所以当 $x\to1^+$ 时，$e^{\frac{1}{1-x}}$ 为无穷小量.

(3) $\lim\limits_{x\to1^-}\dfrac{1}{\ln(1-x)}=0$，$\lim\limits_{x\to-\infty}\dfrac{1}{\ln(1-x)}=0$

所以当 $x\to1^-$ 及 $x\to-\infty$ 时，$\dfrac{1}{\ln(1-x)}$ 为无穷小量.

(4) $\lim\limits_{x\to+\infty}\dfrac{(\sqrt{x}+1)^2}{x^2+1}=0$

所以当 $x\to+\infty$ 时，$\dfrac{(\sqrt{x}+1)^2}{x^2+1}$ 为无穷小量.

12. 求 $\lim\limits_{x\to0}\dfrac{5x-\sin3x}{\tan2x}$.

解：
$$\begin{aligned}\lim_{x\to0}\frac{5x-\sin3x}{\tan2x}&=\lim_{x\to0}\left(\frac{5x}{\tan2x}-\frac{\sin3x}{\tan2x}\right)\\&=\lim_{x\to0}\left(\frac{2x}{\tan2x}\times\frac{5}{2}-\frac{\sin3x}{3x}\cdot\frac{2x}{\tan2x}\times\frac{3}{2}\right)\\&=\frac{5}{2}-\frac{3}{2}=1\end{aligned}$$

13. 求 $\lim\limits_{x\to0}\left[\tan\left(\dfrac{\pi}{4}-x\right)\right]^{\cot x}$.

解：
$$\begin{aligned}\lim_{x\to0}\left[\tan\left(\frac{\pi}{4}-x\right)\right]^{\cot x}&=\lim_{x\to0}\left(\frac{1-\tan x}{1+\tan x}\right)^{\frac{1}{\tan x}}\\&=\lim_{x\to0}\frac{\left[(1-\tan x)^{-\frac{1}{\tan x}}\right]^{-1}}{(1+\tan x)^{\frac{1}{\tan x}}}=\frac{e^{-1}}{e}=e^{-2}\end{aligned}$$

14. 求 $\lim\limits_{x\to0^+}\dfrac{\ln(1+\sqrt{x\sin x})}{\tan x}$.

解：因 $\ln(1+x)\sim x(x\to0)$，$\sin x\sim x(x\to0)$，故有

$\ln(1+\sqrt{x\sin x})\sim\sqrt{x\sin x}\sim\sqrt{x\cdot x}=|x|\ (x\to0)$

$\tan x\sim x(x\to0)$

所以
$$\lim_{x\to0^+}\frac{\ln(1+\sqrt{x\sin x})}{\tan x}=\lim_{x\to0^+}\frac{|x|}{x}=\lim_{x\to0^+}\frac{x}{x}=1$$

15. 求 $\lim\limits_{x\to0}\dfrac{\cos mx-\cos nx}{\sin^2px}$　(p，m，n 为常数，且 $p\neq0$，$m\neq\pm n$).

解: $\lim\limits_{x\to 0}\dfrac{\cos mx-\cos nx}{\sin^2 px}=\lim\limits_{x\to 0}\dfrac{-2\sin\dfrac{m+n}{2}x\sin\dfrac{m-n}{2}x}{\sin^2 px}$

因 $\sin x\sim x\quad(x\to 0)$

故有 $\sin\dfrac{m+n}{2}x\sim\dfrac{m+n}{2}x\quad(x\to 0)$

$\sin\dfrac{m-n}{2}x\sim\dfrac{m-n}{2}x\quad(x\to 0)$

$\sin px\sim px\quad(x\to 0)$

所以
$$\lim_{x\to 0}\frac{\cos mx-\cos nx}{\sin^2 px}=\lim_{x\to 0}\frac{-2\,\dfrac{m+n}{2}x\cdot\dfrac{m-n}{2}x}{px\cdot px}=\lim_{x\to 0}\frac{n^2-m^2}{2p^2}$$

16. 求$\lim\limits_{x\to 0}(1+xe^x)^{\frac{1}{x}}$.

解: $\lim\limits_{x\to 0}(1+xe^x)^{\frac{1}{x}}=e^{\lim\limits_{x\to 0}\frac{\ln(1+xe^x)}{x}}$

因 $\ln(1+x)\sim x\ (x\to 0)$，故有 $\ln(1+xe^x)\sim xe^x(x\to 0)$

从而 $\lim\limits_{x\to 0}\dfrac{\ln(1+xe^x)}{x}=\lim\limits_{x\to 0}\dfrac{xe^x}{x}=1$

所以 $\lim\limits_{x\to 0}(1+xe^x)^{\frac{1}{x}}=e^1=e$

17. 求$\lim\limits_{x\to 1}\dfrac{x^x-1}{x\ln x}$.

解: 令 $t=x\ln x$，则 $x^x=e^t$，当 $x\to 1$ 时，$t\to 0$，$e^t-1\sim t\ (t\to 0)$

所以 $\lim\limits_{x\to 1}\dfrac{x^x-1}{x\ln x}=\lim\limits_{t\to 0}\dfrac{e^t-1}{t}=\lim\limits_{t\to 0}\dfrac{t}{t}=1$

18. 求 $\lim\limits_{x\to+\infty}\dfrac{\ln\left(1+\dfrac{1}{x}\right)}{\operatorname{arccot}x}$.

解: 令 $\operatorname{arccot}x=t$，则 $x=\cot t$，当 $x\to+\infty$ 时，$t\to 0^+$，所以

$$\lim_{x\to+\infty}\frac{\ln\left(1+\dfrac{1}{x}\right)}{\operatorname{arccot}x}=\lim_{t\to 0^+}\frac{\ln(1+\tan t)}{t}$$

因 $\ln(1+x)\sim x\ (x\to 0)$，故有 $\ln(1+\tan t)\sim\tan t\quad(t\to 0^+)$，所以

$$\lim_{x\to+\infty}\frac{\ln\left(1+\dfrac{1}{x}\right)}{\operatorname{arccot}x}=\lim_{t\to 0^+}\frac{\tan t}{t}=1$$

19. 设 $f(x)=\begin{cases}\dfrac{\sin x}{x}, & x<0\\ 1, & x=0\\ 1+xe^{\frac{1}{x-1}}, & x>0,\ x\neq 1\end{cases}$，求 $f(x)$ 的间断点及连续区间.

解：在点 $x=1$ 处，$f(x)$ 无定义，所以点 $x=1$ 为 $f(x)$ 的间断点.

再讨论分段函数在分段点 $x=0$ 处的连续性.

$$\lim_{x\to0^-}f(x)=\lim_{x\to0^-}\frac{\sin x}{x}=1$$

$$\lim_{x\to0^+}f(x)=\lim_{x\to0^+}(1+xe^{\frac{1}{x-1}})=1$$

即 $$\lim_{x\to0}f(x)=1=f(0)$$

所以 $f(x)$ 在点 $x=0$ 处连续.

$f(x)$ 在$(-\infty,0)$，$(0,1)$，$(1,+\infty)$ 内为初等函数，所以 $f(x)$ 连续，故 $f(x)$ 在其定义域$(-\infty,1)\cup(1,+\infty)$ 内连续.

20. 讨论 $f(x)=\begin{cases}x^\alpha\sin\dfrac{1}{x}, & x>0\\ e^x+\beta, & x\leqslant0\end{cases}$ 在点 $x=0$ 处的连续性.

解：$f(x)$ 在点 $x=0$ 处左连续，即有

$$\lim_{x\to0^-}f(x)=\lim_{x\to0^-}(e^x+\beta)=1+\beta=f(0)$$

$$\lim_{x\to0^+}f(x)=\lim_{x\to0^+}x^\alpha\sin\frac{1}{x}=\begin{cases}0, & \alpha>0\\ \text{不存在}, & \alpha\leqslant0\end{cases}$$

所以当 $\alpha>0$ 时，若 $\lim\limits_{x\to0}f(x)=0=1+\beta$，则 $f(x)$ 在点 $x=0$ 处右连续.

因此，当 $\alpha>0$ 且 $\beta=-1$ 时，$f(x)$ 在点 $x=0$ 处连续；当 $\alpha\leqslant0$ 或 $\beta\neq-1$ 时，$f(x)$ 在点 $x=0$ 处间断.

21. 做一系列圆的图形(如图 2－7 所示)，相邻两圆中后一个圆的半径是前一个圆半径的一半，已知最大的那个圆的半径为 r，若无止境地做下去，则所有圆的面积总和是多少?

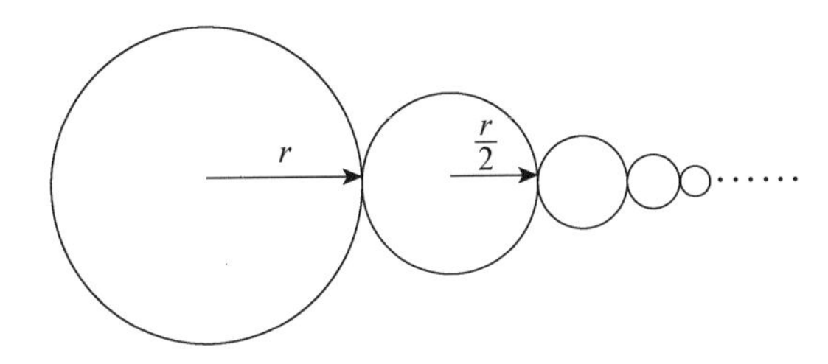

图 2－7

解：设所有圆的面积总和是 S，则有

$$S=\pi r^2+\pi\left(\frac{r}{2}\right)^2+\pi\left(\frac{r}{4}\right)^2+\cdots$$

$$=\pi r^2\lim_{n\to\infty}\left(1+\frac{1}{4}+\left(\frac{1}{4}\right)^2+\cdots+\left(\frac{1}{4}\right)^n\right)$$

括号内是一个首项为 $a=1$、公比 $q=\dfrac{1}{4}$ 的收敛的几何级数. 故

$$S=\pi r^2\lim_{n\to\infty}\frac{1-\left(\frac{1}{4}\right)^n}{1-\frac{1}{4}}=\frac{4}{3}\pi r^2$$

故所有圆的面积之和为 $S=\frac{4}{3}\pi r^2$.

(B)

1. $\lim\limits_{x\to\infty}(\sqrt{1+x+x^2}-\sqrt{1-x+x^2})=[\quad]$.

(A) 1　　(B) -1　　(C) 0　　(D) 不存在

解: $\lim\limits_{x\to\infty}(\sqrt{1+x+x^2}-\sqrt{1-x+x^2})$

$$=\lim_{x\to\infty}\frac{2x}{\sqrt{1+x+x^2}+\sqrt{1-x+x^2}}$$

$$=\lim_{x\to\infty}\frac{2x}{\left(\sqrt{\frac{1}{x^2}+\frac{1}{x}+1}+\sqrt{\frac{1}{x^2}-\frac{1}{x}+1}\right)|x|}$$

当 $x\to+\infty$ 时, 原式 $=\lim\limits_{x\to+\infty}\frac{2x}{\left(\sqrt{\frac{1}{x^2}+\frac{1}{x}+1}+\sqrt{\frac{1}{x^2}-\frac{1}{x}+1}\right)x}=1$.

当 $x\to-\infty$ 时, 原式 $=\lim\limits_{x\to-\infty}\frac{2x}{\left(\sqrt{\frac{1}{x^2}+\frac{1}{x}+1}+\sqrt{\frac{1}{x^2}-\frac{1}{x}+1}\right)(-x)}$

$$=-1.$$

所以 $\lim\limits_{x\to\infty}(\sqrt{1+x+x^2}-\sqrt{1-x+x^2})$不存在.

故本题应选(D).

注释 本题容易误选(A), 将 $x\to\infty$ 误作 $x\to+\infty$, 忽略了从根号中提出来的因子是 $|x|$ 而不是 x.

2. $\lim\limits_{n\to\infty}\sqrt[n]{\frac{2+(-1)^n}{2^n}}=[\quad]$.

(A) 不存在　　(B) $\frac{1}{2}$　　(C) 1　　(D) 0

解: $\lim\limits_{n\to\infty}\sqrt[n]{\frac{2+(-1)^n}{2^n}}=\lim\limits_{n\to\infty}\frac{1}{2}\sqrt[n]{2+(-1)^n}$

$$=\begin{cases}\frac{1}{2}\lim\limits_{n\to\infty}\sqrt[n]{1}, & n\text{ 为奇数}\\ \frac{1}{2}\lim\limits_{n\to\infty}\sqrt[n]{3}, & n\text{ 为偶数}\end{cases}$$

因为 $\lim\limits_{n\to\infty}\sqrt[n]{1}=1$, $\lim\limits_{n\to\infty}\sqrt[n]{3}=1$, 所以

$$\lim_{n\to\infty}\sqrt[n]{\frac{2+(-1)^n}{2^n}}=\frac{1}{2}$$

故本题应选(B).

3. 设 $x \in (0, 3)$，$f(x) = [x]$，在下列变化过程中，$f(x)$ 的极限不存在的是[　　].

(A) $x \to 0.9$　　(B) $x \to 1$　　(C) $x \to \frac{3}{2}$　　(D) $x \to 2.01$

解: $f(x) = [x]$，$x \in (0, 3)$，则有

$$f(x) = \begin{cases} 0, & 0 < x < 1 \\ 1, & 1 \leqslant x < 2 \\ 2, & 2 \leqslant x < 3 \end{cases}$$

(A) $\lim\limits_{x \to 0.9} f(x) = 0$

(B) $\lim\limits_{x \to 1^-} f(x) = 0$，$\lim\limits_{x \to 1^+} f(x) = 1$，所以$\lim\limits_{x \to 1} f(x)$ 不存在.

故本题应选(B).

(C) $\lim\limits_{x \to \frac{3}{2}} f(x) = 1$

(D) $\lim\limits_{x \to 2.01} f(x) = 2$

4. $\lim\limits_{x \to a^+} \dfrac{\sqrt{x} - \sqrt{a} + \sqrt{x - a}}{\sqrt{x^2 - a^2}} = [\quad]$.

(A) 1　　(B) 0　　(C) $\dfrac{1}{\sqrt{2a}}$　　(D) $\dfrac{1}{2\sqrt{a}}$

解: $\lim\limits_{x \to a^+} \dfrac{\sqrt{x} - \sqrt{a} + \sqrt{x - a}}{\sqrt{x^2 - a^2}} = \lim\limits_{x \to a^+} \dfrac{1}{\sqrt{x + a}} \left(\dfrac{\sqrt{x} - \sqrt{a}}{\sqrt{x - a}} + 1 \right)$

$$= \lim_{x \to a^+} \frac{1}{\sqrt{x + a}} \left(\frac{x - a}{\sqrt{x - a}(\sqrt{x} + \sqrt{a})} + 1 \right)$$

$$= \lim_{x \to a^+} \frac{1}{\sqrt{x + a}} \left(\frac{\sqrt{x - a}}{\sqrt{x} + \sqrt{a}} + 1 \right) = \frac{1}{\sqrt{2a}}$$

故本题应选(C).

5. $\lim\limits_{x \to 0} \dfrac{1}{x} \ln(1 + x + x^2 + x^3) = [\quad]$.

(A) 1　　(B) 0　　(C) e　　(D) ∞

解: 当 $x \to 0$ 时，$\ln(1 + x + x^2 + x^3) \sim x + x^2 + x^3$，所以

$$\lim_{x \to 0} \frac{\ln(1 + x + x^2 + x^3)}{x}$$

$$= \lim_{x \to 0} \frac{x + x^2 + x^3}{x} = \lim_{x \to 0} (1 + x + x^2) = 1$$

故本题应选(A).

6. 设 $a > 0$ 且 $a \neq 1$，$\lim\limits_{x \to +\infty} (\sqrt{a^x + 4} - \sqrt{a^x + 1}) = [\quad]$.

(A) 0　　(B) 1　　(C) 不存在　　(D) $\begin{cases} 1, & 0 < a < 1 \\ 0, & a > 1 \end{cases}$

解：$\lim\limits_{x\to+\infty}(\sqrt{a^x+4}-\sqrt{a^x+1})=\lim\limits_{x\to+\infty}\dfrac{3}{\sqrt{a^x+4}+\sqrt{a^x+1}}$

$$=\begin{cases}1, & 0<a<1\\ 0, & a>1\end{cases}$$

故本题应选(D).

7. 下列结论错误的是[　　].

(A) 两个无穷小量的和仍是无穷小量

(B) 两个无穷大量的和仍是无穷大量

(C) 两个无穷小量之积仍是无穷小量

(D) 两个无穷大量之积仍是无穷大量

解：根据无穷小量的性质，(A)、(C) 的结论正确.

(B) 两个无穷大量的和不一定是无穷大量.

反例：当 $x\to0$ 时，$f_1(x)=\dfrac{1}{x}$ 及 $f_2(x)=-\dfrac{1}{x}$ 均为无穷大量，但当 $x\to0$ 时，$f_1(x)+f_2(x)=0$ 不是无穷大量.

故本题应选(B).

(D) 两个无穷大量的积仍是无穷大量.

设在同一变化过程中，y_1 与 y_2 均为无穷大量，因此，对给定的 $M>0$，总有一个时刻，在这个时刻后之后，$|y_1|>\sqrt{M}$；也总有一个时刻，在这个时刻之后 $|y_2|>\sqrt{M}$，因而在两时刻中较后的那个时刻之后有 $|y_1|>\sqrt{M}$，$|y_2|>\sqrt{M}$. 那么有 $|y_1\cdot y_2|=|y_1|\cdot|y_2|>\sqrt{M}\sqrt{M}=M$，即 $y_1\cdot y_2$ 为无穷大量.

8. 当 $x\to0$ 时，$\sin(2\tan x)=$[　　].

(A) $o(x)$　　(B) $x+o(x)$　　(C) $2x+o(x)$　　(D) $2+o(x)$

解：$\lim\limits_{x\to0}\dfrac{\sin(2\tan x)}{2x}=\lim\limits_{x\to0}\dfrac{2\tan x}{2x}=1$，即当 $x\to0$ 时，$\sin(2\tan x)$ 与 $2x$ 是等价无穷小量，所以当 $x\to0$ 时，$\sin(2\tan x)=2x+o(x)$.

故本题应选(C).

9. 当 $x\to0$ 时，下列无穷小量中，不能与 x 比较阶的高低的无穷小量是[　　].

(A) $x+\sin x$　(B) $x\sin x$　　(C) $x\sin\dfrac{1}{x}$　　(D) $x^2\sin\dfrac{1}{x}$

解：(A) $\lim\limits_{x\to0}\dfrac{x+\sin x}{x}=2$，所以 $x+\sin x$ 与 x 是同阶无穷小量.

(B) $\lim\limits_{x\to0}\dfrac{x\sin x}{x}=0$，所以 $x\sin x$ 是比 x 高阶的无穷小量.

(C) $\lim\limits_{x\to0}\dfrac{x\sin\frac{1}{x}}{x}$ 不存在，所以 $x\sin\dfrac{1}{x}$ 不能与 x 比较阶的高低.

故本题应选(C).

(D) $\lim\limits_{x\to0}\dfrac{x^2\sin\frac{1}{x}}{x}=\lim\limits_{x\to0}x\sin\dfrac{1}{x}=0$，所以 $x^2\sin\dfrac{1}{x}$ 是比 x 高阶的无穷小量.

10. 当 $x\to 0$ 时，下列四个无穷小量中比其他三个更高阶的无穷小量是[　　].

(A) x^2　　(B) $1-\cos x$　　(C) $\sqrt{1+x^2}-1$　　(D) $x^2-\sin^2 x$

解： 当 $x\to 0$ 时，$1-\cos x\sim\frac{x^2}{2}$，$\sqrt{1+x^2}-1\sim\frac{x^2}{2}$，可见(A)、(B)、(C) 中的三个无穷小量皆为同阶无穷小量.

因为 $\lim\limits_{x\to 0}\frac{x^2-\sin^2 x}{x^2}=\lim\limits_{x\to 0}\left(1-\frac{\sin^2 x}{x^2}\right)=0$，所以(D) 中的无穷小量是比 x^2 高阶的无穷小量，因此是比其他三个更高阶的无穷小量.

故本题应选(D).

11. 设 $f(x)=2^x+3^x-2$，则当 $x\to 0$ 时，[　　].

(A) $f(x)$ 与 x 是等价无穷小量

(B) $f(x)$ 与 x 是同阶但非等价无穷小量

(C) $f(x)$ 是比 x 高阶的无穷小量

(D) $f(x)$ 是比 x 低阶的无穷小量

解： $\lim\limits_{x\to 0}\frac{2^x+3^x-2}{x}=\lim\limits_{x\to 0}\left(\frac{2^x-1}{x}+\frac{3^x-1}{x}\right)=\ln 2+\ln 3=\ln 6$

所以 $f(x)$ 是与 x 同阶但非等价的无穷小量.

故本题应选(B).

注释　$\lim\limits_{x\to 0}\frac{a^x-1}{x}=\lim\limits_{y\to 0}\frac{y}{\log_a(1+y)}=\lim\limits_{y\to 0}\frac{1}{\log_a(1+y)^{\frac{1}{y}}}=\frac{1}{\log_a \mathrm{e}}=\ln a.$

12. 已知 a_1，a_2 均大于零，那么 $\lim\limits_{n\to\infty}(a_1^n+a_2^n)^{\frac{1}{n}}=$[　　].

(A) a_1　　(B) a_2

(C) $\max(a_1, a_2)$　(a_1，a_2 中较大者)

(D) $\min(a_1, a_2)$　(a_1，a_2 中较小者)

解： 若 $a_1\geqslant a_2$，那么 $0<\left(\frac{a_2}{a_1}\right)^n\leqslant 1$，又由于

$$(1+0)^{\frac{1}{n}}<\left[1+\left(\frac{a_2}{a_1}\right)^n\right]^{\frac{1}{n}}\leqslant(1+1)^{\frac{1}{n}}$$

由夹逼定理可得 $\lim\limits_{n\to\infty}\left[1+\left(\frac{a_2}{a_1}\right)^n\right]^{\frac{1}{n}}=1$，故

$$\lim_{n\to\infty}(a_1^n+a_2^n)^{\frac{1}{n}}=\lim_{n\to\infty}a_1\left[1+\left(\frac{a_2}{a_1}\right)^n\right]^{\frac{1}{n}}=a_1$$

同理，若 $a_2>a_1$，那么

$$\lim_{n\to\infty}(a_1^n+a_2^n)^{\frac{1}{n}}=\lim_{n\to\infty}a_2\left[\left(\frac{a_1}{a_2}\right)^n+1\right]^{\frac{1}{n}}=a_2$$

所以　$\lim\limits_{n\to\infty}(a_1^n+a_2^n)^{\frac{1}{n}}=\max(a_1, a_2)$

故本题应选(C).

13. 设函数 $f(x)=\dfrac{e^x-b}{(x-a)(x-1)}$，若在点 $x=0$ 处函数有无穷间断点，则 a，b 之值满足[　　].

(A) $a=0$，$b=1$　　(B) $a=0$，$b\neq 1$

(C) $a=1$，$b=0$　　(D) $a=1$，$b=e$

解： $\lim\limits_{x\to 0}\dfrac{e^x-b}{(x-a)(x-1)}=\dfrac{1-b}{a}$

所以当 $a=0$，$b\neq 1$ 时，$\lim\limits_{x\to 0}f(x)=\infty$.

故本题应选(B).

14. 设 $f(x)=\begin{cases} e^{1+x}, & x\leqslant 0 \\ \dfrac{\ln(1+x)}{x}, & x>0 \end{cases}$，点 $x=0$ 是 $f(x)$ 的[　　].

(A) 连续点

(B) 第一类间断点中的可去间断点

(C) 第一类间断点中的跳跃间断点

(D) 第二类间断点

解： $\lim\limits_{x\to 0^-}f(x)=\lim\limits_{x\to 0^-}e^{1+x}=e$

$$\lim_{x\to 0^+}f(x)=\lim_{x\to 0^+}\frac{\ln(1+x)}{x}=1$$

所以点 $x=0$ 是 $f(x)$ 的第一类间断点中的跳跃间断点.

故本题应选(C).

15. 设函数 $f(x)=\lim\limits_{n\to\infty}\dfrac{1+x}{1+x^{2n}}$，关于 $f(x)$ 间断点的结论正确的是[　　].

(A) 不存在间断点　　(B) 点 $x=1$ 是间断点

(C) 点 $x=0$ 是间断点　　(D) 点 $x=-1$ 是间断点

解： 当 $|x|>1$ 时，$\lim\limits_{n\to\infty}x^{2n}=+\infty$，所以 $f(x)=0$.

当 $|x|<1$ 时，$\lim\limits_{n\to\infty}x^{2n}=0$，所以 $f(x)=1+x$.

当 $x=-1$ 时，$f(-1)=0$.

当 $x=1$ 时，$f(1)=1$.

于是有
$$f(x)=\begin{cases} 0, & x\leqslant -1 \\ 1+x, & -1<x<1 \\ 1, & x=1 \\ 0, & x>1 \end{cases}$$

对于 $x=-1$，$f(-1)=0$，$\lim\limits_{x\to -1^-}f(x)=0$，$\lim\limits_{x\to -1^+}f(x)=0$，即

$$\lim_{x\to -1^-}f(x)=\lim_{x\to -1^+}f(x)=f(-1)=0$$

所以 $f(x)$ 在点 $x=-1$ 处连续.

对于 $x=1$，$f(1)=1$，$\lim\limits_{x\to 1^-}f(x)=\lim\limits_{x\to 1^-}(1+x)=2\neq f(1)$，所以 $f(x)$ 在点 $x=1$ 处间断.

点 $x=0$ 为 $f(x)$ 的连续点.

故本题应选(B).

16. 设 $f(x)=x^3+4x^2-3x-1$，则对方程 $f(x)=0$ 来说，下列结论错误的是[　　].

(A) 在 $(0,1)$ 内有一个实根

(B) 在 $(-1,0)$ 内有一个实根

(C) 在 $(-\infty,0)$ 内有两个不同实根

(D) 在 $(0,+\infty)$ 内有两个不同实根

解： 因为 $f(-5)=-11<0$，$f(-1)=5>0$，$f(0)=-1<0$，$f(1)=1>0$，$f(x)$ 在 $[-5,-1]$，$[-1,0]$，$[0,1]$ 上连续，所以 $f(x)$ 在 $(-5,-1)$，$(-1,0)$，$(0,1)$ 内均至少有一点 x，分别设为 x_1，x_2，x_3，使 $f(x_i)=0(i=1,2,3)$. 三次方程最多有三个实根，因而 $(1,+\infty)$ 内不存在实根，即 $(0,+\infty)$ 内有一个实根，$(-\infty,0)$ 内有两个不同实根.

故本题应选(D).

第三章

01 02 03 04 05 06 07 08 09

导数与微分

（一）习题解答与注释

(A)

1. 用导数的定义求函数 $y=1-2x^2$ 在点 $x=1$ 处的导数.

解： $\Delta y=1-2(1+\Delta x)^2-(1-2\times 1^2)=-4\Delta x-2(\Delta x)^2$

$$\frac{\Delta y}{\Delta x}=-4-2\Delta x$$

$$\lim_{\Delta x\to 0}\frac{\Delta y}{\Delta x}=\lim_{\Delta x\to 0}(-4-2\Delta x)=-4$$

所以 $$y'\Big|_{x=1}=-4$$

2. 用导数的定义求下列函数的导（函）数：

(1) $y=1-2x^2$　　(2) $y=\dfrac{1}{x^2}$　　(3) $y=\sqrt[3]{x^2}$

解： (1) $y=1-2x^2$

$$\Delta y=-4x\Delta x-2(\Delta x)^2$$

$$\frac{\Delta y}{\Delta x}=-4x-2\Delta x$$

$$\lim_{\Delta x\to 0}\frac{\Delta y}{\Delta x}=\lim_{\Delta x\to 0}(-4x-2\Delta x)=-4x$$

所以 $$y'=-4x$$

(2) $y=\dfrac{1}{x^2}$

$$y+\Delta y=\frac{1}{(x+\Delta x)^2}$$

$$\Delta y=\frac{1}{(x+\Delta x)^2}-\frac{1}{x^2}=-\frac{\Delta x(2x+\Delta x)}{x^2(x+\Delta x)^2}$$

$$\frac{\Delta y}{\Delta x}=-\frac{2x+\Delta x}{x^2(x+\Delta x)^2}$$

$$\lim_{\Delta x\to 0}\frac{\Delta y}{\Delta x}=-\lim_{\Delta x\to 0}\frac{2x+\Delta x}{x^2(x+\Delta x)^2}=-\frac{2}{x^3}$$

(3) $y=\sqrt[3]{x^2}$

$$y+\Delta y=\sqrt[3]{(x+\Delta x)^2}$$

$$\Delta y=\sqrt[3]{(x+\Delta x)^2}-\sqrt[3]{x^2}$$

$$\frac{\Delta y}{\Delta x}=\frac{\sqrt[3]{(x+\Delta x)^2}-\sqrt[3]{x^2}}{\Delta x}$$

$$=\frac{(x+\Delta x)^2-x^2}{\Delta x(\sqrt[3]{(x+\Delta x)^4}+\sqrt[3]{x^2(x+\Delta x)^2}+\sqrt[3]{x^4})}$$

$$=\frac{2x+\Delta x}{\sqrt[3]{(x+\Delta x)^4}+\sqrt[3]{x^2(x+\Delta x)^2}+\sqrt[3]{x^4}}$$

$$\lim_{\Delta x\to 0}\frac{\Delta y}{\Delta x}=\lim_{\Delta x\to 0}\frac{2x+\Delta x}{\sqrt[3]{(x+\Delta x)^4}+\sqrt[3]{x^2(x+\Delta x)^2}+\sqrt[3]{x^4}}$$

$$=\frac{2x}{3\sqrt[3]{x^4}}=\frac{2}{3\sqrt[3]{x}}$$

3. 给定函数 $f(x)=ax^2+bx+c$，其中 a，b，c 为常数，求：

$$f'(x),\quad f'(0),\quad f'(\frac{1}{2}),\quad f'(-\frac{b}{2a})$$

解：设 $y=f(x)=ax^2+bx+c$，则

$$\Delta y=a(x+\Delta x)^2+b(x+\Delta x)+c-ax^2-bx-c$$

$$=2ax\Delta x+a(\Delta x)^2+b\Delta x$$

$$\frac{\Delta y}{\Delta x}=2ax+a\Delta x+b$$

$$\lim_{\Delta x\to 0}\frac{\Delta y}{\Delta x}=\lim_{\Delta x\to 0}(2ax+a\Delta x+b)=2ax+b$$

所以 $\qquad f'(x)=2ax+b$

那么 $\qquad f'(0)=b$，$f'(\frac{1}{2})=a+b$，$f'\left(-\frac{b}{2a}\right)=0$

注释 $f'(x)$ 是函数 $f(x)$ 在点 x（动点）处的导数，是随着 x 的变化而变化的变量，是 x 的函数，其中，x 是自变量，$f'(x)$ 是因变量.

$f'(x_0)$ 是函数 $f(x)$ 在点 x_0（定点）处的导数，它是一个具体的数值. 在几何上，它表示曲线 $y=f(x)$ 在点 x_0 处的切线的斜率.

两者的关系是：函数 $f(x)$ 在点 $x=x_0$ 处的导数就是函数 $f(x)$ 的导（函）数 $f'(x)$ 在点 $x=x_0$ 处的函数值.

4. 一物体的运动方程为 $s=t^3+10$，求该物体在 $t=3$ 时的瞬时速度.

解： 物体在 t 时刻的瞬时速度 $v_t=s'_t$，

$$s'_t=\lim_{\Delta t\to 0}\frac{\Delta s}{\Delta t}=\lim_{\Delta t\to 0}\frac{(t+\Delta t)^3+10-(t^3+10)}{\Delta t}$$
$$=\lim_{\Delta t\to 0}[3t^2+3t\Delta t+(\Delta t)^2]=3t^2$$

所以 $t=3$ 时物体的瞬时速度 $v\Big|_{t=3}=s'\Big|_{t=3}=27$.

5. 求在抛物线 $y=x^2$ 上横坐标为 3 的点处的切线方程.

解： 抛物线 $y=x^2$ 上横坐标 $x=3$ 的点为(3，9)，由于

$$y'=\lim_{\Delta x\to 0}\frac{\Delta y}{\Delta x}=\lim_{\Delta x\to 0}\frac{(x+\Delta x)^2-x^2}{\Delta x}$$
$$=\lim_{\Delta x\to 0}(2x+\Delta x)=2x$$

所以过点(3，9)的切线斜率为 $y'\Big|_{x=3}=6$，于是可得切线方程为 $y-9=6(x-3)$，即 $6x-y-9=0$.

6. 求曲线 $y=\sqrt[3]{x^2}$ 上点(1，1)处的切线方程与法线方程.

解： 由第 2 题可知 $y=\sqrt[3]{x^2}$ 的导数为 $y'=\frac{2}{3}x^{-\frac{1}{3}}$，那么曲线 $y=\sqrt[3]{x^2}$ 上过点(1，1)的切线斜率为 $y'\Big|_{x=1}=\frac{2}{3}$，法线斜率为 $-\frac{3}{2}$. 于是可得

切线方程为 $y-1=\frac{2}{3}(x-1)$，即 $2x-3y+1=0$；

法线方程为 $y-1=-\frac{3}{2}(x-1)$，即 $3x+2y-5=0$.

7. 求过点$(\frac{3}{2}，0)$与曲线 $y=\frac{1}{x^2}$ 相切的直线方程.

解： 点$(\frac{3}{2}，0)$不在曲线 $y=\frac{1}{x^2}$ 上，即$(\frac{3}{2}，0)$不是切点，设切点为$(x_1，y_1)$. 由第 2 题可知函数 $y=\frac{1}{x^2}$ 的导数为 $y'=-\frac{2}{x^3}$. 那么过点$(x_1，y_1)$的切线斜率为 $y'\Big|_{x=x_1}=-\frac{2}{x_1^3}$，因此可知切线方程为 $y-y_1=-\frac{2}{x_1^3}(x-x_1)$，其中，$y_1=\frac{1}{x_1^2}$.

因切线过点$(\frac{3}{2}，0)$，于是有

$$0-\frac{1}{x_1^2}=-\frac{2}{x_1^3}(\frac{3}{2}-x_1)$$

由此可得 $x_1=1$，$y_1=1$，即切点为(1，1). 过点(1，1)的切线斜率为 $y'\Big|_{x=1}=-2$，从而得到切线方程为 $y-1=-2(x-1)$，即 $2x+y-3=0$.

注释　过给定的一点(x_0, y_0)，求曲线的切线方程时，如果这个点在曲线上，即这个点就是切点，那么根据导数的几何意义，切线的斜率为$f'(x_0)$，切线方程为$y-y_0=f'(x_0)(x-x_0)$，法线方程为$y-y_0=-\dfrac{1}{f'(x_0)}(x-x_0)$；如果给定点不在给定曲线上，即给定点不是切点，那么我们要像第7题那样，先找出切点，再按上面的方法求切线方程和法线方程.

8. 自变量x取哪些值时，曲线$y=x^2$与$y=x^3$的切线平行？

解： 对$y=x^2$，根据第5题有

$$y'=2x$$

对$y=x^3$，有

$$\begin{aligned}y'&=\lim_{\Delta x\to 0}\frac{\Delta y}{\Delta x}=\lim_{\Delta x\to 0}\frac{(x+\Delta x)^3-x^3}{\Delta x}\\&=\lim_{\Delta x\to 0}(3x^2+3x\Delta x+(\Delta x)^2)=3x^2\end{aligned}$$

即

$$y'=3x^2$$

两曲线的切线互相平行，其斜率相等，因此自变量应满足$2x=3x^2$，由此解出$x=0$，$x=\dfrac{2}{3}$，即当$x=0$或$x=\dfrac{2}{3}$时，曲线$y=x^2$与$y=x^3$的切线互相平行.

9. 讨论函数$y=x|x|$在点$x=0$处的可导性.

解： $y=x|x|=\begin{cases}-x^2, & x<0\\ x^2, & x\geqslant 0\end{cases}$

$$\lim_{x\to 0^-}y=\lim_{x\to 0^-}(-x^2)=0,\quad \lim_{x\to 0^+}y=\lim_{x\to 0^+}x^2=0$$

函数y当$x\to 0$时的左、右极限相等且等于$x=0$时的函数值，所以$y=x|x|$在点$x=0$处连续.

$$y'_-(0)=\lim_{\Delta x\to 0^-}\frac{\Delta y}{\Delta x}=\lim_{\Delta x\to 0^-}\frac{-(0+\Delta x)^2-0}{\Delta x}=\lim_{\Delta x\to 0^-}(-\Delta x)=0$$

$$y'_+(0)=\lim_{\Delta x\to 0^+}\frac{\Delta y}{\Delta x}=\lim_{\Delta x\to 0^+}\frac{(0+\Delta x)^2-0}{\Delta x}=\lim_{\Delta x\to 0^+}\Delta x=0$$

$y=x|x|$在点$x=0$处的左、右导数存在且相等，所以$y=x|x|$在点$x=0$处可导，且导数等于0.

10. 函数$f(x)=\begin{cases}x^2+1, & 0\leqslant x<1\\ 3x-1, & 1\leqslant x\end{cases}$在点$x=1$处是否可导？为什么？

解：

$$\lim_{x\to 1^-}f(x)=\lim_{x\to 1^-}(x^2+1)=2$$

$$\lim_{x\to 1^+}f(x)=\lim_{x\to 1^+}(3x-1)=2$$

$$\lim_{x\to 1^-}f(x)=\lim_{x\to 1^+}f(x)=\lim_{x\to 1}f(x)=2=f(1)$$

所以$f(x)$在点$x=1$处连续.

$$f'_-(1)=\lim_{x\to1^-}\frac{f(x)-f(1)}{x-1}=\lim_{x\to1^-}\frac{x^2+1-2}{x-1}$$
$$=\lim_{x\to1^-}(x+1)=2$$
$$f'_+(1)=\lim_{x\to1^+}\frac{f(x)-f(1)}{x-1}=\lim_{x\to1^+}\frac{3x-1-2}{x-1}$$
$$=\lim_{x\to1^+}\frac{3(x-1)}{x-1}=3$$

$f(x)$ 在点 $x=1$ 处的左、右导数均存在，但不相等，因此 $f(x)$ 在点 $x=1$ 处不可导.

注释 讨论函数 $f(x)$ 在点 $x=x_0$ 处是否可导，要先考察 $f(x)$ 在点 $x=x_0$ 处是否连续，若连续，再考察可导性.

考察函数在点 $x=x_0$ 处是否可导，可根据导数定义从 $f'(x_0)=\lim\limits_{\Delta x\to0}\dfrac{f(x_0+\Delta x)-f(x_0)}{\Delta x}$ 或 $\lim\limits_{x\to x_0}\dfrac{f(x)-f(x_0)}{x-x_0}$ 中选择适当的形式，考察极限是否存在.

有下列情况时，$f(x)$ 在点 $x=x_0$ 处不可导：

(ⅰ) $f(x)$ 在点 $x=x_0$ 处不连续.

(ⅱ) $f(x)$ 在点 $x=x_0$ 处的左、右导数至少有一个不存在(即使 $f(x)$ 在点 $x=x_0$ 处连续).

(ⅲ) $f(x)$ 在点 $x=x_0$ 处的左、右导数不相等(即使 $f(x)$ 在点 $x=x_0$ 处连续，且左、右导数均存在).

对分段函数，若 $x=x_0$ 恰是分段函数的分段点，且分段点两侧函数表达式不同，则必须考察分段点 $x=x_0$ 处的左、右导数，以判断该分段点是否可导.

11. 用导数定义求 $f(x)=\begin{cases}x, & x<0\\ \ln(1+x), & x\geqslant0\end{cases}$ 在点 $x=0$ 处的导数.

解： $\lim\limits_{x\to0^-}f(x)=\lim\limits_{x\to0^+}f(x)=0=f(0)$

所以 $f(x)$ 在点 $x=0$ 处连续.

$$f'_-(0)=\lim_{x\to0^-}\frac{f(x)-f(0)}{x}=\lim_{x\to0^-}\frac{x}{x}=1$$
$$f'_+(0)=\lim_{x\to0^+}\frac{f(x)-f(0)}{x}=\lim_{x\to0^+}\frac{\ln(1+x)}{x}=1$$
$$f'_-(0)=f'_+(0)=1$$

所以 $\quad f'(0)=1$

因此，$f(x)$ 在点 $x=0$ 处可导，且 $f'(0)=1$.

12. 设 $f(x)=\begin{cases}\ln(1+x), & -1<x\leqslant0\\ \sqrt{1+x}-\sqrt{1-x}, & 0<x<1\end{cases}$，讨论 $f(x)$ 在点 $x=0$ 处的连

续性与可导性.

解： $\lim\limits_{x\to 0^-}f(x)=\lim\limits_{x\to 0^-}\ln(1+x)=0$

$\lim\limits_{x\to 0^+}f(x)=\lim\limits_{x\to 0^+}(\sqrt{1+x}-\sqrt{1-x})=0$

$\lim\limits_{x\to 0^-}f(x)=\lim\limits_{x\to 0^+}f(x)=0=f(0)$

所以 $f(x)$ 在点 $x=0$ 处连续.

$$f'_-(0)=\lim_{x\to 0^-}\frac{f(x)-f(0)}{x}=\lim_{x\to 0^-}\frac{\ln(1+x)}{x}=1$$

$$f'_+(0)=\lim_{x\to 0^+}\frac{f(x)-f(0)}{x}$$

$$=\lim_{x\to 0^+}\frac{\sqrt{1+x}-\sqrt{1-x}}{x}$$

$$=\lim_{x\to 0^+}\frac{2x}{x(\sqrt{1+x}+\sqrt{1-x})}=1$$

$$f'_-(0)=f'_+(0)=f'(0)$$

所以 $f(x)$ 在点 $x=0$ 处可导，且 $f'(0)=1$.

13. 函数 $f(x)=\begin{cases}x^2\sin\dfrac{1}{x}, & x\neq 0\\ 0, & x=0\end{cases}$ 在点 $x=0$ 处是否连续？是否可导？

解： $\lim\limits_{x\to 0}f(x)=\lim\limits_{x\to 0}x^2\sin\dfrac{1}{x}=0=f(0)$，所以 $f(x)$ 在点 $x=0$ 处连续.

$$f'(0)=\lim_{x\to 0}\frac{f(x)-f(0)}{x}=\lim_{x\to 0}x\sin\frac{1}{x}=0$$

所以 $f(x)$ 在点 $x=0$ 处可导，且 $f'(0)=0$.

> **注释**　第 13 题虽为分段函数，但分段点两侧函数表达式相同，故不必求左、右导数.

14. 讨论函数 $f(x)=\begin{cases}1, & x\leqslant 0\\ 2x+1, & 0<x\leqslant 1\\ x^2+2, & 1<x\leqslant 2\\ x, & 2<x\end{cases}$ 在点 $x=0$，$x=1$，$x=2$ 处的连续性与可导性.

解： 在点 $x=0$，$x=1$，$x=2$ 处函数均为左连续，故只讨论各点是否右连续.

$\lim\limits_{x\to 0^+}f(x)=\lim\limits_{x\to 0^+}(2x+1)=1=f(0)$

所以 $f(x)$ 在点 $x=0$ 处连续.

$\lim\limits_{x\to 1^+}f(x)=\lim\limits_{x\to 1^+}(x^2+2)=3=f(1)$

所以 $f(x)$ 在点 $x=1$ 处连续.

$$\lim_{x\to 2^+} f(x) = \lim_{x\to 2^+} x = 2 \neq f(2)$$

所以 $f(x)$ 在 $x=2$ 处不连续.

下面考察 $f(x)$ 在点 $x=0$，$x=1$，$x=2$ 处的可导性：

$$f'_-(0) = \lim_{x\to 0^-} \frac{f(x)-f(0)}{x} = \lim_{x\to 0^-} \frac{1-1}{x} = 0$$

$$f'_+(0) = \lim_{x\to 0^+} \frac{f(x)-f(0)}{x} = \lim_{x\to 0^+} \frac{2x}{x} = 2$$

$f'_-(0) \neq f'_+(0)$，所以 $f(x)$ 在点 $x=0$ 处不可导.

$$f'_-(1) = \lim_{x\to 1^-} \frac{f(x)-f(1)}{x-1} = \lim_{x\to 1^-} \frac{2x+1-3}{x-1} = \lim_{x\to 1^-} \frac{2x-2}{x-1} = 2$$

$$f'_+(1) = \lim_{x\to 1^+} \frac{f(x)-f(1)}{x-1} = \lim_{x\to 1^+} \frac{x^2+2-3}{x-1} = \lim_{x\to 1^+}(x+1) = 2$$

$f'_-(1) = f'_+(1) = 2$，所以 $f(x)$ 在点 $x=1$ 处可导，且 $f'(1)=2$. $f(x)$ 在点 $x=2$ 处不连续，从而不可导.

概括起来有：$f(x)$ 在点 $x=0$ 处，连续但不可导；在点 $x=1$ 处，连续并且可导；在点 $x=2$ 处，不连续，从而不可导. $f(x)$ 的图形如图 3－1 所示.

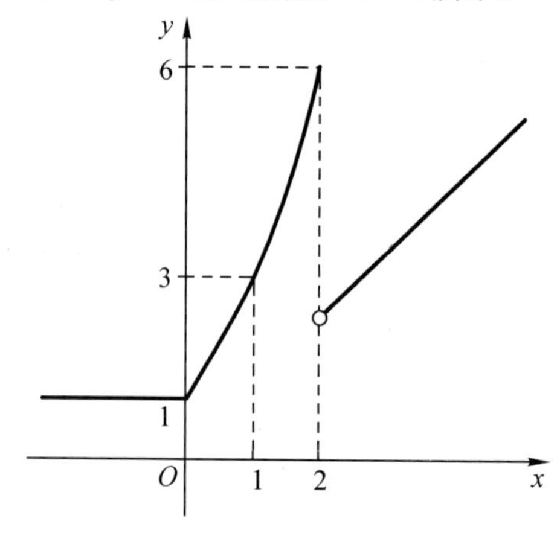

图 3－1

15. 求下列各函数的导数（其中，a，b 为常数）：

(1) $y = 3x^2 - x + 5$

(2) $y = x^{a+b}$

(3) $y = 2\sqrt{x} - \dfrac{1}{x} + 4\sqrt{3}$

(4) $y = \dfrac{x^2}{2} + \dfrac{2}{x^2}$

(5) $y = \dfrac{1-x^3}{\sqrt{x}}$

(6) $y = x^2(2x-1)$

(7) $y = (\sqrt{x}+1)\left(\dfrac{1}{\sqrt{x}} - 1\right)$

(8) $y = (x+1)\sqrt{2x}$

(9) $y = \dfrac{ax+b}{a+b}$

(10) $y = (x-a)(x-b)$

(11) $y = (1+ax^b)(1+bx^a)$

解：(1) $y=3x^2-x+5$

$y'=6x-1$

(2) $y=x^{a+b}$

$y'=(a+b)x^{a+b-1}$

(3) $y=2\sqrt{x}-\dfrac{1}{x}+4\sqrt{3}$

$$y'=\frac{2}{2\sqrt{x}}-\left(\frac{-1}{x^2}\right)=\frac{1}{\sqrt{x}}+\frac{1}{x^2}$$

(4) $y=\dfrac{x^2}{2}+\dfrac{2}{x^2}=\dfrac{1}{2}x^2+2x^{-2}$

$$y'=\frac{1}{2}(2x)+2(-2)x^{-3}=x-\frac{4}{x^3}$$

(5) $y=\dfrac{1-x^3}{\sqrt{x}}=x^{-\frac{1}{2}}-x^{\frac{5}{2}}$

$$y'=-\frac{1}{2}x^{-\frac{3}{2}}-\frac{5}{2}x^{\frac{3}{2}}=-\frac{1}{2\sqrt{x^3}}-\frac{5}{2}\sqrt{x^3}=-\frac{1+5x^3}{2x\sqrt{x}}$$

(6) $y=x^2(2x-1)=2x^3-x^2$

$y'=6x^2-2x$

(7) $y=(\sqrt{x}+1)\left(\dfrac{1}{\sqrt{x}}-1\right)=1+\dfrac{1}{\sqrt{x}}-\sqrt{x}-1=\dfrac{1}{\sqrt{x}}-\sqrt{x}$

$$y'=-\frac{1}{2\sqrt{x^3}}-\frac{1}{2\sqrt{x}}=-\frac{1}{2\sqrt{x}}(1+\frac{1}{x})$$

(8) $y=(x+1)\sqrt{2x}=\sqrt{2}(x^{\frac{3}{2}}+x^{\frac{1}{2}})$

$$y'=\sqrt{2}\left(\frac{3}{2}x^{\frac{1}{2}}+\frac{1}{2}x^{-\frac{1}{2}}\right)=\frac{\sqrt{2}}{2}\left(3\sqrt{x}+\frac{1}{\sqrt{x}}\right)=\frac{1}{\sqrt{2x}}(3x+1)$$

(9) $y=\dfrac{ax+b}{a+b}=\dfrac{1}{a+b}(ax+b)$

$$y'=\frac{a}{a+b}$$

(10) $y=(x-a)(x-b)=x^2-(a+b)x+ab$

$y'=2x-(a+b)$

(11) $y=(1+ax^b)(1+bx^a)=1+ax^b+bx^a+abx^{a+b}$

$y'=abx^{b-1}+abx^{a-1}+ab(a+b)x^{a+b-1}$

注释　第 15 题要求熟练掌握函数代数和的导数公式及幂函数的导数公式.

16. 求下列各函数的导数（其中，a，b，c，n 为常数）：

(1) $y=(x+1)(x+2)(x+3)$　　(2) $y=x\ln x$

(3) $y=x^n\ln x$　　(4) $y=\log_a\sqrt{x}$

(5) $y=\dfrac{x+1}{x-1}$　　(6) $y=\dfrac{5x}{1+x^2}$

(7) $y=3x-\dfrac{2x}{2-x}$　　(8) $y=\dfrac{a}{b+cx^n}$

(9) $y=\dfrac{1-\ln x}{1+\ln x}$　　(10) $y=\dfrac{1+x-x^2}{1-x+x^2}$

解：(1) $y=(x+1)(x+2)(x+3)$

$$\begin{aligned}y'&=(x+2)(x+3)+(x+1)(x+3)+(x+1)(x+2)\\&=x^2+5x+6+x^2+4x+3+x^2+3x+2\\&=3x^2+12x+11\end{aligned}$$

或　$y=(x^2+3x+2)(x+3)=x^3+6x^2+11x+6$

$$y'=3x^2+12x+11$$

(2) $y=x\ln x$

$$y'=x'\ln x+(\ln x)'x=\ln x+1$$

(3) $y=x^n\ln x$

$$y'=nx^{n-1}\ln x+\frac{1}{x}\cdot x^n=nx^{n-1}\ln x+x^{n-1}=x^{n-1}(n\ln x+1)$$

(4) $y=\log_a\sqrt{x}$

$$y=\log_a\sqrt{x}=\frac{1}{2}\log_a x$$

$$y'=\frac{1}{2x\ln a}$$

(5) $y=\dfrac{x+1}{x-1}$

$$\begin{aligned}y'&=\frac{(x+1)'(x-1)-(x-1)'(x+1)}{(x-1)^2}\\&=\frac{x-1-x-1}{(x-1)^2}=-\frac{2}{(x-1)^2}\end{aligned}$$

(6) $y=\dfrac{5x}{1+x^2}$

$$y'=\frac{5(1+x^2)-2x\cdot 5x}{(1+x^2)^2}=\frac{5(1-x^2)}{(1+x^2)^2}$$

(7) $y=3x-\dfrac{2x}{2-x}$

$$y'=3-\frac{2(2-x)+2x}{(2-x)^2}=3-\frac{4}{(2-x)^2}$$

(8) $y=\dfrac{a}{b+cx^n}$

$$y'=-\frac{acnx^{n-1}}{(b+cx^n)^2}$$

(9) $y=\dfrac{1-\ln x}{1+\ln x}$

$$y' = \frac{-\frac{1}{x}(1+\ln x) - \frac{1}{x}(1-\ln x)}{(1+\ln x)^2} = -\frac{2}{x(1+\ln x)^2}$$

(10) $y = \dfrac{1+x-x^2}{1-x+x^2}$

$$y' = \frac{(1-2x)(1-x+x^2)-(-1+2x)(1+x-x^2)}{(1-x+x^2)^2}$$

$$= \frac{2-4x}{(1-x+x^2)^2}$$

注释　第 16 题要求熟练掌握乘、除法的导数公式及对数函数的导数公式. 第 16(1) 题使用了公式 $(uvw)' = u'vw + uv'w + uvw'$.

17. 求下列各函数的导数:

(1) $y = x\sin x + \cos x$

(2) $y = \dfrac{x}{1-\cos x}$

(3) $y = \tan x - x\tan x$

(4) $y = \dfrac{5\sin x}{1+\cos x}$

(5) $y = \dfrac{\sin x}{x} + \dfrac{x}{\sin x}$

(6) $y = x\sin x \cdot \ln x$

解: (1) $y = x\sin x + \cos x$

$$y' = \sin x + x\cos x - \sin x = x\cos x$$

(2) $y = \dfrac{x}{1-\cos x}$

$$y' = \frac{1-\cos x - x\sin x}{(1-\cos x)^2}$$

(3) $y = \tan x - x\tan x$

$$y' = \sec^2 x - \tan x - x\sec^2 x = (1-x)\sec^2 x - \tan x$$

(4) $y = \dfrac{5\sin x}{1+\cos x}$

$$y' = 5 \times \frac{\cos x(1+\cos x) + \sin^2 x}{(1+\cos x)^2}$$

$$= \frac{5(\cos x + 1)}{(1+\cos x)^2} = \frac{5}{1+\cos x}$$

(5) $y = \dfrac{\sin x}{x} + \dfrac{x}{\sin x}$

$$y' = \frac{x\cos x - \sin x}{x^2} + \frac{\sin x - x\cos x}{\sin^2 x}$$

(6) $y = x\sin x\ln x$

$$y' = \sin x\ln x + x\cos x\ln x + \sin x$$

注释 第 17 题要求熟练掌握三角函数的导数公式.

18. 求曲线 $y=\sin x$ 在点 $x=\pi$ 处的切线方程.

解: $x=\pi$ 时的切线斜率为

$$y'\Big|_{x=\pi}=\cos x\Big|_{x=\pi}=-1$$

$x=\pi$ 时曲线上的点为 $(\pi,0)$,所以该点的切线方程为 $y-0=-(x-\pi)$,即 $x+y-\pi=0$.

19. 在曲线 $y=\dfrac{1}{1+x^2}$ 上求一点,使通过该点的切线平行于 x 轴.

解: 切线平行于 x 轴,则切线斜率为 0, $y'=\dfrac{-2x}{(1+x^2)^2}$,令 $y'=0$,得 $x=0$,代入曲线方程得 $y=1$.

由此可知,曲线 $y=\dfrac{1}{1+x^2}$ 上点 $(0,1)$ 处的切线平行于 x 轴.

20. a 为何值时 $y=ax^2$ 与 $y=\ln x$ 相切?

解: 欲使两曲线相切,两曲线须过同一点,且在该点处两函数的导数相等,即 $2ax=\dfrac{1}{x}$, $x=\dfrac{1}{\sqrt{2a}}$,那么有 $a\left(\dfrac{1}{\sqrt{2a}}\right)^2=\ln\dfrac{1}{\sqrt{2a}}$,即 $\dfrac{1}{2}=-\dfrac{1}{2}\ln 2a$,得 $\ln 2a=-1$,于是 $a=\dfrac{1}{2e}$. 因此,当 $a=\dfrac{1}{2e}$ 时,两曲线相切.

21. 求下列各函数的导数(其中, a, n 为常数):

(1) $y=(1+x^2)^5$

(2) $y=(1-x)(1-2x)$

(3) $y=(3x+5)^3(5x+4)^5$

(4) $y=(2+3x^2)\sqrt{1+5x^2}$

(5) $y=\dfrac{(x+4)^2}{x+3}$

(6) $y=\sqrt{x^2-a^2}$

(7) $y=\dfrac{x}{\sqrt{1-x^2}}$

(8) $y=\log_a(1+x^2)$

(9) $y=\ln(a^2-x^2)$

(10) $y=\ln\sqrt{x}+\sqrt{\ln x}$

(11) $y=\ln\dfrac{1+\sqrt{x}}{1-\sqrt{x}}$

(12) $y=\sin nx$

(13) $y=\sin x^n$

(14) $y=\sin^n x$

(15) $y=\sin^n x\cdot\cos nx$

(16) $y=\cos^3\dfrac{x}{2}$

(17) $y=\tan\dfrac{x}{2}-\dfrac{x}{2}$

(18) $y=\ln\tan\dfrac{x}{2}$

(19) $y=x^2\sin\dfrac{1}{x}$

(20) $y=\ln\ln x$

(21) $y=\lg(x-\sqrt{x^2-a^2})$

(22) $y=\dfrac{1}{\cos^n x}$

(23) $y=\dfrac{\sin x - x\cos x}{\cos x + x\sin x}$　　(24) $y=\sec^2\dfrac{x}{a}+\csc^2\dfrac{x}{a}$

解：(1) $y=(1+x^2)^5$

$$y'=5(1+x^2)^4(1+x^2)'=10x(1+x^2)^4$$

(2) $y=(1-x)(1-2x)$

$$y'=(1-x)'(1-2x)+(1-2x)'(1-x)$$
$$=-(1-2x)-2(1-x)=4x-3$$

(3) $y=(3x+5)^3(5x+4)^5$

$$y'=3(3x+5)^2(3x+5)'(5x+4)^5+5(5x+4)^4(5x+4)'(3x+5)^3$$
$$=9(3x+5)^2(5x+4)^5+25(5x+4)^4(3x+5)^3$$
$$=(3x+5)^2(5x+4)^4(45x+36+75x+125)$$
$$=(3x+5)^2(5x+4)^4(120x+161)$$

(4) $y=(2+3x^2)\sqrt{1+5x^2}$

$$y'=6x\sqrt{1+5x^2}+\frac{(1+5x^2)'}{2\sqrt{1+5x^2}}(2+3x^2)$$
$$=6x\sqrt{1+5x^2}+\frac{5x}{\sqrt{1+5x^2}}(2+3x^2)$$
$$=\frac{6x+30x^3+10x+15x^3}{\sqrt{1+5x^2}}$$
$$=\frac{16x+45x^3}{\sqrt{1+5x^2}}$$

(5) $y=\dfrac{(x+4)^2}{x+3}$

$$y'=\frac{2(x+4)(x+3)-(x+4)^2}{(x+3)^2}$$
$$=\frac{(x+4)(2x+6-x-4)}{(x+3)^2}$$
$$=\frac{(x+4)(x+2)}{(x+3)^2}$$

(6) $y=\sqrt{x^2-a^2}$

$$y'=\frac{2x}{2\sqrt{x^2-a^2}}=\frac{x}{\sqrt{x^2-a^2}}$$

(7) $y=\dfrac{x}{\sqrt{1-x^2}}$

$$y'=\frac{\sqrt{1-x^2}+\dfrac{2x^2}{2\sqrt{1-x^2}}}{1-x^2}=\frac{1-x^2+x^2}{(1-x^2)\sqrt{1-x^2}}$$
$$=\frac{1}{\sqrt{(1-x^2)^3}}$$

(8) $y=\log_a(1+x^2)$

$$y' = \frac{2x}{1+x^2}\log_a e = \frac{2x}{(1+x^2)\ln a}$$

(9) $y = \ln(a^2 - x^2)$

$$y' = -\frac{2x}{a^2 - x^2}$$

(10) $y = \ln\sqrt{x} + \sqrt{\ln x} = \frac{1}{2}\ln x + \sqrt{\ln x}$

$$y' = \frac{1}{2x} + \frac{1}{2x\sqrt{\ln x}} = \frac{1}{2x}\left(1 + \frac{1}{\sqrt{\ln x}}\right)$$

(11) $y = \ln\frac{1+\sqrt{x}}{1-\sqrt{x}} = \ln(1+\sqrt{x}) - \ln(1-\sqrt{x})$

$$y' = \frac{1}{1+\sqrt{x}} \cdot \frac{1}{2\sqrt{x}} + \frac{1}{1-\sqrt{x}} \cdot \frac{1}{2\sqrt{x}} = \frac{1}{\sqrt{x}(1-x)}$$

(12) $y = \sin nx$

$$y' = \cos nx(nx)' = n\cos nx$$

(13) $y = \sin x^n$

$$y' = \cos x^n (x^n)' = nx^{n-1}\cos x^n$$

(14) $y = \sin^n x$

$$y' = n\sin^{n-1}x \cdot (\sin x)' = n\cos x\sin^{n-1}x$$

(15) $y = \sin^n x\cos nx$

$$\begin{aligned} y' &= n\sin^{n-1}x\cos x\cos nx - n\sin nx\sin^n x \\ &= n\sin^{n-1}x(\cos x\cos nx - \sin x\sin nx) \\ &= n\sin^{n-1}x \cdot \cos(n+1)x \end{aligned}$$

(16) $y = \cos^3\frac{x}{2}$

$$y' = 3\cos^2\frac{x}{2}\left(-\sin\frac{x}{2}\right) \cdot \frac{1}{2} = -\frac{3}{2}\cos^2\frac{x}{2}\sin\frac{x}{2}$$

(17) $y = \tan\frac{x}{2} - \frac{x}{2}$

$$\begin{aligned} y' &= \frac{1}{2}\sec^2\frac{x}{2} - \frac{1}{2} \\ &= \frac{1}{2}\left(\sec^2\frac{x}{2} - 1\right) = \frac{1}{2}\tan^2\frac{x}{2} \end{aligned}$$

(18) $y = \ln\tan\frac{x}{2}$

$$y' = \frac{1}{\tan\frac{x}{2}} \cdot \frac{1}{2}\sec^2\frac{x}{2} = \frac{1}{2\sin\frac{x}{2}\cos\frac{x}{2}} = \frac{1}{\sin x} = \csc x$$

(19) $y = x^2\sin\frac{1}{x}$

$$y' = 2x\sin\frac{1}{x} + x^2\cos\frac{1}{x}\left(-\frac{1}{x^2}\right) = 2x\sin\frac{1}{x} - \cos\frac{1}{x}$$

(20) $y=\ln\ln x$

$$y'=\frac{1}{\ln x}\cdot\frac{1}{x}=\frac{1}{x\ln x}$$

(21) $y=\lg(x-\sqrt{x^2-a^2})$

$$y'=\frac{1}{\ln 10}\frac{1}{x-\sqrt{x^2-a^2}}\left(1-\frac{2x}{2\sqrt{x^2-a^2}}\right)$$

$$=\frac{1}{x-\sqrt{x^2-a^2}}\frac{\sqrt{x^2-a^2}-x}{\sqrt{x^2-a^2}}\lg e$$

$$=\frac{-1}{\sqrt{x^2-a^2}}\lg e$$

(22) $y=\frac{1}{\cos^n x}=\sec^n x$

$$y'=n\sec^{n-1}x\cdot\sec x\tan x=\frac{n\sin x}{\cos^{n+1}x}$$

(23) $y=\frac{\sin x-x\cos x}{\cos x+x\sin x}$

$$y'=\frac{x\sin x(\cos x+x\sin x)-x\cos x(\sin x-x\cos x)}{(\cos x+x\sin x)^2}$$

$$=\frac{x^2}{(\cos x+x\sin x)^2}$$

(24) $y=\sec^2\frac{x}{a}+\csc^2\frac{x}{a}$

$$y'=2\sec\frac{x}{a}\sec\frac{x}{a}\tan\frac{x}{a}\cdot\frac{1}{a}+2\csc\frac{x}{a}\left(-\csc\frac{x}{a}\cot\frac{x}{a}\right)\cdot\frac{1}{a}$$

$$=\frac{2}{a}\left(\sec^2\frac{x}{a}\tan\frac{x}{a}-\csc^2\frac{x}{a}\cot\frac{x}{a}\right)$$

注释 (ⅰ)对复合函数求导，首先要搞清楚复合关系，搞清楚函数是由哪几个简单初等函数复合而成的，搞清楚复合的层次，然后由外层开始向内层一层一层地用公式对中间变量求导，直到对自变量求导为止，最重要的是不要遗漏了对某个层次的中间变量求导.

(ⅱ)注意复合函数的导数符号，不要搞乱.

设 $y=f[\varphi(x)]$，那么 $f'[\varphi(x)]$ 表示 y 对中间变量 $\varphi(x)$ 求导，即 $y'_{\varphi(x)}=\frac{dy}{d\varphi(x)}$；$\{f[\varphi(x)]\}'$ 表示 y 对自变量 x 求导，即 $y'_x=\frac{dy}{dx}$.

$$\{f[\varphi(x)]\}'=f'[\varphi(x)]\cdot\varphi'(x)，即\ y'_x=\frac{dy}{dx}=\frac{dy}{d\varphi(x)}\cdot\frac{d\varphi(x)}{dx}$$

例如，$y=u^3$，$u=\sin v$，$v=2x$，即 $y=\sin^3 2x$，那么

$$y'_u=(\sin^3 2x)'_{\sin 2x}=3\sin^2 2x$$

$$y'_v=(\sin^3 2x)'_{2x}=3\sin^2 2x\cos 2x$$

$$y'_x=(\sin^3 2x)'_x=3\sin^2 2x\cos 2x\cdot 2=6\sin^2 2x\cos 2x$$

22. 求曲线 $y=(x+1)\sqrt[3]{3-x}$ 在 $A(-1,0)$，$B(2,3)$，$C(3,0)$ 三点处的切线方程.

解： $y'=\sqrt[3]{3-x}+\dfrac{1}{3}(3-x)^{-\frac{2}{3}}(3-x)'(x+1)$

$$=\sqrt[3]{3-x}-\frac{x+1}{3\sqrt[3]{(3-x)^2}}$$

$$y'\Big|_{x=-1}=\sqrt[3]{4},\quad y'\Big|_{x=2}=0,\quad y'\Big|_{x=3}\text{不存在}$$

所以曲线 $y=(x+1)\sqrt[3]{3-x}$ 在点 $A(-1,0)$，$B(2,3)$ 及 $C(3,0)$ 处的切线方程分别为 $y=\sqrt[3]{4}(x+1)$，$y=3$ 及 $x=3$.

23. 求下列各函数的导数：

(1) $y=\arcsin\dfrac{x}{2}$　　(2) $y=\operatorname{arccot}\dfrac{1}{x}$

(3) $y=\arctan\dfrac{2x}{1-x^2}$　　(4) $y=\dfrac{\arccos x}{\sqrt{1-x^2}}$

(5) $y=\left(\arcsin\dfrac{x}{2}\right)^2$　　(6) $y=x\sqrt{1-x^2}+\arcsin x$

(7) $y=\arcsin x+\arccos x$

解： (1) $y=\arcsin\dfrac{x}{2}$

$$y'=\frac{\frac{1}{2}}{\sqrt{1-\left(\frac{x}{2}\right)^2}}=\frac{1}{\sqrt{4-x^2}}$$

(2) $y=\operatorname{arccot}\dfrac{1}{x}$

$$y'=-\frac{1}{1+\frac{1}{x^2}}\left(-\frac{1}{x^2}\right)=\frac{1}{1+x^2}$$

(3) $y=\arctan\dfrac{2x}{1-x^2}$

$$y'=\frac{1}{1+\left(\frac{2x}{1-x^2}\right)^2}\cdot\frac{2(1-x^2)+4x^2}{(1-x^2)^2}$$

$$=\frac{2(1+x^2)}{(1-x^2)^2+4x^2}=\frac{2(1+x^2)}{(1+x^2)^2}=\frac{2}{1+x^2}$$

(4) $y=\dfrac{\arccos x}{\sqrt{1-x^2}}$

$$y'=\frac{\frac{-1}{\sqrt{1-x^2}}\cdot\sqrt{1-x^2}+\frac{x}{\sqrt{1-x^2}}\arccos x}{1-x^2}$$

$$=\frac{x\arccos x-\sqrt{1-x^2}}{\sqrt{(1-x^2)^3}}$$

(5) $y=\left(\arcsin\frac{x}{2}\right)^2$

$$y'=2\arcsin\frac{x}{2}\cdot\frac{\frac{1}{2}}{\sqrt{1-\left(\frac{x}{2}\right)^2}}=\frac{2\arcsin\frac{x}{2}}{\sqrt{4-x^2}}$$

(6) $y=x\sqrt{1-x^2}+\arcsin x$

$$y'=\sqrt{1-x^2}-\frac{x^2}{\sqrt{1-x^2}}+\frac{1}{\sqrt{1-x^2}}$$

$$=\frac{1-x^2-x^2+1}{\sqrt{1-x^2}}=2\sqrt{1-x^2}$$

(7) $y=\arcsin x+\arccos x$

$$y'=\frac{1}{\sqrt{1-x^2}}+\frac{-1}{\sqrt{1-x^2}}=0$$

第 23 题要求熟练掌握反三角函数的导数公式，若为复合函数，则应认清中间变量，先对中间变量求导，再乘以中间变量对自变量的导数.

24. 下列各题中的方程均确定 y 是 x 的函数，求 y'_x(其中，a，b 为常数).

(1) $x^2+y^2-xy=1$　　(2) $y^2-2axy+b=0$

(3) $y=x+\ln y$　　(4) $y=1+xe^y$

(5) $\arcsin y=e^{x+y}$

解：(1) $x^2+y^2-xy=1$

方程两边对 x 求导，有

$$2x+2yy'-y-xy'=0,\quad 即\ (2y-x)y'=y-2x$$

解出 y'，得 $y'=\frac{y-2x}{2y-x}$.

(2) $y^2-2axy+b=0$

方程两边对 x 求导，有

$$2yy'-2ay-2axy'=0$$

解出 y'，得 $y'=\frac{ay}{y-ax}$.

(3) $y=x+\ln y$

方程两边对 x 求导，有

$$y'=1+\frac{y'}{y},\quad yy'-y'=y$$

解出 y'，得 $y'=\frac{y}{y-1}$.

(4) $y=1+xe^y$

方程两边对 x 求导，有

$$y' = e^y + xe^y y', \quad y' - xe^y y' = e^y$$

解出 y'，得 $y' = \dfrac{e^y}{1-xe^y}$.

(5) $\arcsin y = e^{x+y}$

方程两边对 x 求导，有

$$\frac{y'}{\sqrt{1-y^2}} = e^{x+y}(1+y')$$

解出 y'，得 $y' = \dfrac{\sqrt{1-y^2}\,e^{x+y}}{1-\sqrt{1-y^2}\,e^{x+y}}$.

注释 由方程 $F(x, y)=0$ 确定 y 是 x 的函数，求 y 对 x 的导数，方程两边对 x 求导，遇到 y 时，要注意 y 是 x 的函数，遇到 y 的函数时，看成是 x 的复合函数，即凡是含有 y 的项对 y 求导后，要乘上 y 对 x 的导数 y'，然后得到一个含有 y' 的关系式，从中解出 y'. y' 中允许含有 y，不必化为用 x 的关系式表达的显函数形式.

25. 求曲线 $y^3+y^2=2x$ 在点(1, 1) 处的切线方程与法线方程.

解：点(1, 1) 在曲线上，即(1, 1) 点为切点，故切线斜率为 $y'\big|_{x=1}$.

方程两边对 x 求导，有

$$3y^2y'+2yy'=2$$

解出 y'，得 $y' = \dfrac{2}{3y^2+2y}$.

于是得出点(1, 1) 处的切线斜率为 $y'\Big|_{\substack{x=1\\y=1}} = \dfrac{2}{5}$，从而得切线方程为

$$y-1=\frac{2}{5}(x-1)$$

即 $$2x-5y+3=0$$

法线方程为

$$y-1=-\frac{5}{2}(x-1)$$

即 $$5x+2y-7=0$$

26. 求下列各函数的导数(其中 a 为常数)：

(1) $y=e^{4x}$　　(2) $y=a^x e^x$

(3) $y=e^{-x^2}$　　(4) $y=e^{e^{-x}}$

(5) $y=x^a+a^x+a^a$　　(6) $y=e^{-\frac{1}{x}}$

(7) $y=e^{-x}\cos 3x$　　(8) $y=\sin e^{x^2+x-2}$

(9) $y=e^{\tan\frac{1}{x}}$　　(10) $y=\dfrac{e^x-e^{-x}}{e^x+e^{-x}}$

(11) $y=e^{x\ln x}$　　(12) $y=x^2e^{-2x}\sin 3x$

解：(1) $y=e^{4x}$

$y' = e^{4x}(4x)' = 4e^{4x}$

(2) $y = a^x e^x$

$y' = (a^x)'e^x + (e^x)'a^x = a^x e^x \ln a + a^x e^x = a^x e^x(\ln a + 1)$

或 $y' = (ae)^x \ln(ae) = a^x e^x(\ln a + 1)$

(3) $y = e^{-x^2}$

$y' = e^{-x^2}(-x^2)' = -2xe^{-x^2}$

(4) $y = e^{e^{-x}}$

$y' = e^{e^{-x}}(e^{-x})' = e^{e^{-x}}e^{-x}(-x)' = -e^{-x}e^{e^{-x}}$

(5) $y = x^a + a^x + a^a$

$y' = ax^{a-1} + a^x \ln a + 0 = ax^{a-1} + a^x \ln a$

(6) $y = e^{-\frac{1}{x}}$

$y' = e^{-\frac{1}{x}}\left(-\frac{1}{x}\right)' = \frac{1}{x^2}e^{-\frac{1}{x}}$

(7) $y = e^{-x}\cos 3x$

$y' = -e^{-x}\cos 3x - 3e^{-x}\sin 3x$

$= -e^{-x}(\cos 3x + 3\sin 3x)$

(8) $y = \sin e^{x^2+x-2}$

$y' = \cos e^{x^2+x-2}(e^{x^2+x-2})'$

$= e^{x^2+x-2}\cos e^{x^2+x-2}(x^2 + x - 2)'$

$= (2x+1)e^{x^2+x-2}\cos e^{x^2+x-2}$

(9) $y = e^{\tan\frac{1}{x}}$

$y' = e^{\tan\frac{1}{x}}\left(\tan\frac{1}{x}\right)' = e^{\tan\frac{1}{x}}\sec^2\frac{1}{x}\left(\frac{1}{x}\right)'$

$= -\frac{1}{x^2}e^{\tan\frac{1}{x}}\sec^2\frac{1}{x}$

(10) $y = \frac{e^x - e^{-x}}{e^x + e^{-x}}$

$y' = \frac{(e^x + e^{-x})^2 - (e^x - e^{-x})^2}{(e^x + e^{-x})^2} = \frac{4}{(e^x + e^{-x})^2}$

(11) $y = e^{x\ln x}$

$y' = e^{x\ln x}(x\ln x)'$

$= e^{x\ln x}(1 + \ln x)$

$= x^x(\ln x + 1)$

(12) $y = x^2e^{-2x}\sin 3x$

$y' = 2xe^{-2x}\sin 3x - 2x^2e^{-2x}\sin 3x + 3x^2e^{-2x}\cos 3x$

$= xe^{-2x}(2\sin 3x - 2x\sin 3x + 3x\cos 3x)$

注释 第 26 题要求熟练掌握指数函数的导数公式.

27. 利用对数求导法求下列函数的导数(其中，a_1，a_2，…，a_n，n 为常数)：

(1) $y=x\sqrt{\dfrac{1-x}{1+x}}$

(2) $y=\dfrac{x^2}{1-x}\cdot\sqrt[3]{\dfrac{3-x}{(3+x)^2}}$

(3) $y=(x+\sqrt{1+x^2})^n$

(4) $y=(x-a_1)^{a_1}(x-a_2)^{a_2}\cdots(x-a_n)^{a_n}$

(5) $y=(\sin x)^{\tan x}$

解：(1) $y=x\sqrt{\dfrac{1-x}{1+x}}$

方程两边取自然对数

$$\ln y=\ln x+\frac{1}{2}\ln(1-x)-\frac{1}{2}\ln(1+x)$$

两边对 x 求导

$$\frac{1}{y}y'=\frac{1}{x}-\frac{1}{2(1-x)}-\frac{1}{2(1+x)}=\frac{1}{x}-\frac{1}{1-x^2}$$

因此得　$y'=x\sqrt{\dfrac{1-x}{1+x}}\left(\dfrac{1}{x}-\dfrac{1}{1-x^2}\right)$

(2) $y=\dfrac{x^2}{1-x}\sqrt[3]{\dfrac{3-x}{(3+x)^2}}$

方程两边取自然对数

$$\ln y=2\ln x-\ln(1-x)+\frac{1}{3}\ln(3-x)-\frac{2}{3}\ln(3+x)$$

两边对 x 求导

$$\frac{1}{y}y'=\frac{2}{x}+\frac{1}{1-x}-\frac{1}{3(3-x)}-\frac{2}{3(3+x)}$$

$$=\frac{2-x}{x(1-x)}-\frac{9-x}{3(9-x^2)}$$

因此得　$y'=\dfrac{x^2}{1-x}\sqrt[3]{\dfrac{3-x}{(3+x)^2}}\left[\dfrac{2-x}{x(1-x)}-\dfrac{9-x}{3(9-x^2)}\right]$

(3) $y=(x+\sqrt{1+x^2})^n$

方程两边取自然对数

$$\ln y=n\ln(x+\sqrt{1+x^2})$$

两边对 x 求导

$$\frac{1}{y}y'=\frac{n}{x+\sqrt{1+x^2}}(x+\sqrt{1+x^2})'$$

$$=\frac{n}{x+\sqrt{1+x^2}}\left(1+\frac{x}{\sqrt{1+x^2}}\right)$$

$$=\frac{n}{x+\sqrt{1+x^2}}\frac{\sqrt{1+x^2}+x}{\sqrt{1+x^2}}=\frac{n}{\sqrt{1+x^2}}$$

因此得 $y' = (x+\sqrt{1+x^2})^n \dfrac{n}{\sqrt{1+x^2}}$

(4) $y=(x-a_1)^{a_1}(x-a_2)^{a_2}\cdots(x-a_n)^{a_n}$

方程两边取自然对数

$$\ln y = a_1\ln(x-a_1)+a_2\ln(x-a_2)+\cdots+a_n\ln(x-a_n)$$

两边对 x 求导

$$\frac{1}{y}y' = \frac{a_1}{x-a_1}+\frac{a_2}{x-a_2}+\cdots+\frac{a_n}{x-a_n}$$

因此得 $y'=(x-a_1)^{a_1}(x-a_2)^{a_2}\cdots(x-a_n)^{a_n}\left(\dfrac{a_1}{x-a_1}+\dfrac{a_2}{x-a_2}+\cdots+\dfrac{a_n}{x-a_n}\right)$

$$=\prod_{i=1}^{n}(x-a_i)^{a_i}\sum_{i=1}^{n}\frac{a_i}{x-a_i}$$

(5) $y=(\sin x)^{\tan x}$

方程两边取自然对数

$$\ln y = \tan x \cdot \ln\sin x$$

两边对 x 求导

$$\frac{1}{y}y' = \tan x\,\frac{1}{\sin x}\cos x + \sec^2 x\cdot\ln\sin x$$

因此得 $y'=(\sin x)^{\tan x}(1+\sec^2 x\cdot\ln\sin x)$

或 $y=e^{\tan x\cdot\ln\sin x}$

$$y' = e^{\tan x\cdot\ln\sin x}(\tan x\cdot\ln\sin x)'$$

$$=e^{\tan x\cdot\ln\sin x}\left(\tan x\,\frac{1}{\sin x}\cos x+\sec^2 x\cdot\ln\sin x\right)$$

$$=(\sin x)^{\tan x}(1+\sec^2 x\cdot\ln\sin x)$$

注释 对数求导法是对给定函数的表达式两边取自然对数，然后按隐函数求导法求导.

如果求导的函数是由若干个因式的积、商、乘方或开方组成的，那么用对数求导法可以利用对数性质简化求导步骤.

形如 $[u(x)]^{v(x)}$（$u(x)$，$v(x)$ 是 x 的可导函数）的函数叫作幂指函数，可用对数求导法求导. 幂指函数 $[u(x)]^{v(x)}$ 也可将函数化为 $e^{v(x)\ln u(x)}$ 的形式，利用复合函数求导法求导.

28. 方程 $y^{\sin x}=(\sin x)^y$ 确定 y 是 x 的函数，求 y'_x.

解： 方程两边取自然对数，有

$$\sin x\cdot\ln y = y\ln\sin x$$

两边对 x 求导，得

$$\cos x\cdot\ln y+\sin x\cdot\frac{1}{y}y' = y'\ln\sin x + y\frac{\cos x}{\sin x}$$

整理后得 $\left(\dfrac{\sin x}{y}-\ln\sin x\right)y' = y\cot x-\cos x\cdot\ln y$

解出 y'，得

$$y'=\frac{y\cot x-\cos x\cdot\ln y}{\frac{\sin x}{y}-\ln\sin x}$$

即
$$y'=\frac{y(y\cot x-\cos x\cdot\ln y)}{\sin x-y\ln\sin x}$$

29. 求下列各函数的导数(其中 f 可导)：

(1) $y=\cos\ln(1+2x)$，求 y'.

(2) $y=(\ln x)^x$，求 y'.

(3) $y=x^{x^2}+e^{x^2}+x^{e^x}+e^{e^x}$，求 y'.

(4) $y=f(e^x)e^{f(x)}$，求 y'_x.

(5) $y=f(\arcsin\frac{1}{x})$，求 y'_x.

(6) $y=f(e^x+x^e)$，求 y'_x.

(7) $y=f(\sin^2x)+f(\cos^2x)$，求 y'_x.

(8) 已知 $f\left(\frac{1}{x}\right)=\frac{x}{1+x}$，求 $f'(x)$.

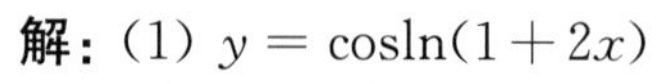

解：(1) $y=\cos\ln(1+2x)$

$$y'=-\sin\ln(1+2x)\cdot[\ln(1+2x)]'$$
$$=-\frac{2\sin\ln(1+2x)}{1+2x}$$

(2) $y=(\ln x)^x$

$$\ln y=x\ln\ln x$$
$$\frac{1}{y}y'=\ln\ln x+\frac{1}{\ln x}$$
$$y'=(\ln x)^x(\ln\ln x+\frac{1}{\ln x})$$

(3) $y=x^{x^2}+e^{x^2}+x^{e^x}+e^{e^x}$

设 $y_1=x^{x^2}$，$y_2=e^{x^2}$，$y_3=x^{e^x}$，$y_4=e^{e^x}$，分别求 y'_1，y'_2，y'_3，y'_4.

$$\ln y_1=x^2\ln x,\quad \frac{1}{y_1}y'_1=2x\ln x+x$$
$$y'_1=x^{x^2}(2x\ln x+x)$$
$$y'_2=2xe^{x^2}$$
$$\ln y_3=e^x\ln x,\quad \frac{1}{y_3}y'_3=e^x\ln x+\frac{e^x}{x}$$
$$y'_3=x^{e^x}(e^x\ln x+\frac{e^x}{x})=e^xx^{e^x}(\ln x+\frac{1}{x})$$
$$y'_4=e^xe^{e^x}$$
$$y'=y'_1+y'_2+y'_3+y'_4$$
$$=x^{x^2}(2x\ln x+x)+2xe^{x^2}+e^xx^{e^x}(\ln x+\frac{1}{x})+e^xe^{e^x}$$
$$=x^{x^2+1}(2\ln x+1)+2xe^{x^2}+e^xx^{e^x}(\ln x+\frac{1}{x})+e^{e^x+x}$$

或
$$y = e^{x^2\ln x} + e^{x^2} + e^{e^x\ln x} + e^{e^x}$$
$$y' = (e^{x^2\ln x})' + (e^{x^2})' + (e^{e^x\ln x})' + (e^{e^x})'$$
$$= e^{x^2\ln x}(2x\ln x + x) + 2xe^{x^2} + e^{e^x\ln x}\left(e^x\ln x + \frac{e^x}{x}\right) + e^x e^{e^x}$$
$$= x^{x^2}(2x\ln x + x) + 2xe^{x^2} + e^x x^{e^x}(\ln x + \frac{1}{x}) + e^x e^{e^x}$$
$$= x^{x^2+1}(2\ln x + 1) + 2xe^{x^2} + e^x x^{e^x}\left(\ln x + \frac{1}{x}\right) + e^{e^x+x}$$

(4) $$y = f(e^x)e^{f(x)}$$
$$y' = f'(e^x)e^x e^{f(x)} + e^{f(x)}f'(x)f(e^x)$$
$$= e^{f(x)}[f'(e^x)e^x + f'(x)f(e^x)]$$

(5) $$y = f\left(\arcsin\frac{1}{x}\right)$$
$$y' = f'\left(\arcsin\frac{1}{x}\right)\left(\arcsin\frac{1}{x}\right)'$$
$$= f'\left(\arcsin\frac{1}{x}\right)\frac{1}{\sqrt{1-\frac{1}{x^2}}}\left(-\frac{1}{x^2}\right)$$
$$= -\frac{1}{|x|\sqrt{x^2-1}}f'\left(\arcsin\frac{1}{x}\right)$$

(6) $$y = f(e^x + x^e)$$
$$y' = f'(e^x + x^e)(e^x + ex^{e-1})$$

(7) $$y = f(\sin^2 x) + f(\cos^2 x)$$
$$y' = f'(\sin^2 x)2\sin x\cos x + f'(\cos^2 x)2\cos x(-\sin x)$$
$$= \sin 2x[f'(\sin^2 x) - f'(\cos^2 x)]$$

(8) 由 $f\left(\frac{1}{x}\right) = \frac{x}{1+x} = \frac{1}{\frac{1}{x}+1}$

得 $$f(x) = \frac{1}{1+x}$$

所以 $$f'(x) = -\frac{1}{(1+x)^2}$$

30. 求下列函数的导数：

(1) 已知 $\begin{cases} x = 2t - t^2 \\ y = 3t - t^3 \end{cases}$，求 $\frac{dy}{dx}$.

(2) 已知 $\begin{cases} x = a\sin 3\theta\cos\theta \\ y = a\sin 3\theta\sin\theta \end{cases}$ （其中 a 为常数），求 $\left.\frac{dy}{dx}\right|_{\theta=\frac{\pi}{3}}$.

解：(1) $$\frac{dy}{dx} = \frac{\frac{dy}{dt}}{\frac{dx}{dt}} = \frac{(3t-t^3)'_t}{(2t-t^2)'_t} = \frac{3-3t^2}{2-2t} = \frac{3(1+t)}{2}$$

(2) $\dfrac{dy}{dx}=\dfrac{\dfrac{dy}{d\theta}}{\dfrac{dx}{d\theta}}=\dfrac{(a\sin3\theta\sin\theta)'_\theta}{(a\sin3\theta\cos\theta)'_\theta}=\dfrac{3a\cos3\theta\sin\theta+a\sin3\theta\cos\theta}{3a\cos3\theta\cos\theta+a\sin3\theta(-\sin\theta)}$

$$=\frac{3\cos3\theta\sin\theta+\sin3\theta\cos\theta}{3\cos3\theta\cos\theta-\sin3\theta\sin\theta}$$

$$\left.\frac{dy}{dx}\right|_{\theta=\frac{\pi}{3}}=\frac{-3\times\frac{\sqrt{3}}{2}}{-3\times\frac{1}{2}}=\sqrt{3}$$

31. 求函数 $f(x)=|x^2-1|$ 在点 $x=x_0$ 处的导数.

解: $f(x)=\begin{cases}x^2-1, & |x|\geqslant1\\ 1-x^2, & |x|<1\end{cases}$

函数 $f(x)$ 的图形见图 3-2.

当 $x_0<-1$ 或 $x_0>1$ 时, $f'(x_0)=2x_0$.

当 $-1<x_0<1$ 时, $f'(x_0)=-2x_0$.

当 $x_0=1$ 时

$$f'_-(1)=\lim_{x\to1^-}\frac{f(x)-f(1)}{x-1}=\lim_{x\to1^-}\frac{1-x^2-0}{x-1}$$
$$=\lim_{x\to1^-}-(1+x)$$
$$=-2$$
$$f'_+(1)=\lim_{x\to1^+}\frac{f(x)-f(1)}{x-1}$$
$$=\lim_{x\to1^+}\frac{x^2-1-0}{x-1}$$
$$=\lim_{x\to1^+}(x+1)=2$$

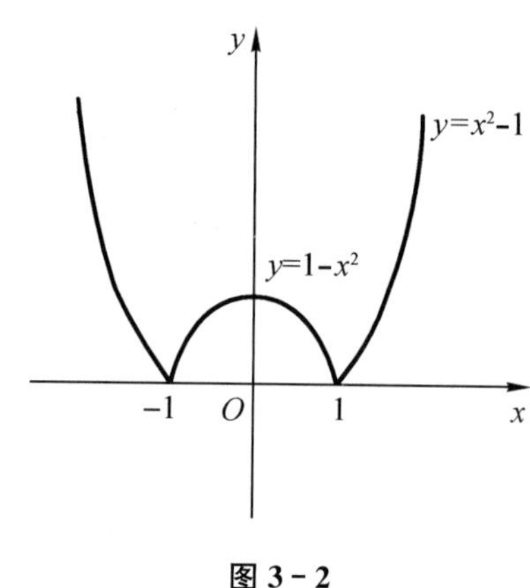

图 3-2

$f'_-(1)\neq f'_+(1)$, 所以 $f'(1)$ 不存在.

同理可知 $f'(-1)$ 也不存在.

从而可得: $f'(x_0)=\begin{cases}2x_0, & |x_0|>1\\ -2x_0, & |x_0|<1\end{cases}$.

当 $x_0=\pm1$ 时, $f'(x_0)$ 不存在.

32. 设 $f(x)=2^{|x-a|}$ (其中 a 为常数), 求 $f'(x)$.

解: $f(x)=\begin{cases}2^{x-a}, & x\geqslant a\\ 2^{a-x}, & x<a\end{cases}$

当 $x>a$ 时, $f'(x)=2^{x-a}\ln2(x-a)'=2^{x-a}\ln2$.

当 $x<a$ 时, $f'(x)=2^{a-x}\ln2(a-x)'=-2^{a-x}\ln2$.

在 $x=a$ 处, $f'_-(a)=\lim\limits_{x\to a^-}\dfrac{f(x)-f(a)}{x-a}=\lim\limits_{x\to a^-}\dfrac{2^{a-x}-1}{x-a}$, 令 $2^{a-x}-1=t$, 则 $a-x=\log_2(1+t)$. 当 $x\to a^-$ 时, $t\to0^+$. 于是有

$$f'_-(a)=\lim_{t\to 0^+}\frac{t}{-\log_2(1+t)}=-\lim_{t\to 0^+}\frac{1}{\log_2(1+t)^{\frac{1}{t}}}$$

$$=-\frac{1}{\log_2 e}=-\ln 2$$

同理可得 $f'_+(a)=\ln 2$.

因为 $f'_-(a)\neq f'_+(a)$，所以 $f(x)$ 在点 $x=a$ 处不可导. 因此有

$$f'(x)=\begin{cases}2^{x-a}\ln 2, & x>a\\ -2^{a-x}\ln 2, & x<a\end{cases}$$

当 $x=a$ 时，$f'(x)$ 不存在.

33. 设有函数 $f(x)=\begin{cases}x+1, & x<0\\ k^2, & x=0\\ kxe^x+1, & x>0\end{cases}$，试分析在点 $x=0$ 处，k 为何值时，$f(x)$ 有极限；k 为何值时，$f(x)$ 连续；k 为何值时，$f(x)$ 可导.

解：$f(x)=\begin{cases}x+1, & x<0\\ k^2, & x=0\\ kxe^x+1, & x>0\end{cases}$

$$\lim_{x\to 0^-}f(x)=\lim_{x\to 0^-}(x+1)=1,\qquad \lim_{x\to 0^+}f(x)=\lim_{x\to 0^+}(kxe^x+1)=1$$

所以 k 无论为何值，$\lim\limits_{x\to 0}f(x)$ 均存在且 $\lim\limits_{x\to 0}f(x)=1$.

当 $k^2=1$，即 $k=\pm 1$ 时，有 $\lim\limits_{x\to 0}f(x)=f(0)$，所以 $f(x)$ 在点 $x=0$ 处连续.

当 $k=1$ 时

$$f'_-(0)=\lim_{x\to 0^-}\frac{f(x)-f(0)}{x}=\lim_{x\to 0^-}\frac{x+1-1}{x}=1$$

$$f'_+(0)=\lim_{x\to 0^+}\frac{f(x)-f(0)}{x}=\lim_{x\to 0^+}\frac{xe^x+1-1}{x}=1$$

所以当 $k=1$ 时，$f(x)$ 在点 $x=0$ 处可导，且 $f'(0)=1$.

当 $k=-1$ 时

$$f'_-(0)=\lim_{x\to 0^-}\frac{f(x)-f(0)}{x}=\lim_{x\to 0^-}\frac{x+1-1}{x}=1$$

$$f'_+(0)=\lim_{x\to 0^+}\frac{f(x)-f(0)}{x}=\lim_{x\to 0^+}\frac{-xe^x+1-1}{x}=-1$$

所以当 $k=-1$ 时，$f(x)$ 在点 $x=0$ 处不可导.

综上讨论，有下列结论：

当 k 为任意值时，$f(x)$ 在点 $x=0$ 处都有极限；

当 $k=\pm 1$ 时，$f(x)$ 在点 $x=0$ 处连续；

当 $k=1$ 时，$f(x)$ 在点 $x=0$ 处可导.

34. 设 $f(x)=\begin{cases}x^2-1, & x\leqslant 1\\ ax+b, & x>1\end{cases}$ 在点 $x=1$ 处可导，求 a，b 的值.

解：$\lim\limits_{x\to 1^-}f(x)=\lim\limits_{x\to 1^-}(x^2-1)=0$

$\lim\limits_{x\to 1^+}f(x)=\lim\limits_{x\to 1^+}(ax+b)=a+b$

题设 $f(x)$ 在点 $x=1$ 处可导，则必连续，故有 $a+b=0$，即 $b=-a$.

$$f'_-(1)=\lim_{x\to1^-}\frac{f(x)-f(1)}{x-1}=\lim_{x\to1^-}\frac{x^2-1-0}{x-1}$$
$$=\lim_{x\to1^-}(x+1)=2$$
$$f'_+(1)=\lim_{x\to1^+}\frac{f(x)-f(1)}{x-1}=\lim_{x\to1^+}\frac{ax+b-0}{x-1}$$
$$=\lim_{x\to1^+}\frac{ax-a}{x-1}=a$$

因 $f(x)$ 在点 $x=0$ 处可导，故有 $f'_-(x)=f'_+(x)$，即 $a=2$，那么$b=-2$.

所以当 $a=2$，$b=-2$ 时，$f(x)$ 在点 $x=1$ 处可导，且 $f'(1)=2$.

35. 证明：$(\log_a|x|)'=\dfrac{1}{x\ln a}$ $(x\neq0，a>0，a\neq1)$.

证： 当 $x>0$ 时，有

$$(\log_a|x|)'=(\log_a x)'=\frac{1}{x\ln a}$$

当 $x<0$ 时，有

$$(\log_a|x|)'=[\log_a(-x)]'=\frac{1}{-x\ln a}(-x)'=\frac{1}{x\ln a}$$

所以 $$(\log_a|x|)'=\frac{1}{x\ln a}$$

36. 设 $f(x)$ 在点 $x=a$ 处可导，证明：

$$\lim_{x\to a}\frac{xf(a)-af(x)}{x-a}=f(a)-af'(a)$$

证： $$\lim_{x\to a}\frac{xf(a)-af(x)}{x-a}$$
$$=\lim_{x\to a}\left[\frac{xf(a)-af(a)}{x-a}-\frac{af(x)-af(a)}{x-a}\right]$$
$$=f(a)\lim_{x\to a}\frac{x-a}{x-a}-a\lim_{x\to a}\frac{f(x)-f(a)}{x-a}$$
$$=f(a)-af'(a)$$

37. 证明：

(1) 可导的偶函数的导数是奇函数；

(2) 可导的奇函数的导数是偶函数；

(3) 可导周期函数的导数是具有相同周期的周期函数.

名师解题

证： (1) 设 $f(x)$ 为可导的偶函数，则

$$f(x)=f(-x)$$

两边对 x 求导

$$f'(x)=f'(-x)(-x)'=-f'(-x)$$

所以 $f'(x)$ 为奇函数.

(2) 设 $f(x)$ 为可导的奇函数，则

$$f(x)=-f(-x)$$

两边对 x 求导

$$f'(x)=-f'(-x)(-x)'=f'(-x)$$

所以 $f'(x)$ 为偶函数.

(3) 设 $f(x)$ 是以 T 为周期的可导函数，则

$$f(x)=f(x+T)$$

两边对 x 求导

$$f'(x)=f'(x+T)(x+T)'=f'(x+T)$$

所以 $f'(x)$ 是以 T 为周期的周期函数.

38. 设 $f(x)$ 是可导偶函数，且 $f'(0)$ 存在，求证 $f'(0)=0$.

证： 根据第 37 题的证明，可导偶函数的导数为奇函数，故有 $f'(x)=-f'(-x)$. 由题设 $f'(0)$ 存在，因此有 $f'(0)=-f'(0)$，即 $2f'(0)=0$，所以 $f'(0)=0$.

39. 设 $f(x)$ 在 $(-\infty,+\infty)$ 内可导，且 $F(x)=f(x^2-1)+f(1-x^2)$，证明 $F'(1)=F'(-1)$.

证： $F'(x)=f'(x^2-1)(x^2-1)'+f'(1-x^2)(1-x^2)'$

$$=2xf'(x^2-1)-2xf'(1-x^2)$$

$$F'(1)=2f'(0)-2f'(0)=0$$

$$F'(-1)=-2f'(0)+2f'(0)=0$$

所以 $F'(1)=F'(-1)$

40. 求椭圆 $\frac{x^2}{a^2}+\frac{y^2}{b^2}=1$ 上点 $M(x_1, y_1)$ 处的切线方程.

解： 由 $\frac{2x}{a^2}+\frac{2y}{b^2}y'=0$

解出 $y'=-\frac{b^2x}{a^2y}$

$$y'\Big|_{\substack{x=x_1\\y=y_1}}=-\frac{b^2x_1}{a^2y_1}$$

从而切线方程为

$$y-y_1=-\frac{b^2x_1}{a^2y_1}(x-x_1)$$

即 $\frac{x_1x}{a^2}+\frac{y_1y}{b^2}=1$

41. 求曲线 $x^y=x^2y$ 在点 $(1, 1)$ 处的切线方程与法线方程.

解： 点 $(1, 1)$ 在给定曲线上，故曲线过点 $(1, 1)$ 的切线斜率为 $y'\Big|_{\substack{x=1\\y=1}}$.

方程两边取自然对数

$$y\ln x=2\ln x+\ln y$$

两边对 x 求导

$$y'\ln x+\frac{y}{x}=\frac{2}{x}+\frac{1}{y}y'$$

解出 y'，得

$$y' = \frac{(2-y)y}{x(y\ln x - 1)}$$

$$y'\bigg|_{\substack{x=1\\y=1}} = -1$$

从而切线方程为 $y-1=-(x-1)$，即 $x+y-2=0$；法线方程为 $y-1=x-1$，即$x-y=0$.

42. 证明曲线 $\sqrt{x}+\sqrt{y}=\sqrt{a}$（$a$ 为常数）上任一点的切线在两坐标轴上的截距之和为常数.

解： $\sqrt{x}+\sqrt{y}=\sqrt{a}$

两边对 x 求导

$$\frac{1}{2\sqrt{x}}+\frac{1}{2\sqrt{y}}y'=0$$

于是有 $\quad y'=-\sqrt{\dfrac{y}{x}}$

过曲线上任一点(x_0, y_0)的切线斜率为 $y'\bigg|_{\substack{x=x_0\\y=y_0}}=-\sqrt{\dfrac{y_0}{x_0}}$，从而切线方程为

$$y-y_0=-\sqrt{\frac{y_0}{x_0}}(x-x_0)$$

令 $y=0$，得切线在 x 轴上的截距为 $x_0+\sqrt{x_0y_0}$.

令 $x=0$，得切线在 y 轴上的截距为 $y_0+\sqrt{x_0y_0}$.

两截距之和为 $x_0+y_0+2\sqrt{x_0y_0}=(\sqrt{x_0}+\sqrt{y_0})^2=(\sqrt{a})^2=a$，故两截距之和为常数 a.

43. 甲、乙两船同时从一码头出发，甲船以 30 km/h 的速度向北行驶，乙船以 40 km/h 的速度向东行驶，求两船间的距离增加的速度.

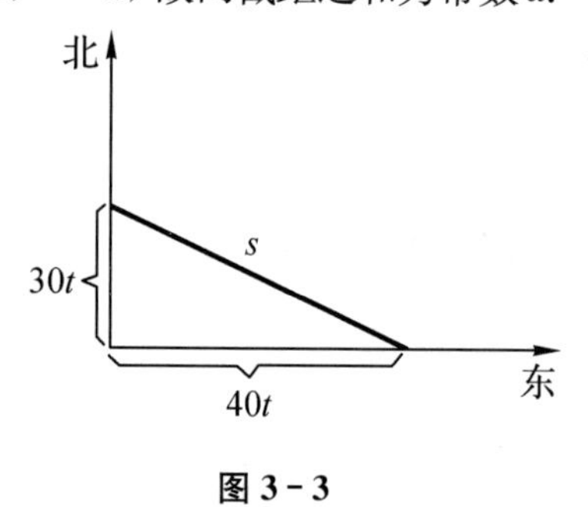

图 3－3

解： 设横轴正向为东，纵轴正向为北(如图 3－3 所示).

t 小时后两船距离为

$$s=\sqrt{(30t)^2+(40t)^2}=50t$$

$$\frac{\mathrm{d}s}{\mathrm{d}t}=50$$

所以两船间的距离 s 增加的速度为50 km/h.

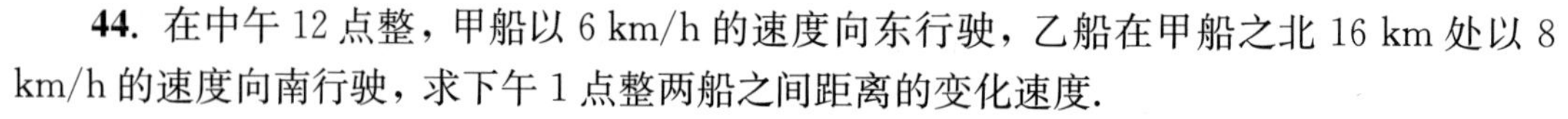

44. 在中午 12 点整，甲船以 6 km/h 的速度向东行驶，乙船在甲船之北 16 km 处以 8 km/h 的速度向南行驶，求下午 1 点整两船之间距离的变化速度.

解： 设横轴正向为东，纵轴正向为北(如图 3－4 所示).

t 小时后两船距离为

$$s=\sqrt{(6t)^2+(16-8t)^2}$$

$$\frac{ds}{dt}=\frac{36t+64t-128}{\sqrt{(6t)^2+(16-8t)^2}}$$

$$\left.\frac{ds}{dt}\right|_{t=1}=-2.8$$

故下午 1 点整两船距离的变化速度为 -2.8 km/h.

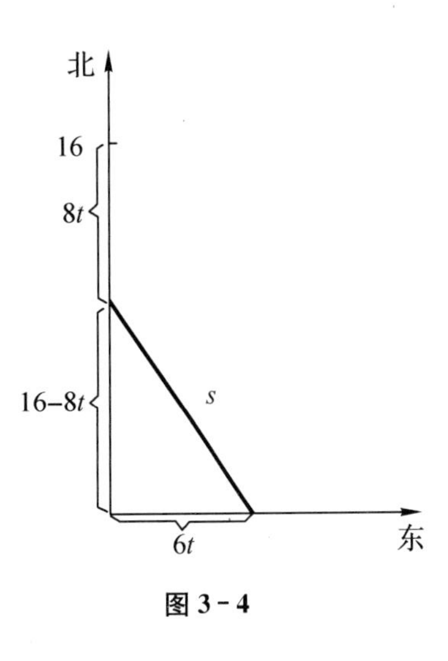

图 3-4

45. 一长方形的两边长分别以 x 与 y 表示，若 x 边以 0.01 m/s 的速度减少，y 边以 0.02 m/s 的速度增加，试求在 $x=20$ m，$y=15$ m 时，长方形面积的变化速度及对角线长度的变化速度.

解： 设矩形面积为 S，对角线长为 l，则

$$S=xy,\quad l=\sqrt{x^2+y^2}$$

x，y 是时间 t 的函数 $x=x(t)$，$y=y(t)$.

根据题设知 $x'(t)=-0.01$，$y'(t)=0.02$，

$$S=x(t)y(t),\ l=\sqrt{x^2(t)+y^2(t)}$$

$$S'=x'(t)y(t)+x(t)y'(t)$$

$$l'=\frac{x(t)x'(t)+y(t)y'(t)}{\sqrt{x^2(t)+y^2(t)}}$$

将 $x=20$，$y=15$，$x'(t)=-0.01$，$y'(t)=0.02$ 代入 S' 和 l'，得

$$S'=15\times(-0.01)+20\times0.02=0.25$$

$$l'=\frac{20\times(-0.01)+15\times0.02}{\sqrt{20^2+15^2}}=0.004$$

即长方形面积的变化速度为 0.25 m^2/s，对角线长度的变化速度为0.004 m/s.

46. 求下列各函数的 n 阶导数(其中，a，m 为常数)：

(1) $y=a^x$　　(2) $y=\ln(1+x)$

(3) $y=\cos x$　　(4) $y=(1+x)^m$

(5) $y=xe^x$

解： (1) $y=a^x$

$$y'=a^x\ln a,\quad y''=a^x\ln^2 a,\quad y'''=a^x\ln^3 a,\ \cdots$$

$$y^{(n)}=a^x\ln^n a$$

(2) $y=\ln(1+x)$

$$y'=\frac{1}{1+x},\quad y''=\frac{-1}{(1+x)^2},\quad y'''=\frac{1\cdot2}{(1+x)^3},\ \cdots$$

$$y^{(n)}=\frac{(-1)^{n-1}(n-1)!}{(1+x)^n}$$

(3) $y=\cos x$

$$y'=-\sin x=\cos\left(x+\frac{\pi}{2}\right)$$

$$y''=-\sin\left(x+\frac{\pi}{2}\right)=\cos\left(x+\frac{2\pi}{2}\right)$$

$$y''' = -\sin\left(x+\frac{2\pi}{2}\right) = \cos\left(x+\frac{3}{2}\pi\right)$$

……

$$y^{(n)} = \cos\left(x+\frac{n\pi}{2}\right)$$

(4) $y = (1+x)^m$

$$y' = m(1+x)^{m-1}$$

$$y'' = m(m-1)(1+x)^{m-2}$$

$$y''' = m(m-1)(m-2)(1+x)^{m-3}$$

……

$$y^{(n)} = m(m-1)\cdots(m-n+1)(1+x)^{m-n}$$

第(4)题中当 n 为正整数时，若 $m>n$，结果与第(4)题中结果相同；若 $m=n$，$y^{(n)}=m!$；若 $m<n$，$y^{(n)}=0$.

(5) $y = xe^x$

$$y' = e^x + xe^x = (1+x)e^x$$

$$y'' = e^x + (1+x)e^x = (2+x)e^x$$

$$y''' = e^x + (2+x)e^x = (3+x)e^x$$

……

$$y^{(n)} = (n+x)e^x$$

47. 求下列各函数的二阶导数：

(1) $y=\ln(1+x^2)$　　(2) $y=x\ln x$

(3) $y=(1+x^2)\arctan x$　　(4) $y=xe^{x^2}$

解：(1) $y=\ln(1+x^2)$

$$y' = \frac{2x}{1+x^2}$$

$$y'' = \frac{2(1+x^2)-4x^2}{(1+x^2)^2} = \frac{2(1-x^2)}{(1+x^2)^2}$$

(2) $y = x\ln x$

$$y' = \ln x + 1,\quad y'' = \frac{1}{x}$$

(3) $y=(1+x^2)\arctan x$

$$y' = 2x\arctan x + 1,\quad y'' = 2\arctan x + \frac{2x}{1+x^2}$$

(4) $y = xe^{x^2}$

$$y' = e^{x^2} + 2x^2e^{x^2} = (1+2x^2)e^{x^2}$$

$$y'' = 4xe^{x^2} + 2x(1+2x^2)e^{x^2}$$

$$= 2x(3+2x^2)e^{x^2}$$

48. 一质点按规律 $s = ae^{-kt}$ 作直线运动，求它的速度和加速度，以及初始速度和初始加速度.

解： 速度为 $s' = -ake^{-kt}$.

加速度为 $s'' = ak^2e^{-kt}$.

初始速度为 $s'\Big|_{t=0} = -ak$.

初始加速度为 $s''\Big|_{t=0} = ak^2$.

49. 一质点按规律 $s = \frac{1}{2}(e^t - e^{-t})$ 作直线运动，试证它的加速度 a 等于 s.

证： $a = s'' = (s')' = \frac{1}{2}(e^t + e^{-t})' = \frac{1}{2}(e^t - e^{-t}) = s$

50. 已知函数 $x^2 + y^2 = a^2(y > 0)$，求 y 对 x 的二阶导数.

解： 方程两边对 x 求导，得

$$2x + 2yy' = 0，从而有\ y' = -\frac{x}{y}$$

两边再对 x 求导，得

$$y'' = -\frac{y - xy'}{y^2} = -\frac{y - x\left(-\frac{x}{y}\right)}{y^2} = -\frac{y^2 + x^2}{y^3} = -\frac{a^2}{y^3}$$

51. 方程 $y - xe^y = 1$ 确定 y 是 x 的函数，求 $y''\Big|_{x=0}$.

解： 方程两边对 x 求导，得

$$y' - e^y - xe^y y' = 0 \quad ①$$

在上式两边再对 x 求导，得

$$y'' - e^y y' - (e^y y' + xe^y(y')^2 + xe^y y'') = 0 \quad ②$$

将 $x = 0$ 代入给定的原方程，可得 $y = 1$. 再把 $x = 0$，$y = 1$ 代入式 ①，得

$$y'\Big|_{x=0} - e = 0，即\ y'\Big|_{x=0} = e$$

把 $x = 0$，$y = 1$，$y' = e$ 代入式 ②，得

$$y''\Big|_{x=0} - e^2 - e^2 = 0，即\ y''\Big|_{x=0} = 2e^2$$

52. 方程 $xy - \sin(\pi y^2) = 0$ 确定 y 是 x 的函数，求 $y'\Big|_{\substack{x=0\\y=-1}}$ 及 $y''\Big|_{\substack{x=0\\y=-1}}$.

解： 方程两边对 x 求导

$$y + xy' - \cos(\pi y^2)2\pi yy' = 0 \quad ①$$

将 $x = 0$，$y = -1$ 代入式 ①，得 $y'\Big|_{\substack{x=0\\y=-1}} = -\frac{1}{2\pi}$.

式 ① 两边再对 x 求导，得

$$y' + y' + xy'' + \sin(\pi y^2) \cdot 2\pi yy' \cdot 2\pi yy' - \cos(\pi y^2)2\pi(y')^2 - \cos(\pi y^2)2\pi yy'' = 0$$

即

$$2y' + xy'' + (2\pi yy')^2\sin(\pi y^2) - 2\pi(y')^2\cos(\pi y^2) - 2\pi yy''\cos(\pi y^2) = 0 \quad ②$$

将 $x=0$，$y=-1$，$y'\Big|_{\substack{x=0\\y=-1}}=-\dfrac{1}{2\pi}$ 代入式 ②，得

$$y''\Big|_{\substack{x=0\\y=-1}}=-\frac{1}{4\pi^2}$$

53. 设 y 的 $n-2$ 阶导数 $y^{(n-2)}=\dfrac{x}{\ln x}$，求 y 的 n 阶导数 $y^{(n)}$.

解： $y^{(n-2)}=\dfrac{x}{\ln x}$

$$y^{(n-1)}=\frac{\ln x-1}{\ln^2 x}$$

$$y^{(n)}=\frac{\dfrac{1}{x}\ln^2 x-2\ln x\cdot\dfrac{1}{x}(\ln x-1)}{\ln^4 x}=\frac{2-\ln x}{x\ln^3 x}$$

54. 设 $y=f(x^2+b)$，其中 b 为常数，f 存在二阶导数，求 y''.

解： $y'=2xf'(x^2+b)$

$$y''=2f'(x^2+b)+4x^2f''(x^2+b)$$

55. 验证：$y=e^x\sin x$ 满足关系式 $y''-2y'+2y=0$.

解： $y=e^x\sin x$

$$y'=e^x\sin x+e^x\cos x=e^x(\sin x+\cos x)$$

$$y''=e^x(\sin x+\cos x)+e^x(\cos x-\sin x)$$

$$=2e^x\cos x$$

$$y''-2y'+2y=2e^x\cos x-2e^x\sin x-2e^x\cos x+2e^x\sin x=0$$

56. 当 $x=1$，且(1) $\Delta x=1$，(2) $\Delta x=0.1$，(3) $\Delta x=0.01$ 时，分别求出函数 $f(x)=x^2-3x+5$ 的改变量及微分，并加以比较，是否能得出结论：当 Δx 越小时，二者越近似?

解： $\Delta y=f(1+\Delta x)-f(1)$

$$=(1+\Delta x)^2-3(1+\Delta x)+5-1^2+3\times 1-5$$

$$=(\Delta x)^2-\Delta x$$

$f'(x)=2x-3$，　$dy=(2x-3)dx$

$$dy\Big|_{x=1}=-dx=-\Delta x$$

(1) $\Delta x=1$

$\Delta y=1^2-1=0$，　$dy=-1$，　$|\Delta y-dy|=1$

(2) $\Delta x=0.1$

$\Delta y=-0.09$，　$dy=-0.1$，　$|\Delta y-dy|=0.01$

(3) $\Delta x=0.01$

$\Delta y=-0.0099$，　$dy=-0.01$，　$|\Delta y-dy|=0.0001$

可以得出结论：当 Δx 越小时，Δy 与 dy 越近似.

57. 求下列各函数的微分：

(1) $y = 3x^2$ (2) $y = \sqrt{1-x^2}$

(3) $y = \ln x^2$ (4) $y = \dfrac{x}{1-x^2}$

(5) $y = \mathrm{e}^{-x}\cos x$ (6) $y = \arcsin\sqrt{x}$

(7) $y = \ln\sqrt{1-x^3}$ (8) $y = (\mathrm{e}^x + \mathrm{e}^{-x})^2$

(9) $y = \tan\dfrac{x}{2}$

解：(1) $y = 3x^2$

$$\mathrm{d}y = 6x\mathrm{d}x$$

(2) $y = \sqrt{1-x^2}$

$$\mathrm{d}y = \frac{-x}{\sqrt{1-x^2}}\mathrm{d}x$$

(3) $y = \ln x^2$

$$\mathrm{d}y = \frac{2}{x}\mathrm{d}x$$

(4) $y = \dfrac{x}{1-x^2}$

$$\mathrm{d}y = \frac{1+x^2}{(1-x^2)^2}\mathrm{d}x$$

(5) $y = \mathrm{e}^{-x}\cos x$

$$\mathrm{d}y = (-\mathrm{e}^{-x}\cos x - \mathrm{e}^{-x}\sin x)\mathrm{d}x$$
$$= -\mathrm{e}^{-x}(\cos x + \sin x)\mathrm{d}x$$

(6) $y = \arcsin\sqrt{x}$

$$\mathrm{d}y = \frac{1}{\sqrt{1-x}}\mathrm{d}\sqrt{x} = \frac{1}{2\sqrt{x(1-x)}}\mathrm{d}x$$

(7) $y = \ln\sqrt{1-x^3}$

$$\mathrm{d}y = -\frac{3x^2}{2(1-x^3)}\mathrm{d}x$$

(8) $y = (\mathrm{e}^x + \mathrm{e}^{-x})^2$

$$\mathrm{d}y = 2(\mathrm{e}^x + \mathrm{e}^{-x})(\mathrm{e}^x - \mathrm{e}^{-x})\mathrm{d}x = 2(\mathrm{e}^{2x} - \mathrm{e}^{-2x})\mathrm{d}x$$

(9) $y = \tan\dfrac{x}{2}$

$$\mathrm{d}y = \frac{1}{2}\sec^2\frac{x}{2}\mathrm{d}x$$

注释　对可微函数 $y=f(u)$，不论 u 是独立自变量还是中间变量(即 u 是自变量的函数)都有 $\mathrm{d}y=f'(u)\mathrm{d}u$，这就叫作一阶微分形式不变性.

例如，第57(2)题中 $y=\sqrt{1-x^2}$，x 是独立自变量，有 $\mathrm{d}y=f'(x)\mathrm{d}x=\frac{-x}{\sqrt{1-x^2}}\mathrm{d}x$；但若看成 $y=\sqrt{u}$，$u=1-x^2$，u 是中间变量，则也有 $\mathrm{d}y=f'(u)\mathrm{d}u=\frac{1}{2\sqrt{u}}\mathrm{d}u=\frac{1}{2\sqrt{1-x^2}}\mathrm{d}(1-x^2)=\frac{-x}{\sqrt{1-x^2}}\mathrm{d}x$.

要特别注意，导数不具备这种不变性，对 $y=f(u)$，若 u 是独立自变量，则 $y'=f'(u)$；若 u 不是独立自变量，而是中间变量(设 u 是独立自变量 x 的函数)，则 y 对自变量 x 的导数 $y'_x\neq f'(u)$ ($f'(u)$ 是 y 对中间变量 u 的导数 y'_u)，而 y 对自变量 x 的导数是 $y'_x=f'(u)\cdot u'_x$，或写作 $y'_x=y'_u\cdot u'_x$，即先求 y 对中间变量的导数，再乘以中间变量对自变量的导数. 因此，求复合函数的导数时，总是要考虑哪个步骤应对哪个变量求导.

对隐函数求微分，可根据微分形式不变性及微分法则求微分.

58. 求隐函数 $xy=\mathrm{e}^{x+y}$ 的微分 $\mathrm{d}y$.

解：根据微分形式不变性及微分法则，有

$$\mathrm{d}(xy)=\mathrm{d}\mathrm{e}^{x+y}$$
$$y\mathrm{d}x+x\mathrm{d}y=\mathrm{e}^{x+y}\mathrm{d}(x+y)$$
$$y\mathrm{d}x+x\mathrm{d}y=\mathrm{e}^{x+y}(\mathrm{d}x+\mathrm{d}y)$$
$$(x-\mathrm{e}^{x+y})\mathrm{d}y=(\mathrm{e}^{x+y}-y)\mathrm{d}x$$

所以 $$\mathrm{d}y=\frac{\mathrm{e}^{x+y}-y}{x-\mathrm{e}^{x+y}}\mathrm{d}x$$

将 $\mathrm{e}^{x+y}=xy$ 代入上式，可得

$$\mathrm{d}y=\frac{xy-y}{x-xy}\mathrm{d}x=\frac{y(x-1)}{x(1-y)}\mathrm{d}x$$

也可以先求 y'，按 $\mathrm{d}y=y'\mathrm{d}x$ 求 $\mathrm{d}y$，做法如下：

$$xy=\mathrm{e}^{x+y}$$

两边对 x 求导

$$y+xy'=\mathrm{e}^{x+y}(x+y)'$$
$$y+xy'=\mathrm{e}^{x+y}(1+y')$$
$$(x-\mathrm{e}^{x+y})y'=\mathrm{e}^{x+y}-y$$

于是 $$y'=\frac{\mathrm{e}^{x+y}-y}{x-\mathrm{e}^{x+y}}=\frac{y(x-1)}{x(1-y)}$$

所以 $$\mathrm{d}y=\frac{y(x-1)}{x(1-y)}\mathrm{d}x$$

59. 正立方体的棱长 $x=10\ \mathrm{m}$，如果棱长增加 $0.1\ \mathrm{m}$，求此正立方体体积增加的精确值与近似值.

解：设正立方体的体积为 V，则

$$V=x^3,\quad dV=3x^2dx$$

体积增加的精确值

$$\Delta V=10.1^3-10^3=30.301\ (m^3)$$

体积增加的近似值

$$dV=3\times10^2\times0.1=30\ (m^3)$$

60. 一平面圆环形，其内半径为 10 cm，宽为 0.1 cm，求其面积的精确值与近似值.

解：设圆形的面积为 A，半径为 r，则

$$A=\pi r^2,\quad dA=2\pi r dr$$

圆环形的面积的精确值为

$$\Delta A=\pi(10+0.1)^2-\pi\times10^2=2.01\pi\ (cm^2)$$

圆环形的面积的近似值为

$$dA=2\pi\times10\times0.1=2\pi\ (cm^2)$$

61. 证明当 $|x|$ 很小时，下列各近似公式成立：

(1) $e^x\approx1+x$　　(2) $\sqrt[n]{1+x}\approx1+\dfrac{x}{n}$

(3) $\sin x\approx x$　　(4) $\ln(1+x)\approx x$

证：当 $|\Delta x|$ 很小时，

$$f(x_0+\Delta x)\approx f(x_0)+f'(x_0)\Delta x$$

当 $x_0=0$，$\Delta x=x$，$|x|$ 很小时，有

$$f(x)\approx f(0)+f'(0)\cdot x$$

(1)设 $f(x)=e^x$，$f'(x)=e^x$，$f(0)=e^0=1$，$f'(0)=e^0=1$，所以有

$$e^x\approx1+x\quad(\text{当}|x|\text{很小时}).$$

(2)设 $f(x)=\sqrt[n]{1+x}$，$f'(x)=\dfrac{1}{n}(1+x)^{\frac{1}{n}-1}$，$f(0)=1$，$f'(0)=\dfrac{1}{n}$，所以有

$$\sqrt[n]{1+x}\approx1+\frac{x}{n}\quad(\text{当}|x|\text{很小时}).$$

(3)设 $f(x)=\sin x$，$f'(x)=\cos x$，$f(0)=0$，$f'(0)=1$，所以有

$$\sin x\approx x\quad(\text{当}|x|\text{很小时}).$$

(4)设 $f(x)=\ln(1+x)$，$f'(x)=\dfrac{1}{1+x}$，$f(0)=0$，$f'(0)=1$，所以有

$$\ln(1+x)\approx x\quad(\text{当}|x|\text{很小时}).$$

注释　第 61 题中的各公式在第二章中已基本上得到证明. 此处是当 $|\Delta x|$ 足够小时，利用近似公式 $f(x_0+\Delta x)\approx f(x_0)+f'(x_0)\Delta x$，令公式中的 $x_0=0$，$\Delta x=x$，得到公式 $f(x)\approx f(0)+f'(0)x$，再加以证明.

62. 求下列各式的近似值：

(1) $\sqrt[5]{0.95}$　　(2) $\sqrt[3]{8.02}$　　(3) $\ln1.01$

(4) $e^{0.05}$　　(5) $\cos 60°20'$　　(6) $\arctan 1.02$

解: 利用公式 $f(x_0+\Delta x)\approx f(x_0)+f'(x_0)\Delta x$.

(1) 设 $f(x)=\sqrt[5]{x}$, $f'(x)=\frac{1}{5}x^{-\frac{4}{5}}$

$x_0=1,\quad \Delta x=-0.05$

所以 $\sqrt[5]{0.95}\approx\sqrt[5]{1}+\frac{1}{5}\times 1^{-\frac{4}{5}}\times(-0.05)=0.99$

(2) 设 $f(x)=\sqrt[3]{x}$, $f'(x)=\frac{1}{3}x^{-\frac{2}{3}}$

$x_0=8,\quad \Delta x=0.02$

所以
$$\sqrt[3]{8.02}\approx\sqrt[3]{8}+\frac{1}{3}\times 8^{-\frac{2}{3}}\times 0.02=2+\frac{1}{12}\times 0.02\approx 2.0017$$

(3) 设 $f(x)=\ln x$, $f'(x)=\frac{1}{x}$

$x_0=1,\quad \Delta x=0.01$

所以 $\ln 1.01\approx\ln 1+\frac{1}{1}\times 0.01=0.01$

(4) 设 $f(x)=e^x$, $f'(x)=e^x$

$x_0=0,\quad \Delta x=0.05$

所以 $e^{0.05}\approx e^0+e^0\times 0.05=1+0.05=1.05$

(5) 设 $f(x)=\cos x$, $f'(x)=-\sin x$

$x_0=60°,\quad \Delta x=20'=\frac{\pi}{540}$

所以
$$\cos 60°20'\approx\cos 60°-\sin 60°\times\frac{\pi}{540}=\frac{1}{2}-\frac{\sqrt{3}}{2}\times\frac{3.1416}{540}\approx 0.495$$

(6) 设 $f(x)=\arctan x$, $f'(x)=\frac{1}{1+x^2}$

$x_0=1,\quad \Delta x=0.02$

所以
$$\arctan 1.02\approx\arctan 1+\frac{1}{1+1}\times 0.02=\frac{\pi}{4}+0.01\approx 0.7954\text{(弧度)}\approx 45°34'$$

注释　利用 $f(x_0+\Delta x)\approx f(x_0)+f'(x_0)\Delta x$ 求 $f(x_0+\Delta x)$ 的近似值时,所选择的 x_0 要使 $f(x_0)$ 及 $f'(x_0)$ 都能很容易求出,并且 $|\Delta x|$ 要尽可能地小.

(B)

1. 若 $f(x)$ 在点 $x=x_0$ 处可导，则下列各式中结果等于 $f'(x_0)$ 的是[　　].

(A) $\lim\limits_{\Delta x\to 0}\dfrac{f(x_0)-f(x_0+\Delta x)}{\Delta x}$

(B) $\lim\limits_{\Delta x\to 0}\dfrac{f(x_0-\Delta x)-f(x_0)}{\Delta x}$

(C) $\lim\limits_{\Delta x\to 0}\dfrac{f(x_0+2\Delta x)-f(x_0)}{\Delta x}$

(D) $\lim\limits_{\Delta x\to 0}\dfrac{f(x_0+2\Delta x)-f(x_0+\Delta x)}{\Delta x}$

解: (A) $\lim\limits_{\Delta x\to 0}\dfrac{f(x_0)-f(x_0+\Delta x)}{\Delta x}$

$$=-\lim_{\Delta x\to 0}\frac{f(x_0+\Delta x)-f(x_0)}{\Delta x}=-f'(x_0)$$

(B) $\lim\limits_{\Delta x\to 0}\dfrac{f(x_0-\Delta x)-f(x_0)}{\Delta x}$

$$=-\lim_{\Delta x\to 0}\frac{f(x_0-\Delta x)-f(x_0)}{-\Delta x}$$

$$=-f'(x_0)$$

(C) $\lim\limits_{\Delta x\to 0}\dfrac{f(x_0+2\Delta x)-f(x_0)}{\Delta x}$

$$=2\lim_{\Delta x\to 0}\frac{f(x_0+2\Delta x)-f(x_0)}{2\Delta x}=2f'(x_0)$$

(D) $\lim\limits_{\Delta x\to 0}\dfrac{f(x_0+2\Delta x)-f(x_0+\Delta x)}{\Delta x}$

$$=\lim_{\Delta x\to 0}\frac{f(x_0+2\Delta x)-f(x_0)-f(x_0+\Delta x)+f(x_0)}{\Delta x}$$

$$=2\lim_{\Delta x\to 0}\frac{f(x_0+2\Delta x)-f(x_0)}{2\Delta x}-\lim_{\Delta x\to 0}\frac{f(x_0+\Delta x)-f(x_0)}{\Delta x}$$

$$=2f'(x_0)-f'(x_0)=f'(x_0)$$

故本题应选(D).

注释　导数是一种特定形式的极限，常呈现为 $f'(x_0)=\lim\limits_{h\to 0}\dfrac{f(x_0+h)-f(x_0)}{h}$ (h 是一个变量)，但在给定的变化过程中必须有 $h\to 0$. 所求极限中若分母为 h，那么只要分子中 $f(x_0+\Delta x)$ 部分为 $f(x_0+h)$，且 $h\to 0$，则 $\lim\limits_{h\to 0}\dfrac{f(x_0+h)-f(x_0)}{h}$ 就等于 $f'(x_0)$.

2. 下列条件中，当 $\Delta x\to 0$ 时，使 $f(x)$ 在点 $x=x_0$ 处不可导的条件是[　　].

(A) Δy 与 Δx 是等价无穷小量

(B) Δy 与 Δx 是同阶无穷小量

(C) Δy 是比 Δx 高阶的无穷小量

(D) Δy 是比 Δx 低阶的无穷小量

解: (A) 若 Δy 与 Δx 是等价无穷小量,则有 $\lim\limits_{\Delta x\to 0}\dfrac{\Delta y}{\Delta x}=1$,即$f'(x_0)=1$,所以 $f(x)$ 在点 $x=x_0$ 处可导.

(B) 若 Δy 与 Δx 是同阶无穷小量,则有 $\lim\limits_{\Delta x\to 0}\dfrac{\Delta y}{\Delta x}=c\ (c\neq 0)$,即$f'(x_0)=c$,所以 $f(x)$ 在点 $x=x_0$ 处可导.

(C) 若 Δy 是比 Δx 高阶的无穷小量,则有 $\lim\limits_{x\to x_0}\dfrac{\Delta y}{\Delta x}=0$,即$f'(x_0)=0$,所以 $f(x)$ 在点 $x=x_0$ 处可导.

(D) 若 Δy 是比 Δx 低阶的无穷小量,则有 $\lim\limits_{x\to x_0}\dfrac{\Delta y}{\Delta x}=\infty$,$f'(x_0)$ 不存在,所以 $f(x)$ 在点 $x=x_0$ 处不可导.

故本题应选(D).

3. 下列结论错误的是[　　].

(A) 如果函数 $f(x)$ 在点 $x=x_0$ 处连续,则 $f(x)$ 在点 $x=x_0$ 处可导

(B) 如果函数 $f(x)$ 在点 $x=x_0$ 处不连续,则 $f(x)$ 在点 $x=x_0$ 处不可导

(C) 如果函数 $f(x)$ 在点 $x=x_0$ 处可导,则 $f(x)$ 在点 $x=x_0$ 处连续

(D) 如果函数 $f(x)$ 在点 $x=x_0$ 处不可导,则 $f(x)$ 在点 $x=x_0$ 处也可能连续

解: 根据函数连续与可导的关系进行分析.

函数在一点连续,函数在该点不一定可导,例如 $y=x^{\frac{1}{3}}$ 在点$x=0$ 处连续,但不可导.但函数在一点可导,则函数在该点必定连续.

函数在一点不可导,函数在该点可能连续也可能不连续. 例如,$y=x^{\frac{1}{3}}$ 在点 $x=0$ 处不可导,但在该点连续;再例如$y=\dfrac{1}{x}$ 在点 $x=0$ 处不可导,在该点也不连续.

总之,连续是可导的必要条件但非充分条件;可导是连续的充分条件但非必要条件.

综上所述,应否定(A),肯定(B)、(C)、(D).

故本题应选(A).

4. 设 $f(x)=\begin{cases}x^2, & x\leqslant 0\\ x^{\frac{1}{3}}, & x>0\end{cases}$,则 $f(x)$ 在点 $x=0$ 处[　　].

(A) 左导数不存在,右导数存在

(B) 右导数不存在,左导数存在

(C) 左、右导数都存在

(D) 左、右导数都不存在

名师解题

解: $\lim\limits_{x\to 0^-}f(x)=\lim\limits_{x\to 0^+}f(x)=0=f(0)$,所以 $f(x)$ 在点 $x=0$ 处连续.

$$f'_-(0)=\lim_{x\to 0^-}\frac{f(x)-f(0)}{x}=\lim_{x\to 0^-}\frac{x^2}{x}=\lim_{x\to 0^-}x=0$$

$$f'_+(0)=\lim_{x\to 0^+}\frac{f(x)-f(0)}{x}=\lim_{x\to 0^+}\frac{x^{\frac{1}{3}}}{x}=\lim_{x\to 0^+}x^{-\frac{2}{3}}\text{ 不存在}$$

所以 $f(x)$ 在点 $x=0$ 处左导数存在，右导数不存在.

故本题应选(B).

5. 曲线 $y=x^2+2x-3$ 上切线斜率为 6 的点是[　　].

(A) (1, 0)　　(B) (−3, 0)　　(C) (2, 5)　　(D) (−2, −3)

解： $y'=2x+2$，令 $y'=6$，得 $x=2$，代入题设曲线方程，得 $y=5$，即曲线上切线斜率为 6 的点为(2, 5).

故本题应选(C).

6. 若曲线 $y=x^2+ax+b$ 和 $y=x^3+x$ 在点(1, 2)处相切 (其中，a，b 是常数)，则 a，b 之值为[　　].

(A) $a=2$，$b=-1$　　(B) $a=1$，$b=-3$

(C) $a=0$，$b=-2$　　(D) $a=-3$，$b=1$

解： 对 $y=x^2+ax+b$，有

$$y'=2x+a,\quad y'\Big|_{x=1}=2+a$$

对 $y=x^3+x$，有

$$y'=3x^2+1,\quad y'\Big|_{x=1}=4$$

令 $2+a=4$，得 $a=2$.

将 $a=2$，$x=1$，$y=2$ 代入 $y=x^2+ax+b$，可得 $b=-1$.

故本题应选(A).

7. 设 $f(x)=\begin{cases}1, & x>0\\ 0, & x=0\\ 2, & x<0\end{cases}$，则 $f'(x)=$[　　].

(A) 不存在，$x\in(-\infty,+\infty)$

(B) 存在且为连续函数，$x\in(-\infty,+\infty)$

(C) 等于 0，$x\in(-\infty,+\infty)$

(D) 等于 0，$x\in(-\infty,0)\cup(0,+\infty)$

解： 显然 $f(x)$ 在点 $x=0$ 处不连续，从而也不可导，当 $x\neq 0$ 时 $f'(x)=0$，当 $x=0$ 时 $f'(0)$ 不存在.

故本题应选(D).

8. 在曲线 $y=\ln x$ 与直线 $x=\mathrm{e}$ 的交点处，曲线 $y=\ln x$ 的切线方程是[　　].

(A) $x-\mathrm{e}y=0$　　(B) $x-\mathrm{e}y-2=0$

(C) $\mathrm{e}x-y=0$　　(D) $\mathrm{e}x-y-\mathrm{e}=0$

解： 曲线 $y=\ln x$ 与直线 $x=\mathrm{e}$ 的交点为(e, 1)，$y'=\frac{1}{x}$，$y'\Big|_{x=\mathrm{e}}=\frac{1}{\mathrm{e}}$，故过点(e, 1)

且斜率为$\frac{1}{e}$的切线方程为$y-1=\frac{1}{e}(x-e)$，即$x-ey=0$.

故本题应选(A).

9. 设$f(x)=x(x+1)(x+2)(x+3)$，则$f'(0)=$[　　].

(A) 6　　(B) 3　　(C) 2　　(D) 0

解：
$$f'(x)=x'(x+1)(x+2)(x+3)+x[(x+1)(x+2)(x+3)]'$$
$$=(x+1)(x+2)(x+3)+x[(x+1)(x+2)(x+3)]'$$
$$f'(0)=1\cdot 2\cdot 3+0=6$$

故本题应选(A).

10. 函数$f(x)=|x-1|$[　　].

(A) 在点$x=1$处连续且可导　　(B) 在点$x=1$处不连续

(C) 在点$x=0$处连续且可导　　(D) 在点$x=0$处不连续

解：
$$f(x)=\begin{cases}1-x, & x<1\\ x-1, & x\geqslant 1\end{cases}$$
$$\lim_{x\to 1^-}f(x)=\lim_{x\to 1^-}(1-x)=0$$
$$\lim_{x\to 1^+}f(x)=\lim_{x\to 1^+}(x-1)=0$$
$$\lim_{x\to 1}f(x)=0=f(1)$$

所以$f(x)$在点$x=1$处连续，否定(B).
$$f'_-(1)=\lim_{x\to 1^-}\frac{f(x)-f(1)}{x-1}=\lim_{x\to 1^-}\frac{1-x-0}{x-1}=-1$$
$$f'_+(1)=\lim_{x\to 1^+}\frac{f(x)-f(1)}{x-1}=\lim_{x\to 1^+}\frac{x-1-0}{x-1}=1$$

所以$f(x)$在点$x=1$处不可导，因此否定(A).

点$x=0$在分段函数的分段区间$x<1$内部，由于$f(x)=1-x$为初等函数，显然连续且可导，可以求出$f'(x)=-1$，所以$f(x)$在点$x=0$处连续且可导.

故本题应选(C).

注释　第10题中点$x=0$是在$f(x)$的$x<1$的分段区间内部，求导数时，不必求左、右导数，可直接用公式求出$f'(x)$，再求出$f'(0)$即可. 而点$x=1$是$f(x)$的分段点，且分段点左、右两侧函数表达式不同，因此必须求左、右导数.

11. 若$f(x)=\begin{cases}x\sin\frac{1}{x}, & x\neq 0\\ 0, & x=0\end{cases}$，$g(x)=\begin{cases}x^2\sin\frac{1}{x}, & x\neq 0\\ 0, & x=0\end{cases}$，则在点$x=0$处[　　].

(A) $f(x)$可导，$g(x)$不可导

(B) $f(x)$不可导，$g(x)$可导

(C) $f(x)$和$g(x)$都可导

(D) $f(x)$和$g(x)$都不可导

解：$f(x)$ 与 $g(x)$ 在点 $x=0$ 处均连续.

$$\lim_{x\to 0}\frac{f(x)-f(0)}{x}=\lim_{x\to 0}\frac{x\sin\frac{1}{x}}{x}=\lim_{x\to 0}\sin\frac{1}{x}$$

极限不存在，所以 $f(x)$ 在点 $x=0$ 处不可导.

$$\lim_{x\to 0}\frac{g(x)-g(0)}{x}=\lim_{x\to 0}\frac{x^2\sin\frac{1}{x}}{x}=\lim_{x\to 0}x\sin\frac{1}{x}=0$$

所以 $g(x)$ 在点 $x=0$ 处可导，且 $g'(0)=0$.

故本题应选(B).

我们对 $f(x)=\begin{cases}x^n\sin\frac{1}{x}, & x\neq 0\\ 0, & x=0\end{cases}$ 在点 $x=0$ 处的可导性作如下一般性的讨论：

$$\begin{aligned}f'(0)&=\lim_{x\to 0}\frac{f(x)-f(0)}{x}=\lim_{x\to 0}\frac{x^n\sin\frac{1}{x}}{x}\\&=\lim_{x\to 0}x^{n-1}\sin\frac{1}{x}=\begin{cases}0, & n>1\\ \text{不存在}, & n\leqslant 1\end{cases}\end{aligned}$$

即当 $n>1$ 时，$f(x)$ 在点 $x=0$ 处可导；当 $n\leqslant 1$ 时，$f(x)$ 在点$x=0$ 处不可导.

12. 设 $f(x)=\sin x$，$g(x)=\cos x$，则在$\left[0,\frac{\pi}{4}\right]$上有[　　].

(A) $f(x)\geqslant g(x)$，$f'(x)>g'(x)$
(B) $f(x)\geqslant g(x)$，$f'(x)<g'(x)$
(C) $f(x)\leqslant g(x)$，$f'(x)>g'(x)$
(D) $f(x)\leqslant g(x)$，$f'(x)<g'(x)$

解：在$\left[0,\frac{\pi}{4}\right]$上

$$f(x)=\sin x\leqslant\frac{\sqrt{2}}{2},\quad g(x)=\cos x\geqslant\frac{\sqrt{2}}{2}$$

所以　$f(x)\leqslant g(x)$

$$f'(x)=\cos x>0,\quad g'(x)=-\sin x\leqslant 0$$

所以　$f'(x)>g'(x)$

故本题应选(C).

13. 设 $f(x)=\cos x$，则 $\lim\limits_{\Delta x\to 0}\frac{f(a)-f(a-\Delta x)}{\Delta x}=$[　　].

(A) $\sin a$　　(B) $-\sin a$　　(C) $\cos a$　　(D) $-\cos a$

解：$\lim\limits_{\Delta x\to 0}\frac{f(a)-f(a-\Delta x)}{\Delta x}=\lim\limits_{\Delta x\to 0}\frac{f(a-\Delta x)-f(a)}{-\Delta x}=f'(a)$

因 $\qquad f(x)=\cos x,\quad f'(x)=-\sin x$

所以 $\qquad f'(a)=-\sin a$，即$\lim\limits_{\Delta x\to 0}\dfrac{f(a)-f(a-\Delta x)}{\Delta x}=-\sin a$.

故本题应选(B).

14. 设 $f(x)=\begin{cases}\sqrt{|x|}\cos\dfrac{1}{x^2}, & x\neq 0\\ 0, & x=0\end{cases}$，则 $f(x)$在点 $x=0$ 处[　　].

(A)极限不存在　　(B)极限存在但不连续

(C)连续但不可导　　(D)可导

解: $f(x)=\begin{cases}\sqrt{-x}\cos\dfrac{1}{x^2}, & x<0\\ 0, & x=0\\ \sqrt{x}\cos\dfrac{1}{x^2}, & x>0\end{cases}$

$$\lim_{x\to 0^-}f(x)=\lim_{x\to 0^-}\sqrt{-x}\cos\frac{1}{x^2}=0$$

$$\lim_{x\to 0^+}f(x)=\lim_{x\to 0^+}\sqrt{x}\cos\frac{1}{x^2}=0$$

即 $\qquad \lim\limits_{x\to 0}f(x)=0=f(0)$

所以 $f(x)$ 在点 $x=0$ 处连续.

$$f'_-(0)=\lim_{x\to 0^-}\frac{f(x)-f(0)}{x}=\lim_{x\to 0^-}\frac{\sqrt{-x}\cos\frac{1}{x^2}}{x}=\lim_{x\to 0^-}-\frac{\cos\frac{1}{x^2}}{\sqrt{-x}}$$

此极限不存在，即 $f(x)$ 在点 $x=0$ 处左导数不存在，所以 $f(x)$ 在点 $x=0$ 处不可导.

故本题应选(C).

15. 设 $f(x)$ 二阶可导，$y=f(\ln x)$，则 $y''=$[　　].

(A) $f''(\ln x)$　　(B) $f''(\ln x)\dfrac{1}{x^2}$

(C) $\dfrac{1}{x^2}[f''(\ln x)+f'(\ln x)]$　　(D) $\dfrac{1}{x^2}[f''(\ln x)-f'(\ln x)]$

解: $y'=f'(\ln x)\dfrac{1}{x}$

$$y''=f''(\ln x)\frac{1}{x}\cdot\frac{1}{x}+f'(\ln x)\left(-\frac{1}{x^2}\right)$$

$$=\frac{1}{x^2}[f''(\ln x)-f'(\ln x)]$$

故本题应选(D).

16. 设 $y=x\ln x$，则 $y^{(10)}=$[　　].

(A) $-\dfrac{1}{x^9}$　　(B) $\dfrac{1}{x^9}$　　(C) $\dfrac{8!}{x^9}$　　(D) $-\dfrac{8!}{x^9}$

解: $y'=\ln x+1,\quad y''=\dfrac{1}{x},\quad y'''=-\dfrac{1}{x^2},\quad y^{(4)}=\dfrac{1\times 2}{x^3},$

$$y^{(5)}=-\frac{1\times2\times3}{x^4},\cdots,y^{(10)}=\frac{8!}{x^9}$$

故本题应选(C).

17. 设 $y=3x^4\mathrm{e}^{10}$，则 $y^{(10)}=$[　　].

(A) 0　　(B) 1　　(C) e^{10}　　(D) e

解: $y'=12x^3\mathrm{e}^{10}$，　$y''=36x^2\mathrm{e}^{10}$，　$y'''=72x\mathrm{e}^{10}$

$y^{(4)}=72\mathrm{e}^{10}$，　$y^{(5)}=y^{(6)}=\cdots=y^{(10)}=0$

故本题应选(A).

18. 已知 $f(x)$ 具有任意阶导数，且 $f'(x)=[f(x)]^2$，则当 n 为大于 2 的正整数时，$f(x)$ 的 n 阶导数 $f^{(n)}(x)=$[　　].

(A) $n[f(x)]^{n+1}$　　(B) $n![f(x)]^{n+1}$

(C) $n[f(x)]^{2n}$　　(D) $n![f(x)]^{2n}$

解: $f'(x)=[f(x)]^2$

$f''(x)=2f(x)f'(x)=2[f(x)]^3$

$f'''(x)=1\cdot2\cdot3[f(x)]^2f'(x)=3![f(x)]^4$

……

$f^{(n)}(x)=n![f(x)]^{n+1}$

故本题应选(B).

19. 设 $f(x)=\begin{cases}x, & x<0\\ x\mathrm{e}^x, & x\geqslant0\end{cases}$，在点 $x=0$ 处，下列结论错误的是[　　].

(A) 连续　　(B) 可导　　(C) 不可导　　(D) 可微

解: $\lim\limits_{x\to0^-}f(x)=\lim\limits_{x\to0^-}x=0$，$\lim\limits_{x\to0^+}f(x)=\lim\limits_{x\to0^+}x\mathrm{e}^x=0$，$\lim\limits_{x\to0^-}f(x)=\lim\limits_{x\to0^+}f(x)=0=f(0)$，所以 $f(x)$ 在点 $x=0$ 处连续.

$$f'_-(0)=\lim_{x\to0^-}\frac{f(x)-f(0)}{x}=\lim_{x\to0^-}\frac{x-0}{x}=1$$

$$f'_+(0)=\lim_{x\to0^+}\frac{f(x)-f(0)}{x}=\lim_{x\to0^+}\frac{x\mathrm{e}^x-0}{x}=\lim_{x\to0^+}\mathrm{e}^x=1$$

$$f'_-(0)=f'_+(0)=f'(0)=1$$

所以 $f(x)$ 在点 $x=0$ 处可导，因此也可微.

故本题应选(C).

注释　第 19 题亦可由以下理由得出结论：因为(B) 和(D) 等价，而且单项选择题答案唯一，故不选(B) 和(D). 若(B) 和 (D) 成立，则(A) 必成立，因而只有选(C).

20. $y=\cos^2 2x$，则 $\mathrm{d}y=$[　　].

(A) $(\cos^2 2x)'(2x)'\mathrm{d}x$　　(B) $(\cos^2 2x)'\mathrm{d}\cos2x$

(C) $-2\cos2x\sin2x\mathrm{d}x$　　(D) $2\cos2x\mathrm{d}\cos2x$

解: (A) $\mathrm{d}y=(\cos^2 2x)'\mathrm{d}x\neq(\cos^2 2x)'(2x)'\mathrm{d}x$

(B) $\mathrm{d}y=(\cos^2 2x)'\mathrm{d}x\neq(\cos^2 2x)'\mathrm{d}\cos 2x$

(C) $\mathrm{d}y=-2\cos 2x\sin 2x\mathrm{d}(2x)\neq-2\cos 2x\sin 2x\mathrm{d}x$

(D) $\mathrm{d}y=2\cos 2x\mathrm{d}\cos 2x$

故本题应选(D).

21. 若 $f(u)$ 可导，且 $y=f(\mathrm{e}^x)$，则有 $\mathrm{d}y=$[　　].

(A) $f'(\mathrm{e}^x)\mathrm{d}x$　　(B) $f'(\mathrm{e}^x)\mathrm{d}\mathrm{e}^x$

(C) $[f(\mathrm{e}^x)]'\mathrm{d}\mathrm{e}^x$　　(D) $[f(\mathrm{e}^x)]'\mathrm{e}^x\mathrm{d}x$

解： $\mathrm{d}y=[f(\mathrm{e}^x)]'\mathrm{d}x$ 或 $\mathrm{d}y=f'(\mathrm{e}^x)\mathrm{d}\mathrm{e}^x$ 或 $\mathrm{d}y=\mathrm{e}^x f'(\mathrm{e}^x)\mathrm{d}x$.

故本题应选(B).

22. 设函数 $y=f(x)$ 在点 $x=x_0$ 处可微，$\Delta y=f(x_0+\Delta x)-f(x_0)$，则当 $\Delta x\to 0$ 时，必有[　　].

(A) $\mathrm{d}y$ 是比 Δx 高阶的无穷小量

(B) $\mathrm{d}y$ 是比 Δx 低阶的无穷小量

(C) $\Delta y-\mathrm{d}y$ 是比 Δx 高阶的无穷小量

(D) $\Delta y-\mathrm{d}y$ 是与 Δx 同阶的无穷小量

解： 根据 $y=f(x)$ 在点 x_0 处可微的定义，$\dfrac{\mathrm{d}y}{\mathrm{d}x}=f'(x_0)$，所以(A) 和 (B) 不一定成立，又因为

$$\Delta y=f'(x_0)\Delta x+o(\Delta x)=\mathrm{d}y+o(\Delta x)$$

从而　$\Delta y-\mathrm{d}y=o(\Delta x)$

所以 $\Delta y-\mathrm{d}y$ 是比 Δx 高阶的无穷小量.

故本题应选(C).

23. $f(x)$ 在点 $x=x_0$ 处可微是 $f(x)$ 在点 $x=x_0$ 处连续的[　　].

(A) 充分且必要条件　　(B) 必要非充分条件

(C) 充分非必要条件　　(D) 既非充分也非必要条件

解： $f(x)$ 在点 $x=x_0$ 处可微，则 $f(x)$ 在点 $x=x_0$ 处一定连续，反之不一定成立.

故本题应选(C).

(二) 参考题(附解答)

(A)

1. 设 $f(x)=\begin{cases}x^2+4, & x\leqslant 0\\ ax^3+bx^2+cx+d, & 0<x<1\\ x^2-x, & x\geqslant 1\end{cases}$ 在$(-\infty,+\infty)$内可导，求常数 a，b，c，d.

解：$f(x)$ 在$(-\infty, +\infty)$内可导，则必连续.

由 $f(x)$ 在 $x=0$ 处连续，有

$$\lim_{x\to 0^+} f(x) = \lim_{x\to 0^+}(ax^3+bx^2+cx+d) = d = f(0) = 4$$

可得 $d=4$.

由 $f(x)$ 在点 $x=1$ 处连续，有

$$\begin{aligned}\lim_{x\to 1^-} f(x) &= \lim_{x\to 1^-}(ax^3+bx^2+cx+d)\\ &= a+b+c+d = f(1) = 0\end{aligned}$$

可得 $a+b+c+4=0$.

由 $f(x)$ 在点 $x=0$ 处可导，有

$$\begin{aligned}\lim_{x\to 0^+}\frac{f(x)-f(0)}{x} &= \lim_{x\to 0^+}\frac{ax^3+bx^2+cx+4-4}{x}\\ &= \lim_{x\to 0^+}(ax^2+bx+c) = c\end{aligned}$$

$$\begin{aligned}\lim_{x\to 0^-}\frac{f(x)-f(0)}{x} &= \lim_{x\to 0^-}\frac{x^2+4-4}{x}\\ &= \lim_{x\to 0^-} x = 0\end{aligned}$$

可得 $c=0$.

由 $f(x)$ 在点 $x=1$ 处可导，有

$$\lim_{x\to 1^+}\frac{f(x)-f(1)}{x-1} = \lim_{x\to 1^+}\frac{x^2-x-0}{x-1} = \lim_{x\to 1^+} x = 1$$

$$\begin{aligned}\lim_{x\to 1^-}\frac{f(x)-f(1)}{x-1} &= \lim_{x\to 1^-}\frac{ax^3+bx^2+4-0}{x-1}\\ &= \lim_{x\to 1^-}\frac{ax^3-ax^2+(a+b)x^2+4}{x-1}\\ &= \lim_{x\to 1^-}\frac{ax^2(x-1)-4(x^2-1)}{x-1}\\ &= \lim_{x\to 1^-}[ax^2-4(x+1)]\\ &= a-8 \quad (\text{利用了 } a+b=-4)\end{aligned}$$

可得 $a-8=1$，所以 $a=9$. 由 $a+b=-4$ 可得 $b=-13$.

所以得出 $a=9$，$b=-13$，$c=0$，$d=4$.

2. 设 $f(x)=|x|\varphi(x)$，若 $\varphi(x)$在点 $x=0$ 处连续，且 $\varphi(0)\neq 0$. 证明：无论 $\varphi(x)$在点 $x=0$ 处是否可导，$f(x)$在点 $x=0$ 处总不可导.

证：$f(x)=\begin{cases} x\varphi(x), & x\geqslant 0\\ -x\varphi(x), & x<0\end{cases}$，因为 $\varphi(x)$ 在点 $x=0$ 处连续，并且$\varphi(0)\neq 0$，因此，$\lim\limits_{x\to 0}\varphi(x)=\varphi(0)\neq 0$. 又因为

$$f'_-(0) = \lim_{x\to 0^-}\frac{f(x)-f(0)}{x} = \lim_{x\to 0^-}\frac{-x\varphi(x)}{x} = -\varphi(0)$$

$$f'_+(0) = \lim_{x\to 0^+}\frac{f(x)-f(0)}{x} = \lim_{x\to 0^+}\frac{x\varphi(x)}{x} = \varphi(0)$$

所以 $f'_-(0) \neq f'_+(0)$，即 $f'(0)$ 不存在，所以 $f(x)$ 在点 $x=0$ 处不可导.

3. 设 $\varphi(x)$ 在点 $x=a$ 处连续，则下列函数 $f(x)$ 中哪些在点 $x=a$ 处一定可导？

(1) $f(x)=\varphi(x)$

(2) $f(x)=(x-a)\varphi(x)$

(3) $f(x)=|x-a|\varphi(x)$

(4) $f(x)=(x-a)|\varphi(x)|$

解：(1) $f(x)=\varphi(x)$ 不一定可导.

(2) $f(x)=(x-a)\varphi(x)$

$$\begin{aligned}\lim_{x\to a}\frac{f(x)-f(a)}{x-a}&=\lim_{x\to a}\frac{(x-a)\varphi(x)-f(a)}{x-a}\\&=\lim_{x\to a}\frac{(x-a)\varphi(x)}{x-a}\\&=\lim_{x\to a}\varphi(x)=\varphi(a)\end{aligned}$$

所以 $f(x)=(x-a)\varphi(x)$ 在点 $x=a$ 处可导.

(3) $f(x)=|x-a|\varphi(x)$

$$=\begin{cases}(a-x)\varphi(x), & x<a\\(x-a)\varphi(x), & x\geqslant a\end{cases}$$

$$\begin{aligned}f'_-(a)&=\lim_{x\to a^-}\frac{f(x)-f(a)}{x-a}\\&=\lim_{x\to a^-}\frac{(a-x)\varphi(x)}{x-a}=-\varphi(a)\end{aligned}$$

$$\begin{aligned}f'_+(a)&=\lim_{x\to a^+}\frac{f(x)-f(a)}{x-a}\\&=\lim_{x\to a^+}\frac{(x-a)\varphi(x)}{x-a}=\varphi(a)\end{aligned}$$

$$f'_-(a)\neq f'_+(a)$$

所以 $f(x)$ 在点 $x=a$ 处不可导.

(4) $f(x)=(x-a)|\varphi(x)|$

$$\begin{aligned}f'(a)&=\lim_{x\to a}\frac{f(x)-f(a)}{x-a}\\&=\lim_{x\to a}\frac{(x-a)|\varphi(x)|}{x-a}\\&=\lim_{x\to a}|\varphi(x)|=|\varphi(a)|\end{aligned}$$

所以 $f(x)$在点 $x=a$ 处可导.

4. 设 $y=|(x-1)^2(x+1)^3|$，求 y'.

解：$y=y(x)=\begin{cases}(x-1)^2(x+1)^3, & x\geqslant -1\\-(x-1)^2(x+1)^3, & x<-1\end{cases}$

当 $x\neq -1$ 时

$$y'=\begin{cases}(x-1)(x+1)^2(5x-1), & x>-1\\-(x-1)(x+1)^2(5x-1), & x<-1\end{cases}$$

当 $x=-1$ 时

$$y'_{+}(-1)=\lim_{x\to -1^{+}}\frac{y(x)-y(-1)}{x+1}$$
$$=\lim_{x\to -1^{+}}\frac{(x-1)^2(x+1)^3}{x+1}$$
$$=\lim_{x\to -1^{+}}(x-1)^2(x+1)^2=0$$
$$y'_{-}(-1)=\lim_{x\to -1^{-}}\frac{y(x)-y(-1)}{x+1}$$
$$=\lim_{x\to -1^{-}}\frac{-(x-1)^2(x+1)^3}{x+1}$$
$$=\lim_{x\to -1^{-}}[-(x-1)^2(x+1)^2]=0$$

所以 $y'(-1)=0$.

于是可得 $y'=\begin{cases}(x-1)(x+1)^2(5x-1), & x\geqslant -1\\ -(x-1)(x+1)^2(5x-1), & x<-1\end{cases}$.

5. 设 $f(x)=x^{\frac{2}{3}}\sin x$，用下面的方法求 $f'(x)$ 是否有错误？若有错误，应如何求 $f'(x)$？

$$f'(x)=(x^{\frac{2}{3}}\sin x)'=\frac{2}{3\sqrt[3]{x}}\sin x+\sqrt[3]{x^2}\cos x$$

解：因 $\sqrt[3]{x^2}$ 在点 $x=0$ 处不可导，所以不能使用乘积的求导法则，正确做法如下：

当 $x\neq 0$ 时，$f'(x)=\dfrac{2}{3\sqrt[3]{x}}\sin x+\sqrt[3]{x^2}\cos x$

当 $x=0$ 时，$f'(0)=\lim\limits_{x\to 0}\dfrac{f(x)-f(0)}{x-0}=\lim\limits_{x\to 0}\dfrac{\sqrt[3]{x^2}\sin x}{x}$

$$=\lim_{x\to 0}\sqrt[3]{x^2}\ \frac{\sin x}{x}=0$$

所以 $f'(x)=\begin{cases}\dfrac{2}{3\sqrt[3]{x}}\sin x+\sqrt[3]{x^2}\cos x, & x\neq 0\\ 0, & x=0\end{cases}$.

6. 设 $y=\sin x^2$，求 $\dfrac{dy}{dx}$，$\dfrac{dy}{dx^2}$，$\dfrac{dy}{dx^3}$.

解：$\dfrac{dy}{dx}=(\sin x^2)'_x=\cos x^2(x^2)'=2x\cos x^2$

$$\frac{dy}{dx^2}=(\sin x^2)'_{x^2}=\frac{dy}{dx}\Big/\frac{dx^2}{dx}=\frac{2x\cos x^2}{2x}=\cos x^2$$
$$\frac{dy}{dx^3}=(\sin x^2)'_{x^3}=\frac{dy}{dx}\Big/\frac{dx^3}{dx}=\frac{2x\cos x^2}{3x^2}=\frac{2\cos x^2}{3x}(x\neq 0)$$

当 $x=0$ 时，令 $x^3=t$，则 $x=t^{\frac{1}{3}}$，$y=\sin t^{\frac{2}{3}}$

$$\left.\frac{dy}{dx^3}\right|_{x=0}=\left.\frac{dy}{dt}\right|_{t=0}=\lim_{t\to 0}\frac{\sin t^{\frac{2}{3}}-0}{t-0}=\infty$$

7. 设函数 $f(x)$ 在 $x=0$ 邻近处有定义，并且 $f(0)=0$，$f'(0)=1$，求 $\lim\limits_{x\to0}\frac{f(x)}{x}$，$\lim\limits_{x\to0}\frac{f(2x)}{x}$，$\lim\limits_{x\to0}\frac{f(2x)-f(-2x)}{x}$.

解： $\lim\limits_{x\to0}\frac{f(x)}{x}=\lim\limits_{x\to0}\frac{f(x)-f(0)}{x-0}=f'(0)=1$

$$\lim_{x\to0}\frac{f(2x)}{x}=\lim_{x\to0}\frac{2[f(2x)-f(0)]}{2x}=2f'(0)=2\times1=2$$

$$\lim_{x\to0}\frac{f(2x)-f(-2x)}{x}$$

$$=\lim_{x\to0}\frac{2[f(2x)-f(0)]}{2x}+\lim_{x\to0}\frac{2[f(-2x)-f(0)]}{-2x}$$

$$=2f'(0)+2f'(0)=2\times1+2\times1=4.$$

8. 求通过坐标原点与 $y=\ln x$ 相切的直线方程.

解： 曲线 $y=\ln x$ 不过原点，故原点不是切点，设切点为 (x_0, y_0)，则切线斜率为

$$k=y'\Big|_{x=x_0}=\frac{1}{x}\Big|_{x=x_0}=\frac{1}{x_0}$$

于是切线方程为 $y-y_0=\frac{1}{x_0}(x-x_0)$.

因切线过原点，所以 $x=0$，$y=0$ 满足切线方程，由此可得 $y_0=1$. 代入 $y=\ln x$ 中得 $x_0=\mathrm{e}$，即切点为 $(\mathrm{e}, 1)$，切线斜率为 $\frac{1}{\mathrm{e}}$，于是可得所求直线方程为

$$y-1=\frac{1}{\mathrm{e}}(x-\mathrm{e})$$

即
$$y=\frac{x}{\mathrm{e}}$$

9. 求曲线 $y=x^2$ 与 $y=\frac{1}{x}$ 的公切线方程.

解： 设公切线与曲线 $y=x^2$ 相切于 (x_1, y_1)，与曲线 $y=\frac{1}{x}$ 相切于 (x_2, y_2)，则有

$$y_1=x_1^2,\quad y_2=\frac{1}{x_2}$$

对于 $y=x^2$，公切线的斜率为 $(x^2)'\Big|_{x=x_1}=2x_1$.

对于 $y=\frac{1}{x}$，公切线的斜率为 $\left(\frac{1}{x}\right)'\Big|_{x=x_2}=-\frac{1}{x_2^2}$.

因此有 $2x_1=-\frac{1}{x_2^2}$. ①

公切线过 (x_1, y_1) 且斜率为 $2x_1$，所以切线方程为 $y-y_1=2x_1(x-x_1)$，而 $y_1=x_1^2$，故切线方程为 $y-x_1^2=2x_1(x-x_1)$. 因 (x_2, y_2) 在公切线上，即 $\left(x_2, \frac{1}{x_2}\right)$ 满足公切线方程，因此有

$$\frac{1}{x_2}-x_1^2=2x_1(x_2-x_1) \quad ②$$

解方程组$\begin{cases}2x_1=-\dfrac{1}{x_2^2}\\ \dfrac{1}{x_2}-x_1^2=2x_1(x_2-x_1)\end{cases}$，得 $x_1=-2$，$x_2=-\dfrac{1}{2}$.

当 $x_1=-2$ 时，$y_1=4$，过点$(-2, 4)$的切线斜率为$(2x)\Big|_{x=-2}=-4$，于是可得切线方程为 $y-4=-4(x+2)$，即 $4x+y+4=0$.

10. 已知 $y=\sqrt{x-a}$ 与 $y=be^x$ 在点 $x=1$ 处相切，求 a，b 的值.

解： $y=\sqrt{x-a}$，$y'=\dfrac{1}{2\sqrt{x-a}}$，$y=be^x$，$y'=be^x$. 两曲线相切，点$x=1$处为其公切点. 在公切点处二者函数值相同，导数值相同，故有

$$\begin{cases}\sqrt{1-a}=be\\ \dfrac{1}{2\sqrt{1-a}}=be\end{cases}，得$$

$$\sqrt{1-a}=\frac{1}{2\sqrt{1-a}}，\quad 解得\ a=\frac{1}{2}$$

所以$\sqrt{1-\dfrac{1}{2}}=be$，得 $b=\dfrac{1}{\sqrt{2}\,e}$.

11. 求 $y=\ln[\ln^2(\ln^3x)]$ 的导数 y'.

解： $\ln[\ln^2(\ln^3x)]=2[\ln\ln(\ln^3x)]=2\ln[3\ln\ln x]$

$$=2(\ln3+\ln\ln\ln x)$$

$$y'=\{\ln[\ln^2(\ln^3x)]\}'=2(\ln3+\ln\ln\ln x)'$$

$$=2\cdot\frac{1}{\ln\ln x}(\ln\ln x)'=\frac{2}{\ln\ln x}\frac{1}{\ln x}(\ln x)'$$

$$=\frac{2}{x\cdot\ln x\cdot\ln\ln x}$$

12. 设 $f(x)=x(x-1)(x-2)\cdots(x-n)$，求 $f'(n)$.

解： $f'(x)=[x(x-1)(x-2)\cdots(x-n+1)]'(x-n)+(x-n)'[x(x-1)(x-2)\cdots(x-n+1)]$，所以

$$f'(n)=n(n-1)(n-2)\cdots1=n!$$

13. 已知 $y=f\left(\dfrac{3x-2}{3x+2}\right)$，$f'(x)=\arctan x^2$，求$\dfrac{dy}{dx}\Big|_{x=0}$.

解： $\dfrac{dy}{dx}=f'\left(\dfrac{3x-2}{3x+2}\right)\left(\dfrac{3x-2}{3x+2}\right)'$

$$=f'\left(\frac{3x-2}{3x+2}\right)\frac{3(3x+2)-3(3x-2)}{(3x+2)^2}$$

$$=f'\left(\frac{3x-2}{3x+2}\right)\frac{12}{(3x+2)^2}$$

$$\frac{dy}{dx}\Big|_{x=0}=3f'(-1)$$

根据题设 $f'(x)=\arctan x^2$，从而有 $f'(-1)=\arctan 1=\frac{\pi}{4}$，所以可得

$$\left.\frac{\mathrm{d}y}{\mathrm{d}x}\right|_{x=0}=3\times\frac{\pi}{4}=\frac{3}{4}\pi$$

14. 设 $f(t)=\lim\limits_{x\to\infty}t\left(\frac{x+t}{x-t}\right)^x$，求 $f'(t)$.

解： $f(t)=\lim\limits_{x\to\infty}t\left[\left(1+\frac{2t}{x-t}\right)^{\frac{x-t}{2t}}\right]^{\frac{2tx}{x-t}}=t\mathrm{e}^{2t}$

即 $\quad f(t)=t\mathrm{e}^{2t}$

那么 $\quad f'(t)=\mathrm{e}^{2t}+2t\mathrm{e}^{2t}=\mathrm{e}^{2t}(1+2t)$

15. 方程 $y^2f(x)+xf(y)-x^2=0$ 确定 y 是 x 的可导函数，其中 $f(x)$ 是可导函数，且 $2yf(x)+xf'(y)\neq 0$，求 $\frac{\mathrm{d}y}{\mathrm{d}x}$.

解： $y^2f(x)+xf(y)-x^2=0$

两边对 x 求导，可得

$$2yy'f(x)+y^2f'(x)+f(y)+xf'(y)y'-2x=0$$

从而有

$$[2yf(x)+xf'(y)]y'=2x-y^2f'(x)-f(y)$$

$$2yf(x)+xf'(y)\neq 0$$

所以 $\quad y'=\frac{2x-y^2f'(x)-f(y)}{2yf(x)+xf'(y)}$

16. 方程 $\ln(x^2+y)=x^3y+\sin x$ 确定 y 是 x 的可导函数，求 $\left.\frac{\mathrm{d}y}{\mathrm{d}x}\right|_{x=0}$.

解： 将 $x=0$ 代入给定方程，可得 $y=1$.

给定等式两边对 x 求导，可得

$$\frac{2x+y'}{x^2+y}=3x^2y+x^3y'+\cos x$$

将 $x=0$，$y=1$ 代入上式，得

$$\left.y'\right|_{x=0}=1$$

即 $\quad \left.\frac{\mathrm{d}y}{\mathrm{d}x}\right|_{x=0}=1$

注释　此题也可以先解出 y'，再代入 $x=0$，$y=1$，求出 $y'|_{x=0}$，但计算较为复杂.

17. 设 $f(x)=3(x-1)^2+(x-1)|x-1|$，求 $f'(1)$，$f''(1)$.

解： $f(x)=\begin{cases}2(x-1)^2, & x<1\\ 4(x-1)^2, & x\geqslant 1\end{cases}$

当 $x\neq 1$ 时

$$f'(x)=\begin{cases}4(x-1), & x<1\\ 8(x-1), & x>1\end{cases}$$

当 $x=1$ 时

$$f'_{-}(1)=\lim_{x\to1^-}\frac{f(x)-f(1)}{x-1}=\lim_{x\to1^-}\frac{2(x-1)^2}{x-1}$$
$$=\lim_{x\to1^-}2(x-1)=0$$
$$f'_{+}=\lim_{x\to1^+}\frac{f(x)-f(1)}{x-1}=\lim_{x\to1^+}\frac{4(x-1)^2}{x-1}$$
$$=\lim_{x\to1^+}4(x-1)=0$$

所以 $f'(1)=0$

于是有 $f'(x)=\begin{cases}4(x-1),\ x<1\\8(x-1),\ x\geqslant1\end{cases}$

$$f''_{-}(1)=\lim_{x\to1^-}\frac{f'(x)-f'(1)}{x-1}=\lim_{x\to1^-}\frac{4(x-1)}{x-1}=4$$
$$f''_{+}(1)=\lim_{x\to1^+}\frac{f'(x)-f'(1)}{x-1}=\lim_{x\to1^+}\frac{8(x-1)}{x-1}=8$$

所以 $f''(1)$ 不存在.

18. 方程 $xe^{f(y)}=e^y$ 确定 y 是 x 的函数，其中 f 具有二阶导数，且 $f'(x)\neq1$，求$\frac{d^2y}{dx^2}$.

解: $xe^{f(y)}=e^y$

等式两边取自然对数，有

$$\ln x+f(y)=y$$

等式两边对 x 求导，有

$$\frac{1}{x}+f'(y)y'=y'$$

于是可得 $y'=\dfrac{1}{x[1-f'(y)]}$

$$y''=-\frac{1-f'(y)-xf''(y)y'}{x^2[1-f'(y)]^2}=-\frac{1-f'(y)-\dfrac{xf''(y)}{x[1-f'(y)]}}{x^2[1-f'(y)]^2}$$
$$=-\frac{[1-f'(y)]^2-f''(y)}{x^2[1-f'(y)]^3}$$

19. 求函数 $y=\sin^2x$ 的 n 阶导数.

解: $y=\sin^2x$

$$y'=2\sin x\cos x=\sin2x$$
$$y''=2\cos2x=2\sin\left(2x+\frac{\pi}{2}\right)$$
$$y'''=-2^2\sin2x=2^2\sin\left(2x+2\times\frac{\pi}{2}\right)$$

……

$$y^{(n)}=2^{n-1}\sin\left[2x+(n-1)\frac{\pi}{2}\right]$$

20. 求 $y=\dfrac{1-x}{1+x}$ 的 n 阶导数.

解: $y=\frac{1-x}{1+x}=\frac{2}{1+x}-1=2(1+x)^{-1}-1$

$$y'=-1\cdot 2(1+x)^{-2}$$

$$y''=(-1)(-2)\cdot 2(1+x)^{-3}$$

……

$$y^{(n)}=(-1)(-2)\cdots(-n)\cdot 2\cdot(1+x)^{-(n+1)}$$

$$=2\cdot\frac{(-1)^n n!}{(1+x)^{n+1}}$$

21. 设 $f(x)=\frac{1}{x^2-3x-4}$，求 $f^{(n)}(0)$.

解: $\frac{1}{x^2-3x-4}=\frac{1}{(x+1)(x-4)}=\frac{1}{5}\left(\frac{1}{x-4}-\frac{1}{x+1}\right)$

由 $\left(\frac{1}{x+a}\right)'=-(x+a)^{-2}$

$$\left(\frac{1}{x+a}\right)''=2\times 1\times(x+a)^{-3}$$

……

$$\left(\frac{1}{x+a}\right)^{(n)}=\frac{(-1)^n n!}{(x+a)^{n+1}}$$

有

$$f^{(n)}(x)=\frac{1}{5}\left[\frac{(-1)^n n!}{(x-4)^{n+1}}-\frac{(-1)^n n!}{(x+1)^{n+1}}\right]$$

$$f^{(n)}(0)=\frac{n!}{5}\left[\frac{(-1)^n}{(-4)^{n+1}}-\frac{(-1)^n}{1^{n+1}}\right]=\frac{n!}{5}\left[(-1)^{n+1}-\frac{1}{4^{n+1}}\right]$$

22. 求满足关系式$(x+1)\mathrm{d}x=\mathrm{d}f(x)$的未知函数 $f(x)$，已知$f(0)=0$.

解: $(x+1)\mathrm{d}x=(x+1)\mathrm{d}(x+1)=\mathrm{d}\left[\frac{1}{2}(x+1)^2\right]$

由题设条件有

$$\mathrm{d}f(x)=\mathrm{d}\left[\frac{1}{2}(x+1)^2\right]$$

对比等式两端有

$$f(x)=\frac{1}{2}(x+1)^2+C\quad(C\text{为任意常数})$$

根据 $f(0)=0$，可得 $C=-\frac{1}{2}$，于是有

$$f(x)=\frac{1}{2}(x+1)^2-\frac{1}{2}$$

注释 这里使用的方法叫“凑微分”法，在后面的章节里将被使用. 满足 $\mathrm{d}f(x)=\mathrm{d}\left[\frac{1}{2}(x+1)^2\right]$ 的 $f(x)$ 不仅有 $\frac{1}{2}(x+1)^2$，而且有$\frac{1}{2}(x+1)^2+C$，因为相差一个常数C的函数的微分相等.

23. 设 $y=f(\ln x)e^{f(x)}$，其中 f 可微，求 $\mathrm{d}y$.

解：$dy = e^{f(x)} df(\ln x) + f(\ln x) de^{f(x)}$

$$= e^{f(x)} f'(\ln x) d\ln x + f(\ln x) e^{f(x)} df(x)$$

$$= e^{f(x)} f'(\ln x) \frac{1}{x} dx + f(\ln x) e^{f(x)} f'(x) dx$$

$$= e^{f(x)} \left[\frac{1}{x} f'(\ln x) + f'(x) f(\ln x)\right] dx.$$

24. 方程 $\ln(x^2+y^2) = \arctan\frac{y}{x}$ 确定 y 是 x 的函数，求 dy，$dy\Big|_{\substack{x=1\\y=0}}$ 及函数在点(1，0)的切线方程与法线方程.

解：$\ln(x^2+y^2) = \arctan\frac{y}{x}$

等式两边利用微分法则对 x 求微分，得

$$\frac{d(x^2+y^2)}{x^2+y^2} = \frac{d\left(\frac{y}{x}\right)}{1+\left(\frac{y}{x}\right)^2}$$

$$\frac{2xdx+2ydy}{x^2+y^2} = \frac{\frac{xdy-ydx}{x^2}}{1+\frac{y^2}{x^2}}$$

$$2xdx+2ydy = xdy-ydx$$

可得　$dy = -\frac{y+2x}{2y-x}dx$

那么　$dy\Big|_{\substack{x=1\\y=0}} = 2dx$

$$y' = -\frac{y+2x}{2y-x},\ y'\Big|_{\substack{x=1\\y=0}} = 2$$

所以过点(1，0)的切线方程为

$$y = 2(x-1)$$

即　$2x-y-2=0$

法线方程为 $y = -\frac{1}{2}(x-1)$

即　$x+2y-1=0$

(B)

1. 函数 $f(x)$ 可导，且 $\lim\limits_{x\to 0}\frac{f(1)-f(1-x)}{2x} = -1$，则 $y=f(x)$ 的图形上点 $x=1$ 处的法线斜率为[　　].

(A) 2　　(B) -2　　(C) $\frac{1}{2}$　　(D) $-\frac{1}{2}$

解：$y=f(x)$ 的图形上点 $x=1$ 处的法线斜率为 $k = -\frac{1}{f'(1)}$.

$$\lim_{x\to 0}\frac{f(1)-f(1-x)}{2x}=\frac{1}{2}\lim_{x\to 0}\frac{f(1-x)-f(1)}{-x}$$

$$\xlongequal{t=1-x}\frac{1}{2}\lim_{t\to 1}\frac{f(t)-f(1)}{t-1}$$

$$=\frac{1}{2}f'(1)=-1$$

所以 $f'(1)=-2$，因此法线斜率为 $-\frac{1}{-2}=\frac{1}{2}$.

故本题应选(C).

2. 使得 $f(x)=\begin{cases}e^x, & x<0\\ a+bx, & x\geqslant 0\end{cases}$ 在点 $x=0$ 处可导的 a，b 值为[　　].

(A) $a=b=0$　　(B) $a=b=1$

(C) $a=0$，$b=1$　　(D) $a=1$，$b=0$

解： $f(x)$ 在点 $x=0$ 处可导，则必连续.

由
$$\lim_{x\to 0^-}f(x)=\lim_{x\to 0^-}e^x=1$$
$$\lim_{x\to 0^+}f(x)=\lim_{x\to 0^+}(a+bx)=a$$
可得　$a=1$
$$\lim_{x\to 0^-}\frac{f(x)-f(0)}{x}=\lim_{x\to 0^-}\frac{e^x-a}{x}=\lim_{x\to 0^-}\frac{e^x-1}{x}=\lim_{x\to 0^-}\frac{x}{x}=1$$
$$\lim_{x\to 0^+}\frac{f(x)-f(0)}{x}=\lim_{x\to 0^+}\frac{a+bx-a}{x}=b$$
可得　$b=1$

故本题应选(B).

3. 曲线 $y=\cos x\ \left(|x|\leqslant\frac{\pi}{2}\right)$ 的切线中与(1, 0)和(−1, −1)连线平行的切线的切点是[　　].

(A) $\left(\frac{\pi}{6},\frac{\sqrt{3}}{2}\right)$　　(B) $\left(\frac{\pi}{3},\frac{1}{2}\right)$

(C) $\left(-\frac{\pi}{6},\frac{\sqrt{3}}{2}\right)$　　(D) $\left(-\frac{\pi}{3},\frac{1}{2}\right)$

解： (1, 0) 和(−1, −1) 两点连线的斜率为 $k=\frac{-1-0}{-1-1}=\frac{1}{2}$，又 $y'=-\sin x$，根据题设，即有 $-\sin x=\frac{1}{2}$，所以 $x=\frac{-\pi}{6}$，从而所求之点为 $\left(-\frac{\pi}{6},\frac{\sqrt{3}}{2}\right)$.

故本题应选(C).

4. 设函数

$$f(x)=\begin{cases}e^{\sqrt[3]{x}}\cdot\sin x, & x<0\\ \sqrt{1+x}-\sqrt{1-x}, & 0\leqslant x<1\end{cases}$$

在点 $x=0$ 处下列结论不成立的是[　　].

(A) 极限存在　　　　(B) 连续

(C) 可导　　　　(D) 不可导

解：(A) $\lim\limits_{x\to0^-}f(x)=\lim\limits_{x\to0^-}e^{\sqrt[3]{x}}\cdot\sin x=0$

$$\lim_{x\to0^+}f(x)=\lim_{x\to0^+}(\sqrt{1+x}-\sqrt{1-x})=0$$

所以$\lim\limits_{x\to0}f(x)$存在.

(B) $\lim\limits_{x\to0}f(x)=0=f(0)$

所以 $f(x)$ 在点 $x=0$ 处连续.

(C) $f'_-(0)=\lim\limits_{x\to0^-}\dfrac{f(x)-f(0)}{x}=\lim\limits_{x\to0^-}e^{\sqrt[3]{x}}\dfrac{\sin x}{x}=1$

$$f'_+(0)=\lim_{x\to0^+}\frac{f(x)-f(0)}{x}=\lim_{x\to0^+}\frac{\sqrt{1+x}-\sqrt{1-x}}{x}$$

$$=\lim_{x\to0^+}\frac{2}{\sqrt{1+x}+\sqrt{1-x}}=1$$

$$f'_+(0)=f'_-(0)$$

所以 $f(x)$ 在点 $x=0$ 处可导，从而肯定(C)，否定(D).

故本题应选(D).

5. 设 $f(x)=\arctan\sqrt{x}$，则 $\lim\limits_{x\to0}\dfrac{f(x_0-x)-f(x_0)}{x}=$[　　].

(A) $\dfrac{1}{1+x_0}$　　　　(B) $-\dfrac{1}{1+x_0^2}$

(C) $\dfrac{2\sqrt{x_0}}{1+x_0}$　　　　(D) $\dfrac{-1}{2\sqrt{x_0}(1+x_0)}$

解：因为 $\lim\limits_{x\to0}\dfrac{f(x_0-x)-f(x_0)}{x}=-\lim\limits_{x\to0}\dfrac{f(x_0-x)-f(x_0)}{-x}$

$$=-f'(x_0)$$

而　$f'(x_0)=\dfrac{1}{1+x_0}\cdot\dfrac{1}{2\sqrt{x_0}}=\dfrac{1}{2\sqrt{x_0}(1+x_0)}$

所以　$\lim\limits_{x\to0}\dfrac{f(x_0-x)-f(x_0)}{x}=-\dfrac{1}{2\sqrt{x_0}(1+x_0)}$

故本题应选(D).

6. 设 $f(x)=e^{-\frac{1}{x}}$，则 $\lim\limits_{\Delta x\to0}\dfrac{f'(2-\Delta x)-f'(2)}{\Delta x}=$[　　].

(A) $\dfrac{1}{16\sqrt{e}}$　　(B) $\dfrac{-1}{16\sqrt{e}}$　　(C) $\dfrac{3}{16\sqrt{e}}$　　(D) $\dfrac{-3}{16\sqrt{e}}$

解：$\lim\limits_{\Delta x\to0}\dfrac{f'(2-\Delta x)-f'(2)}{\Delta x}=-f''(2)$

而　$f(x)=e^{-\frac{1}{x}}$，$f'(x)=\dfrac{1}{x^2}e^{-\frac{1}{x}}$，$f''(x)=\dfrac{(1-2x)e^{-\frac{1}{x}}}{x^4}$

所以 $-f''(2)=-\frac{-3e^{-\frac{1}{2}}}{16}=\frac{3}{16\sqrt{e}}$

故本题应选(C).

7. 设$\frac{d}{dx}f\left(\frac{1}{x^2}\right)=\frac{1}{x}$，则 $f'\left(\frac{1}{2}\right)=$[　　].

(A) 1　　(B) -1　　(C) 2　　(D) $\frac{1}{2}$

解： $\frac{d}{dx}f\left(\frac{1}{x^2}\right)=f'\left(\frac{1}{x^2}\right)\left(\frac{1}{x^2}\right)'=-\frac{2}{x^3}f'\left(\frac{1}{x^2}\right)$

由题设有 $-\frac{2}{x^3}f'\left(\frac{1}{x^2}\right)=\frac{1}{x}$，所以

$$f'\left(\frac{1}{x^2}\right)=-\frac{1}{2}x^2$$

令 $t=\frac{1}{x^2}$，则有 $f'(t)=-\frac{1}{2t}$，于是有

$$f'\left(\frac{1}{2}\right)=-1$$

故本题应选(B).

8. 若 $f'(x)=\frac{2x}{\sqrt{a^2-x^2}}$，那么 $\frac{d}{dx}f(\sqrt{a^2-x^2})=$[　　].

(A) 2　　(B) -2　　(C) $\frac{-2x}{|x|}$　　(D) $\frac{2\sqrt{a^2-x^2}}{|x|}$

解： $\frac{d}{dx}f(\sqrt{a^2-x^2})=f'(\sqrt{a^2-x^2})(\sqrt{a^2-x^2})'$

$$=f'(\sqrt{a^2-x^2})\frac{-x}{\sqrt{a^2-x^2}}$$

用$\sqrt{a^2-x^2}$代替 $f'(x)=\frac{2x}{\sqrt{a^2-x^2}}$中的 x，可得

$$f'(\sqrt{a^2-x^2})=\frac{2\sqrt{a^2-x^2}}{\sqrt{x^2}}=\frac{2\sqrt{a^2-x^2}}{|x|}$$

所以有 $\frac{d}{dx}f(\sqrt{a^2-x^2})=\frac{2\sqrt{a^2-x^2}}{|x|}\cdot\frac{-x}{\sqrt{a^2-x^2}}=\frac{-2x}{|x|}$

故本题应选(C).

9. 设 $f(x)=3x^3+x^2\cdot|x|$，则使 $f^{(n)}(0)$存在的最高阶导数的阶数为[　　].

(A) 1　　(B) 2　　(C) 3　　(D) 4

解： $f(x)=\begin{cases}4x^3, & x\geqslant 0\\ 2x^3, & x<0\end{cases}$

$$f'_-(0)=\lim_{x\to 0^-}\frac{f(x)-f(0)}{x}=\lim_{x\to 0^-}\frac{2x^3-0}{x}=0$$

$$f'_+(0)=\lim_{x\to 0^+}\frac{f(x)-f(0)}{x}=\lim_{x\to 0^+}\frac{4x^3-0}{x}=0$$

所以 $f'(0)=0$，那么 $f'(x)=\begin{cases}12x^2, & x\geqslant 0\\ 6x^2, & x<0\end{cases}$.

$$f''_-(0)=\lim_{x\to 0^-}\frac{f'(x)-f'(0)}{x}=\lim_{x\to 0^-}\frac{6x^2-0}{x}=0$$

$$f''_+(0)=\lim_{x\to 0^+}\frac{f'(x)-f'(0)}{x}=\lim_{x\to 0^+}\frac{12x^2-0}{x}=0$$

所以 $f''(0)=0$，那么 $f''(x)=\begin{cases}24x, & x\geqslant 0\\ 12x, & x<0\end{cases}$.

$$f'''_-(0)=\lim_{x\to 0^-}\frac{f''(x)-f(0)}{x}=\lim_{x\to 0^-}\frac{12x-0}{x}=12$$

$$f'''_+(0)=\lim_{x\to 0^+}\frac{f''(x)-f(0)}{x}=\lim_{x\to 0^+}\frac{24x-0}{x}=24$$

$f'''_-(0)\neq f'''_+(0)$，所以 $f'''(0)$ 不存在.

故本题应选(B).

10. 设 $f(x)=\begin{cases}x^\alpha\sin\dfrac{1}{x}, & x\neq 0\\ 0, & x=0\end{cases}$，下列结论中错误的是[　　].

(A) $\alpha\leqslant 0$ 时，当 $x\to 0$ 时 $f(x)$ 的极限不存在

(B) $\alpha>0$ 时，$f(x)$ 在点 $x=0$ 处连续

(C) $\alpha>1$ 时，$f(x)$ 在点 $x=0$ 处可导

(D) $\alpha>2$ 时，$f'(x)$ 在点 $x=0$ 处可导

解：(A) $\lim\limits_{x\to 0}f(x)=\lim\limits_{x\to 0}x^\alpha\sin\dfrac{1}{x}$

当 $\alpha\leqslant 0$ 时，$\lim\limits_{x\to 0}f(x)$ 不存在.

(B) 当 $\alpha>0$ 时，$\lim\limits_{x\to 0}f(x)=\lim\limits_{x\to 0}x^\alpha\sin\dfrac{1}{x}=0=f(0)$，所以 $f(x)$ 在点 $x=0$ 处连续.

(C) $f'(0)=\lim\limits_{x\to 0}\dfrac{f(x)-f(0)}{x}=\lim\limits_{x\to 0}\dfrac{x^\alpha\sin\frac{1}{x}}{x}=\lim\limits_{x\to 0}x^{\alpha-1}\sin\dfrac{1}{x}$

当 $\alpha>1$ 时，$f'(0)$ 存在且 $f'(0)=0$.

(D) 当 $x\neq 0$ 时，$f'(x)=\alpha x^{\alpha-1}\sin\dfrac{1}{x}-x^{\alpha-2}\cos\dfrac{1}{x}$.

当 $\alpha\leqslant 2$ 时，$\lim\limits_{x\to 0}f'(x)$ 不存在；当 $\alpha>2$ 时，$\lim\limits_{x\to 0}f'(x)=0=f'(0)$. 所以当 $\alpha>2$ 时，$f'(x)$ 在点 $x=0$ 处连续.

$$\begin{aligned}f''(0)&=\lim_{x\to 0}\frac{\alpha x^{\alpha-1}\sin\frac{1}{x}-x^{\alpha-2}\cos\frac{1}{x}}{x}\\&=\lim_{x\to 0}\left(\alpha x^{\alpha-2}\sin\frac{1}{x}-x^{\alpha-3}\cos\frac{1}{x}\right)\end{aligned}$$

所以当 $\alpha>2$ 时，$f'(x)$ 未必可导，例如当 $\alpha=3$ 时，$f''(0)$ 不存在；只有当 $\alpha>3$ 时 $f''(0)$ 才存在.

故本题应选(D).

11. 已知 $y=f(x)$ 为可导偶函数且 $\lim\limits_{x\to 0}\dfrac{f(1+x)-f(1)}{2x}=-2$，则曲线 $y=f(x)$ 在 $(-1,2)$ 处的切线方程是[　　].

(A) $y=4x+6$　　(B) $y=-4x-2$

(C) $y=x+3$　　(D) $y=-x+1$

解： 因为 $\lim\limits_{x\to 0}\dfrac{f(1+x)-f(1)}{2x}=\dfrac{1}{2}f'(1)=-2$，所以

$$f'(1)=-4$$

又因 $f(x)$ 为偶函数，因此 $f'(x)$ 为奇函数.

于是可知 $f'(-1)=4$，因此所求切线方程为

$$y-2=4(x+1)$$

即

$$y=4x+6$$

故本题应选(A).

12. 设 $f(x)$ 对任意的 x 满足 $f(1+x)=af(x)$，且有 $f'(0)=b$，其中 a，b 为非零常数，则 $f(x)$ 在点 $x=1$ 处[　　].

(A) 不可导　　(B) 可导且 $f'(1)=a$

(C) 可导且 $f'(1)=b$　　(D) 可导且 $f'(1)=ab$

解：

$$\begin{aligned} f'(1) &= \lim_{\Delta x\to 0}\frac{f(1+\Delta x)-f(1)}{\Delta x} \\ &= \lim_{\Delta x\to 0}\frac{af(\Delta x)-af(0)}{\Delta x} \\ &= a\lim_{\Delta x\to 0}\frac{f(0+\Delta x)-f(0)}{\Delta x} \\ &= af'(0)=ab \end{aligned}$$

所以 $f(x)$ 在点 $x=1$ 处可导，且 $f'(1)=ab$.

故本题应选(D).

注释 此题不能这样做：$f(1+x)=af(x)$，等式两边对 x 求导，得 $f'(1+x)=af'(x)$，令 $x=0$，得 $f'(1)=af'(0)=ab$. 因题中只给出了 $f'(0)=b$，只说明 $f(x)$ 在点 $x=0$ 处可导，未给出其他点是否可导，而对两边求导应在 $f(x)$ 可导的前提下.

第四章

01 02 03 04 05 06 07 08 09

中值定理与导数的应用

(一)习题解答与注释

(A)

1. 下列函数在给定区间上是否满足罗尔定理的所有条件？若满足，请求出定理中的数值 ξ.

(1) $f(x)=2x^2-x-3\qquad[-1,1.5]$

(2) $f(x)=\dfrac{1}{1+x^2}\qquad[-2,2]$

(3) $f(x)=x\sqrt{3-x}\qquad[0,3]$

(4) $f(x)=e^{x^2}-1\qquad[-1,1]$

解：(1) $f(x)=2x^2-x-3$，$f'(x)=4x-1$

显然，$f(x)$ 在$[-1,1.5]$上连续，在$(-1,1.5)$内可导，且 $f(-1)=f(1.5)=0$，所以 $f(x)$ 在$[-1,1.5]$上满足罗尔定理的条件. 那么至少存在一点 $\xi\in(-1,1.5)$，使 $f'(\xi)=0$.

由 $f'(\xi)=4\xi-1=0$，得 $\xi=\dfrac{1}{4}$.

(2) $f(x)=\dfrac{1}{1+x^2}$，　$f'(x)=\dfrac{-2x}{(1+x^2)^2}$

$f(x)$ 在$[-2,2]$上连续，在$(-2,2)$内可导，且 $f(-2)=f(2)=\dfrac{1}{5}$，所以 $f(x)$ 在$[-2,2]$上满足罗尔定理的条件，那么至少存在一点 $\xi\in(-2,2)$，使得 $f'(\xi)=0$.

由 $f'(\xi)=\dfrac{-2\xi}{(1+\xi^2)^2}=0$，得 $\xi=0$.

(3) $f(x)=x\sqrt{3-x}$，$f'(x)=\sqrt{3-x}-\dfrac{x}{2\sqrt{3-x}}=\dfrac{6-3x}{2\sqrt{3-x}}$

$f(x)$ 在$[0, 3]$上连续，在$(0, 3)$内可导，且 $f(0)=f(3)=0$，所以 $f(x)$ 在$[0, 3]$上满足罗尔定理的条件.

由 $f'(\xi)=\dfrac{6-3\xi}{2\sqrt{3-\xi}}=0$，得 $\xi=2$.

(4) $f(x)=e^{x^2}-1$，$f'(x)=2xe^{x^2}$

$f(x)$ 在$[-1, 1]$上连续，在$(-1, 1)$内可导，且 $f(-1)=f(1)=e-1$，所以 $f(x)$ 在$[-1, 1]$上满足罗尔定理的条件.

由 $f'(\xi)=2\xi e^{\xi^2}=0$，得 $\xi=0$.

2. 下列函数在给定区间上是否满足拉格朗日定理的所有条件？若满足，请求出定理中的数值 ξ.

(1) $f(x)=x^3$　　$[0, a]$　$(a>0)$

(2) $f(x)=\ln x$　　$[1, 2]$

(3) $f(x)=x^3-5x^2+x-2$　　$[-1, 0]$

解：(1) $f(x)=x^3$，$f'(x)=3x^2$

$f(x)$ 在$[0, a]$上连续，在$(0, a)$内可导，所以 $f(x)$ 在$[0, a]$上满足拉格朗日定理的条件.

由 $f'(\xi)=3\xi^2=\dfrac{f(a)-f(0)}{a-0}=\dfrac{a^3-0}{a}=a^2$，可得 $\xi=\dfrac{a}{\sqrt{3}}$.

(2) $f(x)=\ln x$，$f'(x)=\dfrac{1}{x}$

$f(x)$ 在$[1, 2]$上连续，在$(1, 2)$内可导，所以 $f(x)$ 在$[1, 2]$上满足拉格朗日定理的条件.

由 $f'(\xi)=\dfrac{1}{\xi}=\dfrac{f(2)-f(1)}{2-1}=\dfrac{\ln 2-\ln 1}{1}=\ln 2$，可得 $\xi=\dfrac{1}{\ln 2}$.

(3) $f(x)=x^3-5x^2+x-2$，$f'(x)=3x^2-10x+1$

$f(x)$ 在$[-1, 0]$上连续，在$(-1, 0)$内可导，所以 $f(x)$ 在$[-1, 0]$上满足拉格朗日定理的条件.

由 $f'(\xi)=3\xi^2-10\xi+1=\dfrac{f(0)-f(-1)}{0-(-1)}=-2+9=7$，即

$$3\xi^2-10\xi-6=0,\quad 解得\ \xi=\frac{5\pm\sqrt{43}}{3}$$

由于$\dfrac{5+\sqrt{43}}{3}$在区间$(-1, 0)$外，故舍去，所以 $\xi=\dfrac{5-\sqrt{43}}{3}$.

3. 函数 $f(x)=x^3$ 与 $g(x)=x^2+1$ 在区间$[1, 2]$上是否满足柯西定理的所有条件？如果满足，请求出定理中的数值 ξ.

解：$f(x)=x^3$，　$g(x)=x^2+1$

$f'(x)=3x^2$，　$g'(x)=2x$

$f(x)$ 与 $g(x)$ 在$[1, 2]$上连续，在$(1, 2)$内可导，在$[1, 2]$上 $g'(x) \neq 0$. 由 $\frac{f'(\xi)}{g'(\xi)} = \frac{3\xi^2}{2\xi} = \frac{f(2)-f(1)}{g(2)-g(1)} = \frac{7}{3}$，即 $\frac{3}{2}\xi = \frac{7}{3}$，解得 $\xi = \frac{14}{9}$.

4. 若四次方程 $a_0x^4 + a_1x^3 + a_2x^2 + a_3x + a_4 = 0$ 有四个不同的实根，试证明 $4a_0x^3 + 3a_1x^2 + 2a_2x + a_3 = 0$ 的所有根皆为实根.

证：设 $f(x) = a_0x^4 + a_1x^3 + a_2x^2 + a_3x + a_4$，则

$$f'(x) = 4a_0x^3 + 3a_1x^2 + 2a_2x + a_3$$

设 x_1，x_2，x_3，x_4 是 $f(x)$ 的四个不同的实根，且 $x_1 < x_2 < x_3 < x_4$，即$f(x_1) = f(x_2) = f(x_3) = f(x_4) = 0$. 由于 $f(x)$ 在区间$[x_1, x_2]$，$[x_2, x_3]$，$[x_3, x_4]$上都满足罗尔定理的条件，所以 $f'(x) = 0$ 在(x_1, x_2)，(x_2, x_3)，(x_3, x_4)内至少各有一个实根，即 $f'(x) = 0$ 至少有三个实根，但 $f'(x) = 0$ 为三次方程，最多有三个根，因此方程 $f'(x) = 0$ 的所有根皆为实根.

注释　判断某个方程根的存在问题常借助中值定理. 罗尔定理的结论说明"存在 $\xi \in (a, b)$，使 $f'(\xi) = 0$，即方程 $f'(x) = 0$ 在(a, b)内有实根"，拉格朗日定理的结论说明"存在 $\xi \in (a, b)$，使 $f(b) - f(a) = f'(\xi)(b-a)$，即方程$f(b) - f(a) = f'(x)(b-a)$ 在(a, b)内有实根".

5. 用拉格朗日定理证明：若$\lim\limits_{x\to 0^+} f(x) = f(0) = 0$，且当$x > 0$时，$f'(x) > 0$，则当$x > 0$时，$f(x) > 0$.

证：对任何 $x > 0$，$f(x)$ 在$[0, x]$上连续，在$(0, x)$内可导，由拉格朗日定理有

$$\frac{f(x)-f(0)}{x} = \frac{f(x)-0}{x} = \frac{f(x)}{x} = f'(\xi) \quad (0 < \xi < x)$$

即

$$f(x) = x \cdot f'(\xi)$$

因 $\xi > 0$，于是 $f'(\xi) > 0$，所以，当 $x > 0$ 时，$f(x) > 0$.

6. 证明不等式：

$$|\sin x_2 - \sin x_1| \leqslant |x_2 - x_1|$$

证：设 $f(x) = \sin x$，对任意的 x_1，$x_2 \in \mathbf{R}$（不妨设 $x_1 < x_2$），$f(x)$在$[x_1, x_2]$上连续，在(x_1, x_2)内可导，由拉格朗日定理有

$$\sin x_2 - \sin x_1 = f'(\xi)(x_2 - x_1) \quad (x_1 < \xi < x_2)$$

即

$$\sin x_2 - \sin x_1 = \cos\xi(x_2 - x_1) \quad (x_1 < \xi < x_2)$$

由于$|\cos\xi| \leqslant 1$，于是可得

$$|\sin x_2 - \sin x_1| \leqslant |x_2 - x_1|$$

名师解题

7. 证明不等式：

$$nb^{n-1}(a-b) < a^n - b^n < na^{n-1}(a-b) \quad (n > 1,\ a > b > 0)$$

证：设 $f(x) = x^n (n > 1)$，因 $f(x)$ 在$[b, a]$上连续，在(b, a)内可导，由拉格朗日定理有

$$a^n-b^n=f'(\xi)(a-b)\quad(b<\xi<a)$$

即 $\quad a^n-b^n=n\xi^{n-1}(a-b)\quad(b<\xi<a)$

因为 $\quad n>1,\ 0<b<\xi<a$

所以 $\quad b^{n-1}<\xi^{n-1}<a^{n-1}$

从而有 $\quad nb^{n-1}(a-b)<n\xi^{n-1}(a-b)<na^{n-1}(a-b)$

于是有 $\quad nb^{n-1}(a-b)<a^n-b^n<na^{n-1}(a-b)$

8. 证明不等式：

$$2\sqrt{x}>3-\frac{1}{x}\quad(x>0\text{ 且 }x\neq1)$$

证：设 $y=2\sqrt{x}-3+\dfrac{1}{x}$，$y\Big|_{x=1}=0$

$$y'=\frac{1}{\sqrt{x}}-\frac{1}{x^2}=\frac{x\sqrt{x}-1}{x^2}$$

当 $x>1$ 时，$y'>0$，y 单调增加，所以

$$y>y\Big|_{x=1}=0$$

当 $0<x<1$ 时，$y'<0$，y 单调减少，所以

$$y>y\Big|_{x=1}=0$$

因此对一切 $x>0$ 且 $x\neq1$，都有 $y>0$，即

$$2\sqrt{x}>3-\frac{1}{x}\quad(x>0\text{ 且 }x\neq1)$$

9. 利用洛必达法则求下列极限：

(1) $\displaystyle\lim_{x\to0}\frac{e^x-e^{-x}}{x}$ (2) $\displaystyle\lim_{x\to1}\frac{\ln x}{x-1}$

(3) $\displaystyle\lim_{x\to1}\frac{x^3-3x^2+2}{x^3-x^2-x+1}$ (4) $\displaystyle\lim_{x\to\frac{\pi}{2}^+}\frac{\ln\left(x-\frac{\pi}{2}\right)}{\tan x}$

(5) $\displaystyle\lim_{x\to a}\frac{ax^3-x^4}{a^4-2a^3x+2ax^3-x^4}\quad(a\neq0)$

(6) $\displaystyle\lim_{x\to+\infty}\frac{x^n}{e^{ax}}\quad(a>0,\ n$ 为正整数)

(7) $\displaystyle\lim_{x\to+\infty}\frac{\ln\left(1+\frac{1}{x}\right)}{\operatorname{arccot}x}$ (8) $\displaystyle\lim_{x\to0^+}x^m\ln x\quad(m>0)$

(9) $\displaystyle\lim_{x\to0}\left(\frac{1}{x}-\frac{1}{e^x-1}\right)$ (10) $\displaystyle\lim_{x\to0}(1+\sin x)^{\frac{1}{x}}$

(11) $\displaystyle\lim_{x\to0^+}\left(\ln\frac{1}{x}\right)^x$ (12) $\displaystyle\lim_{x\to0^+}x^{\sin x}$

(13) $\displaystyle\lim_{x\to0}\left(\frac{a^x+b^x}{2}\right)^{\frac{3}{x}}\quad(a>0,\ b>0$ 且 $a\neq1,\ b\neq1)$

解：(1) $\lim\limits_{x\to 0}\dfrac{e^x-e^{-x}}{x}\overset{\frac{0}{0}}{=\!=}\lim\limits_{x\to 0}\dfrac{e^x+e^{-x}}{1}=2$

(2) $\lim\limits_{x\to 1}\dfrac{\ln x}{x-1}\overset{\frac{0}{0}}{=\!=}\lim\limits_{x\to 1}\dfrac{1}{x}=1$

(3) $\lim\limits_{x\to 1}\dfrac{x^3-3x^2+2}{x^3-x^2-x+1}\overset{\frac{0}{0}}{=\!=}\lim\limits_{x\to 1}\dfrac{3x^2-6x}{3x^2-2x-1}=\infty$

(4) $\lim\limits_{x\to\frac{\pi}{2}^+}\dfrac{\ln\left(x-\dfrac{\pi}{2}\right)}{\tan x}\overset{\frac{\infty}{\infty}}{=\!=}\lim\limits_{x\to\frac{\pi}{2}^+}\dfrac{\cos^2 x}{x-\dfrac{\pi}{2}}\overset{\frac{0}{0}}{=\!=}\lim\limits_{x\to\frac{\pi}{2}^+}\dfrac{-2\cos x\sin x}{1}=0$

(5) $\lim\limits_{x\to a}\dfrac{ax^3-x^4}{a^4-2a^3x+2ax^3-x^4}\overset{\frac{0}{0}}{=\!=}\lim\limits_{x\to a}\dfrac{3ax^2-4x^3}{-2a^3+6ax^2-4x^3}=\infty$

(6) $\lim\limits_{x\to+\infty}\dfrac{x^n}{e^{ax}}\overset{\frac{\infty}{\infty}}{=\!=}\lim\limits_{x\to+\infty}\dfrac{nx^{n-1}}{ae^{ax}}\overset{\frac{\infty}{\infty}}{=\!=}\lim\limits_{x\to+\infty}\dfrac{n(n-1)x^{n-2}}{a^2e^{ax}}$

$=\cdots\overset{\frac{\infty}{\infty}}{=\!=}\lim\limits_{x\to+\infty}\dfrac{n!}{a^ne^{ax}}=0$

(7) $\lim\limits_{x\to+\infty}\dfrac{\ln\left(1+\dfrac{1}{x}\right)}{\operatorname{arccot}x}\overset{\frac{0}{0}}{=\!=}\lim\limits_{x\to+\infty}\dfrac{\dfrac{1}{x+1}-\dfrac{1}{x}}{-\dfrac{1}{1+x^2}}=\lim\limits_{x\to+\infty}\dfrac{-\dfrac{1}{x(1+x)}}{-\dfrac{1}{1+x^2}}$

$=\lim\limits_{x\to+\infty}\dfrac{1+x^2}{x(1+x)}=1$

注释　使用洛必达法则求“$\dfrac{0}{0}$”型或“$\dfrac{\infty}{\infty}$”型未定式的极限时首先要检查所求极限是否符合洛必达法则的全部条件.

如果连续使用洛必达法则，则每次使用都要检查是否符合洛必达法则的要求，直到不是未定式，或者不能使用洛必达法则，或者可以用别的更简便的方法为止．只有“$\dfrac{0}{0}$”型和“$\dfrac{\infty}{\infty}$”型未定式才可以直接使用洛必达法则，其他型未定式必须改变为“$\dfrac{0}{0}$”型或“$\dfrac{\infty}{\infty}$”型才能使用洛必达法则.

(8) $\lim\limits_{x\to 0^+}x^m\ln x\overset{0\cdot\infty}{=\!=}\lim\limits_{x\to 0^+}\dfrac{\ln x}{x^{-m}}\overset{\frac{\infty}{\infty}}{=\!=}\lim\limits_{x\to 0^+}\dfrac{\dfrac{1}{x}}{-mx^{-m-1}}$

$=\lim\limits_{x\to 0^+}\dfrac{-x^m}{m}=0$

(9) $\lim\limits_{x\to 0}\left(\dfrac{1}{x}-\dfrac{1}{e^x-1}\right)\overset{\infty-\infty}{=\!=}\lim\limits_{x\to 0}\dfrac{e^x-1-x}{x(e^x-1)}\overset{\frac{0}{0}}{=\!=}\lim\limits_{x\to 0}\dfrac{e^x-1}{e^x-1+xe^x}$

$$\xlongequal{\frac{0}{0}} \lim_{x\to 0} \frac{e^x}{e^x+e^x+xe^x} = \frac{1}{2}$$

注释 “$\infty-\infty$”型未定式可以通过通分或其他方法化为“$\frac{0}{0}$”型或“$\frac{\infty}{\infty}$”型．“$0\cdot\infty$”型未定式可以将其中一个因子作为分子，另一个因子取倒数作为分母，改变为“$\frac{0}{0}$”型或“$\frac{\infty}{\infty}$”型，一般常选择比较复杂的因子作为分子，有时选择不当，会行不通．例如

$$\lim_{x\to 0^+} xe^{\frac{1}{x}} \xlongequal{0\cdot\infty} \lim_{x\to 0^+} \frac{e^{\frac{1}{x}}}{\frac{1}{x}} \xlongequal{\frac{\infty}{\infty}} \lim_{x\to 0^+} \frac{e^{\frac{1}{x}}\left(\frac{1}{x}\right)'}{\left(\frac{1}{x}\right)'} = \lim_{x\to 0^+} e^{\frac{1}{x}} = +\infty$$

但如果按下面的选择，有

$$\lim_{x\to 0^+} xe^{\frac{1}{x}} \xlongequal{0\cdot\infty} \lim_{x\to 0^+} \frac{x}{e^{-\frac{1}{x}}} \xlongequal{\frac{0}{0}} \lim_{x\to 0^+} \frac{1}{(e^{-\frac{1}{x}})\frac{1}{x^2}} = \lim_{x\to 0^+} \frac{x^2}{e^{-\frac{1}{x}}}$$

这就比原来的题目更麻烦了．

(10) $\lim\limits_{x\to 0}(1+\sin x)^{\frac{1}{x}} \xlongequal{1^\infty} \lim\limits_{x\to 0} e^{\frac{1}{x}\ln(1+\sin x)} = e^{\lim\limits_{x\to 0}\frac{1}{x}\ln(1+\sin x)}$

其中 $$\lim_{x\to 0}\frac{1}{x}\ln(1+\sin x) \xlongequal{0\cdot\infty} \lim_{x\to 0}\frac{\ln(1+\sin x)}{x} \xlongequal{\frac{0}{0}} \lim_{x\to 0}\frac{\frac{\cos x}{1+\sin x}}{1} = 1$$

所以 $$\lim_{x\to 0}(1+\sin x)^{\frac{1}{x}} = e^1 = e$$

(11) $\lim\limits_{x\to 0^+}\left(\ln\frac{1}{x}\right)^x \xlongequal{\infty^0} \lim\limits_{x\to 0^+} e^{x\ln\ln\frac{1}{x}} = e^{\lim\limits_{x\to 0^+}\frac{\ln(-\ln x)}{\frac{1}{x}}}$

其中 $$\lim_{x\to 0^+}\frac{\ln(-\ln x)}{\frac{1}{x}} \xlongequal{\frac{\infty}{\infty}} \lim_{x\to 0^+}\frac{\frac{1}{-\ln x}\left(\frac{-1}{x}\right)}{-\frac{1}{x^2}} = \lim_{x\to 0^+}\frac{-x}{\ln x} = 0$$

所以 $$\lim_{x\to 0^+}\left(\ln\frac{1}{x}\right)^x = e^0 = 1$$

(12) $\lim\limits_{x\to 0^+} x^{\sin x} \xlongequal{0^0} \lim\limits_{x\to 0^+} e^{\sin x\cdot\ln x} = e^{\lim\limits_{x\to 0^+}\sin x\cdot\ln x}$

其中 $$\lim_{x\to 0^+}\sin x\cdot\ln x \xlongequal{0\cdot\infty} \lim_{x\to 0^+}\frac{\ln x}{\frac{1}{\sin x}} \xlongequal{\frac{\infty}{\infty}} \lim_{x\to 0^+}\frac{\frac{1}{x}}{\frac{-\cos x}{\sin^2 x}}$$

$$= \lim_{x\to 0^+}\frac{-\sin x}{x}\cdot\frac{\sin x}{\cos x} = 0$$

所以 $$\lim_{x\to 0^+} x^{\sin x} = e^0 = 1$$

(13) $\lim\limits_{x\to0}\left(\dfrac{a^x+b^x}{2}\right)^{\frac{3}{x}} \xlongequal{1^\infty} \lim\limits_{x\to0}e^{\frac{3}{x}\ln\frac{a^x+b^x}{2}} = e^{\lim\limits_{x\to0}\frac{3}{x}[\ln(a^x+b^x)-\ln2]}$

其中 $\lim\limits_{x\to0}\dfrac{3}{x}[\ln(a^x+b^x)-\ln2] \xlongequal{\infty\cdot0} 3\lim\limits_{x\to0}\dfrac{\ln(a^x+b^x)-\ln2}{x}$

$$\xlongequal{\frac{0}{0}} 3\lim_{x\to0}\frac{a^x\ln a+b^x\ln b}{a^x+b^x}=\frac{3}{2}\ln ab$$

所以 $\lim\limits_{x\to0}\left(\dfrac{a^x+b^x}{2}\right)^{\frac{3}{x}}=e^{\frac{3}{2}\ln ab}=(ab)^{\frac{3}{2}}$

注释 对“1^∞”“0^0”“∞^0”三种类型的未定式 $\lim f(x)^{g(x)}$，可用

$$\lim f(x)^{g(x)}=\lim e^{g(x)\ln f(x)}=e^{\lim g(x)\ln f(x)}$$

将所求极限改变为在指数上求“$0\cdot\infty$”型未定式的极限，然后转化为“$\frac{0}{0}$”型或“$\frac{\infty}{\infty}$”型，即可使用洛必达法则.

若 $\lim g(x)\ln f(x)=k$（有限数），则 $\lim f(x)^{g(x)}=e^k$；若 $k=0$，则 $\lim f(x)^{g(x)}=1$.

若 $\lim g(x)\ln f(x)=-\infty$，则 $\lim f(x)^{g(x)}=0$.

若 $\lim g(x)\ln f(x)=+\infty$，则 $\lim f(x)^{g(x)}=+\infty$.

有时对某些未定式求极限时，需要将洛必达法则与其他求极限的方法结合起来使用.

10. 求下列极限：

(1) $\lim\limits_{x\to0}\dfrac{\sqrt{1+x^3}-1}{1-\cos\sqrt{x-\sin x}}$　　(2) $\lim\limits_{x\to0}\dfrac{\sqrt{1+\tan x}-\sqrt{1+\sin x}}{x\ln(1+x)-x^2}$

解：(1) $\lim\limits_{x\to0}\dfrac{\sqrt{1+x^3}-1}{1-\cos\sqrt{x-\sin x}}$

这是一个“$\frac{0}{0}$”型未定式的极限，先采用等价无穷小量代换，再使用洛必达法则.

因 $\sqrt[n]{1+x}-1\sim\dfrac{x}{n}\quad(x\to0)$，故有 $\sqrt{1+x^3}-1\sim\dfrac{x^3}{2}\quad(x\to0)$.

因 $1-\cos x\sim\dfrac{1}{2}x^2\quad(x\to0)$，故有

$$1-\cos\sqrt{x-\sin x}\sim\frac{1}{2}(\sqrt{x-\sin x})^2\quad(x\to0)$$

所以 $\lim\limits_{x\to0}\dfrac{\sqrt{1+x^3}-1}{1-\cos\sqrt{x-\sin x}}=\lim\limits_{x\to0}\dfrac{\frac{1}{2}x^3}{\frac{1}{2}(x-\sin x)}\xlongequal{\frac{0}{0}}\lim\limits_{x\to0}\dfrac{3x^2}{1-\cos x}$

$$\xlongequal{\frac{0}{0}}\lim_{x\to0}\frac{6x}{\sin x}=6$$

(2) $\lim\limits_{x\to0}\dfrac{\sqrt{1+\tan x}-\sqrt{1+\sin x}}{x\ln(1+x)-x^2}$

这是一个“$\dfrac{0}{0}$”型未定式的极限，先将分子有理化，再把能用其他方法求出极限的部分以实值代入，然后使用洛必达法则.

$$\lim_{x\to0}\frac{\sqrt{1+\tan x}-\sqrt{1+\sin x}}{x\ln(1+x)-x^2}$$

$$=\lim_{x\to0}\frac{\tan x-\sin x}{x[\ln(1+x)-x]}\cdot\frac{1}{\sqrt{1+\tan x}+\sqrt{1+\sin x}}$$

$$=\lim_{x\to0}\frac{1}{\sqrt{1+\tan x}+\sqrt{1+\sin x}}\cdot\lim_{x\to0}\left(\frac{\sin x}{x}\cdot\frac{1}{\cos x}\right)\cdot\lim_{x\to0}\frac{1-\cos x}{\ln(1+x)-x}$$

$$=\frac{1}{2}\lim_{x\to0}\frac{1-\cos x}{\ln(1+x)-x}$$

$$\overset{\frac{0}{0}}{=\!=}\frac{1}{2}\lim_{x\to0}\frac{\sin x}{\frac{1}{1+x}-1}=\frac{1}{2}\lim_{x\to0}\frac{\sin x}{\frac{-x}{1+x}}$$

$$=-\frac{1}{2}\lim_{x\to0}(1+x)\cdot\lim_{x\to0}\frac{\sin x}{x}=-\frac{1}{2}$$

注释 把可以用其他方法求出极限的部分分离出来，用实值代入，以简化运算.

11. 设函数 $f(x)=\begin{cases}\dfrac{\ln(1+kx)}{x}, & x\neq0\\ -1, & x=0\end{cases}$，若 $f(x)$ 在点 $x=0$ 处可导，求 k 与 $f'(0)$ 的值.

解: $f(x)$ 在点 $x=0$ 处可导，则必连续，故有

$$\lim_{x\to0}f(x)=\lim_{x\to0}\frac{\ln(1+kx)}{x}\overset{\frac{0}{0}}{=\!=}\lim_{x\to0}\frac{k}{1+kx}=k=f(0)=-1$$

所以可得 $k=-1$.

$$f'(0)=\lim_{x\to0}\frac{f(x)-f(0)}{x}=\lim_{x\to0}\frac{\frac{\ln(1-x)}{x}+1}{x}$$

$$=\lim_{x\to0}\frac{\ln(1-x)+x}{x^2}\overset{\frac{0}{0}}{=\!=}\lim_{x\to0}\frac{-\frac{1}{1-x}+1}{2x}$$

$$=\lim_{x\to0}\frac{-x}{2x(1-x)}=\lim_{x\to0}\frac{-1}{2(1-x)}=-\frac{1}{2}$$

所以 $f'(0)=-\dfrac{1}{2}$.

12. 设函数 $f(x)=\begin{cases}\dfrac{1-\cos x}{x^2}, & x>0\\ k, & x=0\\ \dfrac{1}{x}-\dfrac{1}{e^x-1}, & x<0\end{cases}$，当 k 为何值时，$f(x)$ 在点 $x=0$ 处连续?

解： $\lim\limits_{x\to0^+}f(x)=\lim\limits_{x\to0^+}\dfrac{1-\cos x}{x^2}\overset{\frac{0}{0}}{=\!=}\lim\limits_{x\to0^+}\dfrac{\sin x}{2x}=\dfrac{1}{2}$

$\lim\limits_{x\to0^-}f(x)=\lim\limits_{x\to0^-}\left(\dfrac{1}{x}-\dfrac{1}{e^x-1}\right)\overset{\infty-\infty}{=\!=\!=}\lim\limits_{x\to0^-}\dfrac{e^x-1-x}{x(e^x-1)}$

$$\overset{\frac{0}{0}}{=\!=}\lim_{x\to0^-}\frac{e^x-1}{e^x-1+xe^x}\overset{\frac{0}{0}}{=\!=}\lim_{x\to0^-}\frac{e^x}{e^x+e^x+xe^x}=\frac{1}{2}$$

若 $f(x)$ 在点 $x=0$ 处连续，则有 $\lim\limits_{x\to0^-}f(x)=\lim\limits_{x\to0^+}f(x)=f(0)$，即 $k=\dfrac{1}{2}$. 于是可得，当 $k=\dfrac{1}{2}$ 时，$f(x)$ 在点 $x=0$ 处连续.

13. 设 $f(x)=\begin{cases}e^{-\frac{1}{x^2}}, & x\neq0\\ 0, & x=0\end{cases}$，证明 $f'(x)$ 在点 $x=0$ 处连续.

证： $f'(0)=\lim\limits_{x\to0}\dfrac{f(x)-f(0)}{x}=\lim\limits_{x\to0}\dfrac{e^{-\frac{1}{x^2}}-0}{x}$

$$=\lim_{x\to0}\frac{\frac{1}{x}}{e^{\frac{1}{x^2}}}\overset{\frac{\infty}{\infty}}{=\!=}\lim_{x\to0}\frac{-\frac{1}{x^2}}{-\frac{2}{x^3}e^{\frac{1}{x^2}}}$$

$$=\lim_{x\to0}\frac{x}{2e^{\frac{1}{x^2}}}=0$$

所以 $$f'(x)=\begin{cases}\dfrac{2}{x^3}e^{-\frac{1}{x^2}}, & x\neq0\\ 0, & x=0\end{cases}$$

$$\lim_{x\to0}f'(x)=\lim_{x\to0}\left(\frac{2}{x^3}e^{-\frac{1}{x^2}}\right)\overset{0\cdot\infty}{=\!=\!=}\lim_{x\to0}\frac{\frac{2}{x^3}}{e^{\frac{1}{x^2}}}\overset{\frac{\infty}{\infty}}{=\!=}\lim_{x\to0}\frac{-\frac{6}{x^4}}{-\frac{2}{x^3}e^{\frac{1}{x^2}}}$$

$$=\lim_{x\to0}\frac{\frac{3}{x}}{e^{\frac{1}{x^2}}}\overset{\frac{\infty}{\infty}}{=\!=}\lim_{x\to0}\frac{-\frac{3}{x^2}}{-\frac{2}{x^3}e^{\frac{1}{x^2}}}=\lim_{x\to0}\frac{3x}{2e^{\frac{1}{x^2}}}=0$$

$$\lim_{x\to0}f'(x)=0=f'(0)$$

所以 $f'(x)$ 在点 $x=0$ 处连续.

14. 求下列函数的单调增减区间：

(1) $y=3x^2+6x+5$　　(2) $y=x^3+x$

(3) $y=x^4-2x^2+2$　　(4) $y=x-e^x$

(5) $y=\dfrac{x^2}{1+x}$　　(6) $y=2x^2-\ln x$

解：(1) $y=3x^2+6x+5$

$$y' = 6x + 6 = 6(x+1)$$

令 $y' = 0$，得 $x = -1$.

当 $x \in (-\infty, -1)$ 时，$y' < 0$；当 $x \in (-1, +\infty)$ 时，$y' > 0$.

所以在 $(-\infty, -1)$ 内函数单调减少；在$(-1, +\infty)$ 内函数单调增加.

(2) $y = x^3 + x$

$$y' = 3x^2 + 1$$

对任意 $x \in (-\infty, +\infty)$，$y' > 0$，所以在 $(-\infty, +\infty)$ 内函数单调增加.

(3) $y = x^4 - 2x^2 + 2$

$$y' = 4x^3 - 4x = 4x(x^2 - 1)$$

令 $y' = 0$，得 $x = 0$，$x = \pm 1$.

$$x \in (-\infty, -1),\ y' < 0;\ x \in (-1, 0),\ y' > 0$$

$$x \in (0, 1),\ y' < 0;\ x \in (1, +\infty),\ y' > 0$$

所以在 $(-\infty, -1)$ 内及$(0, 1)$ 内函数单调减少；在$(-1, 0)$ 内及$(1, +\infty)$ 内函数单调增加.

(4) $y = x - e^x$

$$y' = 1 - e^x$$

令 $y' = 0$，得 $x = 0$.

$$x \in (-\infty, 0),\ y' > 0;\ x \in (0, +\infty),\ y' < 0$$

所以在$(-\infty, 0)$ 内函数单调增加；在$(0, +\infty)$ 内函数单调减少.

(5) $y = \dfrac{x^2}{1+x}$

$$y' = \frac{2x(1+x) - x^2}{(1+x)^2} = \frac{2x + x^2}{(1+x)^2}$$

令 $y' = 0$，得 $x = 0$，$x = -2$. 依题意可知 $x \neq -1$，则

$$x \in (-\infty, -2),\ y' > 0$$

$$x \in (-2, -1) \cup (-1, 0),\ y' < 0$$

$$x \in (0, +\infty),\ y' > 0$$

所以在 $(-\infty, -2)$ 内及$(0, +\infty)$ 内函数单调增加；在 $(-2, -1) \cup (-1, 0)$ 内函数单调减少.

(6) $y = 2x^2 - \ln x$

依题意可知 $x > 0$

$$y' = 4x - \frac{1}{x} = \frac{4x^2 - 1}{x}$$

令 $y' = 0$，得 $x = \pm\dfrac{1}{2}$. $x = -\dfrac{1}{2}$ 不在定义域内，舍去.

$$x \in \left(0, \frac{1}{2}\right),\ y' < 0;\ x \in \left(\frac{1}{2}, +\infty\right),\ y' > 0$$

所以在 $\left(0, \dfrac{1}{2}\right)$ 内函数单调减少；在 $\left(\dfrac{1}{2}, +\infty\right)$ 内函数单调增加.

注释　函数的驻点、不可导点、间断点都有可能是单调区间的分界点.

15. 若 $0 < x_1 < x_2 < 2$，证明：

$$\frac{e^{x_1}}{x_1^2} > \frac{e^{x_2}}{x_2^2}$$

证：设 $f(x) = \frac{e^x}{x^2}$，$x \in (0, 2)$

$$f'(x) = \frac{x^2 e^x - 2xe^x}{x^4} = \frac{xe^x(x-2)}{x^4} < 0$$

所以 $f(x)$ 单调减少. 根据题设 $0 < x_1 < x_2 < 2$，所以有

$$f(x_1) > f(x_2)$$

即

$$\frac{e^{x_1}}{x_1^2} > \frac{e^{x_2}}{x_2^2}$$

16. 证明函数 $y = x - \ln(1 + x^2)$ 单调增加.

证：函数的定义域为$(-\infty, +\infty)$.

$$y' = 1 - \frac{2x}{1+x^2} = \frac{(x-1)^2}{1+x^2} \geqslant 0$$

等号只在 $x = 1$ 时成立，所以函数 $y = x - \ln(1 + x^2)$ 在其定义域内单调增加.

17. 证明函数 $y = \sin x - x$ 单调减少.

证：函数的定义域为$(-\infty, +\infty)$.

$$y' = \cos x - 1 \leqslant 0$$

等号只在孤立点 $x = 2n\pi$ $(n = 0, \pm 1, \pm 2, \cdots)$ 处成立，所以函数 $y = \sin x - x$ 在其定义域内单调减少.

18. 求下列函数的极值：

(1) $y = x^3 - 3x^2 + 7$　　(2) $y = \frac{2x}{1+x^2}$

(3) $y = \sqrt{2 + x - x^2}$　　(4) $y = x^2 e^{-x}$

(5) $y = (x+1)^{\frac{2}{3}}(x-5)^2$　　(6) $y = 3 - \sqrt[3]{(x-2)^2}$

(7) $y = (x-1)\sqrt[3]{x^2}$　　(8) $y = \frac{x^3}{(x-1)^2}$

解：(1) $y = x^3 - 3x^2 + 7$

$$y' = 3x^2 - 6x$$

令 $y' = 0$，得 $x = 0$，$x = 2$.

列表如下(见表 4-1)：

表 4-1

x	$(-\infty, 0)$	0	$(0, 2)$	2	$(2, +\infty)$
y'	+	0	−	0	+
y	↗	7 极大值	↘	3 极小值	↗

所以函数在点 $x=0$ 处取得极大值 7；在点 $x=2$ 处取得极小值 3.

(2) $y=\dfrac{2x}{1+x^2}$

$$y'=\frac{2(1+x^2)-4x^2}{(1+x^2)^2}=\frac{2-2x^2}{(1+x^2)^2}$$

令 $y'=0$，得 $x=\pm 1$.

列表如下(见表 4-2)：

表 4-2

x	$(-\infty,-1)$	-1	$(-1,1)$	1	$(1,+\infty)$
y'	$-$	0	$+$	0	$-$
y	↘	-1 极小值	↗	1 极大值	↘

所以函数在点 $x=-1$ 处取得极小值 -1，在点 $x=1$ 处取得极大值 1.

(3) $y=\sqrt{2+x-x^2}$

$$y'=\frac{1-2x}{2\sqrt{2+x-x^2}}$$

令 $y'=0$，得 $x=\dfrac{1}{2}$.

函数的定义域为 $[-1,2]$.

列表如下(见表 4-3)：

表 4-3

x	$\left[-1,\frac{1}{2}\right)$	$\frac{1}{2}$	$\left(\frac{1}{2},2\right]$
y'	$+$	0	$-$
y	↗	$\frac{3}{2}$ 极大值	↘

所以函数在点 $x-\dfrac{1}{2}$ 处取得极大值 $\dfrac{3}{2}$.

(4) $y=x^2\mathrm{e}^{-x}$

$$y'=2x\mathrm{e}^{-x}-x^2\mathrm{e}^{-x}=x(2-x)\mathrm{e}^{-x}$$

令 $y'=0$，得 $x=0$，$x=2$.

列表如下(见表 4-4)：

表 4-4

x	$(-\infty,0)$	0	$(0,2)$	2	$(2,+\infty)$
y'	$-$	0	$+$	0	$-$
y	↘	0 极小值	↗	$\frac{4}{\mathrm{e}^2}$ 极大值	↘

所以函数在点 $x=0$ 处取得极小值 0；在点 $x=2$ 处取得极大值$\frac{4}{e^2}$.

(5) $y=(x+1)^{\frac{2}{3}}(x-5)^2$

$$y'=\frac{2}{3}(x+1)^{-\frac{1}{3}}(x-5)^2+2(x-5)(x+1)^{\frac{2}{3}}$$
$$=\frac{2(x-5)(x-5+3x+3)}{3(x+1)^{\frac{1}{3}}}$$
$$=\frac{4(x-5)(2x-1)}{3(x+1)^{\frac{1}{3}}}$$

令 $y'=0$，得 $x=5$，$x=\frac{1}{2}$；令 $\frac{1}{y'}=0$，得 $x=-1$.

在点 $x=-1$ 处函数不可导，但函数连续，而且导数经过点 $x=-1$ 时改变符号，所以 $x=-1$ 是极值点.

列表如下(见表 4－5)：

表 4－5

x	$(-\infty, -1)$	-1	$\left(-1, \frac{1}{2}\right)$	$\frac{1}{2}$	$\left(\frac{1}{2}, 5\right)$	5	$(5, +\infty)$
y'	$-$	∞	$+$	0	$-$	0	$+$
y	↘	0 极小值	↗	$\frac{81}{8}\sqrt[3]{18}$ 极大值	↘	0 极小值	↗

所以函数在点 $x=-1$ 处取得极小值 0；在点 $x=\frac{1}{2}$ 处取得极大值$\frac{81}{8}\sqrt[3]{18}$；在点 $x=5$ 处取得极小值 0.

(6) $y=3-\sqrt[3]{(x-2)^2}$

$$y'=-\frac{2}{3}(x-2)^{-\frac{1}{3}}=-\frac{2}{3\sqrt[3]{x-2}}$$

$y'\neq 0$；令 $\frac{1}{y'}=0$，得 $x=2$.

列表如下(见表 4－6)：

表 4－6

x	$(-\infty, 2)$	2	$(2, +\infty)$
y'	$+$	∞	$-$
y	↗	3 极大值	↘

所以函数在点 $x=2$ 处取得极大值 3.

(7) $y=(x-1)\sqrt[3]{x^2}$

$$y'=\sqrt[3]{x^2}+\frac{2}{3}x^{-\frac{1}{3}}(x-1)=\frac{3x+2x-2}{3\sqrt[3]{x}}=\frac{5x-2}{3\sqrt[3]{x}}$$

令 $y'=0$，得 $x=\frac{2}{5}$；令$\frac{1}{y'}=0$，得 $x=0$.

列表如下(见表 4-7)：

表 4-7

x	$(-\infty, 0)$	0	$\left(0, \frac{2}{5}\right)$	$\frac{2}{5}$	$\left(\frac{2}{5}, +\infty\right)$
y'	+	∞	−	0	+
y	↗	0 极大值	↘	$-\frac{3}{25}\sqrt[3]{20}$ 极小值	↗

所以函数在点 $x=0$ 处取得极大值 0；在点 $x=\frac{2}{5}$ 处取得极小值$-\frac{3}{25}\sqrt[3]{20}$.

(8) $y=\frac{x^3}{(x-1)^2}$

$$y'=\frac{3x^2(x-1)^2-2(x-1)x^3}{(x-1)^4}$$

$$=\frac{x^3-3x^2}{(x-1)^3}=\frac{x^2(x-3)}{(x-1)^3}$$

令 $y'=0$，得 $x=0$，$x=3$；令 $\frac{1}{y'}=0$，得 $x=1$.

列表如下(见表 4-8，由于 $x=0$ 不改变 y' 的符号，故不必将其列在表中讨论)：

表 4-8

x	$(-\infty, 1)$	1	$(1, 3)$	3	$(3, +\infty)$
y'	+	∞	−	0	+
y	↗	间断点	↘	$\frac{27}{4}$ 极小值	↗

所以函数在点 $x=3$ 处取得极小值$\frac{27}{4}$.

注释 函数 $f(x)$ 在点 $x=x_0$ 处取得极值：

(ⅰ) 必要条件：$f'(x_0)=0$ 或 $f'(x_0)$ 不存在.

(ⅱ) 充分条件(Ⅰ)：设点 $x=x_0$ 是 $f(x)$ 的驻点或不可导的连续点，且 $f(x)$ 在 x_0 的某空心邻域内可导. 若当 x 逐渐从小到大经过 x_0 时，$f'(x)$ 的符号由正(负)变负(正)，则 $f(x_0)$ 是 $f(x)$ 的极大(小)值.

充分条件(Ⅱ)：$f'(x_0)=0$ 且 $f''(x)\neq 0$，若 $f''(x_0)<0(f''(x)>0)$，则 $f(x_0)$ 为 $f(x)$ 的极大(小)值.

(ⅲ) $f(x)$ 在驻点处取得极值，该点导数等于0，因此切线平行于 x 轴，函数图形在该点为“光滑点”. 在函数连续但导数不存在的点处，如 $\dfrac{1}{f'(x_0)}=0$，切线垂直于 x 轴；如果 $f'_-(x_0)\neq f'_+(x_0)$，切线不存在，函数图形在这些点处为“尖点”，如图4-1所示.

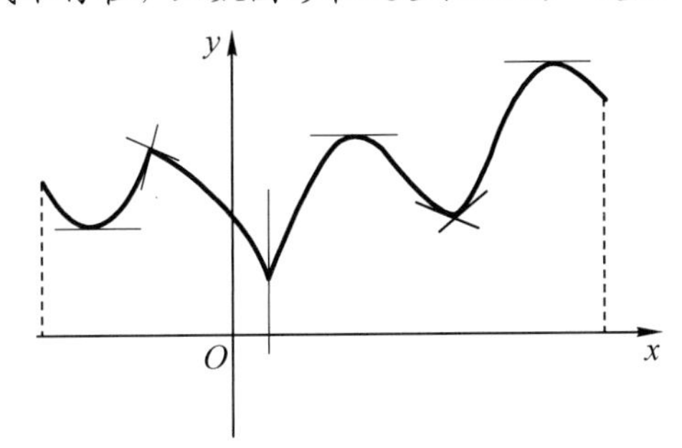

图4-1

19. 利用二阶导数，判断下列函数的极值：

(1) $y=x^3-3x^2-9x-5$　　(2) $y=(x-3)^2(x-2)$

(3) $y=2x-\ln(4x)^2$　　(4) $y=2e^x+e^{-x}$

解：(1) $y=x^3-3x^2-9x-5$

$$y'=3x^2-6x-9=3(x^2-2x-3)=3(x+1)(x-3)$$

$$y''=6x-6$$

令 $y'=0$，得 $x=-1$，$x=3$.

$$y''\Big|_{x=-1}=-12<0,\ y''\Big|_{x=3}=12>0$$

所以在点 $x=-1$ 处函数取得极大值0；在点 $x=3$ 处函数取得极小值 -32.

(2) $y=(x-3)^2(x-2)$

$$y'=2(x-3)(x-2)+(x-3)^2=(x-3)(3x-7)$$

$$y''=3x-7+3(x-3)=6x-16=2(3x-8)$$

令 $y'=0$，得 $x=3$，$x=\dfrac{7}{3}$.

$$y''\Big|_{x=3}=2>0,\ y''\Big|_{x=\frac{7}{3}}=-2<0$$

所以在点 $x=3$ 处函数取得极小值0，在点 $x=\dfrac{7}{3}$ 处函数取得极大值 $\dfrac{4}{27}$.

(3) $y=2x-\ln(4x)^2$

$$y'=2-\frac{2}{x}=\frac{2(x-1)}{x}$$

$$y''=\frac{2}{x^2}$$

令 $y'=0$，得 $x=1$.

$$y''\Big|_{x=1}=2>0$$

所以在点 $x=1$ 处函数取得极小值 $2-4\ln 2$.

(4) $y=2e^x+e^{-x}$

$$y'=2e^x-e^{-x}=e^{-x}(2e^{2x}-1)$$

$$y''=2e^x+e^{-x}$$

令 $y'=0$，得 $x=-\dfrac{1}{2}\ln 2$.

$$y''\Big|_{x=-\frac{1}{2}\ln 2}=2\sqrt{2}>0$$

所以在点 $x=-\dfrac{1}{2}\ln 2$ 处函数取得极小值 $2\sqrt{2}$.

注释 当函数在驻点处二阶导数存在且计算不麻烦时，可用二阶导数判别极值. 即若 $f'(x_0)=0$，则当 $f''(x_0)>0$ 时，$f(x_0)$ 为极小值；当 $f''(x_0)<0$ 时，$f(x_0)$ 为极大值. 当 $f''(x_0)=0$ 时，须用其他方法判别.

20. 求下列函数在给定区间上的最大值与最小值：

(1) $y=x^4-2x^2+5$ $\quad[-2, 2]$

(2) $y=\ln(x^2+1)$ $\quad[-1, 2]$

(3) $y=\dfrac{x^2}{1+x}$ $\quad[-\dfrac{1}{2}, 1]$

(4) $y=x+\sqrt{x}$ $\quad[0, 4]$

解：(1) $y=y(x)=x^4-2x^2+5$

$$y'=4x^3-4x=4x(x^2-1)$$

令 $y'=0$，得驻点 $x=0$，$x=\pm 1$.

讨论给定区间端点与驻点的函数值：

$$y(-2)=13,\ y(-1)=4,\ y(0)=5,\ y(1)=4,\ y(2)=13$$

比较以上各函数值可知：

当 $x=\pm 2$ 时函数取得最大值 13；当 $x=\pm 1$ 时函数取得最小值 4.

(2) $y=y(x)=\ln(x^2+1)$

$$y'=\frac{2x}{x^2+1}$$

令 $y'=0$，得驻点 $x=0$.

计算给定区间端点与驻点的函数值：

$$y(-1)=\ln 2,\ y(0)=0,\ y(2)=\ln 5$$

比较以上各函数值可知：

当 $x=2$ 时函数取得最大值 $\ln 5$；当 $x=0$ 时函数取得最小值 0.

(3) $y=y(x)=\dfrac{x^2}{1+x}$

$$y'=\frac{2x(1+x)-x^2}{(1+x)^2}=\frac{x(2+x)}{(1+x)^2}$$

令 $y'=0$，得驻点 $x=0$，$x=-2$（在题目给定范围之外，舍去）.

计算给定区间端点与驻点的函数值：

$$y\left(-\frac{1}{2}\right)=\frac{1}{2}, y(0)=0, y(1)=\frac{1}{2}$$

比较以上各函数值可知：

当 $x=-\dfrac{1}{2}$ 及 $x=1$ 时函数取得最大值 $\dfrac{1}{2}$；当 $x=0$ 时函数取得最小值 0.

(4) $y=y(x)=x+\sqrt{x}$

$$y'=1+\frac{1}{2\sqrt{x}}>0$$

函数在 $[0, 4]$ 内单调增加.

计算给定区间端点的函数值：

$$y(0)=0, y(4)=6$$

所以当 $x=0$ 时函数取得最小值 0；当 $x=4$ 时函数取得最大值 6.

注释 闭区间上的最大值与最小值可由函数的驻点、不可导的连续点及区间端点的函数值相比较得出. 闭区间上的单调函数的最大值与最小值在区间端点处取得. 若某区间内的可导函数在该区间内仅有唯一极值，则该极大(小)值即最大(小)值.

21. 已知函数 $f(x)=ax^3-6ax^2+b(a>0)$，在区间$[-1, 2]$上的最大值为 3，最小值为 -29，求 a，b 的值.

解： $f'(x)=3ax^2-12ax$

令 $f'(x)=0$，得驻点 $x=0$，$x=4$(在给定区间之外，舍去).

$$f(-1)=-7a+b, f(0)=b, f(2)=-16a+b$$

因题设 $a>0$，那么有 $f(0)>f(-1)>f(2)$，所以 $f(0)=b$ 为最大值，$f(2)=-16a+b$ 为最小值.

根据题意可得 $b=3$，$-16a+3=-29$，$a=2$.

于是得出 $a=2$，$b=3$.

22. 欲做一个底为正方形，容积为 108 m^3 的长方体开口容器，怎样做所用材料最省？

解： 设底面正方形的边长为 x，则高

$$h=\frac{108}{x^2}$$

设容器的表面积为 A，则

$$A=x^2+4x\cdot\frac{108}{x^2}=x^2+\frac{432}{x}$$

$$A' = 2x - \frac{432}{x^2}$$

令 $A' = 0$，得 $x = 6$，$h = 3$，极值唯一. 根据问题的实际意义，此时 A 取得最小值.

所以做一个以 6 m 为底面边长、3 m 为高的长方体容器所用材料最省.

23. 欲用围墙围成面积为 216 m^2 的一块矩形土地，并在正中用一堵墙将其隔成两块，问这块土地的长和宽选取多大的尺寸，才能使所用建筑材料最省?

解：设矩形土地的长为 x，则宽 $y = \frac{216}{x}$. 设围墙总长度为 l，则

$$l = 2x + 3y = 2x + 3 \times \frac{216}{x}$$

$$l' = 2 - \frac{3 \times 216}{x^2} = \frac{2x^2 - 648}{x^2}$$

令 $l' = 0$，得 $2x^2 = 648$，$x = 18$，$y = 12$，极值唯一. 根据实际意义，此时 l 取得最小值.

所以矩形土地的长为 18 m、宽为 12 m 时所使用的建筑材料最省.

24. 欲做一个容积为 300 m^3 的无盖圆柱形蓄水池，已知池底单位造价为周围单位造价的两倍，问蓄水池的尺寸应怎样设计才能使总造价最低?

解：设蓄水池的底圆半径为 r，高为 h，则 $h = \frac{300}{\pi r^2}$. 设周围单位造价为 a，总造价为 p，则

$$p = \pi r^2 2a + 2\pi r \times \frac{300}{\pi r^2} \cdot a = 2a\pi r^2 + 2a \times \frac{300}{r}$$

$$p' = 4a\pi r - \frac{600a}{r^2}$$

令 $p' = 0$，得 $r = \sqrt[3]{\frac{150}{\pi}}$，$h = 2r$，极值唯一. 根据实际意义，此时 p 取得最小值.

所以当蓄水池底圆半径为 $\sqrt[3]{\frac{150}{\pi}}$ m、高等于底圆直径时总造价最低.

25. 一工厂 A 与铁路的垂直距离为 a 千米，它的垂足 B 到火车站 C 的铁路长度为 b 千米，工厂的产品必须经火车站 C 才能转销外地，现已知汽车运费为 m 元 /(吨 · 千米)，火车运费为 n 元 /(吨 · 千米)($m > n$). 为使运费最省，准备在铁路上的 B、C 之间另修一小站 M 作为转运站，问转运站应修在离火车站 C 多少千米处，才能使运费最省?

解：设 M 与 C 之间的距离为 x 千米，如图 4－2 所示，则 $AM = \sqrt{a^2 + (b-x)^2}$.

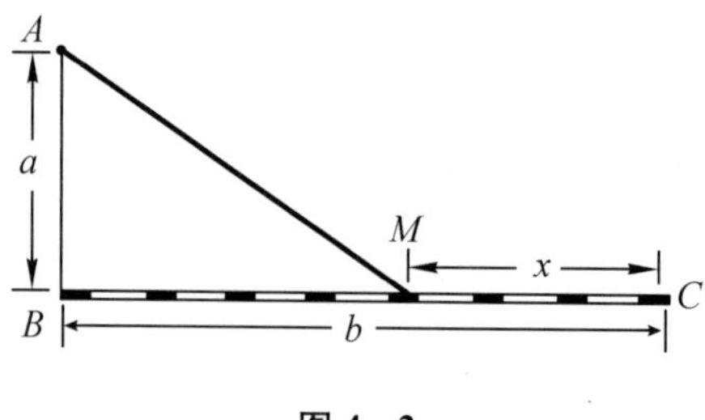

图 4－2

设从 A 经过 M 到 C 的总运费为 y，则

$$y=m\sqrt{a^2+(b-x)^2}+nx$$

$$y'=n-\frac{m(b-x)}{\sqrt{a^2+(b-x)^2}}$$

令 $y'=0$，得 $x=b\pm\frac{na}{\sqrt{m^2-n^2}}$. 因 $x<b$，故 $x=b-\frac{na}{\sqrt{m^2-n^2}}$，舍去$b+\frac{na}{\sqrt{m^2-n^2}}$，极值唯一. 根据实际意义，此时 y 取得最小值.

所以转运站 M 建在距火车站 $C\left(b-\frac{na}{\sqrt{m^2-n^2}}\right)$千米处时总运费最低.

26. 在一条公路的一侧有某单位的 A、B 两个加工点，A 到公路的距离 AC 为 1 km，B 到公路的距离 BD 为 1.5 km，CD 长为 3 km（如图 4－3 所示）. 该单位欲在公路旁边修建一个堆货场 M，并从 A、B 两个点各修一条直线道路通往堆货场 M，欲使 A 和 B 到 M 的道路总长最短，堆货场 M 应修在何处?

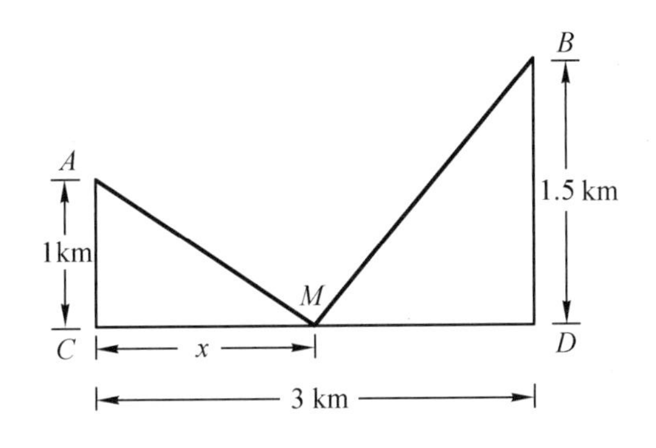

图 4－3

解: 设 CM 为 x km，设从 A 和 B 到 M 的道路总长为 y，则

$$y=\sqrt{1+x^2}+\sqrt{1.5^2+(3-x)^2}$$

$$y'=\frac{x}{\sqrt{1+x^2}}-\frac{3-x}{\sqrt{1.5^2+(3-x)^2}}$$

令 $y'=0$，得 $x=1.2$. 根据实际意义舍去负值，极值唯一，此时 y 取得最小值.

所以堆货场 M 建在 C 与 D 之间距离 C 点 1.2 km 处，从 A 和 B 到 M 的道路总长最短.

27. 用汽船拖载重相等的小船若干只，在两港之间来回运送货物. 已知每次拖 4 只小船，一日能来回 16 次，每次拖 7 只，则一日能来回 10 次. 如果小船增多的只数与来回减少的次数成正比，问每日来回多少次，每次拖多少只小船能使运货总量达到最大?

解: 设每次拖 x 只小船，一日来回 y 次，则有$\frac{7-4}{10-16}=\frac{x-4}{y-16}$，即

$$y=24-2x$$

设一日的运货总量为 p，则

$$p=yx=(24-2x)x=24x-2x^2$$

$$p'=24-4x$$

令 $p'=0$，得 $x=6$，$y=12$，极值唯一. 根据实际意义，此时 p 取得最大值.

所以当每次拖 6 只小船，每日来回 12 次时，运货总量最大.

28. 甲船以 20 km/h 的速度向东行驶，同一时间乙船在甲船正北 82 km 处以 16 km/h 的速度向南行驶，问经过多长时间两船距离最近?

解：设所经过的时间为 t，两船间的距离为 S，如图 4－4 所示，则

$$S=\sqrt{(82-16t)^2+(20t)^2}$$

$$S'=\frac{-(82-16t)\times 16+(20t)\times 20}{\sqrt{(82-16t)^2+(20t)^2}}$$

$$=\frac{656t-1\,312}{\sqrt{(82t-16t)^2+(20t)^2}}$$

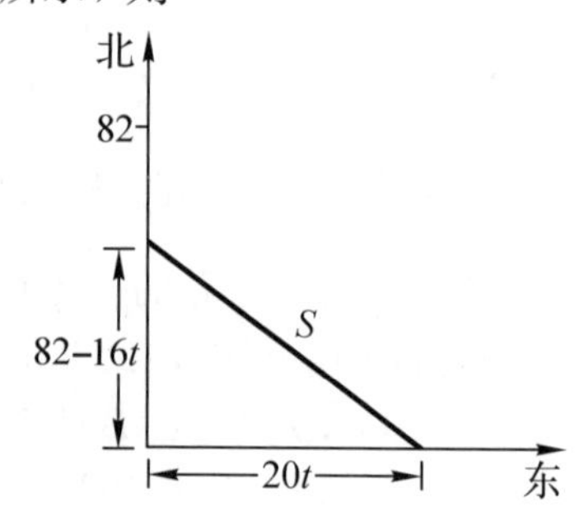

图 4－4

令 $S'=0$，得 $t=2$，极值唯一. 根据实际意义，此时 S 取得最小值.

所以经过 2 小时后，两船距离最近.

29. 对物体的长度进行了 n 次测量，得 n 个数 x_1，x_2，…，x_n，现在要确定一个量 x，使得它与测得的数值之差的平方和最小，x 应是多少?

解：设所要确定的量 x 与测得的数值之差的平方和为 y，则

$$y=(x-x_1)^2+(x-x_2)^2+\cdots+(x-x_n)^2$$

$$y'=2(x-x_1)+2(x-x_2)+\cdots+2(x-x_n)$$

$$=2[nx-(x_1+x_2+\cdots+x_n)]$$

令 $y'=0$，得 $x=\dfrac{x_1+x_2+\cdots+x_n}{n}=\dfrac{1}{n}\sum\limits_{i=1}^{n}x_i$.

当 $x<\dfrac{1}{n}\sum\limits_{i=1}^{n}x_i$ 时，$y'<0$；当 $x>\dfrac{1}{n}\sum\limits_{i=1}^{n}x_i$ 时，$y'>0$.

因此，$x=\dfrac{1}{n}\sum\limits_{i=1}^{n}x_i$ 时，y 取得极小值，极值唯一，且极小值即最小值.

所以 $x=\dfrac{1}{n}\sum\limits_{i=1}^{n}x_i$ 与测得的数值之差的平方和最小.

30. 某厂生产某种商品，其年销售量为 100 万件，每批生产需增加准备费1 000 元，而每件的库存费为0.05元. 如果年销售率是均匀的，且上批销售完后，立即再生产下一批(此时商品库存数为批量的一半)，问应分几批生产，能使生产准备费及库存费之和最少?

解：设 100 万件分 x 批生产，生产准备费及库存费之和为 y，则

$$y=1\,000x+\frac{1\,000\,000}{2x}\times 0.05$$

$$=1\,000x+\frac{25\,000}{x}$$

$$y'=1\,000-\frac{25\,000}{x^2}=\frac{1\,000(x^2-25)}{x^2}$$

令 $y'=0$，得 $x=\pm 5$. 根据实际意义，舍去负值，此时 y 取得最小值.

所以分 5 批生产，能使生产准备费及库存费之和最少.

31. 某商店每年销售某种商品 a 件，每次购进的手续费为 b 元，而每件的库存费为 c 元/年. 若该商品均匀销售，且上批销完立即进下一批货，问商店应分几批购进此种商品，能使所用的手续费及库存费总和最少?

解: 设分 x 批进货，手续费及库存费总和为 y，则

$$y = bx + \frac{a}{2x} \times c$$

$$y' = b - \frac{ac}{2x^2} = \frac{2bx^2 - ac}{2x^2}$$

令 $y' = 0$，得 $x = \pm\sqrt{\frac{ac}{2b}}$. 根据实际意义，舍去负值，极值唯一. 此时 y 取得最小值.

所以每年进货 $\sqrt{\frac{ac}{2b}}$ 批，能使手续费及库存费总和最少.

32. 确定下列曲线的凹向与拐点:

(1) $y = x^2 - x^3$　　(2) $y = 3x^5 - 5x^3$

(3) $y = \ln(1 + x^2)$　　(4) $y = \frac{2x}{1 + x^2}$

(5) $y = xe^x$　　(6) $y = e^{-x}$

(7) $y = x^{\frac{1}{3}}$

解: (1) $y = x^2 - x^3$

$y' = 2x - 3x^2$，$y'' = 2 - 6x$

令 $y'' = 0$，得 $x = \frac{1}{3}$.

结果列表如下(见表 4-9):

表 4-9

x	$\left(-\infty, \frac{1}{3}\right)$	$\frac{1}{3}$	$\left(\frac{1}{3}, +\infty\right)$
y''	+	0	−
y	∪	$\frac{2}{27}$ 拐点	∩

(2) $y = 3x^5 - 5x^3$

$y' = 15x^4 - 15x^2$

$y'' = 60x^3 - 30x = 30x(2x^2 - 1)$

令 $y'' = 0$，得 $x = \pm\frac{\sqrt{2}}{2}$，$x = 0$.

结果列表如下(见表 4-10):

表 4-10

x	$\left(-\infty,-\frac{\sqrt{2}}{2}\right)$	$-\frac{\sqrt{2}}{2}$	$\left(-\frac{\sqrt{2}}{2},0\right)$	0	$\left(0,\frac{\sqrt{2}}{2}\right)$	$\frac{\sqrt{2}}{2}$	$\left(\frac{\sqrt{2}}{2},+\infty\right)$
y''	$-$	0	$+$	0	$-$	0	$+$
y	$\cap$	$\frac{7}{8}\sqrt{2}$ 拐点	$\cup$	0 拐点	$\cap$	$-\frac{7}{8}\sqrt{2}$ 拐点	$\cup$

(3) $y=\ln(1+x^2)$

$$y'=\frac{2x}{1+x^2}$$

$$y''=\frac{2(1+x^2)-4x^2}{(1+x^2)^2}=\frac{2-2x^2}{(1+x^2)^2}$$

令 $y''=0$，得 $x=\pm 1$.

结果列表如下(见表 4-11)：

表 4-11

x	$(-\infty,-1)$	-1	$(-1,1)$	1	$(1,+\infty)$
y''	$-$	0	$+$	0	$-$
y	$\cap$	ln2 拐点	$\cup$	ln2 拐点	$\cap$

(4) $y=\dfrac{2x}{1+x^2}$

$$y'=\frac{2(1+x^2)-4x^2}{(1+x^2)^2}=\frac{2(1-x^2)}{(1+x^2)^2}$$

$$y''=\frac{-4x(1+x^2)^2-8x(1+x^2)(1-x^2)}{(1+x^2)^4}$$

$$=\frac{-4x-4x^3-8x+8x^3}{(1+x^2)^3}$$

$$=\frac{4x(x^2-3)}{(1+x^2)^3}$$

令 $y''=0$，得 $x=\pm\sqrt{3}$，$x=0$.

结果列表如下(见表 4-12)：

表 4-12

x	$(-\infty,-\sqrt{3})$	$-\sqrt{3}$	$(-\sqrt{3},0)$	0	$(0,\sqrt{3})$	$\sqrt{3}$	$(\sqrt{3},+\infty)$
y''	$-$	0	$+$	0	$-$	0	$+$
y	$\cap$	$\frac{-\sqrt{3}}{2}$ 拐点	$\cup$	0 拐点	$\cap$	$\frac{\sqrt{3}}{2}$ 拐点	$\cup$

(5) $y = xe^x$

$y' = e^x + xe^x$

$y'' = e^x(x+2)$

令 $y'' = 0$，得 $x = -2$.

结果列表如下(见表 4-13)：

表 4-13

x	$(-\infty, -2)$	-2	$(-2, +\infty)$
y''	$-$	0	$+$
y	$\cap$	$-\frac{2}{e^2}$ 拐点	$\cup$

(6) $y = e^{-x}$

$y' = -e^{-x}$

$y'' = e^{-x} > 0$

所以 $y = e^{-x}$ 在 $(-\infty, +\infty)$ 内上凹，无拐点.

(7) $y = x^{\frac{1}{3}}$

$$y' = \frac{1}{3}x^{-\frac{2}{3}}$$

$$y'' = -\frac{2}{9}x^{-\frac{5}{3}} = -\frac{2}{9x\sqrt[3]{x^2}}$$

$y'' \neq 0$；令 $\frac{1}{y''} = 0$，得 $x = 0$.

结果列表如下(见表 4-14)：

表 4-14

x	$(-\infty, 0)$	0	$(0, +\infty)$
y''	$+$	∞	$-$
y	$\cup$	0 拐点	$\cap$

注释　$(x_0, f(x_0))$ 为 $f(x)$ 的拐点的充分条件是：$f''(x_0) = 0$；或 $f''(x_0)$ 不存在，$f(x)$ 在点 x_0 处连续，$f''(x)$ 在点 x_0 左右邻近处异号.

33. 若曲线 $y = ax^3 + bx^2 + cx + d$ 在点 $x = 0$ 处有极值 $y = 0$，点(1, 1)为拐点，求 a，b，c，d 的值.

解：$y = ax^3 + bx^2 + cx + d$

$y' = 3ax^2 + 2bx + c$

$y'' = 6ax + 2b$

由题设，点 $x=0$ 处有极值 $y=0$，即当 $x=0$ 时 $y=0$，可得 $d=0$.

由点 $x=0$ 处有极值，可知 $y'\Big|_{x=0}=0$，可得 $c=0$.

由题设，点(1，1)是拐点，则 $y''\Big|_{x=1}=0$，可得 $3a+b=0$.

由 $x=1$ 时 $y=1$，有 $a+b=1$.

解方程组$\begin{cases}3a+b=0\\a+b=1\end{cases}$，可得 $a=-\frac{1}{2}$，$b=\frac{3}{2}$.

于是得出：$a=-\frac{1}{2}$，$b=\frac{3}{2}$，$c=0$，$d=0$.

34. 求曲线 $y=\frac{x}{e^x}$ 在拐点处的切线方程.

解：$y'=\frac{1-x}{e^x}$，$y''=\frac{x-2}{e^x}$

令 $y''=0$，得 $x=2$. 当 $x=2$ 时，$y=\frac{2}{e^2}$.

当 $x<2$ 时，$y''<0$，当 $x>2$ 时，$y''>0$，所以 $\left(2，\frac{2}{e^2}\right)$ 是曲线的拐点.

点 $\left(2，\frac{2}{e^2}\right)$ 处的切线斜率为 $y'\Big|_{x=2}=-\frac{1}{e^2}$，于是，切线方程为

$$y-\frac{2}{e^2}=-\frac{1}{e^2}(x-2)$$

即
$$y=\frac{1}{e^2}(4-x)$$

35. 求下列曲线的渐近线：

(1) $y=e^x$　　(2) $y=e^{-x^2}$

(3) $y=\ln x$　　(4) $y=e^{-\frac{1}{x}}$

(5) $y=\frac{e^x}{1+x}$　　(6) $y=x+e^{-x}$

(7) $y=xe^{\frac{1}{x^2}}$　　(8) $y=\frac{x^3}{(x-1)^2}$

解：(1) $y=e^x$

因为 $\lim\limits_{x\to-\infty}e^x=0$，所以 $y=0$ 是曲线 $y=e^x$ 的水平渐近线.

(2) $y=e^{-x^2}$

因为 $\lim\limits_{x\to\infty}e^{-x^2}=0$，所以 $y=0$ 是曲线 $y=e^{-x^2}$ 的水平渐近线.

(3) $y=\ln x$

因为 $\lim\limits_{x\to0^+}\ln x=-\infty$，所以 $x=0$ 是曲线 $y=\ln x$ 的铅垂渐近线.

(4) $y=e^{-\frac{1}{x}}$

因为 $\lim\limits_{x\to\infty}e^{-\frac{1}{x}}=1$，$\lim\limits_{x\to0^-}e^{-\frac{1}{x}}=+\infty$，所以 $y=1$ 是曲线 $y=e^{-\frac{1}{x}}$ 的水平渐近线，$x=0$ 是曲线 $y=e^{-\frac{1}{x}}$ 的铅垂渐近线.

(5) $y=\dfrac{e^x}{1+x}$

因为 $\lim\limits_{x\to-\infty}\dfrac{e^x}{1+x}=0$，$\lim\limits_{x\to-1}\dfrac{e^x}{1+x}=\infty$，所以 $y=0$ 是曲线 $y=\dfrac{e^x}{1+x}$ 的水平渐近线，$x=-1$ 是曲线 $y=\dfrac{e^x}{1+x}$ 的铅垂渐近线.

(6) $y=x+e^{-x}$

因为 $\lim\limits_{x\to+\infty}\dfrac{y}{x}=\lim\limits_{x\to+\infty}\dfrac{x+e^{-x}}{x}=\lim\limits_{x\to+\infty}\left(1+\dfrac{1}{xe^x}\right)=1$

$$\lim_{x\to+\infty}(y-1\times x)=\lim_{x\to+\infty}(x+e^{-x}-x)=\lim_{x\to+\infty}e^{-x}=0$$

所以 $y=x$ 是曲线 $y=x+e^{-x}$ 的斜渐近线.

(7) $y=xe^{\frac{1}{x^2}}$

因为 $\lim\limits_{x\to\infty}\dfrac{y}{x}=\lim\limits_{x\to\infty}\dfrac{xe^{\frac{1}{x^2}}}{x}=\lim\limits_{x\to\infty}e^{\frac{1}{x^2}}=1$

$$\lim_{x\to\infty}(y-1\times x)=\lim_{x\to\infty}(xe^{\frac{1}{x^2}}-x)$$

$$\xlongequal{\infty-\infty}\lim_{x\to\infty}\frac{e^{\frac{1}{x^2}}-1}{\dfrac{1}{x}}\xlongequal{\frac{0}{0}}\lim_{x\to\infty}\frac{-\dfrac{2}{x^3}e^{\frac{1}{x^2}}}{-\dfrac{1}{x^2}}=\lim_{x\to\infty}\frac{2e^{\frac{1}{x^2}}}{x}=0$$

所以 $y=x$ 是曲线 $y=xe^{\frac{1}{x^2}}$ 的斜渐近线.

因为 $\lim\limits_{x\to0}xe^{\frac{1}{x^2}}\xlongequal{0\cdot\infty}\lim\limits_{x\to0}\dfrac{e^{\frac{1}{x^2}}}{\dfrac{1}{x}}\xlongequal{\frac{\infty}{\infty}}\lim\limits_{x\to0}\dfrac{-\dfrac{2}{x^3}e^{\frac{1}{x^2}}}{-\dfrac{1}{x^2}}=\lim\limits_{x\to0}\dfrac{2e^{\frac{1}{x^2}}}{x}=\infty$

所以 $x=0$ 是曲线 $y=xe^{\frac{1}{x^2}}$ 的铅垂渐近线.

(8) $y=\dfrac{x^3}{(x-1)^2}$

$$\lim_{x\to\infty}\frac{y}{x}=\lim_{x\to\infty}\frac{x^2}{(x-1)^2}=1$$

$$\lim_{x\to\infty}(y-1\times x)$$

$$=\lim_{x\to\infty}\left[\frac{x^3}{(x-1)^2}-x\right]\xlongequal{\infty-\infty}\lim_{x\to\infty}\frac{x^3-x^3+2x^2-x}{x^2-2x+1}$$

$$=\lim_{x\to\infty}\frac{2x^2-x}{x^2-2x+1}\xlongequal{\frac{\infty}{\infty}}2$$

所以 $y=x+2$ 是曲线 $y=\dfrac{x^3}{(x-1)^2}$ 的斜渐近线.

因为 $\lim\limits_{x\to1}\dfrac{x^3}{(x-1)^2}=\infty$，所以 $x=1$ 是曲线 $y=\dfrac{x^3}{(x-1)^2}$ 的铅垂渐近线.

注释　(ⅰ) 若 $\lim\limits_{x\to+\infty} f(x)=b$ 或 $\lim\limits_{x\to-\infty} f(x)=b$，则 $y=b$ 为 $y=f(x)$ 的水平渐近线.

(ⅱ) 若 $\lim\limits_{x\to a^-} f(x)=\infty$ 或 $\lim\limits_{x\to a^+} f(x)=\infty$，则 $x=a$ 为 $y=f(x)$ 的铅垂渐近线.

(ⅲ) 若 $k=\lim\limits_{x\to\pm\infty}\dfrac{f(x)}{x}\neq 0$，$b=\lim\limits_{x\to\pm\infty}[f(x)-kx]$，则 $y=kx+b$ 为 $y=f(x)$ 的斜渐近线.

36. 作下列函数的图形：

(1) $y=3x-x^3$　　(2) $y=\dfrac{1}{1+x^2}$

(3) $y=\ln(1+x^2)$　　(4) $y=\dfrac{2x}{1+x^2}$

(5) $y=xe^{-x}$　　(6) $y=x\sqrt{3-x}$

(7) $y=\dfrac{8}{4-x^2}$　　(8) $y=\dfrac{(x-3)^2}{4(x-1)}$

(9) $y=\dfrac{x^3}{(x-1)^2}$　　(10) $y=\dfrac{3}{5}x^{\frac{5}{3}}-\dfrac{3}{2}x^{\frac{2}{3}}$

(11) $y=4\left(\dfrac{1}{e}\right)^{\frac{x}{2}}$

解：(1) $y=3x-x^3$

定义域为$(-\infty,+\infty)$，是奇函数.

$$y'=3-3x^2=3(1-x^2),\ y''=-6x$$

令 $y'=0$，得 $x=\pm1$；令 $y''=0$，得 $x=0$.

结果列表如下(见表 4-15)：

表 4-15

x	$(-\infty,-1)$	-1	$(-1,0)$	0	$(0,1)$	1	$(1,+\infty)$
y'	$-$	0	$+$		$+$	0	$-$
y''	$+$		$+$	0	$-$		$-$
y	$\searrow$ $\cup$	-2 极小值	$\nearrow$ $\cup$	0 拐点	$\nearrow$ $\cap$	2 极大值	$\searrow$ $\cap$

图形经过$(\sqrt{3},0)$，$(2,-2)$，…，如图 4-5 所示.

(2) $y=\dfrac{1}{1+x^2}$

定义域为 $(-\infty,+\infty)$，是偶函数.

$$y'=\frac{-2x}{(1+x^2)^2}$$

$$y'' = \frac{-2(1+x^2)^2+8x^2(1+x^2)}{(1+x^2)^4}$$
$$= \frac{-2(1+x^2)+8x^2}{(1+x^2)^3}$$
$$= \frac{-2+6x^2}{(1+x^2)^3}$$

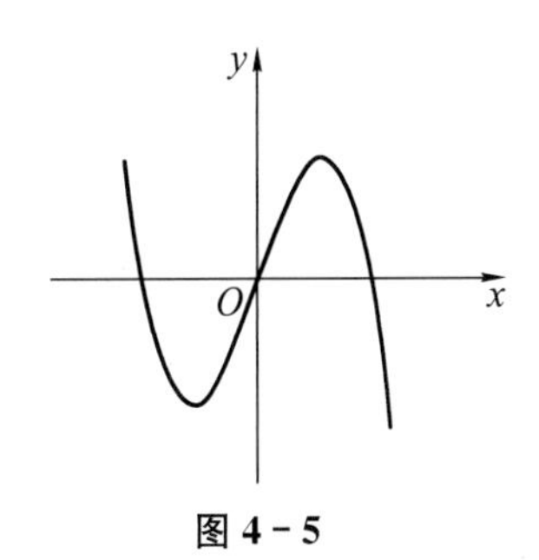

图 4-5

令 $y'=0$，得 $x=0$；令 $y''=0$，得 $x=\pm\frac{\sqrt{3}}{3}$.

结果列表如下(见表 4-16)：

表 4-16

x	$\left(-\infty, -\frac{\sqrt{3}}{3}\right)$	$-\frac{\sqrt{3}}{3}$	$\left(-\frac{\sqrt{3}}{3}, 0\right)$	0	$\left(0, \frac{\sqrt{3}}{3}\right)$	$\frac{\sqrt{3}}{3}$	$\left(\frac{\sqrt{3}}{3}, +\infty\right)$
y'	+		+	0	−		−
y''	+	0	−		−	0	+
y	↗ ∪	$\frac{3}{4}$ 拐点	↗ ∩	1 极大值	↘ ∩	$\frac{3}{4}$ 拐点	↘ ∪

因为 $\lim\limits_{x\to\infty}\frac{1}{1+x^2}=0$，所以 $y=0$ 为图形的水平渐近线.

图形经过 $\left(\frac{1}{2}, \frac{4}{5}\right)$，$\left(2, \frac{1}{5}\right)$，…，如图 4-6 所示.

(3) $y=\ln(1+x^2)$

定义域为 $(-\infty, +\infty)$，是偶函数.

$$y' = \frac{2x}{1+x^2}$$
$$y'' = \frac{2(1+x^2)-4x^2}{(1+x^2)^2} = \frac{2(1-x^2)}{(1+x^2)^2}$$

令 $y'=0$，得 $x=0$；令 $y''=0$，得 $x=\pm 1$.

结果列表如下(见表 4-17)：

表 4-17

x	$(-\infty, -1)$	-1	$(-1, 0)$	0	$(0, 1)$	1	$(1, +\infty)$
y'	−		−	0	+		+
y''	−	0	+		+	0	−
y	↘ ∩	ln2 拐点	↘ ∪	0 极小值	↗ ∪	ln2 拐点	↗ ∩

图形经过 $\left(\frac{1}{2}, \ln\frac{5}{4}\right)$，$(2, \ln 5)$，…，如图 4-7 所示.

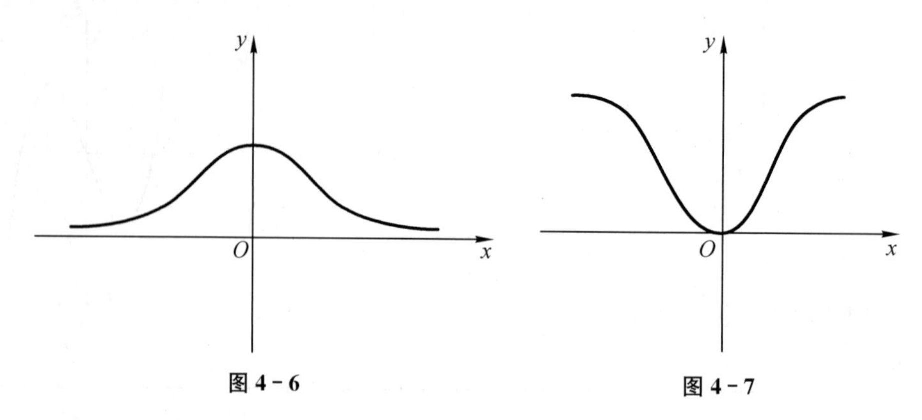

图 4-6　　图 4-7

(4) $y=\dfrac{2x}{1+x^2}$

定义域为 $(-\infty, +\infty)$，是奇函数.

$$y'=\frac{2(1-x^2)}{(1+x^2)^2}$$

$$y''=\frac{-4x(1+x^2)^2-8x(1+x^2)(1-x^2)}{(1+x^2)^4}$$

$$=\frac{-4x(1+x^2)-8x(1-x^2)}{(1+x^2)^3}=\frac{4x(x^2-3)}{(1+x^2)^3}$$

令 $y'=0$，得 $x=\pm 1$；令 $y''=0$，得 $x=0$，$x=\pm\sqrt{3}$.

结果列表如下(见表 4-18)：

表 4-18

x	$(-\infty, -\sqrt{3})$	$-\sqrt{3}$	$(-\sqrt{3}, -1)$	-1	$(-1, 0)$	0
y'	$-$		$-$	0	$+$	
y''	$-$	0	$+$		$+$	0
y	↘ ∩	$-\dfrac{\sqrt{3}}{2}$ 拐点	↘ ∪	-1 极小值	↗ ∪	0 拐点

x	$(0, 1)$	1	$(1, \sqrt{3})$	$\sqrt{3}$	$(\sqrt{3}, +\infty)$
y'	$+$	0	$-$		$-$
y''	$-$		$-$	0	$+$
y	↗ ∩	1 极大值	↘ ∩	$\dfrac{\sqrt{3}}{2}$ 拐点	↘ ∪

因为 $\lim\limits_{x\to\infty}\dfrac{2x}{1+x^2}=0$，所以 $y=0$ 为水平渐近线.

图形经过 $\left(\dfrac{1}{2}, \dfrac{4}{5}\right)$，$\left(2, \dfrac{4}{5}\right)$，$\left(3, \dfrac{3}{5}\right)$，…，如图 4-8 所示.

(5) $y=xe^{-x}$

定义域为 $(-\infty, +\infty)$.

$$y'=(1-x)e^{-x}$$
$$y''=(x-2)e^{-x}$$

令 $y'=0$，得 $x=1$；令 $y''=0$，得 $x=2$.

结果列表如下(见表 4-19)：

表 4-19

x	$(-\infty, 1)$	1	$(1, 2)$	2	$(2, +\infty)$
y'	+	0	−		−
y''	−		−	0	+
y	↗ ∩	$\frac{1}{e}$ 极大值	↘ ∩	$\frac{2}{e^2}$ 拐点	↘ ∪

因为 $\lim\limits_{x\to+\infty}xe^{-x}=0$，所以 $y=0$ 为水平渐近线.

图形经过 $(-1, -e)$，$\left(3, \frac{3}{e^3}\right)$，…，如图 4-9 所示.

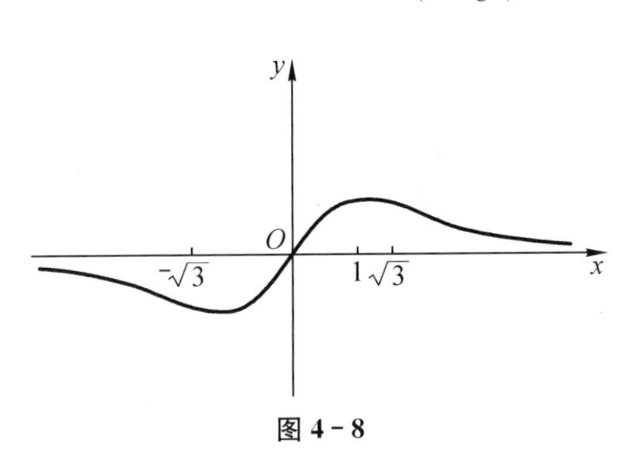

图 4-8

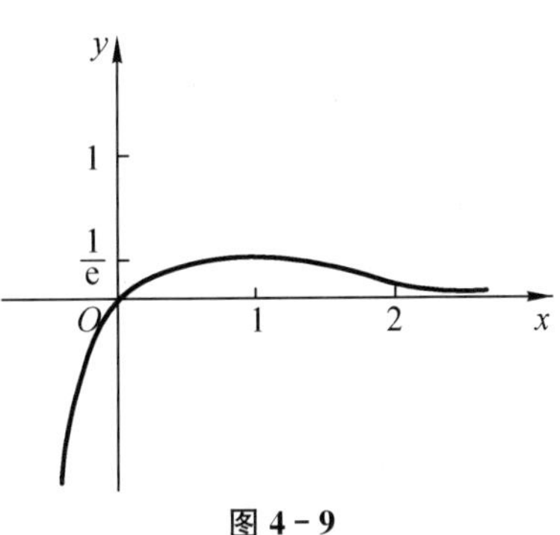

图 4-9

(6) $y=x\sqrt{3-x}$

定义域为 $(-\infty, 3]$.

$$y'=\sqrt{3-x}-\frac{x}{2\sqrt{3-x}}=\frac{3(2-x)}{2\sqrt{3-x}}$$

$$y''=\frac{3}{2}\frac{-\sqrt{3-x}+\frac{2-x}{2\sqrt{3-x}}}{3-x}$$

$$=\frac{3}{4}\frac{-2(3-x)+(2-x)}{\sqrt{(3-x)^3}}$$

$$=\frac{3}{4}\cdot\frac{x-4}{\sqrt{(3-x)^3}}$$

令 $y'=0$，得 $x=2$.

令 $y''=0$，得 $x=4$(不在定义域之内，舍去)，$y''<0$.

结果列表如下(见表 4 - 20)：

表 4 - 20

x	$(-\infty, 2)$	2	$(2, 3)$	3
y'	$+$	0	$-$	
y''	$-$		$-$	
y	$\nearrow$ $\cap$	2 极大值	$\searrow$ $\cap$	0

图形经过 $(-1, -2)$，$(1, \sqrt{2})$，…，如图 4 - 10 所示.

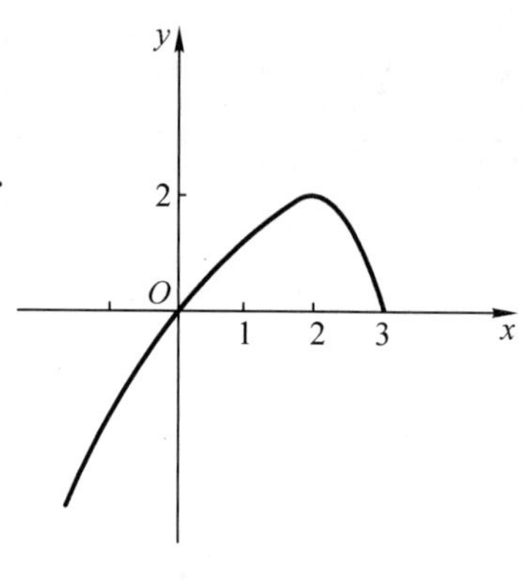

图 4 - 10

(7) $y=\dfrac{8}{4-x^2}$

定义域为 $(-\infty, -2)\cup(-2, 2)\cup(2, +\infty)$，是偶函数.

$$y'=\frac{16x}{(4-x^2)^2}$$

$$y''=\frac{16(4-x^2)^2+64x^2(4-x^2)}{(4-x^2)^4}=\frac{16(4-x^2+4x^2)}{(4-x^2)^3}=\frac{16(4+3x^2)}{(4-x^2)^3}$$

令 $y'=0$，得 $x=0$；令 $y''=0$，无实根；令 $\dfrac{1}{y''}=0$，得 $x=\pm 2$.

结果列表如下(见表 4 - 21)：

表 4 - 21

x	$(-\infty, -2)$	-2	$(-2, 0)$	0	$(0, 2)$	2	$(2, +\infty)$
y'	$-$		$-$	0	$+$		$+$
y''	$-$		$+$		$+$		$-$
y	$\searrow$ $\cap$	间断点	$\searrow$ $\cup$	2 极小值	$\nearrow$ $\cup$	间断点	$\nearrow$ $\cap$

因为 $\lim\limits_{x\to\pm 2}\dfrac{8}{4-x^2}=\infty$，所以 $x=\pm 2$ 为两条铅垂渐近线；因为 $\lim\limits_{x\to\infty}\dfrac{8}{4-x^2}=0$，所以 $y=0$ 为水平渐近线.

图形经过 $\left(1, \dfrac{8}{3}\right)$，$\left(3, -\dfrac{8}{5}\right)$，…，如图 4 - 11 所示.

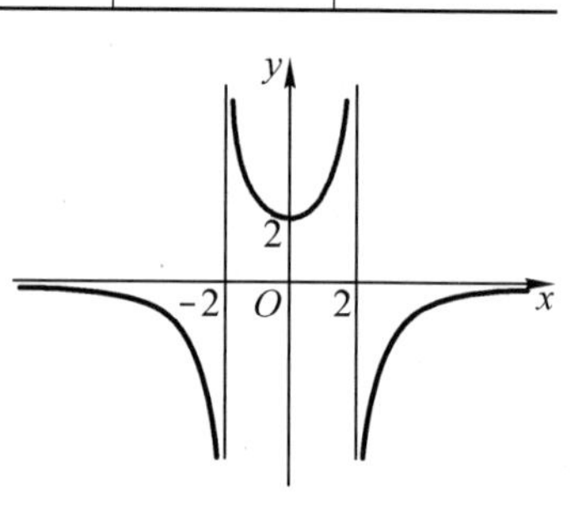

图 4 - 11

(8) $y=\dfrac{(x-3)^2}{4(x-1)}$

定义域为 $(-\infty, 1)\cup(1, +\infty)$.

$$y' = \frac{1}{4}\frac{2(x-3)(x-1)-(x-3)^2}{(x-1)^2} = \frac{(x+1)(x-3)}{4(x-1)^2}$$

$$y'' = \frac{1}{4}\cdot\frac{(2x-2)(x-1)^2-2(x-1)(x^2-2x-3)}{(x-1)^4}$$

$$= \frac{(x-1)(x-1)-(x^2-2x-3)}{2(x-1)^3} = \frac{2}{(x-1)^3}$$

令 $y'=0$，得 $x=-1$，$x=3$；$y''\neq 0$；令 $\frac{1}{y''}=0$，得 $x=1$.

结果列表如下(见表 4-22)：

表 4-22

x	$(-\infty, -1)$	-1	$(-1, 1)$	1	$(1, 3)$	3	$(3, +\infty)$
y'	$+$	0	$-$		$-$	0	$+$
y''	$-$		$-$		$+$		$+$
y	$\nearrow$ $\cap$	-2 极大值	$\searrow$ $\cap$	间断点	$\searrow$ $\cup$	0 极小值	$\nearrow$ $\cup$

因为 $\lim\limits_{x\to 1}\frac{(x-3)^2}{4(x-1)}=\infty$，所以 $x=1$ 为铅垂渐近线.

$$\lim_{x\to\infty}\frac{y}{x} = \lim_{x\to\infty}\frac{(x-3)^2}{4x(x-1)} = \frac{1}{4}$$

$$\lim_{x\to\infty}\left(y-\frac{1}{4}x\right) = \lim_{x\to\infty}\left[\frac{(x-3)^2}{4(x-1)}-\frac{x}{4}\right]$$

$$= \lim_{x\to\infty}\frac{x^2-6x+9-x^2+x}{4(x-1)} = -\frac{5}{4}$$

所以 $y=\frac{1}{4}x-\frac{5}{4}$ 为斜渐近线.

图形经过 $\left(0, -\frac{9}{4}\right)$，$\left(\frac{1}{2}, -\frac{25}{8}\right)$，$\left(2, \frac{1}{4}\right)$，$\left(4, \frac{1}{12}\right)$，…，如图 4-12 所示.

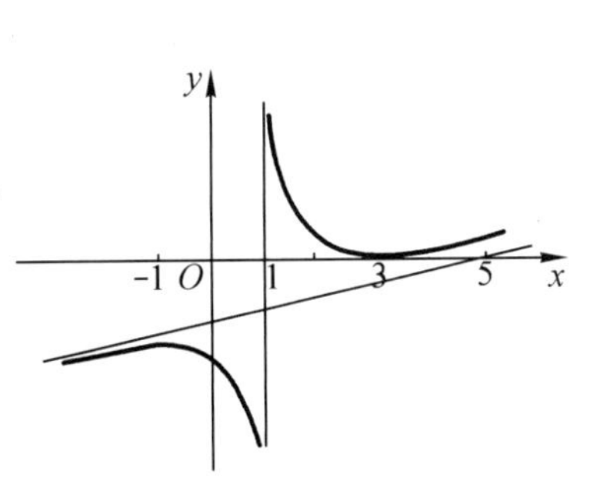

图 4-12

(9) $y=\frac{x^3}{(x-1)^2}$

定义域为 $(-\infty, 1)\cup(1, +\infty)$.

$$y' = \frac{3x^2(x-1)^2-2(x-1)x^3}{(x-1)^4}$$

$$= \frac{3x^2(x-1)-2x^3}{(x-1)^3} = \frac{x^2(x-3)}{(x-1)^3}$$

$$y'' = \frac{(3x^2-6x)(x-1)^3-3(x-1)^2(x^3-3x^2)}{(x-1)^6}$$

$$= \frac{(3x^2-6x)(x-1)-3(x^3-3x^2)}{(x-1)^4} = \frac{6x}{(x-1)^4}$$

令 $y'=0$，得 $x=0$，$x=3$；令 $\frac{1}{y'}=0$，得 $x=1$；令 $y''=0$，得 $x=0$.

结果列表如下(见表 4-23):

表 4-23

x	$(-\infty, 0)$	0	$(0, 1)$	1	$(1, 3)$	3	$(3, +\infty)$
y'	+	0	+		−	0	+
y''	−	0	+		+		+
y	↗ ∩	0 拐点	↗ ∪	间断点	↘ ∪	$\frac{27}{4}$ 极小值	↗ ∪

因为 $\lim\limits_{x\to 1}\dfrac{x^3}{(x-1)^2}=\infty$，所以 $x=1$ 为铅垂渐近线.

因为$\lim\limits_{x\to\infty}\dfrac{y}{x}=\lim\limits_{x\to\infty}\dfrac{x^2}{(x-1)^2}=1$

$$\lim_{x\to\infty}(y-1\times x)=\lim_{x\to\infty}\left[\frac{x^3}{(x-1)^2}-x\right]=\lim_{x\to\infty}\frac{x^3-x(x-1)^2}{(x-1)^2}$$

$$=\lim_{x\to\infty}\frac{2x^2-x}{(x-1)^2}=2$$

所以 $y=x+2$ 为斜渐近线.

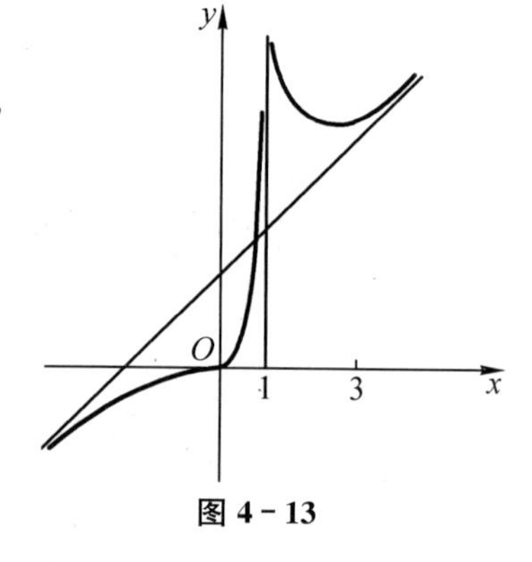

图 4-13

图形经过$\left(-3, -\dfrac{27}{16}\right)$，$\left(-1, -\dfrac{1}{4}\right)$，$\left(\dfrac{1}{2}, \dfrac{1}{2}\right)$，(2, 8)，$\left(4, \dfrac{64}{9}\right)$，…，如图 4-13 所示.

(10) $y=\dfrac{3}{5}x^{\frac{5}{3}}-\dfrac{3}{2}x^{\frac{2}{3}}$

定义域为 $(-\infty, +\infty)$.

$$y'=x^{\frac{2}{3}}-x^{-\frac{1}{3}}=\frac{x-1}{\sqrt[3]{x}}$$

$$y''=\frac{2}{3}x^{-\frac{1}{3}}+\frac{1}{3}x^{-\frac{4}{3}}=\frac{2x+1}{3\sqrt[3]{x^4}}$$

令 $y'=0$，得 $x=1$；令$\dfrac{1}{y'}=0$，得 $x=0$；令 $y''=0$，得 $x=-\dfrac{1}{2}$.

结果列表如下(见表 4-24):

表 4-24

x	$\left(-\infty, -\frac{1}{2}\right)$	$-\frac{1}{2}$	$\left(-\frac{1}{2}, 0\right)$	0	$(0, 1)$	1	$(1, +\infty)$
y'	+		+	∞	−	0	+
y''	−	0	+		+		+
y	↗ ∩	$\frac{-9\sqrt[3]{2}}{10}$ 拐点	↗ ∪	0 极大值	↘ ∪	$-\frac{9}{10}$ 极小值	↗ ∪

图形经过$\left(-1, -\dfrac{21}{10}\right)$，$\left(\dfrac{5}{2}, 0\right)$，$\left(3, \dfrac{3}{10}\sqrt[3]{9}\right)$，…，如图 4-14 所示.

(11) $y=4\left(\frac{1}{\mathrm{e}}\right)^{\frac{x}{2}}$

定义域为 $(-\infty, +\infty)$.

$y'=-2\mathrm{e}^{-\frac{x}{2}}<0$，函数单调减少；$y''=\mathrm{e}^{-\frac{x}{2}}>0$，图形上凹.

$\lim\limits_{x\to+\infty}4\left(\frac{1}{\mathrm{e}}\right)^{\frac{x}{2}}=0$，所以 $y=0$ 为水平渐近线.

图形经过 $(-2, 4\mathrm{e})$，$(0, 4)$，$\left(2, \frac{4}{\mathrm{e}}\right)$，…，如图 4-15 所示.

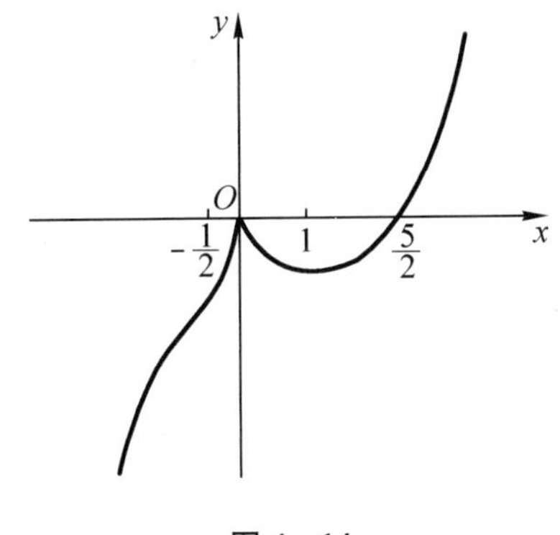

图 4-14

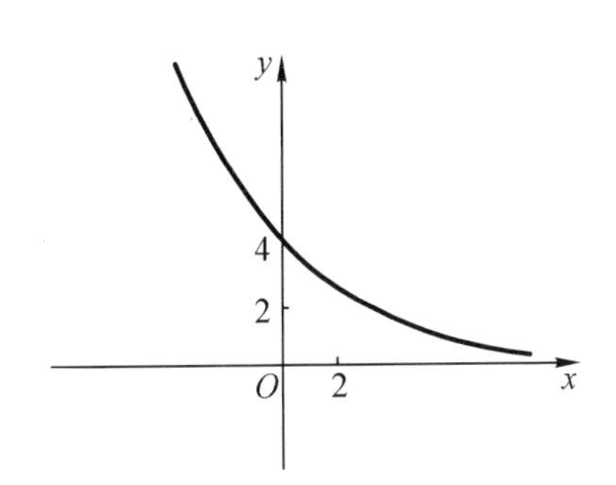

图 4-15

注释　讨论函数图形的增减、极值、凹向、拐点时，对于一阶或二阶导数不存在但会改变导数的符号的点，不论函数在该点是否连续，都需要列在表中进行讨论，因为它们会影响函数图形的增减或凹向. 如果在该点函数连续，若一阶导数不存在，则它可能是“尖点”极值，如第 36(10) 题；若二阶导数不存在，则它可能是拐点，如第 32(7) 题；如果该点函数不连续，则它是间断点，如第 36(7) ～ (9) 题. 对于一阶或二阶导数不存在但不改变导数的符号的点，可以不讨论.

37. 某化工厂日产能力最高为 1 000 吨，每天的生产总成本 C(单位:元) 是日产量 x(单位:吨) 的函数:

$$C=C(x)=1\,000+7x+50\sqrt{x},\ x\in[0, 1\,000]$$

(1) 求当日产量为 100 吨时的边际成本；

(2) 求当日产量为 100 吨时的平均单位成本.

名师解题

解:(1) $C=1\,000+7x+50\sqrt{x}$

$$C'=7+\frac{25}{\sqrt{x}}$$

$$C'\Big|_{x=100}=9.5\ (\text{元})$$

(2) $\overline{C}=\frac{C(x)}{x}=\frac{1\,000}{x}+7+\frac{50}{\sqrt{x}}$

$$\overline{C}(100)=\frac{C(100)}{100}=10+7+\frac{50}{10}=22\ (元)$$

38. 生产 x 单位某产品的总成本 C 为 x 的函数：

$$C=C(x)=1\,100+\frac{1}{1\,200}x^2$$

求：(1) 生产 900 单位时的总成本和平均单位成本；

(2) 生产 900 ～ 1 000 单位时总成本的平均变化率；

(3) 生产 900 ～ 1 000 单位时的边际成本.

解： 总成本函数为 $C=C(x)=1\,100+\frac{1}{1\,200}x^2$

(1) $C(900)=1\,100+\frac{810\,000}{1\,200}=1\,775$

$$\frac{C(900)}{900}=\frac{1\,775}{900}\approx 1.97$$

(2) $C(900)=1\,775$，$C(1\,000)\approx 1\,933$

总成本的平均变化率为 $\frac{C(1\,000)-C(900)}{1\,000-900}\approx 1.58$.

(3) $C'=C'(x)=\frac{2x}{1\,200}=\frac{x}{600}$

$$C'(900)=\frac{900}{600}=1.5$$

$$C'(1\,000)=\frac{1\,000}{600}\approx 1.67$$

39. 设生产 x 单位某产品，总收益 R 为 x 的函数：

$$R=R(x)=200x-0.01x^2$$

求：生产 50 单位产品时的总收益、平均收益和边际收益.

解： 总收益为

$$R=R(x)=200x-0.01x^2$$

$$R(50)=200\times 50-0.01\times 2\,500=9\,975$$

平均收益为

$$\overline{R}(50)=\frac{R(50)}{50}=\frac{9\,975}{50}=199.5$$

边际收益为

$$R'=R'(x)=200-0.02x$$

$$R'(50)=200-1=199$$

40. 生产 x 单位某种商品的利润是 x 的函数：

$$L(x)=5\,000+x-0.000\,01x^2$$

问生产多少单位时获得的利润最大?

解： $L(x)=5\,000+x-0.000\,01x^2$

$$L'(x)=1-0.000\,02x$$

令 $L'(x)=0$，得 $x=50\,000$.

$$L''(x)=-0.00002<0$$

因此，$x=50\,000$ 时，$L(x)$ 取得极大值，极值唯一，此时 $L(50\,000)$ 即为最大值. 所以生产 50 000 单位时，获得的利润最大.

41. 某厂每批生产某种商品 x 单位的费用为

$$C(x)=5x+200$$

得到的收益是

$$R(x)=10x-0.01x^2$$

问每批生产多少单位时才能使利润最大?

解：利润 $L(x)=R(x)-C(x)=5x-0.01x^2-200$

$$L'(x)=5-0.02x$$

令 $L'(x)=0$，得 $x=250$.

$$L''(x)=-0.02<0$$

因此，$x=250$ 时，$L(x)$ 取得极大值，极值唯一，此时 $L(250)$ 即为最大值. 所以每批生产 250 单位时，利润最大.

42. 某商品的价格 P 与需求量 Q 的关系为

$$P=10-\frac{Q}{5}$$

(1) 求需求量为 20 及 30 时的总收益 R、平均收益 $\bar{R}$ 及边际收益 R'；

(2) Q 为多少时总收益最大?

解：$P=10-\dfrac{Q}{5}$

总收益函数为

$$R=R(Q)=P\cdot Q=10Q-\frac{Q^2}{5}$$

平均收益函数为

$$\bar{R}=\bar{R}(Q)=\frac{R(Q)}{Q}=10-\frac{Q}{5}$$

边际收益函数为

$$R'=R'(Q)=10-\frac{2}{5}Q$$

(1) $R(20)=200-\dfrac{400}{5}=120$，　$R(30)=300-\dfrac{900}{5}=120$

$$\bar{R}(20)=10-\frac{20}{5}=6,\quad \bar{R}(30)=10-\frac{30}{5}=4$$

$$R'(20)=10-\frac{40}{5}=2,\quad R'(30)=10-\frac{60}{5}=-2$$

(2) $R'=10-\dfrac{2}{5}Q$

令 $R'(Q)=0$，得 $Q=25$，$R''(Q)=-\dfrac{2}{5}<0$，所以 $Q=25$ 时，$R(Q)$ 取得极大值，极值唯一，此时 $R(25)$ 即为最大值，所以当需求量 $Q=25$ 时，总收益 $R(Q)$ 最大.

43. 某人在家制作手工艺品，用以在网上销售. 每周制作 x 件的总成本 C 是制作量的函数 $C(x)=x^2+6x-10$(元)，如果每件工艺品售价 30 元，且所制作的工艺品可以全部售出，求使利润最大的周制作量.

解：总收益函数

$$R(x)=P\cdot x=30x$$

总成本函数

$$C(x)=x^2+6x-10$$

利润函数为

$$L(x)=R(x)-C(x)=30x-(x^2+6x-10)=-x^2+24x+10$$

$$L'=-2x+24$$

令 $L'=0$，得 $x=12$，$L''=-2<0$，所以 $x=12$ 时，$L(x)$ 取得极大值，极值唯一，此时 $L(12)$ 为最大值. 所以 $x=12$ 时，利润 L 最大.

※**44.** 设某商品需求量 Q 对价格 P 的函数关系为

$$Q=f(P)=1\,600\left(\frac{1}{4}\right)^P$$

求需求 Q 对于价格 P 的弹性函数.

解：$Q=f(P)=1\,600\left(\frac{1}{4}\right)^P$

$$Q'=f'(P)=-1\,600\left(\frac{1}{4}\right)^P\ln 4$$

需求 Q 对于价格 P 的需求弹性为

$$\eta(P)=-f'(P)\frac{P}{Q}=1\,600\left(\frac{1}{4}\right)^P\ln 4\cdot\frac{P}{1\,600\left(\frac{1}{4}\right)^P}=P\ln 4$$

由此可知，弹性函数为 $\eta(P)=P\ln 4$.

※**45.** 设某商品需求函数为 $Q=\mathrm{e}^{-\frac{P}{4}}$，求需求弹性函数及 $P=3$，$P=4$，$P=5$ 时的需求弹性.

解：$Q=\mathrm{e}^{-\frac{P}{4}}$

$$Q'=-\frac{1}{4}\mathrm{e}^{-\frac{P}{4}}$$

$$\eta(P)=-Q'\frac{P}{Q}=\frac{1}{4}\mathrm{e}^{-\frac{P}{4}}\cdot\frac{P}{\mathrm{e}^{-\frac{P}{4}}}=\frac{P}{4}$$

所以需求弹性函数为 $\eta(P)=\frac{P}{4}$.

当 $P=3$，4，5 时的需求弹性分别为

$$\eta(3)=\frac{3}{4},\ \eta(4)=1,\ \eta(5)=\frac{5}{4}$$

※**46.** 设某商品的供给函数 $Q=2+3P$，求供给弹性函数及 $P=3$ 时的供给弹性.

解：$Q(P)=2+3P$

$$Q'(P)=3$$

$$\varepsilon(P)=Q'(P)\cdot\frac{P}{Q(P)}=3\times\frac{P}{2+3P}=\frac{3P}{2+3P}$$

所以供给弹性函数为 $\varepsilon(P)=\dfrac{3P}{2+3P}$.

当 $P=3$ 时, $\varepsilon(3)=\dfrac{9}{11}$.

※**47.** 某商品的需求函数为

$$Q=Q(P)=75-P^2$$

(1) 求 $P=4$ 时的边际需求, 并说明其经济意义;

(2) 求 $P=4$ 时的需求弹性, 并说明其经济意义;

(3) 当 $P=4$ 时, 若价格 P 上涨 1%, 总收益将变化百分之几?

(4) 当 $P=6$ 时, 若价格 P 上涨 1%, 总收益将变化百分之几?

(5) P 为多少时, 总收益最大?

解: (1) $Q=Q(P)=75-P^2$

边际需求函数为 $Q'=Q'(P)=-2P$, 从而

$$Q'(4)=-8$$

这说明当价格 $P=4$ 时, 若价格上涨一个单位, 需求会减少 8 个单位.

(2) 需求弹性函数为

$$\eta(P)=-Q'\cdot\frac{P}{Q}=2P\cdot\frac{P}{75-P^2}=\frac{2P^2}{75-P^2}$$

$$\eta(4)=\frac{32}{75-16}\approx 0.54$$

这说明当价格 $P=4$ 时, 价格上涨 1%, 需求减少 0.54%.

(3) 总收益函数为

$$R=R(P)=P\cdot Q=75P-P^3$$

$$R'=R'(P)=75-3P^2$$

$$\frac{ER}{EP}=R'(P)\cdot\frac{P}{R(P)}=(75-3P^2)\frac{P}{75P-P^3}=\frac{75-3P^2}{75-P^2}$$

$$\left.\frac{ER}{EP}\right|_{P=4}=\frac{75-3\times16}{75-16}=\frac{27}{59}\approx 0.46$$

这说明当价格 $P=4$ 时, 价格上涨 1%, 总收益增加 0.46%.

(4) $\left.\dfrac{ER}{EP}\right|_{P=6}=\dfrac{75-3\times36}{75-36}=-\dfrac{33}{39}\approx -0.85$

这说明当价格 $P=6$ 时, 价格上涨 1%, 总收益减少 0.85%.

(5) $R=R(P)=75P-P^3$

$$R'=R'(P)=75-3P^2$$

令 $R'=0$, 得 $P=5$(负值舍去).

$$R''=-6P,\ R''(5)=-30<0$$

所以当价格 $P=5$ 时, R 取得极大值, 即最大值.

这说明价格为 5 时, 总收益最大.

(B)

1. 下列函数在给定区间上满足罗尔定理条件的是[　　].

(A) $y=x^2-5x+6$　　$[2,3]$

(B) $y=\dfrac{1}{\sqrt{(x-1)^2}}$　　$[0,2]$

(C) $y=xe^{-x}$　　$[0,1]$

(D) $y=\begin{cases}x+1, & x<5\\ 1, & x\geqslant 5\end{cases}$　　$[0,5]$

解：(A) $y=x^2-5x+6$ 显然在$[2,3]$上连续，在$(2,3)$内可导，且 $f(2)=f(3)=0$，故 $y=x^2-5x+6$ 在$[2,3]$上满足罗尔定理的条件.

故本题应选(A).

继续考察(B)、(C)、(D).

(B) 给定函数在 $[0,2]$ 上点 $x=1$ 处不连续.

(C) 给定函数 $f(0)\neq f(1)$.

(D) 给定函数在 $[0,5]$ 上点 $x=5$ 处不左连续

2. 下列函数中，在 $[-1,1]$ 上满足罗尔定理条件的是[　　].

(A) $f(x)=\begin{cases}\sin\dfrac{1}{x}, & x\neq 0\\ 0, & x=0\end{cases}$　　(B) $\varphi(x)=\begin{cases}x\sin\dfrac{1}{x}, & x\neq 0\\ 0, & x=0\end{cases}$

(C) $g(x)=\begin{cases}x^2\sin\dfrac{1}{x}, & x\neq 0\\ 0, & x=0\end{cases}$　　(D) $h(x)=\begin{cases}x^2\sin\dfrac{1}{x^2}, & x\neq 0\\ 0, & x=0\end{cases}$

解：(A) $\lim\limits_{x\to 0}f(x)=\lim\limits_{x\to 0}\sin\dfrac{1}{x}$ 不存在，因此 $f(x)$ 在 $[-1,1]$ 上点$x=0$ 处不连续.

(B) $\lim\limits_{x\to 0}\varphi(x)=\lim\limits_{x\to 0}x\sin\dfrac{1}{x}=0=\varphi(0)$

$$\lim_{x\to 0}\frac{\varphi(x)-\varphi(0)}{x}=\lim_{x\to 0}\frac{x\sin\dfrac{1}{x}}{x}=\lim_{x\to 0}\sin\frac{1}{x}\text{ 不存在.}$$

因而 $\varphi(x)$ 在 $[-1,1]$ 上连续，但在点 $x=0$ 处不可导.

(C) $\lim\limits_{x\to 0}g(x)=\lim\limits_{x\to 0}x^2\sin\dfrac{1}{x}=0=g(0)$

$$\lim_{x\to 0}\frac{g(x)-g(0)}{x}=\lim_{x\to 0}\frac{x^2\sin\dfrac{1}{x}}{x}=\lim_{x\to 0}x\sin\frac{1}{x}=0=g'(0)$$

$$g(-1)=-\sin 1,\ g(1)=\sin 1,\ g(-1)\neq g(1)$$

因而 $g(x)$ 在$[-1,1]$上连续，在$(-1,1)$内可导，但 $g(-1)\neq g(1)$，故(A)、(B)、(C) 中的函数在$[-1,1]$上均不满足罗尔定理的条件.

(D) $\lim\limits_{x\to 0}h(x)=\lim\limits_{x\to 0}x^2\sin\dfrac{1}{x^2}=0=h(0)$

$$\lim_{x\to 0}\frac{h(x)-h(0)}{x}=\lim_{x\to 0}\frac{x^2\sin\frac{1}{x^2}}{x}=\lim_{x\to 0}x\sin\frac{1}{x^2}=0=h'(0)$$

$$h(-1)=\sin 1,\ h(1)=\sin 1,\ h(-1)=h(1)$$

因而，$h(x)$ 在$[-1,1]$上连续，在$(-1,1)$内可导，且 $h(-1)=h(1)$，所以 $h(x)$ 在$[-1,1]$上满足罗尔定理的条件.

故本题应选(D).

3. 函数 $f(x)=x-\frac{3}{2}x^{\frac{1}{3}}$ 在下列区间上不满足拉格朗日定理条件的是[　　].

(A) $[0,1]$　　(B) $[-1,1]$　　(C) $\left[0,\frac{27}{8}\right]$　　(D) $[-1,0]$

解: $f'(x)=1-\frac{1}{2}x^{-\frac{2}{3}}$

(A) $f(x)$ 显然在$[0,1]$上连续，在$(0,1)$内可导，所以 $f(x)$ 在$[0,1]$上满足拉格朗日定理的条件.

(B) $f(x)$ 在点 $x=0$ 处不可导，所以 $f(x)$ 在$[-1,1]$上不满足拉格朗日定理的条件.

故本题应选(B).

继续考察(C) 和 (D). 显然，$f(x)$ 在(C) 和 (D) 给定的闭区间上连续，在相应的开区间内可导，故均满足拉格朗日定理的条件.

4. 求下列极限，能直接使用洛必达法则的是[　　].

(A) $\lim\limits_{x\to\infty}\frac{\sin x}{x}$　　(B) $\lim\limits_{x\to 0}\frac{\sin x}{x}$

(C) $\lim\limits_{x\to\frac{\pi}{2}}\frac{\tan 5x}{\sin 3x}$　　(D) $\lim\limits_{x\to 0}\frac{x^2\sin\frac{1}{x}}{\sin x}$

解: (A) 当 $x\to\infty$ 时，$\sin x$ 振荡无极限，故 $\lim\limits_{x\to\infty}\frac{\sin x}{x}$ 不是“$\frac{0}{0}$”型或“$\frac{\infty}{\infty}$”型未定式.

(B) $\lim\limits_{x\to 0}\frac{\sin x}{x}$ 是“$\frac{0}{0}$”型未定式，满足洛必达法则的条件，可以使用洛必达法则.

故本题应选(B).

(C) 极限不是“$\frac{0}{0}$”型或“$\frac{\infty}{\infty}$”型未定式.

(D) $\lim\limits_{x\to 0}\frac{x^2\sin\frac{1}{x}}{\sin x}$ 虽然是“$\frac{0}{0}$”型未定式，但其分子、分母的导数比的极限为

$$\lim_{x\to 0}\frac{2x\sin\frac{1}{x}-\cos\frac{1}{x}}{\cos x}$$

此极限不等于常数或 ∞，不符合洛必达法则的第三个条件，因此不能使用洛必达法则.

5. 设 $f(x)=2^x+3^x-2$，则当 $x\to 0$ 时，[　　].

(A) $f(x)$ 与 x 是等价无穷小量

(B) $f(x)$ 与 x 是同阶非等价无穷小量

(C) $f(x)$ 是比 x 高阶的无穷小量

(D) $f(x)$ 是比 x 低阶的无穷小量

解: $$\lim_{x\to 0}\frac{2^x+3^x-2}{x}\overset{\frac{0}{0}}{=\!=}\lim_{x\to 0}\frac{2^x\ln 2+3^x\ln 3}{1}$$
$$=\ln 2+\ln 3=\ln 6\neq 1$$
所以当 $x\to 0$ 时 2^x+3^x-2 与 x 是同阶但非等价无穷小量.

故本题应选(B).

6. 函数 $f(x)=e^x+e^{-x}$ 在区间$(-1,\ 1)$内[　　].

(A) 单调增加　　(B) 单调减少

(C) 不增不减　　(D) 有增有减

解: $f'(x)=e^x-e^{-x}=\dfrac{e^{2x}-1}{e^x}$

令 $f'(x)=0$，得 $x=0$.

当 $x\in(-1,\ 0)$ 时，$f'(x)<0$，$f(x)$ 单调减少；

当 $x\in(0,\ 1)$ 时，$f'(x)>0$，$f(x)$ 单调增加.

可见 $f(x)$ 在$(-1,\ 1)$内有增有减.

故本题应选(D).

7. 函数 $f(x)=ax^2+b$ 在区间$(0,\ +\infty)$内单调增加，则 a，b 应满足[　　].

(A) $a<0$，$b=0$　　(B) $a>0$，b 为任意实数

(C) $a<0$，$b\neq 0$　　(D) $a<0$，b 为任意实数

解: $f'(x)=2ax$，因 $x\in(0,\ +\infty)$，要使 $f'(x)>0$，则 $a>0$，b 可为任意实数.

故本题应选(B).

8. 函数 $y=\dfrac{x}{1-x^2}$ 在$(-1,\ 1)$内[　　].

(A) 单调增加　　(B) 单调减少

(C) 有极大值　　(D) 有极小值

解: $y'=\dfrac{1+x^2}{(1-x^2)^2}$，显然 $y'\neq 0$，$y'>0$，所以$y=\dfrac{x}{1-x^2}$ 在$(-1,\ 1)$内单调增加，无极值.

故本题应选(A).

9. 函数 $y=f(x)$ 在 $x=x_0$ 处取得极大值，则必有[　　].

(A) $f'(x_0)=0$　　(B) $f''(x_0)<0$

(C) $f'(x_0)=0$ 且 $f''(x_0)<0$　　(D) $f'(x_0)=0$ 或 $f'(x_0)$ 不存在

解: (A)、(B)、(C) 均非 $f(x)$ 在点 $x=x_0$ 处取得极大值的必要条件.

故本题应选(D).

10. $f'(x_0)=0$，$f''(x_0)>0$ 是函数 $f(x)$ 在点 $x=x_0$ 处取得极小值的一个[　　].

(A) 充分必要条件　　(B) 充分条件非必要条件

(C) 必要条件非充分条件　　(D) 既非必要也非充分条件

解: 本题应选(B).

11. 函数 $y=x^3+12x+1$ 在定义域内[　　].

(A) 单调增加　　　　(B) 单调减少

(C) 图形上凹　　　　(D) 图形下凹

解: 函数定义域为$(-\infty, +\infty)$.

$y' = 3x^2 + 12 > 0$，图形单调增加.

$y'' = 6x$

当 $x \in (-\infty, 0)$ 时，$y'' < 0$，图形下凹；

当 $x \in (0, +\infty)$ 时，$y'' > 0$，图形上凹.

故本题应选(A).

12. 设函数 $f(x)$ 在开区间(a, b) 内有 $f'(x) < 0$ 且 $f''(x) < 0$，则$y = f(x)$ 在 (a, b) 内[　　].

(A) 单调增加，图形上凹　　　　(B) 单调增加，图形下凹

(C) 单调减少，图形上凹　　　　(D) 单调减少，图形下凹

解: 本题应选(D).

13. "$f''(x_0) = 0$"是 $f(x)$ 的图形在 $x = x_0$ 处有拐点的[　　].

(A) 充分必要条件　　　　(B) 充分条件，非必要条件

(C) 必要条件，非充分条件　　　　(D) 既非必要条件也非充分条件

解: 本题应选(D).

14. 对曲线 $y = x^5 + x^3$，下列结论正确的是[　　].

(A) 有 4 个极值点　　　　(B) 有 3 个拐点

(C) 有 2 个极值点　　　　(D) 有 1 个拐点

解: $y' = 5x^4 + 3x^2 = x^2(5x^2 + 3)$

$y'' = 20x^3 + 6x = 2x(10x^2 + 3)$

令 $y' = 0$，得 $x = 0$，为驻点，但非极值点. $y' \geqslant 0$，等号只在点 $x = 0$ 处取得，所以函数单调增大. 令 $y'' = 0$，得 $x = 0$，$(0, 0)$ 为拐点.

故本题应选(D).

15. $f(x) = |x^{\frac{1}{3}}|$，点 $x = 0$ 是 $f(x)$ 的[　　].

(A) 间断点　　　　(B) 极小值点

(C) 极大值点　　　　(D) 拐点

解: $f(x) = \begin{cases} -x^{\frac{1}{3}}, & x < 0 \\ x^{\frac{1}{3}}, & x \geqslant 0 \end{cases}$

$$\lim_{x\to 0^-} f(x) = \lim_{x\to 0^-} (-x^{\frac{1}{3}}) = 0$$

$$\lim_{x\to 0^+} f(x) = \lim_{x\to 0^+} x^{\frac{1}{3}} = 0$$

$$\lim_{x\to 0} f(x) = 0 = f(0)$$

所以 $f(x)$ 在点 $x = 0$ 处连续.

$$f'(0) = \lim_{x\to 0^-} \frac{-x^{\frac{1}{3}} - 0}{x} = \lim_{x\to 0^-} -x^{-\frac{2}{3}} \quad (\text{极限不存在})$$

所以 $f(x)$ 在点 $x = 0$ 处不可导.

$$f'(x)=\begin{cases}-\dfrac{1}{3}x^{-\frac{2}{3}}, & x<0\\ \dfrac{1}{3}x^{-\frac{2}{3}}, & x>0\end{cases}$$

当 $x<0$ 时，$f'(x)<0$；

当 $x>0$ 时，$f'(x)>0$.

所以 $f(x)$ 在点 $x=0$ 处有极小值.

故本题应选(B).

继续考察(D)：

$$f''(x)=\begin{cases}\dfrac{2}{9}x^{-\frac{5}{3}}, & x<0\\ -\dfrac{2}{9}x^{-\frac{5}{3}}, & x>0\end{cases}$$

当 $x<0$ 时，$f''(x)<0$；当 $x>0$ 时，$f''(x)<0$. 所以 $f(x)$ 无拐点.

16. 下列曲线中有拐点(0, 0)的是[　　].

(A) $y=x^2$　　(B) $y=x^3$　　(C) $y=x^4$　　(D) $y=x^{\frac{2}{3}}$

解：(A) $y=x^2$，$y'=2x$，$y''=2$. 曲线上凹，点(0, 0)为极小值点，非拐点.

(B) $y=x^3$，$y'=3x^2$，$y''=6x$. 令 $y''=0$，得 $x=0$. 当 $x<0$ 时，$y''<0$；当 $x>0$ 时，$y''>0$. 所以点(0, 0)为曲线拐点.

故本题应选(B).

(C) 和 (D) 中点(0, 0)均非曲线拐点.

17. 设函数 $f(x)=x^3+ax^2+bx+c$，且 $f(0)=f'(0)=0$，则下列结论不正确的是[　　].

(A) $b=c=0$

(B) 当 $a>0$ 时，$f(0)$ 为极小值

(C) 当 $a<0$ 时，$f(0)$ 为极大值

(D) 当 $a\neq 0$ 时，$(0, f(0))$ 为拐点

解：$f(x)=x^3+ax^2+bx+c$

$f'(x)=3x^2+2ax+b$

$f''(x)=6x+2a$

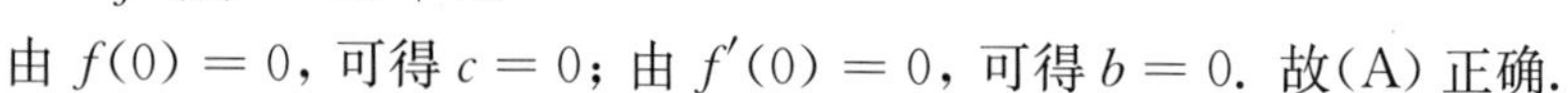
由 $f(0)=0$，可得 $c=0$；由 $f'(0)=0$，可得 $b=0$. 故(A) 正确.

当 $a>0$ 时，$f''(0)>0$，所以 $f(0)$ 为极小值；当 $a<0$ 时，$f''(0)<0$，所以 $f(0)$ 为极大值. 故(B) 和 (C) 正确.

当 $a\neq 0$ 时，$f''(0)=2a\neq 0$，因 $f(x)$ 为多项式函数，拐点必在 $f''(x)=0$ 处取得，所以点$(0, f(0))$非拐点.

故本题应选(D).

18. 曲线 $y=\dfrac{x}{1-x^2}$ 的渐近线有[　　].

(A) 1 条　　(B) 2 条　　(C) 3 条　　(D) 4 条

解：$\lim\limits_{x\to\infty}\dfrac{x}{1-x^2}=0$，所以 $y=0$ 为一条水平渐近线. $\lim\limits_{x\to\pm1}\dfrac{x}{1-x^2}=\infty$，所以 $x=\pm1$ 为两条铅垂渐近线. $y=\dfrac{x}{1-x^2}$ 无斜渐近线.

故本题应选(C).

19. 曲线 $y=\dfrac{1}{f(x)}$ 有水平渐近线的充分条件是[　　].

(A) $\lim\limits_{x\to\infty}f(x)=0$　　(B) $\lim\limits_{x\to\infty}f(x)=\infty$

(C) $\lim\limits_{x\to0}f(x)=0$　　(D) $\lim\limits_{x\to0}f(x)=\infty$

解：若 $\lim\limits_{x\to\infty}f(x)=\infty$，则有 $\lim\limits_{x\to\infty}\dfrac{1}{f(x)}=0$，于是 $y=0$ 是 $y=\dfrac{1}{f(x)}$ 的水平渐近线.

在(A)、(C)、(D) 中的条件下，$y=\dfrac{1}{f(x)}$ 无水平渐近线.

故本题应选(B).

20. 曲线 $y=\dfrac{1}{f(x)}$ 有铅垂渐近线的充分条件是[　　].

(A) $\lim\limits_{x\to\infty}f(x)=0$　　(B) $\lim\limits_{x\to\infty}f(x)=\infty$

(C) $\lim\limits_{x\to0}f(x)=0$　　(D) $\lim\limits_{x\to0}f(x)=\infty$

解：若 $\lim\limits_{x\to0}f(x)=0$，则有 $\lim\limits_{x\to0}\dfrac{1}{f(x)}=\infty$，于是 $x=0$ 是 $y=\dfrac{1}{f(x)}$ 的铅垂渐近线.

在(A)、(B)、(D) 中的条件下，$y=\dfrac{1}{f(x)}$ 无铅垂渐近线.

故本题应选(C).

21. 设函数 $y=\dfrac{2x}{1+x^2}$，则下列结论中错误的是[　　].

(A) y 是奇函数，且是有界函数

(B) y 有两个极值点

(C) y 只有一个拐点

(D) y 只有一条水平渐近线

解：设 $y=f(x)=\dfrac{2x}{1+x^2}$.

(A) $f(-x)=\dfrac{-2x}{1+x^2}=-f(x)$，所以函数是奇函数，且因为 $|y|\leqslant1$，所以函数有界.

(B) $y'=\dfrac{2(1+x^2)-4x^2}{(1+x^2)^2}=\dfrac{2(1-x^2)}{(1+x^2)^2}$

令 $y'=0$，得 $x=\pm1$. 当 $x<-1$ 时，$y'<0$；当 $-1<x<1$ 时，$y'>0$；当 $x>1$ 时，$y'<0$. 所以 $f(x)$ 有两个极值点，点 $x=-1$ 处有极小值，点 $x=1$ 处有极大值.

(C) $y''=\dfrac{-4x(1+x^2)^2-2(1+x^2)4x(1-x^2)}{(1+x^2)^4}=\dfrac{4x(x^2-3)}{(1+x^2)^3}$

令 $y''=0$，得 $x=0$，$x=\pm\sqrt{3}$. 当 $x<-\sqrt{3}$ 时，$y''<0$；当 $-\sqrt{3}<x<0$ 时，$y''>0$；当

$0<x<\sqrt{3}$ 时，$y''<0$；当$\sqrt{3}<x$ 时，$y''>0$. 所以 $f(x)$ 有三个拐点$\left(-\sqrt{3}, -\frac{\sqrt{3}}{2}\right)$，$(0, 0)$，$\left(\sqrt{3}, \frac{\sqrt{3}}{2}\right)$.

故本题应选(C).

继续考察(D)

(D) $\lim\limits_{x\to\infty}\frac{2x}{1+x^2}=0$，所以 $y=0$ 为水平渐近线，无铅垂渐近线及斜渐近线.

22. 关于函数 $y=\frac{x^3}{1-x^2}$ 的结论错误的是[　　].

(A) 有一个零点　　　　(B) 有两个极值点

(C) 有一个拐点　　　　(D) 有两条渐近线

解: (A) 当 $x=0$ 时 $y=0$，函数有一个零点.

(B) $y'=\frac{3x^2(1-x^2)+2x^4}{(1-x^2)^2}=\frac{3x^2-x^4}{(1-x^2)^2}=\frac{x^2(3-x^2)}{(1-x^2)^2}$

令 $y'=0$，得 $x=0$，$x=\pm\sqrt{3}$. 当 $x<-\sqrt{3}$ 时，$y'<0$；当 $-\sqrt{3}<x<\sqrt{3}$ 且 $x\neq\pm 1$ 时，$y'>0$；当 $x>\sqrt{3}$ 时，$y'<0$. 所以 $f(x)$ 有两个极值点，点 $x=-\sqrt{3}$ 处有极小值，点 $x=\sqrt{3}$ 处有极大值.

(C) $y''=\frac{2x(3+x^2)}{(1-x^2)^3}$

令 $y''=0$，得 $x=0$.

令 $\frac{1}{y''}=0$，得 $x=\pm 1$ 为间断点，函数不连续.

当 $-1<x<0$ 时，$y''<0$；当 $0<x<1$ 时，$y''>0$. 所以 $f(x)$ 有一个拐点$(0, 0)$.

(D) $\lim\limits_{x\to\pm 1}\frac{x^3}{1-x^2}=\infty$，所以 $x=\pm 1$ 是两条铅垂渐近线.

$$\lim_{x\to\infty}\frac{f(x)}{x}=\lim_{x\to\infty}\frac{x^2}{1-x^2}=-1$$

$$\lim_{x\to\infty}\left(\frac{x^3}{1-x^2}+x\right)=\lim_{x\to\infty}\frac{x}{1-x^2}=0$$

所以 $y=-x$ 为斜渐近线. 因此，图形共有三条渐近线.

故本题应选(D).

(二) 参考题(附解答)

(A)

1. 证明：当 $x>0$ 时，不等式 $\frac{x}{1+x}<\ln(1+x)<x$ 成立.

证：设 $f(x)=\ln(1+x)$.

当 $x>0$ 时，$f(x)$ 在$[0,x]$上满足拉格朗日定理的条件，因此有

$$f(x)-f(0)=f'(\xi)(x-0)\quad(0<\xi<x)$$

而 $$f'(\xi)=\frac{1}{1+\xi},\ f(0)=0$$

所以有 $$\ln(1+x)=\frac{1}{1+\xi}\cdot x\quad(0<\xi<x)$$

由于 $$\frac{x}{1+x}<\frac{x}{1+\xi}<x$$

因此对任何 $x>0$ 有$\frac{x}{1+x}<\ln(1+x)<x$.

2. 证明不等式 $1-x+\frac{x^2}{2}>e^{-x}>1-x\quad(x>0)$.

证：(1) 设 $f(x)=e^{-x}$.

当 $x>0$ 时，$f(x)$ 在$[0,x]$上满足拉格朗日定理的条件，因此有

$$e^{-x}-e^0=-e^{-\xi}(x-0)\qquad(0<\xi<x)$$

即 $$\frac{e^{-x}-1}{x}=-e^{-\xi}>-1$$

所以 $$e^{-x}>1-x(x>0)$$

(2) 设 $g(x)=1-x+\frac{x^2}{2}-e^{-x}$.

当 $x>0$ 时，$g(x)$ 在$[0,x]$上满足拉格朗日定理的条件，因此有

$$g'(\xi)=-1+\xi+e^{-\xi}$$

$$g(0)=0$$

所以有 $$1-x+\frac{x^2}{2}-e^{-x}=(-1+\xi+e^{-\xi})(x-0)\quad(0<\xi<x)$$

由(1) 知 $e^{-\xi}-(1-\xi)>0$，于是可得 $1-x+\frac{x^2}{2}-e^{-x}>0$，从而有$1-x+\frac{x^2}{2}>e^{-x}$.

由(1) 和(2)，对于 $x>0$ 有 $1-x+\frac{x^2}{2}>e^{-x}>1-x$.

3. 设 $f''(x)>0$，求证 $f(a+h)+f(a-h)\geqslant 2f(a)$.

证：不妨设 $h\geqslant 0$，利用拉格朗日定理

$$\begin{aligned}&f(a+h)+f(a-h)-2f(a)\\=&[f(a+h)-f(a)]+[f(a-h)-f(a)]\\=&f'(\xi_2)h-f'(\xi_1)h\\=&h[f'(\xi_2)-f'(\xi_1)]\\=&hf''(\xi)(\xi_2-\xi_1)\end{aligned}$$

其中 $a-h<\xi_1<a,\quad a<\xi_2<a+h,\quad \xi_1<\xi<\xi_2$

由题设 $f''(\xi)>0,\quad \xi_2-\xi_1>0$

因此 $f(a+h)+f(a-h)-2f(a)\geqslant 0$

于是可得 $f(a+h)+f(a-h)\geqslant 2f(a)$

4. 求极限$\lim\limits_{x\to 0}\dfrac{2^x+2^{-x}-2}{x^2}$.

解: $$\lim_{x\to 0}\frac{2^x+2^{-x}-2}{x^2}\xlongequal{\frac{0}{0}}\lim_{x\to 0}\frac{2^x\ln 2-2^{-x}\ln 2}{2x}$$

$$\xlongequal{\frac{0}{0}}\lim_{x\to 0}\frac{2^x(\ln 2)^2+2^{-x}(\ln 2)^2}{2}$$

$$=(\ln 2)^2$$

5. 求极限$\lim\limits_{x\to 0}(1+xe^x)^{\frac{1}{x}}$.

解: $$\lim_{x\to 0}(1+xe^x)^{\frac{1}{x}}\xlongequal{1^\infty}\lim_{x\to 0}e^{\frac{1}{x}\ln(1+xe^x)}=e^{\lim\limits_{x\to 0}\frac{1}{x}\ln(1+xe^x)}$$

其中 $$\lim_{x\to 0}\frac{1}{x}\ln(1+xe^x)\xlongequal{0\cdot\infty}\lim_{x\to 0}\frac{\ln(1+xe^x)}{x}$$

$$\xlongequal{\frac{0}{0}}\lim_{x\to 0}\frac{e^x+xe^x}{1+xe^x}=1$$

所以 $$\lim_{x\to 0}(1+xe^x)^{\frac{1}{x}}=e^1=e$$

6. 求极限$\lim\limits_{x\to+\infty}(x+\sqrt{1+x^2})^{\frac{1}{x}}$.

解: $$\lim_{x\to+\infty}(x+\sqrt{1+x^2})^{\frac{1}{x}}\xlongequal{\infty^0}\lim_{x\to+\infty}e^{\frac{1}{x}\ln(x+\sqrt{1+x^2})}=e^{\lim\limits_{x\to+\infty}\frac{1}{x}\ln(x+\sqrt{1+x^2})}$$

其中 $$\lim_{x\to+\infty}\frac{1}{x}\ln(x+\sqrt{1+x^2})\xlongequal{0\cdot\infty}\lim_{x\to+\infty}\frac{\ln(x+\sqrt{1+x^2})}{x}$$

$$\xlongequal{\frac{\infty}{\infty}}\lim_{x\to+\infty}\frac{1+\dfrac{x}{\sqrt{1+x^2}}}{x+\sqrt{1+x^2}}=\lim_{x\to+\infty}\frac{1}{\sqrt{1+x^2}}=0$$

所以 $$\lim_{x\to+\infty}(x+\sqrt{1+x^2})^{\frac{1}{x}}=e^0=1$$

7. 求极限$\lim\limits_{x\to+\infty}\left(\dfrac{\pi}{2}-\arctan x\right)^{\frac{1}{\ln x}}$.

解: $$\lim_{x\to+\infty}\left(\frac{\pi}{2}-\arctan x\right)^{\frac{1}{\ln x}}\xlongequal{0^0}\lim_{x\to+\infty}e^{\frac{1}{\ln x}\left[\ln\left(\frac{\pi}{2}-\arctan x\right)\right]}$$

$$=e^{\lim\limits_{x\to+\infty}\frac{1}{\ln x}\left[\ln\left(\frac{\pi}{2}-\arctan x\right)\right]}$$

其中 $$\lim_{x\to+\infty}\frac{1}{\ln x}\left[\ln\left(\frac{\pi}{2}-\arctan x\right)\right]$$

$$\xlongequal{0\cdot\infty}\lim_{x\to+\infty}\frac{\ln\left(\dfrac{\pi}{2}-\arctan x\right)}{\ln x}\xlongequal{\frac{\infty}{\infty}}\lim_{x\to+\infty}\frac{x\left(-\dfrac{1}{1+x^2}\right)}{\dfrac{\pi}{2}-\arctan x}$$

$$=\lim_{x\to+\infty}\frac{-x}{\left(\dfrac{\pi}{2}-\arctan x\right)(1+x^2)}$$

$$= \lim_{x\to+\infty}\frac{-\frac{1}{x}}{\frac{\pi}{2}-\arctan x}\cdot\lim_{x\to+\infty}\frac{x^2}{1+x^2}$$

$$= \lim_{x\to+\infty}\frac{\frac{1}{x^2}}{-\frac{1}{1+x^2}}=-1$$

所以 $\lim\limits_{x\to+\infty}\left(\frac{\pi}{2}-\arctan x\right)^{\frac{1}{\ln x}}=e^{-1}$

8. 求极限 $\lim\limits_{x\to+\infty}x\left[\sin\ln\left(1+\frac{3}{x}\right)-\sin\ln\left(1+\frac{1}{x}\right)\right]$.

解: 令 $\frac{1}{x}=t$

$$\lim_{x\to+\infty}x\left[\sin\ln\left(1+\frac{3}{x}\right)-\sin\ln\left(1+\frac{1}{x}\right)\right]$$

$$= \lim_{t\to0}\frac{\sin\ln(1+3t)-\sin\ln(1+t)}{t}$$

$$\xlongequal{\frac{0}{0}}\lim_{t\to0}\left[\cos\ln(1+3t)\cdot\frac{3}{1+3t}-\cos\ln(1+t)\cdot\frac{1}{1+t}\right]$$

$$=\cos\ln(1+3\times0)\times\frac{3}{1+3\times0}-\cos\ln(1+0)\times\frac{1}{1+0}=2$$

9. 求极限 $\lim\limits_{x\to0}\left(\frac{e^x+e^{2x}+\cdots+e^{nx}}{n}\right)^{\frac{1}{x}}$，其中 n 是给定正整数.

解: $\lim\limits_{x\to0}\left(\frac{e^x+e^{2x}+\cdots+e^{nx}}{n}\right)^{\frac{1}{x}}$

$$=\lim_{x\to0}e^{\frac{1}{x}\ln\frac{e^x+e^{2x}+\cdots+e^{nx}}{n}}$$

$$=e^{\lim\limits_{x\to0}\frac{1}{x}\ln\frac{e^x+e^{2x}+\cdots+e^{nx}}{n}}$$

其中 $\lim\limits_{x\to0}\frac{1}{x}\ln\frac{e^x+e^{2x}+\cdots+e^{nx}}{n}$

$$=\lim_{x\to0}\frac{\ln(e^x+e^{2x}+\cdots+e^{nx})-\ln n}{x}$$

$$\xlongequal{\frac{0}{0}}\lim_{x\to0}\frac{e^x+2e^{2x}+\cdots+ne^{nx}}{e^x+e^{2x}+\cdots+e^{nx}}$$

$$=\frac{1+2+\cdots+n}{n}=\frac{n+1}{2}$$

所以 $\lim\limits_{x\to0}\left(\frac{e^x+e^{2x}+\cdots+e^{nx}}{n}\right)^{\frac{1}{x}}=e^{\frac{n+1}{2}}$

10. 设 $b>a>e$，证明：$a^b>b^a$.

证: 只需证 $b\ln a>a\ln b$.

设 $f(x)=x\ln a-a\ln x\quad(x\geqslant a)$

$$f'(x)=\ln a-\frac{a}{x}>1-\frac{a}{x}\geqslant 0$$

所以 $f(x)$ 在 $x\geqslant a$ 时单调增加，因此 $f(b)>f(a)$.

而 $f(b)=b\ln a-a\ln b$，$f(a)=0$，于是得

$$b\ln a-a\ln b>0，即\ a^b>b^a$$

11. 证明不等式 $e^x\geqslant ex$.

证： 设 $f(x)=e^x-ex$

$$f'(x)=e^x-e,\quad f''(x)=e^x$$

令 $f'(x)=0$，得 $x=1$，而 $f''(1)=e>0$，所以点 $x=1$ 是 $f(x)$ 的极小值点，因极值唯一，所以也是最小值点. 而 $f(1)=0$，于是有 $f(x)\geqslant f(1)=0$，即得 $e^x\geqslant ex$.

12. 设 $f(x)=\dfrac{ax^2+bx+a+1}{x^2+1}$ 在点 $x=-\sqrt{3}$ 处取得极小值 0，求 a，b 的值.

解： 因 $f(x)=\dfrac{ax^2+bx+a+1}{x^2+1}=a+\dfrac{bx+1}{x^2+1}$

$$f'(x)=\frac{-bx^2-2x+b}{(x^2+1)^2}$$

根据题设，$f(x)$ 在点 $x=-\sqrt{3}$ 处取得极小值 0，所以有

$$\begin{cases}f(-\sqrt{3})=a+\dfrac{-\sqrt{3}b+1}{4}=0\\ f'(-\sqrt{3})=\dfrac{-3b+2\sqrt{3}+b}{16}=0\end{cases}$$

解方程组，得 $b=\sqrt{3}$，$a=\dfrac{1}{2}$.

容易验证，当 $b=\sqrt{3}$，$a=\dfrac{1}{2}$ 时，$f''(-\sqrt{3})>0$，即 $f(x)$ 在点 $x=-\sqrt{3}$ 处取得极小值.

13. 方程 $2y^3-2y^2+2xy-x^2=1$ 确定 y 是 x 的函数 $y=y(x)$，讨论 $y=y(x)$ 的极值点.

解： $2y^3-2y^2+2xy-x^2=1$

方程两边对 x 求导

$$6y^2y'-4yy'+2xy'+2y-2x=0$$

即
$$3y^2y'-2yy'+xy'+y-x=0$$

令 $y'=0$，得 $y=x$，代入原方程，有 $2x^3-x^2-1=0$，得 $x=1$.

求 y''，得 $(3y^2-2y+x)y''+2(3y-1)(y')^2+2y'-1=0$.

将 $x=1$，$y=1$，$y'\big|_{\substack{x=1\\y=1}}=0$ 代入上式，得 $y''\big|_{\substack{x=1\\y=1}}=\dfrac{1}{2}>0$，所以点 $(1,1)$ 是 $y=y(x)$ 的极小值点.

14. 求函数 $y=x^{\frac{2}{3}}-(x^2-1)^{\frac{1}{3}}$ 在 $[0,2]$ 上的最大值与最小值.

解： $y'=\dfrac{2}{3}x^{-\frac{1}{3}}-\dfrac{1}{3}(x^2-1)^{-\frac{2}{3}}\cdot 2x=\dfrac{2}{3\sqrt[3]{x}}-\dfrac{2x}{3\sqrt[3]{(x^2-1)^2}}$

$$=\frac{2[(x^2-1)^{\frac{2}{3}}-x^{\frac{4}{3}}]}{3\sqrt[3]{x(x^2-1)^2}}$$

令 $y'=0$，得 $x=\pm\frac{1}{\sqrt{2}}$. $x=-\frac{1}{\sqrt{2}}$ 在$[0,2]$之外，舍去，故得唯一驻点 $x=\frac{1}{\sqrt{2}}$.

令 $\frac{1}{y'}=0$，得 $x=0$，$x=\pm 1$. $x=-1$ 在$[0,2]$之外，舍去. $x=0$ 及 $x=1$ 为函数 y 的连续但不可导点.

求驻点、连续但不可导点及区间端点的函数值：

$$y\Big|_{x=\frac{1}{\sqrt{2}}}=\sqrt[3]{4},\quad y\Big|_{x=0}=1,\quad y\Big|_{x=1}=1,\quad y\Big|_{x=2}=\sqrt[3]{4}-\sqrt[3]{3}$$

比较上面各值，可得：

$y=x^{\frac{2}{3}}-(x^2-1)^{\frac{1}{3}}$ 在$[0,2]$上的最大值为 $y\Big|_{x=\frac{1}{\sqrt{2}}}=\sqrt[3]{4}$，最小值为 $y\Big|_{x=2}=\sqrt[3]{4}-\sqrt[3]{3}$.

15. 讨论函数 $y=x+\arctan x$ 的定义域、增减区间、凹向、拐点及渐近线，并作出函数的图形.

解： (1) 定义域：$(-\infty,+\infty)$.

(2) 奇偶性：$y(-x)=-x+\arctan(-x)=-(x+\arctan x)=-y(x)$，所以函数为奇函数，图形关于原点对称.

(3) $y'=1+\frac{1}{1+x^2}=\frac{2+x^2}{1+x^2}>0$，无极值，函数单调增加.

(4) $y''=\frac{-2x}{(1+x^2)^2}$，由 $y''=0$ 得 $x=0$.

在$(-\infty,0)$内，$y''>0$，曲线上凹；在$(0,+\infty)$内，$y''<0$，曲线下凹. $(0,0)$点为曲线拐点.

(5) $\lim\limits_{x\to+\infty}(x+\arctan x)=+\infty$，$\lim\limits_{x\to-\infty}(x+\arctan x)=-\infty$

曲线没有水平渐近线.

$y=x+\arctan x$ 为连续函数，无间断点，所以也没有铅垂渐近线.

$$k=\lim_{x\to\infty}\frac{x+\arctan x}{x}=\lim_{x\to\infty}\left(1+\frac{\arctan x}{x}\right)=1+0=1$$

$$b_1=\lim_{x\to+\infty}(x+\arctan x-x)$$

$$=\lim_{x\to+\infty}\arctan x=\frac{\pi}{2}$$

$$b_2=\lim_{x\to-\infty}(x+\arctan x-x)$$

$$=\lim_{x\to-\infty}\arctan x=-\frac{\pi}{2}$$

所以曲线有两条斜渐近线

$$y=x+\frac{\pi}{2}\quad 与\quad y=x-\frac{\pi}{2}$$

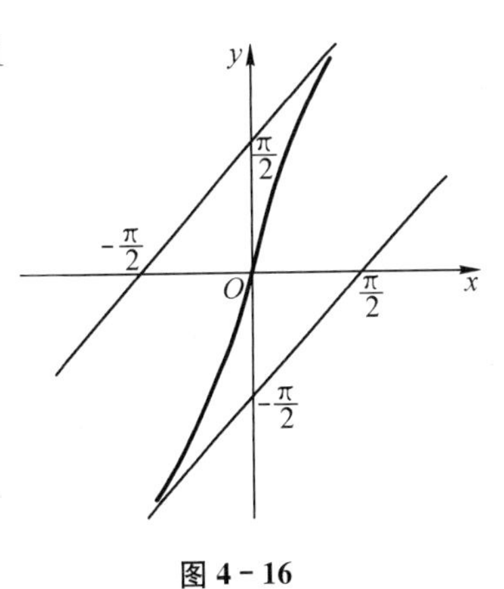

图 4-16

(6) 函数图形如图 4-16 所示.

16. 讨论函数 $y=\frac{x}{\ln x}$ 的定义域、增减区间、极值、凹向、拐点及渐近线，并作出函数的图形.

解： (1) 定义域：$(0,\ 1)\cup(1,\ +\infty)$.

(2) $y'=\frac{\ln x-1}{(\ln x)^2}$，令 $y'=0$，得 $x=\mathrm{e}$.

(3) $y''=\frac{2-\ln x}{x(\ln x)^3}$，令 $y''=0$，得 $x=\mathrm{e}^2$.

结果见表 4-25.

表 4-25

x	$(0,\ 1)$	1	$(1,\ \mathrm{e})$	e	$(\mathrm{e},\ \mathrm{e}^2)$	e^2	$(\mathrm{e}^2,\ +\infty)$
y'	$-$	∞	$-$	0	$+$		$+$
y''	$-$	∞	$+$		$+$	0	$-$
y	↘ ∩	间断点	↘ ∪	e 极小值	↗ ∪	$\frac{\mathrm{e}^2}{2}$ 拐点	↗ ∩

(4) $\lim\limits_{x\to1}\frac{x}{\ln x}=\infty$，所以 $x=1$ 是铅垂渐近线.

$$\lim_{x\to+\infty}\frac{x}{\ln x}=\lim_{x\to+\infty}x=+\infty$$

所以无水平渐近线.

$$\lim_{x\to+\infty}\frac{\frac{x}{\ln x}}{x}=\lim_{x\to+\infty}\frac{1}{\ln x}=0$$

所以无斜渐近线.

(5) 图形经过点 $\left(2,\ \frac{2}{\ln 2}\right)$，$(\mathrm{e},\ \mathrm{e})$，$\left(\mathrm{e}^2,\ \frac{\mathrm{e}^2}{2}\right)$，….

(6) 函数图形如图 4-17 所示.

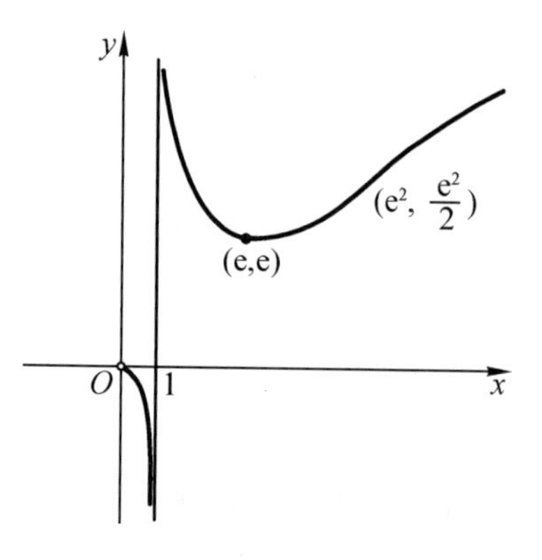

图 4-17

17. 在经济学及其他很多实际问题中，当变量的增长率与现实值 y 及饱和值 N 和现实值之差 $N-y$ 都成正比时，这种变量按逻辑斯蒂曲线的方程变化，其方程为 $y=\frac{N}{1+b\mathrm{e}^{-ax}}$，当 $a=2$，$b=\mathrm{e}$，$N=1$ 时，讨论曲线的变化性态，并作出图形.

解： 当 $a=2$，$b=\mathrm{e}$，$N=1$ 时逻辑斯蒂曲线的方程为

$$y=\frac{1}{1+\mathrm{e}\mathrm{e}^{-2x}}=\frac{1}{1+\mathrm{e}^{1-2x}}$$

$$y'=\frac{2\mathrm{e}^{1-2x}}{(1+\mathrm{e}^{1-2x})^2}>0$$

$$y''=\frac{4\mathrm{e}^{1-2x}(\mathrm{e}^{1-2x}-1)}{(1+\mathrm{e}^{1-2x})^3}$$

令 $y''=0$，得 $x=\frac{1}{2}$.

列表如表 4－26 所示.

表 4－26

x	$(-\infty,\frac{1}{2})$	$\frac{1}{2}$	$(\frac{1}{2},+\infty)$
y'	$+$	$+$	$+$
y''	$+$	0	$-$
y	$\nearrow$ $\cup$	拐点 $(\frac{1}{2},\frac{1}{2})$	$\nearrow$ $\cap$

$$\lim_{x\to-\infty} y=\lim_{x\to-\infty}\frac{1}{1+e^{1-2x}}=0,\ \lim_{x\to+\infty} y=\lim_{x\to+\infty}\frac{1}{1+e^{1-2x}}=1$$

所以有两条水平渐近线 $y=0$ 及 $y=1$.

其图形如图 4－18 所示.

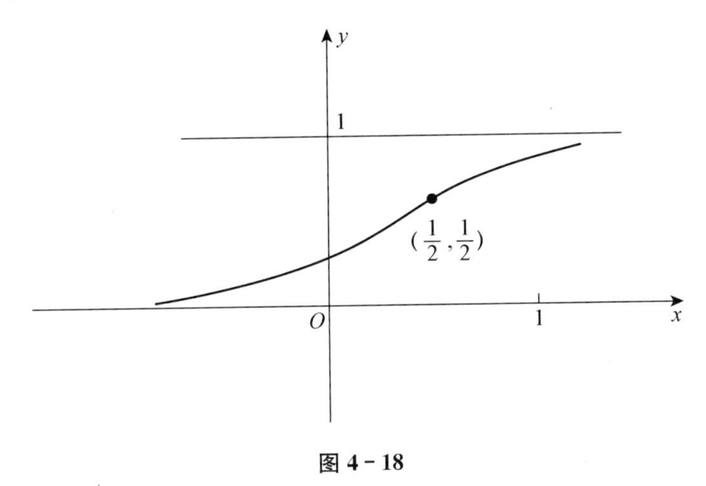

图 4－18

(B)

1. 若 $\lim\limits_{x\to0}\dfrac{\sin2x+e^{2ax}-1}{x}=a\neq0$，则 $a=$[　　].

(A) -2　　(B) 2　　(C) -1　　(D) 1

解： $\lim\limits_{x\to0}\dfrac{\sin2x+e^{2ax}-1}{x}\overset{\frac{0}{0}}{=}\lim\limits_{x\to0}\dfrac{2\cos2x+2ae^{2ax}}{1}=2+2a$

根据题设 $2+2a=a$，所以 $a=-2$.

故本题应选(A).

2. 函数 $y=e^{|x|}$ 在点 $x=0$ 处[　　].

(A) 可导，有极小值　　(B) 可导，有极大值

(C) 不可导，有极小值　　(D) 不可导，有极大值

解： $y=y(x)=\begin{cases}e^{-x}, & x<0\\ e^{x}, & x\geqslant0\end{cases}$

$$\lim_{x\to 0}y(x)=\lim_{x\to 0}e^{|x|}=1=y(0)$$

$$y'_-(0)=\lim_{x\to 0^-}\frac{e^{-x}-1}{x}\overset{\frac{0}{0}}{=}\lim_{x\to 0^-}\frac{-e^{-x}}{1}=-1$$

$$y'_+(0)=\lim_{x\to 0^+}\frac{e^{x}-1}{x}\overset{\frac{0}{0}}{=}\lim_{x\to 0^+}\frac{e^{x}}{1}=1$$

$y'_-(0)\neq y'_+(0)$，所以 $f(x)$ 在点 $x=0$ 处连续，但不可导.

$$y'=y'(x)=\begin{cases}-e^{-x}, & x<0\\ e^{x}, & x>0\end{cases}$$

当 $x<0$ 时 $y'<0$，当 $x>0$ 时 $y'>0$，所以函数 $y=e^{|x|}$ 在点 $x=0$ 处有极小值.

故本题应选(C).

本题亦可作出函数 $y=e^{|x|}$ 的图形(如图 4-19 所示)，从图形上直接得出结论.

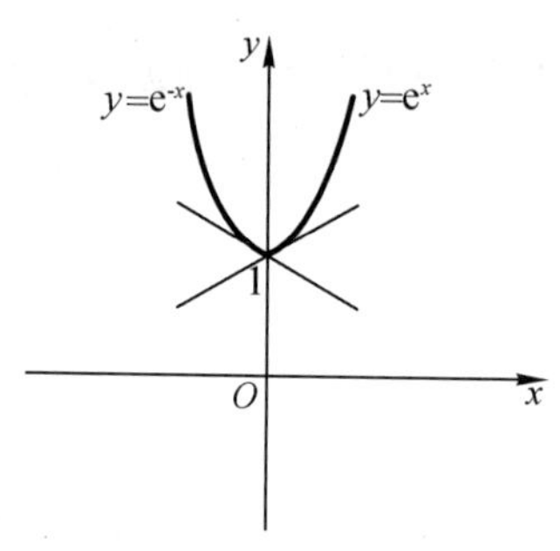

图 4-19

3. $\lim_{x\to a}\frac{f(x)-f(a)}{(x-a)^2}=-1$，则在点 $x=a$ 处[　　].

(A) $f'(a)$ 不存在

(B) $f'(a)$ 存在，但不等于零

(C) $f(a)$ 为极大值

(D) $f(a)$ 为极小值

解： 由 $\lim_{x\to a}\frac{f(x)-f(a)}{(x-a)^2}=\lim_{x\to a}\frac{\frac{f(x)-f(a)}{x-a}}{x-a}=-1$，必有

$$\lim_{x\to a}\frac{f(x)-f(a)}{x-a}=0，即 f'(a)=0$$

又由 $\lim_{x\to a}\frac{f(x)-f(a)}{(x-a)^2}=-1$ 可知，在点 $x=a$ 的某邻域 $f(x)<f(a)$，所以 $f(a)$ 为极大值.

故本题应选(C).

4. 函数 $y=12x^5+15x^4-40x^3$ 有[　　].

(A) 四个极值点，三个拐点　　(B) 两个极值点，三个拐点

(C) 两个极值点，一个拐点　　(D) 没有极值点，一个拐点

解： $y'=60x^4+60x^3-120x^2=60x^2(x-1)(x+2)$

令 $y'=0$，得驻点 $x=0$，$x=1$，$x=-2$.

x 经过 $x=0$ 左右邻近处时 y' 的符号不改变，故函数 y 在点 $x=0$ 处没有极值. x 经过点 $x=1$ 及 $x=-2$ 左右邻近处时 y' 的符号改变，故函数 y 在点 $x=1$ 及 $x=-2$ 处有两个极值.

$$y''=60x(4x^2+3x-4)$$

令 $y''=0$，得 $x=0$，$x=\frac{-3\pm\sqrt{73}}{8}$，$x$ 经过 $x=0$ 及 $x=\frac{-3\pm\sqrt{73}}{8}$ 左右邻近处时 y'' 的符号改变，所以函数 y 有三个拐点.

故本题应选(B).

5. 若 $f(-x)=f(x)(-\infty<x<+\infty)$，已知在$(-\infty, 0)$内有 $f'(x)>0$ 且 $f''(x)<0$，那么在$(0, +\infty)$ 内[　　].

(A) 函数单调增加，图形下凹　　(B) 函数单调增加，图形上凹

(C) 函数单调减少，图形下凹　　(D) 函数单调减少，图形上凹

解： 由题设 $f(-x)=f(x)$ 知，函数为偶函数，图形关于 y 轴对称，即$(0, +\infty)$ 内的图形与$(-\infty, 0)$ 内的图形关于 y 轴对称. 又根据题设知 $f(x)$ 在$(-\infty, 0)$ 内函数单调增加，图形下凹，与之关于 y 轴对称的图形必为函数单调减少，图形下凹.

故本题应选(C).

6. 设 $f'(x_0)=f''(x_0)=0$，$f'''(x_0)>0$，则下列结论正确的是[　　].

(A) $f'(x_0)$ 是 $f'(x)$ 的极大值

(B) $f(x_0)$ 是 $f(x)$ 的极大值

(C) $f(x_0)$ 是 $f(x)$ 的极小值

(D) $(x_0, f(x_0))$ 是曲线 $y=f(x)$ 的拐点

解： 由 $f''(x_0)=0$，$f'''(x_0)>0$ 可知，$f'(x_0)$ 是 $f'(x)$ 的极小值，排除(A). 由 $f'(x_0)$ 是 $f'(x)$ 的极小值可知，在 x_0 的某邻域内，$f'(x)>f'(x_0)$，即$f'(x)>0$ $(x\neq x_0)$. 那么 $f(x)$ 在 x_0 的某邻域内单调增加，故 $f(x_0)$ 不是 $f(x)$ 的极值，故排除(B) 和 (C).

对于(D)，

$$f'''(x_0)=\lim_{x\to x_0}\frac{f''(x)-f''(x_0)}{x-x_0}=\lim_{x\to x_0}\frac{f''(x)}{x-x_0}>0$$

可见，在 x_0 的某邻域内，当 $x<x_0$ 时 $f''(x)<0$，当 $x>x_0$ 时$f''(x_0)>0$，故$(x_0, f(x_0))$ 是曲线 $y=f(x)$ 的拐点.

故本题应选(D).

7. 设 $f'(x)=(x-1)(2x+1)$，$x\in(-\infty, +\infty)$，则在$\left(\frac{1}{2}, 1\right)$内[　　].

(A) $f(x)$ 单调增加，曲线上凹　　(B) $f(x)$ 单调减少，曲线上凹

(C) $f(x)$ 单调增加，曲线下凹　　(D) $f(x)$ 单调减少，曲线下凹

解： $f'(x)=(x-1)(2x+1)$

$$f''(x)=(2x+1)+2(x-1)=4x-1$$

在$\left(\frac{1}{2}, 1\right)$内，$f'(x)<0$，$f''(x)>0$，所以 $f(x)$ 单调减少，曲线上凹.

故本题应选(B).

8. 曲线 $y=a-(x-b)^{\frac{1}{3}}$[　　].

(A) 上凹，没有拐点　　(B) 下凹，没有拐点

(C) 有拐点(b, a)　　(D) 有拐点(a, b)

解： $y'=-\frac{1}{3}(x-b)^{-\frac{2}{3}}$，　$y''=\frac{2}{9}(x-b)^{-\frac{5}{3}}$

令$\frac{1}{y''}=0$，得 $x=b$.

当 $x<b$ 时，$y''<0$，曲线下凹.

当 $x > b$ 时，$y'' > 0$，曲线上凹.

当 $x = b$ 时，$y = a$，$y''(b)$ 不存在，但函数在点 $x = b$ 处连续，所以点 (b, a) 为曲线的拐点.

故本题应选(C).

9. 如果点(0，1)是曲线 $y = ax^3 + bx^2 + c$ 的一个拐点，则有[　　].

(A) $a = 0$，$b \neq 0$，$c = 1$　　(B) $a \neq 0$，$b = 0$，$c = 1$

(C) a，b 为任意实数，$c = 1$　　(D) $a \neq 0$，$b \neq 0$，c 为任意实数

解： 将 $x = 0$，$y = 1$ 代入题设函数表达式，可得 $c = 1$.

$$y' = 3ax^2 + 2bx, \quad y'' = 6ax + 2b$$

由 $y''\Big|_{x=0} = 0$，有 $2b = 0$，可得 $b = 0$.

当 $b = 0$ 且 $a = 0$ 时，曲线 $y = 1$ 无拐点，所以 $a \neq 0$，$b = 0$.

故本题应选(B).

10. 设函数 $f(x) = x^3 + ax^2 + bx + c$，且 $f(0) = f'(0) = 0$，则下列结论错误的是[　　].

(A) $b = c = 0$　　(B) 当 $a > 0$ 时，$f(0)$ 为极小值

(C) 当 $a < 0$ 时，$f(0)$ 为极大值　　(D) 当 $a \neq 0$ 时，$(0, f(0))$ 为拐点

解： $f(x) = x^3 + ax^2 + bx + c$

$$f'(x) = 3x^2 + 2ax + b$$

$$f''(x) = 6x + 2a$$

由 $f(0) = 0$，可得 $c = 0$；由 $f'(0) = 0$，可得 $b = 0$.

当 $a > 0$ 时，$f''(0) > 0$，所以 $f(0)$ 为极小值.

当 $a < 0$ 时，$f''(0) < 0$，所以 $f(0)$ 为极大值.

当 $a \neq 0$ 时，$f''(0) = 2a \neq 0$.

因为 $f(x)$ 为多项式函数，在 $(-\infty, +\infty)$ 内二阶可导，拐点必在 $f''(x) = 0$ 处取得，所以点 $(0, f(0))$ 不是曲线 $f(x)$ 的拐点.

故本题应选(D).

11. 设 $f(x) = e^x - kx$ $(k > 0)$，那么在 $(-\infty, +\infty)$ 内[　　].

(A) $f(x)$ 单调增加　　(B) $f(x)$ 有极大值

(C) $f(x)$ 有极小值　　(D) $f(x)$ 有一个拐点

解： $f'(x) = e^x - k$，令 $f'(x) = 0$，得 $x = \ln k$.

$f''(x) = e^x$，$f''(\ln k) = k > 0$，所以 $f(x)$ 在 $x = \ln k$ 处取得极小值.

$f(x)$ 显然不单调，亦无极大值，且由 $f''(x) = e^x > 0$，曲线上凹，无拐点.

故本题应选(C).

12. 函数 $f(x)=|\ln x|$，点 $x=1$ 不是 $f(x)$ 的[　　].

(A) 零点　　(B) 驻点　　(C) 极值点　　(D) 拐点

解： (A) $f(1) = 0$，所以点 $x = 1$ 是 $f(x)$ 的零点.

(B) $f(x) = \begin{cases} -\ln x, & 0 < x < 1 \\ \ln x, & x \geqslant 1 \end{cases}$

$\lim\limits_{x\to1^-}f(x)=\lim\limits_{x\to1^+}f(x)=0=f(1)$，所以在点 $x=1$ 处，$f(x)$ 连续.

$$f'_-(1)=\lim_{x\to1^-}\frac{-\ln x-0}{x-1}\overset{\frac{0}{0}}{=}\lim_{x\to1^-}\frac{-\frac{1}{x}}{1}=-1$$

$$f'_+(1)=\lim_{x\to1^+}\frac{\ln x-0}{x-1}\overset{\frac{0}{0}}{=}\lim_{x\to1^+}\frac{\frac{1}{x}}{1}=1$$

$f'_-(1)\neq f'_+(1)$，所以 $f(x)$ 在点 $x=1$ 处不可导，故 $x=1$ 不是 $f(x)$ 的驻点.

故本题应选(B).

(C) $f'(x)=\begin{cases}-\dfrac{1}{x}, & 0<x<1\\ \dfrac{1}{x}, & x>1\end{cases}$

$f'(1)$ 不存在，但 $f(x)$ 在点 $x=1$ 处连续，且当 $0<x<1$ 时 $f'(x)<0$，当 $x>1$ 时 $f'(x)>0$，所以 $f(x)$ 在点 $x=1$ 处取得极小值.

(D) $f''(x)=\begin{cases}\dfrac{1}{x^2}, & 0<x<1\\ -\dfrac{1}{x^2}, & x>1\end{cases}$

$f''(1)$ 不存在，但 $f(x)$ 在点 $x=1$ 处连续，且当 $0<x<1$ 时 $f''(x)>0$，当 $x>1$ 时 $f''(x)<0$，所以点(1，0)为 $f(x)$ 的拐点.

13. 关于函数 $y=f(x)$，下列结论正确的是[　　].

(A) 若 $f'(x_0)=0$ ($f''(x_0)=0$)，则点(x_0，$f(x_0)$)必是 $f(x)$ 的极值点(拐点)

(B) 若 $f'(x_0)=f''(x_0)=0$，那么点 x_0 既是 $f(x)$ 的极值点，又是拐点

(C) 一个点不可能既是极值点，又是拐点

(D) 上述(A)、(B)、(C)三个结论均不正确

解：(A) $f'(x_0)=0$ ($f''(x_0)=0$) 只是一阶(二阶)可导函数在点 $x=x_0$ 处有极值(拐点)的必要条件，非充分条件.

例如，$y=x^3(y=x^4)$，有 $y'\Big|_{x=0}=0\left(y''\Big|_{x=0}=0\right)$，但点 $x=0$ 不是 $y=x^3(y=x^4)$ 的极值点(拐点).

(B) 反例：$y=x^3$，$y'\Big|_{x=0}=y''\Big|_{x=0}=0$，点 $x=0$ 是 $y=x^3$ 的拐点但不是极值点；$y=x^4$，$y'\Big|_{x=0}=y''\Big|_{x=0}=0$，点 $x=0$ 是 $y=x^4$ 的极值点但不是拐点.

(C) 一个点有可能既是函数的极值点又是函数的拐点.

例如，点(1，0)既是 $y=|\ln x|$ 的极小值点又是拐点；点(1，1)既是 $y=\begin{cases}\sqrt{x}, & 0\leqslant x<1\\ \dfrac{1}{x}, & x\geqslant1\end{cases}$ 的极大值点又是拐点.

故本题应选(D).

14. 设 $f(x)=\begin{cases}-x, & x\leqslant -1\\ \sqrt{x+2}, & x>-1\end{cases}$，则在 $x=-1$ 处，下列关于 $f(x)$ 的结论不正确的是[　　].

(A) 连续　　(B) 可导

(C) 取得极小值　　(D) 取得最小值

解：(A) $\lim\limits_{x\to -1^-}f(x)=\lim\limits_{x\to -1^-}(-x)=1$

$\lim\limits_{x\to -1^+}f(x)=\lim\limits_{x\to -1^+}\sqrt{x+2}=1$

$\lim\limits_{x\to -1}f(x)=1=f(-1)$，因而 $f(x)$ 在 $x=-1$ 处连续.

(B) $f'_-(-1)=\lim\limits_{x\to -1^-}\dfrac{f(x)-f(-1)}{x+1}=\lim\limits_{x\to -1^-}\dfrac{-x-1}{x+1}=-1$

$$f'_+(-1)=\lim_{x\to -1^+}\frac{f(x)-f(-1)}{x+1}=\lim_{x\to -1^+}\frac{\sqrt{x+2}-1}{x+1}$$

$$=\lim_{x\to -1^+}\frac{x+1}{(x+1)(\sqrt{x+2}+1)}=\frac{1}{2}$$

$f'_-(-1)\neq f'_+(-1)$

所以在 $x=-1$ 处 $f(x)$ 不可导.

故本题应选(B).

(C)，(D) $f'(x)=\begin{cases}-1, & x<-1\\ \dfrac{1}{2\sqrt{x+2}}, & x>-1\end{cases}$

$x<-1$，$f'(x)<0$；$x>-1$，$f'(x)>0$

所以 $f(x)$ 在 $x=-1$ 处取得极小值，且在 $f(x)$ 的定义域内只有唯一的极小值，无极大值，因而此极小值即最小值.

15. 曲线 $y=\dfrac{1+e^{-x^2}}{1-e^{-x^2}}$ [　　].

(A) 没有渐近线　　(B) 仅有水平渐近线

(C) 仅有铅垂渐近线　　(D) 既有铅垂渐近线，又有水平渐近线

解：因为 $\lim\limits_{x\to\infty}\dfrac{1+e^{-x^2}}{1-e^{-x^2}}=1$，所以 $y=1$ 为水平渐近线；又因为 $\lim\limits_{x\to 0}\dfrac{1+e^{-x^2}}{1-e^{-x^2}}=\infty$，所以 $x=0$ 为铅垂渐近线.

故本题应选(D).

16. 曲线 $y=e^{\frac{1}{x^2}}\arctan\dfrac{x^2+x+1}{(x-1)(x+2)}$[　　].

(A) 只有一条铅垂渐近线 $x=0$

(B) 共有三条铅垂渐近线 $x=0$，$x=1$，$x=-2$

(C) 只有一条水平渐近线 $y=\dfrac{\pi}{4}$

(D) 有一条铅垂渐近线 $x=0$ 及一条水平渐近线 $y=\dfrac{\pi}{4}$

解：$\lim\limits_{x\to\infty} e^{\frac{1}{x^2}} \arctan \dfrac{x^2+x+1}{(x-1)(x+2)} = e^0 \arctan 1 = \dfrac{\pi}{4}$

所以 $y=\dfrac{\pi}{4}$ 是一条水平渐近线.

$$\lim_{x\to 0} e^{\frac{1}{x^2}} \arctan \frac{x^2+x+1}{(x-1)(x+2)} = -\infty$$

所以 $x=0$ 是一条铅垂渐近线.

$$\lim_{x\to 1^+} y = \frac{\pi}{2}e, \quad \lim_{x\to 1^-} y = -\frac{\pi}{2}e$$

$$\lim_{x\to -2^+} y = -\frac{\pi}{2}\sqrt[4]{e}, \quad \lim_{x\to -2^-} y = \frac{\pi}{2}\sqrt[4]{e}$$

所以 $x=1$ 及 $x=-2$ 均非渐近线.

故本题应选(D).

17. 关于函数 $y=\sqrt{\dfrac{x-1}{x+1}}$ 的说法正确的是[　　].

(A) 定义域为 $(-\infty, -1) \cup (1, +\infty)$

(B) 因 $y'=\dfrac{1}{\sqrt{(x+1)^3(x-1)}}$，点 $x=1$ 为间断点，在点 $x=1$ 处 y 有不可微的极值点

(C) 因 $y''=\dfrac{-(2x-1)}{\sqrt{(x+1)^5(x-1)^3}}$，点 $x=\dfrac{1}{2}$ 处有拐点

(D) $x=-1$ 为铅垂渐近线，$y=1$ 为水平渐近线

解：(A) 给定函数的定义域要求满足

$$\begin{cases} x-1\geqslant 0 \\ x+1>0 \end{cases} \quad 或 \quad \begin{cases} x-1\leqslant 0 \\ x+1<0 \end{cases}$$

即
$$\begin{cases} x\geqslant 1 \\ x>-1 \end{cases} \quad 或 \quad \begin{cases} x\leqslant 1 \\ x<-1 \end{cases}$$

即
$$x\geqslant 1 \quad 或 \quad x<-1$$

所以给定函数的定义域为 $(-\infty, -1) \cup [1, +\infty)$.

(B) $y'=\dfrac{1}{\sqrt{(x+1)^3(x-1)}}$，$x=1$ 为区间端点，不可能是极值点.

(C) $y''=\dfrac{-(2x-1)}{\sqrt{(x+1)^5(x-1)^3}}$，令 $y''=0$，得 $x=\dfrac{1}{2}$，不属于函数定义域，故函数无拐点.

(D) $\lim\limits_{x\to -1^-} y = +\infty$，所以 $x=-1$ 为铅垂渐近线，$\lim\limits_{x\to\infty} y = 1$，所以 $y=1$ 为水平渐近线.

故本题应选(D).

函数图形如图 4－20 所示.

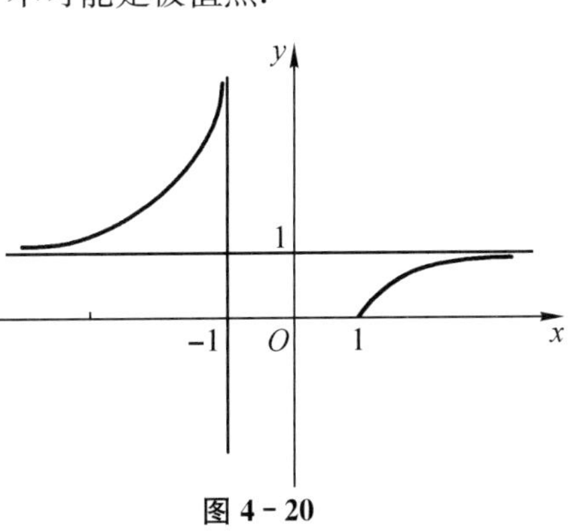

图 4－20

第五章

01 02 03 04 05 06 07 08 09

不定积分

(一)习题解答与注释

(A)

1. 已知曲线 $y=f(x)$ 在任一点 x 处的切线斜率为 k (k 为常数)，求曲线的方程.

解： $y=f(x)$ 在任一点 x 处的斜率为 k，即 $y'=f'(x)=k$，因此有

$$y=\int k\mathrm{d}x=kx+C$$

故所求曲线方程为 $y=kx+C$ (C 为任意常数).

注释 已知一个函数求导(函)数，其结果是唯一的，是一个函数；已知一个函数，求不定积分，其结果不是唯一的，是无穷多个函数.

第 1 题在任意点 x 处切线斜率为 k 的曲线有无穷多条，是一个曲线族，故答案中含有任意常数 C.

2. 已知函数 $y=f(x)$ 的导数等于 $x+2$，且 $x=2$ 时 $y=5$，求这个函数.

解： 导数等于 $x+2$ 的函数有

$$y=\int(x+2)\mathrm{d}x=\frac{1}{2}x^2+2x+C \quad (C\text{ 为任意常数})$$

将 $x=2$，$y=5$ 代入上式，得 $C=-1$，故所求函数方程为

$$y=\frac{1}{2}x^2+2x-1$$

3. 已知曲线上任一点的切线斜率为 $2x$，并且曲线经过点$(1,-2)$，求此曲线的方程.

解： 任一点 x 处斜率为 $2x$ 的曲线族方程为

$$y=\int 2x\mathrm{d}x=x^2+C \quad (C\text{为任意常数})$$

将 $x=1$，$y=-2$ 代入上式，得 $C=-3$，故所求曲线方程为

$$y=x^2-3$$

注释　第2题和第3题均为求不定积分，但都给定了一个初始条件，根据这个条件可以从无穷多个函数中确定其中的一个，故答案唯一.

4. 已知质点在时刻 t 的速度为 $v=3t-2$，且 $t=0$ 时距离 $s=5$，求此质点的运动方程.

解： $s=\int v\mathrm{d}t=\int(3t-2)\mathrm{d}t=\frac{3}{2}t^2-2t+C$

已知 $t=0$ 时 $s=5$，代入上式，得 $C=5$，所以可得该动点的运动方程为 $s=\frac{3}{2}t^2-2t+5$.

5. 已知质点在时刻 t 的加速度为 $a=t^2+1$，且当 $t=0$ 时，速度 $v=1$，距离 $s=0$，求此质点的运动方程.

解： 因 $s'=v$，$v'=a$，所以

$$v=\int a\mathrm{d}t=\int(t^2+1)\mathrm{d}t=\frac{t^3}{3}+t+C$$

已知当 $t=0$ 时，$v=1$，代入上式，得 $C=1$，于是可得

$$v=\frac{t^3}{3}+t+1$$

那么
$$s=\int v\mathrm{d}t=\int\left(\frac{t^3}{3}+t+1\right)\mathrm{d}t=\frac{t^4}{12}+\frac{t^2}{2}+t+C_1$$

已知当 $t=0$ 时 $s=0$，代入上式，得 $C_1=0$，于是得出质点的运动方程为

$$s=\frac{t^4}{12}+\frac{t^2}{2}+t$$

6. 已知某产品产量的变化率是时间 t 的函数 $f(t)=at+b$ (a，b 是常数)，设此产品 t 时的产量函数为 $P(t)$，已知 $P(0)=0$，求 $P(t)$.

解： $P(t)=\int f(t)\mathrm{d}t=\int(at+b)\mathrm{d}t=\frac{a}{2}t^2+bt+C$

已知 $P(0)=0$，将 $t=0$，$P(t)=0$ 代入上式，得 $C=0$. 所以可得

$$P(t)=\frac{a}{2}t^2+bt$$

7. 求下列不定积分：

(1) $\int(1-3x^2)\mathrm{d}x$　　(2) $\int(2^x+x^2)\mathrm{d}x$

(3) $\int\left(\sqrt[3]{x}-\frac{1}{\sqrt{x}}\right)\mathrm{d}x$　　(4) $\int\left(\frac{x}{2}-\frac{1}{x}+\frac{3}{x^3}-\frac{4}{x^4}\right)\mathrm{d}x$

(5) $\int\sqrt{x}(x-3)\mathrm{d}x$　　(6) $\int\frac{(t+1)^3}{t^2}\mathrm{d}t$

(7) $\int \frac{x^2+\sqrt{x^3}+3}{\sqrt{x}}\mathrm{d}x$　　(8) $\int \frac{x^2}{x^2+1}\mathrm{d}x$

(9) $\int \sin^2\frac{u}{2}\mathrm{d}u$　　(10) $\int \cot^2 x\mathrm{d}x$

(11) $\int \frac{\cos 2x}{\cos x+\sin x}\mathrm{d}x$　　(12) $\int \sqrt{x\sqrt{x\sqrt{x}}}\,\mathrm{d}x$

(13) $\int \frac{\mathrm{e}^{2t}-1}{\mathrm{e}^t-1}\mathrm{d}t$　　(14) $\int \frac{\mathrm{d}x}{x^2(1+x^2)}$

解：(1) $\int (1-3x^2)\mathrm{d}x=\int 1\mathrm{d}x-3\int x^2\mathrm{d}x=x-x^3+C$

(2) $\int (2^x+x^2)\mathrm{d}x=\int 2^x\mathrm{d}x+\int x^2\mathrm{d}x=\frac{2^x}{\ln 2}+\frac{x^3}{3}+C$

(3) $\int (\sqrt[3]{x}-\frac{1}{\sqrt{x}})\mathrm{d}x=\int \sqrt[3]{x}\,\mathrm{d}x-\int \frac{1}{\sqrt{x}}\mathrm{d}x=\int x^{\frac{1}{3}}\mathrm{d}x-\int x^{-\frac{1}{2}}\mathrm{d}x$

$$=\frac{3}{4}x^{\frac{4}{3}}-2x^{\frac{1}{2}}+C$$

(4) $\int \left(\frac{x}{2}-\frac{1}{x}+\frac{3}{x^3}-\frac{4}{x^4}\right)\mathrm{d}x$

$$=\frac{1}{2}\int x\mathrm{d}x-\int \frac{\mathrm{d}x}{x}+3\int x^{-3}\mathrm{d}x-4\int x^{-4}\mathrm{d}x$$

$$=\frac{x^2}{4}-\ln|x|-\frac{3}{2}x^{-2}+\frac{4}{3}x^{-3}+C$$

$$=\frac{x^2}{4}-\ln|x|-\frac{3}{2x^2}+\frac{4}{3x^3}+C$$

注释　第7题中的各小题都属于基本积分法的应用，就是利用基本积分公式和积分运算法则直接求不定积分．但有时并不是被积函数一开始就符合基本公式，需要对被积函数做适当的恒等变换．如用代数运算或三角公式等关系对被积函数进行变形，使变形后的被积函数能直接利用基本公式和运算法则求出不定积分．

第(1)～(4)题为代数和的积分，可直接利用运算法则和基本公式求不定积分．

(5) $\int \sqrt{x}(x-3)\mathrm{d}x=\int (x^{\frac{3}{2}}-3x^{\frac{1}{2}})\mathrm{d}x=\int x^{\frac{3}{2}}\mathrm{d}x-3\int x^{\frac{1}{2}}\mathrm{d}x$

$$=\frac{2}{5}x^{\frac{5}{2}}-2x^{\frac{3}{2}}+C$$

(6) $\int \frac{(t+1)^3}{t^2}\mathrm{d}t=\int \frac{t^3+3t^2+3t+1}{t^2}\mathrm{d}t$

$$=\int t\mathrm{d}t+3\int \mathrm{d}t+3\int \frac{\mathrm{d}t}{t}+\int t^{-2}\mathrm{d}t$$

$$=\frac{t^2}{2}+3t+3\ln|t|-\frac{1}{t}+C$$

(7) $\int \frac{x^2+\sqrt{x^3}+3}{\sqrt{x}}dx = \int (x^{\frac{3}{2}}+x+3x^{-\frac{1}{2}})dx$

$$= \int x^{\frac{3}{2}}dx + \int xdx + 3\int x^{-\frac{1}{2}}dx$$

$$= \frac{2}{5}x^{\frac{5}{2}} + \frac{1}{2}x^2 + 6x^{\frac{1}{2}} + C$$

注释　第(5)～(7)题是利用代数运算变形后将积分化为代数和的基本积分.

(8) $\int \frac{x^2}{x^2+1}dx = \int \frac{x^2+1-1}{x^2+1}dx = \int \left(1-\frac{1}{x^2+1}\right)dx$

$$= \int dx - \int \frac{1}{1+x^2}dx$$

$$= x - \arctan x + C$$

注释　对第(8)题的被积函数的分子加1再减1，将积分化为两项差的基本积分. 这种加项、减项的做法经常被使用.

(9) $\int \sin^2\frac{u}{2}du = \int \frac{1-\cos u}{2}du = \int \frac{1}{2}du - \int \frac{\cos u}{2}du$

$$= \frac{u}{2} - \frac{1}{2}\sin u + C$$

(10) $\int \cot^2 x dx = \int (\csc^2 x - 1)dx = \int \csc^2 x dx - \int dx$

$$= -\cot x - x + C$$

(11) $\int \frac{\cos 2x}{\cos x + \sin x}dx = \int \frac{\cos^2 x - \sin^2 x}{\cos x + \sin x}dx$

$$= \int \frac{(\cos x + \sin x)(\cos x - \sin x)}{\cos x + \sin x}dx$$

$$= \int (\cos x - \sin x)dx = \sin x + \cos x + C$$

注释　第(9)～(11)题利用三角公式将积分化为可以利用基本积分公式和法则进行积分的形式.

(12) $\int \sqrt{x\sqrt{x\sqrt{x}}}\,dx = \int [x(xx^{\frac{1}{2}})^{\frac{1}{2}}]^{\frac{1}{2}}dx = \int x^{\frac{7}{8}}dx$

$$= \frac{8}{15}x^{\frac{15}{8}} + C = \frac{8}{15}x\sqrt{x\sqrt{x\sqrt{x}}} + C$$

(13) $\int \frac{e^{2t}-1}{e^t-1}dt = \int \frac{(e^t+1)(e^t-1)}{e^t-1}dt = \int (e^t+1)dt$

$$=\int e^t dt+\int dt=e^t+t+C$$

(14) $\int\frac{dx}{x^2(1+x^2)}=\int\left(\frac{1}{x^2}-\frac{1}{1+x^2}\right)dx=\int\frac{1}{x^2}dx-\int\frac{1}{1+x^2}dx$

$$=-\frac{1}{x}-\arctan x+C$$

注释 第(12)～(14)题用代数方法将积分化为可以利用基本公式和法则进行积分的形式.

8. 求下列不定积分:

(1) $\int(1-3x)^{\frac{5}{2}}dx$ (2) $\int\frac{dx}{(2x+3)^2}$

(3) $\int\frac{x}{1+x^2}dx$ (4) $\int a^{3x}dx$

(5) $\int\frac{(\ln x)^2}{x}dx$ (6) $\int e^{-x}dx$

(7) $\int\frac{e^{\frac{1}{x}}}{x^2}dx$ (8) $\int u\sqrt{u^2-5}\,du$

(9) $\int\frac{dv}{\sqrt{1-2v}}$ (10) $\int\frac{x^2}{\sqrt[3]{(x^3-5)^2}}dx$

(11) $\int\frac{2x-1}{x^2-x+3}dx$ (12) $\int\frac{dt}{t\ln t}$

(13) $\int\frac{e^x}{e^x+1}dx$ (14) $\int\frac{x-1}{x^2+1}dx$

(15) $\int\frac{dx}{4+9x^2}$ (16) $\int\frac{dx}{4x^2+4x+5}$

(17) $\int\frac{dx}{\sqrt{4-9x^2}}$ (18) $\int\frac{dx}{\sqrt{5-2x-x^2}}$

(19) $\int\frac{dx}{4-x^2}$ (20) $\int\frac{dx}{4-9x^2}$

(21) $\int\frac{dx}{x^2-x-6}$ (22) $\int\sin 3x\,dx$

(23) $\int\cos\frac{2}{3}x\,dx$ (24) $\int\sin^2 3x\,dx$

(25) $\int e^{\sin x}\cos x\,dx$ (26) $\int e^x\cos e^x\,dx$

(27) $\int\sin^3 x\,dx$ (28) $\int\cos^5 x\,dx$

(29) $\int\sin^2 x\cos^5 x\,dx$ (30) $\int\tan^4 x\,dx$

(31) $\int\frac{dx}{\sin^4 x}$ (32) $\int\tan^3 x\,dx$

(33) $\int \frac{dt}{e^t + e^{-t}}$　　(34) $\int \frac{dx}{e^x - 1}$

(35) $\int \frac{dx}{\sqrt{e^{2x} - 1}}$　　(36) $\int \frac{\ln x}{x\sqrt{1+\ln x}} dx$

(37) $\int \frac{x + \ln x^2}{x} dx$　　(38) $\int \frac{1}{x(1+x^6)} dx$

(39) $\int \frac{(\arctan x)^2}{1+x^2} dx$　　(40) $\int \frac{e^x dx}{\arcsin e^x \cdot \sqrt{1-e^{2x}}}$

解：(1) $\int (1-3x)^{\frac{5}{2}} dx = \int (1-3x)^{\frac{5}{2}} \cdot \frac{1}{-3} \cdot (-3) dx$

$$= -\frac{1}{3}\int (1-3x)^{\frac{5}{2}} d(1-3x)$$

$$= -\frac{2}{21}(1-3x)^{\frac{7}{2}} + C$$

(2) $\int \frac{dx}{(2x+3)^2} = \int (2x+3)^{-2} \cdot \frac{1}{2} \cdot 2dx$

$$= \frac{1}{2}\int (2x+3)^{-2} d(2x+3)$$

$$= \frac{-1}{2}(2x+3)^{-1} + C = \frac{-1}{2(2x+3)} + C$$

(3) $\int \frac{x}{1+x^2} dx = \frac{1}{2}\int \frac{2x dx}{1+x^2} = \frac{1}{2}\int \frac{d(1+x^2)}{1+x^2}$

$$= \frac{\ln(1+x^2)}{2} + C$$

(4) $\int a^{3x} dx = \frac{1}{3}\int a^{3x} \cdot 3dx = \frac{1}{3}\int a^{3x} d(3x) = \frac{a^{3x}}{3\ln a} + C$

(5) $\int \frac{(\ln x)^2}{x} dx = \int (\ln x)^2 d\ln x = \frac{1}{3}(\ln x)^3 + C$

注释　第 8 题是用第一类换元法进行积分.

设 $\int f(x)dx = F(x) + C$，第一类换元法的积分过程是：

$$\int f[\varphi(x)]\varphi'(x)dx \xlongequal{令 u=\varphi(x)} \int f(u)du$$

$$= F(u) + C \xlongequal{u=\varphi(x)} F[\varphi(x)] + C$$

能利用第一类换元法的不定积分要求被积表达式为 $f[\varphi(x)]\varphi'(x)dx$ 的形式，这样才能令 $u=\varphi(x)$，有 $\int f[\varphi(x)]\varphi'(x)dx = \int f[\varphi(x)]d\varphi(x) = \int f(u)du$，但开始时我们遇到的被积表达式常常表面上并非恰好是 $\int f[\varphi(x)]\varphi'(x)dx$ 的形式，需要进行加工整理，从而凑出 $d\varphi(x)$.

如第(1)题$\int(1-3x)^{\frac{5}{2}}\mathrm{d}x$表面上并不符合$\int f[\varphi(x)]\mathrm{d}\varphi(x)$的形式，但经加工整理后变成$-\frac{1}{3}\int(1-3x)^{\frac{5}{2}}\mathrm{d}(1-3x)$，就符合$\int f[\varphi(x)]\mathrm{d}\varphi(x)$的形式了，即凑出了一个$\mathrm{d}(1-3x)$；第(2)题中凑出了一个$\mathrm{d}(2x+3)$；第(3)题中凑出了一个$\mathrm{d}(1+x^2)$；等等. 因此，第一类换元法又叫"凑微分"法.

(6) $\int \mathrm{e}^{-x}\mathrm{d}x=-\int \mathrm{e}^{-x}\mathrm{d}(-x)=-\mathrm{e}^{-x}+C$

(7) $\int \frac{\mathrm{e}^{\frac{1}{x}}}{x^2}\mathrm{d}x=-\int \mathrm{e}^{\frac{1}{x}}\mathrm{d}\frac{1}{x}=-\mathrm{e}^{\frac{1}{x}}+C$

(8) $$\begin{aligned}\int u\sqrt{u^2-5}\,\mathrm{d}u&=\frac{1}{2}\int(u^2-5)^{\frac{1}{2}}2u\mathrm{d}u\\&=\frac{1}{2}\int(u^2-5)^{\frac{1}{2}}\mathrm{d}(u^2-5)\\&=\frac{1}{2}\times\frac{2}{3}(u^2-5)^{\frac{3}{2}}+C=\frac{1}{3}(u^2-5)^{\frac{3}{2}}+C\\&=\frac{1}{3}\sqrt{(u^2-5)^3}+C\end{aligned}$$

(9) $$\begin{aligned}\int\frac{\mathrm{d}v}{\sqrt{1-2v}}&=-\frac{1}{2}\int(1-2v)^{-\frac{1}{2}}(-2)\mathrm{d}v\\&=-\frac{1}{2}\int(1-2v)^{-\frac{1}{2}}\mathrm{d}(1-2v)\\&=-\frac{1}{2}\times2(1-2v)^{\frac{1}{2}}+C=-\sqrt{1-2v}+C\end{aligned}$$

(10) $$\begin{aligned}\int\frac{x^2}{\sqrt[3]{(x^3-5)^2}}\mathrm{d}x&=\frac{1}{3}\int(x^3-5)^{-\frac{2}{3}}3x^2\mathrm{d}x\\&=\frac{1}{3}\int(x^3-5)^{-\frac{2}{3}}\mathrm{d}(x^3-5)\\&=\frac{1}{3}\times3(x^3-5)^{\frac{1}{3}}+C=\sqrt[3]{x^3-5}+C\end{aligned}$$

(11) $$\begin{aligned}\int\frac{2x-1}{x^2-x+3}\mathrm{d}x&=\int\frac{1}{x^2-x+3}\mathrm{d}(x^2-x+3)\\&=\ln|x^2-x+3|+C\end{aligned}$$

(12) $\int\frac{\mathrm{d}t}{t\ln t}=\int\frac{1}{\ln t}\mathrm{d}\ln t=\ln|\ln t|+C$

(13) $\int\frac{\mathrm{e}^x}{\mathrm{e}^x+1}\mathrm{d}x=\int\frac{1}{\mathrm{e}^x+1}\mathrm{d}(\mathrm{e}^x+1)=\ln(\mathrm{e}^x+1)+C$

(14) $$\begin{aligned}\int\frac{x-1}{x^2+1}\mathrm{d}x&=\int\frac{x}{x^2+1}\mathrm{d}x-\int\frac{1}{1+x^2}\mathrm{d}x\\&=\frac{1}{2}\int\frac{2x\mathrm{d}x}{1+x^2}-\int\frac{1}{1+x^2}\mathrm{d}x\end{aligned}$$

$$= \frac{1}{2}\int \frac{\mathrm{d}(1+x^2)}{1+x^2} - \int \frac{\mathrm{d}x}{1+x^2}$$

$$= \frac{1}{2}\ln(1+x^2) - \arctan x + C$$

(15) $\displaystyle\int \frac{\mathrm{d}x}{4+9x^2} = \int \frac{\mathrm{d}x}{4\left(1+\frac{9}{4}x^2\right)} = \frac{1}{4} \times \frac{2}{3}\int \frac{\frac{3}{2}\mathrm{d}x}{1+\left(\frac{3}{2}x\right)^2}$

$$= \frac{1}{6}\int \frac{\mathrm{d}\left(\frac{3}{2}x\right)}{1+\left(\frac{3}{2}x\right)^2} = \frac{1}{6}\arctan\left(\frac{3}{2}x\right) + C$$

(16) $\displaystyle\int \frac{\mathrm{d}x}{4x^2+4x+5} = \int \frac{\mathrm{d}x}{4+(2x+1)^2} = \frac{1}{4}\int \frac{\mathrm{d}x}{1+\left(\frac{2x+1}{2}\right)^2}$

$$= \frac{1}{4}\int \frac{\mathrm{d}\left(x+\frac{1}{2}\right)}{1+\left(x+\frac{1}{2}\right)^2} = \frac{1}{4}\arctan\left(x+\frac{1}{2}\right) + C$$

注释 补充公式 $\displaystyle\int \frac{1}{a^2+x^2}\mathrm{d}x = \frac{1}{a}\arctan\frac{x}{a} + C.$

按补充公式，第(15)题、第(16)题可以分别写为

$$\int \frac{\mathrm{d}x}{4+9x^2} = \frac{1}{3}\int \frac{\mathrm{d}3x}{2^2+(3x)^2} = \frac{1}{3} \cdot \frac{1}{2}\arctan\frac{3x}{2} + C$$

$$= \frac{1}{6}\arctan\frac{3}{2}x + C$$

$$\int \frac{\mathrm{d}x}{4x^2+4x+5} = \frac{1}{2}\int \frac{\mathrm{d}(2x+1)}{2^2+(2x+1)^2}$$

$$= \frac{1}{2} \cdot \frac{1}{2}\arctan\frac{2x+1}{2} + C$$

$$= \frac{1}{4}\arctan\left(x+\frac{1}{2}\right) + C$$

(17) $\displaystyle\int \frac{\mathrm{d}x}{\sqrt{4-9x^2}} = \int \frac{\mathrm{d}x}{2\sqrt{1-\left(\frac{3}{2}x\right)^2}} = \frac{1}{2} \times \frac{2}{3}\int \frac{\frac{3}{2}\mathrm{d}x}{\sqrt{1-\left(\frac{3}{2}x\right)^2}}$

$$= \frac{1}{3}\int \frac{\mathrm{d}\left(\frac{3}{2}x\right)}{\sqrt{1-\left(\frac{3}{2}x\right)^2}} = \frac{1}{3}\arcsin\frac{3}{2}x + C$$

注释 补充公式 $\int \frac{dx}{\sqrt{a^2-x^2}} = \arcsin \frac{x}{a} + C.$

按补充公式，第(17)题可以写为

$$\int \frac{dx}{\sqrt{4-9x^2}} = \frac{1}{3}\int \frac{d(3x)}{\sqrt{2^2-(3x)^2}} = \frac{1}{3}\arcsin \frac{3}{2}x + C$$

(18) $$\int \frac{dx}{\sqrt{5-2x-x^2}} = \int \frac{dx}{\sqrt{6-(x+1)^2}} = \int \frac{d(x+1)}{\sqrt{(\sqrt{6})^2-(x+1)^2}}$$
$$= \arcsin \frac{x+1}{\sqrt{6}} + C$$

(19) $$\int \frac{dx}{4-x^2} = \int \frac{dx}{(2+x)(2-x)} = \frac{1}{4}\int \left(\frac{1}{2+x} + \frac{1}{2-x}\right)dx$$
$$= \frac{1}{4}\int \frac{d(2+x)}{2+x} - \frac{1}{4}\int \frac{d(2-x)}{2-x}$$
$$= \frac{1}{4}\ln|2+x| - \frac{1}{4}\ln|2-x| + C$$
$$= \frac{1}{4}\ln\left|\frac{2+x}{2-x}\right| + C$$

注释 补充公式 $\int \frac{dx}{a^2-x^2} = \frac{1}{2a}\ln\left|\frac{a+x}{a-x}\right| + C \quad (a>0).$

按补充公式，第(19)题可以写为

$$\int \frac{dx}{4-x^2} = \int \frac{dx}{2^2-x^2} = \frac{1}{4}\ln\left|\frac{2+x}{2-x}\right| + C$$

(20) $$\int \frac{dx}{4-9x^2} = \frac{1}{3}\int \frac{d(3x)}{2^2-(3x)^2} = \frac{1}{3}\cdot\frac{1}{2\times 2}\ln\left|\frac{2+3x}{2-3x}\right| + C$$
$$= \frac{1}{12}\ln\left|\frac{2+3x}{2-3x}\right| + C$$

(21) $$\int \frac{dx}{x^2-x-6} = \int \frac{dx}{(x-3)(x+2)} = \frac{1}{5}\int \left(\frac{1}{x-3} - \frac{1}{x+2}\right)dx$$
$$= \frac{1}{5}\int \frac{d(x-3)}{x-3} - \frac{1}{5}\int \frac{d(x+2)}{x+2}$$
$$= \frac{1}{5}(\ln|x-3| - \ln|x+2|) + C$$
$$= \frac{1}{5}\ln\left|\frac{x-3}{x+2}\right| + C$$

(22) $$\int \sin 3x dx = \frac{1}{3}\int \sin 3x d(3x) = -\frac{1}{3}\cos 3x + C$$

(23) $$\int \cos \frac{2}{3}x dx = \frac{3}{2}\int \cos \frac{2}{3}x d\left(\frac{2}{3}x\right) = \frac{3}{2}\sin \frac{2}{3}x + C$$

(24) $\int \sin^2 3x\mathrm{d}x = \int \frac{1-\cos 6x}{2}\mathrm{d}x = \frac{1}{2}\int \mathrm{d}x - \frac{1}{2}\int \cos 6x\mathrm{d}x$

$= \frac{x}{2} - \frac{1}{2}\times\frac{1}{6}\int \cos 6x\mathrm{d}(6x) = \frac{x}{2} - \frac{1}{12}\sin 6x + C$

(25) $\int \mathrm{e}^{\sin x}\cos x\mathrm{d}x = \int \mathrm{e}^{\sin x}\mathrm{d}\sin x = \mathrm{e}^{\sin x} + C$

(26) $\int \mathrm{e}^{x}\cos \mathrm{e}^{x}\mathrm{d}x = \int \cos \mathrm{e}^{x}\mathrm{d}\mathrm{e}^{x} = \sin \mathrm{e}^{x} + C$

(27) $\int \sin^3 x\mathrm{d}x = \int \sin^2 x\sin x\mathrm{d}x$

$= \int (\cos^2 x - 1)\mathrm{d}\cos x = \int \cos^2 x\mathrm{d}\cos x - \int \mathrm{d}\cos x$

$= \frac{1}{3}\cos^3 x - \cos x + C$

(28) $\int \cos^5 x\mathrm{d}x = \int \cos^4 x\cos x\mathrm{d}x = \int (1-\sin^2 x)^2\mathrm{d}\sin x$

$= \int (1 - 2\sin^2 x + \sin^4 x)\mathrm{d}\sin x$

$= \int \mathrm{d}\sin x - 2\int \sin^2 x\mathrm{d}\sin x + \int \sin^4 x\mathrm{d}\sin x$

$= \sin x - \frac{2}{3}\sin^3 x + \frac{1}{5}\sin^5 x + C$

(29) $\int \sin^2 x\cos^5 x\mathrm{d}x = \int \sin^2 x\cos^4 x\cos x\mathrm{d}x$

$= \int \sin^2 x(1-\sin^2 x)^2\mathrm{d}\sin x$

$= \int (\sin^2 x - 2\sin^4 x + \sin^6 x)\mathrm{d}\sin x$

$= \int \sin^2 x\mathrm{d}\sin x - 2\int \sin^4 x\mathrm{d}\sin x + \int \sin^6 x\mathrm{d}\sin x$

$= \frac{1}{3}\sin^3 x - \frac{2}{5}\sin^5 x + \frac{1}{7}\sin^7 x + C$

注释 第(27)～(29)题这类被积函数含有正弦函数和余弦函数的若干奇次方和偶次方的乘积，常将奇次方的三角函数拆出一次方凑成它的余函数的微分，将剩下的偶次方转化为它的余函数.

(30) $\int \tan^4 x\mathrm{d}x = \int (\sec^2 x - 1)^2\mathrm{d}x = \int (\sec^4 x - 2\sec^2 x + 1)\mathrm{d}x$

$= \int \sec^4 x\mathrm{d}x - 2\int \sec^2 x\mathrm{d}x + \int \mathrm{d}x$

$= \int \sec^2 x\mathrm{d}\tan x - 2\tan x + x$

$$=\int(1+\tan^2 x)\mathrm{d}\tan x-2\tan x+x$$

$$=\tan x+\frac{1}{3}\tan^3 x-2\tan x+x+C$$

$$=\frac{1}{3}\tan^3 x-\tan x+x+C$$

(31) $\int\frac{\mathrm{d}x}{\sin^4 x}=\int\csc^4 x\mathrm{d}x=-\int\csc^2 x\mathrm{d}\cot x$

$$=-\int(1+\cot^2 x)\mathrm{d}\cot x=-\int\mathrm{d}\cot x-\int\cot^2 x\mathrm{d}\cot x$$

$$=-\cot x-\frac{1}{3}\cot^3 x+C$$

(32) $\int\tan^3 x\mathrm{d}x=\int\tan x(\sec^2 x-1)\mathrm{d}x$

$$=\int\tan x\mathrm{d}\tan x-\int\tan x\mathrm{d}x=\frac{1}{2}\tan^2 x-\int\frac{\sin x}{\cos x}\mathrm{d}x$$

$$=\frac{1}{2}\tan^2 x+\int\frac{\mathrm{d}\cos x}{\cos x}=\frac{1}{2}\tan^2 x+\ln|\cos x|+C$$

(33) $\int\frac{\mathrm{d}t}{\mathrm{e}^t+\mathrm{e}^{-t}}=\int\frac{\mathrm{e}^t\mathrm{d}t}{(\mathrm{e}^t)^2+1}=\int\frac{\mathrm{d}\mathrm{e}^t}{1+(\mathrm{e}^t)^2}=\arctan\mathrm{e}^t+C$

(34) $\int\frac{\mathrm{d}x}{\mathrm{e}^x-1}=\int\frac{\mathrm{e}^x-(\mathrm{e}^x-1)}{\mathrm{e}^x-1}\mathrm{d}x=\int\frac{\mathrm{e}^x\mathrm{d}x}{\mathrm{e}^x-1}-\int\mathrm{d}x$

$$=\ln|\mathrm{e}^x-1|-x+C$$

(35) $\int\frac{\mathrm{d}x}{\sqrt{\mathrm{e}^{2x}-1}}=\int\frac{\mathrm{d}x}{\mathrm{e}^x\sqrt{1-\mathrm{e}^{-2x}}}=-\int\frac{\mathrm{d}\mathrm{e}^{-x}}{\sqrt{1-(\mathrm{e}^{-x})^2}}$

$$=\arccos\mathrm{e}^{-x}+C$$

(36) $\int\frac{\ln x}{x\sqrt{1+\ln x}}\mathrm{d}x=\int\frac{(1+\ln x)-1}{x\sqrt{1+\ln x}}\mathrm{d}x$

$$=\int\left(\sqrt{1+\ln x}-\frac{1}{\sqrt{1+\ln x}}\right)\mathrm{d}(1+\ln x)$$

$$=\frac{2}{3}(1+\ln x)^{\frac{3}{2}}-2(1+\ln x)^{\frac{1}{2}}+C$$

$$=\frac{2}{3}\sqrt{(1+\ln x)^3}-2\sqrt{1+\ln x}+C$$

(37) $\int\frac{x+\ln x^2}{x}\mathrm{d}x=\int\left(1+\frac{2\ln|x|}{x}\right)\mathrm{d}x=\int\mathrm{d}x+2\int\ln|x|\mathrm{d}\ln|x|$

$$=x+\ln^2|x|+C$$

(38) $\int\frac{1}{x(1+x^6)}\mathrm{d}x=\int\frac{x^5}{x^6(1+x^6)}\mathrm{d}x=\frac{1}{6}\int\left(\frac{1}{x^6}-\frac{1}{x^6+1}\right)\mathrm{d}x^6$

$$=\frac{1}{6}\ln|x^6|-\frac{1}{6}\ln|x^6+1|+C$$

$$=\ln|x|-\frac{1}{6}\ln(1+x^6)+C$$

(39) $\int \frac{(\arctan x)^2}{1+x^2}dx = \int (\arctan x)^2 d\arctan x = \frac{1}{3}(\arctan x)^3 + C$

(40) $\int \frac{e^x dx}{\arcsin e^x \cdot \sqrt{1-e^{2x}}} = \int \frac{d(\arcsin e^x)}{\arcsin e^x} = \ln|\arcsin e^x| + C$

注释 常常使用凑微分法的积分类型及其凑微分的方法如下：

(ⅰ) $\int f(ax+b)dx = \frac{1}{a}\int f(ax+b)d(ax+b)$

(ⅱ) $\int f(ax^n+b)x^{n-1}dx = \frac{1}{na}\int f(ax^n+b)d(ax^n+b)$

(ⅲ) $\int f(\ln x)\frac{1}{x}dx = \int f(\ln x)d\ln x$

(ⅳ) $\int f(e^x)e^x dx = \int f(e^x)de^x$

(ⅴ) $\int f(\sin x)\cos x dx = \int f(\sin x)d\sin x$

(ⅵ) $\int f(\cos x)\sin x dx = -\int f(\cos x)d\cos x$

(ⅶ) $\int f(\tan x)\sec^2 x dx = \int f(\tan x)d\tan x$

(ⅷ) $\int f(\cot x)\csc^2 x dx = -\int f(\cot x)d\cot x$

(ⅸ) $\int f(\arcsin x)\frac{1}{\sqrt{1-x^2}}dx = \int f(\arcsin x)d\arcsin x$

(ⅹ) $\int f(\arctan x)\frac{1}{1+x^2}dx = \int f(\arctan x)d\arctan x$

(ⅺ) $\int \frac{f'(x)}{f(x)}dx = \int \frac{1}{f(x)}df(x) = \ln|f(x)| + C$

注释 不定积分的结果不是唯一的，采用不同的方法，可以出现不同形式的结果.

例如，$\int \sin x\cos x dx = \int \sin x d\sin x = \frac{1}{2}\sin^2 x + C$

$$\int \sin x\cos x dx = -\int \cos x d\cos x = -\frac{1}{2}\cos^2 x + C$$

$$\int \sin x\cos x dx = \frac{1}{2}\int 2\sin x\cos x dx = \frac{1}{2}\int \sin 2x dx$$

$$= \frac{1}{4}\int \sin 2x d(2x) = -\frac{1}{4}\cos 2x + C$$

但不同形式的结果之间只相差一个常数.

9. 求下列不定积分：

(1) $\int x\sqrt{x+1}\,\mathrm{d}x$　　(2) $\int \frac{\mathrm{d}x}{\sqrt{2x-3}+1}$

(3) $\int \frac{x}{\sqrt[4]{3x+1}}\mathrm{d}x$　　(4) $\int \frac{1}{\sqrt{x}+\sqrt[3]{x}}\mathrm{d}x$

(5) $\int \frac{\mathrm{e}^{2x}}{\sqrt[4]{1+\mathrm{e}^x}}\mathrm{d}x$　　(6) $\int x\sqrt[4]{2x+3}\,\mathrm{d}x$

(7) $\int \frac{1}{1+\sqrt{x}}\mathrm{d}x$　　(8) $\int \sqrt{\frac{x}{1-x\sqrt{x}}}\,\mathrm{d}x$

(9) $\int \frac{1}{\sqrt[3]{x+1}+1}\mathrm{d}x$　　(10) $\int \frac{1+\sqrt[3]{1+x}}{\sqrt{1+x}}\mathrm{d}x$

(11) $\int (1-x^2)^{-\frac{3}{2}}\mathrm{d}x$　　(12) $\int \frac{1}{(1+x^2)^2}\mathrm{d}x$

(13) $\int \frac{1}{(a^2+x^2)^{\frac{3}{2}}}\mathrm{d}x$　　(14) $\int \frac{1}{x\sqrt{x^2-1}}\mathrm{d}x$

(15) $\int \frac{x^2}{\sqrt{1-x^2}}\mathrm{d}x$　　(16) $\int \frac{1}{\sqrt{9x^2-4}}\mathrm{d}x$

(17) $\int \frac{1}{\sqrt{9x^2-6x+7}}\mathrm{d}x$　　(18) $\int \frac{1}{\mathrm{e}^x-1}\mathrm{d}x$

(19) $\int \frac{1-\ln x}{(x-\ln x)^2}\mathrm{d}x$

解：(1) $\int x\sqrt{x+1}\,\mathrm{d}x \xlongequal{\sqrt{x+1}=t} \int (t^2-1)t\cdot 2t\mathrm{d}t$

$$=2\int (t^4-t^2)\mathrm{d}t=2\int t^4\mathrm{d}t-2\int t^2\mathrm{d}t=\frac{2}{5}t^5-\frac{2}{3}t^3+C$$

$$=\frac{2}{5}(x+1)^{\frac{5}{2}}-\frac{2}{3}(x+1)^{\frac{3}{2}}+C$$

$$=\frac{2}{5}(x+1)^2\sqrt{x+1}-\frac{2}{3}(x+1)\sqrt{x+1}+C$$

(2) $\int \frac{\mathrm{d}x}{\sqrt{2x-3}+1} \xlongequal{\sqrt{2x-3}=t} \int \frac{t}{t+1}\mathrm{d}t=\int \frac{(t+1)-1}{t+1}\mathrm{d}t$

$$=\int\left(1-\frac{1}{t+1}\right)\mathrm{d}t=\int \mathrm{d}t-\int \frac{\mathrm{d}t}{t+1}=t-\ln|t+1|+C$$

$$=\sqrt{2x-3}-\ln|\sqrt{2x-3}+1|+C$$

(3) $\int \frac{x}{\sqrt[4]{3x+1}}\mathrm{d}x \xlongequal{\sqrt[4]{3x+1}=t} \int \frac{\frac{1}{3}(t^4-1)\cdot\frac{4}{3}t^3\mathrm{d}t}{t}$

$$=\frac{4}{9}\int (t^6-t^2)\mathrm{d}t=\frac{4}{9}\times\frac{1}{7}t^7-\frac{4}{9}\times\frac{1}{3}t^3+C$$

$$=\frac{4}{63}(3x+1)^{\frac{7}{4}}-\frac{4}{27}(3x+1)^{\frac{3}{4}}+C$$

$$=\frac{4}{63}(3x+1)\sqrt[4]{(3x+1)^3}-\frac{4}{27}\sqrt[4]{(3x+1)^3}+C$$

(4) $\displaystyle\int\frac{dx}{\sqrt{x}+\sqrt[3]{x}}\xlongequal{\sqrt[6]{x}=t}\int\frac{6t^5dt}{t^3+t^2}=6\int\frac{t^3}{t+1}dt$

$$=6\int\frac{t^3+1-1}{t+1}dt=6\int\left(t^2-t+1-\frac{1}{t+1}\right)dt$$

$$=6\left(\frac{t^3}{3}-\frac{t^2}{2}+t-\ln|t+1|\right)+C$$

$$=2\sqrt{x}-3\sqrt[3]{x}+6\sqrt[6]{x}-6\ln(\sqrt[6]{x}+1)+C$$

注释　第(1)题中含有根式$\sqrt{x+1}$，第(2)题中含有根式$\sqrt{2x-3}$，第(3)题中含有根式$\sqrt[4]{3x+1}$，分别令$\sqrt{x+1}=t$，$\sqrt{2x-3}=t$，$\sqrt[4]{3x+1}=t$，可以消去根号. 第(4)题中含有$\sqrt{x}$与$\sqrt[3]{x}$，令$\sqrt[6]{x}=t$，同时消去了两个根号.

一般地，如果被积函数含有$\sqrt[n]{ax+b}$，则令$\sqrt[n]{ax+b}=t$，可以消去根号. 如果被积函数含有$\sqrt[n]{x}$，$\sqrt[m]{x}$，则令$\sqrt[k]{x}=t$，k为m与n的最小公倍数，可同时消去两个根号.

(5) $\displaystyle\int\frac{e^{2x}}{\sqrt[4]{1+e^x}}dx\xlongequal{\sqrt[4]{1+e^x}=t}\int\frac{(t^4-1)^2 4t^3dt}{t(t^4-1)}$

$$=\int 4t^2(t^4-1)dt=\int(4t^6-4t^2)dt=\frac{4}{7}t^7-\frac{4}{3}t^3+C$$

$$=\frac{4}{7}\sqrt[4]{(1+e^x)^7}-\frac{4}{3}\sqrt[4]{(1+e^x)^3}+C$$

$$=\frac{4}{7}(1+e^x)\sqrt[4]{(1+e^x)^3}-\frac{4}{3}\sqrt[4]{(1+e^x)^3}+C$$

(6) $\displaystyle\int x\sqrt[4]{2x+3}\,dx\xlongequal{\sqrt[4]{2x+3}=t}\frac{1}{2}\int(t^4-3)\cdot t\cdot 2t^3dt$

$$=\int(t^8-3t^4)dt=\frac{1}{9}t^9-\frac{3}{5}t^5+C$$

$$=\frac{1}{9}(2x+3)^{\frac{9}{4}}-\frac{3}{5}(2x+3)^{\frac{5}{4}}+C$$

$$=\frac{1}{9}(2x+3)^2\sqrt[4]{2x+3}-\frac{3}{5}(2x+3)\sqrt[4]{2x+3}+C$$

(7) $\displaystyle\int\frac{1}{1+\sqrt{x}}dx\xlongequal{\sqrt{x}=t}\int\frac{1}{1+t}2tdt=2\int\frac{t+1-1}{1+t}dt=2\int\left(1-\frac{1}{1+t}\right)dt$

$$=2(t-\ln|1+t|)+C=2(\sqrt{x}-\ln|1+\sqrt{x}|)+C$$

(8) $\displaystyle\int\sqrt{\frac{x}{1-x\sqrt{x}}}dx\xlongequal{\sqrt{x}=t}\int\sqrt{\frac{t^2}{1-t^3}}2tdt$

$$=2\int\frac{t^2dt}{\sqrt{1-t^3}}=\frac{2}{-3}\int\frac{d(1-t^3)}{\sqrt{1-t^3}}=-\frac{4}{3}(1-t^3)^{\frac{1}{2}}+C$$

$$=-\frac{4}{3}\sqrt{1-x\sqrt{x}}+C$$

(9) $\int\frac{\mathrm{d}x}{\sqrt[3]{x+1}+1}\xlongequal{\sqrt[3]{x+1}=t}\int\frac{3t^2\mathrm{d}t}{t+1}=3\int\frac{t^2-1+1}{t+1}\mathrm{d}t$

$$=3\int(t-1)\mathrm{d}t+3\int\frac{\mathrm{d}t}{t+1}=\frac{3}{2}t^2-3t+3\ln|t+1|+C$$

$$=\frac{3}{2}\sqrt[3]{(x+1)^2}-3\sqrt[3]{x+1}+3\ln|\sqrt[3]{x+1}+1|+C$$

(10) $\int\frac{1+\sqrt[3]{1+x}}{\sqrt{1+x}}\mathrm{d}x\xlongequal{\sqrt[6]{1+x}=t}\int\frac{1+t^2}{t^3}6t^5\,\mathrm{d}t$

$$=6\int(1+t^2)t^2\,\mathrm{d}t=6\left(\int t^2\,\mathrm{d}t+\int t^4\,\mathrm{d}t\right)=6\left(\frac{t^3}{3}+\frac{t^5}{5}\right)+C$$

$$=6\left(\frac{1}{3}\sqrt{1+x}+\frac{1}{5}\sqrt[6]{(1+x)^5}\right)+C$$

$$=2\sqrt{1+x}+\frac{6}{5}\sqrt[6]{(1+x)^5}+C$$

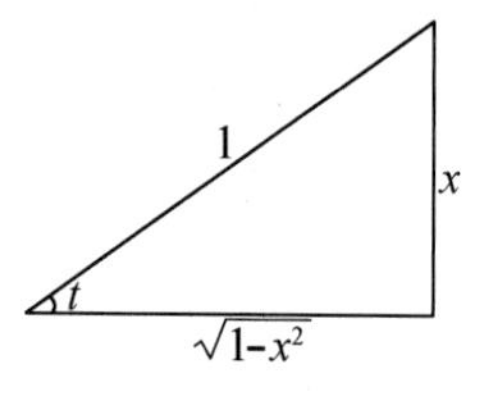

图 5－1

(11) 如图 5－1 所示．

$$\int(1-x^2)^{-\frac{3}{2}}\mathrm{d}x\xlongequal{x=\sin t}\int(1-\sin^2t)^{-\frac{3}{2}}\cos t\mathrm{d}t$$

$$=\int\cos^{-3}t\cdot\cos t\mathrm{d}t=\int\frac{1}{\cos^2t}\mathrm{d}t$$

$$=\tan t+C=\frac{x}{\sqrt{1-x^2}}+C$$

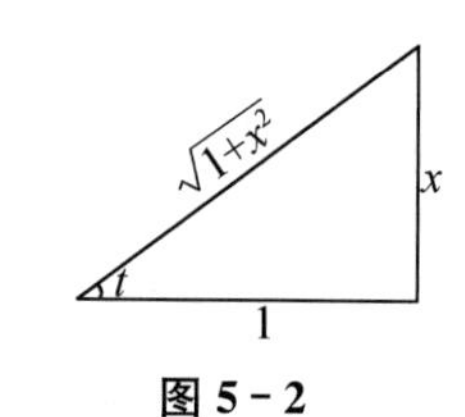

图 5－2

(12) 如图 5－2 所示．

$$\int\frac{\mathrm{d}x}{(1+x^2)^2}\xlongequal{x=\tan t}\int\frac{\sec^2t}{(1+\tan^2t)^2}\mathrm{d}t=\int\frac{\mathrm{d}t}{\sec^2t}$$

$$=\int\cos^2t\mathrm{d}t=\frac{1}{2}\int(1+\cos2t)\mathrm{d}t=\frac{1}{2}\int\mathrm{d}t+\frac{1}{2}\int\cos2t\mathrm{d}t$$

$$=\frac{1}{2}t+\frac{1}{4}\sin2t+C=\frac{1}{2}\arctan x+\frac{x}{2(1+x^2)}+C$$

图 5－3

(13) 如图 5－3 所示．

$$\int\frac{\mathrm{d}x}{(a^2+x^2)^{\frac{3}{2}}}\xlongequal{x=a\tan t}\int\frac{a\sec^2t\mathrm{d}t}{(a^2+a^2\tan^2t)^{\frac{3}{2}}}$$

$$=\int\frac{a\sec^2t}{a^3\sec^3t}\mathrm{d}t=\int\frac{\mathrm{d}t}{a^2\sec t}=\frac{1}{a^2}\int\cos t\mathrm{d}t$$

$$=\frac{1}{a^2}\sin t+C=\frac{x}{a^2\sqrt{a^2+x^2}}+C$$

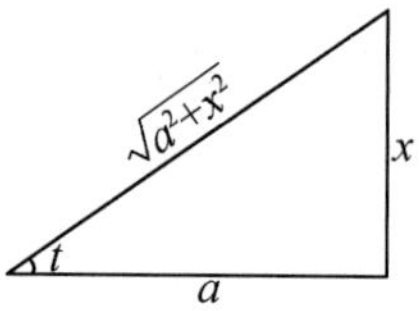

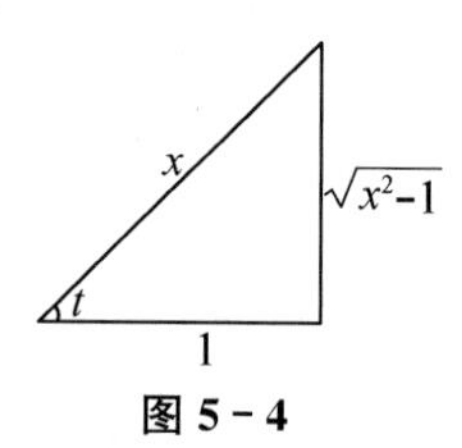

图 5－4

(14) 如图 5－4 所示．

$$\int\frac{\mathrm{d}x}{x\sqrt{x^2-1}}\xlongequal{x=\sec t>0}\int\frac{\sec t\tan t\mathrm{d}t}{\sec t\sqrt{\sec^2t-1}}$$

$$= \int \frac{\sec t \tan t}{\sec t \tan t} \mathrm{d}t = \int \mathrm{d}t$$

$$= t + C = \arccos \frac{1}{x} + C$$

若 $x < 0$，则上式 $= -t + C = -\arccos \frac{1}{x} + C$.

综上所述，原式 $= \arccos \frac{1}{|x|} + C$.

(15) 如图 5-5 所示.

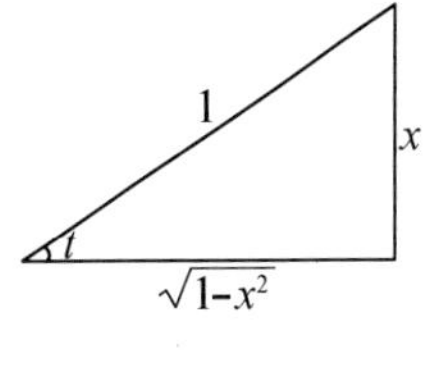

图 5-5

$$\int \frac{x^2}{\sqrt{1-x^2}} \mathrm{d}x \xlongequal{x=\sin t} \int \frac{\sin^2 t}{\cos t} \cos t \mathrm{d}t = \int \sin^2 t \mathrm{d}t$$

$$= \frac{1}{2}\int (1-\cos 2t)\mathrm{d}t = \frac{1}{2}\int \mathrm{d}t - \frac{1}{2}\int \cos 2t \mathrm{d}t$$

$$= \frac{1}{2}t - \frac{1}{4}\sin 2t + C = \frac{1}{2}t - \frac{1}{2}\sin t \cos t + C$$

$$= \frac{1}{2}\arcsin x - \frac{1}{2}x\sqrt{1-x^2} + C$$

(16) 如图 5-6 所示.

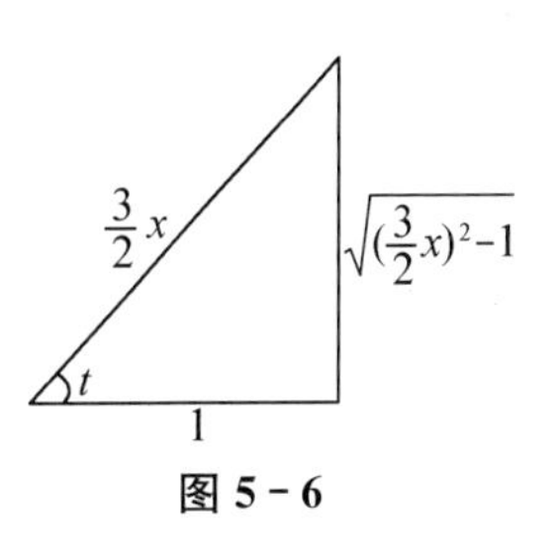

图 5-6

$$\int \frac{\mathrm{d}x}{\sqrt{9x^2-4}} = \frac{1}{2}\int \frac{\mathrm{d}x}{\sqrt{\left(\frac{3}{2}x\right)^2 - 1}} \xlongequal{\frac{3}{2}x = \sec t} \frac{1}{2}\int \frac{\frac{2}{3}\sec t \tan t}{\tan t}\mathrm{d}t$$

$$= \frac{1}{3}\int \sec t \mathrm{d}t = \frac{1}{3}\ln|\sec t + \tan t| + C_1$$

$$= \frac{1}{3}\ln\left|\sec t + \sqrt{\sec^2 t - 1}\right| + C_1$$

$$= \frac{1}{3}\ln\left|\frac{3}{2}x + \sqrt{\left(\frac{3}{2}x\right)^2 - 1}\right| + C_1$$

$$= \frac{1}{3}\ln\left|3x + \sqrt{9x^2-4}\right| + C$$

(其中 $C = C_1 - \frac{1}{3}\ln 2$)

注释 补充公式 $\int \frac{\mathrm{d}x}{\sqrt{x^2 \pm a^2}} = \ln\left|x + \sqrt{x^2 \pm a^2}\right| + C \quad (a > 0)$.

按补充公式，第(16)题可以写为

$$\int \frac{\mathrm{d}x}{\sqrt{9x^2-4}} = \frac{1}{3}\int \frac{\mathrm{d}(3x)}{\sqrt{(3x)^2 - 2^2}}$$

$$= \frac{1}{3}\ln\left|3x + \sqrt{9x^2-4}\right| + C$$

(17) $\int \frac{\mathrm{d}x}{\sqrt{9x^2-6x+7}}=\frac{1}{3}\int \frac{\mathrm{d}(3x-1)}{\sqrt{(3x-1)^2+6}}$

$$=\frac{1}{3}\ln\left|\sqrt{9x^2-6x+7}+3x-1\right|+C$$

注释 第(11)~(16)题利用了三角代换. 常用的类型有：

被积函数含有 $\sqrt{a^2-x^2}$，可作代换 $x=a\sin t$ 或 $x=a\cos t$.

被积函数含有 $\sqrt{a^2+x^2}$，可作代换 $x=a\tan t$ 或 $x=a\cot t$.

被积函数含有 $\sqrt{x^2-a^2}$，可作代换 $x=a\sec t$ 或 $x=a\csc t$.

化被积函数为新变量 t 的三角函数的积分，积分后将新变量 t 还原为原积分变量 x 时，可借助直角三角形的边角关系(如图 5-7 所示)找出积分结果中新变量 t 的三角函数还原为原积分变量 x 的关系式.

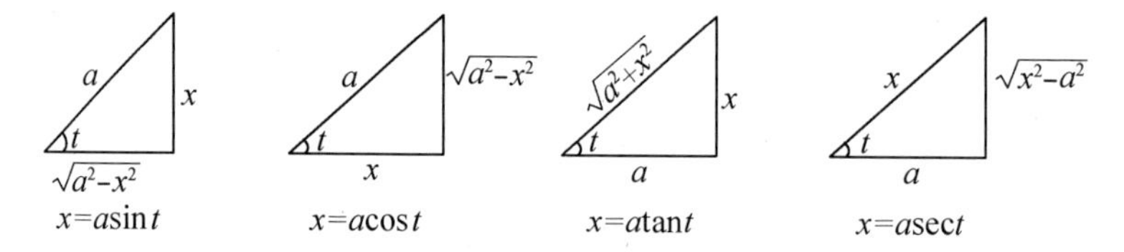

图 5-7

(18) $\int \frac{\mathrm{d}x}{\mathrm{e}^x-1}\xlongequal{\mathrm{e}^x-1=t}\int \frac{1}{t}\cdot\frac{\mathrm{d}t}{1+t}=\int\left(\frac{1}{t}-\frac{1}{1+t}\right)\mathrm{d}t$

$=\ln|t|-\ln|1+t|+C=\ln|\mathrm{e}^x-1|-x+C$

(19) $\int \frac{1-\ln x}{(x-\ln x)^2}\mathrm{d}x\xlongequal{x=\frac{1}{t}}\int \frac{1+\ln t}{\left(\frac{1}{t}+\ln t\right)^2}\left(-\frac{1}{t^2}\right)\mathrm{d}t$

$=-\int \frac{1+\ln t}{(1+t\ln t)^2}\mathrm{d}t=-\int \frac{\mathrm{d}(1+t\ln t)}{(1+t\ln t)^2}$

$=\frac{1}{1+t\ln t}+C\xlongequal{t=\frac{1}{x}}\frac{1}{1-\frac{1}{x}\ln x}+C=\frac{x}{x-\ln x}+C$

注释 当被积函数中含有根式，而第一类换元法又用不上时，常常可以使用第二类换元法消去根号. 但第二类换元法作为一种积分方法，不仅限于被积函数中有根式的情形，有时也适用于其他形式的被积函数，采用一些其他形式的代换，例如，第(18)题、第(19)题分别使用了指数代换和倒数代换$\left(x=\frac{1}{t}\right)$.

第 9 题的解答中全部采用的是第二类换元法，但有不少题也可以用其他方法，例如第一类换元法等，答案形式上可能不一样，但本质上只相差一个常数. 选用何种方法可视其简便程度而定.

注释 用第一类换元法求不定积分时熟练后往往不写出新变量，如果是这样，积分结果就没有回代问题. 但用第二类换元法求不定积分时一般要引入新变量，因此积分结果必须回代为原积分变量.

注释 补充基本积分公式表

(i) $\int \tan x\,dx = -\ln|\cos x| + C$

(ii) $\int \cot x\,dx = \ln|\sin x| + C$

(iii) $\int \sec x\,dx = \ln|\sec x + \tan x| + C$

(iv) $\int \csc x\,dx = \ln|\csc x - \cot x| + C$

(v) $\int \frac{dx}{a^2 + x^2} = \frac{1}{a}\arctan\frac{x}{a} + C \quad (a \neq 0)$

(vi) $\int \frac{dx}{a^2 - x^2} = \frac{1}{2a}\ln\left|\frac{a+x}{a-x}\right| + C \quad (a \neq 0)$

(vii) $\int \frac{dx}{\sqrt{a^2 - x^2}} = \arcsin\frac{x}{a} + C \quad (a > 0)$

(viii) $\int \frac{dx}{\sqrt{x^2 \pm a^2}} = \ln\left|x + \sqrt{x^2 \pm a^2}\right| + C \quad (a > 0)$

(ix) $\int \sqrt{a^2 - x^2}\,dx = \frac{a^2}{2}\arcsin\frac{x}{a} + \frac{x}{2}\sqrt{a^2 - x^2} + C \quad (a > 0)$

10. 求下列不定积分：

(1) $\int xe^x dx$

(2) $\int x\sin x\,dx$

(3) $\int \arctan x\,dx$

(4) $\int \ln(x^2 + 1)dx$

(5) $\int \frac{\ln x}{x^2}dx$

(6) $\int x^n \ln x\,dx \quad (n \neq -1)$

(7) $\int x^2 e^{-x} dx$

(8) $\int x^3(\ln x)^2 dx$

(9) $\int \sec^3 x\,dx$

(10) $\int e^{\sqrt{x}} dx$

(11) $\int \frac{\ln\ln x}{x}\mathrm{d}x$

解:(1) $\int x\mathrm{e}^x\mathrm{d}x \xlongequal{u=x,\ \mathrm{d}v=\mathrm{e}^x\mathrm{d}x} x\mathrm{e}^x-\int \mathrm{e}^x\mathrm{d}x = x\mathrm{e}^x-\mathrm{e}^x+C$

(2) $\int x\sin x\mathrm{d}x \xlongequal{u=x,\ \mathrm{d}v=\sin x\mathrm{d}x} -x\cos x+\int\cos x\mathrm{d}x$

$=-x\cos x+\sin x+C$

(3) $\int\arctan x\mathrm{d}x \xlongequal{u=\arctan x,\ \mathrm{d}v=\mathrm{d}x} x\arctan x-\int x\mathrm{d}\arctan x$

$=x\arctan x-\int\frac{x}{1+x^2}\mathrm{d}x = x\arctan x-\frac{1}{2}\int\frac{\mathrm{d}(1+x^2)}{1+x^2}$

$=x\arctan x-\frac{1}{2}\ln(1+x^2)+C$

注释 分部积分的公式是 $\int u\mathrm{d}v=uv-\int v\mathrm{d}u$,它常用于被积表达式"$f(x)\mathrm{d}x$"可以分解成两部分"$u$"及"$\mathrm{d}v$",且 $\int v\mathrm{d}u$ 较 $\int u\mathrm{d}v$ 容易积分的情形.

适用于分部积分的常用类型及 u 与 $\mathrm{d}v$ 的选法如下:

$f(x)$ 为被积函数,$P(x)$ 为 x 的多项式函数,a 为常数,$k\neq-1$.

(ⅰ) $f(x)=P(x)\mathrm{e}^{ax}$,选 $u=P(x)$,$\mathrm{d}v=\mathrm{e}^{ax}\mathrm{d}x$.

(ⅱ) $f(x)=P(x)\sin(ax+b)$,选 $u=P(x)$,$\mathrm{d}v=\sin(ax+b)\mathrm{d}x$.

(ⅲ) $f(x)=P(x)\cos(ax+b)$,选 $u=P(x)$,$\mathrm{d}v=\cos(ax+b)\mathrm{d}x$.

(ⅳ) $f(x)=P(x)\ln(ax+b)$,选 $u=\ln(ax+b)$,$\mathrm{d}v=P(x)\mathrm{d}x$.

(ⅴ) $f(x)=x^k\arcsin(ax+b)$,选 $u=\arcsin(ax+b)$,$\mathrm{d}v=x^k\mathrm{d}x$.

(ⅵ) $f(x)=x^k\arccos(ax+b)$,选 $u=\arccos(ax+b)$,$\mathrm{d}v=x^k\mathrm{d}x$.

(ⅶ) $f(x)=x^k\arctan(ax+b)$,选 $u=\arctan(ax+b)$,$\mathrm{d}v=x^k\mathrm{d}x$.

在使用分部积分时,如果出现 $\int v\mathrm{d}u$ 比原来的 $\int u\mathrm{d}v$ 更不易积分,则说明 u 及 $\mathrm{d}v$ 选择不当,或者此积分不能使用分部积分法.

下面使用分部积分时,将不再指出 u 及 $\mathrm{d}v$ 的选择,只注明哪个步骤使用了分部积分.

(4) $\int\ln(x^2+1)\mathrm{d}x \xlongequal{\text{分部}} x\ln(x^2+1)-\int x\mathrm{d}\ln(x^2+1)$

$=x\ln(x^2+1)-\int\frac{2x^2}{x^2+1}\mathrm{d}x$

$=x\ln(x^2+1)-\int\frac{(2x^2+2)-2}{x^2+1}\mathrm{d}x$

$=x\ln(x^2+1)-2\int\mathrm{d}x+2\int\frac{1}{1+x^2}\mathrm{d}x$

$=x\ln(x^2+1)-2x+2\arctan x+C$

(5) $\int\frac{\ln x}{x^2}\mathrm{d}x=\int\ln x\mathrm{d}(-\frac{1}{x}) \xlongequal{\text{分部}} -\frac{1}{x}\ln x+\int\frac{1}{x}\mathrm{d}\ln x$

$$=-\frac{\ln x}{x}+\int\frac{dx}{x^2}=-\frac{\ln x}{x}-\frac{1}{x}+C$$

(6) $\int x^n\ln x dx=\frac{1}{n+1}\int\ln x dx^{n+1}\overset{\text{分部}}{=\!=}\frac{1}{n+1}\left(x^{n+1}\ln x-\int x^{n+1}\frac{dx}{x}\right)$

$$=\frac{1}{n+1}x^{n+1}\ln x-\frac{1}{n+1}\int x^n dx$$

$$=\frac{1}{n+1}x^{n+1}\ln x-\frac{1}{(n+1)^2}x^{n+1}+C$$

$$=\frac{x^{n+1}}{n+1}\left(\ln x-\frac{1}{n+1}\right)+C$$

(7) $\int x^2e^{-x}dx=-\int x^2de^{-x}\overset{\text{分部}}{=\!=}-x^2e^{-x}+\int 2xe^{-x}dx$

$$=-x^2e^{-x}-2\int xde^{-x}\overset{\text{分部}}{=\!=}-x^2e^{-x}-2\left(xe^{-x}-\int e^{-x}dx\right)$$

$$=-x^2e^{-x}-2xe^{-x}-2e^{-x}+C$$

$$=-e^{-x}(x^2+2x+2)+C$$

(8) $\int x^3(\ln x)^2dx=\frac{1}{4}\int(\ln x)^2dx^4$

$$\overset{\text{分部}}{=\!=}\frac{1}{4}x^4(\ln x)^2-\frac{1}{4}\int 2\times\frac{\ln x}{x}\cdot x^4dx$$

$$=\frac{1}{4}x^4(\ln x)^2-\frac{1}{2}\int x^3\ln x dx$$

$$\overset{\text{分部}}{=\!=}\frac{x^4}{4}(\ln x)^2-\frac{1}{2}\left(\frac{1}{4}x^4\ln x-\int\frac{1}{4}x^4\frac{dx}{x}\right)$$

$$=\frac{x^4}{4}(\ln x)^2-\frac{1}{8}x^4\ln x+\frac{1}{8}\int x^3dx$$

$$=\frac{x^4}{4}(\ln x)^2-\frac{1}{8}x^4\ln x+\frac{1}{32}x^4+C$$

$$=\frac{x^4}{32}(8\ln^2x-4\ln x+1)+C$$

(9) $\int\sec^3x dx=\int\sec x\sec^2x dx=\int\sec x d\tan x$

$$\overset{\text{分部}}{=\!=}\sec x\tan x-\int\tan^2x\sec x dx=\sec x\tan x-\int(\sec^2x-1)\sec x dx$$

$$=\sec x\tan x-\int\sec^3x dx+\int\sec x dx$$

$$=\sec x\tan x+\ln|\sec x+\tan x|-\int\sec^3x dx$$

移项，得 $2\int\sec^3x dx=\sec x\tan x+\ln|\sec x+\tan x|+C_1$

所以　$\int\sec^3x dx=\frac{1}{2}(\sec x\tan x+\ln|\sec x+\tan x|)+C\quad\left(C=\frac{C_1}{2}\right)$

注释　第(9)题在积分过程中出现了循环，即等号右边出现了一项恰好是等号左边，即题目中所求的原不定积分，遇到这种情况，只要从等式中把所求的不定积分解出来就可以了，就是把等号右边恰好是所求的不定积分的项移到等号左边，这时如果等号右边没有积分号了，就立即加上常数 C，然后用等号左边所求积分项整理后的系数除全式，即得到所求的原积分.

(10) $\int e^{\sqrt{x}}dx \xlongequal{\sqrt{x}=t} \int e^t \cdot 2tdt = 2\int tde^t \xlongequal{分部} 2te^t - 2\int e^t dt$

$= 2te^t - 2e^t + C = 2e^t(t-1) + C = 2e^{\sqrt{x}}(\sqrt{x}-1) + C$

注释　第(10)题先用换元积分，又用分部积分，有时各种积分方法须结合使用.

(11) $\int \frac{\ln\ln x}{x}dx = \int \ln\ln x d\ln x \xlongequal{分部} \ln x \cdot \ln\ln x - \int \ln x d\ln\ln x$

$= \ln x \cdot \ln\ln x - \int \frac{1}{x}dx = \ln x \cdot \ln\ln x - \ln x + C$

$= \ln x(\ln\ln x - 1) + C$

注释　代换积分与分部积分是两种常用的重要的基本积分方法，必须熟练掌握.

11. 求下列不定积分(其中 a，b 为常数)：

(1) $\int f'(ax+b)dx$　　　　(2) $\int xf''(x)dx$

解： (1) $\int f'(ax+b)dx \xlongequal{ax+b=t} \int f'(t)\frac{1}{a}dt = \frac{1}{a}\int df(t)$

$= \frac{1}{a}f(t) + C \xlongequal{t=ax+b} \frac{1}{a}f(ax+b) + C$

(2) $\int xf''x dx = \int xdf'(x) \xlongequal{分部} xf'(x) - \int f'(x)dx$

$= xf'(x) - \int df(x) = xf'(x) - f(x) + C$

12. 求下列不定积分(其中 a 为常数)：

(1) $\int \frac{dx}{1+\sin x}$　　　　(2) $\int \frac{xe^x}{\sqrt{e^x-1}}dx$

(3) $\int \frac{dx}{1+\tan x}$　　　　(4) $\int \frac{dx}{x^3+1}$

(5) $\int \frac{x}{(x^2+1)(x^2+4)}dx$　　　　(6) $\int \frac{dx}{\sqrt{x-x^2}}$

(7) $\int \sqrt{\frac{a+x}{a-x}}dx$　　　　(8) $\int \frac{dx}{x^4-1}$

(9) $\int \frac{x^2 e^x}{(2+x)^2} dx$　　(10) $\int \frac{\sqrt{x(x+1)}}{\sqrt{x}+\sqrt{x+1}} dx$

解: (1) $\int \frac{dx}{1+\sin x} = \int \frac{1-\sin x}{(1+\sin x)(1-\sin x)} dx$

$= \int \frac{1-\sin x}{\cos^2 x} dx = \int \sec^2 x dx - \int \tan x \sec x dx$

$= \tan x - \sec x + C$

(2) $\int \frac{x e^x}{\sqrt{e^x - 1}} dx \xlongequal{\sqrt{e^x-1}=t} \int \frac{(1+t^2)\ln(1+t^2)}{t} \cdot \frac{2t}{1+t^2} dt$

$= 2\int \ln(1+t^2) dt \xlongequal{\text{分部}} 2\left(t\ln(1+t^2) - \int \frac{2t^2}{1+t^2} dt\right)$

$= 2t\ln(1+t^2) - 4\int \left(1 - \frac{1}{1+t^2}\right) dt$

$= 2t\ln(1+t^2) - 4t + 4\arctan t + C$

$= 2x\sqrt{e^x-1} - 4\sqrt{e^x-1} + 4\arctan\sqrt{e^x-1} + C$

(3) $\int \frac{dx}{1+\tan x} \xlongequal{\tan x = t} \int \frac{dt}{(1+t)(1+t^2)} = \frac{1}{2}\int \left(\frac{1}{1+t} + \frac{1-t}{1+t^2}\right) dt$

$= \frac{1}{2}\int \frac{dt}{1+t} + \frac{1}{2}\int \frac{dt}{1+t^2} - \frac{1}{4}\int \frac{d(1+t^2)}{1+t^2}$

$= \frac{1}{2}\ln|1+t| + \frac{1}{2}\arctan t - \frac{1}{4}\ln(1+t^2) + C$

$= \frac{1}{2}\ln|1+\tan x| + \frac{1}{2}x - \frac{1}{4}\ln(1+\tan^2 x) + C$

$= \frac{1}{2}\left(\ln\left|\frac{1+\tan x}{\sec x}\right| + x\right) + C$

$= \frac{1}{2}(\ln|\sin x + \cos x| + x) + C$

(4) $\frac{1}{x^3+1} = \frac{1}{(x+1)(x^2-x+1)}$

设 $\frac{1}{x^3+1} = \frac{A}{x+1} + \frac{Bx+C}{x^2-x+1}$, A, B, C 为待定系数. 去分母, 两边同乘以 $(x+1)(x^2-x+1)$, 得

$$1 = A(x^2-x+1) + (Bx+C)(x+1)$$

即

$$1 = (A+B)x^2 + (B+C-A)x + A + C$$

比较两端同次方项的系数, 得

$$\begin{cases} A+B=0 \\ B+C-A=0 \\ A+C=1 \end{cases}$$

解之得　$A = \frac{1}{3}$, $B = -\frac{1}{3}$, $C = \frac{2}{3}$

因此有 $\dfrac{1}{x^3+1}=\dfrac{1}{3(x+1)}-\dfrac{x-2}{3(x^2-x+1)}$

于是 $\displaystyle\int\frac{\mathrm{d}x}{x^3+1}=\frac{1}{3}\int\frac{1}{x+1}\mathrm{d}x-\frac{1}{3}\int\frac{x-2}{x^2-x+1}\mathrm{d}x$

$$=\frac{1}{3}\ln|x+1|-\frac{1}{3}\int\frac{x-\frac{1}{2}-\frac{3}{2}}{x^2-x+1}\mathrm{d}x$$

$$=\frac{1}{3}\ln|x+1|-\frac{1}{6}\int\frac{\mathrm{d}(x^2-x+1)}{x^2-x+1}+\frac{1}{2}\int\frac{1}{\left(x-\frac{1}{2}\right)^2+\left(\frac{\sqrt{3}}{2}\right)^2}\mathrm{d}x$$

$$=\frac{1}{3}\ln|x+1|-\frac{1}{6}\ln|x^2-x+1|+\frac{1}{\sqrt{3}}\arctan\frac{2x-1}{\sqrt{3}}+C_1$$

$$=\frac{1}{6}\ln\frac{(x+1)^2}{|x^2-x+1|}+\frac{\sqrt{3}}{3}\arctan\frac{2x-1}{\sqrt{3}}+C_1$$

(5) 设 $\dfrac{x}{(x^2+1)(x^2+4)}=\dfrac{Ax+B}{x^2+1}+\dfrac{Cx+D}{x^2+4}$，$A$，$B$，$C$，$D$ 为待定系数，去分母，两边同乘以 $(x^2+1)(x^2+4)$，得

$$\begin{aligned}x&=(Ax+B)(x^2+4)+(Cx+D)(x^2+1)\\&=(A+C)x^3+(B+D)x^2+(4A+C)x+4B+D\end{aligned}$$

比较两端同次方项的系数，有

$$\begin{cases}A+C=0\\B+D=0\\4A+C=1\\4B+D=0\end{cases}$$

解之得 $A=\dfrac{1}{3}$，$B=0$，$C=-\dfrac{1}{3}$，$D=0$

因此有 $\dfrac{x}{(x^2+1)(x^2+4)}=\dfrac{x}{3(x^2+1)}-\dfrac{x}{3(x^2+4)}$

于是有 $\displaystyle\int\frac{x}{(x^2+1)(x^2+4)}\mathrm{d}x=\frac{1}{3}\int\frac{x}{x^2+1}\mathrm{d}x-\frac{1}{3}\int\frac{x}{x^2+4}\mathrm{d}x$

$$=\frac{1}{6}\int\frac{\mathrm{d}(x^2+1)}{x^2+1}-\frac{1}{6}\int\frac{\mathrm{d}(x^2+4)}{x^2+4}$$

$$=\frac{1}{6}\ln(x^2+1)-\frac{1}{6}\ln(x^2+4)+C_1$$

$$=\frac{1}{6}\ln\frac{x^2+1}{x^2+4}+C_1$$

(6) $\displaystyle\int\frac{\mathrm{d}x}{\sqrt{x-x^2}}=\int\frac{\mathrm{d}x}{\sqrt{\frac{1}{4}-\left(x-\frac{1}{2}\right)^2}}=\int\frac{\mathrm{d}x}{\frac{1}{2}\sqrt{1-4\left(x-\frac{1}{2}\right)^2}}$

$$=\int\frac{2\mathrm{d}x}{\sqrt{1-(2x-1)^2}}$$

$$= \int \frac{\mathrm{d}(2x-1)}{\sqrt{1-(2x-1)^2}}$$

$$= \arcsin(2x-1)+C$$

(7) $\int \sqrt{\frac{a+x}{a-x}}\mathrm{d}x = \int \sqrt{\frac{(a+x)^2}{a^2-x^2}}\mathrm{d}x = \int \frac{a+x}{\sqrt{a^2-x^2}}\mathrm{d}x$

$$= a\int \frac{1}{\sqrt{a^2-x^2}}\mathrm{d}x + \int \frac{x}{\sqrt{a^2-x^2}}\mathrm{d}x$$

$$= a\int \frac{\mathrm{d}\left(\frac{x}{a}\right)}{\sqrt{1-\left(\frac{x}{a}\right)^2}} - \frac{1}{2}\int \frac{\mathrm{d}(a^2-x^2)}{\sqrt{a^2-x^2}}$$

$$= a\arcsin\frac{x}{a} - \sqrt{a^2-x^2}+C$$

(8) $\int \frac{\mathrm{d}x}{x^4-1} = \int \frac{\mathrm{d}x}{(x^2+1)(x^2-1)} = \frac{1}{2}\int\left(\frac{1}{x^2-1}-\frac{1}{x^2+1}\right)\mathrm{d}x$

$$= \frac{1}{2}\int \frac{1}{x^2-1}\mathrm{d}x - \frac{1}{2}\int \frac{1}{x^2+1}\mathrm{d}x$$

$$= \frac{1}{4}\int\left(\frac{1}{x-1}-\frac{1}{x+1}\right)\mathrm{d}x - \frac{1}{2}\int \frac{1}{x^2+1}\mathrm{d}x$$

$$= \frac{1}{4}(\ln|x-1|-\ln|x+1|) - \frac{1}{2}\arctan x + C$$

$$= \frac{1}{4}\ln\left|\frac{x-1}{x+1}\right| - \frac{1}{2}\arctan x + C$$

(9) $\int \frac{x^2\mathrm{e}^x}{(2+x)^2}\mathrm{d}x = \int x^2\mathrm{e}^x\mathrm{d}\left(-\frac{1}{2+x}\right) \overset{\text{分部}}{=\!=} -\frac{x^2\mathrm{e}^x}{2+x} + \int \frac{\mathrm{e}^x(2x+x^2)}{2+x}\mathrm{d}x$

$$= -\frac{x^2\mathrm{e}^x}{2+x} + \int x\mathrm{e}^x\mathrm{d}x \overset{\text{分部}}{=\!=} -\frac{x^2\mathrm{e}^x}{2+x} + x\mathrm{e}^x - \int \mathrm{e}^x\mathrm{d}x$$

$$= -\frac{x^2\mathrm{e}^x}{2+x} + x\mathrm{e}^x - \mathrm{e}^x + C$$

(10) $\int \frac{\sqrt{x(x+1)}}{\sqrt{x}+\sqrt{x+1}}\mathrm{d}x = \int \frac{\sqrt{x(x+1)}(\sqrt{x}-\sqrt{x+1})}{(\sqrt{x})^2-(\sqrt{x+1})^2}\mathrm{d}x$

$$= \int -x\sqrt{x+1}\,\mathrm{d}x + \int (x+1)\sqrt{x}\,\mathrm{d}x$$

$$= -\int (x+1-1)\sqrt{x+1}\,\mathrm{d}x + \int x\sqrt{x}\,\mathrm{d}x + \int \sqrt{x}\,\mathrm{d}x$$

$$= -\int (x+1)^{\frac{3}{2}}\mathrm{d}x + \int (x+1)^{\frac{1}{2}}\mathrm{d}x + \int x^{\frac{3}{2}}\mathrm{d}x + \int x^{\frac{1}{2}}\mathrm{d}x$$

$$= -\frac{2}{5}(x+1)^{\frac{5}{2}} + \frac{2}{3}(x+1)^{\frac{3}{2}} + \frac{2}{5}x^{\frac{5}{2}} + \frac{2}{3}x^{\frac{3}{2}} + C$$

$$= -\frac{2}{5}(x+1)^2\sqrt{x+1} + \frac{2}{3}(x+1)\sqrt{x+1}$$

$$+ \frac{2}{5}x^2\sqrt{x} + \frac{2}{3}x\sqrt{x} + C$$

13. 设 $I_n=\int \sin^n x\,\mathrm{d}x$，证明：

$$I_n=-\frac{1}{n}\sin^{n-1}x\cos x+\frac{n-1}{n}I_{n-2}$$

证： $I_n=-\int \sin^{n-1}x\mathrm{d}\cos x$

$$\overset{\text{分部}}{=\!=}-\sin^{n-1}x\cos x+(n-1)\int \sin^{n-2}x\cos^2 x\mathrm{d}x$$

$$=-\sin^{n-1}x\cos x+(n-1)\int \sin^{n-2}x(1-\sin^2 x)\mathrm{d}x$$

$$=-\sin^{n-1}x\cos x+(n-1)\int \sin^{n-2}x\mathrm{d}x-(n-1)\int \sin^n x\,\mathrm{d}x$$

$$=-\sin^{n-1}x\cos x+(n-1)I_{n-2}-(n-1)I_n$$

移项有 $\quad nI_n=-\sin^{n-1}x\cos x+(n-1)I_{n-2}$

因此 $\quad I_n=-\frac{1}{n}\sin^{n-1}x\cos x+\frac{n-1}{n}I_{n-2}$

14. 设函数 $f(x)=\begin{cases}x+1, & x\leqslant 1\\ 2x, & x>1\end{cases}$，求 $\int f(x)\mathrm{d}x$.

解： 设 $F(x)=\int f(x)\mathrm{d}x$.

当 $x\leqslant 1$ 时

$$F(x)=\int (x+1)\mathrm{d}x=\frac{x^2}{2}+x+C_1$$

当 $x>1$ 时

$$F(x)=\int 2x\mathrm{d}x=x^2+C_2$$

根据原函数的定义，$F(x)$ 在点 $x=1$ 处连续，要使 $F(x)$ 在点 $x=1$ 处连续，则须有 $\lim\limits_{x\to 1^-}F(x)=\lim\limits_{x\to 1^+}F(x)$，即

$$\frac{1}{2}+1+C_1=1+C_2\text{，即}\frac{1}{2}+C_1=C_2$$

令 $C_1=C$，则 $C_2=\frac{1}{2}+C$，

所以 $\quad F(x)=\int f(x)\mathrm{d}x=\begin{cases}\frac{1}{2}x^2+x+C, & x\leqslant 1\\ x^2+\frac{1}{2}+C, & x>1\end{cases}$

注释 第 14 题若只求到 $F(x)=\int f(x)\mathrm{d}x=\begin{cases}\frac{1}{2}x^2+x+C_1\\ x^2+C_2\end{cases}$ （C_1，C_2 均为任意常数），这样的 $F(x)$ 不一定是 $f(x)$ 的原函数. 因为 $F(x)$ 是连续函数，而在点 $x=1$ 处，

$\lim\limits_{x\to1^-}F(x)=\frac{1}{2}+1+C_1$，$\lim\limits_{x\to1^+}F(x)=1+C_2$，若 C_1，C_2 均为任意常数，则 $\frac{1}{2}+1+C_1=1+C_2$ 未必成立，故 $F(x)$ 在点 $x=1$ 处未必连续，只有当 $\frac{1}{2}+1+C_1=1+C_2$ 时，$F(x)$ 才是连续的.

15. 如果 $\frac{\sin x}{x}$ 是 $f(x)$ 的一个原函数，证明：

$$\int xf'(x)\mathrm{d}x=\cos x-\frac{2\sin x}{x}+C$$

证： 由题设，$\frac{\sin x}{x}$ 是 $f(x)$ 的一个原函数，所以有

$$\int f(x)\mathrm{d}x=\frac{\sin x}{x}+C_1$$

两边对 x 求导得 $f(x)=\frac{x\cos x-\sin x}{x^2}$.

$$\begin{aligned}\int xf'(x)\mathrm{d}x&=\int x\mathrm{d}f(x)\xlongequal{\text{分部}}xf(x)-\int f(x)\mathrm{d}x\\&=x\cdot\frac{x\cos x-\sin x}{x^2}-\frac{\sin x}{x}-C_1\\&=\cos x-\frac{\sin x}{x}-\frac{\sin x}{x}+C\qquad(\text{其中 }C=-C_1)\\&=\cos x-\frac{2\sin x}{x}+C\end{aligned}$$

16. 若 $f'(\mathrm{e}^x)=1+\mathrm{e}^{2x}$，且 $f(0)=1$，求 $f(x)$.

解： 设 $t=\mathrm{e}^x$，则

$$f'(t)=1+t^2$$

因此

$$f(t)=\int f'(t)\mathrm{d}t=\int(1+t^2)\mathrm{d}t=t+\frac{t^3}{3}+C$$

由 $f(0)=1$，得 $C=1$，于是可得

$$f(x)=x+\frac{x^3}{3}+1$$

17. 设某商品的需求量 Q 是价格 P 的函数，该商品的最大需求量为1 000（即 $P=0$ 时，$Q=1\,000$），已知需求量的变化率(边际需求）为

$$Q'(P)=-1\,000\ln3\cdot\left(\frac{1}{3}\right)^P$$

求需求量 Q 与价格 P 的函数关系.

解： 已知边际需求函数为 $Q'(P)=-1\,000\ln3\cdot\left(\frac{1}{3}\right)^P$，因此需求函数满足

$$Q(P)=\int Q'(P)\mathrm{d}P=\int-1\,000\ln3\left(\frac{1}{3}\right)^P\mathrm{d}P$$

$$=-1\,000\ln 3\frac{\left(\frac{1}{3}\right)^{P}}{\ln\frac{1}{3}}+C$$

即 $$Q(P)=1\,000\left(\frac{1}{3}\right)^{P}+C$$

根据题意，当 $P=0$ 时，$Q=1\,000$，代入上式得 $C=0$，于是得出需求函数为 $Q=1\,000\left(\frac{1}{3}\right)^{P}$.

18. 设生产x单位某产品的总成本C是x的函数$C(x)$，固定成本(即$C(0)$)为20元，边际成本函数为 $C'(x)=2x+10$（元/单位），求总成本函数 $C(x)$.

解： 边际成本函数为 $C'(x)=2x+10$，因此，总成本函数满足

$$C(x)=\int C'(x)\mathrm{d}x=\int(2x+10)\mathrm{d}x=x^2+10x+C_1$$

即 $$C(x)=x^2+10x+C_1$$

根据题意，当 $x=0$ 时，$C=20$，代入上式得 $C_1=20$，于是得出总成本函数为 $C(x)=x^2+10x+20$.

(B)

1. 若 $\int f(x)\mathrm{d}x=x^2\mathrm{e}^{2x}+C$，则 $f(x)=$[　　].

(A) $2x\mathrm{e}^{2x}$　　(B) $4x\mathrm{e}^{2x}$

(C) $2x^2\mathrm{e}^{2x}$　　(D) $2x\mathrm{e}^{2x}(1+x)$

解： 根据不定积分的定义

$$f(x)=(x^2\mathrm{e}^{2x}+C)'=2x\mathrm{e}^{2x}+2x^2\mathrm{e}^{2x}=2x\mathrm{e}^{2x}(1+x)$$

故本题应选(D).

2. 已知 $y'=2x$，且 $x=1$ 时 $y=2$，则 $y=$[　　].

(A) x^2　　(B) x^2+C

(C) x^2+1　　(D) x^2+2

解： $y=\int 2x\mathrm{d}x=x^2+C$

当 $x=1$ 时 $y=2$，代入上式，得 $C=1$，即 $y=x^2+1$.

故本题应选(C).

3. $\int \mathrm{d}\arcsin\sqrt{x}=$[　　].

(A) $\arcsin\sqrt{x}$　　(B) $\arcsin\sqrt{x}+C$

(C) $\arccos\sqrt{x}$　　(D) $\arccos\sqrt{x}+C$

解： 根据不定积分的性质，本题应选(B).

4. 若$\frac{2}{3}\ln\cos 2x$是$f(x)=k\tan 2x$的一个原函数，则$k=$[　　].

(A) $\frac{2}{3}$　　(B) $-\frac{2}{3}$　　(C) $\frac{4}{3}$　　(D) $-\frac{4}{3}$

解：$f(x)=\left(\frac{2}{3}\ln\cos 2x\right)'=\frac{2}{3}\cdot\frac{-\sin 2x}{\cos 2x}\cdot 2=-\frac{4}{3}\tan 2x=k\tan 2x$

所以$k=-\frac{4}{3}$，故本题应选(D).

5. 设$f(x)$的导数为$\sin x$，则下列选项中是$f(x)$的原函数的是[　　].

(A) $1+\sin x$　　(B) $1-\sin x$　　(C) $1+\cos x$　　(D) $1-\cos x$

解：根据题意，所要选的函数的导数等于$f(x)$，而$f(x)$的导数等于$\sin x$，那么所要选的函数的二阶导数是$\sin x$.

(A) $(1+\sin x)'=\cos x$，　$(\cos x)'=-\sin x$

(B) $(1-\sin x)'=-\cos x$，　$(-\cos x)'=\sin x$

故本题应选(B).

(C) $(1+\cos x)'=-\sin x$，　$(-\sin x)'=-\cos x$

(D) $(1-\cos x)'=\sin x$，　$(\sin x)'=\cos x$

6. 下列函数中有一个不是$f(x)=\frac{1}{x}$的原函数，它是[　　].

(A) $F(x)=\ln|x|$

(B) $F(x)=\ln|Cx|$　(C是不为0且不为1的常数)

(C) $F(x)=C\ln|x|$　(C是不为0且不为1的常数)

(D) $F(x)=\ln|x|+C$　(C是不为0的常数)

解：(A) $F(x)=\begin{cases}\ln(-x), & x<0\\ \ln x, & x>0\end{cases}$

因为$F'(x)=\frac{1}{x}$，所以$F(x)$是$f(x)$的原函数.

(B) $F(x)=\ln|C|+\ln|x|$

因为$F'(x)=\frac{1}{x}$，所以$F(x)$是$f(x)$的原函数.

(C) $F(x)=C\ln|x|$

因为$F'(x)=\frac{C}{x}\neq\frac{1}{x}$，所以$F(x)$不是$f(x)$的原函数.

故本题应选(C).

(D) 因为$F'(x)=\frac{1}{x}$，所以$F(x)$是$f(x)$的原函数.

7. 设$f'(x)$存在，则$\left[\int df(x)\right]'=$[　　].

(A) $f(x)$　　(B) $f'(x)$　　(C) $f(x)+C$　　(D) $f'(x)+C$

解：$\left[\int df(x)\right]'=[f(x)+C]'=f'(x)$

故本题应选(B).

8. 若 $f(x)$ 为连续函数，且 $\int f(x)\mathrm{d}x=F(x)+C$，$C$ 为任意常数，则下列各式中正确的是[　　].

(A) $\int f(ax+b)\mathrm{d}x=F(ax+b)+C$

(B) $\int f(x^n)x^{n-1}\mathrm{d}x=F(x^n)+C$

(C) $\int f(\ln ax)\frac{1}{x}\mathrm{d}x=F(\ln ax)+C\quad(a\neq 0)$

(D) $\int f(\mathrm{e}^{-x})\mathrm{e}^{-x}\mathrm{d}x=F(\mathrm{e}^{-x})+C$

解：(A) $[F(ax+b)+C]'=af(ax+b)\neq f(ax+b)$

(B) $[F(x^n)+C]'=nx^{n-1}f(x^n)\neq x^{n-1}f(x^n)$

(C) $[F(\ln ax)+C]'=\frac{a}{ax}f(\ln ax)=\frac{1}{x}f(\ln ax)$

故本题应选(C).

(D) $[F(\mathrm{e}^{-x})+C]'=-f(\mathrm{e}^{-x})\neq f(\mathrm{e}^{-x})$

9. 设 $f'(\ln x)=1+x$，则 $f(x)=$[　　].

(A) $x+\mathrm{e}^x+C$　　(B) $\mathrm{e}^x+\frac{1}{2}x^2+C$

(C) $\ln x+\frac{1}{2}(\ln x)^2+C$　　(D) $\mathrm{e}^x+\frac{1}{2}\mathrm{e}^{2x}+C$

解：设 $\ln x=t$，即 $x=\mathrm{e}^t$，

则有　$f'(t)=1+\mathrm{e}^t$

从而　$f(t)=\int f'(t)\mathrm{d}t=\int(1+\mathrm{e}^t)\mathrm{d}t=t+\mathrm{e}^t+C$

即　$f(x)=x+\mathrm{e}^x+C$

故本题应选(A).

10. 若 $\int f(x)\mathrm{d}x=x^2+C$，则 $\int xf(1-x^2)\mathrm{d}x=$[　　].

(A) $2(1-x^2)^2+C$　　(B) $-2(1-x^2)^2+C$

(C) $\frac{1}{2}(1-x^2)^2+C$　　(D) $-\frac{1}{2}(1-x^2)^2+C$

解：根据题设有 $f(x)=(x^2+C)'=2x$.

从而　$f(1-x^2)=2(1-x^2)$

于是
$$\int xf(1-x^2)\mathrm{d}x=\int 2x(1-x^2)\mathrm{d}x=-\int(1-x^2)\mathrm{d}(1-x^2)$$
$$=-\frac{1}{2}(1-x^2)^2+C$$

故本题应选(D).

11. 设 $f(x)=\mathrm{e}^{-x}$，则 $\int\frac{f'(\ln x)}{x}\mathrm{d}x=$[　　].

(A) $-\frac{1}{x}+C$　　(B) $-\ln x+C$

(C) $\frac{1}{x}+C$　　(D) $\ln x+C$

解: $\int \frac{f'(\ln x)}{x}dx=\int f'(\ln x)d\ln x=f(\ln x)+C$

$$=e^{-\ln x}+C=e^{\ln\frac{1}{x}}+C=\frac{1}{x}+C$$

故本题应选(C)．

12. 设 $\int f(x)dx=\sin x+C$，则 $\int \frac{f(\arcsin x)}{\sqrt{1-x^2}}dx=$[　　].

(A) $\arcsin x+C$　　(B) $\sin\sqrt{1-x^2}+C$

(C) $\frac{1}{2}(\arcsin x)^2+C$　　(D) $x+C$

解: $\int \frac{f(\arcsin x)}{\sqrt{1-x^2}}dx=\int f(\arcsin x)d\arcsin x$

$$=\sin(\arcsin x)+C=x+C$$

故本题应选(D)．

13. $\int x(x+1)^{10}dx=$[　　].

(A) $\frac{1}{11}(x+1)^{11}+C$

(B) $\frac{1}{2}x^2+\frac{1}{11}(x+1)^{11}+C$

(C) $\frac{1}{12}(x+1)^{12}-\frac{1}{11}(x+1)^{11}+C$

(D) $\frac{1}{12}(x+1)^{12}+\frac{1}{11}(x+1)^{11}+C$

解: $\int x(x+1)^{10}dx=\int(x+1-1)(x+1)^{10}dx$

$$=\int(x+1)^{11}d(x+1)-\int(x+1)^{10}d(x+1)$$

$$=\frac{1}{12}(x+1)^{12}-\frac{1}{11}(x+1)^{11}+C$$

故本题应选(C)．

14. 已知 $f'(\cos x)=\sin x$，则 $f(\cos x)=$[　　].

(A) $-\cos x+C$　　(B) $\cos x+C$

(C) $\frac{1}{2}(x-\sin x\cos x)+C$　　(D) $\frac{1}{2}(\sin x\cos x-x)+C$

解: $f(\cos x)=\int f'(\cos x)d\cos x=\int \sin x d\cos x$

$$=-\int \sin^2 x dx=-\int \frac{1-\cos 2x}{2}dx=-\frac{1}{2}x+\frac{1}{4}\sin 2x+C$$

$$= \frac{1}{2}(\sin x\cos x - x) + C$$

故本题应选(D).

15. $\int xf(x^2)f'(x^2)\mathrm{d}x = [\quad]$.

(A) $\frac{1}{2}f(x^2)+C$　　(B) $\frac{1}{2}f^2(x^2)+C$

(C) $\frac{1}{4}f^2(x^2)+C$　　(D) $\frac{1}{4}x^2f^2(x^2)+C$

解：$\int xf(x^2)f'(x^2)\mathrm{d}x = \frac{1}{2}\int f(x^2)f'(x^2)\mathrm{d}x^2$

$$= \frac{1}{2}\int f(x^2)\mathrm{d}f(x^2) = \frac{1}{4}f^2(x^2)+C$$

故本题应选(C).

16. 设 $\int xf(x)\mathrm{d}x = \arcsin x + C$，则 $\int \frac{1}{f(x)}\mathrm{d}x = [\quad]$.

(A) $-\frac{3}{4}\sqrt{(1-x^2)^3}+C$　　(B) $-\frac{1}{3}\sqrt{(1-x^2)^3}+C$

(C) $\frac{3}{4}\sqrt[3]{(1-x^2)^2}+C$　　(D) $\frac{2}{3}\sqrt[3]{(1-x^2)^2}+C$

解：由题设 $\int xf(x)\mathrm{d}x = \arcsin x + C$，那么

$$xf(x) = (\arcsin x + C)' = \frac{1}{\sqrt{1-x^2}}$$

从而有　$f(x) = \dfrac{1}{x\sqrt{1-x^2}}$

所以　$\int \frac{1}{f(x)}\mathrm{d}x = \int x\sqrt{1-x^2}\,\mathrm{d}x = -\frac{1}{2}\int \sqrt{1-x^2}\,\mathrm{d}(1-x^2)$

$$= -\frac{1}{3}\sqrt{(1-x^2)^3}+C$$

故本题应选(B).

17. 若 $\sin x$ 是 $f(x)$ 的一个原函数，则 $\int xf'(x)\mathrm{d}x = [\quad]$.

(A) $x\cos x - \sin x + C$　　(B) $x\sin x + \cos x + C$

(C) $x\cos x + \sin x + C$　　(D) $x\sin x - \cos x + C$

解：因 $\sin x$ 是 $f(x)$ 的一个原函数，所以 $f(x) = (\sin x)' = \cos x$. 于是

$$\int xf'(x)\mathrm{d}x = \int x\mathrm{d}f(x) \xlongequal{\text{分部}} xf(x) - \int f(x)\mathrm{d}x = x\cos x - \sin x + C$$

故本题应选(A).

18. 设 $f'(\mathrm{e}^x) = 1 + x$，则 $f(x) = [\quad]$.

(A) $1+\ln x + C$　　(B) $x\ln x + C$

(C) $x+\frac{x^2}{2}+C$　　　　(D) $x\ln x-x+C$

解：设 $t=e^x$，则 $x=\ln t$.

由 $f'(e^x)=1+x$，得 $f'(t)=1+\ln t$. 从而

$$f(t)=\int f'(t)dt=\int(1+\ln t)dt=\int dt+\int\ln t dt$$

$$\overset{\text{分部}}{=\!=}t+t\ln t-t+C=t\ln t+C$$

即　$$f(x)=x\ln x+C$$

故本题应选(B).

(二) 参考题(附解答)

(A)

1. 设 $f(x)\neq 0$，且有连续的二阶导数，求 $\int\left\{\frac{f''(x)}{f(x)}-\frac{[f'(x)]^2}{[f(x)]^2}\right\}dx$.

解：$$\int\left\{\frac{f''(x)}{f(x)}-\frac{[f'(x)]^2}{[f(x)]^2}\right\}dx=\int\frac{f''(x)f(x)-[f'(x)]^2}{[f(x)]^2}dx$$

$$=\int\left[\frac{f'(x)}{f(x)}\right]'dx=\frac{f'(x)}{f(x)}+C$$

2. 求不定积分 $\int x^x(1+\ln x)dx$.

解：$$\int x^x(1+\ln x)dx=\int e^{x\ln x}(x\ln x)'dx$$

$$=\int e^{x\ln x}d(x\ln x)=e^{x\ln x}+C=x^x+C$$

3. 设 $u(x)$，$v(x)$ 均为可导函数，且 $v(x)\sqrt{1-x^2}=\frac{x}{u(x)}$，求 $\int xu'v dx+\int xuv' dx$.

解：因 $v(x)\sqrt{1-x^2}=\frac{x}{u(x)}$，所以有 $u(x)v(x)=\frac{x}{\sqrt{1-x^2}}$，那么

$$\int xu'v dx+\int xuv' dx=\int x(u'v+v'u)dx=\int xd(uv)$$

$$\overset{\text{分部}}{=\!=}xuv-\int uv dx=\frac{x^2}{\sqrt{1-x^2}}-\int\frac{x}{\sqrt{1-x^2}}dx$$

$$=\frac{x^2}{\sqrt{1-x^2}}+\sqrt{1-x^2}+C$$

$$=\frac{1}{\sqrt{1-x^2}}+C$$

4. 设 $f(x)f'(x)=x$，$f(x)>0$，且 $f(1)=\sqrt{2}$，求 $f(x)$.

解：由 $f(x)f'(x)=x$，有$\int f(x)f'(x)\mathrm{d}x=\int x\mathrm{d}x$，因此有

$$\frac{1}{2}[f(x)]^2=\frac{1}{2}x^2+C$$

从而有 $\quad f(x)=\sqrt{x^2+2C}$

由 $f(1)=\sqrt{2}$，有 $1+2C=2$，所以 $C=\dfrac{1}{2}$，因此可得

$$f(x)=\sqrt{x^2+1}$$

5. 求不定积分 $\int\dfrac{1}{(1+\mathrm{e}^x)^2}\mathrm{d}x$.

解：
$$\begin{aligned}\int\frac{1}{(1+\mathrm{e}^x)^2}\mathrm{d}x&=\int\left[\frac{1}{1+\mathrm{e}^x}-\frac{\mathrm{e}^x}{(1+\mathrm{e}^x)^2}\right]\mathrm{d}x\\&=\int\frac{1}{\mathrm{e}^x(\mathrm{e}^{-x}+1)}\mathrm{d}x-\int\frac{1}{(1+\mathrm{e}^x)^2}\mathrm{d}(1+\mathrm{e}^x)\\&=\int\frac{-1}{\mathrm{e}^{-x}+1}\mathrm{d}(\mathrm{e}^{-x}+1)+\frac{1}{1+\mathrm{e}^x}\\&=-\ln|\mathrm{e}^{-x}+1|+\frac{1}{1+\mathrm{e}^x}+C\end{aligned}$$

6. 求不定积分 $\int\mathrm{e}^{|x|}\mathrm{d}x$.

解：$\mathrm{e}^{|x|}=\begin{cases}\mathrm{e}^x, & x\geqslant 0\\ \mathrm{e}^{-x}, & x<0\end{cases}$

当 $x\geqslant 0$ 时，$\int\mathrm{e}^{|x|}\mathrm{d}x=\int\mathrm{e}^x\mathrm{d}x=\mathrm{e}^x+C_1$.

当 $x<0$ 时，$\int\mathrm{e}^{|x|}\mathrm{d}x=\int\mathrm{e}^{-x}\mathrm{d}x=-\mathrm{e}^{-x}+C_2$.

因 $\mathrm{e}^{|x|}$ 在$(-\infty,+\infty)$内连续，故存在原函数 $F(x)=\int\mathrm{e}^{|x|}\mathrm{d}x$.

由 $F_+(0)=F_-(0)$，可得 $2+C_1=C_2$，设 $C_1=C$，所以

$$\int\mathrm{e}^{|x|}\mathrm{d}x=\begin{cases}\mathrm{e}^x+C, & x\geqslant 0\\ -\mathrm{e}^{-x}+2+C, & x<0\end{cases}$$

7. 求不定积分 $\int\dfrac{1}{x(1+x^{10})^2}\mathrm{d}x$.

解：令 $t=x^{10}$，$\mathrm{d}t=10x^9\mathrm{d}x$，$\mathrm{d}x=\dfrac{1}{10x^9}\mathrm{d}t$，

那么
$$\begin{aligned}\int\frac{1}{x(1+x^{10})^2}\mathrm{d}x&=\frac{1}{10}\int\frac{1}{t(1+t)^2}\mathrm{d}t=\frac{1}{10}\int\left(\frac{1}{t}-\frac{1}{1+t}-\frac{1}{(1+t)^2}\right)\mathrm{d}t\\&=\frac{1}{10}\left(\ln\left|\frac{t}{1+t}\right|+\frac{1}{1+t}\right)+C\\&=\frac{1}{10}\left(\ln\left|\frac{x^{10}}{1+x^{10}}\right|+\frac{1}{1+x^{10}}\right)+C\end{aligned}$$

8. 求不定积分 $\int \frac{\ln\tan x}{\sin 2x}\mathrm{d}x$.

解: $\int \frac{\ln\tan x}{\sin 2x}\mathrm{d}x = \frac{1}{2}\int \frac{\ln\tan x}{\sin x\cos x}\mathrm{d}x = \frac{1}{2}\int \frac{\ln\tan x}{\tan x}\mathrm{d}\tan x$

$$= \frac{1}{2}\int \ln\tan x\mathrm{d}[\ln\tan x] = \frac{1}{4}[\ln\tan x]^2 + C$$

9. 求不定积分 $\int \frac{1}{x(1+2\ln x)}\mathrm{d}x$.

解: $\int \frac{1}{x(1+2\ln x)}\mathrm{d}x = \int \frac{1}{1+2\ln x}\frac{\mathrm{d}x}{x}$

$$= \frac{1}{2}\int \frac{1}{1+2\ln x}\mathrm{d}(1+2\ln x)$$

$$= \frac{1}{2}\ln|1+2\ln x| + C$$

10. 求不定积分 $\int \frac{1}{x(x^7+2)}\mathrm{d}x$.

解: 令 $x = \frac{1}{t}$, $\mathrm{d}x = -\frac{1}{t^2}\mathrm{d}t$, 则

$$\int \frac{1}{x(x^7+2)}\mathrm{d}x = \int \frac{1}{\frac{1}{t}\left(\frac{1}{t^7}+2\right)}\left(-\frac{1}{t^2}\mathrm{d}t\right) = -\int \frac{t^6}{1+2t^7}\mathrm{d}t$$

$$= -\frac{1}{14}\int \frac{1}{1+2t^7}\mathrm{d}(1+2t^7) = -\frac{1}{14}\ln|1+2t^7| + C$$

$$= -\frac{1}{14}\ln\left|1+\frac{2}{x^7}\right| + C = -\frac{1}{14}\ln\left|\frac{x^7+2}{x^7}\right| + C$$

$$= -\frac{1}{14}\ln|x^7+2| + \frac{1}{2}\ln|x| + C$$

11. 求不定积分 $\int \frac{1+\sin x}{\sin x(1+\cos x)}\mathrm{d}x$.

解: 令 $\tan\frac{x}{2} = t$, 则 $\sin x = \frac{2t}{1+t^2}$, $\cos x = \frac{1-t^2}{1+t^2}$, $\mathrm{d}x = \frac{2}{1+t^2}\mathrm{d}t$, 于是有

$$\int \frac{1+\sin x}{\sin x(1+\cos x)}\mathrm{d}x = \int \frac{1+\frac{2t}{1+t^2}}{\frac{2t}{1+t^2}\left(1+\frac{1-t^2}{1+t^2}\right)} \cdot \frac{2}{1+t^2}\mathrm{d}t$$

$$= \int \frac{(1+t)^2}{2t}\mathrm{d}t = \int\left(\frac{t}{2}+1+\frac{1}{2t}\right)\mathrm{d}t$$

$$= \frac{t^2}{4} + t + \frac{1}{2}\ln|t| + C$$

$$= \frac{1}{4}\tan^2\frac{x}{2} + \tan\frac{x}{2} + \frac{1}{2}\ln\left|\tan\frac{x}{2}\right| + C$$

注释 代换 $t=\tan\frac{x}{2}$ 称为万能代换，这是因为三角函数总可以表示成 $\sin x$ 与 $\cos x$ 的有理式，代换 $t=\tan\frac{x}{2}$ 可以把任意一个 $\sin x$ 与 $\cos x$ 的有理式化为 t 的有理式.

12. 求不定积分 $\int\frac{x^3+1}{x^4-3x^3+3x^2-x}\mathrm{d}x$.

解：$\frac{x^3+1}{x^4-3x^3+3x^2-x}=\frac{x^3+1}{x(x-1)^3}$

将 $\frac{x^3+1}{x^4-3x^3+3x^2-x}$ 分解为部分公式：

设 $\frac{x^3+1}{x^4-3x^3+3x^2-x}=\frac{A}{x}+\frac{B}{x-1}+\frac{C}{(x-1)^2}+\frac{D}{(x-1)^3}$，去分母，得

$$x^3+1=A(x-1)^3+Bx(x-1)^2+Cx(x-1)+Dx$$

于是有 $\begin{cases}A+B=1\\-3A-2B+C=0\\3A+B-C+D=0\\-A=1\end{cases}$

解之得 $A=-1,\ B=2,\ C=1,\ D=2$

因此有 $\frac{x^3+1}{x^4-3x^3+3x^2-x}=\frac{-1}{x}+\frac{2}{x-1}+\frac{1}{(x-1)^2}+\frac{2}{(x-1)^3}$

于是有 $\int\frac{x^3+1}{x^4-3x^3+3x^2-x}\mathrm{d}x$

$$=-\int\frac{\mathrm{d}x}{x}+2\int\frac{\mathrm{d}x}{x-1}+\int\frac{\mathrm{d}x}{(x-1)^2}+2\int\frac{\mathrm{d}x}{(x-1)^3}$$

$$=-\ln|x|+2\ln|x-1|-\frac{1}{x-1}-\frac{1}{(x-1)^2}+C_1$$

13. 求不定积分 $\int\frac{(1-x)\arcsin(1-x)}{\sqrt{2x-x^2}}\mathrm{d}x$.

解：$\int\frac{(1-x)\arcsin(1-x)}{\sqrt{2x-x^2}}\mathrm{d}x$

$$\xlongequal{t=1-x}-\int\frac{t\arcsin t}{\sqrt{1-t^2}}\mathrm{d}t=\int\arcsin t\,\mathrm{d}(\sqrt{1-t^2})$$

$$\xlongequal{\text{分部}}\sqrt{1-t^2}\arcsin t-\int\frac{1}{\sqrt{1-t^2}}\sqrt{1-t^2}\,\mathrm{d}t$$

$$=\sqrt{1-t^2}\arcsin t-t+C_1$$

$$=\sqrt{2x-x^2}\arcsin(1-x)+x+C\quad(C=C_1-1)$$

14. 求不定积分 $\int e^{2x}(\tan x+1)^2\mathrm{d}x$.

解：$\int e^{2x}(\tan x+1)^2\mathrm{d}x=\int e^{2x}(\sec^2x+2\tan x)\mathrm{d}x$

$$=\int e^{2x}\mathrm{d}\tan x+2\int e^{2x}\tan x\mathrm{d}x$$

$$\overset{分部}{=\!=}e^{2x}\tan x-2\int e^{2x}\tan x\mathrm{d}x+2\int e^{2x}\tan x\mathrm{d}x$$

$$\overset{消项}{=\!=}e^{2x}\tan x+C$$

15. 求不定积分 $\int \sin\ln x\mathrm{d}x$.

解: $\int \sin\ln x\mathrm{d}x\overset{分部}{=\!=}x\sin\ln x-\int x\cos\ln x\cdot\frac{1}{x}\mathrm{d}x$

$$=x\sin\ln x-\int\cos\ln x\mathrm{d}x$$

$$\overset{分部}{=\!=}x\sin\ln x-\left[x\cos\ln x-\int x(-\sin\ln x)\cdot\frac{1}{x}\mathrm{d}x\right]$$

$$=x\sin\ln x-x\cos\ln x-\int\sin\ln x\mathrm{d}x$$

移项 $\quad 2\int\sin\ln x\mathrm{d}x=x\sin\ln x-x\cos\ln x+C_1$

所以 $\quad \int\sin\ln x\mathrm{d}x=\frac{1}{2}x(\sin\ln x-\cos\ln x)+C\quad (C=\frac{C_1}{2})$

16. 设 $f(x)$ 的一个原函数为 $\frac{\sin x}{x}$，求 $I=\int x^3f'(x)\mathrm{d}x$.

解: 由已知 $f(x)=\left(\frac{\sin x}{x}\right)'=\frac{x\cos x-\sin x}{x^2}$，有

$$I=\int x^3f'(x)\mathrm{d}x=\int x^3\mathrm{d}f(x)\overset{分部}{=\!=}x^3f(x)-3\int x^2f(x)\mathrm{d}x$$

$$=x(x\cos x-\sin x)-3\int(x\cos x-\sin x)\mathrm{d}x$$

$$=x^2\cos x-x\sin x-3\int x\cos x\mathrm{d}x+3\int\sin x\mathrm{d}x$$

$$\overset{分部}{=\!=}x^2\cos x-x\sin x-3\left(x\sin x-\int\sin x\mathrm{d}x\right)+3\int\sin x\mathrm{d}x$$

$$=x^2\cos x-4x\sin x-6\cos x+C$$

17. 求下列积分的递推公式(其中 n 是正整数)：

(1) $I_n=\int(\ln x)^n\mathrm{d}x$ $\qquad$ (2) $I_n=\int(\arcsin x)^n\mathrm{d}x$

解: (1) $I_n=\int(\ln x)^n\mathrm{d}x\overset{分部}{=\!=}x(\ln x)^n-n\int(\ln x)^{n-1}\mathrm{d}x$

$$=x(\ln x)^n-nI_{n-1}$$

(2) $I_n=\int(\arcsin x)^n\mathrm{d}x$

$$\overset{分部}{=\!=}x(\arcsin x)^n-n\int(\arcsin x)^{n-1}\frac{x\mathrm{d}x}{\sqrt{1-x^2}}$$

$$=x(\arcsin x)^n+n\int(\arcsin x)^{n-1}\mathrm{d}(\sqrt{1-x^2})$$

$$\xlongequal{分部} x(\arcsin x)^n + n\sqrt{1-x^2}(\arcsin x)^{n-1} - n(n-1)\int (\arcsin x)^{n-2}\,dx$$

$$= x(\arcsin x)^n + n\sqrt{1-x^2}(\arcsin x)^{n-1} - n(n-1)I_{n-2}$$

18. 求 $I_n = \int \frac{dx}{(x^2+a^2)^n}$ 的递推公式(其中 n 是正整数)，并求出 I_2，I_3.

解：
$$I_n = \int \frac{dx}{(x^2+a^2)^n} = \frac{1}{a^2}\int \frac{x^2+a^2-x^2}{(x^2+a^2)^n}dx$$

$$= \frac{1}{a^2}\int \frac{dx}{(x^2+a^2)^{n-1}} - \frac{1}{a^2}\int \frac{x^2}{(x^2+a^2)^n}dx$$

$$= \frac{1}{a^2}I_{n-1} - \frac{1}{2a^2}\int x\frac{d(x^2+a^2)}{(x^2+a^2)^n}$$

$$= \frac{1}{a^2}I_{n-1} + \frac{1}{2(n-1)a^2}\int x\,d\left(\frac{1}{(x^2+a^2)^{n-1}}\right)$$

$$\xlongequal{分部} \frac{1}{a^2}I_{n-1} + \frac{1}{2(n-1)a^2}\left[\frac{x}{(x^2+a^2)^{n-1}} - \int \frac{1}{(x^2+a^2)^{n-1}}dx\right]$$

$$= \frac{1}{a^2}I_{n-1} + \frac{1}{2(n-1)a^2}\cdot\frac{x}{(x^2+a^2)^{n-1}} - \frac{1}{2(n-1)a^2}I_{n-1}$$

将右端整理后，得 $I_n = \int \frac{dx}{(x^2+a^2)^n}$ 的递推公式为

$$I_n = \frac{x}{2(n-1)a^2(x^2+a^2)^{n-1}} + \frac{2(n-1)-1}{2(n-1)a^2}I_{n-1}$$

$$I_1 = \int \frac{dx}{x^2+a^2} = \frac{1}{a}\arctan\frac{x}{a} + C$$

于是可以利用所求的递推公式得到

$$I_2 = \frac{x}{2a^2(x^2+a^2)} + \frac{1}{2a^3}\arctan\frac{x}{a} + C$$

$$I_3 = \frac{x}{4a^2(x^2+a^2)^2} + \frac{3x}{8a^4(x^2+a^2)} + \frac{3}{8a^5}\arctan\frac{x}{a} + C$$

(B)

1. 如果 $\int df(x) = \int dg(x)$，则下列选项中不成立的是[　　].

(A) $f(x) = g(x)$　　　　(B) $f'(x) = g'(x)$

(C) $df(x) = dg(x)$　　　　(D) $d\int f'(x)dx = d\int g'(x)dx$

解：(A) 反例：设 $f(x) = x^2$，$g(x) = x^2+1$，那么

$$\int dx^2 = \int d(x^2+1)，但\ f(x) \neq g(x)$$

故本题应选(A).

(B) $\int df(x) = \int dg(x)$，则有 $f(x)+C_1 = g(x)+C_2$，那么有

$$f'(x) = g'(x)$$

(B) 成立，则(C)，(D) 显然成立.

2. 若 $\int f(x)e^{\frac{1}{x}}dx = -e^{\frac{1}{x}} + C$，则 $f(x) = $[　　].

(A) $\frac{1}{x}$　　(B) $-\frac{1}{x}$　　(C) $\frac{1}{x^2}$　　(D) $-\frac{1}{x^2}$

解：由题设 $\int f(x)e^{\frac{1}{x}}dx = -e^{\frac{1}{x}} + C$，那么有

$$\left(\int f(x)e^{\frac{1}{x}}dx\right)' = (-e^{\frac{1}{x}} + C)'$$

即
$$f(x)e^{\frac{1}{x}} = -e^{\frac{1}{x}}\left(\frac{1}{x}\right)' = e^{\frac{1}{x}}\frac{1}{x^2}$$

所以有
$$f(x) = \frac{1}{x^2}$$

故本题应选(C).

3. 已知 $f'(x^2) = \frac{1}{x}(x > 0)$，且 $f(1) = 0$，则 $f(x) = $[　　].

(A) $2\sqrt{x} - 2$　　(B) $2\sqrt{x} + 2$

(C) $\sqrt{x} - 1$　　(D) $\sqrt{x} + 1$

解：由 $f'(x^2) = \frac{1}{x}$ 得 $f'(x) = \frac{1}{\sqrt{x}}$，那么

$$f(x) = \int f'(x)dx = \int \frac{1}{\sqrt{x}}dx = 2\sqrt{x} + C$$

由 $f(1) = 0$ 有 $0 = 2 + C$，从而得 $C = -2$，所以 $f(x) = 2\sqrt{x} - 2$.

故本题应选(A).

4. 下列等式正确的是[　　].

(A) $\int f(\arcsin x)\frac{dx}{\sqrt{1-x^2}} = \frac{1}{2}f^2(\arcsin x) + C$

(B) $\int f(\sqrt{1-x^2})\arcsin x dx = \frac{1}{2}f^2(\sqrt{1-x^2}) + C$

(C) $\int f(\arcsin x)f'(\arcsin x)\frac{dx}{\sqrt{1-x^2}} = \frac{1}{2}f^2(\arcsin x) + C$

(D) $\int f\left(\frac{1}{\sqrt{1-x^2}}\right)f'\left(\frac{1}{\sqrt{1-x^2}}\right)\arcsin x dx = \frac{1}{2}f^2\left(\frac{1}{\sqrt{1-x^2}}\right) + C$

解：由 $\left[\frac{1}{2}f^2(\arcsin x) + C\right]' = f(\arcsin x)f'(\arcsin x)\frac{1}{\sqrt{1-x^2}}$ 可以否定(A)，肯定(C). 容易验证(B) 和 (D) 错误.

故本题应选(C).

5. 设 $f(x) = x + \sqrt{x}\ (x > 0)$，下列不定积分等于 $x^2 + x + C$ 的是[　　].

(A) $\int f'(x^2)dx$　　(B) $\int f'(x)dx^2$

(C) $\int f'(x^2)\mathrm{d}x^2$ (D) $\int f(x^2)\mathrm{d}x$

解：$f'(x)=1+\dfrac{1}{2\sqrt{x}}$

(A) $\int f'(x^2)\mathrm{d}x=\int\left(1+\dfrac{1}{2\sqrt{x^2}}\right)\mathrm{d}x=x+\dfrac{1}{2}\ln x+C$

(B) $\int f'(x)\mathrm{d}x^2=\int\left(1+\dfrac{1}{2\sqrt{x}}\right)2x\mathrm{d}x=x^2+\dfrac{2}{3}x^{\frac{3}{2}}+C$

(C) $\int f'(x^2)\mathrm{d}x^2=\int\left(1+\dfrac{1}{2\sqrt{x^2}}\right)2x\mathrm{d}x=x^2+x+C$

(D) $\int f(x^2)\mathrm{d}x=\int(x^2+x)\mathrm{d}x=\dfrac{x^3}{3}+\dfrac{x^2}{2}+C$

故本题应选(C).

6. 下列不定积分等于 $\dfrac{1}{3}f^3(x^3)+C$ 的是[ ].

(A) $\int f(x)f'(x)\mathrm{d}x$ (B) $\int xf^2(x^2)f'(x^2)\mathrm{d}x$

(C) $\int x^2f(x^3)f'(x^3)\mathrm{d}x$ (D) $\int 3x^2f^2(x^3)f'(x^3)\mathrm{d}x$

解：(A) $\int f(x)f'(x)\mathrm{d}x=\int f(x)\mathrm{d}f(x)=\dfrac{1}{2}f^2(x)+C$

(B) $\int xf^2(x^2)f'(x^2)\mathrm{d}x=\dfrac{1}{2}\int f^2(x^2)f'(x^2)\mathrm{d}x^2$

$$=\frac{1}{2}\int f^2(x^2)\mathrm{d}f(x^2)=\frac{1}{6}f^3(x^2)+C$$

(C) $\int x^2f(x^3)f'(x^3)\mathrm{d}x=\dfrac{1}{3}\int f(x^3)f'(x^3)\mathrm{d}x^3$

$$=\frac{1}{3}\int f(x^3)\mathrm{d}f(x^3)$$

$$=\frac{1}{6}f^2(x^3)+C$$

(D) $\int 3x^2f^2(x^3)f'(x^3)\mathrm{d}x=\int f^2(x^3)f'(x^3)\mathrm{d}x^3$

$$=\int f^2(x^3)\mathrm{d}f(x^3)=\frac{1}{3}f^3(x^3)+C$$

故本题应选(D).

7. 已知 $I_1=\int\dfrac{1+x}{x(1+xe^x)}\mathrm{d}x$，$I_2=\int\dfrac{1}{u(u+1)}\mathrm{d}u$，则有[ ].

(A) $I_1=I_2+x$ (B) $I_1=I_2-x$

(C) $I_1=I_2$ (D) $I_1=-I_2$

解：$I_1=\int\dfrac{1+x}{x(1+xe^x)}\mathrm{d}x$

设 $t=xe^x$，则 $\mathrm{d}t=e^x(1+x)\mathrm{d}x$，从而

$$I_1=\int\frac{1+x}{x(1+xe^x)}dx=\int\frac{e^x(1+x)dx}{xe^x(1+xe^x)}=\int\frac{dt}{t(1+t)}$$
$$=\int\frac{du}{u(1+u)}=I_2$$

故本题应选(C).

8. 设 $f'(x)$ 为连续函数，则 $\int\sin x\cos xf'(\cos x)dx+\int\sin xf(\cos x)dx=$[　　].

(A) $-\cos xf(\cos x)+C$　　(B) $\cos xf(\cos x)+C$

(C) $\sin xf(\cos x)+C$　　(D) $-\sin xf(\cos x)+C$

解：因为 $\int\sin x\cos xf'(\cos x)dx+\int\sin xf(\cos x)dx$

$$=\int\sin x[\cos xf'(\cos x)+f(\cos x)]dx$$
$$=-\int[\cos xf'(\cos x)+f(\cos x)]d\cos x$$
$$=-\int d[\cos xf(\cos x)]=-\cos xf(\cos x)+C$$

故本题应选(A).

9. 用分部积分法求下列积分，其中 u 与 dv 选择不当的是[　　].

(A) 求 $\int e^x\sin xdx$，选 $u=e^x$，$dv=\sin xdx$

(B) 求 $\int e^x\sin xdx$，选 $u=\sin x$，$dv=e^xdx$

(C) 求 $\int x\cos xdx$，选 $u=x$，$dv=\cos xdx$

(D) 求 $\int x\cos xdx$，选 $u=\cos x$，$dv=xdx$

解：(A) $\int e^x\sin xdx\xlongequal{u=e^x,\ dv=\sin xdx}-e^x\cos x+\int e^x\cos xdx$

$$\xlongequal{u=e^x,\ dv=\cos xdx}-e^x\cos x+e^x\sin x-\int e^x\sin xdx$$

因此　$\int e^x\sin xdx=\frac{1}{2}e^x(\sin x-\cos x)+C$

(B) $\int e^x\sin xdx\xlongequal{u=\sin x,\ dv=e^xdx}e^x\sin x-\int e^x\cos xdx$

$$\xlongequal{u=\cos x,\ dv=e^xdx}e^x\sin x-e^x\cos x-\int e^x\sin xdx$$

因此　$\int e^x\sin xdx=\frac{1}{2}e^x(\sin x-\cos x)+C$

(C) $\int x\cos xdx\xlongequal{u=x,\ dv=\cos xdx}x\sin x-\int\sin xdx=x\sin x+\cos x+C$

(D) $\int x\cos xdx\xlongequal{u=\cos x,\ dv=xdx}\frac{x^2}{2}\cos x+\int\frac{x^2}{2}\sin xdx$

可以看出 $\int vdu$ 较 $\int udv$ 更复杂，故这种选择 u 和 dv 的方法不妥当.

故本题应选(D).

10. 设 $\int e^x f(e^x)dx = \dfrac{1}{1+e^{2x}} + C$，则 $\int e^{2x} f(e^x)dx =$ [　　].

(A) $\dfrac{e^x}{1+e^{2x}} - \arctan e^x + C$　　(B) $\dfrac{e^{2x}}{1+e^{2x}} - \ln|1+e^{2x}| + C$

(C) $\dfrac{e^x}{1+e^x} + C$　　(D) $\dfrac{e^{2x}}{1+e^{2x}} + C$

解：因 $\int e^x f(e^x)dx = \dfrac{1}{1+e^{2x}} + C$，于是

$$d\left(\frac{1}{1+e^{2x}}\right) = e^x f(e^x)dx$$

所以
$$\int e^{2x} f(e^x)dx = \int e^x \cdot e^x f(e^x)dx = \int e^x \cdot d\frac{1}{1+e^{2x}}$$
$$\xlongequal{\text{分部}} e^x \cdot \frac{1}{1+e^{2x}} - \int \frac{de^x}{1+e^{2x}}$$
$$= \frac{e^x}{1+e^{2x}} - \arctan e^x + C$$

故本题应选(A).

11. 设 $f(x) = \sin 2x$，则 $\int x f''(x)dx =$ [　　].

(A) $2x\sin 2x - 2\cos 2x + C$　　(B) $2x\cos 2x - \sin 2x + C$

(C) $\dfrac{x}{2}\sin 2x - 2\cos 2x + C$　　(D) $\dfrac{x}{2}\cos 2x - \sin 2x + C$

解：
$$\int x f''(x)dx = \int x df'(x) \xlongequal{\text{分部}} x f'(x) - \int f'(x)dx$$
$$= x(\sin 2x)' - f(x) + C = 2x\cos 2x - \sin 2x + C$$

故本题应选(B).

12. 设 $f'(x)$ 的一个原函数为 $\sin ax$，则 $\int x f''(x)dx =$ [　　].

(A) $\dfrac{x}{a}\cos ax - \sin ax + C$　　(B) $ax\cos ax - \sin ax + C$

(C) $\dfrac{x}{a}\sin ax - a\cos ax + C$　　(D) $ax\sin ax - a\cos ax + C$

解：因为 $f'(x)$ 的一个原函数为 $\sin ax$，所以

$$f'(x) = (\sin ax)' = a\cos ax$$
$$\int x f''(x)dx = \int x df'(x) \xlongequal{\text{分部}} x f'(x) - \int f'(x)dx$$
$$= ax\cos ax - \sin ax + C$$

故本题应选(B).

13. 下列不定积分中，其结果不能用初等函数表示的是[　　].

(A) $\int \sin x dx$　　(B) $\int (x + \sin x)dx$

(C) $\int x\sin x\mathrm{d}x$　　　　(D) $\int \frac{\sin x}{x}\mathrm{d}x$

解：(A)，(B)，(C) 均可求出其不定积分，其结果均可用初等函数表示.
由排除法可知本题应选(D).

14. 下列不定积分中，其结果可用初等函数表示的是[　　].

(A) $\int \frac{\mathrm{e}^x(1+\sin x)}{1+\cos x}\mathrm{d}x$　　　　(B) $\int \frac{\mathrm{e}^x}{1+\cos x}\mathrm{d}x$

(C) $\int \mathrm{e}^{-x^2}\mathrm{d}x$　　　　(D) $\int \frac{1}{\sqrt{1+x^3}}\mathrm{d}x$

解：(A) $\int \frac{\mathrm{e}^x(1+\sin x)}{1+\cos x}\mathrm{d}x$

$$=\int \frac{\mathrm{e}^x}{1+\cos x}\mathrm{d}x+\int \frac{\sin x}{1+\cos x}\mathrm{d}\mathrm{e}^x$$

$$\xlongequal{\text{分部}}\int \frac{\mathrm{e}^x}{1+\cos x}\mathrm{d}x+\frac{\mathrm{e}^x\sin x}{1+\cos x}-\int \frac{\mathrm{e}^x}{1+\cos x}\mathrm{d}x$$

$$=\frac{\mathrm{e}^x\sin x}{1+\cos x}+C$$

可用初等函数表示. 因单项选择题答案唯一，故本题应选(A).

第六章

01 02 03 04 05 06 07 08 09

定 积 分

(一) 习题解答与注释

(A)

1. 利用定积分定义计算下列定积分：

(1) $\int_0^4 (2x+3)\mathrm{d}x$　　　　(2) $\int_0^1 \mathrm{e}^x \mathrm{d}x$

解：(1) 用分点 $x_i=\frac{4}{n}i(i=0,1,2,\cdots,n)$ 将区间$[0,4]$分成 n 个相等的小区间$[x_{i-1},x_i](i=1,2,\cdots,n)$，每个小区间长度为 $\Delta x_i=\frac{4}{n}(i=1,2,\cdots,n)$，取 $\xi_i=x_i(i=1,2,\cdots,n)$，则

$$\begin{aligned}\int_0^4 (2x+3)\mathrm{d}x &= \lim_{n\to\infty}\sum_{i=1}^{n}(2\xi_i+3)\Delta x_i\\ &= \lim_{n\to\infty}\sum_{i=1}^{n}(2x_i+3)\frac{4}{n}\\ &= \lim_{n\to\infty}\sum_{i=1}^{n}\left(2\times\frac{4i}{n}+3\right)\frac{4}{n}\\ &= \lim_{n\to\infty}\frac{32}{n^2}\sum_{i=1}^{n}i+12\\ &= \lim_{n\to\infty}\frac{32}{n^2}\frac{n(n+1)}{2}+12\\ &= \lim_{n\to\infty}\frac{16n(n+1)}{n^2}+12=16+12=28\end{aligned}$$

(2) 用分点 $x_i=\frac{1}{n}i\ (i=0,1,2,\cdots,n)$，将区间$[0,1]$分成 n 个相等的小区间

$[x_{i-1}, x_i]$ $(i=1, 2, \cdots, n)$，每个小区间长度为 $\Delta x_i=\dfrac{1}{n}$，取 $\xi_i=x_i(i=1, 2, \cdots, n)$，则

$$\begin{aligned}\int_0^1 e^x dx &= \lim_{n\to\infty}\sum_{i=1}^{n} e^{\xi_i}\Delta x_i=\lim_{n\to\infty}\sum_{i=1}^{n} e^{x_i}\frac{1}{n}=\lim_{n\to\infty}\frac{1}{n}\sum_{i=1}^{n} e^{\frac{i}{n}}\\ &=\lim_{n\to\infty}\frac{1}{n}(e^{\frac{1}{n}}+e^{\frac{2}{n}}+\cdots+e^{\frac{n}{n}})\\ &=\lim_{n\to\infty}\frac{1}{n}\frac{e^{\frac{1}{n}}[(e^{\frac{1}{n}})^n-1]}{e^{\frac{1}{n}}-1}\\ &=\lim_{n\to\infty}\frac{1}{n}\frac{e^{\frac{1}{n}}(e-1)}{e^{\frac{1}{n}}-1}\\ &=\lim_{n\to\infty}\frac{e^{\frac{1}{n}}(e-1)}{n\cdot\dfrac{1}{n}}=e-1\end{aligned}$$

注释 第(1)题中使用了等差数列前 n 项和公式 $S_n=\dfrac{n}{2}(a_1+a_n)$，$n$ 为项数，a_1 为首项，a_n 为末项. 第(2)题中使用了等比数列前 n 项和公式 $S_n=\begin{cases}\dfrac{a_1(1-q^n)}{1-q}, & q\neq 1\\ na_1, & q=1\end{cases}$，$n$ 为项数，a_1 为首项，q 为公比. 第(2)题在求极限的过程中使用了等价无穷小量代换，当 $n\to\infty$ 时，$e^{\frac{1}{n}}-1\sim\dfrac{1}{n}$.

2. 不计算积分，比较下列各组积分值的大小：

(1) $\int_0^1 x dx$，$\int_0^1 x^2 dx$　　(2) $\int_1^2 x dx$，$\int_1^2 x^2 dx$

(3) $\int_0^{\frac{\pi}{2}} x dx$，$\int_0^{\frac{\pi}{2}} \sin x dx$　　(4) $\int_0^1 e^x dx$，$\int_0^1 e^{x^2} dx$

(5) $\int_{-\frac{\pi}{2}}^0 \sin x dx$，$\int_0^{\frac{\pi}{2}} \sin x dx$

解：(1) 在区间 $[0, 1]$ 上，$x\geqslant x^2$，但 x 不恒等于 x^2，所以 $\int_0^1 x dx>\int_0^1 x^2 dx$.

(2) 在区间 $[1, 2]$ 上，$x\leqslant x^2$，但 x 不恒等于 x^2，所以 $\int_1^2 x dx<\int_1^2 x^2 dx$.

(3) 在区间 $\left[0, \dfrac{\pi}{2}\right]$ 上，$x\geqslant \sin x$，但 x 不恒等于 $\sin x$，所以 $\int_0^{\frac{\pi}{2}} x dx>\int_0^{\frac{\pi}{2}} \sin x dx$.

(4) 在区间 $[0, 1]$ 上，$x\geqslant x^2$，因而 $e^x\geqslant e^{x^2}$，e^x 不恒等于 e^{x^2}，所以 $\int_0^1 e^x dx>\int_0^1 e^{x^2} dx$.

(5) 在区间 $\left[-\dfrac{\pi}{2}, 0\right]$ 上，$\sin x\leqslant 0$，但不恒等于 0，所以 $\int_{-\frac{\pi}{2}}^0 \sin x dx<0$；在 $\left[0, \dfrac{\pi}{2}\right]$ 上，$\sin x\geqslant 0$，但不恒等于 0，所以 $\int_0^{\frac{\pi}{2}} \sin x dx>0$.

因此可得 $\int_{-\frac{\pi}{2}}^{0}\sin x\mathrm{d}x<\int_{0}^{\frac{\pi}{2}}\sin x\mathrm{d}x$.

注释 若 $f(x)$, $g(x)$ 在 $[a, b]$ 上连续，且 $f(x)\leqslant g(x)$，则 $\int_a^b f(x)\mathrm{d}x\leqslant\int_a^b g(x)\mathrm{d}x$. 若 $f(x)$ 不恒等于 $g(x)$，则 $\int_a^b f(x)\mathrm{d}x<\int_a^b g(x)\mathrm{d}x$.

3. 利用定积分性质 6，估计下列积分值：

(1) $\int_0^1 \mathrm{e}^x\mathrm{d}x$　　　(2) $\int_1^2 (2x^3-x^4)\mathrm{d}x$

解：(1) e^x 在区间 $[0, 1]$ 上单调增加，所以 e^x 在 $[0, 1]$ 上的最小值为 $\mathrm{e}^0=1$，最大值为 $\mathrm{e}^1=\mathrm{e}$.

于是，根据定积分的性质有：

$$1\times(1-0)\leqslant\int_0^1\mathrm{e}^x\mathrm{d}x\leqslant\mathrm{e}(1-0)$$

即
$$1\leqslant\int_0^1\mathrm{e}^x\mathrm{d}x\leqslant\mathrm{e}$$

(2) 先求 $f(x)=2x^3-x^4$ 在区间 $[1, 2]$ 上的最大值与最小值.

$$f'(x)=6x^2-4x^3$$

令 $f'(x)=0$，得 $x=0$，$x=\frac{3}{2}$.

比较 $f(x)$ 在点 $x=1$，$x=\frac{3}{2}$，$x=2$ 处的函数值：

$$f(1)=1,\quad f\left(\frac{3}{2}\right)=\frac{27}{16},\quad f(2)=0$$

可见，$f(x)=6x^2-4x^3$ 在 $[1, 2]$ 上的最大值为 $f\left(\frac{3}{2}\right)=\frac{27}{16}$，最小值为 $f(2)=0$. 于是，根据定积分的性质有

$$0\times(2-1)\leqslant\int_1^2(2x^3-x^4)\mathrm{d}x\leqslant\frac{27}{16}\times(2-1)$$

即
$$0\leqslant\int_1^2(2x^3-x^4)\mathrm{d}x\leqslant\frac{27}{16}$$

4. 求下列函数的导数：

(1) $F(x)=\int_0^x\sqrt{1+t}\,\mathrm{d}t$　　　(2) $F(x)=\int_x^{-1}t\mathrm{e}^{-t}\mathrm{d}t$

(3) $F(x)=\int_0^{x^2}\frac{1}{\sqrt{1+t^4}}\mathrm{d}t$　　　(4) $F(x)=\int_{x^3}^{x^2}\mathrm{e}^t\mathrm{d}t$

(5) $F(x)=\int_{\sin x}^{x^2}2t\mathrm{d}t$

解：(1) $F'(x)=\frac{\mathrm{d}}{\mathrm{d}x}\int_0^x\sqrt{1+t}\,\mathrm{d}t=\sqrt{1+x}$

(2) $F'(x)=\dfrac{\mathrm{d}}{\mathrm{d}x}\displaystyle\int_{x}^{-1}t\mathrm{e}^{-t}\mathrm{d}t=-\dfrac{\mathrm{d}}{\mathrm{d}x}\displaystyle\int_{-1}^{x}t\mathrm{e}^{-t}\mathrm{d}t=-x\mathrm{e}^{-x}$

(3) $F'(x)=\dfrac{\mathrm{d}}{\mathrm{d}x}\displaystyle\int_{0}^{x^2}\dfrac{1}{\sqrt{1+t^4}}\mathrm{d}t=\dfrac{1}{\sqrt{1+(x^2)^4}}(x^2)'=\dfrac{2x}{\sqrt{1+x^8}}$

注释 第4题是应用微积分基本定理对变上限定积分求导，微积分基本定理是微积分学中至关重要的一个定理，它揭示了微分学与积分学的内在联系.

注释 若 $f(x)$ 是连续函数，则变上限定积分 $\displaystyle\int_{a}^{x}f(t)\mathrm{d}t$ 是 x 的函数，有

(ⅰ) $\dfrac{\mathrm{d}}{\mathrm{d}x}\displaystyle\int_{a}^{x}f(x)\mathrm{d}t=f(x)$

(ⅱ) $\dfrac{\mathrm{d}}{\mathrm{d}x}\displaystyle\int_{a}^{\varphi(x)}f(t)\mathrm{d}t=f[\varphi(x)]\varphi'(x)$

(ⅲ) $\dfrac{\mathrm{d}}{\mathrm{d}x}\displaystyle\int_{a(x)}^{b(x)}f(t)\mathrm{d}t=f[b(x)]\cdot b'(x)-f[a(x)]\cdot a'(x)$

(4) $F'(x)=\mathrm{e}^{x^2}\cdot(x^2)'-\mathrm{e}^{x^3}(x^3)'=2x\mathrm{e}^{x^2}-3x^2\mathrm{e}^{x^3}$

(5) $\displaystyle\int_{\sin x}^{x^2}2t\mathrm{d}t=2x^2(x^2)'-2\sin x(\sin x)'$

$\qquad=4x^3-2\sin x\cos x=4x^3-\sin 2x$

5. 计算下列定积分(其中 a 为常数)：

(1) $\displaystyle\int_{2}^{6}(x^2-1)\mathrm{d}x$　　(2) $\displaystyle\int_{-1}^{1}(x^3-3x^2)\mathrm{d}x$

(3) $\displaystyle\int_{1}^{27}\dfrac{\mathrm{d}x}{\sqrt[3]{x}}$　　(4) $\displaystyle\int_{-2}^{3}(x-1)^3\mathrm{d}x$

(5) $\displaystyle\int_{0}^{a}(\sqrt{a}-\sqrt{x})^2\mathrm{d}x$　　(6) $\displaystyle\int_{0}^{5}\dfrac{x^3}{x^2+1}\mathrm{d}x$

(7) $\displaystyle\int_{0}^{5}\dfrac{2x^2+3x-5}{x+3}\mathrm{d}x$　　(8) $\displaystyle\int_{0}^{3}\mathrm{e}^{\frac{x}{3}}\mathrm{d}x$

(9) $\displaystyle\int_{0}^{1}\dfrac{x\mathrm{d}x}{x^2+1}$　　(10) $\displaystyle\int_{-1}^{1}\dfrac{x\mathrm{d}x}{(x^2+1)^2}$

(11) $\displaystyle\int_{1}^{2}\dfrac{\mathrm{e}^{\frac{1}{x}}}{x^2}\mathrm{d}x$　　(12) $\displaystyle\int_{0}^{\pi}\cos^2\left(\dfrac{x}{2}\right)\mathrm{d}x$

(13) $\displaystyle\int_{-1}^{2}|2x|\mathrm{d}x$　　(14) $\displaystyle\int_{0}^{2\pi}|\sin x|\mathrm{d}x$

(15) $\displaystyle\int_{-1}^{2}|x^2-x|\mathrm{d}x$

(16) $\displaystyle\int_{-1}^{1}f(x)\mathrm{d}x$，其中 $f(x)=\begin{cases}2^x, & -1\leqslant x<0\\ \sqrt{1-x}, & 0\leqslant x\leqslant 1\end{cases}$

解： (1) $\displaystyle\int_{2}^{6}(x^2-1)\mathrm{d}x=\left(\dfrac{x^3}{3}-x\right)\Big|_{2}^{6}=\left(\dfrac{6^3}{3}-6\right)-\left(\dfrac{2^3}{3}-2\right)$

$$= 66 - \frac{2}{3} = \frac{196}{3}$$

(2) $\int_{-1}^{1}(x^3 - 3x^2)\mathrm{d}x = \left(\frac{x^4}{4} - x^3\right)\Big|_{-1}^{1} = -\frac{3}{4} - \frac{5}{4} = -2$

注释 注意牛顿-莱布尼茨公式

$$\int_a^b f(x)\mathrm{d}x = F(x)\Big|_a^b = F(b) - F(a)$$

适用的条件：

(ⅰ) $f(x)$ 在$[a, b]$上连续；

(ⅱ) $F(x)$ 是 $f(x)$ 在$[a, b]$上的任意一个原函数.

(3) $\int_1^{27}\frac{\mathrm{d}x}{\sqrt[3]{x}} = \frac{3}{2}\sqrt[3]{x^2}\Big|_1^{27} = \frac{3\times 9}{2} - \frac{3}{2} = \frac{24}{2} = 12$

(4) $\int_{-2}^{3}(x-1)^3\mathrm{d}x = \int_{-2}^{3}(x-1)^3\mathrm{d}(x-1)$

$$= \frac{1}{4}(x-1)^4\Big|_{-2}^{3} = \frac{1}{4}(16-81)$$

$$= -\frac{65}{4}$$

(5) $\int_0^a(\sqrt{a} - \sqrt{x})^2\mathrm{d}x = \int_0^a(a - 2\sqrt{a}\sqrt{x} + x)\mathrm{d}x$

$$= \left(ax - \frac{4}{3}\sqrt{a}x^{\frac{3}{2}} + \frac{1}{2}x^2\right)\Big|_0^a$$

$$= a^2 - \frac{4}{3}a^2 + \frac{1}{2}a^2 = \frac{a^2}{6}$$

(6) $\int_0^5\frac{x^3}{x^2+1}\mathrm{d}x = \int_0^5\frac{x^3+x-x}{x^2+1}\mathrm{d}x = \int_0^5\left(x - \frac{x}{x^2+1}\right)\mathrm{d}x$

$$= \int_0^5 x\mathrm{d}x - \frac{1}{2}\int_0^5\frac{\mathrm{d}(x^2+1)}{x^2+1}$$

$$= \frac{1}{2}x^2\Big|_0^5 - \frac{1}{2}\ln(x^2+1)\Big|_0^5$$

$$= \frac{25}{2} - \frac{1}{2}\ln 26 = \frac{1}{2}(25 - \ln 26)$$

(7) $\int_0^5\frac{2x^2+3x-5}{x+3}\mathrm{d}x = \int_0^5\frac{(2x^2+6x)-(3x+9)+4}{x+3}\mathrm{d}x$

$$= \int_0^5\frac{2x(x+3)-3(x+3)+4}{x+3}\mathrm{d}x$$

$$= \int_0^5 2x\mathrm{d}x - 3\int_0^5\mathrm{d}x + 4\int_0^5\frac{\mathrm{d}(x+3)}{x+3}$$

$$= x^2\Big|_0^5 - 3x\Big|_0^5 + 4\ln|x+3|\Big|_0^5$$

$$=25-15+4(\ln 8-\ln 3)$$
$$=10+12\ln 2-4\ln 3$$

(8) $\int_0^3 e^{\frac{x}{3}}dx=3\int_0^3 e^{\frac{x}{3}}d\left(\frac{x}{3}\right)=3e^{\frac{x}{3}}\Big|_0^3=3(e-1)$

(9) $\int_0^1 \frac{xdx}{x^2+1}=\frac{1}{2}\int_0^1 \frac{d(x^2+1)}{x^2+1}=\frac{1}{2}\ln(x^2+1)\Big|_0^1=\frac{1}{2}\ln 2$

(10) $\int_{-1}^1 \frac{xdx}{(x^2+1)^2}=\frac{1}{2}\int_{-1}^1 \frac{d(x^2+1)}{(x^2+1)^2}=-\frac{1}{2}\cdot\frac{1}{x^2+1}\Big|_{-1}^1$

$$=-\frac{1}{2}\left(\frac{1}{2}-\frac{1}{2}\right)=0$$

注释　第(10)题也可以应用被积函数$\frac{x}{(x^2+1)^2}$在积分区间$[-1,1]$上为奇函数这一特点，得出积分结果等于0.

(11) $\int_1^2 \frac{e^{\frac{1}{x}}}{x^2}dx=-\int_1^2 e^{\frac{1}{x}}d\left(\frac{1}{x}\right)=-e^{\frac{1}{x}}\Big|_1^2=-(e^{\frac{1}{2}}-e)$

$$=e-e^{\frac{1}{2}}$$

(12) $\int_0^{\pi}\cos^2\left(\frac{x}{2}\right)dx=\int_0^{\pi}\frac{1+\cos x}{2}dx=\frac{1}{2}(x+\sin x)\Big|_0^{\pi}=\frac{\pi}{2}$

(13) $\int_{-1}^2 |2x|dx=\int_{-1}^0 -2xdx+\int_0^2 2xdx$

$$=-x^2\Big|_{-1}^0+x^2\Big|_0^2=1+4=5$$

(14) $\int_0^{2\pi}|\sin x|dx=\int_0^{\pi}\sin xdx+\int_{\pi}^{2\pi}-\sin xdx$

$$=-\cos x\Big|_0^{\pi}+\cos x\Big|_{\pi}^{2\pi}$$
$$=1+1+1+1=4$$

若被积函数带有绝对值号，则应分段积分，去掉绝对值号.

(15) $|x^2-x|=\begin{cases}x^2-x, & -1\leqslant x\leqslant 0\\ x-x^2, & 0<x<1\\ x^2-x, & 1\leqslant x\leqslant 2\end{cases}$

$$\int_{-1}^2|x^2-x|dx=\int_{-1}^0(x^2-x)dx+\int_0^1(x-x^2)dx+\int_1^2(x^2-x)dx$$
$$=\left(\frac{x^3}{3}-\frac{x^2}{2}\right)\Big|_{-1}^0+\left(\frac{x^2}{2}-\frac{x^3}{3}\right)\Big|_0^1+\left(\frac{x^3}{3}-\frac{x^2}{2}\right)\Big|_1^2=\frac{11}{6}$$

(16) $f(x)=\begin{cases}2^x, & -1\leqslant x<0\\ \sqrt{1-x}, & 0\leqslant x\leqslant 1\end{cases}$

$$\begin{aligned}\int_{-1}^{1}f(x)\mathrm{d}x&=\int_{-1}^{0}2^x\mathrm{d}x+\int_{0}^{1}\sqrt{1-x}\,\mathrm{d}x\\&=\int_{-1}^{0}2^x\mathrm{d}x-\int_{0}^{1}(1-x)^{\frac{1}{2}}\mathrm{d}(1-x)\\&=\frac{2^x}{\ln2}\bigg|_{-1}^{0}-\frac{2}{3}(1-x)^{\frac{3}{2}}\bigg|_{0}^{1}\\&=\frac{1}{\ln2}-\frac{1}{2\ln2}+\frac{2}{3}=\frac{1}{2\ln2}+\frac{2}{3}\end{aligned}$$

注释 若被积函数是分段函数，则应分段积分.

6. 计算下列积分：

(1) $\int_0^4\frac{\mathrm{d}x}{1+\sqrt{x}}$　　(2) $\int_0^{\ln2}\mathrm{e}^x(1+\mathrm{e}^x)^2\mathrm{d}x$

(3) $\int_1^5\frac{\sqrt{u-1}}{u}\mathrm{d}u$　　(4) $\int_0^2\frac{\mathrm{d}x}{\sqrt{x+1}+\sqrt{(x+1)^3}}$

(5) $\int_0^{\ln2}\sqrt{\mathrm{e}^x-1}\,\mathrm{d}x$　　(6) $\int_0^1\sqrt{4-x^2}\,\mathrm{d}x$

(7) $\int_0^a x^2\sqrt{a^2-x^2}\,\mathrm{d}x$　　(8) $\int_0^1\frac{x^2}{(1+x^2)^2}\mathrm{d}x$

(9) $\int_0^1(1+x^2)^{-\frac{3}{2}}\mathrm{d}x$　　(10) $\int_1^2\frac{\sqrt{x^2-1}}{x}\mathrm{d}x$

解：(1) $\int_0^4\frac{\mathrm{d}x}{1+\sqrt{x}}\xlongequal[\text{当}x=0\text{时},t=0\atop\text{当}x=4\text{时},t=2]{\sqrt{x}=t}\int_0^2\frac{2t\mathrm{d}t}{1+t}$

$$\begin{aligned}&=2\int_0^2\frac{(t+1)-1}{t+1}\mathrm{d}t\\&=2\int_0^2\left(1-\frac{1}{t+1}\right)\mathrm{d}t=2(t-\ln|t+1|)\bigg|_0^2\\&=2(2-\ln3)=4-2\ln3\end{aligned}$$

注释 使用第一类换元法或其他方法求定积分时，若没有引入新的积分变量，则在求出了原函数后，即可直接使用牛顿-莱布尼茨公式求出定积分的值.

若利用第二类换元法求定积分，在利用 $x=\varphi(t)$ 进行换元时要求满足：

(ⅰ) $\varphi(t)$ 在区间$[\alpha,\beta]$上有连续导数 $\varphi'(t)$；

(ⅱ) 当 t 从 α 变到 β 时，$\varphi(t)$ 从 $\varphi(\alpha)=a$ 单调地变到 $\varphi(\beta)=b$，则有

$$\int_a^b f(x)\mathrm{d}x=\int_\alpha^\beta f[\varphi(t)]\varphi'(t)\mathrm{d}t$$

特别要注意，换元不要忘记换限. 在求出 $f[\varphi(t)]\varphi'(t)$ 的一个以 t 为积分变量的原函数后，不必再回代到原积分变量与原积分限，用换元后的新积分变量与新积分限直接使用牛顿-莱布尼茨公式求定积分的值即可.

(2) 方法 1 $\int_0^{\ln 2} e^x(1+e^x)^2 dx = \int_0^{\ln 2}(1+e^x)^2 d(1+e^x)$

$$= \frac{1}{3}(1+e^x)^3\Big|_0^{\ln 2} = \frac{19}{3}$$

方法 2 $\int_0^{\ln 2} e^x(1+e^x)^2 dx \xlongequal[\substack{当 x=0 时 t=2\\ 当 x=\ln 2 时 t=3}]{1+e^x=t} \int_2^3 (t-1)\cdot t^2 \cdot \frac{1}{t-1}dt$

$$= \int_2^3 t^2 dt = \frac{t^3}{3}\Big|_2^3 = \frac{19}{3}$$

注释 方法 1 用第一类换元法未写出新积分变量，故不改变积分限；方法 2 用第二类换元法引入了新积分变量，因此必须改变积分上、下限.

(3) $\int_1^5 \frac{\sqrt{u-1}}{u}du \xlongequal[\substack{当 u=1 时 t=0\\ 当 u=5 时 t=2}]{\sqrt{u-1}=t} \int_0^2 \frac{t}{t^2+1}2tdt$

$$= 2\int_0^2 \frac{t^2}{t^2+1}dt$$

$$= 2\int_0^2 \frac{(t^2+1)-1}{t^2+1}dt = 2\int_0^2\left(1-\frac{1}{t^2+1}\right)dt$$

$$= 2(t-\arctan t)\Big|_0^2 = 2(2-\arctan 2)$$

(4) $\int_0^2 \frac{dx}{\sqrt{x+1}+\sqrt{(x+1)^3}} \xlongequal[\substack{当 x=0 时 t=1\\ 当 x=2 时 t=\sqrt{3}}]{\sqrt{x+1}=t} \int_1^{\sqrt{3}} \frac{2tdt}{t+t^3} = 2\int_1^{\sqrt{3}}\frac{dt}{1+t^2}$

$$= 2\arctan t\Big|_1^{\sqrt{3}} = 2\left(\frac{\pi}{3}-\frac{\pi}{4}\right) = \frac{\pi}{6}$$

(5) $\int_0^{\ln 2}\sqrt{e^x-1}dx \xlongequal[\substack{当 x=0 时 t=0\\ 当 x=\ln 2 时 t=1}]{\sqrt{e^x-1}=t} \int_0^1 \frac{t\cdot 2tdt}{t^2+1}$

$$= 2\int_0^1 \frac{t^2}{t^2+1}dt = 2\int_0^1\frac{(t^2+1)-1}{t^2+1}dt = 2\int_0^1\left(1-\frac{1}{t^2+1}\right)dt$$

$$= 2(t-\arctan t)\Big|_0^1$$

$$= 2\left(1-\frac{\pi}{4}\right) = 2-\frac{\pi}{2}$$

(6) $\int_0^1\sqrt{4-x^2}dx \xlongequal[\substack{当 x=0 时 t=0\\ 当 x=1 时 t=\frac{\pi}{6}}]{x=2\sin t} \int_0^{\frac{\pi}{6}} 2\cos t\cdot 2\cos t dt$

$$= 4\int_0^{\frac{\pi}{6}}\cos^2 t dt = 4\int_0^{\frac{\pi}{6}}\frac{1+\cos 2t}{2}dt = 2\int_0^{\frac{\pi}{6}}(1+\cos 2t)dt$$

$$= 2\left(t+\frac{1}{2}\sin 2t\right)\Big|_0^{\frac{\pi}{6}} = 2\left(\frac{\pi}{6}+\frac{\sqrt{3}}{4}\right) = \frac{\pi}{3}+\frac{\sqrt{3}}{2}$$

(7) $\int_0^a x^2\sqrt{a^2-x^2}\,dx \xlongequal[\text{当} x=0 \text{时} t=0,\ \text{当} x=a \text{时} t=\frac{\pi}{2}]{x=a\sin t} \int_0^{\frac{\pi}{2}} a^2\sin^2 t\, a^2\cos^2 t\,dt$

$$= \frac{a^4}{4}\int_0^{\frac{\pi}{2}} \sin^2(2t)\,dt = \frac{a^4}{4}\int_0^{\frac{\pi}{2}} \frac{1-\cos4t}{2}\,dt$$

$$= \frac{a^4}{8}\int_0^{\frac{\pi}{2}} (1-\cos4t)\,dt = \frac{a^4}{8}\left(t-\frac{1}{4}\sin4t\right)\Big|_0^{\frac{\pi}{2}}$$

$$= \frac{a^4}{8}\left(\frac{\pi}{2}-\frac{1}{4}\sin2\pi\right) = \frac{a^4}{16}\pi$$

(8) $\int_0^1 \frac{x^2}{(1+x^2)^2}\,dx \xlongequal[\text{当} x=0 \text{时} t=0,\ \text{当} x=1 \text{时} t=\frac{\pi}{4}]{x=\tan t} \int_0^{\frac{\pi}{4}} \frac{\tan^2 t\sec^2 t}{\sec^4 t}\,dt = \int_0^{\frac{\pi}{4}} \sin^2 t\,dt$

$$= \int_0^{\frac{\pi}{4}} \frac{1-\cos2t}{2}\,dt = \frac{1}{2}\left(t-\frac{1}{2}\sin2t\right)\Big|_0^{\frac{\pi}{4}}$$

$$= \frac{1}{2}\left(\frac{\pi}{4}-\frac{1}{2}\sin\frac{\pi}{2}\right) = \frac{1}{4}\left(\frac{\pi}{2}-1\right)$$

(9) $\int_0^1 (1+x^2)^{-\frac{3}{2}}\,dx \xlongequal[\text{当} x=0 \text{时} t=0,\ \text{当} x=1 \text{时} t=\frac{\pi}{4}]{x=\tan t} \int_0^{\frac{\pi}{4}} (\sec t)^{-3}\sec^2 t\,dt$

$$= \int_0^{\frac{\pi}{4}} (\sec t)^{-1}\,dt = \int_0^{\frac{\pi}{4}} \cos t\,dt = \sin t\Big|_0^{\frac{\pi}{4}} = \frac{\sqrt{2}}{2}$$

(10) $\int_1^2 \frac{\sqrt{x^2-1}}{x}\,dx \xlongequal[\text{当} x=1 \text{时} t=0,\ \text{当} x=2 \text{时} t=\frac{\pi}{3}]{x=\sec t} \int_0^{\frac{\pi}{3}} \frac{\tan t}{\sec t}\sec t\tan t\,dt$

$$= \int_0^{\frac{\pi}{3}} \tan^2 t\,dt = \int_0^{\frac{\pi}{3}} (\sec^2 t-1)\,dt = (\tan t-t)\Big|_0^{\frac{\pi}{3}} = \sqrt{3}-\frac{\pi}{3}$$

7. 计算 $2\int_{-1}^1 \sqrt{1-x^2}\,dx$，并利用此结果求下列积分：

(1) $\int_{-3}^3 \sqrt{9-x^2}\,dx$　　　(2) $\int_0^2 \sqrt{1-\frac{1}{4}x^2}\,dx$

(3) $\int_{-2}^2 (x-3)\sqrt{4-x^2}\,dx$

解： $2\int_{-1}^1 \sqrt{1-x^2}\,dx \xlongequal[\text{当} x=-1 \text{时}, t=-\frac{\pi}{2};\ \text{当} x=1 \text{时}, t=\frac{\pi}{2}]{x=\sin t} 2\int_{-\frac{\pi}{2}}^{\frac{\pi}{2}} \cos^2 t\,dt$

$$= 2\int_{-\frac{\pi}{2}}^{\frac{\pi}{2}} \frac{1+\cos2t}{2}\,dt = \left(t+\frac{1}{2}\sin2t\right)\Big|_{-\frac{\pi}{2}}^{\frac{\pi}{2}} = \pi$$

(1) $\int_{-3}^3 \sqrt{9-x^2}\,dx = \int_{-3}^3 3\sqrt{1-\left(\frac{x}{3}\right)^2}\,dx$

$$= 9\int_{-3}^3 \sqrt{1-\left(\frac{x}{3}\right)^2}\,d\left(\frac{x}{3}\right) \xlongequal[\text{当} x=-3 \text{时} t=-1,\ \text{当} x=3 \text{时} t=1]{\frac{x}{3}=t} 9\int_{-1}^1 \sqrt{1-t^2}\,dt = \frac{9}{2}\pi$$

(2) $\int_0^2\sqrt{1-\frac{1}{4}x^2}\,dx = 2\int_0^2\sqrt{1-\left(\frac{x}{2}\right)^2}\,d\,\frac{x}{2}$

$$= \int_{-2}^2\sqrt{1-\left(\frac{x}{2}\right)^2}\,d\left(\frac{x}{2}\right)\xlongequal[\substack{当 x=-2 时 t=-1\\ 当 x=2 时 t=1}]{\frac{x}{2}=t}\int_{-1}^1\sqrt{1-t^2}\,dt = \frac{\pi}{2}$$

(3) $\int_{-2}^2 (x-3)\ \sqrt{4-x^2}\,dx = \int_{-2}^2 x\ \sqrt{4-x^2}\,dx - 3\int_{-2}^2\sqrt{4-x^2}\,dx$

$$= 0-3\int_{-2}^2 2\sqrt{1-\left(\frac{x}{2}\right)^2}\,dx$$

$$= -12\int_{-2}^2\sqrt{1-\left(\frac{x}{2}\right)^2}\,d\left(\frac{x}{2}\right)\xlongequal[\substack{当 x=-2 时 t=-1\\ 当 x=2 时 t=1}]{\frac{x}{2}=t} -12\int_{-1}^1\sqrt{1-t^2}\,dt$$

$$= -12\times\frac{\pi}{2} = -6\pi$$

8. 证明$\int_{-a}^a f(x)dx = \int_0^a [f(x)+f(-x)]dx$.

证： $\int_{-a}^a f(x)dx = \int_{-a}^0 f(x)dx + \int_0^a f(x)dx$

其中 $\int_{-a}^0 f(x)dx \xlongequal[\substack{当 x=-a 时 t=a\\ 当 x=0 时 t=0}]{x=-t} -\int_a^0 f(-t)dt = \int_0^a f(-t)dt = \int_0^a f(-x)dx$

所以 $\int_{-a}^a f(x)dx = \int_0^a f(-x)dx + \int_0^a f(x)dx$

$$= \int_0^a [f(x)+f(-x)]dx$$

9. 证明$\int_0^{\frac{\pi}{2}} \sin^m x\,dx = \int_0^{\frac{\pi}{2}} \cos^m x\,dx$.

证： $\int_0^{\frac{\pi}{2}} \sin^m x\,dx \xlongequal[\substack{当 x=0 时 t=\frac{\pi}{2}\\ 当 x=\frac{\pi}{2} 时 t=0}]{x=\frac{\pi}{2}-t} -\int_{\frac{\pi}{2}}^0 \sin^m\left(\frac{\pi}{2}-t\right)dt = \int_0^{\frac{\pi}{2}}\cos^m t\,dt = \int_0^{\frac{\pi}{2}}\cos^m x\,dx$

10. 试分析 k, a, b 为何值时，$\int_0^2 x^2 f(x^3)dx = k\int_a^b f(t)dt$.

解： $\int_0^2 x^2 f(x^3)dx = \frac{1}{3}\int_0^2 f(x^3)dx^3 \xlongequal[\substack{当 x=0 时 t=0\\ 当 x=2 时 t=8}]{x^3=t} \frac{1}{3}\int_0^8 f(t)dt$

$$= k\int_a^b f(t)dt$$

所以当 $a=0$，$b=8$，$k=\frac{1}{3}$ 时，有 $\int_0^2 x^2 f(x^3)dx = k\int_a^b f(t)dt$.

11. 设

$$f(x) = \begin{cases}\frac{1}{2+x}, & x\geqslant 0\\ \frac{1}{1+e^x}, & x<0\end{cases}$$

求 $\int_0^2 f(x-1)\mathrm{d}x$.

解: $\int_0^2 f(x-1)\mathrm{d}x \xlongequal[\text{当 } x=0 \text{ 时 } t=-1,\ \text{当 } x=2 \text{ 时 } t=1]{x-1=t} \int_{-1}^1 f(t)\mathrm{d}t$

$$= \int_{-1}^0 f(t)\mathrm{d}t + \int_0^1 f(t)\mathrm{d}t$$

$$= \int_{-1}^0 \frac{1}{1+\mathrm{e}^x}\mathrm{d}x + \int_0^1 \frac{1}{2+x}\mathrm{d}x$$

$$= \int_{-1}^0 \left(1-\frac{\mathrm{e}^x}{1+\mathrm{e}^x}\right)\mathrm{d}x + \ln(2+x)\Big|_0^1$$

$$= x\Big|_{-1}^0 - \ln(1+\mathrm{e}^x)\Big|_{-1}^0 + \ln3 - \ln2$$

$$= 1 - \ln2 + \ln\frac{\mathrm{e}+1}{\mathrm{e}} + \ln3 - \ln2$$

$$= 1 + \ln(\mathrm{e}+1) - \ln\mathrm{e} + \ln3 - 2\ln2 = \ln(\mathrm{e}+1) + \ln\frac{3}{4}$$

12. 计算下列积分:

(1) $\int_1^{\mathrm{e}} \ln x\mathrm{d}x$　　(2) $\int_0^{\frac{\sqrt{3}}{2}} \arccos x\mathrm{d}x$

(3) $\int_0^1 x\mathrm{e}^{-x}\mathrm{d}x$　　(4) $\int_1^{\mathrm{e}} (\ln x)^3\mathrm{d}x$

(5) $\int_0^{\frac{\pi}{2}} x\sin x\mathrm{d}x$　　(6) $\int_0^{\pi} x^2\cos 2x\mathrm{d}x$

(7) $\int_0^{\sqrt{\ln2}} x^3\mathrm{e}^{x^2}\mathrm{d}x$　　(8) $\int_0^{\frac{\pi}{2}} \mathrm{e}^x\sin x\mathrm{d}x$

(9) $\int_0^{2\pi} \frac{x(1+\cos 2x)}{2}\mathrm{d}x$　　(10) $\int_{\frac{1}{\mathrm{e}}}^{\mathrm{e}} |\ln x|\,\mathrm{d}x$

解: (1) $\int_1^{\mathrm{e}} \ln x\mathrm{d}x \xlongequal{\text{分部}} x\ln x\Big|_1^{\mathrm{e}} - \int_1^{\mathrm{e}} x\mathrm{d}(\ln x)$

$$= x\ln x\Big|_1^{\mathrm{e}} - \int_1^{\mathrm{e}}\mathrm{d}x = \mathrm{e} - x\Big|_1^{\mathrm{e}} = \mathrm{e} - (\mathrm{e}-1) = 1$$

注释　在不定积分分部积分的基础上，定积分的分部积分直接使用牛顿-莱布尼茨公式即可.

(2) $\int_0^{\frac{\sqrt{3}}{2}} \arccos x\mathrm{d}x \xlongequal{\text{分部}} x\arccos x\Big|_0^{\frac{\sqrt{3}}{2}} + \int_0^{\frac{\sqrt{3}}{2}} \frac{x}{\sqrt{1-x^2}}\mathrm{d}x$

$$= \frac{\sqrt{3}\pi}{12} - \frac{1}{2}\int_0^{\frac{\sqrt{3}}{2}} \frac{1}{\sqrt{1-x^2}}\mathrm{d}(1-x^2) = \frac{\sqrt{3}}{12}\pi - \sqrt{1-x^2}\Big|_0^{\frac{\sqrt{3}}{2}}$$

$$= \frac{\sqrt{3}}{12}\pi - \left(\frac{1}{2}-1\right) = \frac{\sqrt{3}}{12}\pi + \frac{1}{2}$$

(3) $\int_0^1 xe^{-x}dx = -\int_0^1 xde^{-x} \xlongequal{\text{分部}} -xe^{-x}\Big|_0^1 + \int_0^1 e^{-x}dx$

$= -\frac{1}{e} - \int_0^1 e^{-x}d(-x) = -\frac{1}{e} - e^{-x}\Big|_0^1$

$= -\frac{1}{e} - \left(\frac{1}{e} - 1\right) = 1 - \frac{2}{e}$

(4) $\int_1^e (\ln x)^3 dx \xlongequal{\text{分部}} x(\ln x)^3\Big|_1^e - \int_1^e xd(\ln x)^3 = e - 3\int_1^e x(\ln x)^2 \cdot \frac{1}{x}dx$

$= e - 3\int_1^e (\ln x)^2 dx \xlongequal{\text{分部}} e - 3\left[x(\ln x)^2\Big|_1^e - \int_1^e xd(\ln x)^2\right]$

$= e - 3e + 3\int_1^e 2x\ln x \cdot \frac{1}{x}dx$

$= -2e + 6\int_1^e \ln xdx \xlongequal{\text{分部}} -2e + 6\left[x\ln x\Big|_1^e - \int_1^e x \cdot \frac{1}{x}dx\right]$

$= -2e + 6e - 6x\Big|_1^e$

$= 4e - 6e + 6 = 6 - 2e$

(5) $\int_0^{\frac{\pi}{2}} x\sin xdx = -\int_0^{\frac{\pi}{2}} xd\cos x \xlongequal{\text{分部}} -x\cos x\Big|_0^{\frac{\pi}{2}} + \int_0^{\frac{\pi}{2}} \cos xdx$

$= \sin x\Big|_0^{\frac{\pi}{2}} = 1$

(6) $\int_0^{\pi} x^2\cos 2xdx = \frac{1}{2}\int_0^{\pi} x^2 d\sin 2x \xlongequal{\text{分部}} \frac{1}{2}\left[x^2\sin 2x\Big|_0^{\pi} - \int_0^{\pi} \sin 2xdx^2\right]$

$= -\int_0^{\pi} x\sin 2xdx = \frac{1}{2}\int xd\cos 2x \xlongequal{\text{分部}} \frac{1}{2}\left[x\cos 2x\Big|_0^{\pi} - \int_0^{\pi} \cos 2xdx\right]$

$= \frac{\pi}{2} - \frac{1}{4}\sin 2x\Big|_0^{\pi} = \frac{\pi}{2}$

(7) $\int_0^{\sqrt{\ln 2}} x^3 e^{x^2} dx = \frac{1}{2}\int_0^{\sqrt{\ln 2}} x^2 e^{x^2} dx^2 = \frac{1}{2}\int_0^{\sqrt{\ln 2}} x^2 de^{x^2}$

$\xlongequal{\text{分部}} \frac{1}{2}\left[x^2 e^{x^2}\Big|_0^{\sqrt{\ln 2}} - \int_0^{\sqrt{\ln 2}} e^{x^2} dx^2\right] = \ln 2 - \frac{1}{2}\int_0^{\sqrt{\ln 2}} de^{x^2}$

$= \ln 2 - \frac{1}{2}e^{x^2}\Big|_0^{\sqrt{\ln 2}} = \ln 2 - \frac{1}{2}$

(8) $\int_0^{\frac{\pi}{2}} e^x\sin xdx = -\int_0^{\frac{\pi}{2}} e^x d\cos x \xlongequal{\text{分部}} -e^x\cos x\Big|_0^{\frac{\pi}{2}} + \int_0^{\frac{\pi}{2}} e^x\cos xdx$

$= 1 + \int_0^{\frac{\pi}{2}} e^x d\sin x \xlongequal{\text{分部}} 1 + e^x\sin x\Big|_0^{\frac{\pi}{2}} - \int_0^{\frac{\pi}{2}} e^x\sin xdx$

移项，得 $2\int_0^{\frac{\pi}{2}} e^x\sin xdx = 1 + e^x\sin x\Big|_0^{\frac{\pi}{2}}$，故

$$\int_0^{\frac{\pi}{2}} e^x\sin xdx = \frac{1}{2}(1 + e^{\frac{\pi}{2}})$$

(9) $\int_0^{2\pi} \frac{x(1+\cos 2x)}{2}dx = \int_0^{2\pi} \frac{x}{2}dx + \int_0^{2\pi} \frac{1}{2}x\cos 2xdx$

$$=\frac{x^2}{4}\Big|_0^{2\pi}+\frac{1}{4}\int_0^{2\pi}x\mathrm{d}\sin 2x\overset{\text{分部}}{=\!=}\pi^2+\frac{1}{4}(x\sin 2x)\Big|_0^{2\pi}-\frac{1}{4}\int_0^{2\pi}\sin 2x\mathrm{d}x$$

$$=\pi^2+\frac{1}{8}\cos 2x\Big|_0^{2\pi}=\pi^2$$

(10) $\int_{\frac{1}{e}}^{e}|\ln x|\mathrm{d}x=\int_{\frac{1}{e}}^{1}(-\ln x)\mathrm{d}x+\int_1^e\ln x\mathrm{d}x$

$$\overset{\text{分部}}{=\!=}-x\ln x\Big|_{\frac{1}{e}}^{1}+\int_{\frac{1}{e}}^{1}\mathrm{d}x+x\ln x\Big|_1^e-\int_1^e\mathrm{d}x$$

$$=-\frac{1}{e}+x\Big|_{\frac{1}{e}}^{1}+e-x\Big|_1^e$$

$$=-\frac{1}{e}+1-\frac{1}{e}+e-e+1=2-\frac{2}{e}$$

13. 设 $I=\int_a^b x\mathrm{e}^{-|x|}\mathrm{d}x$，就下列三种情况下求 I：

(1) $0\leqslant a<b$　　(2) $a<b\leqslant 0$　　(3) $a<0$，$b>0$

解：(1) $0\leqslant a<b$

$$I=\int_a^b x\mathrm{e}^{-|x|}\mathrm{d}x=\int_a^b x\mathrm{e}^{-x}\mathrm{d}x$$

$$=-\int_a^b x\mathrm{d}\mathrm{e}^{-x}\overset{\text{分部}}{=\!=}(-x\mathrm{e}^{-x}-\mathrm{e}^{-x})\Big|_a^b$$

$$=-b\mathrm{e}^{-b}-\mathrm{e}^{-b}+a\mathrm{e}^{-a}+\mathrm{e}^{-a}$$

$$=(a+1)\mathrm{e}^{-a}-(b+1)\mathrm{e}^{-b}$$

(2) $a<b\leqslant 0$

$$I=\int_a^b x\mathrm{e}^{-|x|}\ =\int_a^b x\mathrm{e}^{x}\mathrm{d}x$$

$$=\int_a^b x\mathrm{d}\mathrm{e}^{x}\overset{\text{分部}}{=\!=}(x\mathrm{e}^{x}-\mathrm{e}^{x})\Big|_a^b=b\mathrm{e}^{b}-\mathrm{e}^{b}-a\mathrm{e}^{a}+\mathrm{e}^{a}$$

$$=(b-1)\mathrm{e}^{b}-(a-1)\mathrm{e}^{a}$$

(3) $a<0$，$b>0$

$$I=\int_a^b x\mathrm{e}^{-|x|}\mathrm{d}x=\int_a^0 x\mathrm{e}^{x}\mathrm{d}x+\int_0^b x\mathrm{e}^{-x}\mathrm{d}x$$

$$=\int_a^0 x\mathrm{d}\mathrm{e}^{x}-\int_0^b x\mathrm{d}\mathrm{e}^{-x}$$

$$\overset{\text{分部}}{=\!=}(x\mathrm{e}^{x}-\mathrm{e}^{x})\Big|_a^0-(x\mathrm{e}^{-x}+\mathrm{e}^{-x})\Big|_0^b$$

$$=-1-a\mathrm{e}^{a}+\mathrm{e}^{a}-b\mathrm{e}^{-b}-\mathrm{e}^{-b}+1$$

$$=(1-a)\mathrm{e}^{a}-(1+b)\mathrm{e}^{-b}$$

14. 求下列极限：

(1) $\lim\limits_{x\to 0}\dfrac{\int_0^x\cos^2 t\mathrm{d}t}{x}$　　(2) $\lim\limits_{x\to 0}\dfrac{\int_0^x\arctan t\mathrm{d}t}{x^2}$

解：(1) $\lim\limits_{x\to 0}\dfrac{\int_0^x\cos^2 t\mathrm{d}t}{x}\overset{\frac{0}{0}}{=\!=}\lim\limits_{x\to 0}\dfrac{\left(\int_0^x\cos^2 t\mathrm{d}t\right)'}{x'}=\lim\limits_{x\to 0}\dfrac{\cos^2 x}{1}=1$

(2) $\lim\limits_{x\to0}\dfrac{\int_0^x \arctan t\mathrm{d}t}{x^2}\overset{\frac{0}{0}}{=\!=}\lim\limits_{x\to0}\dfrac{\left(\int_0^x \arctan t\mathrm{d}t\right)'}{(x^2)'}$

$$=\lim_{x\to0}\frac{\arctan x}{2x}\overset{\frac{0}{0}}{=\!=}\lim_{x\to0}\frac{\frac{1}{1+x^2}}{2}=\frac{1}{2}$$

注释 第(1)题、第(2)题都是“$\frac{0}{0}$”型未定式求极限，使用了洛必达法则和微积分基本定理，有时还需使用一些其他知识，例如无穷小量代换、两个重要极限等．这类问题涉及较多的知识点，只要很好地掌握了这些知识点，特别是变上限定积分的求导，问题就会迎刃而解．

15. 求 $\lim\limits_{h\to0^+}\dfrac{1}{h}\int_{x-h}^{x+h}\cos t^2\mathrm{d}t(h>0)$.

解： $\lim\limits_{h\to0^+}\dfrac{1}{h}\int_{x-h}^{x+h}\cos t^2\mathrm{d}t=\lim\limits_{h\to0^+}\dfrac{\int_{x-h}^{x+h}\cos t^2\mathrm{d}t}{h}$

$$\overset{\frac{0}{0}}{=\!=}\lim_{h\to0^+}\frac{\cos(x+h)^2(x+h)'-\cos(x-h)^2(x-h)'}{h'}$$

$$=\lim_{h\to0^+}\frac{\cos(x+h)^2+\cos(x-h)^2}{1}=2\cos x^2$$

注释 第15题是对h求极限，根据洛必达法则，分子和分母对h求导，题中的x与积分变量t和求极限过程中的变量h无关．

16. 求 $\lim\limits_{x\to0}\dfrac{1}{x}\int_0^x(1+t^2)\mathrm{e}^{t^2-x^2}\mathrm{d}t$.

解： $\lim\limits_{x\to0}\dfrac{1}{x}\int_0^x(1+t^2)\mathrm{e}^{t^2-x^2}\mathrm{d}t$

$$=\lim_{x\to0}\frac{1}{x}\int_0^x(1+t^2)\cdot\frac{\mathrm{e}^{t^2}}{\mathrm{e}^{x^2}}\mathrm{d}t$$

$$=\lim_{x\to0}\frac{1}{x\mathrm{e}^{x^2}}\int_0^x(1+t^2)\mathrm{e}^{t^2}\mathrm{d}t$$

$$=\lim_{x\to0}\frac{\int_0^x(1+t^2)\mathrm{e}^{t^2}\mathrm{d}t}{x\mathrm{e}^{x^2}}\overset{\frac{0}{0}}{=\!=}\lim_{x\to0}\frac{(1+x^2)\mathrm{e}^{x^2}}{(1+2x^2)\mathrm{e}^{x^2}}$$

$$=\lim_{x\to0}\frac{1+x^2}{1+2x^2}=1$$

注释 解第16题时有一步将$\frac{1}{e^{x^2}}$提到了积分号以外、极限号以内，因$\frac{1}{e^{x^2}}$与积分变量t无关，与求极限时的变量x有关．对变上限定积分有$\int_a^{\varphi(x)} g(x)f(t)\mathrm{d}t = g(x)\int_a^{\varphi(x)} f(t)\mathrm{d}t$，因$g(x)$与积分变量$t$无关，所以可以提到积分号外．

17. 设$f(x)=\int_1^x e^{-t^2}\mathrm{d}t$，求$\int_0^1 f(x)\mathrm{d}x$.

解: $\int_0^1 f(x)\mathrm{d}x \xlongequal{\text{分部}} xf(x)\Big|_0^1 - \int_0^1 xf'(x)\mathrm{d}x$

$$= f(1) - \int_0^1 xe^{-x^2}\mathrm{d}x = 0 + \frac{1}{2}\int_0^1 e^{-x^2}\mathrm{d}(-x^2)$$

$$= \frac{1}{2}e^{-x^2}\Big|_0^1 = \frac{1}{2}e^{-1} - \frac{1}{2} = \frac{1}{2}\left(\frac{1}{e}-1\right)$$

18. 讨论函数$F(x)=\int_0^x t(t-4)\mathrm{d}t$在$[-1,5]$上的增减性、极值、凹向及拐点.

解: $F'(x)=\left[\int_0^x t(t-4)\mathrm{d}t\right]'=x(x-4)$，$F''(x)=2x-4$

令$F'(x)=0$，得$x=0$，$x=4$.

令$F''(x)=0$，得$x=2$.

$$F(x)=\int_0^x t(t-4)\mathrm{d}t=\int_0^x (t^2-4t)\mathrm{d}t$$

$$=\left(\frac{t^3}{3}-2t^2\right)\Big|_0^x=\frac{x^3}{3}-2x^2$$

列表如下(见表6-1)：

表6-1

x	$[-1,0)$	0	$(0,2)$	2	$(2,4)$	4	$(4,5]$
$F'(x)$	$+$	0	$-$		$-$	0	$+$
$F''(x)$	$-$	-4	$-$	0	$+$	4	$+$
$F(x)$	↗ ∩	极大值 0	↘ ∩	拐点 $-\frac{16}{3}$	↘ ∪	极小值 $-\frac{32}{3}$	↗ ∪

所以函数$F(x)$在点$x=0$处取得极大值，在点$x=4$处取得极小值，点$(2,-\frac{16}{3})$为拐点；在$[-1,0)$内单增，下凹；在$(0,2)$内单减，下凹；在$(2,4)$内单减，上凹；在$(4,5]$内单增，上凹.

19. 求第18题中函数$F(x)=\int_0^x t(t-4)\mathrm{d}t$在$[-1,5]$上的最大值与最小值.

解: 由第18题有$F'(x)=x(x-4)$，$F(x)=\frac{x^3}{3}-2x^2$，计算出$F(x)$的驻点及区间端点处的函数值如下：

$$F(-1)=-\frac{7}{3},\quad F(0)=0,\quad F(4)=-\frac{32}{3},\quad F(5)=-\frac{25}{3}$$

于是可得 $F(x)$ 在$[-1, 5]$上的最大值为 $F(0)=0$，最小值为 $F(4)=-\frac{32}{3}$.

20. 求 c 的值，使 $\int_0^1 (x^2+cx+c)^2\mathrm{d}x$ 最小.

解： 设 $f(c)=\int_0^1 (x^2+cx+c)^2\mathrm{d}x$

$$=\int_0^1 (x^4+c^2x^2+c^2+2cx^3+2c^2x+2cx^2)\mathrm{d}x$$

$$=\left(\frac{x^5}{5}+\frac{c^2}{3}x^3+c^2x+\frac{c}{2}x^4+c^2x^2+\frac{2}{3}cx^3\right)\Big|_0^1$$

$$=\frac{7}{3}c^2+\frac{7}{6}c+\frac{1}{5}$$

$$f'(c)=\frac{14}{3}c+\frac{7}{6}$$

令 $f'(c)=0$，得 $c=-\frac{1}{4}$.

$$f''(c)=\frac{14}{3}>0$$

所以当 $c=-\frac{1}{4}$ 时，$f(c)$ 取得最小值，即当 $c=-\frac{1}{4}$ 时，$\int_0^1 (x^2+cx+c)^2\mathrm{d}x$ 最小.

21. 求下列各题中平面图形的面积：

(1) 曲线 $y=a-x^2\ (a>0)$ 与 x 轴所围成的图形；

(2) 曲线 $y=x^2+3$ 在区间$[0, 1]$上的曲边梯形；

(3) 曲线 $y=x^2$ 与 $y=2-x^2$ 所围成的图形；

(4) 曲线 $y=x^3$ 与直线 $x=0$，$y=1$ 所围成的图形；

(5) 在区间$\left[0, \frac{\pi}{2}\right]$上，曲线 $y=\sin x$ 与直线 $x=0$，$y=1$ 所围成的图形；

(6) 曲线 $y=\frac{1}{x}$ 与直线 $y=x$，$x=2$ 所围成的图形；

(7) 曲线 $y=x^2-8$ 与直线 $2x+y+8=0$，$y=-4$ 所围成的图形；

(8) 曲线 $y=x^3-3x+2$ 在 x 轴上介于两极值点间的曲边梯形；

(9) 介于抛物线 $y^2=2x$ 与圆 $y^2=4x-x^2$ 之间的三个图形；

(10) 曲线 $y=x^2$，$4y=x^2$ 与直线 $y=1$ 所围成的图形；

(11) 曲线 $y=x^3$ 与 $y=\sqrt[3]{x}$ 所围成的图形；

(12) 抛物线 $y=x^2$ 与直线 $y=\frac{x}{2}+\frac{1}{2}$ 所围成的图形及由 $y=x^2$，$y=\frac{x}{2}+\frac{1}{2}$ 与 $y=2$ 所围成的图形.

解： (1) $y=a-x^2$ 与 x 轴相交于点$(-\sqrt{a}, 0)$ 和$(\sqrt{a}, 0)$，所围成的图形(见图 6-1) 的面积

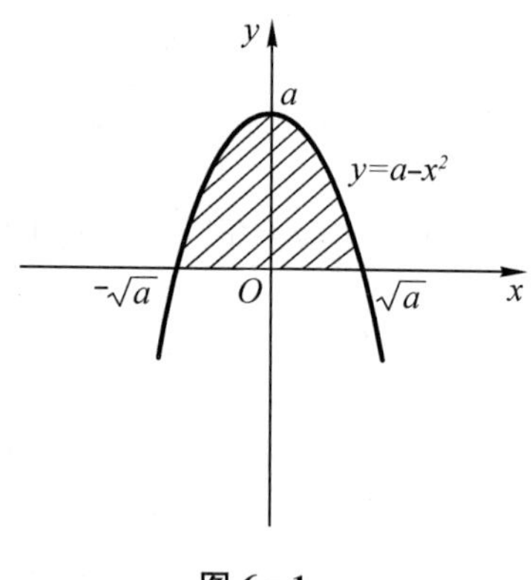

图 6-1

$$A=\int_{-\sqrt{a}}^{\sqrt{a}}(a-x^2)\mathrm{d}x$$
$$=2\int_{0}^{\sqrt{a}}(a-x^2)\mathrm{d}x$$
$$=2(ax-\frac{x^3}{3})\Big|_0^{\sqrt{a}}$$
$$=2\left(a\sqrt{a}-\frac{1}{3}a\sqrt{a}\right)$$
$$=\frac{4}{3}a\sqrt{a}$$

(2) 曲线 $y=x^2+3$ 在$[0, 1]$上的曲边梯形(见图 6-2) 的面积

$$A=\int_0^1(x^2+3)\mathrm{d}x=\left(\frac{x^3}{3}+3x\right)\Big|_0^1=\frac{1}{3}+3=\frac{10}{3}$$

(3) 曲线 $y=x^2$ 与 $y=2-x^2$ 相交于点$(-1, 1)$ 和$(1, 1)$，两曲线所围成的图形(见图 6-3) 的面积

$$A=\int_{-1}^{1}[(2-x^2)-x^2]\mathrm{d}x=\int_{-1}^{1}(2-2x^2)\mathrm{d}x$$
$$=4\int_0^1(1-x^2)\mathrm{d}x=4\left(x-\frac{x^3}{3}\right)\Big|_0^1=4\times(1-\frac{1}{3})=\frac{8}{3}$$

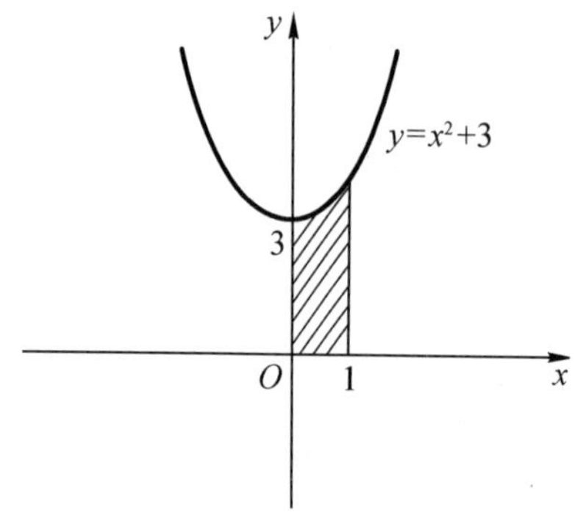

图 6-2

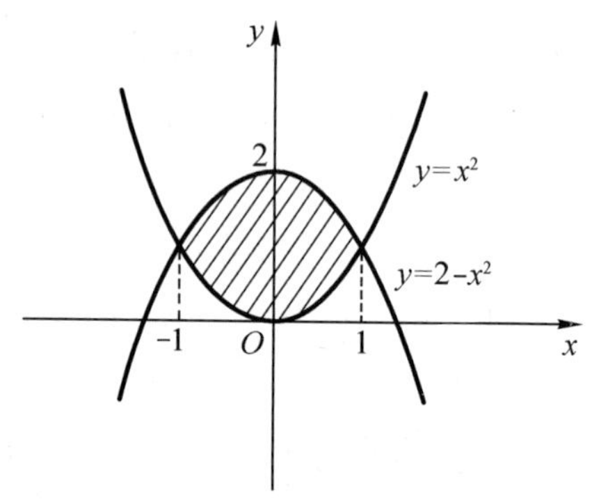

图 6-3

(4) 曲线 $y=x^3$ 与 $y=1$ 相交于点$(1, 1)$，$y=x^3$，$x=0$，$y=1$ 所围成的图形(见图 6-4) 的面积

$$A=\int_0^1(1-x^3)\mathrm{d}x$$
$$=\left(x-\frac{x^4}{4}\right)\Big|_0^1$$
$$=1-\frac{1}{4}=\frac{3}{4}$$

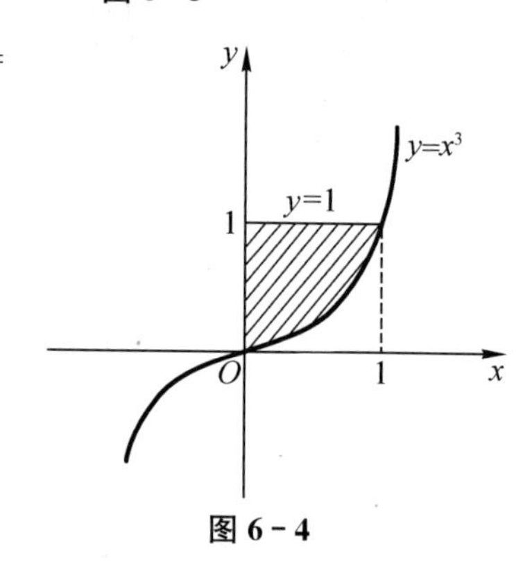

图 6-4

第(4)题亦可选 y 为积分变量，得到

$$A=\int_0^1\sqrt[3]{y}\,\mathrm{d}y=\frac{3}{4}y^{\frac{4}{3}}\Big|_0^1=\frac{3}{4}$$

(5) 在区间$\left[0,\frac{\pi}{2}\right]$上，曲线 $y=\sin x$ 与 $y=1$ 相切于点$\left(\frac{\pi}{2},1\right)$，$y=\sin x$，$x=0$，$y=1$ 所围成的图形(见图 6-5)的面积

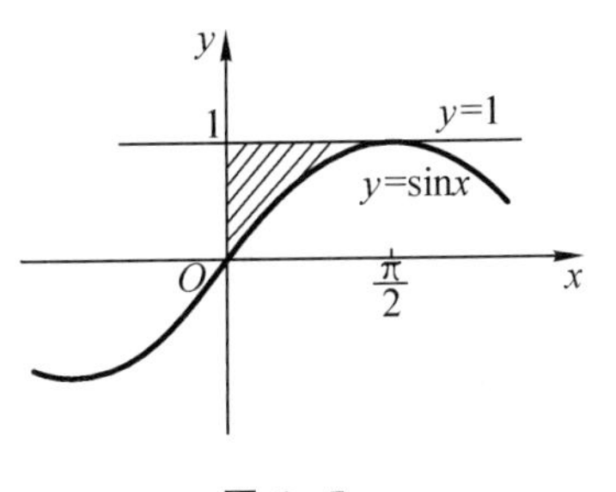

图 6-5

$$A=\int_0^{\frac{\pi}{2}}(1-\sin x)\mathrm{d}x$$

$$=(x+\cos x)\Big|_0^{\frac{\pi}{2}}=\frac{\pi}{2}-1$$

(6) 曲线 $y=\frac{1}{x}$ 与直线 $y=x$ 在第一象限相交于点(1，1)，$y=\frac{1}{x}$，$y=x$ 与 $x=2$ 所围成的图形(见图 6-6)的面积

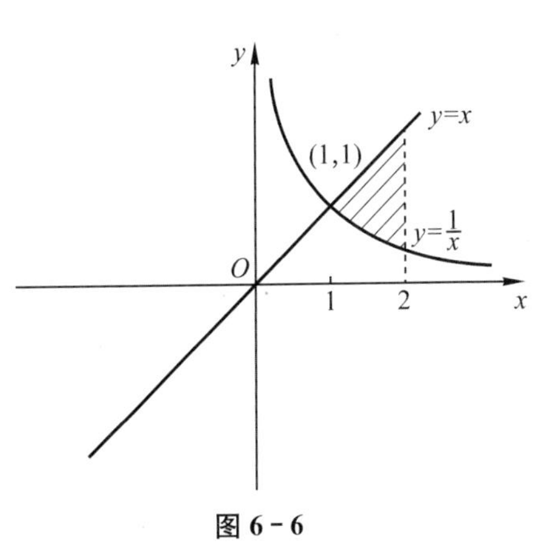

图 6-6

$$A=\int_1^2 x\mathrm{d}x-\int_1^2\frac{1}{x}\mathrm{d}x$$

$$=\frac{x^2}{2}\Big|_1^2-\ln x\Big|_1^2$$

$$=\frac{3}{2}-\ln 2$$

(7) 曲线 $y=x^2-8$ 与直线 $2x+y+8=0$，$y=-4$ 三线所围成的图形及其交点如图 6-7 所示，其面积

$$A=\int_{-2}^0[-4-(-2x-8)]\mathrm{d}x+\int_0^2[-4-(x^2-8)]\mathrm{d}x$$

$$=\int_{-2}^0(2x+4)\mathrm{d}x+\int_0^2(4-x^2)\mathrm{d}x$$

$$=(x^2+4x)\Big|_{-2}^0+\left(4x-\frac{x^3}{3}\right)\Big|_0^2$$

$$=-4+8+8-\frac{8}{3}$$

$$=\frac{28}{3}$$

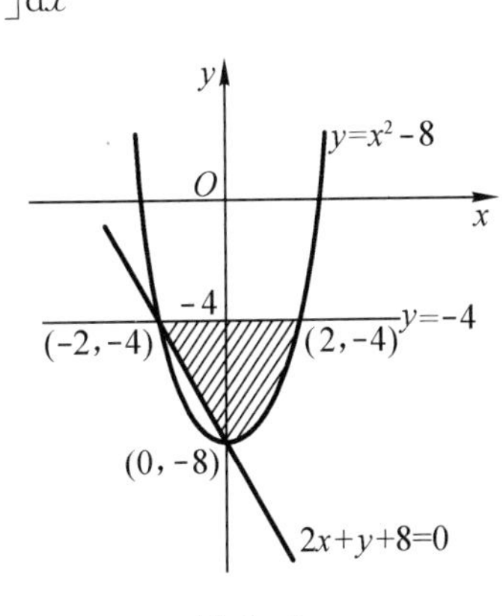

图 6-7

或　$$A=\int_{-8}^{-4}\left[\sqrt{y+8}-\left(\frac{-8-y}{2}\right)\right]\mathrm{d}y$$

$$=\int_{-8}^{-4}\left(\sqrt{y+8}+4+\frac{y}{2}\right)dy$$

$$=\left[\frac{2}{3}(y+8)^{\frac{3}{2}}+4y+\frac{y^2}{4}\right]\Big|_{-8}^{-4}$$

$$=\frac{16}{3}-16+4+32-16=\frac{28}{3}$$

(8) 先求 $y=x^3-3x+2$ 的极值点：

$$y'=3x^2-3$$

令 $y'=0$，得 $x=\pm1$.

$$y''=6x,\quad y''|_{x=-1}<0,\quad y''|_{x=1}>0$$

所以当 $x=-1$ 时，$y=x^3-3x+2$ 有极大值 $y=4$，当 $x=1$ 时，$y=x^3-3x+2$ 有极小值 $y=0$.

所求面积(如图 6－8 所示)

$$A=\int_{-1}^{1}(x^3-3x+2)dx$$

$$=\left(\frac{x^4}{4}-\frac{3}{2}x^2+2x\right)\Big|_{-1}^{1}$$

$$=\frac{3}{4}+\frac{13}{4}=4$$

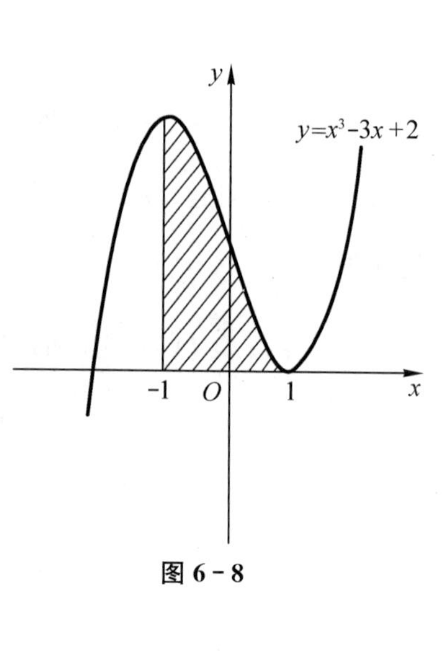

图 6－8

(9) $y^2=2x$ 与 $(x-2)^2+y^2=2^2$ 相交于 $(0, 0)$，$(2, 2)$，$(2, -2)$ 三点，围成三个图形，其面积分别以 A_1，A_2，A_3 表示，如图 6－9 所示.

$$A_1=\pi-\int_0^2\sqrt{2x}\,dx=\pi-\frac{1}{3}(2x)^{\frac{3}{2}}\Big|_0^2$$

$$=\pi-\frac{8}{3}$$

(第一项 π 是四分之一圆的面积)

$$A_2=A_1=\pi-\frac{8}{3}$$

$$A_3=4\pi-A_1-A_2$$

$$=4\pi-2\left(\pi-\frac{8}{3}\right)$$

$$=4\pi-2\pi+\frac{16}{3}$$

$$=2\pi+\frac{16}{3}$$

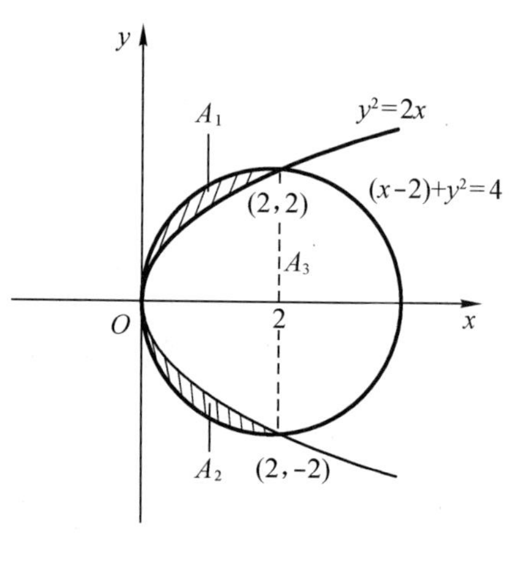

图 6－9

(10) 抛物线 $y=x^2$ 与直线 $y=1$ 相交于点 $(-1, 1)$ 和 $(1, 1)$，抛物线 $4y=x^2$ 与直线 $y=1$ 相交于点 $(-2, 1)$ 和 $(2, 1)$，三线所围的图形如图 6－10 所示，显然求所围的图形的面积时，取 y 为积分变量较为方便，其面积

$$A=2\int_0^1(2\sqrt{y}-\sqrt{y})dy$$

$$= 2\int_0^1 \sqrt{y}\,dy$$

$$= \frac{4}{3}y^{\frac{3}{2}}\Big|_0^1 = \frac{4}{3}$$

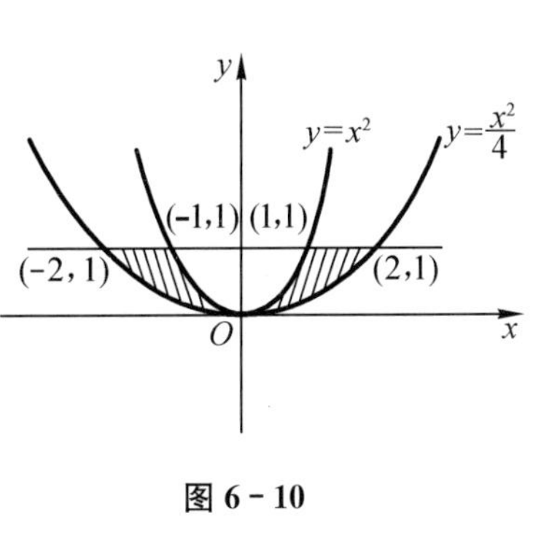

图 6-10

(11) 曲线 $y=x^3$ 与 $y=\sqrt[3]{x}$ 相交于点$(-1,-1)$，$(0,0)$，$(1,1)$，两曲线所围成的图形(见图6-11)的面积

$$A = 2\int_0^1 (\sqrt[3]{x} - x^3)\,dx = 2\left(\frac{3}{4}x^{\frac{4}{3}} - \frac{1}{4}x^4\right)\Big|_0^1$$

$$= 2\times\left(\frac{3}{4} - \frac{1}{4}\right) = 1$$

(12) 设抛物线 $y=x^2$ 与直线 $y=\frac{x}{2}+\frac{1}{2}$ 所围成的图形的面积为 S_1，由 $y=x^2$，$y=\frac{x}{2}+\frac{1}{2}$ 与 $y=2$ 所围成的图形的面积为 S_2，见图 6-12.

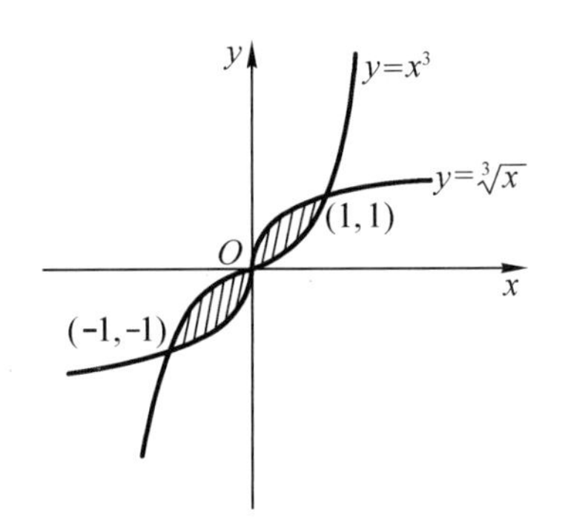

图 6-11

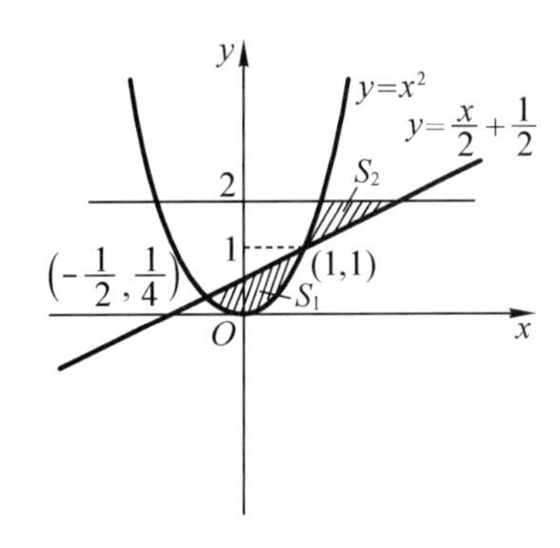

图 6-12

$y=x^2$ 与 $y=\frac{x}{2}+\frac{1}{2}$ 相交于点$\left(-\frac{1}{2},\frac{1}{4}\right)$与$(1,1)$，求 S_1，选 x 为积分变量，则有

$$S_1 = \int_{-\frac{1}{2}}^1 \left(\frac{x}{2} + \frac{1}{2} - x^2\right)dx = \left(\frac{x^2}{4} + \frac{x}{2} - \frac{x^3}{3}\right)\Big|_{-\frac{1}{2}}^1$$

$$= \frac{5}{12} + \frac{7}{48} = \frac{9}{16}$$

求 S_2，选 y 为积分变量，则有

$$S_2 = \int_1^2 (2y - 1 - \sqrt{y})\,dy = \left(y^2 - y - \frac{2}{3}y^{\frac{3}{2}}\right)\Big|_1^2$$

$$= 2 - \frac{4}{3}\sqrt{2} + \frac{2}{3} = \frac{4}{3}(2-\sqrt{2})$$

求曲边梯形的面积或求由若干条曲线所围成的图形的面积，按下列步骤进行：

(ⅰ)画图形；(ⅱ)求交点；(ⅲ)选择积分变量；(ⅳ)确定积分上、下限；(ⅴ)计算定积分的值.

选择积分变量是很重要的，否则将带来不必要的麻烦.

注释　计算两条曲线所夹的面积时，若两条曲线中有一条始终在另一条的上面，则以上面的曲线方程减下面的曲线方程的差作为被积函数．若两条曲线上下交错，则求出交点分段积分，在各分段中仍然是以上面的曲线方程减下面的曲线方程的差作为被积函数．

22. 求曲线 $y=-x^3+x^2+2x$ 与 x 轴围成的图形的面积.

解： $y=-x^3+x^2+2x=-x(x+1)(x-2)$ 与 x 轴相交于点 $(-1,0)$，$(0,0)$ 与 $(2,0)$.

当 $-1<x<0$ 时，$y<0$，曲线在 x 轴下方；当 $0<x<2$ 时，$y>0$，曲线在 x 轴上方．所以所求面积(见图 6－13)

$$
\begin{aligned}
S&=\int_{-1}^{0}-y\mathrm{d}x+\int_{0}^{2}y\mathrm{d}x\\
&=\int_{-1}^{0}-(-x^3+x^2+2x)\mathrm{d}x+\int_{0}^{2}(-x^3+x^2+2x)\mathrm{d}x\\
&=\left(\frac{x^4}{4}-\frac{x^3}{3}-x^2\right)\Bigg|_{-1}^{0}+\left(-\frac{x^4}{4}+\frac{x^3}{3}+x^2\right)\Bigg|_{0}^{2}\\
&=\frac{5}{12}+\frac{8}{3}=\frac{37}{12}
\end{aligned}
$$

23. 求 $c\ (c>0)$ 的值，使两曲线 $y=x^2$ 与 $y=cx^3$ 所围成的图形的面积为 $\frac{2}{3}$.

解： 曲线 $y=x^2$ 与 $y=cx^3$ 相交于点 $(0,0)$ 和 $\left(\frac{1}{c},\frac{1}{c^2}\right)$，两曲线所围成的面积(见图 6－14)

$$
\begin{aligned}
A&=\int_{0}^{\frac{1}{c}}(x^2-cx^3)\mathrm{d}x=\left(\frac{x^3}{3}-\frac{c}{4}x^4\right)\Bigg|_{0}^{\frac{1}{c}}\\
&=\frac{1}{3c^3}-\frac{1}{4c^3}=\frac{1}{12c^3}
\end{aligned}
$$

根据题设 $\frac{1}{12c^3}=\frac{2}{3}$，可得 $c^3=\frac{1}{8}$，即 $c=\frac{1}{2}$ 时 $y=x^2$ 与 $y=\frac{1}{2}x^3$ 所围成的图形的面积为 $\frac{2}{3}$.

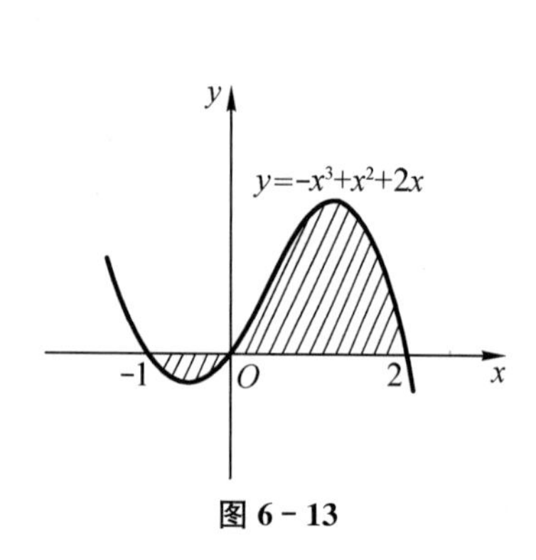

图 6－13

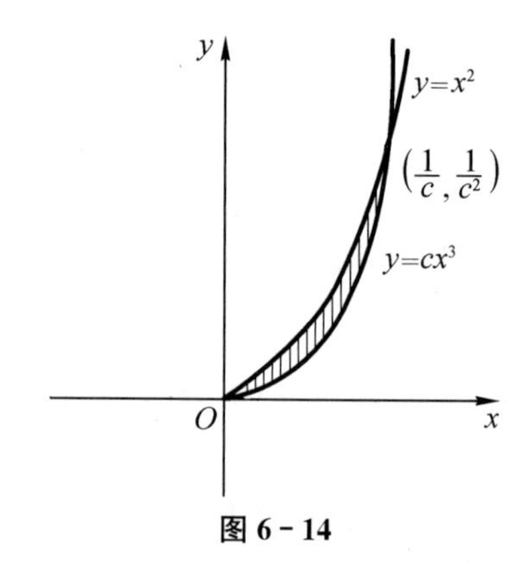

图 6－14

24. 将曲线 $y=1-x^2(0\leqslant x\leqslant 1)$ 与 x 轴和 y 轴所围的区域用曲线 $y=ax^2$ 分为面积相等的两部分，其中 a 是大于零的常数，求 a 的值.

解：曲线 $y=1-x^2$ 与 $y=ax^2$ 相交于点$\left(\dfrac{1}{\sqrt{1+a}},\dfrac{a}{1+a}\right)$.

设所分的两部分的面积分别用 S_1 与 S_2 表示，如图 6－15 所示. 那么 $S_1+S_2=2S_1=\int_0^1(1-x^2)\mathrm{d}x=\left(x-\dfrac{1}{3}x^3\right)\Big|_0^1=\dfrac{2}{3}$，可得 $S_1=\dfrac{1}{3}$. 而

$$
\begin{aligned}
S_1&=\int_0^{\frac{1}{\sqrt{1+a}}}(1-x^2-ax^2)\mathrm{d}x\\
&=\left(x-\frac{1}{3}x^3-\frac{1}{3}ax^3\right)\Big|_0^{\frac{1}{\sqrt{1+a}}}\\
&=\frac{2}{3\sqrt{1+a}}=\frac{1}{3}
\end{aligned}
$$

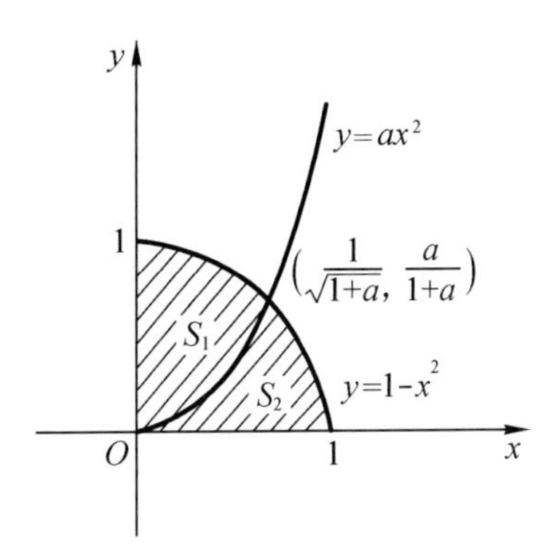

图 6－15

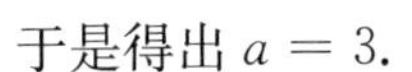

于是得出 $a=3$.

25. 求下列平面图形分别绕 x 轴、y 轴旋转产生的旋转体的体积：

(1) 曲线 $y=\sqrt{x}$ 与直线 $x=1$，$x=4$，$y=0$ 所围成的图形；

(2) 在区间$\left[0,\dfrac{\pi}{2}\right]$上，曲线 $y=\sin x$ 与直线 $x=\dfrac{\pi}{2}$，$y=0$ 所围成的图形；

(3) 曲线 $y=x^3$ 与直线 $x=2$，$y=0$ 所围成的图形；

(4) 曲线 $x^2+y^2=1$ 与 $y^2=\dfrac{3}{2}x$ 所围成的两个图形中较小的一个.

解：(1) 曲线 $y=\sqrt{x}$ 与 $x=1$ 相交于点(1，1)，与 $x=4$ 相交于点(4，2)，见图 6－16.

$$
V_x=\pi\int_1^4(\sqrt{x})^2\mathrm{d}x=\pi\int_1^4 x\mathrm{d}x=\pi\cdot\frac{x^2}{2}\Big|_1^4=\frac{15}{2}\pi
$$

$$
\begin{aligned}
V_y&=\pi\int_0^1(4^2-1^2)\mathrm{d}y+\pi\int_1^2[4^2-(y^2)^2]\mathrm{d}y\\
&=\pi\int_0^1 15\mathrm{d}y+\pi\int_1^2(16-y^4)\mathrm{d}y=\pi 15y\Big|_0^1+\pi\left(16y-\frac{y^5}{5}\right)\Big|_1^2\\
&=15\pi+\pi\left[32-\frac{32}{5}-16+\frac{1}{5}\right]\\
&=15\pi+\frac{49}{5}\pi=\frac{124}{5}\pi
\end{aligned}
$$

(2) 已知曲线所围图形如图 6－17 所示.

$$
\begin{aligned}
V_x&=\pi\int_0^{\frac{\pi}{2}}\sin^2x\mathrm{d}x=\pi\int_0^{\frac{\pi}{2}}\frac{1-\cos 2x}{2}\mathrm{d}x\\
&=\pi\left(\frac{x}{2}-\frac{1}{4}\sin 2x\right)\Big|_0^{\frac{\pi}{2}}=\frac{\pi^2}{4}
\end{aligned}
$$

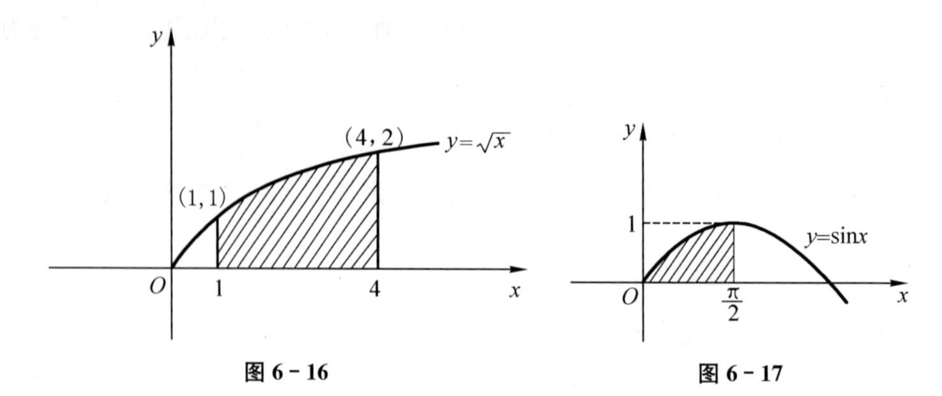

图 6-16　　图 6-17

$$V_y=\pi\int_0^1\left[\left(\frac{\pi}{2}\right)^2-(\arcsin y)^2\right]dy$$

$$=\pi\cdot\frac{\pi^2}{4}y\Big|_0^1-\pi\int_0^1(\arcsin y)^2dy$$

$$\xlongequal{\text{分部}}\frac{\pi^3}{4}-\pi\left[y(\arcsin y)^2\Big|_0^1-\int_0^1 2y\arcsin y\cdot\frac{dy}{\sqrt{1-y^2}}\right]$$

$$=\frac{\pi^3}{4}-\pi\left[\frac{\pi^2}{4}+2\int_0^1\arcsin y d\sqrt{1-y^2}\right]$$

$$\xlongequal{\text{分部}}-2\pi\left[\sqrt{1-y^2}\arcsin y\Big|_0^1-\int_0^1\sqrt{1-y^2}\cdot\frac{dy}{\sqrt{1-y^2}}\right]$$

$$=2\pi\int_0^1dy=2\pi y\Big|_0^1=2\pi$$

(3) 已知曲线所围图形如图 6-18 所示.

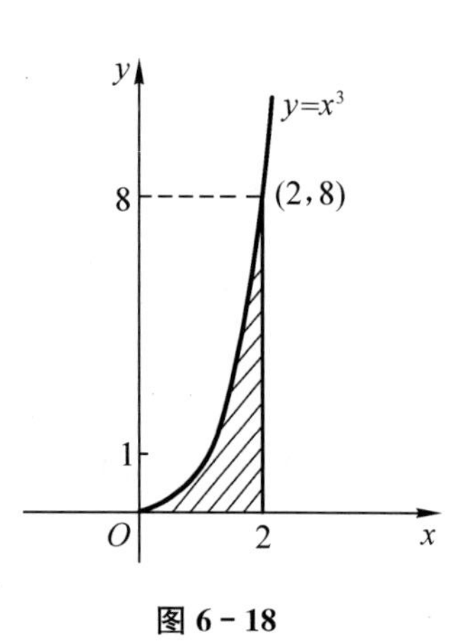

图 6-18

$$V_x=\pi\int_0^2(x^3)^2dx=\pi\int_0^2x^6dx$$

$$=\frac{\pi}{7}x^7\Big|_0^2=\frac{128}{7}\pi$$

$$V_y=\pi\int_0^8[2^2-(y^{\frac{1}{3}})^2]dy$$

$$=\pi\int_0^8(4-y^{\frac{2}{3}})dy$$

$$=\pi\left(4y-\frac{3}{5}y^{\frac{5}{3}}\right)\Big|_0^8$$

$$=32\pi-\frac{3}{5}\times2^5\pi=\frac{64}{5}\pi$$

(4) 已知曲线所围图形如图 6-19 所示.

曲线 $x^2+y^2=1$ 与 $y^2=\frac{3}{2}x$ 相交于点$\left(\frac{1}{2},\frac{\sqrt{3}}{2}\right)$及$\left(\frac{1}{2},-\frac{\sqrt{3}}{2}\right)$.

$$V_x=\pi\int_0^{\frac{1}{2}}\frac{3}{2}xdx+\pi\int_{\frac{1}{2}}^1(1-x^2)dx$$

$$=\frac{3}{4}\pi x^2\Big|_0^{\frac{1}{2}}+\pi\left(x-\frac{x^3}{3}\right)\Big|_{\frac{1}{2}}^1$$

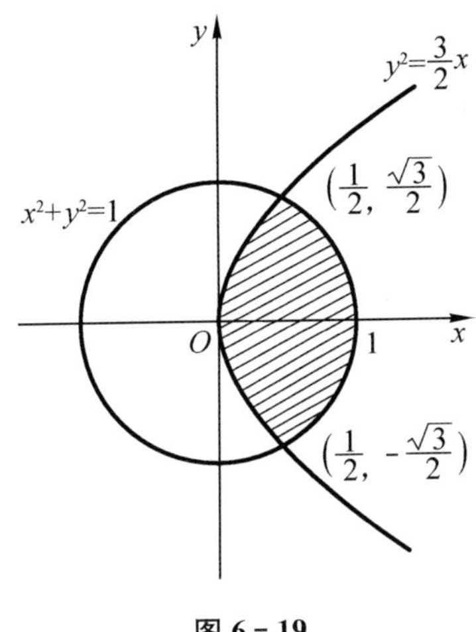

图 6-19

$$= \frac{3}{16}\pi + \frac{5}{24}\pi$$

$$= \frac{19}{48}\pi$$

$$V_y = 2\pi\int_0^{\frac{\sqrt{3}}{2}}\left[(1-y^2)-\left(\frac{2}{3}y^2\right)^2\right]dy$$

$$= 2\pi\left(y-\frac{y^3}{3}-\frac{4}{45}y^5\right)\Big|_0^{\frac{\sqrt{3}}{2}}$$

$$= 2\pi\left(\frac{\sqrt{3}}{2}-\frac{\sqrt{3}}{8}-\frac{\sqrt{3}}{40}\right)$$

$$= 2\pi \cdot \frac{7}{20}\sqrt{3} = \frac{7}{10}\sqrt{3}\pi$$

26. 已知某产品总产量的变化率是时间 t（单位:年）的函数

$$f(t) = 2t+5 \quad (t \geqslant 0)$$

求第一个五年和第二个五年的总产量各为多少.

解: 总产量是其变化率的原函数.

第一个五年的总产量为

$$\int_0^5 (2t+5)dt = (t^2+5t)\Big|_0^5 = 50$$

第二个五年的总产量为

$$\int_5^{10} (2t+5)dt = (t^2+5t)\Big|_5^{10} = 150-50 = 100$$

27. 已知某产品生产 x 个单位时，总收益 R 的变化率(边际收益）为

$$R' = R'(x) = 200-\frac{x}{100} \quad (x \geqslant 0)$$

(1) 求生产 50 个单位时的总收益;

(2) 如果已经生产了 100 个单位，求再生产 100 个单位时的总收益.

解： 总收益是边际收益的原函数.

(1) 生产 50 个单位时的总收益为

$$\int_0^{50}\left(200-\frac{x}{100}\right)\mathrm{d}x=\left(200x-\frac{x^2}{200}\right)\Big|_0^{50}=10\,000-\frac{2\,500}{200}$$

$$=\frac{19\,975}{2}=9\,987.5$$

(2) 已生产了 100 个单位，再生产 100 个单位时的总收益为

$$\int_{100}^{200}\left(200-\frac{x}{100}\right)\mathrm{d}x=\left(200x-\frac{x^2}{200}\right)\Big|_{100}^{200}$$

$$=40\,000-\frac{40\,000}{200}-20\,000+\frac{10\,000}{200}$$

$$=19\,850$$

28. 某产品的总成本 C（万元）的变化率（边际成本）$C'=1$，总收益 R（万元）的变化率（边际收益）为产量 x（百台）的函数

$$R'=R'(x)=5-x.$$

(1) 产量等于多少时，总利润 $L=R-C$ 最大?

(2) 达到利润最大的产量后又生产了 1 百台，总利润减少了多少?

解： (1) 产量为 x 时的总利润为

$$L(x)=\int_0^x[(5-t)-1]\mathrm{d}t=\int_0^x(4-t)\mathrm{d}t$$

$$L'(x)=4-x$$

令 $L'(x)=0$，得 $x=4$，因为 $L''(x)=-1$，所以当 $x=4$ 时 $L(x)$ 取得最大值，即生产 4(百台) 时总利润最大.

(2) 比利润最大的产量 4(百台) 又多生产了 1 百台，此时总利润的变化量为

$$\Delta L=\int_4^5(4-x)\mathrm{d}x=\left(4x-\frac{x^2}{2}\right)\Big|_4^5$$

$$=20-\frac{25}{2}-16+\frac{16}{2}=-0.5$$

即总利润减少了 0.5 万元.

29. 判断下列广义积分的敛散性：

(1) $\int_0^{+\infty}\mathrm{e}^{-x}\mathrm{d}x$

(2) $\int_1^{+\infty}\frac{\mathrm{d}x}{\sqrt{x}}$

(3) $\int_0^{+\infty}x\mathrm{e}^{-x}\mathrm{d}x$

(4) $\int_{-\infty}^{+\infty}\frac{x}{\sqrt{1+x^2}}\mathrm{d}x$

(5) $\int_0^1\frac{\mathrm{d}x}{\sqrt{1-x}}$

(6) $\int_{-1}^1\frac{\mathrm{d}x}{\sqrt{1-x^2}}$

(7) $\int_0^2\frac{\mathrm{d}x}{(x-1)^2}$

解： (1) $\int_0^{+\infty}\mathrm{e}^{-x}\mathrm{d}x=\lim\limits_{b\to+\infty}\int_0^b\mathrm{e}^{-x}\mathrm{d}x$

$$= \lim_{b \to +\infty} \left[-\int_0^b e^{-x} d(-x) \right] = \lim_{b \to +\infty} (-e^{-x}) \Big|_0^b$$

$$= \lim_{b \to +\infty} [-(e^{-b} - e^0)] = 1$$

所以 $\int_0^{+\infty} e^{-x} dx$ 收敛于 1.

(2) $\int_1^{+\infty} \frac{dx}{\sqrt{x}} = \lim_{b \to +\infty} \int_1^b \frac{dx}{\sqrt{x}} = \lim_{b \to +\infty} 2x^{\frac{1}{2}} \Big|_1^b$

$$= \lim_{b \to +\infty} 2(\sqrt{b} - 1) = +\infty$$

所以 $\int_1^{+\infty} \frac{dx}{\sqrt{x}}$ 发散.

注释 计算广义积分时先用极限的方法将广义积分转化为常义积分，解出常义积分后，再通过求极限，得到广义积分的结果. 为了书写方便，广义积分也可采用下列记号（设 $F(x)$ 是 $f(x)$ 的一个原函数）：

$$\int_a^{+\infty} f(x) dx = F(x) \Big|_a^{+\infty} = \lim_{x \to +\infty} F(x) - F(a)$$

$$\int_{-\infty}^b f(x) dx = F(x) \Big|_{-\infty}^b = F(b) - \lim_{x \to -\infty} F(x)$$

$$\int_{-\infty}^{+\infty} f(x) dx = F(x) \Big|_{-\infty}^{+\infty} = \lim_{x \to +\infty} F(x) - \lim_{x \to -\infty} F(x)$$

那么前边的第(1)和(2)题可以书写如下：

$$\int_0^{+\infty} e^{-x} dx = -\int_0^{+\infty} e^{-x} d(-x) = -e^{-x} \Big|_0^{+\infty} = 1$$

$$\int_1^{+\infty} \frac{dx}{\sqrt{x}} = 2x^{\frac{1}{2}} \Big|_1^{+\infty} = +\infty$$

(3) $\int_0^{+\infty} x e^{-x} dx \xlongequal{\text{分部}} -x e^{-x} \Big|_0^{+\infty} + \int_0^{+\infty} e^{-x} dx$

$$= \lim_{x \to +\infty} \frac{-x}{e^x} - e^{-x} \Big|_0^{+\infty} = 0 + 1 = 1$$

所以 $\int_0^{+\infty} x e^{-x} dx$ 收敛于 1.

(4) $\int_{-\infty}^{+\infty} \frac{x}{\sqrt{1+x^2}} dx = \int_{-\infty}^0 \frac{x}{\sqrt{1+x^2}} dx + \int_0^{+\infty} \frac{x}{\sqrt{1+x^2}} dx$

其中 $\int_0^{+\infty} \frac{x}{\sqrt{1+x^2}} dx = \sqrt{1+x^2} \Big|_0^{+\infty} = +\infty$，即 $\int_0^{+\infty} \frac{x}{\sqrt{1+x^2}} dx$ 发散，故 $\int_{-\infty}^{+\infty} \frac{x}{\sqrt{1+x^2}} dx$ 发散.

注释 广义积分 $\int_{-\infty}^{+\infty} f(x)\mathrm{d}x$ 的定义是

$$\int_{-\infty}^{+\infty} f(x)\mathrm{d}x = \lim_{a\to-\infty}\int_a^c f(x)\mathrm{d}x + \lim_{b\to+\infty}\int_c^b f(x)\mathrm{d}x$$

而不是 $\int_{-\infty}^{+\infty} f(x)\mathrm{d}x = \lim\limits_{a\to+\infty}\int_{-a}^a f(x)\mathrm{d}x$

定义中 a，b 是独立地趋向于无限大，其变化速度未必是一致的.

例如 $\int_{-\infty}^{+\infty} x\mathrm{d}x = \int_{-\infty}^0 x\mathrm{d}x + \int_0^{+\infty} x\mathrm{d}x$

其中，两项广义积分都是发散的，所以 $\int_{-\infty}^{+\infty} x\mathrm{d}x$ 发散. 如果使用下面的方法，则得出错误的结果：

$$\int_{-\infty}^{+\infty} x\mathrm{d}x = \lim_{a\to+\infty}\int_{-a}^a x\mathrm{d}x = \lim_{a\to+\infty}\left.\frac{x^2}{2}\right|_{-a}^a = 0$$

(5) $x=1$ 是瑕点.

$$\int_0^1 \frac{\mathrm{d}x}{\sqrt{1-x}} = \lim_{\varepsilon\to0^+}\int_0^{1-\varepsilon}\frac{\mathrm{d}x}{\sqrt{1-x}} = \lim_{\varepsilon\to0^+}\left[-\int_0^{1-\varepsilon}(1-x)^{-\frac{1}{2}}\mathrm{d}(1-x)\right]$$

$$= \lim_{\varepsilon\to0^+}\left[-2(1-x)^{\frac{1}{2}}\Big|_0^{1-\varepsilon}\right]$$

$$= \lim_{\varepsilon\to0^+}(-2\sqrt{\varepsilon}+2) = 2$$

所以 $\int_0^1 \frac{\mathrm{d}x}{\sqrt{1-x}}$ 收敛于 2.

(6) $x=-1$ 与 $x=1$ 都是瑕点.

$$\int_{-1}^1 \frac{\mathrm{d}x}{\sqrt{1-x^2}} = \int_{-1}^0 \frac{\mathrm{d}x}{\sqrt{1-x^2}} + \int_0^1 \frac{\mathrm{d}x}{\sqrt{1-x^2}}$$

$$= \lim_{\varepsilon_1\to0^+}\int_{-1+\varepsilon_1}^0 \frac{\mathrm{d}x}{\sqrt{1-x^2}} + \lim_{\varepsilon_2\to0^+}\int_0^{1-\varepsilon_2}\frac{\mathrm{d}x}{\sqrt{1-x^2}}$$

$$= \lim_{\varepsilon_1\to0^+}\arcsin x\Big|_{-1+\varepsilon_1}^0 + \lim_{\varepsilon_2\to0^+}\arcsin x\Big|_0^{1-\varepsilon_2}$$

$$= \frac{\pi}{2}+\frac{\pi}{2} = \pi$$

所以 $\int_{-1}^1 \frac{\mathrm{d}x}{\sqrt{1-x^2}}$ 收敛于 π.

(7) $x=1$ 是瑕点.

$$\int_0^2 \frac{\mathrm{d}x}{(x-1)^2} = \int_0^1 \frac{\mathrm{d}x}{(x-1)^2} + \int_1^2 \frac{\mathrm{d}x}{(x-1)^2}$$

其中 $\int_0^1 \frac{\mathrm{d}x}{(x-1)^2} = \lim\limits_{\varepsilon\to0^+}\int_0^{1-\varepsilon}\frac{\mathrm{d}(x-1)}{(x-1)^2} = \lim\limits_{\varepsilon\to0^+}\left.\frac{-1}{x-1}\right|_0^{1-\varepsilon}$

$$= \lim_{\varepsilon\to0^+}\frac{1}{\varepsilon}-1 = +\infty$$

所以 $\int_0^2 \frac{\mathrm{d}x}{(x-1)^2}$ 发散.

注释 对积分区间内有瑕点的积分，要特别注意找出瑕点，不要忽略，否则会把广义积分当作常义积分计算而导致错误.

例如第(7)题，如果忽略了瑕点，按下面的做法，则会得出错误的结果：

$$\int_0^2 \frac{\mathrm{d}x}{(x-1)^2} = \frac{-1}{x-1}\bigg|_0^2 = -1-1 = -2$$

注释 对积分区间内有瑕点的广义积分，例如 $f(x)$ 在 $[a, b]$ 内有瑕点 $x=c$，广义积分 $\int_a^b f(x)$ 的定义是

$$\int_a^b f(x)\mathrm{d}x = \lim_{\varepsilon_1\to 0^+}\int_a^{c-\varepsilon_1} f(x)\mathrm{d}x + \lim_{\varepsilon_2\to 0^+}\int_{c+\varepsilon_2}^b f(x)\mathrm{d}x$$

而不是 $$\int_a^b f(x)\mathrm{d}x = \lim_{\varepsilon\to 0^+}\left[\int_a^{c-\varepsilon} f(x)\mathrm{d}x + \int_{c+\varepsilon}^b f(x)\mathrm{d}x\right]$$

定义中 ε_1，ε_2 各自独立地趋向于 0^+.

例如，$\int_{-1}^1 \frac{\mathrm{d}x}{x^3} = \lim_{\varepsilon_1\to 0^+}\int_{-1}^{0-\varepsilon_1}\frac{\mathrm{d}x}{x^3} + \lim_{\varepsilon_2\to 0^+}\int_{0+\varepsilon_2}^1 \frac{\mathrm{d}x}{x^3}$，结果发散，但如果按下面的做法，则得出错误的结果：

$$\begin{aligned}\int_{-1}^1 \frac{\mathrm{d}x}{x^3} &= \lim_{\varepsilon\to 0^+}\left[\int_{-1}^{0-\varepsilon}\frac{\mathrm{d}x}{x^3} + \int_{0+\varepsilon}^1 \frac{\mathrm{d}x}{x^3}\right] \\ &= -\frac{1}{2}\lim_{\varepsilon\to 0^+}\left[\frac{1}{x^2}\bigg|_{-1}^{-\varepsilon} + \frac{1}{x^2}\bigg|_{\varepsilon}^1\right] \\ &= -\frac{1}{2}\lim_{\varepsilon\to 0^+}\left(\frac{1}{\varepsilon^2} - 1 + 1 - \frac{1}{\varepsilon^2}\right) = 0\end{aligned}$$

30. 判断广义积分 $\int_0^2 \frac{\mathrm{d}x}{x^2-4x+3}$ 的敛散性.

解： $\frac{1}{x^2-4x+3} = \frac{1}{(x-1)(x-3)}$，所以在区间 $[0, 2]$ 内 $x=1$ 为瑕点.

于是 $$\int_0^2 \frac{\mathrm{d}x}{x^2-4x+3} = \int_0^1 \frac{\mathrm{d}x}{x^2-4x+3} + \int_1^2 \frac{\mathrm{d}x}{x^2-4x+3}$$

其中 $$\begin{aligned}\int_0^1 \frac{\mathrm{d}x}{x^2-4x+3} &= \lim_{\varepsilon\to 0^+}\int_0^{1-\varepsilon}\frac{\mathrm{d}x}{x^2-4x+3} \\ &= \lim_{\varepsilon\to 0^+}\int_0^{1-\varepsilon}\frac{1}{2}\left(\frac{1}{x-3} - \frac{1}{x-1}\right)\mathrm{d}x \\ &= \frac{1}{2}\lim_{\varepsilon\to 0^+}[\ln|x-3| - \ln|x-1|]\bigg|_0^{1-\varepsilon}\end{aligned}$$

$$=\frac{1}{2}\lim_{\varepsilon\to 0^+}\ln\left|\frac{x-3}{x-1}\right|\Bigg|_0^{1-\varepsilon}$$

$$=\frac{1}{2}\left(\lim_{\varepsilon\to 0^+}\ln\left|\frac{1-\varepsilon-3}{1-\varepsilon-1}\right|-\ln 3\right)$$

$$=\frac{1}{2}\lim_{\varepsilon\to 0^+}\ln\frac{2+\varepsilon}{\varepsilon}-\frac{1}{2}\ln 3=+\infty$$

所以 $\int_0^2\frac{\mathrm{d}x}{x^2-4x+3}$ 发散.

31. 当 k 为何值时，广义积分 $\int_2^{+\infty}\frac{\mathrm{d}x}{x(\ln x)^k}$ 收敛？为何值时发散？

解： 当 $k\neq 1$ 时

$$\int_2^{+\infty}\frac{\mathrm{d}x}{x(\ln x)^k}=\int_2^{+\infty}(\ln x)^{-k}\mathrm{d}\ln x=\frac{1}{1-k}(\ln x)^{1-k}\Bigg|_2^{+\infty}$$

$$=\begin{cases}\dfrac{1}{k-1}(\ln 2)^{1-k}, & k>1\\ +\infty, & k<1\end{cases}$$

当 $k=1$ 时

$$\int_2^{+\infty}\frac{\mathrm{d}x}{x\ln x}=[\ln|\ln x|]\Big|_2^{+\infty}=+\infty$$

所以广义积分 $\int_2^{+\infty}\frac{\mathrm{d}x}{x(\ln x)^k}$ 当 $k>1$ 时收敛，当 $k\leqslant 1$ 时发散.

32. 计算 $y=\mathrm{e}^{-x}$ 与直线 $y=0$ 之间位于第一象限内的平面图形绕 x 轴旋转产生的旋转体的体积.

解： $V_x=\pi\int_0^{+\infty}(\mathrm{e}^{-x})^2\mathrm{d}x=\pi\int_0^{+\infty}\mathrm{e}^{-2x}\mathrm{d}x=\pi\lim_{b\to+\infty}\left(-\frac{1}{2}\mathrm{e}^{-2x}\right)\Bigg|_0^b$

$$=-\frac{\pi}{2}\lim_{b\to+\infty}(\mathrm{e}^{-2b}-1)=\frac{\pi}{2}$$

33. 计算：

(1) $\dfrac{\Gamma(7)}{2\Gamma(4)\Gamma(3)}$　　(2) $\dfrac{\Gamma(3)\Gamma\left(\frac{3}{2}\right)}{\Gamma\left(\frac{9}{2}\right)}$

(3) $\int_0^{+\infty}x^4\mathrm{e}^{-x}\mathrm{d}x$　　(4) $\int_0^{+\infty}x^2\mathrm{e}^{-2x^2}\mathrm{d}x$

解： (1) $\dfrac{\Gamma(7)}{2\Gamma(4)\Gamma(3)}=\dfrac{6!}{2\times 3!\times 2!}=30$

(2) $\dfrac{\Gamma(3)\Gamma\left(\frac{3}{2}\right)}{\Gamma\left(\frac{9}{2}\right)}=\dfrac{2!\times\frac{1}{2}\times\Gamma\left(\frac{1}{2}\right)}{\frac{7}{2}\times\frac{5}{2}\times\frac{3}{2}\times\frac{1}{2}\times\Gamma\left(\frac{1}{2}\right)}=\dfrac{16}{105}$

(3) $\int_0^{+\infty}x^4\mathrm{e}^{-x}\mathrm{d}x=\Gamma(5)=4!=24$

(4) 令 $2x^2=t$，则 $\mathrm{d}x=\dfrac{\mathrm{d}t}{4x}$，故

$$\int_0^{+\infty} x^2 e^{-2x^2} dx = \int_0^{+\infty} \frac{\sqrt{t}}{4\sqrt{2}} e^{-t} dt = \frac{1}{4\sqrt{2}} \int_0^{+\infty} t^{\frac{1}{2}} e^{-t} dt$$
$$= \frac{1}{4\sqrt{2}} \Gamma\left(\frac{3}{2}\right) = \frac{\sqrt{2}}{8} \times \frac{1}{2} \Gamma\left(\frac{1}{2}\right)$$
$$= \frac{\sqrt{2}}{16}\sqrt{\pi}$$

(B)

1. 下列等式正确的是[　　].

(A) $\int f'(x)dx = f(x)$　　　(B) $\frac{d}{dx}\int f(x)dx = f(x) + C$

(C) $\frac{d}{dx}\int_a^b f(x)dx = f(x)$　　　(D) $\frac{d}{dx}\int_a^b f(x)dx = 0$

解: (A) $\int f'(x)dx = f(x) + C$

(B) $\frac{d}{dx}\int f(x)dx = f(x)$

(C)、(D) $\frac{d}{dx}\int_a^b f(x)dx = 0$

故本题应选(D).

2. 如果 $f(x)$ 在$[-1, 1]$上连续，且平均值为 2，则 $\int_1^{-1} f(x)dx =$ [　　].

(A) -1　　(B) 1　　(C) -4　　(D) 4

解: $f(x)$ 在$[-1, 1]$上的平均值为

$$\frac{1}{1-(-1)}\int_{-1}^1 f(x)dx = \frac{1}{2}\int_{-1}^1 f(x)dx$$

根据题设$\frac{1}{2}\int_{-1}^1 f(x)dx = 2$，即$\int_{-1}^1 f(x)dx = 4$，那么

$$\int_1^{-1} f(x)dx = -\int_{-1}^1 f(x)dx = -4$$

故本题应选(C).

3. 下列积分可直接使用牛顿-莱布尼茨公式的是[　　].

(A) $\int_0^5 \frac{x^3}{x^2+1}dx$　　　(B) $\int_{-1}^1 \frac{dx}{\sqrt{1-x^2}}$

(C) $\int_0^4 \frac{x dx}{(x^{\frac{3}{2}}-5)^2}$　　　(D) $\int_{\frac{1}{e}}^1 \frac{dx}{x\ln x}$

解: (A) 被积函数$\frac{x^3}{x^2+1}$ 在$[0, 5]$上连续，可直接使用牛顿-莱布尼茨公式.

故本题应选(A).

(B) 被积函数$\frac{1}{\sqrt{1-x^2}}$ 在积分区间$[-1, 1]$上点 $x=-1$ 及 $x=1$ 处无界.

(C) 被积函数$\dfrac{x}{\sqrt{(x^{\frac{3}{2}}-5)^2}}$在积分区间$[0, 4]$上点$x=\sqrt[3]{25}$处无界($\sqrt[3]{25}\in[0, 4]$).

(D) 被积函数$\dfrac{1}{x\ln x}$在积分区间$\left[\dfrac{1}{e}, 1\right]$上点$x=1$处无界.

故(B)、(C)、(D) 均不能直接使用牛顿-莱布尼茨公式.

4. $\int_{-\frac{\pi}{2}}^{\frac{\pi}{2}}|\sin x|\mathrm{d}x\neq$[　　].

(A) 0　　(B) $2\int_0^{\frac{\pi}{2}}|\sin x|\mathrm{d}x$

(C) $2\int_{-\frac{\pi}{2}}^{0}(-\sin x)\mathrm{d}x$　　(D) $2\int_0^{\frac{\pi}{2}}\sin x\mathrm{d}x$

解: 从定积分的几何意义(见图 6-20) 可以看出(B)、(C)、(D) 均正确. 只有(A) 不正确.

故本题应选(A).

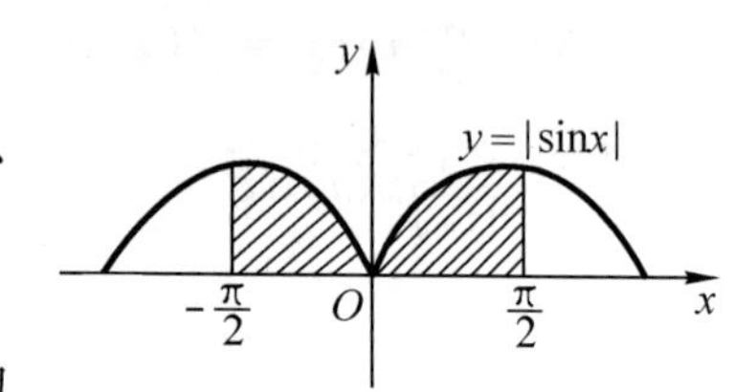

图 6-20

5. 根据定积分的几何意义，下列各式中正确的是[　　].

(A) $\int_{-\frac{\pi}{2}}^{0}\cos x\mathrm{d}x<\int_0^{\frac{\pi}{2}}\cos x\mathrm{d}x$　　(B) $\int_{-\frac{\pi}{2}}^{\frac{\pi}{2}}\cos x\mathrm{d}x=\int_{\frac{\pi}{2}}^{\frac{3}{2}\pi}\cos x\mathrm{d}x$

(C) $\int_0^{\pi}\sin x\mathrm{d}x=0$　　(D) $\int_0^{2\pi}\sin x\mathrm{d}x=0$

解: 如图 6-21 所示.

(A) $\int_{-\frac{\pi}{2}}^{0}\cos x\mathrm{d}x=\int_0^{\frac{\pi}{2}}\cos x\mathrm{d}x$　　(B) $\int_{-\frac{\pi}{2}}^{\frac{\pi}{2}}\cos x\mathrm{d}x=-\int_{\frac{\pi}{2}}^{\frac{3}{2}\pi}\cos x\mathrm{d}x$

(C) $\int_0^{\pi}\sin x\mathrm{d}x>0$　　(D) $\int_0^{2\pi}\sin x\mathrm{d}x=0$

故本题应选(D).

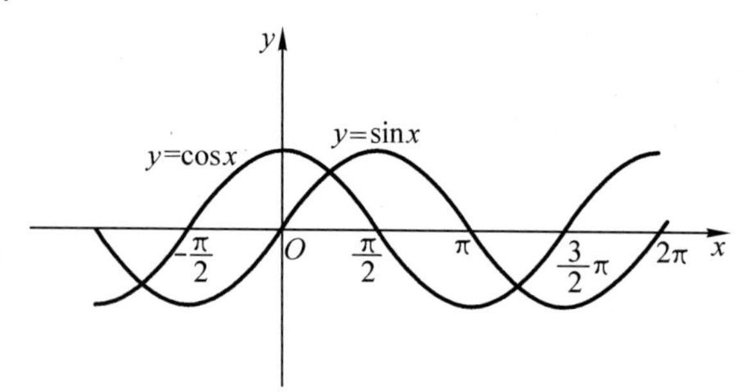

图 6-21

6. 使积分$\int_0^2 kx(1+x^2)^{-2}\mathrm{d}x=32$的常数$k=$[　　].

(A) 40　　(B) -40

(C) 80　　(D) -80

解：$\int_0^2 kx(1+x^2)^{-2}\mathrm{d}x = \frac{k}{2}\int_0^2 (1+x^2)^{-2}\mathrm{d}(1+x^2)$

$$= \frac{k}{2}\left(\frac{-1}{1+x^2}\right)\Big|_0^2 = \frac{k}{2}\left(-\frac{1}{5}+1\right) = \frac{2}{5}k$$

根据题设$\frac{2}{5}k=32$，所以 $k=80$.

故本题应选(C).

7. 设 $f(x)=\begin{cases}2^x+1, & -1\leqslant x<0\\ \sqrt{1-x}, & 0\leqslant x\leqslant 1\end{cases}$，则$\int_{-1}^1 f(x)\mathrm{d}x=$[　　].

(A) $\frac{1}{2\ln 2}+\frac{1}{3}$　　(B) $\frac{1}{2\ln 2}+\frac{5}{3}$

(C) $\frac{1}{2\ln 2}-\frac{1}{3}$　　(D) $\frac{1}{2\ln 2}-\frac{5}{3}$

解：$\int_{-1}^1 f(x)\mathrm{d}x = \int_{-1}^0 (2^x+1)\mathrm{d}x + \int_0^1 \sqrt{1-x}\,\mathrm{d}x$

$$= \left(\frac{2^x}{\ln 2}+x\right)\Big|_{-1}^0 - \frac{2}{3}(1-x)^{\frac{3}{2}}\Big|_0^1$$

$$= \frac{1}{\ln 2}-\frac{1}{2\ln 2}+1+\frac{2}{3} = \frac{1}{2\ln 2}+\frac{5}{3}$$

故本题应选(B).

注释　第7题的被积函数在点 $x=0$ 处不连续，但 $f(x)$ 在$[-1, 1]$上有界，且只有一个间断点，故 $f(x)$ 在$[-1, 1]$上可积.

8. $\int_0^{\frac{\pi}{2}} \left|\frac{1}{2}-\sin x\right|\mathrm{d}x=$[　　].

(A) $\frac{\pi}{4}-1$　　(B) $-\frac{\pi}{4}$　　(C) $\sqrt{3}-\frac{\pi}{12}-1$　　(D) 0

解：$\int_0^{\frac{\pi}{2}} \left|\frac{1}{2}-\sin x\right|\mathrm{d}x = \int_0^{\frac{\pi}{6}}\left(\frac{1}{2}-\sin x\right)\mathrm{d}x + \int_{\frac{\pi}{6}}^{\frac{\pi}{2}}\left(\sin x-\frac{1}{2}\right)\mathrm{d}x$

$$= \left(\frac{x}{2}+\cos x\right)\Big|_0^{\frac{\pi}{6}} - \left(\cos x+\frac{x}{2}\right)\Big|_{\frac{\pi}{6}}^{\frac{\pi}{2}}$$

$$= \frac{\pi}{12}+\frac{\sqrt{3}}{2}-1-\frac{\pi}{4}+\frac{\sqrt{3}}{2}+\frac{\pi}{12}$$

$$= \sqrt{3}-\frac{\pi}{12}-1$$

故本题应选(C).

9. 设函数$\varphi''(x)$在$[a, b]$上连续，且$\varphi'(b)=a$，$\varphi'(a)=b$，则$\int_a^b \varphi'(x)\varphi''(x)\mathrm{d}x=$[　　].

(A) $a-b$　　(B) $\frac{1}{2}(a-b)$

(C) a^2-b^2 (D) $\frac{1}{2}(a^2-b^2)$

解: $\int_a^b \varphi'(x)\varphi''(x)\mathrm{d}x=\int_a^b \varphi'(x)\mathrm{d}\varphi'(x)=\frac{1}{2}[\varphi'(x)]^2\Big|_a^b$

$$=\frac{1}{2}\{[\varphi'(b)]^2-[\varphi'(a)]^2\}=\frac{1}{2}(a^2-b^2)$$

故本题应选(D).

10. $f(x)$ 在$[-a,a]$上连续，则下列各式中一定正确的是[　　].

(A) $\int_{-a}^{a} f(x)\mathrm{d}x=0$ (B) $\int_{-a}^{a} f(x)\mathrm{d}x=2\int_0^a f(x)\mathrm{d}x$

(C) $\int_{-a}^{a} f(x)\mathrm{d}x=\int_0^a [f(x)+f(-x)]\mathrm{d}x$

(D) $\int_{-a}^{a} f(x)\mathrm{d}x=\int_0^a [f(x)-f(-x)]\mathrm{d}x$

解: 题中未给出 $f(x)$ 的奇偶性，若 $f(x)$ 为奇函数，则(A) 成立，若 $f(x)$ 为偶函数，则(B) 成立，但对一般函数来说，(A) 和 (B) 的结论不一定正确.

$$\int_{-a}^{a} f(x)\mathrm{d}x=\int_{-a}^{0} f(x)+\int_0^a f(x)\mathrm{d}x$$

其中 $\int_{-a}^{0} f(x)\mathrm{d}x \xlongequal{x=-t} \int_a^0 -f(-t)\mathrm{d}t=\int_0^a f(-t)\mathrm{d}t=\int_0^a f(-x)\mathrm{d}x$

于是有 $\int_{-a}^{a} f(x)\mathrm{d}x=\int_0^a f(x)\mathrm{d}x+\int_0^a f(-x)\mathrm{d}x$

$$=\int_0^a [f(x)+f(-x)]\mathrm{d}x$$

所以(C) 正确，从而(D) 不正确.

故本题应选(C).

11. $\int_a^b f'(2x)\mathrm{d}x=$[　　].

(A) $f(b)-f(a)$ (B) $f(2b)-f(2a)$

(C) $\frac{1}{2}[f(2b)-f(2a)]$ (D) $2[f(2b)-f(2a)]$

解: $\int_a^b f'(2x)\mathrm{d}x \xlongequal{2x=t} \frac{1}{2}\int_{2a}^{2b} f'(t)\mathrm{d}t$

$$=\frac{1}{2}f(t)\Big|_{2a}^{2b}=\frac{1}{2}[f(2b)-f(2a)]$$

故本题应选(C).

12. 设 $f(x)$ 是连续函数，a, b 为常数，则下列说法中不正确的是[　　].

(A) $\int_a^b f(x)\mathrm{d}x$ 是常数

(B) $\int_a^b xf(t)\mathrm{d}t$ 是 x 的函数

(C) $\int_a^x f(t)\mathrm{d}t$ 是 x 的函数

(D) $\int_0^{\frac{b}{x}} xf(tx)\mathrm{d}t$ 是 x 和 t 的函数

解：(A) 和 (C) 显然正确.

(B) 中被积函数除含积分变量 t 外还含有 x，但 x 与积分变量 t 无关，可以提到积分号外面，即

$$\int_a^b xf(t)\mathrm{d}t = x\int_a^b f(t)\mathrm{d}t$$

其结果是 x 的函数.

(D) 中被积表达式除含有积分变量 t 外，还含有 x，使用换元法

$$\int_a^{\frac{b}{x}} xf(tx)\mathrm{d}t \xlongequal{tx=u} \int_{ax}^{b} f(u)\mathrm{d}u = -\int_b^{ax} f(u)\mathrm{d}u$$

这个变上限定积分的结果是 x 的函数，不包含 t.

故本题应选(D).

13. $y=\int_0^x (t-1)^2(t+2)\mathrm{d}t$，则 $\left.\frac{\mathrm{d}y}{\mathrm{d}x}\right|_{x=0}=$ [　　].

(A) -2　　(B) 2　　(C) -1　　(D) 1

解：$\frac{\mathrm{d}y}{\mathrm{d}x}=\frac{\mathrm{d}}{\mathrm{d}x}\int_0^x (t-1)^2(t+2)\mathrm{d}t=(x-1)^2(x+2)$

$$\left.\frac{\mathrm{d}y}{\mathrm{d}x}\right|_{x=0}=2$$

故本题应选(B).

14. 已知 $F(x)$ 是 $f(x)$ 的原函数，则 $\int_a^x f(t+a)\mathrm{d}t=$ [　　].

(A) $F(x)-F(a)$　　(B) $F(t)-F(a)$

(C) $F(x+a)-F(x-a)$　　(D) $F(x+a)-F(2a)$

解：$\int_a^x f(t+a)\mathrm{d}t \xlongequal{t+a=u} \int_{2a}^{x+a} f(u)\mathrm{d}u = F(u)\Big|_{2a}^{x+a}$

$$=F(x+a)-F(2a)$$

故本题应选(D).

15. 函数 $f(x)=\int_0^x \frac{2}{3}t^{-\frac{1}{3}}\mathrm{d}t$ 在$[-1, 1]$上有[　　].

(A) 驻点　　(B) 极大值

(C) 极小值　　(D) 拐点

解：$f'(x)=\frac{2}{3}x^{-\frac{1}{3}}$

$$f''(x)=-\frac{2}{9}x^{-\frac{4}{3}}$$

$f'(x)\neq 0$，所以 $f(x)$ 无驻点，否定(A).

$f''(x)\neq 0$，$f''(x)<0$，所以 $f(x)$ 无拐点，否定(D).

令 $\frac{1}{f'(x)}=0$，$x=0$，当 $-1<x<0$ 时 $f'(x)<0$，当 $0<x<1$ 时 $f'(x)>0$.

$$f(0)=\int_0^0 \frac{2}{3}t^{-\frac{1}{3}}\mathrm{d}t=0$$

所以 $f(x)$ 在点 $x=0$ 处有极小值 $f(0)=0$.

故本题应选(C).

16. 设函数 $y=\int_0^x (t-1)\mathrm{d}t$，则 y 有[　　].

(A) 极小值$\frac{1}{2}$　　(B) 极小值$-\frac{1}{2}$

(C) 极大值$\frac{1}{2}$　　(D) 极大值$-\frac{1}{2}$

解: $y'=\left[\int_0^x (t-1)\mathrm{d}t\right]'=x-1$

令 $y'=0$，得 $x=1$，$y''=1>0$.

当 $x=1$ 时

$$y=\int_0^1 (x-1)\mathrm{d}x=\left(\frac{x^2}{2}-x\right)\Big|_0^1=\frac{1}{2}-1=-\frac{1}{2}$$

所以函数 y 在点 $x=1$ 处有极小值 $-\frac{1}{2}$.

故本题应选(B).

17. 设 $f(x)=\int_a^x 12t^2\mathrm{d}t$ 且 $\int_0^1 f(x)\mathrm{d}x=1$，则 $a=$[　　].

(A) 0　　(B) -1　　(C) 1　　(D) 2

解: $f(x)=\int_a^x 12t^2\mathrm{d}t=4t^3\Big|_a^x=4(x^3-a^3)$

$$\int_0^1 f(x)\mathrm{d}x=\int_0^1 4(x^3-a^3)\mathrm{d}x=(x^4-4a^3x)\Big|_0^1$$
$$=1-4a^3$$

根据题设 $1-4a^3=1$，所以 $a=0$.

故本题应选(A).

18. 设 $\frac{\mathrm{d}}{\mathrm{d}x}\int_0^{\mathrm{e}^{-x}} f(t)\mathrm{d}t=\mathrm{e}^x$，则 $f(x)=$[　　].

(A) x^2　　(B) $-x^{-2}$　　(C) e^{2x}　　(D) $-\mathrm{e}^{-2x}$

解: $\frac{\mathrm{d}}{\mathrm{d}x}\int_0^{\mathrm{e}^{-x}} f(t)\mathrm{d}t=f(\mathrm{e}^{-x})(\mathrm{e}^{-x})'=-f(\mathrm{e}^{-x})\mathrm{e}^{-x}$

根据题设 $-f(\mathrm{e}^{-x})\mathrm{e}^{-x}=\mathrm{e}^x$

可得　　$f(\mathrm{e}^{-x})=-\mathrm{e}^{2x}$

令 $\mathrm{e}^{-x}=t$，则有 $f(t)=-t^{-2}$，所以有 $f(x)=-x^{-2}$.

故本题应选(B).

19. 设 $f(x)$ 为连续函数，$F(x)=\frac{1}{h}\int_{x-h}^{x+h} f(t)\mathrm{d}t\ (h>0)$，则 $\frac{\mathrm{d}}{\mathrm{d}x}F(x)=$[　　].

(A) $\frac{1}{h}f(x+h)$　　(B) $-\frac{1}{h}f(x-h)$

(C) $\frac{1}{h}[f(x+h)-f(x-h)]$ (D) $\frac{1}{h}[f(x+h)+f(x-h)]$

解: $F(x)=\frac{1}{h}\int_{x-h}^{x+h}f(t)\mathrm{d}t=\frac{1}{h}\int_{x-h}^{0}f(t)\mathrm{d}t+\frac{1}{h}\int_{0}^{x+h}f(t)\mathrm{d}t$

$$=\frac{1}{h}\int_{0}^{x+h}f(t)\mathrm{d}t-\frac{1}{h}\int_{0}^{x-h}f(t)\mathrm{d}t$$

$$\frac{\mathrm{d}}{\mathrm{d}x}F(x)=\frac{1}{h}f(x+h)(x+h)'-\frac{1}{h}f(x-h)(x-h)'$$

$$=\frac{1}{h}[f(x+h)-f(x-h)]$$

故本题应选(C).

20. 设 $f(x)=\int_{0}^{\sin x}\sin t^2\mathrm{d}t$，$g(x)=x^3+x^4$，当 $x\to 0$ 时，$f(x)$ 是 $g(x)$ 的[ ].

(A) 等价无穷小量 (B) 同阶但非等价无穷小量

(C) 高阶无穷小量 (D) 低阶无穷小量

解: $\lim\limits_{x\to 0}\frac{f(x)}{g(x)}=\lim\limits_{x\to 0}\frac{\int_{0}^{\sin x}\sin t^2\mathrm{d}t}{x^3+x^4}$

$$\overset{\frac{0}{0}}{=\!=}\lim_{x\to 0}\frac{\sin(\sin x)^2\cos x}{3x^2+4x^3}$$

$$=\lim_{x\to 0}\frac{(\sin x)^2\cos x}{x^2(3+4x)}\quad (\text{利用 } \sin(\sin x)^2\sim(\sin x)^2\quad (x\to 0))$$

$$=\lim_{x\to 0}\left(\frac{\sin x}{x}\right)^2\cdot\lim_{x\to 0}\frac{\cos x}{3+4x}$$

$$=\frac{1}{3}$$

所以当 $x\to 0$ 时 $f(x)$ 与 $g(x)$ 是同阶但非等价无穷小量.

故本题应选(B).

21. $\frac{\mathrm{d}}{\mathrm{d}x}\int_{a}^{x}g(x)f(t)\mathrm{d}t=[\quad]$.

(A) $g(x)f(x)$ (B) $g'(x)f'(x)$

(C) $g'(x)f(x)+g(x)f'(x)$ (D) $g(x)f(x)+g'(x)\int_{a}^{x}f(t)\mathrm{d}t$

解: $\frac{\mathrm{d}}{\mathrm{d}x}\int_{a}^{x}g(x)f(t)\mathrm{d}t=\left[g(x)\int_{a}^{x}f(t)\mathrm{d}t\right]'$

$$=g'(x)\int_{a}^{x}f(t)\mathrm{d}t+g(x)\left[\int_{a}^{x}f(t)\mathrm{d}t\right]'$$

$$=g'(x)\int_{a}^{x}f(t)\mathrm{d}t+g(x)f(x)$$

故本题应选(D).

22. 设曲线 $y=f(x)$ 在$[a,b]$上连续，则曲线 $y=f(x)$，$x=a$，$x=b$ 及 x 轴所围成

的图形的面积 $S=$[　　].

(A) $\int_a^b f(x)\mathrm{d}x$　　　　(B) $-\int_a^b f(x)\mathrm{d}x$

(C) $\int_a^b |f(x)|\mathrm{d}x$　　　　(D) $\left|\int_a^b f(x)\mathrm{d}x\right|$

解: 题中未指出在$[a,b]$上，$f(x)$是大于零，还是小于零，是否与x轴相交. 当$f(x)\geqslant 0$时，(A) 正确；当 $f(x)\leqslant 0$时，(B) 和 (D) 正确；无论$f(x)$大于零还是小于零，与x轴相交还是不相交，(C) 总是正确的.

故本题应选(C).

23. 下列图形中阴影部分的面积不等于定积分 $\int_{-\frac{\pi}{2}}^{\pi}\cos x\mathrm{d}x$ 的是[　　].

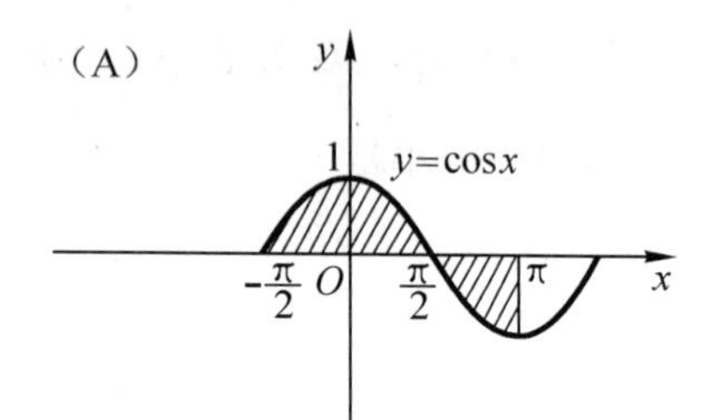

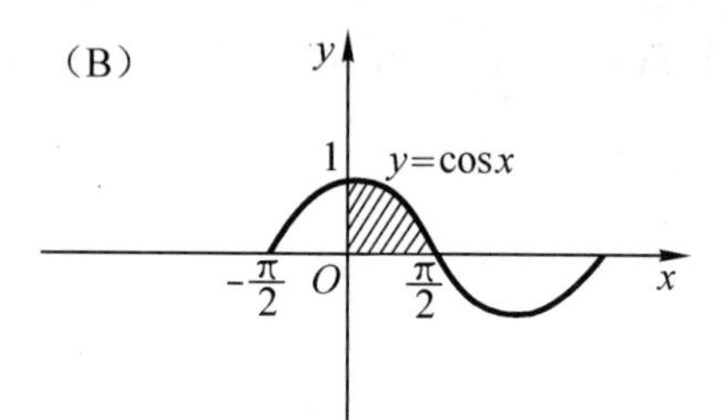

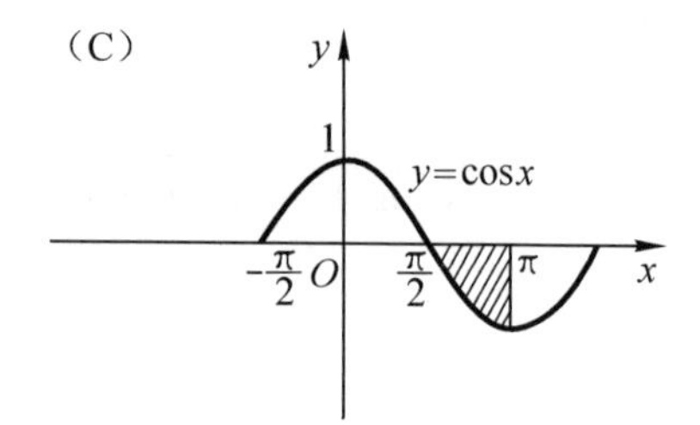

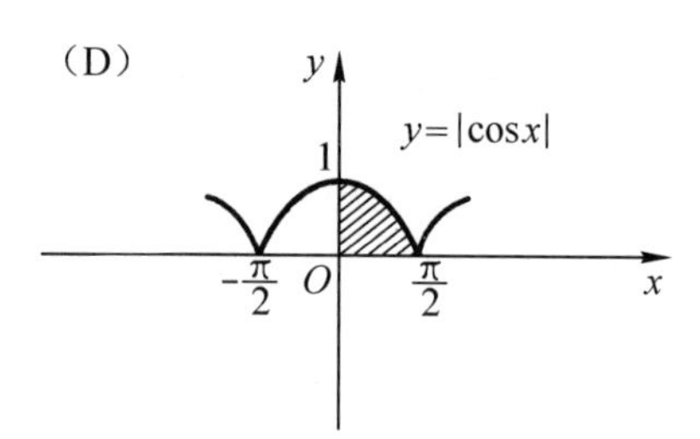

解: $\int_{-\frac{\pi}{2}}^{\pi}\cos x\mathrm{d}x=\int_{-\frac{\pi}{2}}^{\frac{\pi}{2}}\cos x\mathrm{d}x+\int_{\frac{\pi}{2}}^{\pi}\cos x\mathrm{d}x$，其中 $\int_{\frac{\pi}{2}}^{\pi}\cos x\mathrm{d}x<0$.

(A) 中阴影部分的面积等于

$$\int_{-\frac{\pi}{2}}^{\frac{\pi}{2}}\cos x\mathrm{d}x+\int_{\frac{\pi}{2}}^{\pi}-\cos x\mathrm{d}x\neq\int_{-\frac{\pi}{2}}^{\pi}\cos x\mathrm{d}x$$

故本题应选(A).

(B)、(C)、(D) 中阴影部分的面积都等于 $\int_{-\frac{\pi}{2}}^{\pi}\cos x\mathrm{d}x$，即

$$\int_0^{\frac{\pi}{2}}\cos x\mathrm{d}x=-\int_{\frac{\pi}{2}}^{\pi}\cos x\mathrm{d}x=\int_0^{\frac{\pi}{2}}|\cos x|\,\mathrm{d}x=\int_{-\frac{\pi}{2}}^{\pi}\cos x\mathrm{d}x$$

24. 下列积分中不是广义积分的是[　　].

(A) $\int_1^{\mathrm{e}}\frac{\mathrm{d}x}{x\ln x}$　　　　(B) $\int_{-2}^{-1}\frac{\mathrm{d}x}{x}$

(C) $\int_0^1\frac{\mathrm{d}x}{1-\mathrm{e}^x}$　　　　(D) $\int_0^{\frac{\pi}{2}}\frac{\mathrm{d}x}{\cos x}$

解: (B) 中被积函数$\frac{1}{x}$ 在$[-2,-1]$上连续，故 $\int_{-2}^{-1}\frac{\mathrm{d}x}{x}$ 为常义积分，其他均为无界函

数的积分.

故本题应选(B).

(A)$x=1$ 为瑕点,(C) $x=0$ 为瑕点,(D) $x=\frac{\pi}{2}$ 为瑕点.

25. 下列广义积分发散的是[　　].

(A) $\int_{1}^{+\infty}\frac{\mathrm{d}x}{x}$　　(B) $\int_{1}^{+\infty}\frac{\mathrm{d}x}{x\sqrt{x}}$

(C) $\int_{1}^{+\infty}\frac{\mathrm{d}x}{x^2}$　　(D) $\int_{1}^{+\infty}\frac{\mathrm{d}x}{x^2\sqrt{x}}$

解: 根据公式 $\int_{1}^{+\infty}\frac{\mathrm{d}x}{x^p}=\begin{cases}收敛, & p>1\\ 发散, & p\leqslant 1\end{cases}$, 因为

(A) $p=1$　　(B) $p=\frac{3}{2}>1$

(C) $p=2>1$　　(D) $p=\frac{5}{2}>1$

所以(A) 中的广义积分发散.

故本题应选(A).

26. 下列广义积分收敛的是[　　].

(A) $\int_{0}^{1}\frac{\mathrm{d}x}{x}$　　(B) $\int_{0}^{1}\frac{\mathrm{d}x}{\sqrt{x}}$

(C) $\int_{0}^{1}\frac{\mathrm{d}x}{x\sqrt{x}}$　　(D) $\int_{0}^{1}\frac{\mathrm{d}x}{x^3}$

解: 根据公式$\int_{0}^{1}\frac{\mathrm{d}x}{x^p}=\begin{cases}收敛, & p<1\\ 发散, & p\geqslant 1\end{cases}$, 因为

(A) $p=1$　　(B) $p=\frac{1}{2}<1$

(C) $p=\frac{3}{2}>1$　　(D) $p=3>1$

所以(B) 中的广义积分收敛.

故本题应选(B).

27. 已知广义积分 $\int_{0}^{+\infty}\frac{\mathrm{d}x}{1+kx^2}$ 收敛于 1 $(k>0)$, 则 $k=$[　　].

(A) $\frac{\pi}{2}$　　(B) $\frac{\pi^2}{2}$　　(C) $\frac{\sqrt{\pi}}{2}$　　(D) $\frac{\pi^2}{4}$

解: $$\int_{0}^{+\infty}\frac{\mathrm{d}x}{1+kx^2}=\frac{1}{\sqrt{k}}\int_{0}^{+\infty}\frac{\mathrm{d}(\sqrt{k}x)}{1+(\sqrt{k}x)^2}=\frac{1}{\sqrt{k}}\arctan\sqrt{k}x\Big|_{0}^{+\infty}$$
$$=\frac{1}{\sqrt{k}}\cdot\frac{\pi}{2}$$

根据题设 $\frac{1}{\sqrt{k}}\cdot\frac{\pi}{2}=1$, 可得 $\sqrt{k}=\frac{\pi}{2}$, 即 $k=\frac{\pi^2}{4}$.

故本题应选(D).

28. 已知 $f(x)=\begin{cases}0, & x<0\\ \sqrt{x}, & 0\leqslant x\leqslant 1\\ 0, & x>1\end{cases}$，且 $\int_{-\infty}^{+\infty}kf(x)\mathrm{d}x=1$，则 $k=$[　　].

(A) $\frac{2}{3}$　　(B) $\frac{3}{2}$　　(C) 2　　(D) $\frac{1}{2}$

解： $\int_{-\infty}^{+\infty}kf(x)\mathrm{d}x=\int_{-\infty}^{0}k\cdot 0\cdot \mathrm{d}x+\int_{0}^{1}k\sqrt{x}\,\mathrm{d}x+\int_{1}^{+\infty}k\cdot 0\mathrm{d}x$

$$=\frac{2}{3}kx^{\frac{3}{2}}\Big|_{0}^{1}=\frac{2}{3}k$$

根据题设 $\frac{2}{3}k=1$，可得 $k=\frac{3}{2}$.

故本题应选(B).

(二) 参考题(附解答)

(A)

1. 求定积分 $\int_{a}^{b}|2x-(a+b)|\mathrm{d}x$.

解： $2x-(a+b)=0$，$x=\frac{a+b}{2}$，因此

$$\int_{a}^{b}|2x-(a+b)|\mathrm{d}x$$

$$=\int_{a}^{\frac{a+b}{2}}(a+b-2x)\mathrm{d}x+\int_{\frac{a+b}{2}}^{b}(2x-a-b)\mathrm{d}x$$

$$=[(a+b)x-x^2]\Big|_{a}^{\frac{a+b}{2}}+[x^2-(a+b)x]\Big|_{\frac{a+b}{2}}^{b}$$

$$=\frac{1}{2}(a-b)^2$$

2. 求定积分 $\int_{\frac{\pi}{4}}^{\frac{\pi}{2}}\frac{x\cos x+\sin x}{(x\sin x)^2}\mathrm{d}x$.

解： 令 $t=x\sin x$，则 $\mathrm{d}t=(x\cos x+\sin x)\mathrm{d}x$.

当 $x=\frac{\pi}{4}$ 时，$t=\frac{\sqrt{2}}{8}\pi$；当 $x=\frac{\pi}{2}$ 时，$t=\frac{\pi}{2}$. 所以

$$\int_{\frac{\pi}{4}}^{\frac{\pi}{2}}\frac{x\cos x+\sin x}{(x\sin x)^2}\mathrm{d}x=\int_{\frac{\sqrt{2}\pi}{8}}^{\frac{\pi}{2}}\frac{\mathrm{d}t}{t^2}=-\frac{1}{t}\Big|_{\frac{\sqrt{2}\pi}{8}}^{\frac{\pi}{2}}=\frac{2}{\pi}(2\sqrt{2}-1)$$

3. 求定积分 $\int_{0}^{\pi}\sqrt{1+\cos 2x}\,\mathrm{d}x$.

解: $\int_0^{\pi}\sqrt{1+\cos 2x}\,\mathrm{d}x=\int_0^{\pi}\sqrt{2\cos^2 x}\,\mathrm{d}x=\sqrt{2}\int_0^{\pi}|\cos x|\,\mathrm{d}x$

$$=\sqrt{2}\left(\int_0^{\frac{\pi}{2}}\cos x\mathrm{d}x-\int_{\frac{\pi}{2}}^{\pi}\cos x\mathrm{d}x\right)$$

$$=\sqrt{2}\left(\sin x\Big|_0^{\frac{\pi}{2}}-\sin x\Big|_{\frac{\pi}{2}}^{\pi}\right)$$

$$=\sqrt{2}(1+1)=2\sqrt{2}$$

4. 设 $f(x)=\begin{cases}x+2, & x\leqslant 1\\ \frac{1}{2}x^2, & x>1\end{cases}$，求 $\int_0^3 f(x-1)\mathrm{d}x$.

解: 令 $x-1=t$，则 $\mathrm{d}x=\mathrm{d}t$. 当 $x=0$ 时，$t=-1$；当 $x=3$ 时，$t=2$. 从而

$$\int_0^3 f(x-1)\mathrm{d}x=\int_{-1}^2 f(t)\mathrm{d}t=\int_{-1}^1(t+2)\mathrm{d}t+\int_1^2\frac{t^2}{2}\mathrm{d}t=\frac{31}{6}$$

5. 求定积分 $\int_0^{\pi}\frac{x\sin x}{1+\cos^2 x}\mathrm{d}x$.

解: $\int_0^{\pi}\frac{x\sin x}{1+\cos^2 x}\mathrm{d}x=\int_0^{\frac{\pi}{2}}\frac{x\sin x}{1+\cos^2 x}\mathrm{d}x+\int_{\frac{\pi}{2}}^{\pi}\frac{x\sin x}{1+\cos^2 x}\mathrm{d}x$

令 $x=\pi-t$，则 $\mathrm{d}x=-\mathrm{d}t$. 当 $x=\frac{\pi}{2}$ 时，$t=\frac{\pi}{2}$；当 $x=\pi$ 时，$t=0$. 从而

$$\int_{\frac{\pi}{2}}^{\pi}\frac{x\sin x}{1+\cos^2 x}\mathrm{d}x=\int_{\frac{\pi}{2}}^{0}\frac{(\pi-t)\sin(\pi-t)}{1+\cos^2(\pi-t)}(-\mathrm{d}t)=\int_0^{\frac{\pi}{2}}\frac{\pi\sin t-t\sin t}{1+\cos^2 t}\mathrm{d}t$$

于是有

$$\int_0^{\pi}\frac{\pi\sin x}{1+\cos^2 x}\mathrm{d}x=\int_0^{\frac{\pi}{2}}\frac{x\sin x}{1+\cos^2 x}\mathrm{d}x+\int_0^{\frac{\pi}{2}}\frac{\pi\sin x-x\sin x}{1+\cos^2 x}\mathrm{d}x$$

$$=\pi\int_0^{\frac{\pi}{2}}\frac{\sin x}{1+\cos^2 x}\mathrm{d}x=-\pi\int_0^{\frac{\pi}{2}}\frac{\mathrm{d}\cos x}{1+\cos^2 x}$$

$$=-\pi\arctan(\cos x)\Big|_0^{\frac{\pi}{2}}=\frac{\pi^2}{4}$$

6. 设 $f(x)$ 在$[0,1]$上连续，证明：

(1) $\int_0^{\frac{\pi}{2}}f(\sin x)\mathrm{d}x=\int_0^{\frac{\pi}{2}}f(\cos x)\mathrm{d}x$

(2) $\int_0^{\pi}xf(\sin x)\mathrm{d}x=\frac{\pi}{2}\int_0^{\pi}f(\sin x)\mathrm{d}x$

利用(2)中结论计算第5题.

证: (1) 令 $x=\frac{\pi}{2}-t$，则 $\mathrm{d}x=-\mathrm{d}t$. 当 $x=0$ 时，$t=\frac{\pi}{2}$；当 $x=\frac{\pi}{2}$ 时，$t=0$.

从而

$$\int_0^{\frac{\pi}{2}}f(\sin x)\mathrm{d}x=-\int_{\frac{\pi}{2}}^{0}f\left[\sin\left(\frac{\pi}{2}-t\right)\right]\mathrm{d}t$$

$$=\int_0^{\frac{\pi}{2}}f(\cos t)\mathrm{d}t=\int_0^{\frac{\pi}{2}}f(\cos x)\mathrm{d}x$$

(2) 令 $x=\pi-t$，则 $\mathrm{d}x=-\mathrm{d}t$. 当 $x=0$ 时，$t=\pi$；当 $x=\pi$ 时，$t=0$. 从而

$$\int_0^{\pi}xf(\sin x)\mathrm{d}x=-\int_{\pi}^{0}(\pi-t)f[\sin(\pi-t)]\mathrm{d}t$$

$$=\int_0^{\pi}(\pi-t)f(\sin t)\mathrm{d}t=\pi\int_0^{\pi}f(\sin x)\mathrm{d}x-\int_0^{\pi}xf(\sin x)\mathrm{d}x$$

即 $$2\int_0^{\pi}xf(\sin x)\mathrm{d}x=\pi\int_0^{\pi}f(\sin x)\mathrm{d}x$$

于是可得$\int_0^{\pi}xf(\sin x)\mathrm{d}x=\frac{\pi}{2}\int_0^{\pi}f(\sin x)\mathrm{d}x$

利用(2)，计算定积分$\int_0^{\pi}\frac{x\sin x}{1+\cos^2x}\mathrm{d}x$如下：

$$\int_0^{\pi}\frac{x\sin x}{1+\cos^2x}\mathrm{d}x=\frac{\pi}{2}\int_0^{\pi}\frac{\sin x}{1+\cos^2x}\mathrm{d}x=-\frac{\pi}{2}\int_0^{\pi}\frac{\mathrm{d}\cos x}{1+\cos^2x}$$

$$=-\frac{\pi}{2}[\arctan(\cos x)]\Big|_0^{\pi}=-\frac{\pi}{2}\left[-\frac{\pi}{4}-\frac{\pi}{4}\right]=\frac{\pi^2}{4}$$

7. 设$f(x)=\frac{1}{1+x^2}+\sqrt{1-x^2}\int_0^1f(x)\mathrm{d}x$，求$\int_0^1f(x)\mathrm{d}x$.

解： 根据题设有

$$\int_0^1f(x)\mathrm{d}x=\int_0^1\frac{1}{1+x^2}\mathrm{d}x+\int_0^1\left(\int_0^1f(x)\mathrm{d}x\right)\sqrt{1-x^2}\,\mathrm{d}x$$

$$=\arctan x\Big|_0^1+\left(\int_0^1f(x)\mathrm{d}x\right)\int_0^1\sqrt{1-x^2}\,\mathrm{d}x$$

$$=\frac{\pi}{4}+\frac{\pi}{4}\int_0^1f(x)\mathrm{d}x$$

从而有 $$\left(1-\frac{\pi}{4}\right)\int_0^1f(x)\mathrm{d}x=\frac{\pi}{4}$$

所以可得$\int_0^1f(x)\mathrm{d}x=\frac{\pi}{4-\pi}$

8. 求定积分$\int_{-1}^1(|x|+\sin x)x^2\mathrm{d}x$.

解： $\int_{-1}^1(|x|+\sin x)x^2\mathrm{d}x=\int_{-1}^1|x|x^2\mathrm{d}x+\int_{-1}^1x^2\sin x\mathrm{d}x$

$|x|x^2$ 为偶函数，所以 $\int_{-1}^1|x|x^2\mathrm{d}x=2\int_0^1x^3\mathrm{d}x$.

$x^2\sin x$ 为奇函数，所以 $\int_{-1}^1x^2\sin x\mathrm{d}x=0$.

从而 $$\int_{-1}^1(|x|+\sin x)x^2\mathrm{d}x=2\int_0^1x^3\mathrm{d}x+0=\frac{x^4}{2}\Big|_0^1=\frac{1}{2}$$

9. 已知 $f(x)$ 是$(-\infty,+\infty)$内的连续函数，求极限

$$\lim_{x\to0}\frac{\int_0^xf(t)(x-t)\mathrm{d}t}{x^2}$$

解： $\lim\limits_{x\to0}\frac{\int_0^xf(t)(x-t)\mathrm{d}t}{x^2}=\lim\limits_{x\to0}\frac{x\int_0^xf(t)\mathrm{d}t-\int_0^xtf(t)\mathrm{d}t}{x^2}$

$$\overset{\frac{0}{0}}{=\!=}\lim_{x\to0}\frac{\int_0^xf(t)\mathrm{d}t+xf(x)-xf(x)}{2x}=\lim_{x\to0}\frac{\int_0^xf(t)\mathrm{d}t}{2x}$$

$$=\frac{1}{2}\lim_{x\to 0}f(x)=\frac{1}{2}f(0)$$

10. 方程 $\int_0^{y^2}e^{t^2}\mathrm{d}t+\int_x^0\sin t\mathrm{d}t=0$ 确定 y 是 x 的函数，求 $\frac{\mathrm{d}y}{\mathrm{d}x}$.

解： 在给定方程两边对 x 求导，有

$$e^{y^4}\cdot 2y\cdot\frac{\mathrm{d}y}{\mathrm{d}x}+(-\sin x)=0$$

于是有 $\frac{\mathrm{d}y}{\mathrm{d}x}=\frac{\sin x}{2ye^{y^4}}$

11. 由方程 $\int_0^{y}e^{t^2}\mathrm{d}t=x^3-3x$ 确定 y 是 x 的函数 $y=y(x)$，问 $y=y(x)$ 在何处取得极值?

解： 在给定方程两边对 x 求导

$$e^{y^2}y'=3x^2-3$$

因此 $y'=\frac{3x^2-3}{e^{y^2}}$

令 $y'=0$，得 $x=\pm 1$. 当 $x<-1$ 时，$y'>0$；当 $-1<x<1$ 时，$y'<0$；当 $x>1$ 时，$y'>0$. 所以 $y=y(x)$ 在点 $x=-1$ 处取得极大值，在点 $x=1$ 处取得极小值.

12. 讨论函数 $\int_0^1(1-t)|x-t|\mathrm{d}t\ (0\leqslant x\leqslant 1)$ 的凹向与拐点.

解： 设 $y=\int_0^1(1-t)|x-t|\mathrm{d}t$

$$=\int_0^x(1-t)(x-t)\mathrm{d}t+\int_x^1(1-t)(t-x)\mathrm{d}t$$

$$=x\int_0^x(1-t)\mathrm{d}t-\int_0^x(1-t)t\mathrm{d}t+\int_x^1(1-t)t\mathrm{d}t-x\int_x^1(1-t)\mathrm{d}t$$

$$y'=\int_0^x(1-t)\mathrm{d}t+x(1-x)-(1-x)x-(1-x)x-\int_x^1(1-t)\mathrm{d}t+x(1-x)$$

$$=\int_0^x(1-t)\mathrm{d}t-\int_x^1(1-t)\mathrm{d}t$$

$$y''=1-x+(1-x)=2-2x$$

在区间 $(0,1)$ 内 $y''>0$，在区间 $[0,1]$ 的端点 $x=1$ 处 $y''=0$，图形无拐点，所以 $y=y(x)$ 的图形在 $[0,1]$ 上上凹.

13. 设 $f(x)=ax^3+bx^2+cx+d$，已知 $f(0)=2$，且满足 $\frac{\mathrm{d}}{\mathrm{d}x}\int_x^{x+1}f(t)\mathrm{d}t=12x^2+18x+1$，求 $f(x)$ 的极值与拐点.

解： 由 $f(0)=2$ 可知 $d=2$.

$$\frac{\mathrm{d}}{\mathrm{d}x}\int_x^{x+1}f(t)\mathrm{d}t=f(x+1)-f(x)$$

$$=a(x+1)^3+b(x+1)^2+c(x+1)+2-ax^3-bx^2-cx-2$$

$$=3ax^2+(3a+2b)x+a+b+c$$

根据题设 $3ax^2+(3a+2b)x+a+b+c=12x^2+18x+1$，有

$$\begin{cases}3a=12\\3a+2b=18\\a+b+c=1\end{cases}，解得\begin{cases}a=4\\b=3\\c=-6\end{cases}$$

所以可得 $f(x)=4x^3+3x^2-6x+2$

$$f'(x)=12x^2+6x-6,\ f''(x)=24x+6$$

令 $f'(x)=0$，得 $x=-1$，$x=\dfrac{1}{2}$.

$$f''(-1)=-18<0,\ f''\left(\frac{1}{2}\right)=18>0$$

所以 $f(x)$ 在点 $x=-1$ 处取得极大值 $f(-1)=7$；在点 $x=\dfrac{1}{2}$ 处取得极小值 $f\left(\dfrac{1}{2}\right)=\dfrac{1}{4}$.

令 $f''(x)=0$，得 $x=-\dfrac{1}{4}$. 当 $x<-\dfrac{1}{4}$ 时，$f''(x)<0$；当 $x>-\dfrac{1}{4}$ 时，$f''(x)>0$，所以 $f(x)$ 在点 $x=-\dfrac{1}{4}$ 处有拐点$\left(-\dfrac{1}{4},\ \dfrac{29}{8}\right)$.

14. 曲线 $f(x)=4x^3$ 与 $g(x)=ax^2+bx+c\ (a<0)$ 相切于点$(1,4)$（示意图见图 6-22），它们与 y 轴所围成的图形的面积等于 4，求 a，b，c 的值.

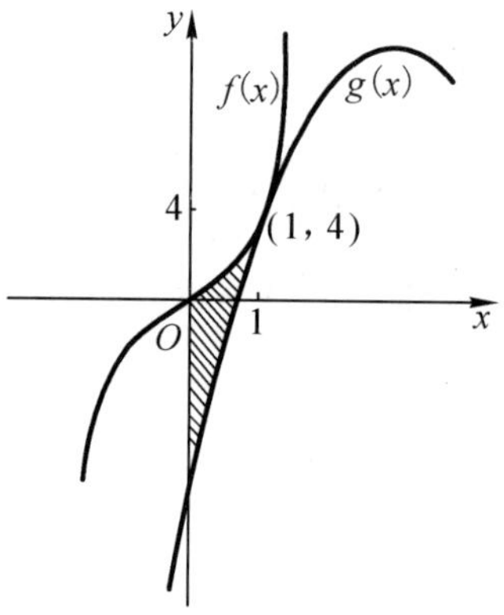

图 6-22

解： $f'(x)=12x^2$，$g'(x)=2ax+b$

由 $f(x)$ 与 $g(x)$ 相切于点$(1,4)$有

$$f(1)=g(1)=4$$

$$f'(1)=g'(1)$$

因此有 $\begin{cases}a+b+c=4\\2a+b=12\end{cases}$，即 $\begin{cases}b=12-2a\\c=a-8\end{cases}$

$$\int_0^1[4x^3-(ax^2+bx+c)]\mathrm{d}x$$

$$=\left(x^4-\frac{a}{3}x^3-\frac{b}{2}x^2-cx\right)\Big|_0^1$$

$$=1-\frac{a}{3}-\frac{b}{2}-c$$

$$=1-\frac{a}{3}-(6-a)-(a-8)=3-\frac{a}{3}=4$$

从而 $\quad a=-3$

于是可得 $b=18$，$c=-11$.

15. 在抛物线 $y=x^2\,(x\geqslant 0)$ 上 A 点处作一切线，使之与曲线以及 x 轴所围的图形面积为$\dfrac{1}{12}$，求 A 点坐标及切线方程(见图 6-23).

解： 设 A 点坐标为$(x_0,\ y_0)$，那么

$$y_0=x_0^2 \quad 及 \quad y'\Big|_{x=x_0}=2x_0$$

所以过 A 点的切线方程为

$$y-y_0=2x_0(x-x_0)$$

即 $$y=2x_0x-x_0^2$$

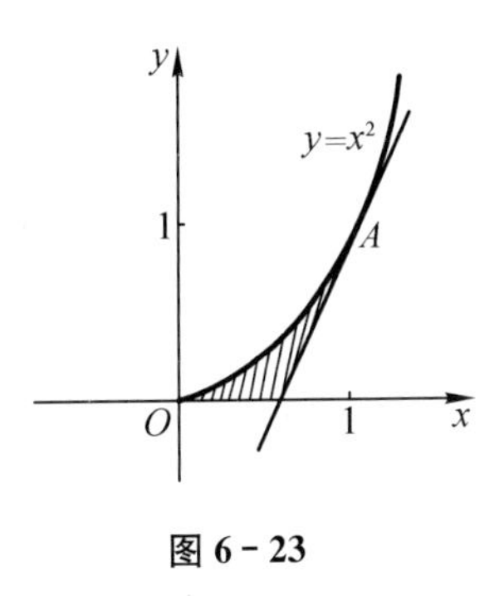

图 6－23

由抛物线与 x 轴及过 A 点的切线所围成的图形面积为

$$\begin{aligned}S&=\int_0^{y_0}\left(\frac{1}{2}x_0+\frac{y}{2x_0}-\sqrt{y}\right)\mathrm{d}y\\&=\left(\frac{1}{2}x_0y+\frac{y^2}{4x_0}-\frac{2}{3}y^{\frac{3}{2}}\right)\Big|_0^{x_0^2}\\&=\frac{x_0^3}{12}\end{aligned}$$

根据已知条件有 $\frac{x_0^3}{12}=\frac{1}{12}$，所以可得 $x_0=1$，$y_0=1$，即切点坐标为 $(1,1)$，从而可得过切点 $(1,1)$ 的切线方程为 $y=2x-1$.

16. 计算 $\int_0^{+\infty}\frac{x\mathrm{e}^{-x}}{(1+\mathrm{e}^{-x})^2}\mathrm{d}x$.

解： $$\begin{aligned}\int_0^{+\infty}\frac{x\mathrm{e}^{-x}}{(1+\mathrm{e}^{-x})^2}\mathrm{d}x&=\int_0^{+\infty}\frac{x\mathrm{e}^{x}}{(1+\mathrm{e}^{x})^2}\mathrm{d}x\\&=\int_0^{+\infty}x\mathrm{d}\left(\frac{-1}{1+\mathrm{e}^x}\right)\\&\overset{\text{分部}}{=\!=}-\frac{x}{1+\mathrm{e}^x}\Big|_0^{+\infty}+\int_0^{+\infty}\frac{\mathrm{d}x}{1+\mathrm{e}^x}\\&=\int_0^{+\infty}\frac{\mathrm{d}x}{1+\mathrm{e}^x}=\int_0^{+\infty}\frac{1+\mathrm{e}^x-\mathrm{e}^x}{1+\mathrm{e}^x}\mathrm{d}x\\&=\int_0^{+\infty}\mathrm{d}x-\int_0^{+\infty}\frac{\mathrm{d}(1+\mathrm{e}^x)}{1+\mathrm{e}^x}\\&=[x-\ln(1+\mathrm{e}^x)]\Big|_0^{+\infty}\\&=\ln\frac{\mathrm{e}^x}{1+\mathrm{e}^x}\Big|_0^{+\infty}\\&=\ln1-\ln\frac{1}{2}=\ln2\end{aligned}$$

17. 设 $\lim\limits_{x\to\infty}\left(\frac{1+x}{x}\right)^{ax}=\int_{-\infty}^{a}t\mathrm{e}^t\mathrm{d}t$，求常数 a.

解： $$\lim_{x\to\infty}\left(\frac{1+x}{x}\right)^{ax}=\lim_{x\to\infty}\left[\left(1+\frac{1}{x}\right)^x\right]^a=\mathrm{e}^a$$

$$\int_{-\infty}^{a}t\mathrm{e}^t\mathrm{d}t\overset{\text{分部}}{=\!=}t\mathrm{e}^t\Big|_{-\infty}^{a}-\int_{-\infty}^{a}\mathrm{e}^t\mathrm{d}t=a\mathrm{e}^a-\mathrm{e}^t\Big|_{-\infty}^{a}=a\mathrm{e}^a-\mathrm{e}^a$$

从而有 $a\mathrm{e}^a-\mathrm{e}^a=\mathrm{e}^a$，即 $2\mathrm{e}^a=a\mathrm{e}^a$，所以 $a=2$.

18. 判断广义积分 $\int_a^{2a}(x-a)^k\mathrm{d}x\ (a>0)$ 的敛散性，若收敛，求其值.

解： $x=a$ 可能是瑕点，所以

$$\int_a^{2a}(x-a)^k\mathrm{d}x=\lim_{\varepsilon\to0^+}\int_{a+\varepsilon}^{2a}(x-a)^k\mathrm{d}x$$

$$=\lim_{\varepsilon\to0^+}\begin{cases}\dfrac{1}{k+1}(a^{k+1}-\varepsilon^{k+1}), & k\neq-1\\ \ln a-\ln\varepsilon, & k=-1\end{cases}$$

从而 $$\int_a^{2a}(x-a)^k\mathrm{d}x=\lim_{\varepsilon\to0^+}\int_{a+\varepsilon}^{2a}(x-a)^k\mathrm{d}x=\begin{cases}\dfrac{1}{k+1}a^{k+1}, & k>-1\\ +\infty, & k\leqslant-1\end{cases}$$

因此，当 $k\leqslant-1$ 时题设广义积分发散，当 $k>-1$ 时该广义积分收敛，且有

$$\int_a^{2a}(x-a)^k\mathrm{d}x=\frac{1}{k+1}a^{k+1}\quad(k>-1)$$

(B)

1. 给定四个函数 $\sin x$，$\cos x$，$1-\sin x$，$\cos x-1$，若 $\int_\pi^{\frac{\pi}{2}}f(x)\mathrm{d}x>0$，则 $f(x)$ 可以是[　　].

(A) $\sin x$　　　　(B) $\sin x$ 或 $\cos x$

(C) $\cos x$ 或 $1-\sin x$　　　　(D) $\cos x$ 或 $\cos x-1$

解: $\int_\pi^{\frac{\pi}{2}}f(x)\mathrm{d}x=-\int_{\frac{\pi}{2}}^{\pi}f(x)\mathrm{d}x>0$，即 $\int_{\frac{\pi}{2}}^{\pi}f(x)\mathrm{d}x<0$，因此要求在 $\left[\frac{\pi}{2},\pi\right]$ 上 $f(x)<0$，那么只有 $f(x)=\cos x$ 或 $f(x)=\cos x-1$ 符合要求，即 $\int_\pi^{\frac{\pi}{2}}\cos x\mathrm{d}x>0$，$\int_\pi^{\frac{\pi}{2}}(\cos x-1)\mathrm{d}x>0$.

故本题应选(D).

2. 设 $f(x)$ 是定义在 $[-a,a]$ 上的奇函数，且当 $x>0$ 时，$f(x)>0$，则由曲线 $y=f(x)$，$x=-a$，$x=a$ 及 x 轴所围成的面积 $S\neq$[　　].

(A) $2\int_0^a f(x)\mathrm{d}x$　　　　(B) $\int_{-a}^a|f(x)|\mathrm{d}x$

(C) $\int_{-a}^0 f(x)\mathrm{d}x+\int_0^a f(x)\mathrm{d}x$　　　　(D) $\int_0^a f(x)\mathrm{d}x-\int_{-a}^0 f(x)\mathrm{d}x$

解: 显然(A)、(B)、(D) 中积分的结果均等于面积 S，而(C) 中结果为 0.

故本题应选(C).

3. 见图 6－24. 设图中曲线方程为 $y=f(x)$，函数 $f(x)$ 在区间$[0,a]$上有连续导数，则定积分$\int_0^a xf'(x)\mathrm{d}x$ 表示[　　].

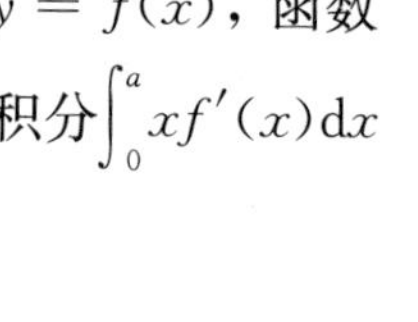

(A) 曲边梯形 $ABOD$ 的面积

(B) 梯形 $ABOD$ 的面积

(C) 曲边三角形 ACD 的面积

(D) 三角形 ACD 的面积

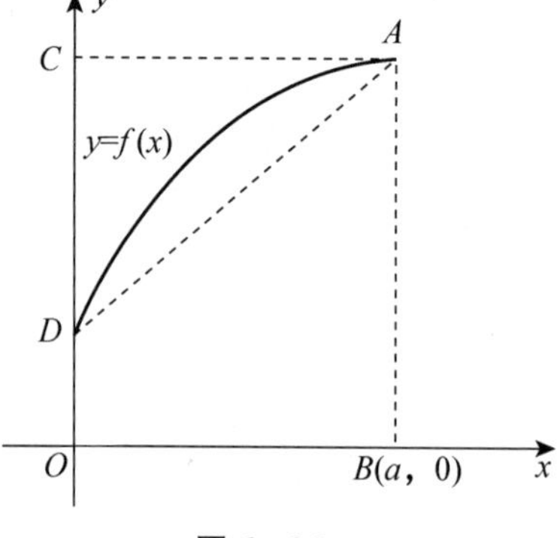

图 6－24

解: 定积分

$$\int_0^a xf'(x)\mathrm{d}x=\int_0^a x\mathrm{d}f(x)=xf(x)\Big|_0^a-\int_0^a f(x)\mathrm{d}x$$

$$= af(a) - \int_0^a f(x)\mathrm{d}x$$

其中 $af(a)$ 是矩形 $ABOC$ 的面积；定积分 $\int_0^a f(x)\mathrm{d}x$ 是曲边梯形 $ABOD$ 的面积. 二者相减所得之差应是曲边三角形 ACD 的面积. 故应选(C).

4. 设函数 $f(x)$ 连续，由曲线 $y=f(x)$ 与 x 轴围得三块面积 S_1，S_2，S_3(如图 6-25 中阴影部分所示)，已知 $S_2+S_3=p$，$S_1=2S_2-q$，且 $p\neq q$，则 $\int_a^b f(x)\mathrm{d}x=[\quad]$.

(A) $p+q$　　(B) $p-q$

(C) $q-p$　　(D) $-p-q$

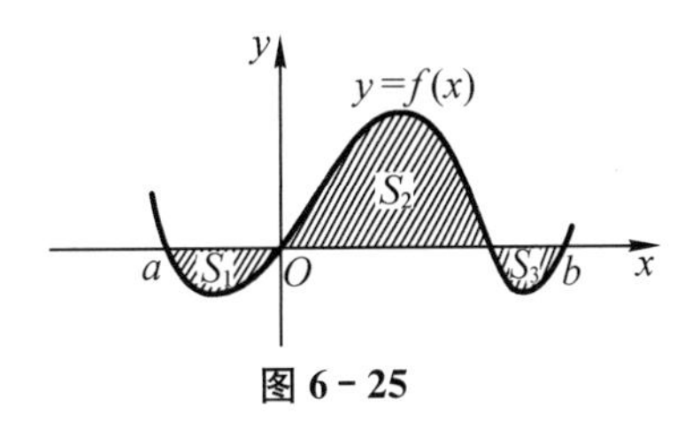

图 6-25

解： $\int_a^b f(x)\mathrm{d}x = -S_1+S_2-S_3$

根据题设有 $\begin{cases} S_2+S_3=p \\ S_1=2S_2-q \end{cases}$，即

$$\begin{cases} S_2+S_3=p & ① \\ S_1-2S_2=-q & ② \end{cases}$$

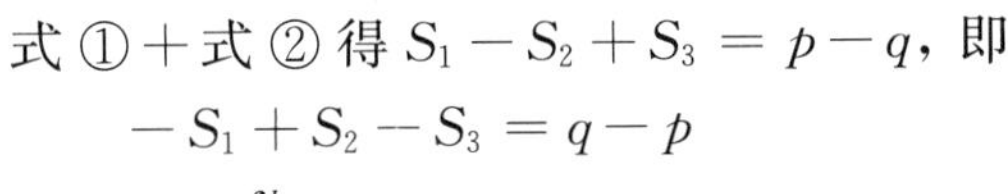

式①+式②得 $S_1-S_2+S_3=p-q$，即

$$-S_1+S_2-S_3=q-p$$

所以　$$\int_a^b f(x)\mathrm{d}x = q-p$$

故本题应选(C).

5. 设 $f(t)$ 在 $[a,x]$ 上连续，则 $\frac{\mathrm{d}}{\mathrm{d}a}\int_a^x f(t)\mathrm{d}t=[\quad]$.

(A) $f(x)$　　(B) $f(a)$　　(C) $-f(x)$　　(D) $-f(a)$

解： $\frac{\mathrm{d}}{\mathrm{d}a}\int_a^x f(t)\mathrm{d}t = \frac{\mathrm{d}}{\mathrm{d}a}\left[-\int_x^a f(t)\mathrm{d}t\right] = -f(a)$

故本题应选(D).

6. 设 $f(x)$ 为连续函数，$F(x)$ 是 $f(x)$ 的原函数，则[　　].

(A) 当 $f(x)$ 是奇函数时，$F(x)$ 必为偶函数

(B) 当 $f(x)$ 是偶函数时，$F(x)$ 必为奇函数

(C) 当 $f(x)$ 是周期函数时，$F(x)$ 必为周期函数

(D) 当 $f(x)$ 是单调增函数时，$F(x)$ 必为单调增函数

解： $$F(x)=\int_0^x f(t)\mathrm{d}t + C \xlongequal{u=-t} \int_0^{-x} f(-u)\mathrm{d}(-u)+C$$

$$= \int_0^{-x} -f(-u)\mathrm{d}u + C$$

(A) 若 $f(x)$ 是奇函数，则有 $f(-u)=-f(u)$，从而有

$$F(-x)=\int_0^x -[-f(u)\mathrm{d}u]+C=\int_0^x f(u)\mathrm{d}u+C=F(x)$$

所以 $F(x)$ 为偶函数.

故本题应选(A).

(B) 反例：设 $f(x)=x^2$，$F(x)=\dfrac{x^3}{3}+C$.

$f(x)$ 为偶函数，而$F(x)$不一定是奇函数. 如$F(x)=\dfrac{x^3}{3}+1$, $F(-x)=-\dfrac{x^3}{3}+1\neq -F(x)$.

(C) 反例：设 $f(x)=1$，$F(x)=x+C$.
$f(x)$ 为周期函数，而 $F(x)$ 不是周期函数.

(D) 反例：设 $f(x)=x$，$F(x)=\dfrac{x^2}{2}+C$.

$f(x)$ 为单调增函数，$F(x)$ 不是单调增函数.

7. 设 $f(x)$ 连续，则 $\dfrac{\mathrm{d}}{\mathrm{d}x}\int_0^x tf(x^2-t^2)\mathrm{d}t=$[　　].

(A) $xf(x^2)$　　　　(B) $-xf(x^2)$

(C) $2xf(x^2)$　　　　(D) $-2xf(x^2)$

解： 令 $x^2-t^2=u$，则 $-2t\mathrm{d}t=\mathrm{d}u$. 当 $t=0$ 时，$u=x^2$；当 $t=x$ 时，$u=0$.

$$\frac{\mathrm{d}}{\mathrm{d}x}\int_0^x tf(x^2-t^2)\mathrm{d}t=-\frac{1}{2}\frac{\mathrm{d}}{\mathrm{d}x}\int_{x^2}^0 f(u)\mathrm{d}u$$

$$=\frac{1}{2}\frac{\mathrm{d}}{\mathrm{d}x}\int_0^{x^2} f(u)\mathrm{d}u=\frac{1}{2}f(x^2)2x=xf(x^2)$$

故本题应选(A).

8. 设 $f(x)$ 为连续函数，$F(x)=\dfrac{x^2}{x-a}\int_a^x f(t)\mathrm{d}t$，则 $\lim\limits_{x\to a}F(x)=$[　　].

(A) a^2　　(B) $a^2f(a)$　　(C) 0　　(D) 不存在

解： $\lim\limits_{x\to a}F(x)=\lim\limits_{x\to a}\dfrac{x^2}{x-a}\int_a^x f(t)\mathrm{d}t$

$$=\lim_{x\to a}\frac{x^2\int_a^x f(t)\mathrm{d}t}{x-a}\overset{\frac{0}{0}}{=\!=}\lim_{x\to a}\left[2x\int_a^x f(t)\mathrm{d}t+x^2f(x)\right]$$

$$=a^2f(a)$$

故本题应选(B).

9. 由方程 $\int_0^y(1+t^2)\mathrm{d}t=\dfrac{y^3}{3}+\dfrac{x^4}{4}$ 确定 y 是 x 的函数 $y=y(x)$，则 $y=y(x)$ 在其定义域内有[　　].

(A) 极小值与极大值　　　　(B) 最小值与最大值

(C) 极小值与最小值　　　　(D) 极大值与最大值

解： 等式两端对 x 求导

$$(1+y^2)y'=y^2y'+x^3,\ y'=x^3$$

令 $y'=0$，得 $x=0$. 当 $x<0$ 时 $y'<0$，当 $x>0$ 时 $y'>0$，所以$y=y(x)$ 在点 $x=0$ 处取得极小值，因极值唯一，因此极小值即最小值.

故本题应选(C).

10. 给定三个定积分

(1) $\int_{-\ln 2}^{\ln 2}(2-\mathrm{e}^{y})\mathrm{d}y$，　(2) $\int_{-\ln 2}^{\ln 2}\mathrm{e}^{y}\mathrm{d}y$，　(3) $\int_{1}^{2}\ln x\mathrm{d}x+\int_{-\ln 2}^{0}\mathrm{e}^{x}\mathrm{d}x$

及三个图形(a)，(b)，(c)(如图 6－26 所示).

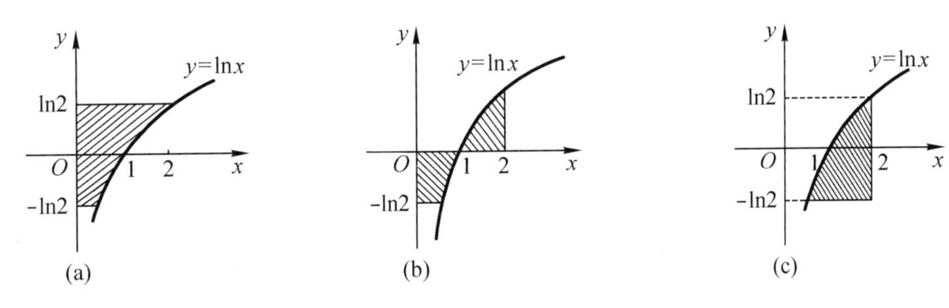

图 6－26

将图形(a)，(b)，(c) 中阴影部分的面积与它对应的(1)，(2)，(3) 中的定积分用线连接起来，那么它们正确的对应关系是[　　].

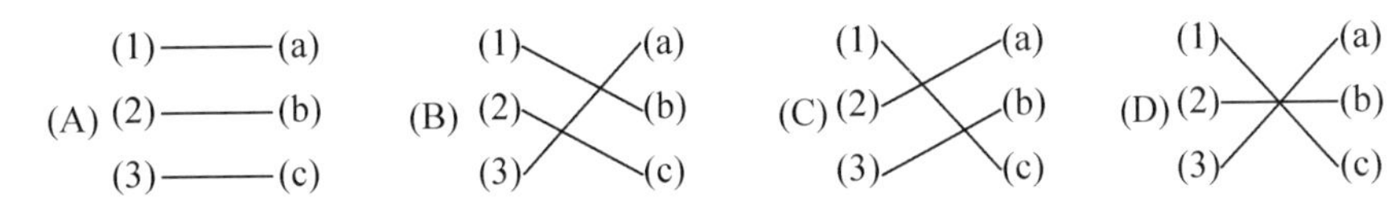

解： 本题应选(C).

11. 给定定积分 $I=\int_{-1}^{2}\sqrt{4-x^{2}}\,\mathrm{d}x$ 以及(1)，(2)，(3)，(4) 四个图形中阴影部分的面积(如图 6－27 所示)，则[　　].

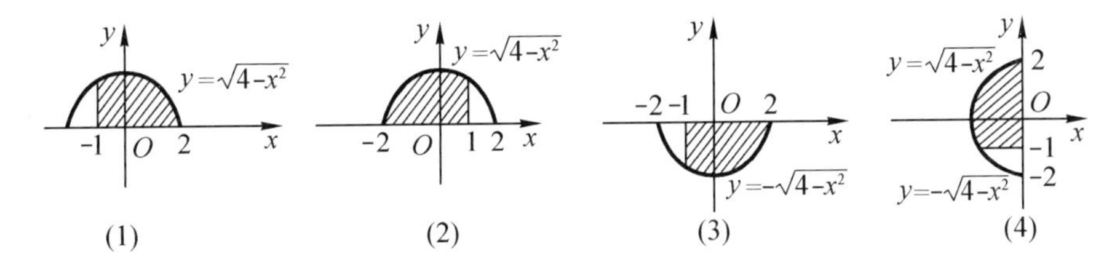

图 6－27

(A) 只有(1) 与 I 相等　　(B) 只有(1) 和(2) 与 I 相等

(C) (3)，(4) 与 I 不等　　(D) (1)，(2)，(3)，(4) 均与 I 相等

解： 作为面积均为正数，故本题应选(D).

12. 下列广义积分收敛的是[　　].

(A) $\int_{\mathrm{e}}^{+\infty}\frac{\ln x}{x}\mathrm{d}x$　　(B) $\int_{\mathrm{e}}^{+\infty}\frac{\mathrm{d}x}{x\ln x}$

(C) $\int_{\mathrm{e}}^{+\infty}\frac{\mathrm{d}x}{x(\ln x)^{2}}$　　(D) $\int_{\mathrm{e}}^{+\infty}\frac{\mathrm{d}x}{x\sqrt{\ln x}}$

解： (A) $\int_{\mathrm{e}}^{+\infty}\frac{\ln x}{x}\mathrm{d}x=\int_{\mathrm{e}}^{+\infty}\ln x\mathrm{d}\ln x=\frac{1}{2}(\ln x)^{2}\Big|_{\mathrm{e}}^{+\infty}=+\infty$

(B) $\int_{e}^{+\infty} \frac{1}{x\ln x}dx = \int_{e}^{+\infty} \frac{d\ln x}{\ln x} = \ln|\ln x|\Big|_{e}^{+\infty} = +\infty$

(C) $\int_{e}^{+\infty} \frac{1}{x(\ln x)^2}dx = \int_{e}^{+\infty} \frac{d\ln x}{(\ln x)^2} = -\frac{1}{\ln x}\Big|_{e}^{+\infty} = 1$

(D) $\int_{e}^{+\infty} \frac{1}{x\sqrt{\ln x}}dx = \int_{e}^{+\infty} \frac{d\ln x}{(\ln x)^{\frac{1}{2}}} = 2\sqrt{\ln x}\Big|_{e}^{+\infty} = +\infty$

故本题应选(C).

13. 已知 $\int_{0}^{+\infty} \frac{\sin x\cos x}{x}dx = k\ (k>0)$，则 $\int_{0}^{+\infty} \frac{\sin x}{x}dx =$ [　　].

(A) $4k$　　(B) $2k$　　(C) k　　(D) $\frac{k}{2}$

解: $\int_{0}^{+\infty} \frac{\sin x\cos x}{x}dx = \frac{1}{2}\int_{0}^{+\infty} \frac{\sin 2x}{x}dx$

$$= \frac{1}{2}\int_{0}^{+\infty} \frac{\sin 2x}{2x}d(2x) \xlongequal{2x=t} \frac{1}{2}\int_{0}^{+\infty} \frac{\sin t}{t}dt = k$$

所以 $$\int_{0}^{+\infty} \frac{\sin x}{x}dx = 2k$$

故本题应选(B).

14. 已知 $\int_{-\infty}^{+\infty} e^{k|x|}dx = 1$，则 $k =$ [　　].

(A) $\frac{1}{2}$　　(B) $-\frac{1}{2}$　　(C) 2　　(D) -2

解: $\int_{-\infty}^{+\infty} e^{k|x|}dx = \int_{-\infty}^{0} e^{-kx}dx + \int_{0}^{+\infty} e^{kx}dx$

其中 $$\int_{-\infty}^{0} e^{-kx}dx = -\frac{1}{k}e^{-kx}\Big|_{-\infty}^{0} = \begin{cases} -\frac{1}{k}, & k<0 \\ \text{发散}, & k\geqslant 0 \end{cases}$$

$$\int_{0}^{+\infty} e^{kx}dx = \frac{1}{k}e^{kx}\Big|_{0}^{+\infty} = \begin{cases} -\frac{1}{k}, & k<0 \\ \text{发散}, & k\geqslant 0 \end{cases}$$

所以当 $k<0$ 时，$\int_{-\infty}^{+\infty} e^{k|x|}dx = -\frac{2}{k} = 1$，于是可得 $k = -2$.

故本题应选(D).

15. 给定条件中使得广义积分 $\int_{1}^{+\infty} \frac{x^k+1-\ln x}{x^2}dx$ 收敛的是[　　].

(A) $k<1$　　(B) $k=1$　　(C) $1<k<2$　　(D) $k\geqslant 2$

解: 当 $k\neq 1$ 时

$$\int_{1}^{+\infty} \frac{x^k+1-\ln x}{x^2}dx = \int_{1}^{+\infty} \left(\frac{x^k}{x^2} + \frac{1-\ln x}{x^2}\right)dx$$

$$= \left(\frac{x^{k-1}}{k-1} + \frac{\ln x}{x}\right)\Big|_{1}^{+\infty} = \lim_{x\to+\infty}\left(\frac{x^{k-1}}{k-1} + \frac{\ln x}{x}\right) - \frac{1}{k-1}$$

$$=\begin{cases}+\infty, & k>1\\ \dfrac{-1}{k-1}, & k<1\end{cases}$$

当 $k=1$ 时

$$\int_1^{+\infty}\frac{x+1-\ln x}{x^2}\mathrm{d}x=\left(\ln x+\frac{\ln x}{x}\right)\Bigg|_1^{+\infty}$$

$$=\lim_{x\to+\infty}\left(\ln x+\frac{\ln x}{x}\right)=+\infty$$

所以 $k<1$ 时，广义积分 $\int_1^{+\infty}\dfrac{x^k+1-\ln x}{x^2}\mathrm{d}x$ 收敛。

故本题应选(A).

16. 下列广义积分收敛的是[　　].

(A) $\int_{\frac{\pi}{4}}^{\frac{\pi}{2}}\dfrac{\mathrm{d}x}{\cos x\sqrt{\sin x}}$　　(B) $\int_0^{\frac{\pi}{4}}\dfrac{\mathrm{d}x}{\cos x\sqrt{\sin x}}$

(C) $\int_0^{\frac{\pi}{2}}\dfrac{\mathrm{d}x}{\cos x\sqrt{\sin x}}$　　(D) $\int_0^{\frac{\pi}{2}}\dfrac{\mathrm{d}x}{\sin x\sqrt{\cos x}}$

解: 对于(A)，令 $\sqrt{\sin x}=t$，则 $\sin x=t^2$，$\cos x=\sqrt{1-t^4}$，$\cos x\mathrm{d}x=2t\mathrm{d}t$. 当 $x=\dfrac{\pi}{4}$ 时，$t=\dfrac{1}{\sqrt[4]{2}}$；当 $x=\dfrac{\pi}{2}$ 时，$t=1$. $x=\dfrac{\pi}{2}$，即 $t=1$ 为瑕点，那么

$$(A)\ \int_{\frac{\pi}{4}}^{\frac{\pi}{2}}\frac{\mathrm{d}x}{\cos x\sqrt{\sin x}}=\int_{\frac{1}{\sqrt[4]{2}}}^{1}\frac{2}{1-t^4}\mathrm{d}t=\frac{1}{2}\int_{\frac{1}{\sqrt[4]{2}}}^{1}\left(\frac{1}{1-t}+\frac{1}{1+t}+\frac{2}{1+t^2}\right)\mathrm{d}t$$

同理，对于(B)，$x=0$，即 $t=0$ 为瑕点，那么

$$(B)\ \int_0^{\frac{\pi}{4}}\frac{\mathrm{d}x}{\cos x\sqrt{\sin x}}=\int_0^{\frac{1}{\sqrt[4]{2}}}\frac{2}{1-t^4}\mathrm{d}t=\frac{1}{2}\int_0^{\frac{1}{\sqrt[4]{2}}}\left(\frac{1}{1-t}+\frac{1}{1+t}+\frac{2}{1+t^2}\right)\mathrm{d}t$$

由上述分析可得(A) 发散，(B) 收敛. 故本题应选(B).

(C) 中积分等于(B) 中积分加(A) 中积分，故发散.

令 $x=\dfrac{\pi}{2}-t$，(D) 中积分可化为加负号的(C) 中积分，故亦发散.

17. 曲线 $y=x\mathrm{e}^{-x}(x\geqslant 0)$ 绕 x 轴旋转一周所得延展到无穷远的旋转体体积是[　　].

(A) $\dfrac{\pi}{8}$　　(B) $\dfrac{\pi}{4}$　　(C) $\dfrac{\pi}{2}$　　(D) π

解: 由题设条件，该旋转体体积

$$V=\pi\int_0^{+\infty}x^2\mathrm{e}^{-2x}\mathrm{d}x$$

令 $t=2x$，则 $x=\dfrac{t}{2}$，$\mathrm{d}x=\dfrac{1}{2}\mathrm{d}t$. 上述积分化为 $V=\dfrac{\pi}{8}\int_0^{+\infty}t^2\mathrm{e}^{-t}\mathrm{d}t=\dfrac{\pi}{8}\times\Gamma(3)=\dfrac{\pi}{8}\times 2!=\dfrac{\pi}{4}$.

故本题应选(B).

第七章

01 02 03 04 05 06 07 08 09

无穷级数

(一) 习题解答与注释

(A)

1. 写出下列级数的通项:

(1) $1-\frac{1}{2}+\frac{1}{4}-\frac{1}{8}+\cdots$

(2) $\frac{1}{2}+\frac{2}{5}+\frac{3}{10}+\frac{4}{17}+\cdots$

(3) $\frac{1}{1\cdot 4}+\frac{x}{4\cdot 7}+\frac{x^2}{7\cdot 10}+\frac{x^3}{10\cdot 13}+\cdots$

(4) $2-\frac{2^2}{2!}+\frac{2^3}{3!}-\frac{2^4}{4!}+\cdots$

解: (1) $u_n=(-1)^{n-1}\frac{1}{2^{n-1}}\quad (n=1, 2, \cdots)$

(2) $u_n=\frac{n}{n^2+1}\quad (n=1, 2, \cdots)$

(3) $u_n=\frac{x^{n-1}}{(3n-2)(3n+1)}\quad (n=1, 2, \cdots)$

(4) $u_n=\frac{(-1)^{n-1}2^n}{n!}\quad (n=1, 2, \cdots)$

2. 设级数 $\sum_{n=1}^{\infty}u_n$ 的第 n 次部分和 $S_n=\frac{3n}{n+1}$，试写出此级数，并求其和.

解: 由 $S_n=u_1+u_2+\cdots+u_{n-1}+u_n$，有 $u_n=S_n-S_{n-1}(n\geqslant 2)$，所以

$$u_n=\frac{3n}{n+1}-\frac{3(n-1)}{n}=\frac{3}{n(n+1)}$$

而 $u_1 = S_1 = \frac{3}{1+1} = \frac{3}{1 \cdot 2}$，所以所求级数为

$$\sum_{n=1}^{\infty} u_n = \sum_{n=1}^{\infty} \frac{3}{n(n+1)} = \frac{3}{1 \cdot 2} + \frac{3}{2 \cdot 3} + \frac{3}{3 \cdot 4} + \cdots$$

又 $S = \lim\limits_{n \to \infty} S_n = \lim\limits_{n \to \infty} \frac{3n}{n+1} = 3$，所以级数的和等于 3.

注释　一般地，级数 $\sum\limits_{n=1}^{\infty} u_n$ 的前 n 项的和

$$S_n = u_1 + u_2 + \cdots + u_{n-1} + u_n = S_{n-1} + u_n \quad (n \geqslant 2)$$

因此，$u_n = S_n - S_{n-1} (n \geqslant 2)$.

当 $\lim\limits_{n \to \infty} S_n = S$ 时，级数 $\sum\limits_{n=1}^{\infty} u_n$ 收敛，其和为 S. 当 $\lim\limits_{n \to \infty} S_n$ 不存在时，级数 $\sum\limits_{n=1}^{\infty} u_n$ 发散，它没有和.

3. 判定下列级数的敛散性. 若级数收敛，求其和.

(1) $0.001 + \sqrt{0.001} + \sqrt[3]{0.001} + \cdots + \sqrt[n]{0.001} + \cdots$

(2) $\frac{4}{5} - \frac{4^2}{5^2} + \frac{4^3}{5^3} - \frac{4^4}{5^4} + \cdots + (-1)^{n-1} \frac{4^n}{5^n} + \cdots$

(3) $\frac{1}{2} + \frac{3}{4} + \frac{5}{6} + \frac{7}{8} + \cdots$

(4) $\frac{1}{2} + \frac{2}{3} + \frac{3}{4} + \frac{4}{5} + \cdots$

(5) $\left(\frac{1}{2} + \frac{1}{3}\right) + \left(\frac{1}{4} + \frac{1}{9}\right) + \left(\frac{1}{8} + \frac{1}{27}\right) + \cdots$

解：(1) 此级数通项为 $u_n = \left(\frac{1}{10^3}\right)^{\frac{1}{n}}$，因为

$$\lim_{n \to \infty} u_n = \lim_{n \to \infty} \left(\frac{1}{10^3}\right)^{\frac{1}{n}} = 1 \neq 0$$

所以此级数发散.

(2) 因为此级数为几何级数，其公比 $q = -\frac{4}{5}$，而 $|q| = \frac{4}{5} < 1$，所以此级数收敛，其和为

$$S = \frac{4}{5} \cdot \frac{1}{1 - \left(-\frac{4}{5}\right)} = \frac{4}{9}$$

(3) 此级数通项为 $u_n = \frac{2n-1}{2n}$，因为

$$\lim_{n \to \infty} u_n = \lim_{n \to \infty} \frac{2n-1}{2n} = 1 \neq 0$$

所以此级数发散.

(4) 此级数通项为 $u_n = \frac{n}{n+1}$，因为

$$\lim_{n\to\infty} u_n = \lim_{n\to\infty} \frac{n}{n+1} = 1 \neq 0$$

所以此级数发散.

(5) 因为 $\frac{1}{2} + \frac{1}{4} + \frac{1}{8} + \cdots + \frac{1}{2^n} + \cdots$ 是几何级数，公比 $q = \frac{1}{2} < 1$，所以收敛. 其和为 $S_{(1)} = 1$.

同样，$\frac{1}{3} + \frac{1}{9} + \frac{1}{27} + \cdots + \frac{1}{3^n} + \cdots$ 是几何级数，公比 $q = \frac{1}{3} < 1$，所以收敛. 其和为 $S_{(2)} = \frac{1}{2}$.

原级数是两收敛级数逐项相加而成的，根据定理 7.1，原级数收敛，且其和为

$$S = \sum_{n=1}^{\infty} \left(\frac{1}{2^n} + \frac{1}{3^n} \right) = S_{(1)} + S_{(2)} = 1 + \frac{1}{2} = \frac{3}{2}$$

注释　如果级数 $\sum_{n=1}^{\infty} u_n$ 收敛，则 $\lim_{n\to\infty} u_n = 0$. 由此可知，如果 $\lim_{n\to\infty} u_n \neq 0$，则级数发散. 因此，在判定级数 $\sum_{n=1}^{\infty} u_n$ 的敛散性时，可先计算 $\lim_{n\to\infty} u_n$. 若此极限不等于零，则级数发散，若此极限等于零，再应用其他方法判断级数的敛散性.

4. 用比较判别法判定下列级数的敛散性：

(1) $1 + \frac{1}{3} + \frac{1}{5} + \frac{1}{7} + \cdots$

(2) $\frac{1}{2} + \frac{1}{5} + \frac{1}{10} + \frac{1}{17} + \cdots + \frac{1}{n^2+1} + \cdots$

(3) $1 + \frac{2}{3} + \frac{2^2}{3 \cdot 5} + \frac{2^3}{3 \cdot 5 \cdot 7} + \frac{2^4}{3 \cdot 5 \cdot 7 \cdot 9} + \cdots + \frac{2^{n-1}}{3 \cdot 5 \cdot 7 \cdot \cdots \cdot (2n-1)} + \cdots$

(4) $\sum_{n=1}^{\infty} \frac{1}{\ln(n+1)}$

(5) $\frac{2}{1 \cdot 3} + \frac{2^2}{3 \cdot 3^2} + \frac{2^3}{5 \cdot 3^3} + \frac{2^4}{7 \cdot 3^4} + \cdots$

(6) $\sum_{n=1}^{\infty} \left(\frac{n}{2n+1} \right)^n$

(7) $\sum_{n=1}^{\infty} \frac{1}{n\sqrt{n+1}}$

(8) $\sum_{n=1}^{\infty} \ln\left(1 + \frac{1}{n}\right)$

(9) $\sum\limits_{n=1}^{\infty} \frac{n^{n-1}}{(n+1)^{n+1}}$

解：(1) 因为级数的通项 $u_n = \frac{1}{2n-1} > \frac{1}{2n} \quad (n \geqslant 1)$，而级数 $\sum\limits_{n=1}^{\infty} \frac{1}{2n} = \frac{1}{2}\sum\limits_{n=1}^{\infty} \frac{1}{n}$ 为调和级数，发散，所以原级数发散.

(2) 因为级数的通项 $u_n = \frac{1}{n^2+1} < \frac{1}{n^2} \quad (n \geqslant 1)$，而级数 $\sum\limits_{n=1}^{\infty} \frac{1}{n^2}$ 为 $p=2$ 的 p-级数，收敛，所以原级数收敛.

(3) 因为级数的通项

$$u_n = \frac{2^{n-1}}{3 \cdot 5 \cdot 7 \cdot \cdots \cdot (2n-1)} = \frac{2}{3} \cdot \frac{2}{5} \cdot \frac{2}{7} \cdot \cdots \cdot \frac{2}{2n-1}$$
$$\leqslant \frac{2}{3} \cdot \frac{2}{3} \cdot \frac{2}{3} \cdot \cdots \cdot \frac{2}{3} = \left(\frac{2}{3}\right)^{n-1} \quad (n \geqslant 1)$$

而级数 $\sum\limits_{n=1}^{\infty} \left(\frac{2}{3}\right)^{n-1}$ 是公比为 $q = \frac{2}{3} < 1$ 的几何级数，收敛，所以原级数收敛.

(4) 先证明:当 $x>0$ 时，有 $x > \ln(1+x)$. 实际上，设 $f(x) = x - \ln(1+x)$，则 $f'(x) = 1 - \frac{1}{1+x} > 0$，所以 $f(x)$ 为单调增函数，即当 $x>0$ 时，$f(x) > f(0) = 0$，于是 $x > \ln(1+x)$. 特别地，有 $n > \ln(1+n)$，即

$$\frac{1}{n} < \frac{1}{\ln(n+1)} \quad (n = 1, 2, \cdots)$$

而调和级数 $\sum\limits_{n=1}^{\infty} \frac{1}{n}$ 发散，所以级数 $\sum\limits_{n=1}^{\infty} \frac{1}{\ln(n+1)}$ 发散.

(5) 因为级数的通项 $u_n = \frac{2^n}{(2n-1)3^n} \leqslant \left(\frac{2}{3}\right)^n (n \geqslant 1)$，而级数 $\sum\limits_{n=1}^{\infty} \left(\frac{2}{3}\right)^n$ 是公比为 $q = \frac{2}{3} < 1$ 的几何级数，收敛，所以原级数收敛.

(6) 因为级数的通项 $u_n = \left(\frac{n}{2n+1}\right)^n < \left(\frac{n}{2n}\right)^n = \left(\frac{1}{2}\right)^n (n \geqslant 1)$，而级数 $\sum\limits_{n=1}^{\infty} \left(\frac{1}{2}\right)^n$ 是公比为 $q = \frac{1}{2} < 1$ 的几何级数，收敛，所以原级数收敛.

(7) 因为级数的通项 $u_n = \frac{1}{n\sqrt{n+1}} < \frac{1}{n\sqrt{n}} = \frac{1}{n^{3/2}} (n \geqslant 1)$，而级数 $\sum\limits_{n=1}^{\infty} \frac{1}{n^{3/2}}$ 是 p-级数 $\left(p = \frac{3}{2}\right)$，收敛，所以原级数收敛.

(8) 因为级数的通项 $u_n = \ln\left(1 + \frac{1}{n}\right) \sim \frac{1}{n} \ (n \to \infty)$，利用比较判别法的极限形式，设 $v_n = \frac{1}{n}$，则有

$$\lim_{n \to \infty} \frac{u_n}{v_n} = \lim_{n \to \infty} \frac{\ln\left(1 + \frac{1}{n}\right)}{\frac{1}{n}} = 1$$

所以$\sum\limits_{n=1}^{\infty}\ln\left(1+\frac{1}{n}\right)$与$\sum\limits_{n=1}^{\infty}\frac{1}{n}$有相同的敛散性，故原级数发散.

(9) 级数的通项 $u_n=\frac{n^{n-1}}{(n+1)^{n+1}}$. 设 $v_n=\frac{1}{n^2}$，因为

$$\lim_{n\to\infty}\frac{u_n}{v_n}=\lim_{n\to\infty}\frac{n^{n+1}}{(n+1)^{n+1}}=\lim_{n\to\infty}\frac{1}{\left(1+\frac{1}{n}\right)^{n+1}}=\frac{1}{e}$$

所以原级数与级数$\sum\limits_{n=1}^{\infty}\frac{1}{n^2}$有相同的敛散性，故原级数收敛.

注释 当利用比较判别法(及其极限形式)判定级数的敛散性时，应找出一个敛散性已知的正项级数与之比较，常用作比较的级数有几何级数、调和级数和 p-级数.

5. 用比值判别法(达朗贝尔法则)判定下列各级数的敛散性：

(1) $\frac{1}{2}+\frac{3}{2^2}+\frac{5}{2^3}+\frac{7}{2^4}+\cdots$

(2) $1+\frac{1}{2!}+\frac{1}{3!}+\frac{1}{4!}+\cdots$

(3) $\sum\limits_{n=1}^{\infty}\frac{1}{(2n+1)!}$

(4) $\sum\limits_{n=1}^{\infty}\frac{1}{2^{2n-1}(2n-1)}$

(5) $\frac{2}{1\,000}+\frac{2^2}{2\,000}+\frac{2^3}{3\,000}+\frac{2^4}{4\,000}+\cdots$

(6) $1+\frac{5}{2!}+\frac{5^2}{3!}+\frac{5^3}{4!}+\cdots$

(7) $\sum\limits_{n=1}^{\infty}\frac{(n!)^2}{(2n)!}$

(8) $\frac{2}{1\cdot 2}+\frac{2^2}{2\cdot 3}+\frac{2^3}{3\cdot 4}+\frac{2^4}{4\cdot 5}+\cdots$

(9) $\sum\limits_{n=1}^{\infty}2^n\sin\frac{\pi}{3^n}$

解：(1) 级数的通项 $u_n=\frac{2n-1}{2^n}>0\ (n=1,2,\cdots)$，因为

$$\lim_{n\to\infty}\frac{u_{n+1}}{u_n}=\lim_{n\to\infty}\frac{2n+1}{2^{n+1}}\cdot\frac{2^n}{2n-1}=\lim_{n\to\infty}\frac{1}{2}\cdot\frac{2n+1}{2n-1}=\frac{1}{2}<1$$

所以级数收敛.

(2) 级数的通项 $u_n=\frac{1}{n!}>0\ (n=1,2,\cdots)$，因为

$$\lim_{n\to\infty}\frac{u_{n+1}}{u_n}=\lim_{n\to\infty}\frac{n!}{(n+1)!}=\lim_{n\to\infty}\frac{1}{n+1}=0<1$$

所以级数收敛.

(3) 级数的通项 $u_n=\dfrac{1}{(2n+1)!}>0\ (n=1,2,\cdots)$，因为

$$\lim_{n\to\infty}\frac{u_{n+1}}{u_n}=\lim_{n\to\infty}\frac{(2n+1)!}{(2n+3)!}=\lim_{n\to\infty}\frac{1}{(2n+2)(2n+3)}=0<1$$

所以级数收敛.

(4) 级数的通项 $u_n=\dfrac{1}{2^{2n-1}(2n-1)}>0\ (n=1,2,\cdots)$，因为

$$\lim_{n\to\infty}\frac{u_{n+1}}{u_n}=\lim_{n\to\infty}\frac{2^{2n-1}(2n-1)}{2^{2n+1}(2n+1)}=\lim_{n\to\infty}\frac{1}{4}\cdot\frac{2n-1}{2n+1}=\frac{1}{4}<1$$

所以级数收敛.

(5) 级数的通项 $u_n=\dfrac{2^n}{n\cdot 10^3}>0\ (n=1,2,\cdots)$，因为

$$\lim_{n\to\infty}\frac{u_{n+1}}{u_n}=\lim_{n\to\infty}\frac{2^{n+1}}{(n+1)10^3}\cdot\frac{n\cdot 10^3}{2^n}=\lim_{n\to\infty}\frac{2n}{n+1}=2>1$$

所以级数发散.

(6) 级数的通项 $u_n=\dfrac{5^{n-1}}{n!}>0\ (n=1,2,\cdots)$，因为

$$\lim_{n\to\infty}\frac{u_{n+1}}{u_n}=\lim_{n\to\infty}\frac{5^n}{(n+1)!}\cdot\frac{n!}{5^{n-1}}=\lim_{n\to\infty}\frac{5}{n+1}=0<1$$

所以级数收敛.

(7) 级数的通项 $u_n=\dfrac{(n!)^2}{(2n)!}>0\ (n=1,2,\cdots)$，因为

$$\begin{aligned}\lim_{n\to\infty}\frac{u_{n+1}}{u_n}&=\lim_{n\to\infty}\frac{[(n+1)!]^2}{(2n+2)!}\cdot\frac{(2n)!}{(n!)^2}\\&=\lim_{n\to\infty}\frac{(n+1)^2}{(2n+1)(2n+2)}=\frac{1}{4}<1\end{aligned}$$

所以级数收敛.

(8) 级数的通项 $u_n=\dfrac{2^n}{n(n+1)}>0\ (n=1,2,\cdots)$，因为

$$\lim_{n\to\infty}\frac{u_{n+1}}{u_n}=\lim_{n\to\infty}\frac{2^{n+1}}{(n+1)(n+2)}\cdot\frac{n(n+1)}{2^n}=\lim_{n\to\infty}\frac{2n}{n+2}=2>1$$

所以级数发散.

(9) 级数的通项 $u_n=2^n\sin\dfrac{\pi}{3^n}>0\ (n=1,2,\cdots)$，因为

$$\lim_{n\to\infty}\frac{u_{n+1}}{u_n}=\lim_{n\to\infty}\frac{2\sin\frac{\pi}{3^{n+1}}}{\sin\frac{\pi}{3^n}}=\lim_{n\to\infty}\frac{2\cdot\frac{\pi}{3^{n+1}}}{\frac{\pi}{3^n}}=\frac{2}{3}<1$$

所以级数收敛.

注释 利用比值判别法判定一个正项级数的敛散性时，应首先写出该级数的通项. 如果通项中含有多个因式相乘(除)，则可考虑应用比值判别法：对于正项级数 $\sum_{n=1}^{\infty} u_n$，如果

$$\lim_{n\to\infty} \frac{u_{n+1}}{u_n} = l$$

则当 $l<1$ 时，级数收敛；当 $l>1$ 时，级数发散；当 $l=1$ 时，比值判别法失效，需利用其他方法判断级数的敛散性.

6. 用根值判别法(柯西判别法)判定下列级数的敛散性：

(1) $\sum_{n=1}^{\infty}\left(\frac{n}{3n+1}\right)^n$　　(2) $\sum_{n=1}^{\infty}\frac{3}{2^n(\arctan n)^n}$

(3) $\sum_{n=1}^{\infty}\left(\frac{3n+2}{2n+1}\right)^n$　　(4) $\sum_{n=1}^{\infty}\frac{n^2}{\left(1+\frac{1}{n}\right)^{n^2}}$

解：(1) 级数的通项 $u_n=\left(\frac{n}{3n+1}\right)^n>0\ (n=1,2,\cdots)$，因为

$$\lim_{n\to\infty}\sqrt[n]{u_n}=\lim_{n\to\infty}\frac{n}{3n+1}=\frac{1}{3}<1$$

所以级数收敛.

(2) 级数的通项 $u_n=\frac{3}{2^n(\arctan n)^n}>0\ (n=1,2,\cdots)$，因为

$$\lim_{n\to\infty}\sqrt[n]{u_n}=\lim_{n\to\infty}\frac{\sqrt[n]{3}}{2\arctan n}=\frac{1}{2\cdot\frac{\pi}{2}}=\frac{1}{\pi}<1$$

所以级数收敛.

(3) 级数的通项 $u_n=\left(\frac{3n+2}{2n+1}\right)^n>0\ (n=1,2,\cdots)$，因为

$$\lim_{n\to\infty}\sqrt[n]{u_n}=\lim_{n\to\infty}\left(\frac{3n+2}{2n+1}\right)=\frac{3}{2}>1$$

所以级数发散.

(4) 级数的通项 $u_n=\frac{n^2}{\left(1+\frac{1}{n}\right)^{n^2}}>0\ (n=1,2,\cdots)$，因为

$$\lim_{n\to\infty}\sqrt[n]{u_n}=\lim_{n\to\infty}\frac{(\sqrt[n]{n}\,)^2}{\left(1+\frac{1}{n}\right)^n}=\frac{1}{e}<1$$

所以级数收敛.

注释 (ⅰ)利用根值判别法判定一个正项级数的敛散性时，应首先写出该级数的通项．如果级数的通项中含有因式的 n 次幂，则利用此判别法较为方便．

(ⅱ)第 4～6 题均为正项级数敛散性的判定问题，一般地，对于级数 $\sum_{n=1}^{\infty}u_n$ 敛散性的判定，应按下述步骤进行：

(a) 判断 $\lim_{n\to\infty}u_n$ 是否为零．若 $\lim_{n\to\infty}u_n\neq 0$，则级数发散．若 $\lim_{n\to\infty}u_n=0$ 或 $\lim_{n\to\infty}u_n$ 不易计算，则观察该级数是否为正项级数．

(b) 若 $\sum_{n=1}^{\infty}u_n$ 为正项级数，则可先考虑可否应用比值判别法和根值判别法，再考虑应用比较判别法(或其极限形式)，最后考虑应用级数收敛或发散的定义．

(c) 如果 $\sum_{n=1}^{\infty}u_n$ 不是正项级数，则其敛散性的判定另有其他方法(可参见下面的习题及注释)．

7. 判定下列交错级数的敛散性：

(1) $1-\dfrac{1}{\sqrt{2}}+\dfrac{1}{\sqrt{3}}-\dfrac{1}{\sqrt{4}}+\cdots$

(2) $1-\dfrac{1}{2!}+\dfrac{1}{3!}-\dfrac{1}{4!}+\cdots$

(3) $1-\dfrac{2}{3}+\dfrac{3}{5}-\dfrac{4}{7}+\cdots$

解：(1) 级数的通项为 $(-1)^{n-1}\dfrac{1}{\sqrt{n}}$，其中 $u_n=\dfrac{1}{\sqrt{n}}$．因为

$$u_n=\frac{1}{\sqrt{n}}>\frac{1}{\sqrt{n+1}}=u_{n+1}\quad(n=1,2,\cdots)$$

$$\lim_{n\to\infty}u_n=\lim_{n\to\infty}\frac{1}{\sqrt{n}}=0$$

由莱布尼茨定理可知，级数 $\sum_{n=1}^{\infty}(-1)^{n-1}\dfrac{1}{\sqrt{n}}$ 收敛．

(2) 级数的通项为 $(-1)^{n-1}\dfrac{1}{n!}$，其中 $u_n=\dfrac{1}{n!}$．因为

$$u_n=\frac{1}{n!}>\frac{1}{(n+1)!}=u_{n+1}\quad(n=1,2,\cdots)$$

$$\lim_{n\to\infty}u_n=\lim_{n\to\infty}\frac{1}{n!}=0$$

由莱布尼茨定理可知，级数 $\sum_{n=1}^{\infty}(-1)^{n-1}\dfrac{1}{n!}$ 收敛．

(3) 级数的通项为 $(-1)^{n-1}\dfrac{n}{2n-1}$，其中 $u_n=\dfrac{n}{2n-1}$．因为

$$\lim_{n\to\infty} u_n = \lim_{n\to\infty} \frac{n}{2n-1} = \frac{1}{2} \neq 0$$

所以级数$\sum_{n=1}^{\infty}(-1)^{n-1}\frac{n}{2n-1}$发散.

8. 判定下列级数哪些绝对收敛，哪些条件收敛：

(1) $1-\frac{1}{3^2}+\frac{1}{5^2}-\frac{1}{7^2}+\frac{1}{9^2}-\cdots$

(2) $\frac{1}{2}-\frac{1}{2\cdot 2^2}+\frac{1}{3\cdot 2^3}-\frac{1}{4\cdot 2^4}+\cdots$

(3) $\sum_{n=1}^{\infty}\frac{(-1)^{n-1}}{\ln(n+1)}$

(4) $\sum_{n=1}^{\infty}\frac{\sin na}{(n+1)^2}$

(5) $\frac{1}{2}-\frac{3}{10}+\frac{1}{2^2}-\frac{3}{10^2}+\frac{1}{2^3}-\frac{3}{10^3}+\cdots$

(6) $\frac{1}{2}+\frac{9}{4}-\frac{25}{8}-\frac{49}{16}+\frac{81}{32}+\frac{121}{64}-\cdots$

$$=\frac{1}{2}+\sum_{n=1}^{\infty}(-1)^{\frac{n(n-1)}{2}}\frac{(2n+1)^2}{2^{n+1}}$$

解：(1) 级数的通项 $u_n=(-1)^n\frac{1}{(2n+1)^2}$ $(n=0, 1, 2, \cdots)$，因为

$$|u_n|=\frac{1}{(2n+1)^2}<\frac{1}{(2n)^2}=\frac{1}{4}\cdot\frac{1}{n^2}$$

而级数$\sum_{n=1}^{\infty}\frac{1}{n^2}$是$p$-级数($p=2$)，收敛. 所以原级数$\sum_{n=0}^{\infty}\frac{(-1)^n}{(2n+1)^2}$绝对收敛.

(2) 级数的通项 $u_n=(-1)^{n-1}\frac{1}{n\cdot 2^n}$ $(n=1, 2, \cdots)$，因为

$$|u_n|=\frac{1}{n\cdot 2^n}\leqslant\frac{1}{2^n}$$

而级数$\sum_{n=1}^{\infty}\frac{1}{2^n}$收敛，所以原级数绝对收敛.

(3) 级数的通项 $u_n=\frac{(-1)^{n-1}}{\ln(n+1)}$ $(n=1, 2, \cdots)$，因为

$$|u_n|=\frac{1}{\ln(n+1)}>\frac{1}{n} \quad (\text{见第 }4(4)\text{ 题})$$

而级数$\sum_{n=1}^{\infty}\frac{1}{n}$发散，所以原级数非绝对收敛. 但原级数为交错级数，且满足

$$|u_n|=\frac{1}{\ln(n+1)}>\frac{1}{\ln(n+2)}=|u_{n+1}|$$

$$\lim_{n\to\infty} u_n=\lim_{n\to\infty}\frac{1}{\ln(n+1)}=0$$

所以原级数 $\sum_{n=1}^{\infty}\frac{(-1)^{n-1}}{\ln(n+1)}$ 条件收敛.

(4) 级数的通项 $u_n=\frac{\sin na}{(n+1)^2}\quad(n=1,2,\cdots)$，因为

$$|u_n|=\left|\frac{\sin na}{(n+1)^2}\right|\leqslant\frac{1}{(n+1)^2}$$

而级数 $\sum_{n=1}^{\infty}\frac{1}{(n+1)^2}$ 收敛，所以原级数绝对收敛.

(5) 级数各项取绝对值后所成级数为

$$\frac{1}{2}+\frac{3}{10}+\frac{1}{2^2}+\frac{3}{10^2}+\frac{1}{2^3}+\frac{3}{10^3}+\cdots$$

前 $2n$ 项的和为

$$\begin{aligned}S_{2n}&=\frac{1}{2}+\frac{3}{10}+\frac{1}{2^2}+\frac{3}{10^2}+\cdots+\frac{1}{2^n}+\frac{3}{10^n}\\&=\left(\frac{1}{2}+\frac{1}{2^2}+\cdots+\frac{1}{2^n}\right)+\left(\frac{3}{10}+\frac{3}{10^2}+\cdots+\frac{3}{10^n}\right)\end{aligned}$$

所以 $$\lim_{n\to\infty}S_{2n}=1+\frac{1}{3}=\frac{4}{3}$$

而前 $2n-1$ 项的和为

$$\begin{aligned}S_{2n-1}&=\frac{1}{2}+\frac{3}{10}+\frac{1}{2^2}+\frac{3}{10^2}+\cdots+\frac{1}{2^n}\\&=(\frac{1}{2}+\frac{1}{2^2}+\cdots+\frac{1}{2^n})+(\frac{3}{10}+\frac{3}{10^2}+\cdots+\frac{3}{10^{n-1}})\end{aligned}$$

所以 $$\lim_{n\to\infty}S_{2n-1}=1+\frac{1}{3}=\frac{4}{3}$$

由此可得 $\lim_{n\to\infty}S_n=\frac{4}{3}$，故级数

$$\frac{1}{2}+\frac{3}{10}+\frac{1}{2^2}+\frac{3}{10^2}+\frac{1}{2^3}+\frac{3}{10^3}+\cdots$$

收敛，于是原级数绝对收敛.

(6) 级数 $\frac{9}{4}-\frac{25}{8}-\frac{49}{16}+\frac{81}{32}+\frac{121}{64}-\cdots$ 的通项 $u_n=(-1)^{\frac{n(n-1)}{2}}\frac{(2n+1)^2}{2^{n+1}}\quad(n=1,2,\cdots)$，

因为

$$|u_n|=\frac{(2n+1)^2}{2^{n+1}}$$

而 $$\begin{aligned}\lim_{n\to\infty}\left|\frac{u_{n+1}}{u_n}\right|&=\lim_{n\to\infty}\frac{(2n+3)^2}{2^{n+2}}\cdot\frac{2^{n+1}}{(2n+1)^2}\\&=\lim_{n\to\infty}\frac{1}{2}\cdot\frac{(2n+3)^2}{(2n+1)^2}=\frac{1}{2}<1\end{aligned}$$

所以级数 $\frac{1}{2}+\sum_{n=1}^{\infty}|u_n|=\frac{1}{2}+\sum_{n=1}^{\infty}\frac{(2n+1)^2}{2^{n+1}}$ 收敛，从而原级数绝对收敛.

注释 对于任意项级数$\sum_{n=1}^{\infty} u_n$，首先应判定通项u_n是否趋于零($n\to\infty$)．若$\lim_{n\to\infty} u_n \neq 0$，则级数发散；若$\lim_{n\to\infty} u_n = 0$，则对$\sum_{n=1}^{\infty} |u_n|$的敛散性作出判别．这时可应用正项级数敛散性的判别法．若级数$\sum_{n=1}^{\infty} |u_n|$收敛，则级数$\sum_{n=1}^{\infty} u_n$绝对收敛；若$\sum_{n=1}^{\infty} |u_n|$发散，再利用级数收敛的定义或其他方法判断级数$\sum_{n=1}^{\infty} u_n$的敛散性．特别地，对交错级数，可以利用莱布尼茨判别法进行判别．最后指明级数是条件收敛还是发散．

9. 求下列幂级数的收敛半径和收敛域：

(1) $x-\frac{x^2}{2}+\frac{x^3}{3}-\frac{x^4}{4}+\cdots$

(2) $1+\frac{x}{2!}+\frac{x^2}{4!}+\frac{x^3}{6!}+\cdots$

(3) $\sum_{n=1}^{\infty} \frac{x^n}{(2n-1)(2n)}$

(4) $\frac{1}{2}+\frac{x}{2^2}+\frac{x^2}{2^3}+\frac{x^3}{2^4}+\cdots$

(5) $\sum_{n=1}^{\infty} \frac{x^{n-1}}{3^{n-1}n}$

(6) $1-\frac{x}{5\sqrt{2}}+\frac{x^2}{5^2\sqrt{3}}-\frac{x^3}{5^3\sqrt{4}}+\cdots$

(7) $1+\frac{2x}{\sqrt{5\cdot 5}}+\frac{4x^2}{\sqrt{9\cdot 5^2}}+\frac{8x^3}{\sqrt{13\cdot 5^3}}+\frac{16x^4}{\sqrt{17\cdot 5^4}}+\cdots$

(8) $\sum_{n=1}^{\infty} \frac{\ln(n+1)}{n+1}x^{n+1}$

(9) $\sum_{n=1}^{\infty} \frac{5^n+(-3)^n}{n}x^n$

(10) $\sum_{n=1}^{\infty} \left[\frac{(-1)^n}{2^n}x^n+3^n x^n\right]$

(11) $\sum_{n=1}^{\infty} \frac{(x-2)^n}{n^2}$

(12) $\sum_{n=1}^{\infty} (\sqrt{n+1}-\sqrt{n})2^n x^{2n}$

(13) $\sum_{n=1}^{\infty} 2^n (x+3)^{2n}$

(14) $\sum_{n=1}^{\infty} (-1)^{n-1} \frac{(2x-3)^n}{2n-1}$

解：(1) 级数可记为 $\sum\limits_{n=1}^{\infty}\frac{(-1)^{n+1}x^n}{n}$，因为

$$\lim_{n\to\infty}\left|\frac{a_{n+1}}{a_n}\right|=\lim_{n\to\infty}\frac{\frac{1}{n+1}}{\frac{1}{n}}=\lim_{n\to\infty}\frac{n}{n+1}=1$$

所以收敛半径 $R=1$. 收敛区间为$(-1, 1)$.

当 $x=1$ 时级数成为$\sum\limits_{n=1}^{\infty}(-1)^{n+1}\frac{1}{n}$，是收敛的；当 $x=-1$ 时级数成为$\sum\limits_{n=1}^{\infty}-\frac{1}{n}$，是发散的. 所以收敛域为$(-1, 1]$.

(2) 级数可记为 $\sum\limits_{n=0}^{\infty}\frac{x^n}{(2n)!}$，因为

$$\lim_{n\to\infty}\left|\frac{a_{n+1}}{a_n}\right|=\lim_{n\to\infty}\frac{\frac{1}{(2n+2)!}}{\frac{1}{(2n)!}}=\lim_{n\to\infty}\frac{(2n)!}{(2n+2)!}$$

$$=\lim_{n\to\infty}\frac{1}{(2n+1)(2n+2)}=0$$

所以收敛半径 $R=\infty$. 级数的收敛域为$(-\infty, +\infty)$.

(3) 因为 $\lim\limits_{n\to\infty}\left|\frac{a_{n+1}}{a_n}\right|=\lim\limits_{n\to\infty}\frac{\frac{1}{(2n+1)(2n+2)}}{\frac{1}{(2n-1)(2n)}}$

$$=\lim_{n\to\infty}\frac{(2n-1)(2n)}{(2n+1)(2n+2)}=1$$

所以收敛半径 $R=1$.

当 $x=1$时，级数成为 $\sum\limits_{n=1}^{\infty}\frac{1}{(2n-1)(2n)}$，而 $\frac{1}{(2n-1)(2n)}\leqslant\frac{1}{2n^2}$，故$\sum\limits_{n=1}^{\infty}\frac{1}{(2n-1)(2n)}$是收敛的 .

当 $x=-1$时，级数成为$\sum\limits_{n=1}^{\infty}(-1)^n\cdot\frac{1}{(2n-1)(2n)}$，该级数是绝对收敛的. 所以收敛域为$[-1, 1]$.

(4) 级数可记为 $\sum\limits_{n=1}^{\infty}\frac{x^{n-1}}{2^n}$，因为

$$\lim_{n\to\infty}\left|\frac{a_{n+1}}{a_n}\right|=\lim_{n\to\infty}\frac{\frac{1}{2^{n+1}}}{\frac{1}{2^n}}=\lim_{n\to\infty}\frac{2^n}{2^{n+1}}=\frac{1}{2}$$

所以收敛半径 $R=2$.

当 $x=2$ 时，级数成为$\sum\limits_{n=1}^{\infty}\frac{1}{2}$，其通项极限不为零$(n\to\infty)$，故发散；当$x=-2$ 时，级数成为$\sum\limits_{n=1}^{\infty}\frac{(-1)^n}{2}$，同理可知它是发散的. 所以收敛域为$(-2, 2)$.

(5) 因为 $\lim\limits_{n\to\infty}\left|\dfrac{a_{n+1}}{a_n}\right|=\lim\limits_{n\to\infty}\dfrac{\dfrac{1}{3^n(n+1)}}{\dfrac{1}{3^{n-1}n}}$

$$=\lim_{n\to\infty}\frac{n}{3(n+1)}=\frac{1}{3}$$

所以收敛半径 $R=3$.

当 $x=3$ 时，级数成为调和级数 $\sum\limits_{n=1}^{\infty}\dfrac{1}{n}$，它是发散的. 当 $x=-3$ 时，级数成为交错级数 $\sum\limits_{n=1}^{\infty}\dfrac{(-1)^{n-1}}{n}$，它是收敛的. 所以收敛域为$[-3, 3)$.

(6) 级数可记为 $\sum\limits_{n=1}^{\infty}\dfrac{(-1)^{n-1}x^{n-1}}{5^{n-1}\sqrt{n}}$，因为

$$\lim_{n\to\infty}\left|\frac{a_{n+1}}{a_n}\right|=\lim_{n\to\infty}\frac{\dfrac{1}{5^n\sqrt{n+1}}}{\dfrac{1}{5^{n-1}\sqrt{n}}}$$

$$=\lim_{n\to\infty}\frac{1}{5}\sqrt{\frac{n}{n+1}}=\frac{1}{5}$$

所以收敛半径 $R=5$.

当 $x=5$ 时，级数成为$\sum\limits_{n=1}^{\infty}\dfrac{(-1)^{n-1}}{\sqrt{n}}$，它是收敛的.

当 $x=-5$ 时，级数成为$\sum\limits_{n=1}^{\infty}\dfrac{1}{\sqrt{n}}$，这是 $p=\dfrac{1}{2}$ 的 p-级数，故发散.

所以收敛域为$(-5, 5]$.

(7) 级数可记为 $\sum\limits_{n=1}^{\infty}\dfrac{2^{n-1}x^{n-1}}{\sqrt{(4n-3)5^{n-1}}}$，因为

$$\lim_{n\to\infty}\left|\frac{a_{n+1}}{a_n}\right|=\lim_{n\to\infty}\frac{2^n}{\sqrt{(4n+1)\cdot 5^n}}\cdot\frac{\sqrt{(4n-3)5^{n-1}}}{2^{n-1}}$$

$$=\lim_{n\to\infty}\frac{2\sqrt{4n-3}}{\sqrt{5(4n+1)}}=\frac{2}{\sqrt{5}}$$

所以收敛半径 $R=\dfrac{\sqrt{5}}{2}$.

当 $x=-\dfrac{\sqrt{5}}{2}$ 时，级数成为$\sum\limits_{n=1}^{\infty}\dfrac{(-1)^{n-1}}{\sqrt{4n-3}}$. 利用莱布尼茨判别法可知此交错级数收敛.

当 $x=\dfrac{\sqrt{5}}{2}$ 时，级数成为$\sum\limits_{n=1}^{\infty}\dfrac{1}{\sqrt{4n-3}}$.

因为$\dfrac{1}{\sqrt{4n-3}}>\dfrac{1}{\sqrt{4n}}=\dfrac{1}{2\sqrt{n}}$，而$\sum\limits_{n=1}^{\infty}\dfrac{1}{\sqrt{n}}$ 发散，所以级数 $\sum\limits_{n=1}^{\infty}\dfrac{1}{\sqrt{4n-3}}$ 发散，所以级数

$\sum_{n=1}^{\infty}\frac{2^{n-1}x^{n-1}}{\sqrt{(4n-3)5^{n-1}}}$ 的收敛域为$\left[-\frac{\sqrt{5}}{2},\frac{\sqrt{5}}{2}\right)$.

(8) 因为 $\lim_{n\to\infty}\left|\frac{a_{n+1}}{a_n}\right|=\lim_{n\to\infty}\frac{\ln(n+2)}{n+2}\cdot\frac{n+1}{\ln(n+1)}=1$，所以收敛半径 $R=1$.

当 $x=-1$ 时，级数成为交错级数$\sum_{n=1}^{\infty}\frac{(-1)^{n+1}\ln(n+1)}{n+1}$. 利用莱布尼茨判别法可知级数收敛.

当 $x=1$ 时，级数成为$\sum_{n=1}^{\infty}\frac{\ln(n+1)}{n+1}$. 因为

$$\frac{\ln(n+1)}{n+1}>\frac{1}{n+1}\ (n\geqslant 2)$$

利用正项级数比较判别法，由$\sum_{n=1}^{\infty}\frac{1}{n+1}$发散，可知$\sum_{n=1}^{\infty}\frac{\ln(n+1)}{n+1}$发散. 所以，所求级数的收敛域为$[-1,1)$.

(9) 因为
$$\lim_{n\to\infty}\left|\frac{a_{n+1}}{a_n}\right|=\lim_{n\to\infty}\frac{5^{n+1}+(-3)^{n+1}}{n+1}\cdot\frac{n}{5^n+(-3)^n}$$
$$=\lim_{n\to\infty}\frac{n}{n+1}\cdot\frac{5\left[1+\left(-\frac{3}{5}\right)^{n+1}\right]}{1+\left(-\frac{3}{5}\right)^n}=5$$

所以收敛半径 $R=\frac{1}{5}$.

当 $x=-\frac{1}{5}$ 时，原级数成为$\sum_{n=1}^{\infty}\left[(-1)^n\frac{1}{n}+\frac{1}{n}\cdot\left(\frac{3}{5}\right)^n\right]$. 由于$\sum_{n=1}^{\infty}(-1)^n\frac{1}{n}$收敛，且$\sum_{n=1}^{\infty}\frac{1}{n}\cdot\left(\frac{3}{5}\right)^n$收敛(用比值判别法)，故级数$\sum_{n=1}^{\infty}\left[(-1)^n\frac{1}{n}+\frac{1}{n}\left(\frac{3}{5}\right)^n\right]$收敛.

当 $x=\frac{1}{5}$ 时，原级数成为$\sum_{n=1}^{\infty}\left[\frac{1}{n}+\frac{1}{n}\cdot\left(-\frac{3}{5}\right)^n\right]$. 因级数$\sum_{n=1}^{\infty}\frac{1}{n}$发散，故$\sum_{n=1}^{\infty}\left[\frac{1}{n}+\frac{1}{n}\cdot\left(-\frac{3}{5}\right)^n\right]$发散，所以所求收敛域为$\left[-\frac{1}{5},\frac{1}{5}\right)$.

(10) 分别考察幂级数$\sum_{n=1}^{\infty}\frac{(-1)^n}{2^n}x^n$和$\sum_{n=1}^{\infty}3^nx^n$.

对于幂级数$\sum_{n=1}^{\infty}\frac{(-1)^n}{2^n}x^n$，因为

$$\lim_{n\to\infty}\left|\frac{a_{n+1}}{a_n}\right|=\lim_{n\to\infty}\frac{2^n}{2^{n+1}}=\frac{1}{2}$$

可知级数$\sum_{n=1}^{\infty}\frac{(-1)^n}{2^n}x^n$的收敛半径$R_1=2$.

对于幂级数$\sum_{n=1}^{\infty}3^nx^n$，因为

$$\lim_{n\to\infty}\left|\frac{a_{n+1}}{a_n}\right|=\lim_{n\to\infty}\frac{3^{n+1}}{3^n}=3$$

可知级数$\sum\limits_{n=1}^{\infty}3^nx^n$的收敛半径$R_2=\dfrac{1}{3}$.

由此可知，级数$\sum\limits_{n=1}^{\infty}\left[\dfrac{(-1)^n}{2^n}x^n+3^nx^n\right]$的收敛半径

$$R=\min\{R_1,R_2\}=\min\left\{2,\frac{1}{3}\right\}=\frac{1}{3}$$

当$x=-\dfrac{1}{3}$时，级数$\sum\limits_{n=1}^{\infty}\dfrac{(-1)^n}{2^n}x^n$成为$\sum\limits_{n=1}^{\infty}\dfrac{1}{2^n\cdot 3^n}$，收敛；而级数$\sum\limits_{n=1}^{\infty}3^nx^n$成为$\sum\limits_{n=1}^{\infty}(-1)^n$，发散，故级数$\sum\limits_{n=1}^{\infty}\left[\dfrac{(-1)^n}{2^n}x^n+3^nx^n\right]$发散.

当$x=\dfrac{1}{3}$时，类似地，可知级数$\sum\limits_{n=1}^{\infty}\left[\dfrac{(-1)^n}{2^n}x^n+3^nx^n\right]$发散. 所以原级数的收敛域为$\left(-\dfrac{1}{3},\dfrac{1}{3}\right)$.

(11) 设$t=x-2$，则原幂级数成为$\sum\limits_{n=1}^{\infty}\dfrac{t^n}{n^2}$. 因为

$$\lim_{n\to\infty}\left|\frac{a_{n+1}}{a_n}\right|=\lim_{n\to\infty}\frac{n^2}{(n+1)^2}=1$$

所以$\sum\limits_{n=1}^{\infty}\dfrac{t^n}{n^2}$的收敛半径$R=1$.

当$t=-1$时，级数$\sum\limits_{n=1}^{\infty}\dfrac{t^n}{n^2}$成为$\sum\limits_{n=1}^{\infty}\dfrac{(-1)^n}{n^2}$，级数收敛.

当$t=1$时，级数$\sum\limits_{n=1}^{\infty}\dfrac{t^n}{n^2}$成为$\sum\limits_{n=1}^{\infty}\dfrac{1}{n^2}$，级数收敛.

可见，级数$\sum\limits_{n=1}^{\infty}\dfrac{t^n}{n^2}$的收敛域为$[-1,1]$. 由$t=x-2$可知，当$-1\leqslant x-2\leqslant 1$时，原幂级数收敛，即所求收敛半径为$R=1$，收敛域为$[1,3]$.

(12) 此级数只含x的偶次项，可直接求

$$\begin{aligned}\lim_{n\to\infty}\left|\frac{u_{n+1}}{u_n}\right|&=\lim_{n\to\infty}\frac{(\sqrt{n+2}-\sqrt{n+1})\cdot 2^{n+1}x^{2n+2}}{(\sqrt{n+1}-\sqrt{n})\cdot 2^nx^{2n}}\\&=\lim_{n\to\infty}\frac{\sqrt{n+1}+\sqrt{n}}{\sqrt{n+2}+\sqrt{n+1}}\cdot 2x^2\\&=2x^2\end{aligned}$$

由此可知，当$2x^2<1$时，即$|x|<\dfrac{\sqrt{2}}{2}$时，级数绝对收敛，故收敛半径$R=\dfrac{\sqrt{2}}{2}$.

当$x=\pm\dfrac{\sqrt{2}}{2}$时，级数成为$\sum\limits_{n=1}^{\infty}(\sqrt{n+1}-\sqrt{n})$，这是一个正项级数，其通项

$$(\sqrt{n+1}-\sqrt{n})=\frac{1}{\sqrt{n+1}+\sqrt{n}}>\frac{1}{2\sqrt{n+1}}$$

由级数$\sum\limits_{n=1}^{\infty}\frac{1}{2\sqrt{n+1}}$发散，可知$\sum\limits_{n=1}^{\infty}(\sqrt{n+1}-\sqrt{n})$发散，所以级数$\sum\limits_{n=1}^{\infty}(\sqrt{n+1}-\sqrt{n})2^n x^{2n}$的收敛域为$\left(-\frac{\sqrt{2}}{2},\frac{\sqrt{2}}{2}\right)$.

(13) 此级数只含x的偶次项，直接计算

$$\lim_{n\to\infty}\left|\frac{u_{n+1}}{u_n}\right|=\lim_{n\to\infty}\frac{2^{n+1}(x+3)^{2n+2}}{2^n(x+3)^{2n}}=2(x+3)^2$$

所以，当$2(x+3)^2<1$，即$-3-\frac{\sqrt{2}}{2}<x<-3+\frac{\sqrt{2}}{2}$时，级数绝对收敛，收敛半径$R=\frac{\sqrt{2}}{2}$.

当$x=-3\pm\frac{\sqrt{2}}{2}$时，原级数成为$1+1+\cdots+1+\cdots$，级数发散.

所以级数$\sum\limits_{n=1}^{\infty}2^n(x+3)^{2n}$的收敛域为$\left(-3-\frac{\sqrt{2}}{2},-3+\frac{\sqrt{2}}{2}\right)$.

(14) 因为$\lim\limits_{n\to\infty}\left|\frac{u_{n+1}}{u_n}\right|=\lim\limits_{n\to\infty}\left|\frac{(2x-3)^{n+1}}{2n+1}\cdot\frac{2n-1}{(2x-3)^n}\right|=|2x-3|$，所以，当$|2x-3|<1$，即$\left|x-\frac{3}{2}\right|<\frac{1}{2}$时，级数绝对收敛，收敛半径$R=\frac{1}{2}$.

当$x-\frac{3}{2}=\frac{1}{2}$，即$x=2$时，原级数成为$\sum\limits_{n=1}^{\infty}\frac{(-1)^{n-1}}{2n-1}$，级数收敛.

当$x-\frac{3}{2}=-\frac{1}{2}$，即$x=1$时，原级数成为$\sum\limits_{n=1}^{\infty}\frac{-1}{2n-1}$，级数发散.

所以，级数$\sum\limits_{n=1}^{\infty}(-1)^{n-1}\frac{(2x-3)^n}{2n-1}$的收敛域为$(1,2]$.

注释　(ⅰ) 求幂级数$\sum\limits_{n=1}^{\infty}a_n x^n$的收敛半径和收敛域的步骤如下：

如果$\lim\limits_{n\to\infty}\left|\frac{a_{n+1}}{a_n}\right|=l$，则

(a) 当$0<l<+\infty$时，收敛半径$R=\frac{1}{l}$；

(b) 当$l=0$时，收敛半径$R=+\infty$；

(c) 当$l=+\infty$时，收敛半径$R=0$.

当收敛半径$0<R<+\infty$时，再判定级数$\sum\limits_{n=1}^{\infty}a_n x^n$在$x=\pm R$时的敛散性，最后求得收敛域. 收敛域可能是$(-R,R)$，$[-R,R)$，$(-R,R]$或$[-R,R]$中之一，如第(1)～(8)题.

(ⅱ) 求幂级数$\sum\limits_{n=1}^{\infty}a_{2n}x^{2n}$（或$\sum\limits_{n=1}^{\infty}a_{2n-1}x^{2n-1}$）的收敛半径和收敛域时，由于$x$的奇次幂(偶次幂)的系数为零，不要直接应用注释(ⅰ)中的方法，否则容易出错，这时，直接利用比值判别法，即求

$$\lim_{n\to\infty}\left|\frac{u_{n+1}(x)}{u_n(x)}\right|$$

然后可求收敛半径和收敛域.

该方法也可用于求任一幂级数的收敛半径和收敛域，如第(12)～(14)题.

10. 求下列幂级数的收敛域，并求和函数.

名师解题

(1) $x-\dfrac{x^3}{3}+\dfrac{x^5}{5}-\dfrac{x^7}{7}+\cdots$

(2) $2x+4x^3+6x^5+8x^7+\cdots$

(3) $\sum\limits_{n=1}^{\infty}n(n+1)x^n$

(4) $\sum\limits_{n=1}^{\infty}\dfrac{1}{n2^n}x^{n-1}$

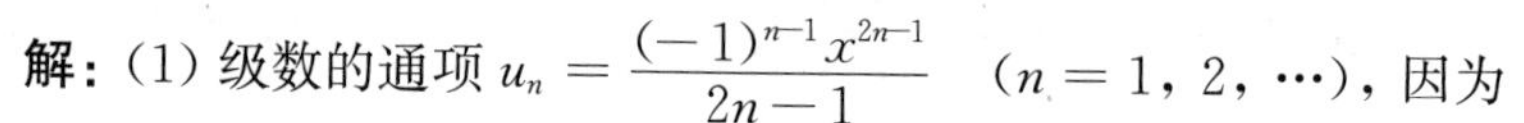
解: (1) 级数的通项 $u_n=\dfrac{(-1)^{n-1}x^{2n-1}}{2n-1}\quad(n=1,2,\cdots)$，因为

$$\lim_{n\to\infty}\left|\frac{u_{n+1}}{u_n}\right|=\lim_{n\to\infty}\left|\frac{x^{2n+1}}{2n+1}\cdot\frac{2n-1}{x^{2n-1}}\right|=x^2$$

所以，当 $x^2<1$，即 $|x|<1$ 时，级数绝对收敛；收敛半径 $R=1$.

当 $x=-1$ 时，原级数成为 $\sum\limits_{n=1}^{\infty}\dfrac{(-1)^n}{2n-1}$，利用交错级数的莱布尼茨判别法，级数收敛.

当 $x=1$ 时，原级数成为 $\sum\limits_{n=1}^{\infty}\dfrac{(-1)^{n-1}}{2n-1}$，同理可知级数收敛.

所以，级数 $\sum\limits_{n=1}^{\infty}\dfrac{(-1)^{n-1}}{2n-1}x^{2n-1}$ 的收敛域为$[-1,1]$.

设和函数 $S(x)=\sum\limits_{n=1}^{\infty}\dfrac{(-1)^{n-1}}{2n-1}x^{2n-1}$，$x\in[-1,1]$，等式两边对 x 求导，得

$$\begin{aligned}S'(x)&=1-x^2+x^4-x^6+\cdots+(-1)^nx^{2n}+\cdots\\&=\frac{1}{1+x^2},\quad x\in(-1,1)\end{aligned}$$

上式两边由 0 到 x 求积分，有

$$\int_0^x S'(t)\mathrm{d}t=\int_0^x\frac{1}{1+t^2}\mathrm{d}t$$

得 $$S(x)=\arctan x$$

因原级数的收敛域为$[-1,1]$，所以

$$x-\frac{x^3}{3}+\frac{x^5}{5}-\frac{x^7}{7}+\cdots=\arctan x,\quad x\in[-1,1]$$

(2) 级数的通项 $u_n=2nx^{2n-1}\ (n=1,2,\cdots)$，因为

$$\lim_{n\to\infty}\left|\frac{u_{n+1}}{u_n}\right|=\lim_{n\to\infty}\left|\frac{2(n+1)x^{2n+1}}{2nx^{2n-1}}\right|=x^2$$

所以，当 $x^2<1$，即 $|x|<1$ 时，级数绝对收敛，收敛半径 $R=1$.

当 $x=-1$ 时，级数成为 $\sum_{n=1}^{\infty}(-2)n=-2-4-6-8-\cdots$，显然级数发散；

当 $x=1$ 时，级数成为 $\sum_{n=1}^{\infty}2n=2+4+6+8+\cdots$，级数发散.

所以，级数 $\sum_{n=1}^{\infty}2nx^{2n-1}$ 的收敛域为 $(-1,1)$.

设和函数 $S(x)=\sum_{n=1}^{\infty}2nx^{2n-1}$，$x\in(-1,1)$，等式两边从 0 到 x 积分，有

$$\int_0^x S(t)\,\mathrm{d}t=\sum_{n=1}^{\infty}\int_0^x 2nt^{2n-1}\,\mathrm{d}t=\sum_{n=1}^{\infty}x^{2n}$$
$$=x^2+x^4+x^6+x^8+\cdots$$

即 $\int_0^x S(t)\,\mathrm{d}t=\frac{x^2}{1-x^2}$，$x\in(-1,1)$. 在等式两边求导，得

$$S(x)=\left(\frac{x^2}{1-x^2}\right)'=\frac{2x}{(1-x^2)^2},\quad x\in(-1,1)$$

(3) 因为 $\lim_{n\to\infty}\left|\frac{a_{n+1}}{a_n}\right|=\lim_{n\to\infty}\frac{(n+1)(n+2)}{n(n+1)}=1$，所以级数 $\sum_{n=1}^{\infty}n(n+1)x^n$ 的收敛半径 $R=1$.

当 $x=-1$ 时，级数成为 $\sum_{n=1}^{\infty}(-1)^n n(n+1)$，级数发散.

当 $x=1$ 时，级数成为 $\sum_{n=1}^{\infty}n(n+1)$，级数发散.

所以，级数 $\sum_{n=1}^{\infty}n(n+1)x^n$ 的收敛域为 $(-1,1)$.

设和函数 $S(x)=\sum_{n=1}^{\infty}n(n+1)x^n$，$x\in(-1,1)$，等式两边由 0 到 x 求积分，有

$$\int_0^x S(t)\,\mathrm{d}t=\sum_{n=1}^{\infty}\int_0^x n(n+1)t^n\,\mathrm{d}t=\sum_{n=1}^{\infty}nx^{n+1}$$

当 $x\neq 0$ 时，上式可化为

$$\frac{1}{x^2}\int_0^x S(t)\,\mathrm{d}t=\sum_{n=1}^{\infty}nx^{n-1}=1+2x+3x^2+4x^3+\cdots$$

对上式两边从 0 到 x 积分，有

$$\int_0^x\left[\frac{1}{u^2}\int_0^u S(t)\,\mathrm{d}t\right]\mathrm{d}u=x+x^2+x^3+x^4+\cdots=\frac{x}{1-x}$$

在等式两边求导，得

$$\frac{1}{x^2}\int_0^x S(t)\,\mathrm{d}t=\left(\frac{x}{1-x}\right)'=\frac{1}{(1-x)^2}$$

于是，

$$\int_0^x S(t)\,\mathrm{d}t=\frac{x^2}{(1-x)^2}$$

等式两边再对 x 求导，得

$$S(x)=\left[\frac{x^2}{(1-x)^2}\right]'=\frac{2x}{(1-x)^3}$$

当 $x=0$ 时，直接可得 $S(0)=0$. 所以，和函数

$$S(x)=\sum_{n=1}^{\infty}n(n+1)x=\frac{2x}{(1-x)^3},\quad x\in(-1,1)$$

(4) 因为$\lim\limits_{n\to\infty}\left|\frac{a_{n+1}}{a_n}\right|=\lim\limits_{n\to\infty}\left|\frac{n2^n}{(n+1)2^{n+1}}\right|=\frac{1}{2}$，所以级数$\sum\limits_{n=1}^{\infty}\frac{1}{n2^n}x^{n-1}$的收敛半径 $R=2$.

当 $x=-2$ 时，级数成为$\sum\limits_{n=1}^{\infty}\frac{(-1)^{n-1}}{2n}$，级数收敛.

当 $x=2$ 时，级数成为$\sum\limits_{n=1}^{\infty}\frac{1}{2n}$，级数发散.

所以级数的收敛域为$[-2,2)$，设级数的和函数

$$S(x)=\sum_{n=1}^{\infty}\frac{x^{n-1}}{n2^n}=\frac{1}{2}+\frac{x}{2\cdot 2^2}+\frac{x^2}{3\cdot 2^3}+\cdots,\quad x\in[-2,2)$$

则
$$xS(x)=\sum_{n=1}^{\infty}\frac{x^n}{n2^n}=\frac{x}{2}+\frac{x^2}{2\cdot 2^2}+\frac{x^3}{3\cdot 2^3}+\cdots$$

在上式两边对 x 求导，有

$$[xS(x)]'=\frac{1}{2}+\frac{x}{2^2}+\frac{x^2}{2^3}+\cdots=\frac{1}{2}\cdot\frac{1}{1-\left(\frac{x}{2}\right)}=\frac{1}{2-x}$$

两边由 0 到 x 求积分，有

$$\int_0^x[tS(t)]'\mathrm{d}t=\int_0^x\frac{1}{2-t}\mathrm{d}t$$

得
$$xS(x)=-\ln(2-x)+\ln 2,\quad x\in[-2,2)$$

当 $x\neq 0$ 时，可得 $S(x)=-\frac{1}{x}\ln\left(1-\frac{x}{2}\right)$；当 $x=0$ 时，可由 $S(x)=\sum\limits_{n=1}^{\infty}\frac{x^{n-1}}{n2^n}$ 直接得到 $S(0)=\frac{1}{2}$. 综上所述，所求和函数

$$S(x)=\begin{cases}-\frac{1}{x}\ln\left(1-\frac{x}{2}\right), & x\neq 0 \text{ 且 } x\in[-2,2)\\ \frac{1}{2}, & x=0\end{cases}$$

注释 求幂级数的和函数时，经常需要应用幂级数的运算性质，并把求和函数的问题转化为几何级数求和的问题：

$$1+x+x^2+\cdots+x^n+\cdots=\frac{1}{1-x}\quad(-1<x<1)$$

11. 利用直接展开法将下列函数展开成 x 的幂级数：

(1) $f(x)=a^x\quad(a>0,\ a\neq 1)$

(2) $f(x)=\sin\dfrac{x}{2}$

解: (1) $f'(x)=a^x\ln a$,　$f''(x)=a^x(\ln a)^2$, …

一般地, $f^{(n)}(x)=a^x(\ln a)^n$ $(n=1, 2, \cdots)$, 所以, $f(0)=1$, $f'(0)=\ln a$, $f''(0)=\ln^2 a$, …, $f^{(n)}(0)=\ln^n a$, …, 由此可得级数

$$\sum_{n=0}^{\infty}\frac{f^{(n)}(0)}{n!}x^n=\sum_{n=0}^{\infty}\frac{\ln^n a}{n!}x^n$$

因为$\lim\limits_{n\to\infty}\left|\dfrac{a_{n+1}}{a_n}\right|=\lim\limits_{n\to\infty}\left|\dfrac{\ln^{n+1}a}{(n+1)!}\cdot\dfrac{n!}{\ln^n a}\right|=0$, 所以收敛半径$R=+\infty$, 收敛域为$(-\infty, +\infty)$.

又　$$\lim_{n\to\infty}|R_n(x)|=\lim_{n\to\infty}\left|\frac{a^{\theta x}\ln^{n+1}a}{(n+1)!}x^{n+1}\right|\quad(0<\theta<1)$$

且由于对任意固定的 x, $a^{\theta x}$ 为有限数, $\dfrac{(\ln a)^{n+1}}{(n+1)!}x^{n+1}$ 为级数$\sum\limits_{n=0}^{\infty}\dfrac{(\ln a)^n}{n!}x^n$ 的通项, 所以

$$\lim_{n\to\infty}|R_n(x)|=0$$

因此　$$a^x=\sum_{n=0}^{\infty}\frac{(\ln a)^n}{n!}x^n\quad(-\infty<x<+\infty)$$

(2) 因为

$$f(x)=\sin\frac{x}{2},\ f'(x)=\frac{1}{2}\cos\frac{x}{2}=\frac{1}{2}\sin\left(\frac{\pi}{2}+\frac{x}{2}\right)$$

$$f''(x)=\frac{1}{2^2}\left(-\sin\frac{x}{2}\right)=\frac{1}{2^2}\sin\left(\frac{2\pi}{2}+\frac{x}{2}\right),\ \cdots$$

$$f^{(n)}(x)=\frac{1}{2^n}\sin\left(\frac{n}{2}\pi+\frac{x}{2}\right),\ \cdots$$

所以　$$f^{(n)}(0)=\frac{1}{2^n}\sin\frac{n}{2}\pi=\begin{cases}0, & n=2k\\(-1)^k\dfrac{1}{2^{2k+1}}, & n=2k+1\end{cases}\quad(k\in\mathbf{Z})$$

得级数

$$\sum_{n=0}^{\infty}\frac{f^{(n)}(0)}{n!}x^n=\sum_{k=0}^{\infty}(-1)^k\frac{x^{2k+1}}{2^{2k+1}(2k+1)!}$$

因为　$$\lim_{k\to\infty}\left|\frac{u_{k+1}}{u_k}\right|=\lim_{k\to\infty}\left|\frac{2^{2k-1}(2k-1)!}{2^{2k+1}(2k+1)!}x^2\right|$$

$$=\lim_{k\to\infty}\frac{1}{4(2k)(2k+1)}|x|^2=0$$

所以收敛半径为$+\infty$, 收敛域为$(-\infty, +\infty)$. 再由

$$\lim_{n\to\infty}|R_n(x)|=\lim_{n\to\infty}\left|\sin\left(\theta x+\frac{n+1}{2}\pi\right)\cdot\frac{x^{n+1}}{2^{n+1}(n+1)!}\right|$$

$$\leqslant\lim_{n\to\infty}\frac{|x^{n+1}|}{2^{n+1}(n+1)!}=0$$

对任意的 x 成立, 所以

$$\sin\frac{x}{2}=\sum_{n=0}^{\infty}(-1)^n\frac{x^{2n+1}}{2^{2n+1}(2n+1)!}\quad(-\infty<x<+\infty)$$

12. 利用已知展开式把下列函数展开为 x 的幂级数，并确定收敛域.

(1) $f(x)=\mathrm{e}^{-x^2}$　　(2) $f(x)=\cos^2 x$

(3) $f(x)=\dfrac{1}{\sqrt{1-x^2}}$　　(4) $f(x)=x^3\mathrm{e}^{-x}$

(5) $f(x)=\dfrac{1}{3-x}$　　(6) $f(x)=\dfrac{x}{x^2-2x-3}$

解: (1) 由 $\mathrm{e}^x=\sum\limits_{n=0}^{\infty}\dfrac{x^n}{n!}\ (-\infty<x<+\infty)$，将此展开式中的 x 换为 $-x^2$，可得

$$\mathrm{e}^{-x^2}=\sum_{n=0}^{\infty}\frac{(-x^2)^n}{n!}=\sum_{n=0}^{\infty}\frac{(-1)^n}{n!}x^{2n}\quad(-\infty<x<+\infty)$$

(2) 因为 $\cos^2 x=\dfrac{1+\cos 2x}{2}=\dfrac{1}{2}+\dfrac{1}{2}\cos 2x$，由

$$\cos x=\sum_{n=0}^{\infty}\frac{(-1)^n}{(2n)!}x^{2n}\quad(-\infty<x<+\infty)$$

可得
$$\cos 2x=\sum_{n=0}^{\infty}\frac{(-1)^n}{(2n)!}(2x)^{2n}$$

于是
$$\cos^2 x=\frac{1}{2}+\frac{1}{2}\sum_{n=0}^{\infty}(-1)^n\frac{(2x)^{2n}}{(2n)!}$$
$$=1+\frac{1}{2}\sum_{n=1}^{\infty}\frac{(-1)^n}{(2n)!}\cdot(2x)^{2n}\quad(-\infty<x<+\infty)$$

(3) 由 $(1+x)^{\alpha}=1+\sum\limits_{n=1}^{\infty}\dfrac{\alpha(\alpha-1)\cdots(\alpha-n+1)}{n!}x^n\ (-1<x<1)$，将其中的 x 换为 $-x^2$，取 $\alpha=-\dfrac{1}{2}$，得

$$\frac{1}{\sqrt{1-x^2}}=(1-x^2)^{-\frac{1}{2}}$$
$$=1+\frac{1}{2}x^2+\frac{1\cdot 3}{2\cdot 4}x^4+\cdots+\frac{1\cdot 3\cdot 5\cdot\cdots\cdot(2n-1)}{2\cdot 4\cdot 6\cdot\cdots\cdot(2n)}x^{2n}+\cdots$$

即
$$\frac{1}{\sqrt{1-x^2}}=1+\sum_{n=1}^{\infty}\frac{(2n-1)!!}{(2n)!!}x^{2n}\quad(-1<x<1)$$

(4) 因为 $\mathrm{e}^x=\sum\limits_{n=0}^{\infty}\dfrac{x^n}{n!}=1+x+\dfrac{x^2}{2!}+\cdots+\dfrac{x^n}{n!}+\cdots\quad(-\infty<x<+\infty)$，所以

$$\mathrm{e}^{-x}=\sum_{n=0}^{\infty}\frac{(-x)^n}{n!}=\sum_{n=0}^{\infty}\frac{(-1)^n}{n!}x^n$$

得
$$x^3\mathrm{e}^{-x}=\sum_{n=0}^{\infty}\frac{(-1)^n}{n!}\cdot x^{n+3}\quad(-\infty<x<+\infty)$$

(5) 因为 $\dfrac{1}{1-x}=1+x+x^2+\cdots+x^n+\cdots\quad(-1<x<1)$，所以，当 $-1<\dfrac{x}{3}<1$ 时，有

$$\frac{1}{3-x}=\frac{1}{3}\cdot\frac{1}{1-\frac{x}{3}}=\frac{1}{3}\left[1+\frac{x}{3}+\left(\frac{x}{3}\right)^2+\cdots+\left(\frac{x}{3}\right)^n+\cdots\right]$$

$$= \sum_{n=0}^{\infty} \frac{1}{3^{n+1}} x^n \quad (-3 < x < 3)$$

(6) 因为$\frac{x}{x^2-2x-3} = \frac{x}{(x-3)(x+1)}$，所以

$$\frac{x}{x^2-2x-3} = \frac{x}{4}\left(\frac{1}{x-3} - \frac{1}{x+1}\right)$$

而
$$\frac{1}{x-3} = -\frac{1}{3} \cdot \frac{1}{1-\frac{x}{3}}$$

又由
$$\frac{1}{1+x} = \sum_{n=0}^{\infty}(-1)^n x^n, \qquad \frac{1}{1-x} = \sum_{n=0}^{\infty} x^n \quad (-1 < x < 1)$$

可得
$$\frac{1}{x-3} = -\frac{1}{3} \cdot \sum_{n=0}^{\infty}\left(\frac{x}{3}\right)^n \quad (-3 < x < 3)$$

所以
$$\frac{x}{x^2-2x+3} = \frac{x}{4}\left[\sum_{n=0}^{\infty}\left(-\frac{1}{3}\right) \cdot \left(\frac{x}{3}\right)^n - \sum_{n=0}^{\infty}(-1)^n x^n\right]$$
$$= \frac{1}{4}\sum_{n=0}^{\infty}\left[(-1)^{n+1} x^{n+1} - \frac{x^{n+1}}{3^{n+1}}\right]$$
$$= \frac{1}{4}\sum_{n=1}^{\infty}\left[(-1)^n - \frac{1}{3^n}\right] x^n$$

因为 $\sum_{n=1}^{\infty}\left(\frac{x}{3}\right)^n$ 的收敛域为 $(-3, 3)$，而 $\sum_{n=1}^{\infty}(-1)^n x^n$ 的收敛域为 $(-1, 1)$，根据幂级数的运算性质可得$\frac{1}{4}\sum_{n=1}^{\infty}\left[(-1)^n - \frac{1}{3^n}\right] x^n$ 的收敛域为$(-1, 1)$.

注释 利用直接展开法将函数展开成泰勒级数(或麦克劳林级数)时，计算量较大，且需证明余项的极限 $\lim_{n\to\infty} |R_n(x)| = 0$. 这往往相当困难，所以常使用间接展开法.

利用间接展开法，需要牢记以下几个重要函数的幂级数展开式：

(i) $e^x = \sum_{n=0}^{\infty} \frac{x^n}{n!} = 1 + x + \frac{x^2}{2!} + \cdots + \frac{x^n}{n!} + \cdots \quad (-\infty < x < +\infty)$

(ii) $\ln(1+x) = \sum_{n=0}^{\infty} \frac{(-1)^n}{n+1} \cdot x^{n+1}$

$$= x - \frac{1}{2}x^2 + \frac{1}{3}x^3 - \cdots + \frac{(-1)^n}{n+1} \cdot x^{n+1} + \cdots$$

$(-1 < x \leqslant 1)$

(iii) $(1+x)^\alpha = 1 + \sum_{n=1}^{\infty} \frac{\alpha(\alpha-1)\cdots(\alpha-n+1)}{n!} x^n$

$$= 1 + \alpha x + \frac{\alpha(\alpha-1)}{2!} x^2 + \cdots + \frac{\alpha(\alpha-1)\cdots(\alpha-n+1)}{n!} x^n + \cdots$$

($-1 < x < 1$；当 $x = \pm 1$ 时，上式是否成立取决于 α 的值.)

(iv) $\sin x=\sum_{n=0}^{\infty}\frac{(-1)^n}{(2n+1)!}x^{2n+1}$

$$=x-\frac{1}{3!}x^3+\frac{1}{5!}x^5-\cdots+\frac{(-1)^n}{(2n+1)!}x^{2n+1}+\cdots$$

$(-\infty<x<+\infty)$

(v) $\cos x=(\sin x)'=\sum_{n=0}^{\infty}\frac{(-1)^n}{(2n)!}x^{2n}$

$$=1-\frac{1}{2!}x^2+\frac{1}{4!}x^4-\cdots+\frac{(-1)^n}{(2n)!}x^{2n}+\cdots$$

$(-\infty<x<+\infty)$

(vi) $\arctan x=\sum_{n=0}^{\infty}\frac{(-1)^n}{2n+1}x^{2n+1}$

$$=x-\frac{1}{3}x^3+\frac{1}{5}x^5-\cdots+\frac{(-1)^n}{2n+1}x^{2n+1}+\cdots$$

$(-1\leqslant x\leqslant 1)$

13. 利用已知展开式把下列函数展开为 $x-2$ 的幂级数，并确定收敛域.

(1) $f(x)=\frac{1}{4-x}$　　(2) $f(x)=\ln x$

(3) $f(x)=e^x$　　(4) $f(x)=\ln\frac{1}{5-4x+x^2}$

解: (1) $f(x)=\frac{1}{4-x}=\frac{1}{2-(x-2)}=\frac{1}{2(1-\frac{x-2}{2})}$

因为　$\frac{1}{1-x}=\sum_{n=0}^{\infty}x^n\quad(-1<x<1)$

所以　$f(x)=\frac{1}{4-x}=\frac{1}{2}\sum_{n=0}^{\infty}\left(\frac{x-2}{2}\right)^n=\sum_{n=0}^{\infty}\frac{1}{2^{n+1}}\cdot(x-2)^n$

$$=\frac{1}{2}+\frac{1}{2^2}(x-2)+\frac{1}{2^3}(x-2)^2+\cdots+\frac{1}{2^{n+1}}(x-2)^n+\cdots$$

由 $-1<\frac{x-2}{2}<1$，可得 $0<x<4$，即所求收敛域为$(0,4)$.

(2) $f(x)=\ln x=\ln[2+(x-2)]=\ln 2+\ln\left(1+\frac{x-2}{2}\right)$

因为　$\ln(1+x)=\sum_{n=0}^{\infty}\frac{(-1)^n}{n+1}x^{n+1}\quad(-1<x\leqslant 1)$

所以　$f(x)=\ln x=\ln 2+\sum_{n=0}^{\infty}\frac{(-1)^n}{n+1}\cdot\left(\frac{x-2}{2}\right)^{n+1}$

$$=\ln 2+\sum_{n=1}^{\infty}\frac{(-1)^{n-1}}{n\cdot 2^n}\cdot(x-2)^n$$

由 $-1<\frac{x-2}{2}\leqslant 1$，可得 $0<x\leqslant 4$，即所求收敛域为$(0,4]$.

(3) $f(x)=\mathrm{e}^x=\mathrm{e}^2\cdot\mathrm{e}^{x-2}$

因为 $$\mathrm{e}^x=\sum_{n=0}^{\infty}\frac{x^n}{n!}\quad(-\infty<x<+\infty)$$

所以 $$f(x)=\mathrm{e}^2\sum_{n=0}^{\infty}\frac{(x-2)^n}{n!}\quad(-\infty<x<+\infty)$$

(4) $f(x)=\ln\frac{1}{5-4x+x^2}=-\ln[1+(x-2)^2]$

因为 $$\ln(1+x)=\sum_{n=0}^{\infty}\frac{(-1)^n}{n+1}x^{n+1}\quad(-1<x\leqslant 1)$$

所以 $$\begin{aligned}f(x)&=-\sum_{n=0}^{\infty}\frac{(-1)^n}{n+1}(x-2)^{2n+2}\\&=\sum_{n=1}^{\infty}\frac{(-1)^n}{n}(x-2)^{2n}\end{aligned}$$

由 $(x-2)^2\leqslant 1$，可得收敛域为$[1,3]$.

14. 用级数展开法近似计算下列各值(计算前三项)：

(1) $\sqrt{\mathrm{e}}$　　(2) $\sqrt[5]{1.2}$　　(3) $\sqrt[5]{240}$　　(4) $\sin 18°$

解：(1) 由 $\mathrm{e}^x=\sum_{n=0}^{\infty}\frac{x^n}{n!}=1+x+\frac{x^2}{2!}+\cdots+\frac{x^n}{n!}+\cdots\ (-\infty<x<+\infty)$，取 $x=\frac{1}{2}$，可得

$$\sqrt{\mathrm{e}}=\mathrm{e}^{\frac{1}{2}}=1+\frac{1}{2}+\frac{1}{2!2^2}+\cdots+\frac{1}{n!2^n}+\cdots$$

$$\sqrt{\mathrm{e}}\approx 1+\frac{1}{2}+\frac{1}{8}=1.625\,0$$

(2) 由 $(1+x)^\alpha=1+\sum_{n=1}^{\infty}\frac{\alpha(\alpha-1)\cdots(\alpha-n+1)}{n!}x^n\ (-1<x<1)$，取 $x=0.2$，$\alpha=\frac{1}{5}$，可得

$$\begin{aligned}\sqrt[5]{1.2}&=\left(1+\frac{1}{5}\right)^{\frac{1}{5}}\\&\approx 1+\frac{1}{5}\cdot\frac{1}{5}+\frac{1}{2!}\cdot\frac{1}{5}\cdot\left(\frac{1}{5}-1\right)\cdot\left(\frac{1}{5}\right)^2\\&=1.036\,8\end{aligned}$$

(3) $\sqrt[5]{240}=\sqrt[5]{3^5\left(1-\frac{1}{3^4}\right)}=3\left(1-\frac{1}{3^4}\right)^{\frac{1}{5}}$. 类似于上一题，在$(1+x)^\alpha$ 的幂级数展开式中，取 $x=-\frac{1}{3^4}$，$\alpha=\frac{1}{5}$，得

$$\begin{aligned}\sqrt[5]{240}&\approx 3\left[1+\frac{1}{5}\cdot\left(-\frac{1}{3^4}\right)+\frac{1}{2!}\cdot\frac{1}{5}\cdot\left(-\frac{4}{5}\right)\cdot\left(-\frac{1}{3^4}\right)^2\right]\\&\approx 2.992\,6\end{aligned}$$

(4) 由 $\sin x=\sum_{n=0}^{\infty}\frac{(-1)^n}{(2n+1)!}x^{2n+1}\ (-\infty<x<+\infty)$ 可得

$$\begin{aligned}\sin 18^\circ&=\sin\frac{\pi}{10}\\&\approx\frac{\pi}{10}-\frac{1}{3!}\cdot\left(\frac{\pi}{10}\right)^3+\frac{1}{5!}\cdot\left(\frac{\pi}{10}\right)^5\\&\approx 0.309\,0\end{aligned}$$

15. 用级数展开法计算下列积分的近似值(计算前三项)：

(1) $\int_0^{\frac{1}{2}}e^{x^2}dx$ (2) $\int_{0.1}^{1}\frac{e^x}{x}dx$

(3) $\int_0^{0.1}\cos\sqrt{t}\,dt$ (4) $\int_0^1\frac{\sin x}{x}dx$

解：(1) 由 $e^x=\sum_{n=0}^{\infty}\frac{x^n}{n!}\quad(-\infty<x<+\infty)$，可得

$$e^{x^2}=\sum_{n=0}^{\infty}\frac{x^{2n}}{n!}$$

$$\begin{aligned}\int_0^{\frac{1}{2}}e^{x^2}dx&=\sum_{n=0}^{\infty}\int_0^{\frac{1}{2}}\frac{x^{2n}}{n!}dx=\sum_{n=0}^{\infty}\left[\frac{1}{n!(2n+1)}x^{2n+1}\right]\Bigg|_0^{\frac{1}{2}}\\&=\sum_{n=0}^{\infty}\frac{1}{n!(2n+1)}\left(\frac{1}{2}\right)^{2n+1}\\&\approx\frac{1}{2}+\frac{1}{1\cdot 3}\left(\frac{1}{2}\right)^3+\frac{1}{2\cdot 5}\left(\frac{1}{2}\right)^5\\&\approx 0.544\,8\end{aligned}$$

(2) 由 $e^x=\sum_{n=0}^{\infty}\frac{x^n}{n!}\quad(-\infty<x<+\infty)$，可得

$$\frac{e^x}{x}=\frac{1}{x}\sum_{n=0}^{\infty}\frac{x^n}{n!}$$

于是，

$$\begin{aligned}\int_{0.1}^{1}\frac{e^x}{x}dx&\approx\int_{0.1}^{1}\left(\frac{1}{x}+1+\frac{x}{2}\right)dx=\left[\ln x+x+\frac{x^2}{4}\right]\Bigg|_{0.1}^{1}\\&=1+\frac{1}{4}+\ln 10-\frac{1}{10}-\frac{1}{400}\\&\approx 3.450\,1\end{aligned}$$

(3) 由 $\cos x=\sum_{n=0}^{\infty}\frac{(-1)^n}{(2n)!}x^{2n}\quad(-\infty<x<+\infty)$，可得

$$\cos t^{\frac{1}{2}}=\sum_{n=0}^{\infty}(-1)^n\frac{t^n}{(2n)!}$$

$$\begin{aligned}\int_0^{0.1}\cos t^{\frac{1}{2}}dt&\approx\int_0^{0.1}\left(1-\frac{t}{2}+\frac{t^2}{4!}\right)dt\\&=\left[t-\frac{t^2}{2^2}+\frac{t^3}{3\cdot 4!}\right]\Bigg|_0^{0.1}\end{aligned}$$

$$=\frac{1}{10}-\frac{1}{4}\left(\frac{1}{10}\right)^{2}+\frac{1}{3\cdot 4!}\left(\frac{1}{10}\right)^{3}$$
$$\approx 0.0975$$

(4) 因为 $\lim\limits_{x\to 0}\frac{\sin x}{x}=1$，所以可补充定义被积函数在 $x=0$ 处的值为1，则函数 $f(x)=\begin{cases}\frac{\sin x}{x}, & x\in(0,1]\\ 1, & x=0\end{cases}$ 在区间[0, 1]上连续. 由

$$\sin x=\sum_{n=0}^{\infty}\frac{(-1)^n}{(2n+1)!}x^{2n+1}\qquad(-\infty<x<+\infty)$$

得
$$\frac{\sin x}{x}=1-\frac{x^2}{3!}+\frac{x^4}{5!}-\cdots+\frac{(-1)^n}{(2n+1)!}x^{2n}+\cdots$$
$$\int_0^1\frac{\sin x}{x}dx\approx\int_0^1\left(1-\frac{x^2}{3!}+\frac{x^4}{5!}\right)dx$$
$$=\left[x-\frac{x^3}{3\cdot 3!}+\frac{x^5}{5\cdot 5!}\right]\Bigg|_0^1$$
$$\approx 0.9461$$

注释　函数 $\frac{\sin x}{x}$ 的原函数不能用初等函数表示，但利用该函数在积分区间上的幂级数展开式逐项积分，就可以用积分后的级数计算所给定积分的近似值，在给定区间上求 e^{-x^2}，$\frac{1}{\ln x}$ 等函数的定积分时，该方法有类似的应用.

(B)

1. 级数 $\sum\limits_{n=1}^{\infty}u_n$ 的部分和数列 S_n 有界是该级数收敛的[　　].

(A) 必要条件但不是充分条件

(B) 充分条件但不是必要条件

(C) 充分必要条件

(D) 既不是充分条件也不是必要条件

解： 如果级数 $\sum\limits_{n=1}^{\infty}u_n$ 收敛，则其部分和数列 S_n 的极限存在，可知部分和数列 S_n 有界；但部分和数列 S_n 有界，极限 $\lim\limits_{n\to\infty}S_n$ 未必存在，不能判定级数 $\sum\limits_{n=1}^{\infty}u_n$ 是否收敛.

例如，级数 $\sum\limits_{n=1}^{\infty}(-1)^n$ 的部分和数列有界，但此级数发散.

综上分析，本题应选(A).

2. 级数 $\sum\limits_{n=1}^{\infty}\frac{a}{q^n}$($a$ 为常数) 收敛的充分条件是[　　].

(A) $|q|>1$　　(B) $q=1$　　(C) $|q|<1$　　(D) $q<1$

解：级数$\sum_{n=1}^{\infty}\frac{a}{q^n}$是公比为$\frac{1}{q}$的几何级数，所以，当$\left|\frac{1}{q}\right|<1$，即$|q|>1$时，级数收敛，故应选(A).

3. 若级数$\sum_{n=1}^{\infty}u_n$收敛，那么下列级数中发散的是[　　].

(A) $\sum_{n=1}^{\infty}100u_n$　　(B) $\sum_{n=1}^{\infty}(u_n+100)$

(C) $100+\sum_{n=1}^{\infty}u_n$　　(D) $\sum_{n=1}^{\infty}u_{n+100}$

解：若级数$\sum_{n=1}^{\infty}u_n$收敛，根据无穷级数的基本性质，$\sum_{n=1}^{\infty}100u_n$也收敛；在$\sum_{n=1}^{\infty}u_n$前加上100后所得级数收敛，即$100+\sum_{n=1}^{\infty}u_n$收敛；将$\sum_{n=1}^{\infty}u_n$去掉前100项后所得级数$\sum_{n=1}^{\infty}u_{n+100}$也收敛，即(A)、(C)、(D)中的级数均收敛，故本题应选(B).

实际上，因为$\lim_{n\to\infty}(u_n+100)=100\neq 0$，可直接得到(B)中级数发散.

4. 若级数$\sum_{n=1}^{\infty}u_n$发散，则[　　].

(A) $\lim_{n\to\infty}u_n\neq 0$

(B) $\lim_{n\to\infty}S_n=\infty$　$(S_n=u_1+u_2+\cdots+u_n)$

(C) $\sum_{n=1}^{\infty}u_n$任意加括号后所成的级数必发散

(D) $\sum_{n=1}^{\infty}u_n$任意加括号后所成的级数可能收敛

解：若级数$\sum_{n=1}^{\infty}u_n$发散，未必得到$\lim_{n\to\infty}u_n\neq 0$和$\lim_{n\to\infty}S_n=\infty$. 例如，级数$\sum_{n=1}^{\infty}\frac{1}{n}$发散，但$\lim_{n\to\infty}u_n=0$，故(A)不正确；又如，级数$\sum_{n=1}^{\infty}(-1)^n$发散，但部分和数列$S_n$有界，不满足$\lim_{n\to\infty}S_n=\infty$，故(B)错；而此级数加括号后所成级数$\sum_{n=1}^{\infty}[(-1)^{2n-1}+(-1)^{2n}]=(-1+1)+(-1+1)+\cdots$却收敛，故(C)错. 本题应选(D).

注释　若级数$\sum_{n=1}^{\infty}u_n$收敛，则$\lim_{n\to\infty}u_n=0$；但是，当$\lim_{n\to\infty}u_n=0$时，级数$\sum_{n=1}^{\infty}u_n$可能收敛，也可能发散；而当$\sum_{n=1}^{\infty}u_n$发散时，也未必有$\lim_{n\to\infty}u_n\neq 0$. 因此，$\lim_{n\to\infty}u_n=0$是级数$\sum_{n=1}^{\infty}u_n$收敛的必要条件，但不是充分条件.

5. 设级数$\sum_{n=1}^{\infty}u_n$收敛，则下述结论中，不正确的是[　　].

(A) $\sum_{n=1}^{\infty}(u_{2n-1}+u_{2n})$ 收敛　　(B) $\sum_{n=1}^{\infty}ku_n$ 收敛　$(k\neq 0)$

(C) $\sum_{n=1}^{\infty}|u_n|$ 收敛　　(D) $\lim_{n\to\infty}u_n=0$

解：对于(A)，由于

$$\sum_{n=1}^{\infty}(u_{2n-1}+u_{2n})=(u_1+u_2)+(u_3+u_4)+\cdots$$

而$\sum_{n=1}^{\infty}u_n$ 收敛，所以加括号后所成的级数也收敛，可知(A) 正确.

对于(B)，由$\sum_{n=1}^{\infty}u_n$ 收敛可知$\sum_{n=1}^{\infty}ku_n$ 收敛，故(B) 正确.

(D) 是级数$\sum_{n=1}^{\infty}u_n$ 收敛的必要条件，故(D) 正确. 不正确的只有(C). 例如，级数$\sum_{n=1}^{\infty}(-1)^{n-1}\frac{1}{n}$ 收敛，但 $\sum_{n=1}^{\infty}\left|(-1)^{n-1}\frac{1}{n}\right|=\sum_{n=1}^{\infty}\frac{1}{n}$ 发散.

> **注释**　收敛级数加括号后所得级数仍收敛，且收敛于原级数的和. 但应注意：若加括号后所得级数发散，则原级数一定发散；如果加括号后所得级数收敛，则原级数的敛散性不能确定，应利用其他方法判定.

6. 设有两个级数(Ⅰ) $\sum_{n=1}^{\infty}u_n$ 和(Ⅱ) $\sum_{n=1}^{\infty}v_n$，则下列结论中正确的是[　　].

(A) 若 $u_n\leqslant v_n$，且(Ⅱ)收敛，则(Ⅰ)一定收敛

(B) 若 $u_n\leqslant v_n$，且(Ⅰ)发散，则(Ⅱ)一定发散

(C) 若 $0\leqslant u_n\leqslant v_n$，且(Ⅱ)收敛，则(Ⅰ)一定收敛

(D) 若 $0\leqslant u_n\leqslant v_n$，且(Ⅱ)发散，则(Ⅰ)一定发散

解：在(A) 和 (B) 中，并未说明 $\sum_{n=1}^{\infty}u_n$和 $\sum_{n=1}^{\infty}v_n$ 是正项级数，故不能应用正项级数的比较判别法，结论不一定成立.

在(C) 和 (D) 中，级数$\sum_{n=1}^{\infty}u_n$ 和$\sum_{n=1}^{\infty}v_n$ 均为正项级数，根据比较判别法知，(C) 正确，(D) 不正确. 故本题应选(C).

7. 下列级数中发散的是[　　].

(A) $\sum_{n=1}^{\infty}2^n\sin\frac{1}{3^n}$　　(B) $\sum_{n=1}^{\infty}(1-\cos\frac{1}{n})$

(C) $\sum_{n=1}^{\infty}\frac{(n!)^2}{(2n)!}$　　(D) $\sum_{n=1}^{\infty}\frac{\left(\frac{n+1}{n}\right)^{n^2}}{2^n}$

解：可以看出，本题中的级数均为正项级数.

对于(A)，通项 $u_n=2^n\sin\frac{1}{3^n}<\frac{2^n}{3^n}=\left(\frac{2}{3}\right)^n$，而级数$\sum_{n=1}^{\infty}\left(\frac{2}{3}\right)^n$收敛，所以级数$\sum_{n=1}^{\infty}2^n\sin\frac{1}{3^n}$收敛.

对于(B)，由于$\left(1-\cos\frac{1}{n}\right)\sim\frac{1}{2n^2}\ (n\to\infty)$，并且

$$\lim_{n\to\infty}\frac{1-\cos\frac{1}{n}}{\frac{1}{n^2}}=\lim_{n\to\infty}\frac{1}{2n^2}\cdot n^2=\frac{1}{2}$$

由比较判别法的极限形式知，级数$\sum_{n=1}^{\infty}\left(1-\cos\frac{1}{n}\right)$收敛.

对于(C)，通项 $u_n=\frac{(n!)^2}{(2n)!}$，利用比值判别法，有

$$\lim_{n\to\infty}\frac{u_{n+1}}{u_n}=\lim_{n\to\infty}\frac{[(n+1)!]^2}{(2n+2)!}\cdot\frac{(2n)!}{(n!)^2}=\frac{1}{4}<1$$

所以级数$\sum_{n=1}^{\infty}\frac{(n!)^2}{(2n)!}$收敛.

由此可知，本题选(D). 事实上，利用根值判别法，有

$$\lim_{n\to\infty}\sqrt[n]{u_n}=\lim_{n\to\infty}\frac{\left(1+\frac{1}{n}\right)^n}{2}=\frac{\mathrm{e}}{2}>1$$

故级数发散.

8. 对于级数$\sum_{n=1}^{\infty}\left(\frac{na}{n+1}\right)^n(a>0)$，下列结论中正确的是[　　].

(A) $a>1$ 时，级数收敛　　(B) $a<1$ 时，级数发散

(C) $a=1$ 时，级数收敛　　(D) $a=1$ 时，级数发散

解: 利用正项级数的根值判别法，有

$$\lim_{n\to\infty}\sqrt[n]{u_n}=\lim_{n\to\infty}\frac{na}{n+1}=a$$

所以，当 $a>1$ 时级数发散，当 $a<1$ 时级数收敛，即(A) 和 (B) 均不正确.

当 $a=1$ 时，根值判别法失效. 但是，由

$$\lim_{n\to\infty}u_n=\lim_{n\to\infty}\left(\frac{n}{n+1}\right)^n=\lim_{n\to\infty}\frac{1}{\left(1+\frac{1}{n}\right)^n}=\frac{1}{\mathrm{e}}\neq 0$$

可知级数发散，故本题应选(D).

9. 关于级数$\sum_{n=1}^{\infty}\frac{(-1)^{n-1}}{n^p}$收敛性的下述结论中，正确的是[　　].

(A) $0<p\leqslant 1$ 时条件收敛　　(B) $0<p\leqslant 1$ 时绝对收敛

(C) $p>1$ 时条件收敛　　(D) $0<p\leqslant 1$ 时发散

解: 因为$\sum_{n=1}^{\infty}\left|\frac{(-1)^{n-1}}{n^p}\right|=\sum_{n=1}^{\infty}\frac{1}{n^p}$为 p -级数，所以原级数在 $p>1$ 时绝对收敛，故选项(B) 和 (C) 均不正确.

当 $0<p\leqslant 1$ 时，利用交错级数的莱布尼茨判别法：$\lim\limits_{n\to\infty}\dfrac{1}{n^p}=0$，$\dfrac{1}{(n+1)^p}<\dfrac{1}{n^p}$，可知 $\sum\limits_{n=1}^{\infty}\dfrac{(-1)^{n-1}}{n^p}$ 收敛，而 $\sum\limits_{n=1}^{\infty}\dfrac{1}{n^p}$ 发散，从而 $\sum\limits_{n=1}^{\infty}\dfrac{(-1)^{n-1}}{n^p}$ 条件收敛. 故本题应选(A).

10. 下列级数中绝对收敛的是[　　].

(A) $\sum\limits_{n=1}^{\infty}(-1)^{n-1}\dfrac{n}{2n-1}$　　(B) $\sum\limits_{n=1}^{\infty}(-1)^{\frac{n(n+1)}{2}}\dfrac{n!}{3^n}$

(C) $\sum\limits_{n=1}^{\infty}(-1)^{n-1}\dfrac{n^3}{2^n}$　　(D) $\sum\limits_{n=1}^{\infty}(-1)^{n-1}\dfrac{\sqrt{n}}{n+100}$

解： 选项(A) 中级数为交错级数，因为

$$\lim_{n\to\infty}u_n=\lim_{n\to\infty}\frac{n}{2n-1}=\frac{1}{2}\neq 0$$

所以该级数发散.

对于选项(B)，因为

$$\lim_{n\to\infty}\left|\frac{u_{n+1}}{u_n}\right|=\lim_{n\to\infty}\frac{(n+1)!}{3^{n+1}}\cdot\frac{3^n}{n!}=\lim_{n\to\infty}\frac{n+1}{3}=+\infty>1$$

所以级数 $\sum\limits_{n=1}^{\infty}(-1)^{\frac{n(n+1)}{2}}\dfrac{n!}{3^n}$ 发散.

对于选项(C)，因为

$$\lim_{n\to\infty}\left|\frac{u_{n+1}}{u_n}\right|=\lim_{n\to\infty}\frac{(n+1)^3}{2^{n+1}}\cdot\frac{2^n}{n^3}=\frac{1}{2}<1$$

所以级数 $\sum\limits_{n=1}^{\infty}(-1)^{n-1}\dfrac{n^3}{2^n}$ 绝对收敛，故本题应选(C).

注意，选项(D) 中的交错级数非绝对收敛，但

$$\lim_{n\to\infty}u_n=\lim_{n\to\infty}\frac{\sqrt{n}}{n+100}=0$$

若设 $f(x)=\dfrac{\sqrt{x}}{x+100}$，则 $f'(x)=\dfrac{100-x}{2\sqrt{x}(x+100)^2}$，所以，当 $x>100$ 时，$f'(x)<0$，$f(x)$ 为单调减函数. 特别地，当 $n>100$ 时，有 $u_n>u_{n+1}$，根据莱布尼茨判别法，级数 $\sum\limits_{n=1}^{\infty}(-1)^{n-1}\dfrac{\sqrt{n}}{n+100}$ 收敛，且为条件收敛.

注释 对于一般的任意项级数，可先讨论级数 $\sum\limits_{n=1}^{\infty}|u_n|$ 的敛散性. 若收敛，则原级数 $\sum\limits_{n=1}^{\infty}u_n$ 绝对收敛；若发散，再观察该级数是否为交错级数. 若是交错级数，可利用莱布尼茨判别法，其中，考察条件 $u_n>u_{n+1}$ 是否成立时，可应用下述方法：① 考察 $u_n-u_{n+1}>0$ 是否成立；② 考察 $\dfrac{u_{n+1}}{u_n}<1$ 是否成立；③ 将通项中的 u_n 看作 x 的可导函数 u_x，对 x 求导讨论其单调性(如第 10 题的选项(D)).

11. 无穷级数$\sum_{n=1}^{\infty}(-1)^n u_n(u_n>0)$收敛的充分条件是[　　].

(A) $u_{n+1}\leqslant u_n \quad (n=1,2,\cdots)$

(B) $\lim_{n\to\infty}u_n=0$

(C) $u_{n+1}\leqslant u_n \quad (n=1,2,\cdots)$，且$\lim_{n\to\infty}u_n=0$

(D) $\sum_{n=1}^{\infty}(-1)^n(u_n-u_{n+1})$收敛

解: $\sum_{n=1}^{\infty}(-1)^n u_n\ (u_n>0)$是交错级数，根据莱布尼茨定理(教材中定理7.10)，本题应选(C).

选项(A)错. 例如，设$u_n=1+\frac{1}{n}(n=1,2,\cdots)$，则

$$u_{n+1}=1+\frac{1}{n+1}\leqslant 1+\frac{1}{n}=u_n$$

但级数$\sum_{n=1}^{\infty}(-1)^n\left(1+\frac{1}{n}\right)$发散.

对于选项(B)，由$\lim_{n\to\infty}u_n=0$可得$\lim_{n\to\infty}(-1)^n u_n=0$. 但这是级数$\sum(-1)^n u_n$收敛的必要条件，而非充分条件.

选项(D)错. 例如，设$u_n=1>0\ (n=1,2,\cdots)$，则

$$\sum_{n=1}^{\infty}(-1)^n(u_n-u_{n+1})=-(1-1)+(1-1)-(1-1)+\cdots$$

收敛，但$\sum_{n=1}^{\infty}(-1)^n u_n=-1+1-1+\cdots$发散.

应注意，对于交错级数$\sum_{n=1}^{\infty}(-1)^n u_n\ (u_n>0)$，如果不满足莱布尼茨判别法，则该级数未必发散. 例如，级数$\sum_{n=2}^{\infty}\frac{(-1)^{n-1}}{\sqrt{n+(-1)^n}}$满足$\lim_{n\to\infty}u_n=0$，而不全满足$u_n>u_{n+1}(n=2,3,\cdots)$. 但利用级数收敛的定义，可以证明此级数收敛.

12. 下列级数中发散的是[　　].

(A) $\sum_{n=1}^{\infty}(-1)^n\frac{1}{\ln(n+1)}$　　(B) $\sum_{n=1}^{\infty}\frac{n}{3n-1}$

(C) $\sum_{n=1}^{\infty}(-1)^{n-1}\frac{1}{3^n}$　　(D) $\sum_{n=1}^{\infty}\frac{n}{3^{\frac{n}{2}}}$

解: 先检验各选项中级数的通项的极限是否为0. 不难看出，对于选项(B)，有

$$\lim_{n\to\infty}u_n=\lim_{n\to\infty}\frac{n}{3n-1}=\frac{1}{3}\neq 0$$

所以级数$\sum_{n=1}^{\infty}\frac{n}{3n-1}$发散，故本题应选(B).

注意，选项(A)中级数满足$u_n=\frac{1}{\ln(n+1)}>\frac{1}{\ln(n+2)}=u_{n+1}$，且$\lim_{n\to\infty}u_n=0$，故级数

收敛.

选项(C)中，$u_n=(-1)^{n-1}\frac{1}{3^n}$，而 $\sum_{n=1}^{\infty}|u_n|=\sum_{n=1}^{\infty}\frac{1}{3^n}$ 是公比为 $q=\frac{1}{3}$ 的几何级数，故原级数绝对收敛.

对于选项(D)，利用根值判别法，有

$$\lim_{n\to\infty}\sqrt[n]{u_n}=\lim_{n\to\infty}\frac{\sqrt[n]{n}}{3^{\frac{1}{2}}}=\frac{1}{\sqrt{3}}<1$$

故级数收敛.

13. 设 $0\leqslant u_n<\frac{1}{n}$ $(n=1, 2, \cdots)$，则下列级数中必定收敛的是[　　].

(A) $\sum_{n=1}^{\infty}u_n$　　(B) $\sum_{n=1}^{\infty}(-1)^n u_n$

(C) $\sum_{n=1}^{\infty}\sqrt{u_n}$　　(D) $\sum_{n=1}^{\infty}(-1)^n u_n^2$

解：(A) 不正确. 由 $0\leqslant u_n<\frac{1}{n}$ $(n=1, 2, \cdots)$ 和夹逼原理(§2.6 准则Ⅰ)有 $\lim\limits_{n\to\infty}u_n=0$，但这仅是级数收敛的必要条件而非充分条件，故 $\sum_{n=1}^{\infty}u_n$ 未必收敛.

(B) 不正确. 由 $0\leqslant u_n<\frac{1}{n}$ 不一定能推出 $u_n>u_{n+1}$ 成立，从而级数 $\sum_{n=1}^{\infty}(-1)^n u_n$ 不一定满足莱布尼茨判别法的条件，即级数 $\sum_{n=1}^{\infty}(-1)^n u_n$ 不一定收敛.

(C) 不正确. 例如，设 $u_n=\frac{1}{n^2}$，则 $0\leqslant u_n=\frac{1}{n^2}<\frac{1}{n}$ $(n=2, 3, \cdots)$，但级数 $\sum_{n=1}^{\infty}\sqrt{u_n}=\sum_{n=1}^{\infty}\frac{1}{n}$ 发散.

(D) 正确. 由于 $0\leqslant u_n<\frac{1}{n}$ $(n=1, 2, \cdots)$，可见 $0\leqslant u_n^2<\frac{1}{n^2}$；而级数 $\sum_{n=1}^{\infty}\frac{1}{n^2}$ 收敛(p-级数，$p=2>1$)，利用比较判别法知，级数 $\sum_{n=1}^{\infty}u_n^2$ 收敛，从而 $\sum_{n=1}^{\infty}(-1)^n u_n^2$ 绝对收敛，所以 $\sum_{n=1}^{\infty}(-1)^n u_n^2$ 必收敛.

故本题应选(D).

14. 幂级数 $\sum_{n=1}^{\infty}\frac{x^n}{n}$ 的收敛域是[　　].

(A) $[-1, 1]$　　(B) $[-1, 1)$

(C) $(-1, 1)$　　(D) $(-1, 1]$

解：由 $\lim\limits_{n\to\infty}\left|\frac{a_{n+1}}{a_n}\right|=\lim\limits_{n\to\infty}\left|\frac{n}{n+1}\right|=1$ 可得，当 $-1<x<1$ 时，级数 $\sum_{n=1}^{\infty}\frac{x^n}{n}$ 绝对收敛.

当 $x=-1$ 时，原级数成为 $\sum\limits_{n=1}^{\infty}\dfrac{(-1)^n}{n}$，级数收敛.

当 $x=1$ 时，原级数成为 $\sum\limits_{n=1}^{\infty}\dfrac{1}{n}$，级数发散.

由此可知，级数 $\sum\limits_{n=1}^{\infty}\dfrac{x^n}{n}$ 的收域敛为$[-1,1)$，故本题应选(B).

15. 设幂级数 $\sum\limits_{n=0}^{\infty}a_nx^n$ 的收敛半径为 R $(0<R<+\infty)$，则 $\sum\limits_{n=0}^{\infty}a_n\left(\dfrac{x}{2}\right)^n$ 的收敛半径为[　　].

(A) $2R$　　(B) $\dfrac{R}{2}$　　(C) R　　(D) $\dfrac{2}{R}$

解: 由题设条件，有 $\left|\dfrac{x}{2}\right|<R$，得 $|x|<2R$，即收敛半径为 $2R$，故本题应选(A).

16. 设级数 $\sum\limits_{n=1}^{\infty}(-1)^{n-1}\dfrac{(x-a)^n}{n}$ 在 $x>0$ 时发散，而在 $x=0$ 处收敛，则常数 $a=$[　　].

名师解题

(A) 1　　(B) -1　　(C) 2　　(D) -2

解: 因为

$$\lim_{n\to\infty}\left|\frac{u_{n+1}}{u_n}\right|=\lim_{n\to\infty}\left|\frac{(x-a)^{n+1}}{n+1}\cdot\frac{n}{(x-a)^n}\right|=|x-a|$$

所以当 $|x-a|<1$ 时，级数 $\sum\limits_{n=1}^{\infty}(-1)^{n-1}\dfrac{(x-a)^n}{n}$ 收敛，由此可知此级数在区间$(a-1,a+1)$内收敛. 由已知条件，级数在 $x>0$ 时发散，在 $x=0$ 处收敛，得 $a+1=0$，所以 $a=-1$，故本题应选(B).

(二) 参考题(附解答)

(A)

1. 已知级数 $\sum\limits_{n=1}^{\infty}(-1)^{n-1}u_n=2$，$\sum\limits_{n=1}^{\infty}u_{2n-1}=5$，求级数 $\sum\limits_{n=1}^{\infty}u_n$ 的和.

解: 由已知条件，可得

$$\sum_{n=1}^{\infty}(-1)^{n-1}u_n=u_1-u_2+u_3-u_4+\cdots+(-1)^{n-1}u_n+\cdots=2$$

$$\sum_{n=1}^{\infty}u_{2n-1}=u_1+u_3+u_5+\cdots+u_{2n-1}+\cdots=5$$

所以，$\sum\limits_{n=1}^{\infty}u_n=2\sum\limits_{n=1}^{\infty}u_{2n-1}-\sum\limits_{n=1}^{\infty}(-1)^{n-1}u_n=2\times5-2=8$.

2. 设级数$\sum_{n=1}^{\infty}u_n$的前$2n$项部分和S_{2n}满足$\lim_{n\to\infty}S_{2n}=a$，且$\lim_{n\to\infty}u_n=0$，试证级数$\sum_{n=1}^{\infty}u_n$收敛，且其和为$a$.

证：因为$S_{2n}=S_{2n-1}+u_{2n}$，所以

$$\lim_{n\to\infty}S_{2n-1}=\lim_{n\to\infty}(S_{2n}-u_{2n})=\lim_{n\to\infty}S_{2n}-\lim_{n\to\infty}u_{2n}=a$$

由于$\lim_{n\to\infty}S_{2n}=a$，$\lim_{n\to\infty}S_{2n-1}=a$，所以$\lim_{n\to\infty}S_n=a$，即级数$\sum_{n=1}^{\infty}u_n$收敛，且其和$S=a$.

此题中若没有条件$\lim_{n\to\infty}u_n=0$，结论不一定成立.

3. 判断级数$\sum_{n=1}^{\infty}\frac{2^n}{5^n-3^n}$的敛散性.

解：方法 1　级数的通项$u_n=\frac{2^n}{5^n-3^n}>0\ (n=1, 2, \cdots)$. 这是一个正项级数，应用比值判别法，有

$$\lim_{n\to\infty}\frac{u_{n+1}}{u_n}=\lim_{n\to\infty}\frac{2^{n+1}}{5^{n+1}-3^{n+1}}\cdot\frac{5^n-3^n}{2^n}$$

$$=\lim_{n\to\infty}\frac{2}{5}\cdot\frac{\left[1-\left(\frac{3}{5}\right)^n\right]}{\left[1-\left(\frac{3}{5}\right)^{n+1}\right]}=\frac{2}{5}<1$$

所以级数收敛.

方法 2　应用比较判别法(极限形式)，设$v_n=\left(\frac{2}{5}\right)^n$，因为

$$\lim_{n\to\infty}\frac{u_n}{v_n}=\lim_{n\to\infty}\frac{\frac{2^n}{5^n-3^n}}{\left(\frac{2}{5}\right)^n}=1$$

由$\sum_{n=1}^{\infty}\left(\frac{2}{5}\right)^n$收敛可知级数$\sum_{n=1}^{\infty}\frac{2^n}{5^n-3^n}$收敛.

4. 判断级数$\sum_{n=1}^{\infty}\frac{n^{n+1}}{(n+1)^{n+2}}$的敛散性.

解：级数通项$u_n=\frac{n^{n+1}}{(n+1)^{n+2}}>0(n=1, 2, \cdots)$. 若应用根值判别法，有$\lim_{n\to\infty}\sqrt[n]{u_n}=1$，无法判别；若应用比值判别法，有$\lim_{n\to\infty}\frac{u_{n+1}}{u_n}=1$，无法判别.

因为$u_n=\frac{n^{n+1}}{(n+1)^{n+2}}=\left(\frac{n}{n+1}\right)^{n+1}\cdot\frac{1}{n+1}$，而$\lim_{n\to\infty}\left(\frac{n}{n+1}\right)^{n+1}=\frac{1}{\mathrm{e}}$，所以$u_n$与$\frac{1}{n+1}$为同阶无穷小($n\to\infty$)，故取$v_n=\frac{1}{n+1}$，利用比较判别法(极限形式)，有

$$\lim_{n\to\infty}\frac{u_n}{v_n}=\lim_{n\to\infty}\frac{n^{n+1}}{(n+1)^{n+2}}\cdot(n+1)=\frac{1}{\mathrm{e}}$$

由$\sum\limits_{n=1}^{\infty}\frac{1}{n+1}$发散，可知$\sum\limits_{n=1}^{\infty}\frac{n^{n+1}}{(n+1)^{n+2}}$发散.

5. 判断级数 $\sum\limits_{n=1}^{\infty}\frac{e^n n!}{n^n}$ 的敛散性.

解： 级数的通项 $u_n=\frac{e^n n!}{n^n}>0(n=1,2,\cdots)$，因为

$$\begin{aligned}\lim_{n\to\infty}\frac{u_{n+1}}{u_n}&=\lim_{n\to\infty}\frac{e^{n+1}(n+1)!}{(n+1)^{n+1}}\cdot\frac{n^n}{e^n n!}\\&=\lim_{n\to\infty}\frac{e}{\left(1+\frac{1}{n}\right)^n}=1\end{aligned}$$

可知比值判别法失效.

但$\left(1+\frac{1}{n}\right)^n\to e(n\to\infty)$时，$\left(1+\frac{1}{n}\right)^n$单调增加趋于 e，故必有

$$\frac{u_{n+1}}{u_n}=\frac{e}{\left(1+\frac{1}{n}\right)^n}>1$$

所以 $u_{n+1}>u_n$，而 $u_1=e$，于是，当 $n\to\infty$ 时，u_n 的极限必不为零，故级数$\sum\limits_{n=1}^{\infty}\frac{e^n n!}{n^n}$发散.

6. 判断级数$\sum\limits_{n=1}^{\infty}\frac{(-1)^n}{n-\ln n}$的敛散性. 若收敛，试说明是绝对收敛还是条件收敛.

解： 此级数为交错级数，其中 $u_n=\frac{1}{n-\ln n}>0\ (n=1,2,\cdots)$. 因为

$$\left|\frac{(-1)^n}{n-\ln n}\right|=\frac{1}{n-\ln n}>\frac{1}{n}$$

而$\sum\limits_{n=1}^{\infty}\frac{1}{n}$发散，所以级数$\sum\limits_{n=1}^{\infty}\left|\frac{(-1)^n}{n-\ln n}\right|$发散，即原级数非绝对收敛. 又 $\lim\limits_{n\to\infty}u_n=\lim\limits_{n\to\infty}\frac{1}{n-\ln n}=\lim\limits_{n\to\infty}\frac{1}{n\left(1-\frac{\ln n}{n}\right)}=0$，为考察 $u_{n+1}<u_n$ 是否成立，设 $f(x)=\frac{1}{x-\ln x}$，则有

$$f'(x)=\frac{1-x}{x(x-\ln x)^2}$$

可见，当 $x>1$ 时，$f'(x)<0$，$f(x)$ 是单调减函数，故必有

$$u_{n+1}=\frac{1}{n+1-\ln(n+1)}<\frac{1}{n-\ln n}=u_n$$

由莱布尼茨判别法知，级数$\sum\limits_{n=1}^{\infty}\frac{(-1)^n}{n-\ln n}$收敛，且为条件收敛.

7. 判断级数$\sum\limits_{n=1}^{\infty}\frac{2^n n!}{n^n}\cdot\cos\frac{n\pi}{3}$的敛散性. 若收敛，试说明是绝对收敛还是条件收敛.

解： 此级数为任意项级数，通项记为 v_n，则

$$|v_n|=\left|\frac{2^n n!}{n^n}\cdot\cos\frac{n\pi}{3}\right|\leqslant\frac{2^n n!}{n^n}$$

考察正项级数$\sum_{n=1}^{\infty}\frac{2^n n!}{n^n}$，记其通项为$u_n$，则

$$\lim_{n\to\infty}\frac{u_{n+1}}{u_n}=\lim_{n\to\infty}\frac{2^{n+1}(n+1)!}{(n+1)^{n+1}}\cdot\frac{n^n}{2^n n!}$$

$$=\lim_{n\to\infty}\frac{2}{\left(1+\frac{1}{n}\right)^n}=\frac{2}{\mathrm{e}}<1$$

所以级数$\sum_{n=1}^{\infty}u_n=\sum_{n=1}^{\infty}\frac{2^n n!}{n^n}$收敛. 根据比较判别法，级数$\sum_{n=1}^{\infty}|v_n|$收敛，故原级数$\sum_{n=1}^{\infty}\frac{2^n n!}{n^n}\cdot\cos\frac{n\pi}{3}$绝对收敛.

8. 判断级数$\sum_{n=1}^{\infty}\sin\left(n\pi+\frac{1}{\ln(n+1)}\right)$的敛散性. 若收敛，试说明它是条件收敛还是绝对收敛.

解: 级数的通项$v_n=\sin\left(n\pi+\frac{1}{\ln(n+1)}\right)=(-1)^n\sin\frac{1}{\ln(n+1)}$，故原级数为交错级数. 考察$\sum_{n=1}^{\infty}|v_n|=\sum_{n=1}^{\infty}\sin\frac{1}{\ln(n+1)}$，有

$$\lim_{n\to\infty}\frac{\sin\frac{1}{\ln(n+1)}}{\frac{1}{\ln(n+1)}}=1$$

而级数$\sum_{n=1}^{\infty}\frac{1}{\ln(n+1)}$发散(见本章(一)习题解答与注释(A)中第4(4)题)，根据比较判别法(极限形式)，级数$\sum_{n=1}^{\infty}|v_n|$发散，故原级数非绝对收敛.

又函数$\sin x$在区间$\left[0,\frac{\pi}{2}\right]$上是单调增加的，故$u_n=\sin\frac{1}{\ln(n+1)}>\sin\frac{1}{\ln(n+2)}=u_{n+1}$. 而$\lim_{n\to\infty}u_n=\lim_{n\to\infty}\sin\frac{1}{\ln(n+1)}=0$，根据莱布尼茨判别法，级数$\sum_{n=1}^{\infty}(-1)^n\sin\frac{1}{\ln(n+1)}$收敛，故原级数条件收敛.

9. 判断级数$\sum_{n=2}^{\infty}\frac{(-1)^{n-1}}{\sqrt{n+(-1)^n}}$的敛散性.

解: 级数为交错级数，通项$v_n=\frac{(-1)^{n-1}}{\sqrt{n+(-1)^n}}$ $(n=2,3,\cdots)$. 对于级数$\sum_{n=2}^{\infty}|v_n|=\sum_{n=2}^{\infty}\frac{1}{\sqrt{n+(-1)^n}}$，利用比较判别法(极限形式)，有

$$\lim_{n\to\infty}\frac{\frac{1}{\sqrt{n+(-1)^n}}}{\frac{1}{\sqrt{n}}}=\lim_{n\to\infty}\frac{1}{\sqrt{1+(-1)^n\cdot\frac{1}{n}}}=1$$

因为$\sum\limits_{n=1}^{\infty}\frac{1}{\sqrt{n}}$发散，所以级数$\sum\limits_{n=2}^{\infty}|v_n|$发散，即原级数非绝对收敛. 但原级数

$$\sum_{n=2}^{\infty}\frac{(-1)^{n-1}}{\sqrt{n+(-1)^n}}=-\frac{1}{\sqrt{3}}+\frac{1}{\sqrt{2}}-\frac{1}{\sqrt{5}}+\frac{1}{\sqrt{4}}-\cdots$$

虽满足$\lim\limits_{n\to\infty}u_n=\lim\limits_{n\to\infty}\frac{1}{\sqrt{n+(-1)^n}}=0$，但不全满足$u_n>u_{n+1}(n=2,3,\cdots)$，故不能应用莱布尼茨判别法判定其敛散性. 下面用级数收敛定义来判定其敛散性. 先考察部分和数列S_n的偶数项

$$S_{2m}=-\frac{1}{\sqrt{3}}+\frac{1}{\sqrt{2}}-\frac{1}{\sqrt{5}}+\frac{1}{\sqrt{4}}-\cdots-\frac{1}{\sqrt{2m+1}}+\frac{1}{\sqrt{2m}}$$
$$=\left(\frac{1}{\sqrt{2}}-\frac{1}{\sqrt{3}}\right)+\left(\frac{1}{\sqrt{4}}-\frac{1}{\sqrt{5}}\right)+\cdots+\left(\frac{1}{\sqrt{2m}}-\frac{1}{\sqrt{2m+1}}\right)$$

等号右端中每一项$\frac{1}{\sqrt{2k}}-\frac{1}{\sqrt{2k+1}}>0(k=1,2,\cdots,m)$，所以$S_{2m}$单调增加；另一方面

$$S_{2m}<\left(\frac{1}{\sqrt{2}}-\frac{1}{\sqrt{4}}\right)+\left(\frac{1}{\sqrt{4}}-\frac{1}{\sqrt{6}}\right)+\cdots+\left(\frac{1}{\sqrt{2m}}-\frac{1}{\sqrt{2m+2}}\right)$$
$$=\frac{1}{\sqrt{2}}-\frac{1}{\sqrt{2m+2}}<\frac{1}{\sqrt{2}}$$

可见，S_{2m}单调递增有上界，所以其极限存在，记$\lim\limits_{m\to\infty}S_{2m}=S$. 因为$S_{2m+1}=S_{2m}+u_{2m+1}$，且$\lim\limits_{n\to\infty}u_n=0$，所以

$$\lim_{m\to\infty}S_{2m+1}=\lim_{m\to\infty}(S_{2m}+u_{2m+1})=S$$

由此可得$\lim\limits_{n\to\infty}S_n=S$，所以级数$\sum\limits_{n=2}^{\infty}\frac{(-1)^{n-1}}{\sqrt{n+(-1)^n}}$收敛，且为条件收敛.

注释 由此题可以看出，不满足莱布尼茨判别法条件$u_{n+1}<u_n$的交错级数不一定发散. 但不满足$\lim\limits_{n\to\infty}u_n=0$的级数必发散.

10. 已知级数$\sum\limits_{n=1}^{\infty}u_n^2$收敛，且$u_n>0(n=1,2,\cdots)$，试证级数$\sum\limits_{n=1}^{\infty}\frac{u_n}{n}$也收敛.

证：由$\left(u_n-\frac{1}{n}\right)^2\geqslant 0$，即$u_n^2-\frac{2u_n}{n}+\frac{1}{n^2}\geqslant 0$，可知

$$0<\frac{2u_n}{n}\leqslant\frac{1}{n^2}+u_n^2\quad(n=1,2,\cdots)$$

因为$\sum\limits_{n=1}^{\infty}u_n^2$收敛，又知$\sum\limits_{n=1}^{\infty}\frac{1}{n^2}$收敛，由两个收敛级数的和仍收敛，可得级数$\sum\limits_{n=1}^{\infty}\left(u_n^2+\frac{1}{n^2}\right)$收敛，由比较判别法得级数$\sum\limits_{n=1}^{\infty}2\frac{u_n}{n}$收敛，故级数$\sum\limits_{n=1}^{\infty}\frac{u_n}{n}$收敛.

11. 设$u_n>0$，$v_n>0$，且满足$\frac{u_{n+1}}{u_n}\leqslant\frac{v_{n+1}}{v_n}(n=1,2,\cdots)$. 试证：

(1) 若级数 $\sum\limits_{n=1}^{\infty} v_n$ 收敛，则级数 $\sum\limits_{n=1}^{\infty} u_n$ 收敛；

(2) 若级数 $\sum\limits_{n=1}^{\infty} u_n$ 发散，则级数 $\sum\limits_{n=1}^{\infty} v_n$ 发散.

证：由 $\dfrac{u_{n+1}}{u_n} \leqslant \dfrac{v_{n+1}}{v_n}(n=1, 2, \cdots)$ 可得

$$\frac{u_{n+1}}{v_{n+1}} \leqslant \frac{u_n}{v_n} \quad (n=1, 2, \cdots)$$

即
$$\frac{u_{n+1}}{v_{n+1}} \leqslant \frac{u_n}{v_n} \leqslant \frac{u_{n-1}}{v_{n-1}} \leqslant \cdots \leqslant \frac{u_1}{v_1}$$

由此可得，$u_{n+1} \leqslant \dfrac{u_1}{v_1} v_{n+1}(n=1, 2, \cdots)$. 由比较判别法可知：当 $\sum\limits_{n=1}^{\infty} v_n$ 收敛时，级数 $\sum\limits_{n=1}^{\infty} u_n$ 收敛；当 $\sum\limits_{n=1}^{\infty} u_n$ 发散时，级数 $\sum\limits_{n=1}^{\infty} v_n$ 发散.

应注意，由 $\sum\limits_{n=1}^{\infty} v_n$ 收敛，不能推得 $\lim\limits_{n\to\infty} \dfrac{v_{n+1}}{v_n} = l < 1$，即 $\lim\limits_{n\to\infty} \dfrac{v_{n+1}}{v_n} = l < 1$ 是正项级数收敛的充分条件，但非必要条件.

12. 证明：若级数 $\sum\limits_{n=1}^{\infty} u_n^2$ 和 $\sum\limits_{n=1}^{\infty} v_n^2$ 收敛，则下列级数收敛：

$$\sum_{n=1}^{\infty} u_n v_n, \quad \sum_{n=1}^{\infty} (u_n + v_n)^2, \quad \sum_{n=1}^{\infty} \frac{u_n}{n}$$

证：因为 $|u_n v_n| \leqslant \dfrac{1}{2}(u_n^2 + v_n^2)$ $(n=1, 2, \cdots)$，而级数 $\sum\limits_{n=1}^{\infty} u_n^2$ 和 $\sum\limits_{n=1}^{\infty} v_n^2$ 都收敛，所以 $\sum\limits_{n=1}^{\infty} (u_n^2 + v_n^2)$ 收敛. 根据比较判别法，若级数 $\sum\limits_{n=1}^{\infty} |u_n v_n|$ 收敛，则 $\sum\limits_{n=1}^{\infty} u_n v_n$ 也收敛.

又 $(u_n + v_n)^2 \leqslant (|u_n| + |v_n|)^2 = u_n^2 + 2|u_n v_n| + v_n^2$，而级数 $\sum\limits_{n=1}^{\infty} u_n^2$，$\sum\limits_{n=1}^{\infty} |u_n v_n|$ 和 $\sum\limits_{n=1}^{\infty} v_n^2$ 都收敛，故级数 $\sum\limits_{n=1}^{\infty} (u_n + v_n)^2$ 收敛.

如果取 $v_n = \dfrac{1}{n}(n=1, 2, \cdots)$，则 $\sum\limits_{n=1}^{\infty} v_n^2 = \sum\limits_{n=1}^{\infty} \dfrac{1}{n^2}$ 收敛，故

$$\sum_{n=1}^{\infty} u_n v_n = \sum_{n=1}^{\infty} \frac{u_n}{n}$$

收敛.

13. 求幂级数 $\sum\limits_{n=1}^{\infty} (-1)^n \dfrac{1}{2^n n} x^{2n-1}$ 的收敛域.

解：级数缺少 x 的偶次项，直接利用比值判别法，有

$$\lim_{n\to\infty} \left| \frac{u_{n+1}}{u_n} \right| = \lim_{n\to\infty} \frac{|x|^{2n+1}}{2^{n+1}(n+1)} \cdot \frac{2^n n}{|x|^{2n-1}} = \frac{|x|^2}{2}$$

当 $\dfrac{|x|^2}{2} < 1$，即 $|x| < \sqrt{2}$ 时，级数绝对收敛.

当 $x=-\sqrt{2}$ 时，原级数成为$\sum\limits_{n=1}^{\infty}\dfrac{(-1)^{n-1}}{\sqrt{2}n}$，这是收敛的交错级数.

当 $x=\sqrt{2}$ 时，原级数成为$\sum\limits_{n=1}^{\infty}\dfrac{(-1)^{n}}{\sqrt{2}n}$，仍为收敛的交错级数.

所以，级数$\sum\limits_{n=1}^{\infty}(-1)^{n}\dfrac{1}{2^{n}n}x^{2n-1}$ 的收敛域为$[-\sqrt{2},\sqrt{2}]$.

14. 求幂级数$\sum\limits_{n=1}^{\infty}\dfrac{1}{3^{n}+(-2)^{n}}\cdot\dfrac{x^{n}}{n}$ 的收敛域.

解: 因为
$$\lim_{n\to\infty}\left|\frac{a_{n+1}}{a_n}\right|=\lim_{n\to\infty}\frac{[3^{n}+(-2)^{n}]n}{[3^{n+1}+(-2)^{n+1}](n+1)}=\lim_{n\to\infty}\frac{\left[1+\left(-\frac{2}{3}\right)^{n}\right]n}{3\left[1+\left(-\frac{2}{3}\right)^{n+1}\right](n+1)}=\frac{1}{3}$$
所以收敛半径为 3，收敛区间为$(-3,3)$.

当 $x=-3$ 时，级数成为
$$\sum_{n=1}^{\infty}\frac{(-1)^{n}3^{n}}{3^{n}+(-2)^{n}}\cdot\frac{1}{n}=\sum_{n=1}^{\infty}\left[\frac{(-1)^{n}}{n}-\frac{2^{n}}{3^{n}+(-2)^{n}}\cdot\frac{1}{n}\right]$$
因$\sum\limits_{n=1}^{\infty}\dfrac{(-1)^{n}}{n}$ 收敛，且可用比值判别法判定$\sum\limits_{n=1}^{\infty}\dfrac{2^{n}}{3^{n}+(-2)^{n}}\cdot\dfrac{1}{n}$ 收敛，所以原级数在 $x=-3$ 时收敛.

当 $x=3$ 时，级数成为$\sum\limits_{n=1}^{\infty}\dfrac{3^{n}}{3^{n}+(-2)^{n}}\cdot\dfrac{1}{n}$，其通项
$$\frac{3^{n}}{3^{n}+(-2)^{n}}\cdot\frac{1}{n}=\frac{1}{1+\left(-\frac{2}{3}\right)^{n}}\cdot\frac{1}{n}>\frac{1}{2n}$$
因$\sum\limits_{n=1}^{\infty}\dfrac{1}{n}$ 发散，所以原级数在 $x=3$ 时发散.

综上分析，原级数的收敛域为$[-3,3)$.

15. 求幂级数$\sum\limits_{n=1}^{\infty}\dfrac{(-1)^{n-1}x^{2n+1}}{n(2n-1)}$ 的收敛域及和函数 $S(x)$.

解: 因为$\lim\limits_{n\to\infty}\left|\dfrac{u_{n+1}}{u_n}\right|=\lim\limits_{n\to\infty}\left|\dfrac{x^{2n+3}}{(n+1)(2n+1)}\cdot\dfrac{n(2n-1)}{x^{2n+1}}\right|=x^{2}$，所以当 $x^{2}<1$，即 $|x|<1$ 时，原级数绝对收敛.

当 $x=\pm1$ 时，级数成为$\pm\sum\dfrac{(-1)^{n-1}}{n(2n-1)}$，这是收敛的交错级数，所以原幂级数的收敛域为$[-1,1]$.

记 $S(x)=\sum\limits_{n=1}^{\infty}\dfrac{(-1)^{n-1}x^{2n+1}}{n(2n-1)}=x\sum\limits_{n=1}^{\infty}\dfrac{(-1)^{n-1}x^{2n}}{n(2n-1)}$.

设 $f(x)=\sum\limits_{n=1}^{\infty}\dfrac{(-1)^{n-1}x^{2n}}{n(2n-1)}$，$x\in(-1,1)$，两边逐项求导，有

$$f'(x)=\sum_{n=1}^{\infty}\frac{(-1)^{n-1}2nx^{2n-1}}{n(2n-1)}=2\sum_{n=1}^{\infty}\frac{(-1)^{n-1}x^{2n-1}}{2n-1}$$

$$f''(x)=2\sum_{n=1}^{\infty}(-1)^{n-1}x^{2n-2}=\frac{2}{1+x^2}$$

两边从 0 到 x 求积分，且注意到 $f'(0)=0$，有

$$\int_0^x f''(t)\mathrm{d}t=\int_0^x\frac{2}{1+t^2}\mathrm{d}t=2\arctan x$$

即 $f'(x)-f'(0)=2\arctan x$，故 $f'(x)=2\arctan x$，于是

$$\int_0^x f'(t)\mathrm{d}t=2\int_0^x\arctan t\mathrm{d}t\quad（分部积分法）$$

即 $$f(x)-f(0)=2x\arctan x-\ln(1+x^2)$$

而 $f(0)=0$，所以 $f(x)=2x\arctan x-\ln(1+x^2)$，从而

$$S(x)=xf(x)=2x^2\arctan x-x\ln(1+x^2),\ x\in[-1,1]$$

16. 将函数 $y=\ln(1-x-2x^2)$ 展开成 x 的幂级数.

解： 因为 $\ln(1-x-2x^2)=\ln[(1-2x)(1+x)]=\ln(1+x)+\ln(1-2x)$，而

$$\ln(1+x)=\sum_{n=1}^{\infty}(-1)^{n+1}\frac{x^n}{n}\quad(-1<x\leqslant 1)$$

$$\ln(1-2x)=\sum_{n=1}^{\infty}(-1)^{n+1}\frac{(-2x)^n}{n}$$

$$=-\sum_{n=1}^{\infty}\frac{2^nx^n}{n}\quad\left(-\frac{1}{2}\leqslant x<\frac{1}{2}\right)$$

于是 $$\ln(1-x-2x^2)=\sum_{n=1}^{\infty}\frac{(-1)^{n+1}-2^n}{n}x^n\quad\left(-\frac{1}{2}\leqslant x<\frac{1}{2}\right)$$

17. 将函数 $y=\ln(\mathrm{e}-x)$ 展开成 x 的幂级数，并求 $\sum\limits_{n=1}^{\infty}\frac{1}{n2^n}$ 的值.

解： $\ln(\mathrm{e}-x)=\ln\left[\mathrm{e}\left(1-\frac{x}{\mathrm{e}}\right)\right]=1+\ln\left(1-\frac{x}{\mathrm{e}}\right)$

因为 $$\ln(1+x)=\sum_{n=1}^{\infty}\frac{(-1)^{n-1}}{n}x^n\quad(-1<x\leqslant 1)$$

所以 $$\ln(\mathrm{e}-x)=1-\sum_{n=1}^{\infty}\frac{1}{n}\left(\frac{x}{\mathrm{e}}\right)^n$$

令 $x=\frac{\mathrm{e}}{2}$，由上式得

$$\ln\left(\mathrm{e}-\frac{\mathrm{e}}{2}\right)=1-\sum_{n=1}^{\infty}\frac{1}{n}\left(\frac{1}{2}\right)^n$$

即 $1-\ln 2=1-\sum\limits_{n=1}^{\infty}\frac{1}{n2^n}$，所以

$$\sum_{n=1}^{\infty}\frac{1}{n2^n}=\ln 2$$

18. 试用级数的理论证明：当 $n\to\infty$ 时，$\frac{1}{n^n}$ 是比$\frac{1}{n!}$ 高阶的无穷小量.

证：考虑级数$\sum_{n=1}^{\infty}\frac{1/n^n}{1/n!}=\sum_{n=1}^{\infty}\frac{n!}{n^n}$，其通项$u_n=\frac{n!}{n^n}$.

因为
$$\lim_{n\to\infty}\frac{u_{n+1}}{u_n}=\lim_{n\to\infty}\frac{\dfrac{(n+1)!}{(n+1)^{n+1}}}{\dfrac{n!}{n^n}}=\lim_{n\to\infty}\frac{n^n}{(n+1)^n}$$
$$=\lim_{n\to\infty}\frac{1}{\left(1+\dfrac{1}{n}\right)^n}=\frac{1}{\mathrm{e}}<1$$

所以，级数$\sum_{n=1}^{\infty}\frac{n!}{n^n}$收敛，其通项
$$\lim_{n\to\infty}u_n=\lim_{n\to\infty}\frac{n!}{n^n}=0$$

即
$$\lim_{n\to\infty}\frac{1/n^n}{1/n!}=0$$

因此，当$n\to\infty$时，$\frac{1}{n^n}$是比$\frac{1}{n!}$高阶的无穷小量.

19. 将函数$f(x)=\frac{1+x}{(1-x)^2}$展开成x的幂级数.

解：$f(x)=\frac{2-(1-x)}{(1-x)^2}=\frac{2}{(1-x)^2}-\frac{1}{1-x}$

因为$(1+x)^\alpha=1+\sum_{n=1}^{\infty}\frac{\alpha(\alpha-1)\cdots(\alpha-n+1)}{n!}x^n\ (-1<x<1)$，可得(取$\alpha=-2$，且将$x$换为$(-x)$)
$$2(1-x)^{-2}=2\left[1+\sum_{n=1}^{\infty}\frac{(-2)\cdot(-3)\cdots(-n-1)}{n!}(-x)^n\right]$$
$$=2\sum_{n=0}^{\infty}(n+1)x^n\quad(-1<x<1)$$

又
$$\frac{1}{1-x}=\sum_{n=0}^{\infty}x^n\quad(-1<x<1)$$

所以
$$f(x)=2\sum_{n=0}^{\infty}(n+1)x^n-\sum_{n=0}^{\infty}x^n=\sum_{n=0}^{\infty}(2n+1)x^n\quad(-1<x<1)$$

20. 求幂级数$1+\sum_{n=1}^{\infty}(-1)^n\frac{x^{2n}}{2n}\ (|x|<1)$的和函数$f(x)$及其极值.

解：由$f(x)=1+\sum_{n=1}^{\infty}(-1)^n\frac{x^{2n}}{2n}=1-\frac{x^2}{2}+\frac{x^4}{4}-\cdots+(-1)^n\frac{x^{2n}}{2n}+\cdots$两边求导，得
$$f'(x)=-x+x^3+\cdots+(-1)^nx^{2n-1}+\cdots=-\frac{x}{1+x^2}\quad(|x|<1)$$

上式两边从0到x积分，得
$$\int_0^x f'(t)\mathrm{d}t=-\int_0^x\frac{t}{1+t^2}\mathrm{d}t$$

即 $$f(x)-f(0)=-\frac{1}{2}\ln(1+x^2)$$

由于 $f(0)=1$，于是

$$f(x)=1-\frac{1}{2}\ln(1+x^2) \qquad (|x|<1)$$

令 $f'(x)=-\frac{x}{1+x^2}=0$，得唯一驻点 $x=0$，又

$$f''(x)=-\frac{1-x^2}{(1+x^2)^2},\ f''(0)=-1<0$$

所以 $f(x)$ 在 $x=0$ 处取得极大值，且极大值 $f(0)=1$.

(B)

1. 设级数 $\sum\limits_{n=1}^{\infty}u_n$ 前 n 项的和 $S_n=\frac{2n}{3n-1}$，则级数 $\sum\limits_{n=1}^{\infty}(3u_n-u_{n+1}+u_{n+2})=$[　　].

(A) 2　　(B) 3　　(C) $\frac{11}{5}$　　(D) $\frac{13}{5}$

解: 因为 $\lim\limits_{n\to\infty}S_n=\lim\limits_{n\to\infty}\frac{2n}{3n-1}=\frac{2}{3}$，所以级数 $\sum\limits_{n=1}^{\infty}u_n$ 收敛，其和为 $S=\frac{2}{3}$. 于是

$$\begin{aligned}&\sum_{n=1}^{\infty}(3u_n-u_{n+1}+u_{n+2})=3\sum_{n=1}^{\infty}u_n-\sum_{n=1}^{\infty}u_{n+1}+\sum_{n=1}^{\infty}u_{n+2}\\&=3S-(S-u_1)+(S-u_1-u_2)\\&=3S-u_2\end{aligned}$$

又 $$u_1=S_1=1,\ u_2=S_2-u_1=\frac{4}{5}-1=-\frac{1}{5}$$

所以 $$\sum_{n=1}^{\infty}(3u_n-u_{n+1}+u_{n+2})=3\times\frac{2}{3}-\left(-\frac{1}{5}\right)=\frac{11}{5}$$

故本题应选(C).

2. 下列各命题中正确的是[　　].

(A) 若 $u_n<v_n\ (n=1,2,\cdots)$，则 $\sum\limits_{n=1}^{\infty}u_n\leqslant\sum\limits_{n=1}^{\infty}v_n$

(B) 若 $u_n<v_n\ (n=1,2,\cdots)$，且 $\sum\limits_{n=1}^{\infty}u_n$ 发散，则 $\sum\limits_{n=1}^{\infty}v_n$ 发散

(C) 若 $\lim\limits_{n\to\infty}\frac{u_n}{v_n}=1$，则 $\sum\limits_{n=1}^{\infty}u_n$ 与 $\sum\limits_{n=1}^{\infty}v_n$ 有相同的敛散性

(D) 若 $w_n<u_n<v_n\ (n=1,2,\cdots)$，且 $\sum\limits_{n=1}^{\infty}w_n$ 与 $\sum\limits_{n=1}^{\infty}v_n$ 收敛，则 $\sum\limits_{n=1}^{\infty}u_n$ 收敛

解: 选项(A)中的级数只有当它们都收敛时，才能比较其和的大小，而(A)中两级数的敛散性并不清楚，故(A)错.

选项(B)和(C)中并未说明两个级数为正项级数，故不能应用正项级数的比较判别法及其极限形式. 例如，在(B)中，取级数 $\sum\limits_{n=1}^{\infty}u_n=\sum\limits_{n=1}^{\infty}\left(-\frac{1}{n}\right)$，$\sum\limits_{n=1}^{\infty}v_n=\sum\limits_{n=1}^{\infty}\frac{1}{n^2}$，则 $u_n=$

$-\frac{1}{n}<\frac{1}{n^2}=v_n(n=1,2,\cdots)$，但$\sum_{n=1}^{\infty}u_n$发散，而$\sum_{n=1}^{\infty}\frac{1}{n^2}$收敛；在(C)中，取级数$\sum_{n=1}^{\infty}u_n=\sum_{n=1}^{\infty}\frac{(-1)^n}{\sqrt{n}}$，$\sum_{n=1}^{\infty}v_n=\sum_{n=1}^{\infty}\left(\frac{(-1)^n}{\sqrt{n}}+\frac{1}{n}\right)$，则$\lim_{n\to\infty}\frac{u_n}{v_n}=1$，但$\sum_{n=1}^{\infty}u_n$是收敛的交错级数，而$\sum_{n=1}^{\infty}v_n$发散.

由此可知，本题中只有选项(D)正确. 事实上，由$w_n<u_n<v_n(n=1,2,\cdots)$，可得$0<u_n-w_n<v_n-w_n$. 又知$\sum_{n=1}^{\infty}v_n$和$\sum_{n=1}^{\infty}w_n$收敛，所以级数$\sum_{n=1}^{\infty}(v_n-w_n)$收敛. 由正项级数的比较判别法，级数$\sum_{n=1}^{\infty}(u_n-w_n)$收敛，从而级数$\sum_{n=1}^{\infty}[(u_n-w_n)+w_n]=\sum_{n=1}^{\infty}u_n$收敛.

3. 若级数$\sum_{n=1}^{\infty}u_n$及$\sum_{n=1}^{\infty}v_n$均发散，则级数[　　].

(A) $\sum_{n=1}^{\infty}(u_n+v_n)$必发散

(B) $\sum_{n=1}^{\infty}u_nv_n$必发散

(C) $\sum_{n=1}^{\infty}(|u_n|+|v_n|)$必发散

(D) $\sum_{n=1}^{\infty}(u_n^2+v_n^2)$必发散

解： 选项(A)不正确. 例如，$\sum_{n=1}^{\infty}u_n=\sum_{n=1}^{\infty}\frac{1}{n}$，$\sum_{n=1}^{\infty}v_n=\sum_{n=1}^{\infty}\left(-\frac{1}{n}\right)$都发散，但$\sum_{n=1}^{\infty}(u_n+v_n)=0$却是收敛级数.

选项(B)不正确. 例如，$\sum_{n=1}^{\infty}u_n=\sum_{n=1}^{\infty}\frac{1}{n}$，$\sum_{n=1}^{\infty}v_n=\sum_{n=1}^{\infty}\frac{1}{n}$都发散，但$\sum_{n=1}^{\infty}u_nv_n=\sum_{n=1}^{\infty}\frac{1}{n^2}$却是收敛级数.

选项(C)正确. 因为$|u_n|\leqslant(|u_n|+|v_n|)$，如果级数$\sum_{n=1}^{\infty}(|u_n|+|v_n|)$收敛，则必有$\sum_{n=1}^{\infty}|u_n|$收敛，从而级数$\sum_{n=1}^{\infty}u_n$也收敛，与题设矛盾，故级数$\sum_{n=1}^{\infty}(|u_n|+|v_n|)$必发散.

选项(D)不正确. 例如，$\sum_{n=1}^{\infty}u_n=\sum_{n=1}^{\infty}\frac{1}{n}$，$\sum_{n=1}^{\infty}v_n=\sum_{n=1}^{\infty}\frac{1}{n}$均发散，但$\sum_{n=1}^{\infty}(u_n^2+v_n^2)=\sum_{n=1}^{\infty}\left(\frac{1}{n^2}+\frac{1}{n^2}\right)=2\sum_{n=1}^{\infty}\frac{1}{n^2}$却是收敛级数.

综上所述，本题应选(C).

4. 若级数$\sum_{n=1}^{\infty}(u_{2n-1}+u_{2n})$收敛，则下列结论中成立的是[　　].

(A) $\sum_{n=1}^{\infty}u_n$必收敛　　(B) $\sum_{n=1}^{\infty}u_n$未必收敛

(C) $\lim\limits_{n\to\infty}u_n=0$　　　　　　(D) $\sum\limits_{n=1}^{\infty}u_n$ 发散

解：因为

$$\sum_{n=1}^{\infty}(u_{2n-1}+u_{2n})=(u_1+u_2)+(u_3+u_4)+\cdots+(u_{2n-1}+u_{2n})+\cdots$$

所以，$\sum\limits_{n=1}^{\infty}u_n$ 可以看成是级数$\sum\limits_{n=1}^{\infty}(u_{2n-1}+u_{2n})$ 去掉括号后所得的级数. 由级数的基本性质：收敛级数加括号之后所得级数仍收敛，且收敛于原级数的和；若加括号所得新级数发散，则原级数必发散；若加括号所得新级数收敛，则原级数的敛散性不能确定，即原级数未必收敛. 故本题应选(B).

5. 下列各选项中正确的是[　　].

(A) $\sum\limits_{n=1}^{\infty}u_n^2$ 和$\sum\limits_{n=1}^{\infty}v_n^2$ 均收敛，则$\sum\limits_{n=1}^{\infty}(u_n+v_n)^2$ 也收敛

(B) 若$\sum\limits_{n=1}^{\infty}(u_nv_n)$ 收敛，则$\sum\limits_{n=1}^{\infty}u_n^2$ 与$\sum\limits_{n=1}^{\infty}v_n^2$ 都收敛

(C) 若正项级数$\sum\limits_{n=1}^{\infty}u_n$ 发散，则 $u_n\geqslant\dfrac{1}{n}$

(D) 若级数$\sum\limits_{n=1}^{\infty}u_n$ 收敛，且 $u_n\geqslant v_n(n=1,2,\cdots)$，则级数$\sum\limits_{n=1}^{\infty}v_n$ 也收敛

解：对于(A)，由于$\sum\limits_{n=1}^{\infty}u_n^2$ 和$\sum\limits_{n=1}^{\infty}v_n^2$ 均收敛，且

$$|u_nv_n|\leqslant\frac{1}{2}(u_n^2+v_n^2)$$

利用比较判别法知，级数$\sum\limits_{n=1}^{\infty}|u_nv_n|$ 收敛，即级数$\sum\limits_{n=1}^{\infty}u_nv_n$ 绝对收敛，于是级数

$$\sum_{n=1}^{\infty}(u_n+v_n)^2=\sum_{n=1}^{\infty}u_n^2+2\sum_{n=1}^{\infty}u_nv_n+\sum_{n=1}^{\infty}v_n^2$$

收敛，故选(A).

但选项(B)中，若令 $u_n=\dfrac{1}{\sqrt{n}}$，$v_n=\dfrac{1}{n^{3/2}}$，那么有级数$\sum\limits_{n=1}^{\infty}(u_nv_n)=\sum\limits_{n=1}^{\infty}\dfrac{1}{n^2}$ 收敛，但是$\sum\limits_{n=1}^{\infty}u_n^2=\sum\limits_{n=1}^{\infty}\dfrac{1}{n}$ 却发散，故(B)不正确.

对于(C)，若级数$\sum\limits_{n=1}^{\infty}u_n$ 发散，我们令 $u_n=\dfrac{1}{n^{1+\frac{1}{n}}}$，显然 $\dfrac{1}{n^{1+\frac{1}{n}}}<\dfrac{1}{n}$，而

$$\lim_{n\to\infty}\frac{\frac{1}{n^{1+\frac{1}{n}}}}{\frac{1}{n}}=\lim_{n\to\infty}\frac{1}{n^{\frac{1}{n}}}=1$$

故级数$\sum\limits_{n=1}^{\infty}\dfrac{1}{n^{1+\frac{1}{n}}}$ 与级数$\sum\limits_{n=1}^{\infty}\dfrac{1}{n}$ 有相同的敛散性，从而$\sum\limits_{n=1}^{\infty}\dfrac{1}{n^{1+\frac{1}{n}}}$ 发散，故(C)亦不正确.

对于(D)，比较判别法只适用于正项级数，而级数$\sum_{n=1}^{\infty} u_n$未必是正项级数，故(D)不一定成立.

综上所述，本题应选(A).

6. 若级数$\sum_{n=1}^{\infty} u_n$收敛，则级数[　　].

(A) $\sum_{n=1}^{\infty} |u_n|$ 收敛　　　　(B) $\sum_{n=1}^{\infty} (-1)^n u_n$ 收敛

(C) $\sum_{n=1}^{\infty} u_n u_{n+1}$ 收敛　　　　(D) $\sum_{n=1}^{\infty} \frac{u_n + u_{n+1}}{2}$ 收敛

解：选项(A)、(B)、(C)均不正确. 例如，设$u_n = \frac{(-1)^{n-1}}{\sqrt{n}}$　$(n=1, 2, \cdots)$，则$\sum_{n=1}^{\infty} u_n = \sum_{n=1}^{\infty} \frac{(-1)^{n-1}}{\sqrt{n}}$收敛，但级数$\sum_{n=1}^{\infty} |u_n| = \sum_{n=1}^{\infty} \frac{1}{\sqrt{n}}$发散，故(A)不正确；而$\sum_{n=1}^{\infty} (-1)^n u_n = \sum_{n=1}^{\infty} \left(-\frac{1}{\sqrt{n}}\right)$也发散，故(B)不正确；又

$$\sum_{n=1}^{\infty} u_n u_{n+1} = \sum_{n=1}^{\infty} \frac{(-1)^{n-1}}{\sqrt{n}} \cdot \frac{(-1)^n}{\sqrt{n+1}} = \sum_{n=1}^{\infty} \frac{-1}{\sqrt{n(n+1)}}$$

因为$\frac{-1}{\sqrt{n(n+1)}} > \frac{-1}{\sqrt{n+1}}$，而级数$\sum_{n=1}^{\infty} \frac{-1}{\sqrt{n+1}}$发散，可知级数$\sum_{n=1}^{\infty} \frac{-1}{\sqrt{n(n+1)}}$发散，故(C)不正确.

综上分析，本题只有(D)正确. 实际上，因为$\sum_{n=1}^{\infty} u_n$收敛，则$\sum_{n=1}^{\infty} u_{n+1}$必收敛，所以$\sum_{n=1}^{\infty} \frac{u_n + u_{n+1}}{2}$收敛.

7. 对于级数$\sum_{n=1}^{\infty} n!\left(\frac{a}{n}\right)^n (a > 0)$，下列各结论中错误的是[　　].

(A) $a < \mathrm{e}$时，级数收敛　　　　(B) $a > \mathrm{e}$时，级数发散

(C) $a = \mathrm{e}$时，级数收敛　　　　(D) $a = \mathrm{e}$时，级数发散

解：用正项级数的比值判别法，有

$$\begin{aligned}\lim_{n\to\infty} \frac{u_{n+1}}{u_n} &= \lim_{n\to\infty} (n+1)!\left(\frac{a}{n+1}\right)^{n+1} \cdot \frac{1}{n!}\left(\frac{n}{a}\right)^n \\ &= \lim_{n\to\infty} \frac{a}{\left(1+\frac{1}{n}\right)^n} = \frac{a}{\mathrm{e}}\end{aligned}$$

所以，当$a < \mathrm{e}$时，有$\frac{a}{\mathrm{e}} < 1$，级数收敛；当$a > \mathrm{e}$时，有$\frac{a}{\mathrm{e}} > 1$，级数发散，故(A)和(B)均正确.

当$a = \mathrm{e}$时，比值判别法失效，由本章(二)参考题(A)中第5题，可知级数$\sum_{n=1}^{\infty} n!\left(\frac{\mathrm{e}}{n}\right)^n$

发散，故本题应选(C).

8. 级数$\sum_{n=1}^{\infty}(-1)^n\left(1-\cos\frac{\alpha}{n}\right)$(常数$\alpha>0$)，则此级数[　　].

(A) 发散　　(B) 绝对收敛

(C) 条件收敛　　(D) 收敛性与α有关

解：因为$1-\cos\frac{\alpha}{n}=2\sin^2\frac{\alpha}{2n}$，而$\sin^2\frac{\alpha}{2n}\leqslant\left(\frac{\alpha}{2n}\right)^2$，又因为级数$\sum_{n=1}^{\infty}\left(\frac{\alpha}{2n}\right)^2$收敛，所以级数$2\sum_{n=1}^{\infty}\sin^2\frac{\alpha}{2n}$收敛，从而级数$\sum_{n=1}^{\infty}(-1)^n\left(1-\cos\frac{\alpha}{n}\right)$绝对收敛，故本题应选(B).

9. 设级数$\sum_{n=1}^{\infty}(-1)^n 2^n u_n$收敛，则级数$\sum_{n=1}^{\infty}u_n$[　　].

(A) 绝对收敛　　(B) 发散

(C) 条件收敛　　(D) 敛散性不确定

解：因为级数$\sum_{n=1}^{\infty}(-1)^n 2^n u_n$收敛，则

$$\lim_{n\to\infty}2^n u_n=0$$

所以当$n\to\infty$时，变量$2^n u_n$为有界变量，即存在正数M和正整数N，使得当$n>N$时，有

$$|2^n u_n|=2^n\cdot|u_n|<M$$

故$|u_n|<\frac{M}{2^n}$. 而级数$\sum_{n=1}^{\infty}\frac{M}{2^n}$收敛，由正项级数的比较判别法知，级数$\sum_{n=1}^{\infty}|u_n|$收敛，故$\sum_{n=1}^{\infty}u_n$绝对收敛. 故本题应选(A).

10. 对任意x，$\lim_{n\to\infty}\frac{3^n x^n}{n!}=$[　　].

(A) 0　　(B) 1　　(C) $\frac{1}{3}$　　(D) ∞

解：考察幂级数$\sum_{n=1}^{\infty}\frac{3^n x^n}{n!}$. 因为

$$\lim_{n\to\infty}\left|\frac{a_{n+1}}{a_n}\right|=\lim_{n\to\infty}\frac{3^{n+1}}{(n+1)!}\cdot\frac{n!}{3^n}=0$$

所以，收敛半径$R=+\infty$，收敛区间为$(-\infty,+\infty)$，即对任意的$x\in(-\infty,+\infty)$，级数$\sum_{n=1}^{\infty}\frac{3^n x^n}{n!}$收敛. 由级数收敛的必要条件知

$$\lim_{n\to\infty}\frac{3^n x^n}{n!}=0$$

故本题应选(A).

11. 级数$\sum_{n=1}^{\infty}\frac{n^2}{n!}$的和等于[　　].

(A) $\frac{e}{2}$　　(B) $2e$　　(C) $\frac{3e}{2}$　　(D) $\frac{5e}{2}$

解：由$e^x=\sum_{n=0}^{\infty}\frac{x^n}{n!}\ (-\infty<x<+\infty)$，两边求导，得

$$e^x = \sum_{n=1}^{\infty} \frac{n}{n!} x^{n-1}$$

所以 $xe^x = \sum_{n=1}^{\infty} \frac{n}{n!} x^n$. 将此式两边再求导，得

$$e^x + xe^x = \sum_{n=1}^{\infty} \frac{n^2}{n!} x^{n-1}$$

在上式中取 $x = 1$，可得 $\sum_{n=1}^{\infty} \frac{n^2}{n!} = 2e$. 故本题应选(B).

第八章

01 02 03 04 05 06 07 08 09

多元函数

(一) 习题解答与注释

(A)

1. 求下列函数的定义域：

(1) $z=\sqrt{x}+y$

(2) $z=\sqrt{1-x^2}+\sqrt{y^2-1}$

(3) $z=\sqrt{1-\frac{x^2}{a^2}-\frac{y^2}{b^2}}$

(4) $z=\ln(-x-y)$

(5) $z=\frac{1}{\sqrt{x^2+y^2}}$

(6) $u=\sqrt{R^2-x^2-y^2-z^2}+\sqrt{x^2+y^2+z^2-r^2}\quad(R>r)$

解： (1) 当 $x\geqslant 0$ 且 $-\infty<y<+\infty$ 时函数有定义，其定义域为

$$D(f)=\{(x,y)\mid x\geqslant 0,-\infty<y<+\infty\}$$

(2) 当 $1-x^2\geqslant 0$ 且 $y^2-1\geqslant 0$ 时函数有定义，其定义域为

$$D(f)=\{(x,y)\mid |x|\leqslant 1,|y|\geqslant 1\}$$

(3) 当 $1-\frac{x^2}{a^2}-\frac{y^2}{b^2}\geqslant 0$ 时函数有定义，其定义域为

$$D(f)=\left\{(x,y)\,\middle|\,\frac{x^2}{a^2}+\frac{y^2}{b^2}\leqslant 1\right\}$$

(4) 当 $-x-y>0$ 时函数有定义，其定义域为

$$D(f)=\{(x,y)\mid x+y<0\}$$

(5) 当 $x^2+y^2\neq 0$ 时函数有定义，其定义域为

$$D(f)=\{(x,y)\mid x^2+y^2\neq 0\}$$

(6) 当 $R^2-x^2-y^2-z^2\geqslant 0$ 且 $x^2+y^2+z^2-r^2\geqslant 0$ 时函数有定义，其定义域为

$$D(f)=\{(x,y,z)\mid r^2\leqslant x^2+y^2+z^2\leqslant R^2\}\quad (R>r)$$

2. 设 $f(x+y,x-y)=e^{x^2+y^2}(x^2-y^2)$，求函数 $f(x,y)$ 和 $f(\sqrt{2},\sqrt{2})$ 的值.

解：设 $u=x+y$，$v=x-y$，则 $x=\dfrac{u+v}{2}$，$y=\dfrac{u-v}{2}$，所以

$$x^2+y^2=\frac{u^2+v^2}{2},\quad x^2-y^2=uv$$

故 $f(u,v)=e^{\frac{u^2+v^2}{2}}\cdot uv$，即 $f(x,y)=e^{\frac{x^2+y^2}{2}}\cdot xy$，且

$$f(\sqrt{2},\sqrt{2})=2e^2$$

3. 判别二元函数 $z=\ln(x^2-y^2)$ 与 $z=\ln(x+y)+\ln(x-y)$ 是否为同一函数，并说明理由.

解：函数 $z=\ln(x^2-y^2)$ 的定义域为

$$D_1=\{(x,y)\mid x^2-y^2>0\}$$

函数 $z=\ln(x+y)+\ln(x-y)$ 的定义域为

$$D_2=\{(x,y)\mid x+y>0,\ x-y>0\}$$

因为 D_1 中不仅含有满足 $x+y>0$ 且 $x-y>0$ 的点，而且包含满足 $x+y<0$ 且 $x-y<0$ 的点，所以两个函数的定义域不同，故两个函数不同.

注释 (ⅰ) 类似于一元函数，求用解析式表示的二元函数的定义域时，应考虑下述要求：分母不能为零；偶次根式内的值非负；对数的真数大于零；某些三角函数或反三角函数的自变量有特定的限制等.

(ⅱ) 与一元函数的定义相比较，二元函数也有两个要素：对应规则 f 和定义域 D. 当且仅当两个二元函数的对应规则和定义域完全相同时，才能认为这两个二元函数是相同的. 但是，一元函数的定义域通常是区间，而二元函数的定义域通常是平面上的区域；一元函数 $y=f(x)$ 通常表示坐标平面上的曲线，而二元函数 $z=f(x,y)$ 通常表示空间中的一个曲面.

(ⅲ) 当已知 $f[g(x,y),h(x,y)]$ 的表达式，求 $f(x,y)$ 的表达式时，应设 $u=g(x,y)$，$v=h(x,y)$，使函数 $f(u,v)$ 用 u，v 的解析式表示. 该方法与一元函数类似问题的处理方法完全相同.

4. 求下列函数的偏导数：

(1) $z=x^2y^2$　　(2) $z=\ln\dfrac{y}{x}$

(3) $z=e^{xy}+yx^2$　　(4) $z=xy\sqrt{R^2-x^2-y^2}$

(5) $z=\dfrac{x}{\sqrt{x^2+y^2}}$　　(6) $z=e^{\sin x}\cdot\cos y$

(7) $u=\sqrt{x^2+y^2+z^2}$　　(8) $u=e^{x^2y^3z^5}$

(9) $z = x^{xy}$　　　　(10) $z = \arctan\dfrac{x+y}{x-y}$

解：(1) $\dfrac{\partial z}{\partial x} = 2xy^2$，$\dfrac{\partial z}{\partial y} = 2x^2 y$

(2) $\dfrac{\partial z}{\partial x} = \dfrac{x}{y}\left(\dfrac{y}{x}\right)'_x = -\dfrac{1}{x}$，$\dfrac{\partial z}{\partial y} = \dfrac{x}{y}\left(\dfrac{y}{x}\right)'_y = \dfrac{1}{y}$

(3) $\dfrac{\partial z}{\partial x} = \mathrm{e}^{xy}(xy)'_x + 2xy = y\mathrm{e}^{xy} + 2xy$

$\dfrac{\partial z}{\partial y} = \mathrm{e}^{xy}(xy)'_y + x^2 = x\mathrm{e}^{xy} + x^2$

(4) $\dfrac{\partial z}{\partial x} = (xy)'_x \cdot \sqrt{R^2 - x^2 - y^2} + xy(\sqrt{R^2 - x^2 - y^2})'_x$

$= y\sqrt{R^2 - x^2 - y^2} + xy\dfrac{-2x}{2\sqrt{R^2 - x^2 - y^2}}$

$= \dfrac{y(R^2 - 2x^2 - y^2)}{\sqrt{R^2 - x^2 - y^2}}$

$\dfrac{\partial z}{\partial y} = (xy)'_y \cdot \sqrt{R^2 - x^2 - y^2} + xy(\sqrt{R^2 - x^2 - y^2})'_y$

$= x\sqrt{R^2 - x^2 - y^2} + xy\dfrac{-2y}{2\sqrt{R^2 - x^2 - y^2}}$

$= \dfrac{x(R^2 - x^2 - 2y^2)}{\sqrt{R^2 - x^2 - y^2}}$

(5) $\dfrac{\partial z}{\partial x} = \dfrac{\sqrt{x^2 + y^2} - x \cdot \dfrac{2x}{2\sqrt{x^2 + y^2}}}{(\sqrt{x^2 + y^2})^2} = \dfrac{y^2}{(x^2 + y^2)^{\frac{3}{2}}}$

$\dfrac{\partial z}{\partial y} = x\left[-\dfrac{1}{2}(x^2 + y^2)^{-\frac{3}{2}} \cdot 2y\right] = -\dfrac{xy}{(x^2 + y^2)^{\frac{3}{2}}}$

(6) $\dfrac{\partial z}{\partial x} = \mathrm{e}^{\sin x}\cos x\cos y$

$\dfrac{\partial z}{\partial y} = \mathrm{e}^{\sin x}(-\sin y) = -\mathrm{e}^{\sin x}\sin y$

(7) $\dfrac{\partial u}{\partial x} = \dfrac{x}{\sqrt{x^2 + y^2 + z^2}}$，$\dfrac{\partial u}{\partial y} = \dfrac{y}{\sqrt{x^2 + y^2 + z^2}}$

$\dfrac{\partial u}{\partial z} = \dfrac{z}{\sqrt{x^2 + y^2 + z^2}}$

(8) $\dfrac{\partial u}{\partial x} = \mathrm{e}^{x^2 y^3 z^5}(x^2 y^3 z^5)'_x = 2xy^3 z^5 \mathrm{e}^{x^2 y^3 z^5}$

$\dfrac{\partial u}{\partial y} = \mathrm{e}^{x^2 y^3 z^5}(x^2 y^3 z^5)'_y = 3x^2 y^2 z^5 \mathrm{e}^{x^2 y^3 z^5}$

$\dfrac{\partial u}{\partial z} = \mathrm{e}^{x^2 y^3 z^5}(x^2 y^3 z^5)'_z = 5x^2 y^3 z^4 \mathrm{e}^{x^2 y^3 z^5}$

(9) $\frac{\partial z}{\partial x}=(e^{xy\ln x})'_x=e^{xy\ln x}(xy\ln x)'_x$

$$=x^{xy}\left(y\ln x+xy\cdot\frac{1}{x}\right)$$

$$=yx^{xy}(\ln x+1)$$

$$\frac{\partial z}{\partial y}=(x^{xy})'_y=x^{xy}\cdot\ln x\cdot(xy)'_y=x^{xy+1}\ln x$$

(10) $\frac{\partial z}{\partial x}=\frac{1}{1+\left(\frac{x+y}{x-y}\right)^2}\left(\frac{x+y}{x-y}\right)'_x$

$$=\frac{(x-y)^2}{2(x^2+y^2)}\cdot\frac{(x-y)-(x+y)}{(x-y)^2}$$

所以 $\frac{\partial z}{\partial x}=\frac{-y}{x^2+y^2}$

又 $\frac{\partial z}{\partial y}=\frac{1}{1+\left(\frac{x+y}{x-y}\right)^2}\cdot\left(\frac{x+y}{x-y}\right)'_y$

$$=\frac{(x-y)^2}{2(x^2+y^2)}\cdot\frac{(x-y)+(x+y)}{(x-y)^2}$$

所以 $\frac{\partial z}{\partial y}=\frac{x}{x^2+y^2}$

5. 计算下列函数在给定点处的偏导数：

(1) $z=e^{x^2+y^2}$，求 $z'_x\Big|_{\substack{x=1\\y=0}}$，$z'_y\Big|_{\substack{x=0\\y=1}}$.

(2) $z=\ln(\sqrt{x}+\sqrt{y})$，求 $z'_x\Big|_{\substack{x=1\\y=1}}$，$z'_y\Big|_{\substack{x=1\\y=1}}$.

(3) $z=(1+xy)^y$，求 $z'_x\Big|_{\substack{x=1\\y=1}}$，$z'_y\Big|_{\substack{x=1\\y=1}}$.

(4) $u=\ln(xy+z)$，求 $u'_x\Big|_{\substack{x=2\\y=1\\z=0}}$，$u'_y\Big|_{\substack{x=2\\y=1\\z=0}}$，$u'_z\Big|_{\substack{x=2\\y=1\\z=0}}$.

解：(1) $z'_x=e^{x^2+y^2}\cdot(x^2+y^2)'_x=2xe^{x^2+y^2}$，所以

$$z'_x\Big|_{\substack{x=1\\y=0}}=2e$$

类似地，$z'_y=2ye^{x^2+y^2}$，所以 $z'_y\Big|_{\substack{x=0\\y=1}}=2e$.

(2) $z'_x=\frac{1}{\sqrt{x}+\sqrt{y}}\cdot\frac{1}{2\sqrt{x}}$，$z'_x\Big|_{\substack{x=1\\y=1}}=\frac{1}{4}$

$$z'_y=\frac{1}{\sqrt{x}+\sqrt{y}}\cdot\frac{1}{2\sqrt{y}},\ z'_y\Big|_{\substack{x=1\\y=1}}=\frac{1}{4}$$

(3) $z'_x=y(1+xy)^{y-1}\cdot(1+xy)'_x=y^2(1+xy)^{y-1}$，所以

$$z'_x\Big|_{\substack{x=1\\y=1}}=1$$

$$z'_y=[e^{y\ln(1+xy)}]'_y=e^{y\ln(1+xy)}\cdot[y\ln(1+xy)]'_y$$

$$=(1+xy)^y\left[\ln(1+xy)+\frac{xy}{1+xy}\right]$$

所以 $$z'_y\Big|_{\substack{x=1\\y=1}}=2\left(\ln2+\frac{1}{2}\right)=1+2\ln2$$

(4) $u'_x=\dfrac{y}{xy+z}$，所以 $u'_x\Big|_{\substack{x=2\\y=1\\z=0}}=\dfrac{1}{2}$.

$u'_y=\dfrac{x}{xy+z}$，所以 $u'_y\Big|_{\substack{x=2\\y=1\\z=0}}=1$.

$u'_z=\dfrac{1}{xy+z}$，所以 $u'_z\Big|_{\substack{x=2\\y=1\\z=0}}=\dfrac{1}{2}$.

6. 求下列函数的偏导数：

(1) $z=x\ln(x+y)$，求 $\dfrac{\partial^2 z}{\partial x^2}$，$\dfrac{\partial^2 z}{\partial y^2}$，$\dfrac{\partial^2 z}{\partial x\partial y}$.

(2) $z=\dfrac{\cos x^2}{y}$，求 $\dfrac{\partial^2 z}{\partial x^2}$，$\dfrac{\partial^2 z}{\partial y^2}$，$\dfrac{\partial^2 z}{\partial x\partial y}$.

(3) $z=\arctan\dfrac{y}{x}$，求 $\dfrac{\partial^2 z}{\partial x^2}$，$\dfrac{\partial^2 z}{\partial y^2}$，$\dfrac{\partial^2 z}{\partial x\partial y}$.

(4) $u=e^{xyz}$，求 $\dfrac{\partial^3 u}{\partial x\partial y\partial z}$.

解：(1) $\dfrac{\partial z}{\partial x}=\ln(x+y)+\dfrac{x}{x+y}$，$\dfrac{\partial z}{\partial y}=\dfrac{x}{x+y}$

所以 $$\frac{\partial^2 z}{\partial x^2}=\frac{1}{x+y}+\frac{x+y-x}{(x+y)^2}=\frac{x+2y}{(x+y)^2}$$

$$\frac{\partial^2 z}{\partial y^2}=-\frac{x}{(x+y)^2}$$

$$\frac{\partial^2 z}{\partial x\partial y}=\frac{1}{x+y}+\frac{-x}{(x+y)^2}=\frac{y}{(x+y)^2}$$

(2) $\dfrac{\partial z}{\partial x}=-\dfrac{2x\sin x^2}{y}$，$\dfrac{\partial z}{\partial y}=-\dfrac{\cos x^2}{y^2}$，

所以 $$\frac{\partial^2 z}{\partial x^2}=-\frac{2\sin x^2+4x^2\cos x^2}{y}$$

$$\frac{\partial^2 z}{\partial y^2}=\frac{2\cos x^2}{y^3}$$

$$\frac{\partial^2 z}{\partial x\partial y}=\frac{2x\sin x^2}{y^2}$$

(3) $$\frac{\partial z}{\partial x}=\frac{1}{1+\left(\dfrac{y}{x}\right)^2}\cdot\left(-\frac{y}{x^2}\right)=-\frac{y}{x^2+y^2}$$

$$\frac{\partial z}{\partial y}=\frac{1}{1+\left(\dfrac{y}{x}\right)^2}\cdot\frac{1}{x}=\frac{x}{x^2+y^2}$$

所以 $$\frac{\partial^2 z}{\partial x^2}=\frac{2xy}{(x^2+y^2)^2}$$

$$\frac{\partial^2 z}{\partial y^2}=\frac{-2xy}{(x^2+y^2)^2}$$

$$\frac{\partial^2 z}{\partial x\partial y}=-\frac{(x^2+y^2)-y\cdot 2y}{(x^2+y^2)^2}=\frac{y^2-x^2}{(x^2+y^2)^2}$$

(4) $\frac{\partial u}{\partial x}=yz\mathrm{e}^{xyz}$

$$\frac{\partial^2 u}{\partial x\partial y}=z\mathrm{e}^{xyz}+yz\mathrm{e}^{xyz}\cdot xz=z\mathrm{e}^{xyz}+xyz^2\mathrm{e}^{xyz}$$

$$\begin{aligned}\frac{\partial^3 u}{\partial x\partial y\partial z}&=\mathrm{e}^{xyz}+xyz\mathrm{e}^{xyz}+2xyz\mathrm{e}^{xyz}+x^2y^2z^2\mathrm{e}^{xyz}\\&=(1+3xyz+x^2y^2z^2)\mathrm{e}^{xyz}\end{aligned}$$

7. 证明下列各题：

(1) 设 $z=\ln(\sqrt[n]{x}+\sqrt[n]{y})$，且 $n\geqslant 2$，则 $x\frac{\partial z}{\partial x}+y\frac{\partial z}{\partial y}=\frac{1}{n}$.

(2) 设 $z=\ln(\mathrm{e}^x+\mathrm{e}^y)$，则 $\frac{\partial^2 z}{\partial x^2}\cdot\frac{\partial^2 z}{\partial y^2}-\left(\frac{\partial^2 z}{\partial x\partial y}\right)^2=0$.

证：(1) $\frac{\partial z}{\partial x}=\frac{1}{\sqrt[n]{x}+\sqrt[n]{y}}(\sqrt[n]{x}+\sqrt[n]{y})'_x=\frac{x^{\frac{1-n}{n}}}{n(\sqrt[n]{x}+\sqrt[n]{y})}$

$$\frac{\partial z}{\partial y}=\frac{1}{\sqrt[n]{x}+\sqrt[n]{y}}(\sqrt[n]{x}+\sqrt[n]{y})'_y=\frac{y^{\frac{1-n}{n}}}{n(\sqrt[n]{x}+\sqrt[n]{y})}$$

所以
$$x\frac{\partial z}{\partial x}+y\frac{\partial z}{\partial y}=\frac{x\cdot x^{\frac{1-n}{n}}}{n(\sqrt[n]{x}+\sqrt[n]{y})}+\frac{y\cdot y^{\frac{1-n}{n}}}{n(\sqrt[n]{x}+\sqrt[n]{y})}=\frac{1}{n}$$

(2) $\frac{\partial z}{\partial x}=\frac{\mathrm{e}^x}{\mathrm{e}^x+\mathrm{e}^y}$, $\frac{\partial z}{\partial y}=\frac{\mathrm{e}^y}{\mathrm{e}^x+\mathrm{e}^y}$

所以
$$\frac{\partial^2 z}{\partial x^2}=\frac{\mathrm{e}^x(\mathrm{e}^x+\mathrm{e}^y)-\mathrm{e}^x(\mathrm{e}^x+\mathrm{e}^y)'_x}{(\mathrm{e}^x+\mathrm{e}^y)^2}=\frac{\mathrm{e}^{x+y}}{(\mathrm{e}^x+\mathrm{e}^y)^2}$$

$$\frac{\partial^2 z}{\partial y^2}=\frac{\mathrm{e}^y(\mathrm{e}^x+\mathrm{e}^y)-\mathrm{e}^y(\mathrm{e}^x+\mathrm{e}^y)'_y}{(\mathrm{e}^x+\mathrm{e}^y)^2}=\frac{\mathrm{e}^{x+y}}{(\mathrm{e}^x+\mathrm{e}^y)^2}$$

$$\frac{\partial^2 z}{\partial x\partial y}=\frac{-\mathrm{e}^x(\mathrm{e}^x+\mathrm{e}^y)'_y}{(\mathrm{e}^x+\mathrm{e}^y)^2}=-\frac{\mathrm{e}^{x+y}}{(\mathrm{e}^x+\mathrm{e}^y)^2}$$

由上述结果，直接可得

$$\frac{\partial^2 z}{\partial x^2}\cdot\frac{\partial^2 z}{\partial y^2}-\left(\frac{\partial^2 z}{\partial x\partial y}\right)^2=0$$

注释 (ⅰ) 要计算$\frac{\partial f}{\partial x}$ $\left(\text{或}\frac{\partial f}{\partial y}\right)$，只需把变量 y(或 x) 看作常量，而对 x(或 y) 求导. 因此，一元函数的求导公式、计算方法在这里均可应用. 一般地，偏导数$\frac{\partial f}{\partial x}$, $\frac{\partial f}{\partial y}$仍是关于 x, y 的二元函数. 如果它们对 x, y 的偏导数也存在，就可以求得二阶偏导数，类似可求更高阶的偏导数.

（ⅱ）对于 $z=f(x,y)$，一般地，$\frac{\partial^2 z}{\partial x\partial y}\neq\frac{\partial^2 z}{\partial y\partial x}$. 然而，当 $f(x,y)$ 的二阶混合偏导数 $\frac{\partial^2 z}{\partial x\partial y}$，$\frac{\partial^2 z}{\partial y\partial x}$ 在区域 D 内连续时，则在 D 内有 $\frac{\partial^2 z}{\partial x\partial y}=\frac{\partial^2 z}{\partial y\partial x}$.

习题中的函数 $f(x,y)$ 一般都满足这一条件，计算时不必考虑.

8. 求下列函数的全微分：

(1) $z=\sqrt{\frac{x}{y}}$　　(2) $z=\sqrt{\frac{ax+by}{ax-by}}$

(3) $z=e^{x^2+y^2}$　　(4) $z=\arctan(xy)$

(5) $u=\ln(x^2+y^2+z^2)$

解：(1) 方法 1　由

$$\frac{\partial z}{\partial x}=\frac{1}{2}\sqrt{\frac{y}{x}}\cdot\frac{1}{y}=\frac{\sqrt{xy}}{2xy}$$

$$\frac{\partial z}{\partial y}=\frac{1}{2}\sqrt{\frac{y}{x}}\cdot\left(-\frac{x}{y^2}\right)=-\frac{\sqrt{xy}}{2y^2}$$

得

$$dz=\frac{\sqrt{xy}}{2xy}dx-\frac{\sqrt{xy}}{2y^2}\cdot dy=\frac{\sqrt{xy}}{2xy^2}(ydx-xdy)$$

方法 2　利用全微分形式不变性，有

$$dz=d\left(\sqrt{\frac{x}{y}}\right)=\frac{1}{2}\cdot\sqrt{\frac{y}{x}}d\left(\frac{x}{y}\right)$$

$$=\frac{\sqrt{xy}}{2x}\left(\frac{1}{y}dx-\frac{x}{y^2}dy\right)=\frac{\sqrt{xy}}{2xy^2}(ydx-xdy)$$

注释　可以用两种方法计算函数 $z=f(x,y)$ 的全微分. 一种方法是利用公式

$$dz=\frac{\partial z}{\partial x}dx+\frac{\partial z}{\partial y}dy$$

先计算 $\frac{\partial z}{\partial x}$，$\frac{\partial z}{\partial y}$，然后求得 dz.

另一种方法是利用微分形式不变性，直接求 dz，在计算时，常用到微分的和、差、积、商的运算公式

$$d(u\pm v)=du\pm dv$$

$$d(uv)=vdu+udv$$

$$d\left(\frac{u}{v}\right)=\frac{vdu-udv}{v^2}\quad(v\neq 0)$$

读者应熟练掌握前一种计算方法，了解第二种计算方法.

(2) 方法 1　$z=\sqrt{\frac{ax+by}{ax-by}}=(ax+by)^{\frac{1}{2}}(ax-by)^{-\frac{1}{2}}$

$$\frac{\partial z}{\partial x}=(ax-by)^{-\frac{1}{2}}\cdot\frac{1}{2}(ax+by)^{-\frac{1}{2}}\cdot a$$
$$+(ax+by)^{\frac{1}{2}}\cdot\left(-\frac{1}{2}\right)\cdot(ax-by)^{-\frac{3}{2}}\cdot a$$
$$=\frac{a}{2}[(ax-by)-(ax+by)](ax+by)^{-\frac{1}{2}}\cdot(ax-by)^{-\frac{3}{2}}$$
$$=-aby(ax+by)^{-\frac{1}{2}}(ax-by)^{-\frac{3}{2}}$$
$$\frac{\partial z}{\partial y}=(ax-by)^{-\frac{1}{2}}\cdot\frac{1}{2}(ax+by)^{-\frac{1}{2}}\cdot b$$
$$+(ax+by)^{\frac{1}{2}}\cdot\left(-\frac{1}{2}\right)(ax-by)^{-\frac{3}{2}}\cdot(-b)$$
$$=\frac{b}{2}[(ax-by)+(ax+by)]\cdot(ax+by)^{-\frac{1}{2}}(ax-by)^{-\frac{3}{2}}$$
$$=abx(ax+by)^{-\frac{1}{2}}(ax-by)^{-\frac{3}{2}}$$

所以 $\quad \mathrm{d}z=ab(ax+by)^{-\frac{1}{2}}(ax-by)^{-\frac{3}{2}}(-y\mathrm{d}x+x\mathrm{d}y)$

方法 2 利用全微分形式不变性，有

$$\mathrm{d}z=\mathrm{d}\left(\sqrt{\frac{ax+by}{ax-by}}\right)=\frac{1}{2}\sqrt{\frac{ax-by}{ax+by}}\cdot\mathrm{d}\left(\frac{ax+by}{ax-by}\right)$$
$$=\frac{1}{2}\sqrt{\frac{ax-by}{ax+by}}\cdot\frac{(ax-by)(a\mathrm{d}x+b\mathrm{d}y)-(ax+by)(a\mathrm{d}x-b\mathrm{d}y)}{(ax-by)^2}$$
$$=\frac{1}{2}\sqrt{\frac{ax-by}{ax+by}}\cdot\frac{-2aby\mathrm{d}x+2abx\mathrm{d}y}{(ax-by)^2}$$
$$=ab(ax+by)^{-\frac{1}{2}}(ax-by)^{-\frac{3}{2}}(-y\mathrm{d}x+x\mathrm{d}y)$$

(3) 方法 1 $\quad \dfrac{\partial z}{\partial x}=2x\mathrm{e}^{x^2+y^2}$，$\dfrac{\partial z}{\partial y}=2y\mathrm{e}^{x^2+y^2}$，所以

$$\mathrm{d}z=2x\mathrm{e}^{x^2+y^2}\mathrm{d}x+2y\mathrm{e}^{x^2+y^2}\mathrm{d}y$$
$$=2\mathrm{e}^{x^2+y^2}(x\mathrm{d}x+y\mathrm{d}y)$$

方法 2 $\quad \mathrm{d}z=\mathrm{d}(\mathrm{e}^{x^2+y^2})=\mathrm{e}^{x^2+y^2}\mathrm{d}(x^2+y^2)$

$$=2\mathrm{e}^{x^2+y^2}(x\mathrm{d}x+y\mathrm{d}y)$$

(4) 方法 1 由

$$\frac{\partial z}{\partial x}=\frac{y}{1+x^2y^2},\quad \frac{\partial z}{\partial y}=\frac{x}{1+x^2y^2}$$

得

$$\mathrm{d}z=\frac{1}{1+x^2y^2}(y\mathrm{d}x+x\mathrm{d}y)$$

方法 2

$$\mathrm{d}z=\mathrm{d}(\arctan(xy))=\frac{1}{1+x^2y^2}\mathrm{d}(xy)$$
$$=\frac{1}{1+x^2y^2}(y\mathrm{d}x+x\mathrm{d}y)$$

(5) 方法1　由

$$\frac{\partial u}{\partial x}=\frac{2x}{x^2+y^2+z^2},\quad \frac{\partial u}{\partial y}=\frac{2y}{x^2+y^2+z^2},\quad \frac{\partial u}{\partial z}=\frac{2z}{x^2+y^2+z^2}$$

得

$$\mathrm{d}u=\frac{2}{x^2+y^2+z^2}(x\mathrm{d}x+y\mathrm{d}y+z\mathrm{d}z)$$

方法2

$$\mathrm{d}u=\mathrm{d}\ln(x^2+y^2+z^2)=\frac{1}{x^2+y^2+z^2}\cdot \mathrm{d}(x^2+y^2+z^2)$$

$$=\frac{2}{x^2+y^2+z^2}(x\mathrm{d}x+y\mathrm{d}y+z\mathrm{d}z)$$

9. 求下列函数在给定条件下的全微分的值：

(1) 函数 $z=x^2y^3$，当 $x=2$，$y=-1$，$\Delta x=0.02$，$\Delta y=-0.01$ 时.

(2) 函数 $z=\mathrm{e}^{xy}$，当 $x=1$，$y=1$，$\Delta x=0.15$，$\Delta y=0.1$ 时.

解： (1) $\mathrm{d}z=\frac{\partial z}{\partial x}\Delta x+\frac{\partial z}{\partial y}\Delta y=2xy^3\Delta x+3x^2y^2\Delta y$

将 $x=2$，$y=-1$，$\Delta x=0.02$，$\Delta y=-0.01$ 代入，得

$$\mathrm{d}z=2\times 2\times(-1)^3\times 0.02+3\times 2^2\times(-1)^2(-0.01)=-0.20$$

(2) $\mathrm{d}z=\frac{\partial z}{\partial x}\Delta x+\frac{\partial z}{\partial y}\Delta y=y\mathrm{e}^{xy}\Delta x+x\mathrm{e}^{xy}\Delta y$

将 $x=1$，$y=1$，$\Delta x=0.15$，$\Delta y=0.1$ 代入，得

$$\mathrm{d}z=1\cdot \mathrm{e}^1\times 0.15+1\cdot \mathrm{e}^1\times 0.1=0.25\mathrm{e}$$

10. 计算下列各式的近似值：

(1) $\sqrt{(1.02)^3+(1.97)^3}$　　　(2) $(10.1)^{2.03}$

解： (1) 设 $f(x, y)=\sqrt{x^3+y^3}$. 令 $x=1$，$\Delta x=0.02$，$y=2$，$\Delta y=-0.03$，由

$$f(x+\Delta x, y+\Delta y)$$

$$\approx f(x, y)+\frac{\partial f}{\partial x}\Delta x+\frac{\partial f}{\partial y}\Delta y$$

$$=\sqrt{x^3+y^3}+\frac{3x^2}{2\sqrt{x^3+y^3}}\Delta x+\frac{3y^2}{2\sqrt{x^3+y^3}}\Delta y$$

得

$$\sqrt{(1.02)^3+(1.97)^3}$$

$$\approx\sqrt{1^3+2^3}+\frac{3}{2}\times\frac{1^2}{\sqrt{1^3+2^3}}\times 0.02+\frac{3}{2}\times\frac{2^2}{\sqrt{1^3+2^3}}\times(-0.03)$$

$$=3+0.01-0.06=2.95$$

(2) 设 $f(x, y)=x^y$. 令 $x=10$，$\Delta x=0.1$，$y=2$，$\Delta y=0.03$，由

$$f(x+\Delta x, y+\Delta y)\approx f(x, y)+\frac{\partial f}{\partial x}\Delta x+\frac{\partial f}{\partial y}\Delta y$$

$$=x^y+yx^{y-1}\Delta x+x^y\ln x\cdot\Delta y$$

得

$$(10.1)^{2.03}\approx 10^2+2\times 10^{2-1}\times 0.1+10^2\ln 10\times 0.03$$

$$=102+3\ln 10\approx 102+3\times 2.3026$$

$$\approx 108.9$$

11. 已知边长 $x=6$ m与 $y=8$ m的矩形，求当 x 边增加5 cm，y 边减少10 cm时，此矩形对角线变化的近似值.

解：设矩形对角线长为 z，则 $z=\sqrt{x^2+y^2}$.

$$\Delta z \approx \mathrm{d}z=\frac{\partial z}{\partial x}\Delta x+\frac{\partial z}{\partial y}\Delta y$$

$$=\frac{x}{\sqrt{x^2+y^2}}\Delta x+\frac{y}{\sqrt{x^2+y^2}}\Delta y$$

取 $x=6$，$\Delta x=0.05$，$y=8$，$\Delta y=-0.1$，则

$$\Delta z\approx\frac{6}{10}\times 0.05+\frac{8}{10}\times(-0.1)=0.03-0.08=-0.05$$

即此矩形对角线约减少5 cm.

12. 用某种材料做一个开口长方体容器，其外形长5 m，宽4 m，高3 m，厚0.2 m，求所需材料的近似值与精确值.

解：设长方体容器的长、宽、高分别为 x，y，z，则 $V=xyz$. 取

$$\Delta x=-0.4,\ \Delta y=-0.4,\ \Delta z=-0.2$$

$$\Delta V=5\times 4\times 3-4.6\times 3.6\times 2.8=60-46.368$$

$$=13.632(\mathrm{m}^3)$$

$$\Delta V\approx|\mathrm{d}V|=|yz\Delta x+xz\Delta y+xy\Delta z|$$

$$=|12\times(-0.4)+15\times(-0.4)+20\times(-0.2)|$$

$$=14.8\ (\mathrm{m}^3)$$

即所需材料的近似值为14.8 m^3，精确值为13.632 m^3.

13. 求下列函数的导数或偏导数：

(1) $z=u^2\ln v$，而 $u=\dfrac{x}{y}$，$v=3x-2y$，求 $\dfrac{\partial z}{\partial x}$，$\dfrac{\partial z}{\partial y}$.

(2) $z=\dfrac{y}{x}$，而 $x=\mathrm{e}^t$，$y=1-\mathrm{e}^{2t}$，求 $\dfrac{\mathrm{d}z}{\mathrm{d}t}$.

(3) $z=\dfrac{x^2-y}{x+y}$，而 $y=2x-3$，求 $\dfrac{\mathrm{d}z}{\mathrm{d}x}$.

(4) $z=u^v$，而 $u=x+2y$，$v=x-y$，求 $\dfrac{\partial z}{\partial x}$，$\dfrac{\partial z}{\partial y}$.

解：(1) 变量间的关系如图8-1所示，所以

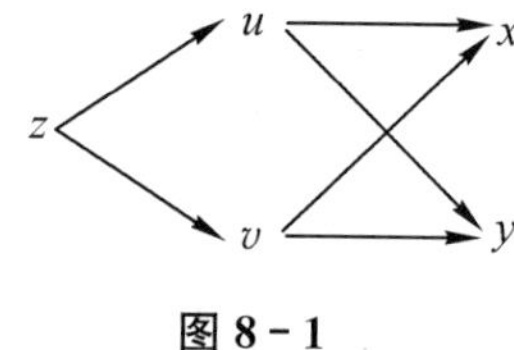

图8-1

$$\frac{\partial z}{\partial x}=\frac{\partial z}{\partial u}\cdot\frac{\partial u}{\partial x}+\frac{\partial z}{\partial v}\cdot\frac{\partial v}{\partial x}$$

$$=2u\ln v\cdot\left(\frac{x}{y}\right)'_x+\frac{u^2}{v}\cdot(3x-2y)'_x$$

$$=\frac{2x}{y^2}\ln(3x-2y)+\frac{3x^2}{y^2(3x-2y)}$$

类似地，有

$$\frac{\partial z}{\partial y}=\frac{\partial z}{\partial u}\cdot\frac{\partial u}{\partial y}+\frac{\partial z}{\partial v}\cdot\frac{\partial v}{\partial y}$$

$$= 2u\ln v\left(-\frac{x}{y^2}\right)+\frac{u^2}{v}(-2)$$

$$=-\frac{2x^2}{y^3}\ln(3x-2y)-\frac{2x^2}{y^2(3x-2y)}$$

(2) 变量间的关系如图 8-2 所示，所以

$$\frac{\mathrm{d}z}{\mathrm{d}t}=\frac{\partial z}{\partial x}\cdot\frac{\mathrm{d}x}{\mathrm{d}t}+\frac{\partial z}{\partial y}\cdot\frac{\mathrm{d}y}{\mathrm{d}t}$$

$$=-\frac{y}{x^2}\mathrm{e}^t+\frac{1}{x}(-2\mathrm{e}^{2t})$$

$$=-\frac{1-\mathrm{e}^{2t}}{\mathrm{e}^{2t}}\cdot\mathrm{e}^t+\frac{1}{\mathrm{e}^t}\cdot(-2\mathrm{e}^{2t})$$

$$=-(\mathrm{e}^t+\mathrm{e}^{-t})$$

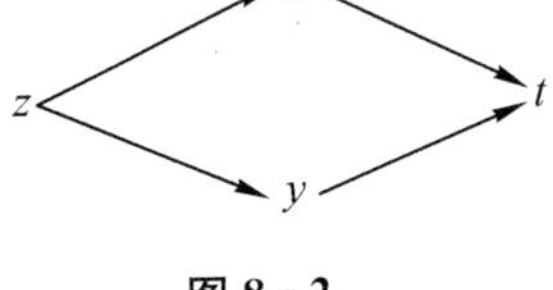

图 8-2

(3) 变量间的关系如图 8-3 所示，所以

$$\frac{\mathrm{d}z}{\mathrm{d}x}=\frac{\partial z}{\partial x}+\frac{\partial z}{\partial y}\cdot\frac{\mathrm{d}y}{\mathrm{d}x}$$

$$=\frac{2x(x+y)-x^2+y}{(x+y)^2}+\frac{-x-y-x^2+y}{(x+y)^2}\cdot 2$$

$$=\frac{2xy+y-x^2-2x}{(x+y)^2}=\frac{x^2-2x-1}{3(x-1)^2}$$

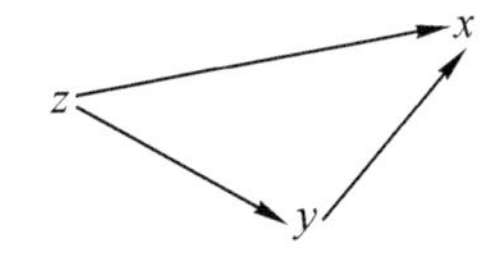

图 8-3

(4) 变量间的关系如图 8-1 所示，所以

$$\frac{\partial z}{\partial x}=\frac{\partial z}{\partial u}\cdot\frac{\partial u}{\partial x}+\frac{\partial z}{\partial v}\cdot\frac{\partial v}{\partial x}$$

$$=vu^{v-1}\cdot(x+2y)'_x+u^v\cdot\ln u\cdot(x-y)'_x$$

$$=(x-y)\cdot(x+2y)^{x-y-1}+(x+2y)^{x-y}\ln(x+2y)$$

$$=(x+2y)^{x-y}\left[\frac{x-y}{x+2y}+\ln(x+2y)\right]$$

$$\frac{\partial z}{\partial y}=\frac{\partial z}{\partial u}\cdot\frac{\partial u}{\partial y}+\frac{\partial z}{\partial v}\cdot\frac{\partial v}{\partial y}$$

$$=v\cdot u^{v-1}(x+2y)'_y+u^v\ln u\cdot(x-y)'_y$$

$$=2(x-y)\cdot(x+2y)^{x-y-1}-(x+2y)^{x-y}\ln(x+2y)$$

$$=(x+2y)^{x-y}\left[\frac{2(x-y)}{x+2y}-\ln(x+2y)\right]$$

注释　本题中各函数的解析表达式都是已知的. 因此，在计算时，可以先将中间变量的表达式代入，直接计算偏导数或导数. 例如，在本题(1)中，可得 $z=\frac{x^2}{y^2}\ln(3x-2y)$，从而可直接计算$\frac{\partial z}{\partial x}$，$\frac{\partial z}{\partial y}$；类似地，在本题(2)中，可得 $z=\frac{1-\mathrm{e}^{2t}}{\mathrm{e}^t}=\mathrm{e}^{-t}-\mathrm{e}^t$，从而可直接计算$\frac{\mathrm{d}z}{\mathrm{d}t}$，请读者自行练习.

此外，在本题(3)中要注意$\frac{\mathrm{d}z}{\mathrm{d}x}$与$\frac{\partial z}{\partial x}$的区别：$\frac{\mathrm{d}z}{\mathrm{d}x}$表示复合后的函数$z$对$x$求导数；$\frac{\partial z}{\partial x}$表示尚未复合时$z=\frac{x^2-y}{x+y}$对$x$求偏导数($y$被看作常量).

14. 计算下列函数的偏导数：

(1) $z=f(u,x,y)$，$u=x\mathrm{e}^y$，其中f具有二阶连续偏导数，求$\frac{\partial^2 z}{\partial x^2}$，$\frac{\partial^2 z}{\partial x\partial y}$.

(2) $z=f(xy,x^2+y^2)$，其中f具有二阶连续偏导数，求$\frac{\partial^2 z}{\partial x^2}$，$\frac{\partial^2 z}{\partial x\partial y}$.

解：(1) 变量间的关系如图 8-4 所示. 所以

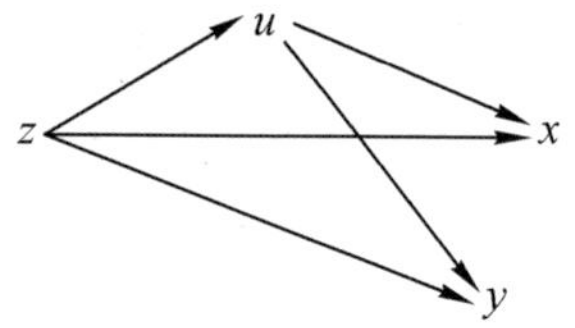

$$\frac{\partial z}{\partial x}=\frac{\partial f}{\partial u}\cdot\frac{\partial u}{\partial x}+\frac{\partial f}{\partial x}=f'_u\cdot\mathrm{e}^y+f'_x.$$

图 8-4

注意到f'_u和f'_x仍通过中间变量u成为x，y的函数，所以

$$\begin{aligned}\frac{\partial^2 z}{\partial x^2}&=\left(f''_{uu}\cdot\frac{\partial u}{\partial x}+f''_{ux}\right)\mathrm{e}^y+\left(f''_{xu}\cdot\frac{\partial u}{\partial x}+f''_{xx}\right)\\&=(f''_{uu}\mathrm{e}^y+f''_{ux})\mathrm{e}^y+f''_{xu}\mathrm{e}^y+f''_{xx}\\&=\mathrm{e}^{2y}f''_{uu}+2\mathrm{e}^yf''_{ux}+f''_{xx}\end{aligned}$$

$$\begin{aligned}\frac{\partial^2 z}{\partial x\partial y}&=\left(f''_{uu}\cdot\frac{\partial u}{\partial y}+f''_{uy}\right)\mathrm{e}^y+f'_u\mathrm{e}^y+f''_{xu}\cdot\frac{\partial u}{\partial y}+f''_{xy}\\&=(f''_{uu}x\mathrm{e}^y+f''_{uy})\mathrm{e}^y+f'_u\mathrm{e}^y+f''_{xu}x\mathrm{e}^y+f''_{xy}\\&=x\mathrm{e}^y(f''_{uu}\mathrm{e}^y+f''_{xu})+\mathrm{e}^y(f''_{uy}+f'_u)+f''_{xy}\end{aligned}$$

(2) 变量间的关系如图 8-5 所示，其中$u=xy$，$v=x^2+y^2$.

$$\frac{\partial z}{\partial x}=\frac{\partial z}{\partial u}\cdot\frac{\partial u}{\partial x}+\frac{\partial z}{\partial v}\cdot\frac{\partial v}{\partial x}=yf'_u+2xf'_v$$

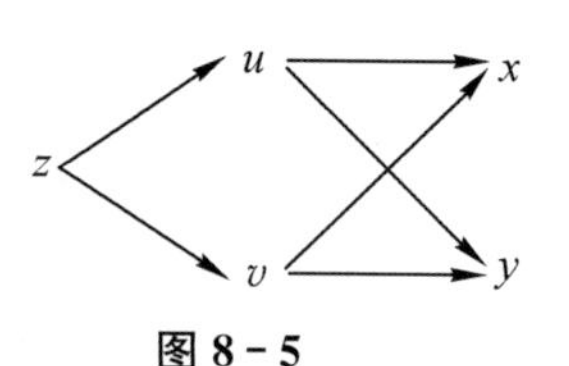

图 8-5

注意到f'_u和f'_v仍通过中间变量u，v成为x，y的函数(如图 8-5 所示)，于是

$$\begin{aligned}\frac{\partial^2 z}{\partial x^2}&=y\left(f''_{uu}\cdot\frac{\partial u}{\partial x}+f''_{uv}\cdot\frac{\partial v}{\partial x}\right)+2f'_v+2x\left(f''_{vu}\cdot\frac{\partial u}{\partial x}+f''_{vv}\cdot\frac{\partial v}{\partial x}\right)\\&=y(f''_{uu}\cdot y+f''_{uv}\cdot 2x)+2f'_v+2x(f''_{vu}\cdot y+f''_{vv}\cdot 2x)\\&=y^2f''_{uu}+4xyf''_{uv}+4x^2f''_{vv}+2f'_v\end{aligned}$$

$$\begin{aligned}\frac{\partial^2 z}{\partial x\partial y}&=f'_u+y\left(f''_{uu}\cdot\frac{\partial u}{\partial y}+f''_{uv}\cdot\frac{\partial v}{\partial y}\right)+2x\left(f''_{vu}\cdot\frac{\partial u}{\partial y}+f''_{vv}\cdot\frac{\partial v}{\partial y}\right)\\&=f'_u+y(xf''_{uu}+2yf''_{uv})+2x(xf''_{vu}+2yf''_{vv})\\&=f'_u+xy(f''_{uu}+4f''_{vv})+2(x^2+y^2)f''_{uv}\end{aligned}$$

注释　(ⅰ) 求复合函数的偏导数，特别是求抽象的复合函数的偏导数时，要分清哪些是自变量，哪些是中间变量. 为了方便，可以画出变量关系图.

例如，在本题(2)中，为了正确使用公式，可以画出变量关系图(见图8-5). 该图说明 x，y 是自变量，u，v 是中间变量. 求复合函数对其中某个自变量(如 x)的偏导数时，可在变量关系图中找出经过中间变量到达 x 的所有路径. z 到达 x 的路径共有两条：$z\to u\to x$ 和 $z\to v\to x$. 沿第一条路径得 $\frac{\partial f}{\partial u}\cdot\frac{\partial u}{\partial x}$，沿第二条路径得 $\frac{\partial f}{\partial v}\cdot\frac{\partial v}{\partial x}$，两项相加即得

$$\frac{\partial z}{\partial x}=\frac{\partial f}{\partial u}\cdot\frac{\partial u}{\partial x}+\frac{\partial f}{\partial v}\cdot\frac{\partial v}{\partial x}=f'_u\cdot\frac{\partial u}{\partial x}+f'_v\cdot\frac{\partial v}{\partial x}$$

又如，在本题(1)中，可利用变量关系图(见图8-4)说明 x，y 是自变量，u 是中间变量. 求 $\frac{\partial z}{\partial x}$ 时，可看出 z 到达 x 的路径有两条：$z\to u\to x$ 和 $z\to x$. 沿第一条路径得 $\frac{\partial f}{\partial u}\cdot\frac{\partial u}{\partial x}$，沿第二条路径有 $\frac{\partial f}{\partial x}$，两式相加即得

$$\frac{\partial z}{\partial x}=\frac{\partial f}{\partial u}\cdot\frac{\partial u}{\partial x}+\frac{\partial f}{\partial x}=f'_u\cdot\frac{\partial u}{\partial x}+f'_x$$

(ⅱ) 为了简便，计算中常利用偏导数的简记法. 例如，在本题(1)中，$z=f(u,x,y)$，则记 $f'_u=\frac{\partial f(u,x,y)}{\partial u}$，$f'_x=\frac{\partial f(u,x,y)}{\partial x}$，$f''_{uu}=\frac{\partial^2 f(u,x,y)}{\partial u^2}$ 等.

同时，注意 $\frac{\partial z}{\partial x}$ 与 $\frac{\partial f}{\partial x}=f'_x$ 是不同的：$\frac{\partial z}{\partial x}$ 表示复合后的函数 z 关于 x 的偏导数，f'_x 表示尚未复合的 $f(u,x,y)$ 关于第二个变量 x 的偏导数.

15. 证明下列各题：

(1) 设 $z=f(x^2+y^2)$，且 f 是可微函数，求证：$y\frac{\partial z}{\partial x}-x\frac{\partial z}{\partial y}=0$.

(2) 设 $z=f[\mathrm{e}^{xy},\cos(xy)]$，且 f 是可微函数，求证：$x\frac{\partial z}{\partial x}-y\frac{\partial z}{\partial y}=0$.

(3) 设函数 $f(x)$ 有二阶导数，$g(x)$ 有一阶导数，且

$$F(x,y)=f[x+g(y)]$$

求证：$\frac{\partial F}{\partial x}\cdot\frac{\partial^2 F}{\partial x\partial y}=\frac{\partial F}{\partial y}\cdot\frac{\partial^2 F}{\partial x^2}$.

(4) 设函数 $g(r)$ 有二阶导数，

$$f(x,y)=g(r),\quad r=\sqrt{x^2+y^2}$$

求证：$\frac{\partial^2 f}{\partial x^2}+\frac{\partial^2 f}{\partial y^2}=g''(r)+\frac{1}{r}g'(r)\quad (x,y)\neq(0,0)$.

$\left(\text{提示：计算 }\frac{\partial^2 f}{\partial x^2},\frac{\partial^2 f}{\partial y^2}.\right)$

证：(1) $\frac{\partial z}{\partial x}=f'(x^2+y^2)\cdot 2x$

$$\frac{\partial z}{\partial y}=f'(x^2+y^2)\cdot 2y$$

所以 $$y\frac{\partial z}{\partial x}-x\frac{\partial z}{\partial y}=2xyf'(x^2+y^2)-2xyf'(x^2+y^2)=0$$

(2) 设 $u=e^{xy}$，$v=\cos(xy)$，则 $z=f(u, v)$，所以

$$\begin{aligned}\frac{\partial z}{\partial x}&=\frac{\partial f}{\partial u}\cdot\frac{\partial u}{\partial x}+\frac{\partial f}{\partial v}\cdot\frac{\partial v}{\partial x}\\&=f'_u e^{xy}\cdot y-y\sin(xy)\cdot f'_v\\&=y[e^{xy}f'_u-\sin(xy)f'_v]\end{aligned}$$

$$\frac{\partial z}{\partial y}=\frac{\partial f}{\partial u}\cdot\frac{\partial u}{\partial y}+\frac{\partial f}{\partial v}\cdot\frac{\partial v}{\partial y}=x[e^{xy}f'_u-\sin(xy)f'_v]$$

于是 $$x\frac{\partial z}{\partial x}-y\frac{\partial z}{\partial y}=0$$

(3) $$\frac{\partial F}{\partial x}=f'[x+g(y)]\cdot[x+g(y)]'_x=f'[x+g(y)]$$

$$\frac{\partial F}{\partial y}=f'[x+g(y)]\cdot[x+g(y)]'_y=f'[x+g(y)]\cdot g'(y)$$

所以 $$\begin{aligned}\frac{\partial^2 F}{\partial x^2}&=(f'[x+g(y)])'_x=f''[x+g(y)]\cdot[x+g(y)]'_x\\&=f''[x+g(y)]\end{aligned}$$

$$\begin{aligned}\frac{\partial^2 F}{\partial x\partial y}&=(f'[x+g(y)])'_y=f''[x+g(y)]\cdot[x+g(y)]'_y\\&=g'(y)f''[x+g(y)]\end{aligned}$$

得 $$\frac{\partial F}{\partial x}\cdot\frac{\partial^2 F}{\partial x\partial y}=g'(y)\cdot f'[x+g(y)]\cdot f''[x+g(y)]$$

$$\frac{\partial F}{\partial y}\cdot\frac{\partial^2 F}{\partial x^2}=g'(y)\cdot f'[x+g(y)]\cdot f''[x+g(y)]$$

于是 $$\frac{\partial F}{\partial x}\cdot\frac{\partial^2 F}{\partial x\partial y}=\frac{\partial F}{\partial y}\cdot\frac{\partial^2 F}{\partial x^2}$$

(4) $$\frac{\partial f}{\partial x}=g'(r)\frac{\partial r}{\partial x}=\frac{x}{\sqrt{x^2+y^2}}g'(r)$$

所以 $$\begin{aligned}\frac{\partial^2 f}{\partial x^2}&=\left(\frac{x}{\sqrt{x^2+y^2}}\right)'_x\cdot g'(r)+\frac{x}{\sqrt{x^2+y^2}}\cdot g''(r)\cdot\frac{\partial r}{\partial x}\\&=\frac{y^2}{(x^2+y^2)^{3/2}}\cdot g'(r)+\frac{x^2}{x^2+y^2}\cdot g''(r)\end{aligned}$$

类似可得 $$\frac{\partial^2 f}{\partial y^2}=\frac{x^2}{(x^2+y^2)^{3/2}}\cdot g'(r)+\frac{y^2}{x^2+y^2}\cdot g''(r)$$

所以 $$\begin{aligned}\frac{\partial^2 f}{\partial x^2}+\frac{\partial^2 f}{\partial y^2}&=\frac{x^2+y^2}{(x^2+y^2)^{3/2}}\cdot g'(r)+g''(r)\\&=g''(r)+\frac{1}{r}g'(r)\end{aligned}$$

16. 求由下列方程所确定的隐函数的导数或偏导数：

(1) $xy+x+y=1$，求 $\dfrac{\mathrm{d}y}{\mathrm{d}x}$.

(2) $xy+\ln y-\ln x=0$，求 $\dfrac{\mathrm{d}y}{\mathrm{d}x}$.

(3) $\sin y+\mathrm{e}^{x}-xy^{2}=0$，求 $\dfrac{\mathrm{d}y}{\mathrm{d}x}$.

(4) $\mathrm{e}^{z}=xyz$，求 $\dfrac{\partial z}{\partial x}$，$\dfrac{\partial z}{\partial y}$.

(5) $x+y-z=x\mathrm{e}^{z-y-x}$，求 $\dfrac{\partial z}{\partial x}$，$\dfrac{\partial z}{\partial y}$.

(6) $\dfrac{x}{z}=\ln\dfrac{z}{y}$，求 $\dfrac{\partial z}{\partial x}$，$\dfrac{\partial z}{\partial y}$，$\dfrac{\partial^{2} z}{\partial x\partial y}$.

解：(1) 方法 1　设 $F(x, y)=xy+x+y-1$，由

$$\frac{\partial F}{\partial x}=y+1,\qquad \frac{\partial F}{\partial y}=x+1$$

得
$$\frac{\mathrm{d}y}{\mathrm{d}x}=-\frac{\dfrac{\partial F}{\partial x}}{\dfrac{\partial F}{\partial y}}=-\frac{y+1}{x+1}$$

方法 2　在方程两边对 x 求导数，得

$$y+xy'+1+y'=0$$

所以 $(x+1)y'=-(y+1)$，得 $\dfrac{\mathrm{d}y}{\mathrm{d}x}=-\dfrac{y+1}{x+1}$.

方法 3　利用微分形式不变性，在方程两边求微分，得

$$\mathrm{d}(xy)+\mathrm{d}x+\mathrm{d}y=0$$

即
$$y\mathrm{d}x+x\mathrm{d}y+\mathrm{d}x+\mathrm{d}y=0$$

所以
$$(x+1)\mathrm{d}y=-(y+1)\mathrm{d}x$$

于是
$$\frac{\mathrm{d}y}{\mathrm{d}x}=-\frac{y+1}{x+1}$$

注释　求由方程 $F(x, y)=0$ 所确定的隐函数的导数时，一般可以利用三种方法：公式法、直接法和微分法.

(ⅰ) 使用公式法时，应先将方程改写为 $F(x, y)=0$(如本题的方法 1) 的形式，计算 $\dfrac{\partial F}{\partial x}$，$\dfrac{\partial F}{\partial y}$ 时，$F(x, y)$ 中的变量 x，y 应被看作是无关的自变量.

(ⅱ) 使用直接法(如本题的方法 2) 时，可在方程两边直接对 x 求导. 用这种方法时，应牢记 y 是 x 的函数，正确应用求导公式及复合函数求导法.

(ⅲ) 使用微分法(如本题的方法 3) 时，可以在方程两边同时求微分，利用微分形式不变性和微分的运算公式.

方程 $F(x, y, z)=0$ 所确定的隐函数的偏导数有三种类似的求法.

本章习题要求读者掌握公式法，所以仅对本题的(1)、(4)小题给出三种解法，其余各小题均给出公式法的题解，其他解法请读者自行练习.

(2) 设 $F(x, y)=xy+\ln y-\ln x$，由

$$\frac{\partial F}{\partial x}=y-\frac{1}{x}, \quad \frac{\partial F}{\partial y}=x+\frac{1}{y}$$

可得

$$\frac{\mathrm{d}y}{\mathrm{d}x}=-\frac{\frac{\partial F}{\partial x}}{\frac{\partial F}{\partial y}}=-\frac{xy^2-y}{x^2y+x}$$

(3) 设 $F(x, y)=\sin y+\mathrm{e}^x-xy^2$，由

$$\frac{\partial F}{\partial x}=\mathrm{e}^x-y^2, \quad \frac{\partial F}{\partial y}=\cos y-2xy$$

所以

$$\frac{\mathrm{d}y}{\mathrm{d}x}=-\frac{\frac{\partial F}{\partial x}}{\frac{\partial F}{\partial y}}=-\frac{\mathrm{e}^x-y^2}{\cos y-2xy}$$

(4) 方法 1 (公式法)　设 $F(x, y, z)=\mathrm{e}^z-xyz$，由

$$\frac{\partial F}{\partial x}=-yz, \quad \frac{\partial F}{\partial y}=-xz, \quad \frac{\partial F}{\partial z}=\mathrm{e}^z-xy$$

所以

$$\frac{\partial z}{\partial x}=-\frac{\frac{\partial F}{\partial x}}{\frac{\partial F}{\partial z}}=\frac{yz}{\mathrm{e}^z-xy}, \quad \frac{\partial z}{\partial y}=-\frac{\frac{\partial F}{\partial y}}{\frac{\partial F}{\partial z}}=\frac{xz}{\mathrm{e}^z-xy}$$

方法 2 (直接法)　在方程 $\mathrm{e}^z=xyz$ 两边求关于 x 的偏导数(注意 z 是 x，y 的函数)，有

$$\mathrm{e}^z z'_x=yz+xyz'_x$$

$$(\mathrm{e}^z-xy)z'_x=yz$$

所以　$z'_x=\dfrac{yz}{\mathrm{e}^z-xy}$

类似可得 $z'_y=\dfrac{xz}{\mathrm{e}^z-xy}$

方法 3 (微分法)　在方程 $\mathrm{e}^z=xyz$ 两边求微分，由全微分形式不变性，有 $\mathrm{d}\mathrm{e}^z=\mathrm{d}(xyz)$，即

$$\mathrm{e}^z\mathrm{d}z=yz\mathrm{d}x+xz\mathrm{d}y+xy\mathrm{d}z$$

所以　$\mathrm{d}z=\dfrac{yz}{\mathrm{e}^z-xy}\mathrm{d}x+\dfrac{xz}{\mathrm{e}^z-xy}\mathrm{d}y$

由此可得

$$\frac{\partial z}{\partial x}=\frac{yz}{\mathrm{e}^z-xy}, \quad \frac{\partial z}{\partial y}=\frac{xz}{\mathrm{e}^z-xy}$$

(5) 设 $F(x, y, z)=x+y-z-xe^{z-y-x}$，则

$$\frac{\partial F}{\partial x}=1-e^{z-y-x}+xe^{z-y-x}=1-(1-x)e^{z-y-x}$$

$$\frac{\partial F}{\partial y}=1+xe^{z-y-x},\quad \frac{\partial F}{\partial z}=-1-xe^{z-y-x}$$

所以

$$\frac{\partial z}{\partial x}=-\frac{\frac{\partial F}{\partial x}}{\frac{\partial F}{\partial z}}=\frac{1-(1-x)e^{z-y-x}}{1+xe^{z-y-x}}$$

$$\frac{\partial z}{\partial y}=-\frac{\frac{\partial F}{\partial y}}{\frac{\partial F}{\partial z}}=1$$

(6) 设 $F(x, y, z)=\frac{x}{z}-\ln\frac{z}{y}$，则

$$\frac{\partial F}{\partial x}=\frac{1}{z},\ \frac{\partial F}{\partial y}=-\frac{y}{z}\cdot\left(-\frac{z}{y^2}\right)=\frac{1}{y}$$

$$\frac{\partial F}{\partial z}=-\frac{x}{z^2}-\frac{y}{z}\cdot\frac{1}{y}=\frac{-x-z}{z^2}=-\frac{x+z}{z^2}$$

所以

$$\frac{\partial z}{\partial x}=-\frac{\frac{\partial F}{\partial x}}{\frac{\partial F}{\partial z}}=\frac{z}{x+z},\ \frac{\partial z}{\partial y}=-\frac{\frac{\partial F}{\partial y}}{\frac{\partial F}{\partial z}}=\frac{z^2}{y(x+z)}$$

并且

$$\begin{aligned}\frac{\partial^2 z}{\partial x\partial y}=\left(\frac{z}{x+z}\right)'_y&=\frac{\frac{\partial z}{\partial y}\cdot(x+z)-z\cdot\frac{\partial z}{\partial y}}{(x+z)^2}\\&=\frac{x\cdot\frac{\partial z}{\partial y}}{(x+z)^2}=\frac{x\cdot\frac{z^2}{y(x+z)}}{(x+z)^2}\\&=\frac{xz^2}{y(x+z)^3}\end{aligned}$$

17. 计算下列各题：

(1) 设 $F(u, v)$ 有连续偏导数，方程 $F(x+y+z, x^2+y^2+z^2)=0$ 确定函数 $z=f(x, y)$，求 $\frac{\partial z}{\partial x}$，$\frac{\partial z}{\partial y}$.

(2) 设 $u=f(x, y, z)$ 有连续偏导数，$y=y(x)$ 和 $z=z(x)$ 分别由方程 $e^{xy}-y=0$ 和 $e^z-xz=0$ 确定，求 $\frac{du}{dx}$.

解：(1) *方法1*（公式法）　设 $u=x+y+z$，$v=x^2+y^2+z^2$，由复合函数微分法，有

$$\frac{\partial F}{\partial x}=\frac{\partial F}{\partial u}\cdot\frac{\partial u}{\partial x}+\frac{\partial F}{\partial v}\cdot\frac{\partial v}{\partial x}=F'_u+2xF'_v$$

$$\frac{\partial F}{\partial y}=\frac{\partial F}{\partial u}\cdot\frac{\partial u}{\partial y}+\frac{\partial F}{\partial v}\cdot\frac{\partial v}{\partial y}=F'_u+2yF'_v$$

$$\frac{\partial F}{\partial z}=\frac{\partial F}{\partial u}\cdot\frac{\partial u}{\partial z}+\frac{\partial F}{\partial v}\cdot\frac{\partial v}{\partial z}=F'_u+2zF'_v$$

所以

$$\frac{\partial z}{\partial x}=-\frac{\dfrac{\partial F}{\partial x}}{\dfrac{\partial F}{\partial z}}=-\frac{F'_u+2xF'_v}{F'_u+2zF'_v},\qquad \frac{\partial z}{\partial y}=-\frac{\dfrac{\partial F}{\partial y}}{\dfrac{\partial F}{\partial z}}=-\frac{F'_u+2yF'_v}{F'_u+2zF'_v}$$

方法2（直接法） 在方程两边求关于 x 的偏导数，并注意到 z 是 x，y 的函数，有

$$F'_u\cdot(x+y+z)'_x+F'_v\cdot(x^2+y^2+z^2)'_x=0$$

即

$$F'_u\cdot(1+z'_x)+F'_v\cdot(2x+2zz'_x)=0$$

化简后可得 $z'_x=-\dfrac{F'_u+2xF'_v}{F'_u+2zF'_v}$.

类似地，方程两边求关于 y 的偏导数，有

$$F'_u\cdot(1+z'_y)+F'_v(2y+2z\cdot z'_y)=0$$

化简后可得 $z'_y=-\dfrac{F'_u+2yF'_v}{F'_u+2zF'_v}$.

方法3（微分法） 设 $u=x+y+z$，$v=x^2+y^2+z^2$，则 $F(u,v)=0$，在方程两边求微分，得

$$F'_u\mathrm{d}u+F'_v\mathrm{d}v=0$$

即

$$F'_u\mathrm{d}(x+y+z)+F'_v\mathrm{d}(x^2+y^2+z^2)=0$$

所以

$$F'_u(\mathrm{d}x+\mathrm{d}y+\mathrm{d}z)+F'_v(2x\mathrm{d}x+2y\mathrm{d}y+2z\mathrm{d}z)=0$$

$$(F'_u+2zF'_v)\mathrm{d}z=-(F'_u+2xF'_v)\mathrm{d}x-(F'_u+2yF'_v)\mathrm{d}y$$

故

$$\mathrm{d}z=-\frac{F'_u+2xF'_v}{F'_u+2zF'_v}\mathrm{d}x-\frac{F'_u+2yF'_v}{F'_u+2zF'_v}\mathrm{d}y$$

由此得到

$$\frac{\partial z}{\partial x}=-\frac{F'_u+2xF'_v}{F'_u+2zF'_v},\qquad \frac{\partial z}{\partial y}=-\frac{F'_u+2yF'_v}{F'_u+2zF'_v}$$

(2) 由全导数公式，有

$$\frac{\mathrm{d}u}{\mathrm{d}x}=\frac{\partial f}{\partial x}+\frac{\partial f}{\partial y}\cdot\frac{\mathrm{d}y}{\mathrm{d}x}+\frac{\partial f}{\partial z}\cdot\frac{\mathrm{d}z}{\mathrm{d}x}\qquad ①$$

在方程 $e^{xy}-y=0$ 的两边关于 x 求导数，有

$$e^{xy}\left(y+x\frac{\mathrm{d}y}{\mathrm{d}x}\right)-\frac{\mathrm{d}y}{\mathrm{d}x}=0$$

得

$$\frac{\mathrm{d}y}{\mathrm{d}x}=\frac{e^{xy}y}{1-e^{xy}x}=\frac{y^2}{1-xy}\qquad ②$$

在方程 $e^z-xz=0$ 的两边关于 x 求导数，有

$$e^z\frac{\mathrm{d}z}{\mathrm{d}x}-\left(z+x\frac{\mathrm{d}z}{\mathrm{d}x}\right)=0$$

得
$$\frac{\mathrm{d}z}{\mathrm{d}x}=\frac{z}{\mathrm{e}^z-x}=\frac{z}{xz-x} \tag{③}$$

将式②、式③代入式①，得

$$\frac{\mathrm{d}u}{\mathrm{d}x}=\frac{\partial f}{\partial x}+\frac{y^2}{1-xy}\cdot\frac{\partial f}{\partial y}+\frac{z}{xz-x}\cdot\frac{\partial f}{\partial z}$$

18. 证明下列各题：

(1) 设 $F(u,v)$ 有连续的偏导数，方程 $F(cx-az,cy-bz)=0$ 确定函数 $z=f(x,y)$. 试证：$a\frac{\partial z}{\partial x}+b\frac{\partial z}{\partial y}=c$.

(2) 方程 $f\left(\frac{y}{z},\frac{z}{x}\right)=0$ 确定 z 是 x，y 的函数，f 有连续的偏导数，且 $f'_v(u,v)\neq 0$. 求证：$x\frac{\partial z}{\partial x}+y\frac{\partial z}{\partial y}=z$.

$\left(\text{提示：设 } u=\frac{y}{z},\ v=\frac{z}{x}\text{，用复合函数求导法计算 }\frac{\partial z}{\partial x},\frac{\partial z}{\partial y}.\right)$

证：(1) 设 $u=cx-az$，$v=cy-bz$，则

$$\frac{\partial F}{\partial x}=\frac{\partial F}{\partial u}\cdot\frac{\partial u}{\partial x}=cF'_u,\qquad \frac{\partial F}{\partial y}=\frac{\partial F}{\partial v}\cdot\frac{\partial v}{\partial y}=cF'_v$$

$$\frac{\partial F}{\partial z}=\frac{\partial F}{\partial u}\cdot\frac{\partial u}{\partial z}+\frac{\partial F}{\partial v}\cdot\frac{\partial v}{\partial z}=-aF'_u-bF'_v$$

所以

$$\frac{\partial z}{\partial x}=-\frac{\frac{\partial F}{\partial x}}{\frac{\partial F}{\partial z}}=\frac{cF'_u}{aF'_u+bF'_v},\qquad \frac{\partial z}{\partial y}=-\frac{\frac{\partial F}{\partial y}}{\frac{\partial F}{\partial z}}=\frac{cF'_v}{aF'_u+bF'_v}$$

于是

$$a\frac{\partial z}{\partial x}+b\frac{\partial z}{\partial y}=\frac{c(aF'_u+bF'_v)}{aF'_u+bF'_v}=c$$

(2) 设 $u=\frac{y}{z}$，$v=\frac{z}{x}$，则

$$\frac{\partial f}{\partial x}=f'_v\cdot\frac{\partial v}{\partial x},\qquad \frac{\partial f}{\partial y}=f'_u\cdot\frac{\partial u}{\partial y}$$

$$\frac{\partial f}{\partial z}=f'_u\cdot\frac{\partial u}{\partial z}+f'_v\cdot\frac{\partial v}{\partial z}$$

而 $\frac{\partial u}{\partial y}=\frac{1}{z}$，$\frac{\partial u}{\partial z}=-\frac{y}{z^2}$，$\frac{\partial v}{\partial x}=-\frac{z}{x^2}$，$\frac{\partial v}{\partial z}=\frac{1}{x}$. 代入上述各式，得

$$\frac{\partial f}{\partial x}=-\frac{z}{x^2}f'_v,\qquad \frac{\partial f}{\partial y}=\frac{1}{z}f'_u,\qquad \frac{\partial f}{\partial z}=-\frac{y}{z^2}f'_u+\frac{1}{x}f'_v$$

由隐函数微分公式

$$\frac{\partial z}{\partial x}=-\frac{\frac{\partial f}{\partial x}}{\frac{\partial f}{\partial z}}=\frac{z^3f'_v}{x(-xyf'_u+z^2f'_v)}$$

$$\frac{\partial z}{\partial y}=-\frac{\dfrac{\partial f}{\partial y}}{\dfrac{\partial f}{\partial z}}=\frac{-zxf'_u}{-xyf'_u+z^2f'_v}$$

所以
$$x\frac{\partial z}{\partial x}+y\frac{\partial z}{\partial y}=\frac{z^3f'_v-zxyf'_u}{-xyf'_u+z^2f'_v}=z$$

注意，本题在求 $\frac{\partial z}{\partial x}$, $\frac{\partial z}{\partial y}$ 时，也可以利用“直接法”或“微分法”. 请读者自行练习.

19. 求下列函数的极值：

(1) $z=x^2-xy+y^2+9x-6y+20$

(2) $z=4(x-y)-x^2-y^2$

(3) $z=x^3+y^3-3xy$

(4) $z=xy(a-x-y)\quad(a\neq 0)$

解：(1) 令 $\begin{cases}\dfrac{\partial z}{\partial x}=2x-y+9=0\\ \dfrac{\partial z}{\partial y}=2y-x-6=0\end{cases}$，得驻点

$$x=-4,\ y=1$$

又
$$\frac{\partial^2 z}{\partial x^2}=2>0,\ \frac{\partial^2 z}{\partial y^2}=2,\ \frac{\partial^2 z}{\partial x\partial y}=-1$$

所以
$$P(-4,1)=(-1)^2-2^2=-3<0$$

因此函数在点$(-4,1)$处取得极小值 $z\Big|_{\substack{x=-4\\y=1}}=-1$.

(2) 令 $\begin{cases}\dfrac{\partial z}{\partial x}=4-2x=0\\ \dfrac{\partial z}{\partial y}=-4-2y=0\end{cases}$，得驻点

$$x=2,\ y=-2$$

又
$$\frac{\partial^2 z}{\partial x^2}=-2<0,\ \frac{\partial^2 z}{\partial y^2}=-2,\ \frac{\partial^2 z}{\partial x\partial y}=0$$

所以
$$P(2,-2)=0-(-2)\cdot(-2)=-4<0$$

因此函数在点$(2,-2)$处取得极大值 $z\Big|_{\substack{x=2\\y=-2}}=8$.

(3) 令 $z'_x=3x^2-3y=0$, $z'_y=3y^2-3x=0$，解得

$$\begin{cases}x=0\\y=0\end{cases},\quad\begin{cases}x=1\\y=1\end{cases}$$

即驻点为$(0,0)$和$(1,1)$.

又 $z''_{xx}=6x$, $z''_{xy}=-3$, $z''_{yy}=6y$

对于点$(0,0)$，$P(0,0)=(-3)^2-0=9>0$，故$(0,0)$不是极值点.

对于点$(1,1)$，$P(1,1)=(-3)^2-6\times 6=-27<0$，且 $z''\Big|_{\substack{x=1\\y=1}}=6>0$，故$(1,1)$为

极小值点，极小值 $z\Big|_{\substack{x=1\\y=1}}=-1$.

(4) 令 $\begin{cases} z'_x = y(a-x-y)+xy\cdot(-1) = y(a-2x-y) = 0 \\ z'_y = x(a-x-y)+xy\cdot(-1) = x(a-x-2y) = 0 \end{cases}$

解得驻点为$(0, 0)$，$(a, 0)$，$(0, a)$ 和$\left(\dfrac{a}{3}, \dfrac{a}{3}\right)$，又

$$z''_{xx}=-2y,\quad z''_{xy}=a-2x-2y,\quad z''_{yy}=-2x$$

对于驻点$(0, 0)$，$P(0, 0)=a^2>0$，可见$(0, 0)$不是极值点.

类似可判断在点$(a, 0)$，$(0, a)$处无极值.

对于驻点$\left(\dfrac{a}{3}, \dfrac{a}{3}\right)$，有

$$P\left(\frac{a}{3}, \frac{a}{3}\right)=\left(-\frac{a}{3}\right)^2-\left(-\frac{2}{3}a\right)\cdot\left(-\frac{2}{3}a\right)=-\frac{a^2}{3}<0$$

当 $a>0$ 时，$z''_{xx}\Big|_{\substack{x=\frac{a}{3}\\y=\frac{a}{3}}}=-\dfrac{2}{3}a<0$，故此时函数有极大值 $z\Big|_{\substack{x=\frac{a}{3}\\y=\frac{a}{3}}}=\dfrac{a^3}{27}$；

当 $a<0$ 时，$z''_{xx}\Big|_{\substack{x=\frac{a}{3}\\y=\frac{a}{3}}}=-\dfrac{2}{3}a>0$，故此时函数有极小值 $z\Big|_{\substack{x=\frac{a}{3}\\y=\frac{a}{3}}}=\dfrac{a^3}{27}$.

注释 一般地，求二元函数 $z=f(x, y)$ 的极值可依下述步骤进行：

(ⅰ) 求出 $f(x, y)$ 可能的极值点.

(a) 求驻点. 根据极值存在的必要条件，解方程组

$$\begin{cases} f'_x(x, y)=0 \\ f'_y(x, y)=0 \end{cases}$$

方程组的解即为驻点.

(b) 求出一阶偏导数 $f'_x(x, y)$，$f'_y(x, y)$ 不存在的点.

(ⅱ) 对每一个可能的极值点(x_0, y_0)进行检验. 根据极值存在的充分条件，首先计算二阶偏导数 $f''_{xx}(x, y)$，$f''_{yy}(x, y)$，$f''_{xy}(x, y)$，记

$$A=f''_{xx}(x_0, y_0),\quad B=f''_{xy}(x_0, y_0),\quad C=f''_{yy}(x_0, y_0)$$

(a) 如果 $P(x_0, y_0)=B^2-AC<0$，则函数有极值，且当 $A<0$ 时有极大值 $f(x_0, y_0)$，当 $A>0$ 时有极小值 $f(x_0, y_0)$.

(b) 如果 $P(x_0, y_0)=B^2-AC>0$，函数 $f(x, y)$ 在(x_0, y_0)处无极值.

(c) 如果 $P(x_0, y_0)=B^2-AC=0$，不能确定函数 $f(x, y)$ 在(x_0, y_0)处是否取得极值.

如果要求函数 $y=f(x, y)$ 在闭区域 D 上的最大值或最小值，则需先求函数在区域 D 内的所有极值点，再求出函数在区域 D 的边界上的最大值与最小值，比较后可求得函数在区域 D 上的最值.

20. 某厂家生产的一种产品同时在两个市场销售，售价分别为 P_1 和 P_2，销售量分别为 Q_1 和 Q_2，需求函数分别为

$$Q_1 = 24 - 0.2P_1, \quad Q_2 = 10 - 0.05P_2$$

总成本函数为

$$C = 35 + 40(Q_1 + Q_2)$$

试问:厂家如何确定两个市场的产品售价，才能使其获得的总利润最大? 最大总利润是多少?

解: *方法1* 由已知条件，厂家的总收益为

$$R = P_1Q_1 + P_2Q_2 = 24P_1 - 0.2P_1^2 + 10P_2 - 0.05P_2^2$$

总利润函数为

$$L = R - C = 32P_1 - 0.2P_1^2 + 12P_2 - 0.05P_2^2 - 1\,395$$

$$\frac{\partial L}{\partial P_1} = 32 - 0.4P_1, \quad \frac{\partial L}{\partial P_2} = 12 - 0.1P_2$$

令 $\frac{\partial L}{\partial P_1} = 0$，$\frac{\partial L}{\partial P_2} = 0$，可得驻点 $P_1 = 80, P_2 = 120$，又

$$\frac{\partial^2 L}{\partial P_1^2} = -0.4 < 0, \quad \frac{\partial^2 L}{\partial P_1 \partial P_2} = 0, \quad \frac{\partial^2 L}{\partial P_2^2} = -0.1$$

$$P(80, 120) = B^2 - AC = 0 - (-0.4)(-0.1) = -0.04 < 0$$

所以，在 $P_1 = 80$，$P_2 = 120$ 时，可获极大值，也是最大值，故最大总利润

$$L\Big|_{\substack{P_1 = 80 \\ P_2 = 120}} = 605$$

方法2 在两个市场上，需求函数为

$$P_1 = 120 - 5Q_1, \quad P_2 = 200 - 20Q_2$$

总收益函数为

$$R = P_1Q_1 + P_2Q_2 = (120 - 5Q_1)Q_1 + (200 - 20Q_2)Q_2$$

总利润函数为

$$L = R - C = 80Q_1 - 5Q_1^2 + 160Q_2 - 20Q_2^2 - 35$$

$$\frac{\partial L}{\partial Q_1} = 80 - 10Q_1, \quad \frac{\partial L}{\partial Q_2} = 160 - 40Q_2$$

令 $\frac{\partial L}{\partial Q_1} = 0$，$\frac{\partial L}{\partial Q_2} = 0$，得驻点 $Q_1 = 8$，$Q_2 = 4$，又

$$\frac{\partial^2 L}{\partial Q_1^2} = -10 < 0, \quad \frac{\partial^2 L}{\partial Q_1 \partial Q_2} = 0, \quad \frac{\partial^2 L}{\partial Q_2^2} = -40$$

$$P(8, 4) = B^2 - AC = 0 - (-10) \cdot (-40) = -400 < 0$$

所以在 $Q_1 = 8$，$Q_2 = 4$ 时，L 可取得极大值，也是最大值，故最大总利润

$$L\Big|_{\substack{Q_1 = 8 \\ Q_2 = 4}} = 605$$

当 $Q_1 = 8$ 时，售价 $P_1 = 80$；当 $Q_2 = 4$ 时，售价 $P_2 = 120$.

21. 在半径为 a 的半球内，内接一长方体，问各边长为多少时，其体积最大?

解：设长方体的长为 $2x$，宽为 $2y$，高为 z，则按题意长方体体积 $V = 4xyz$，且 $x^2 + y^2 + z^2 = a^2$. 设

$$L(x, y, z, \lambda) = xyz + \lambda(x^2 + y^2 + z^2 - a^2)$$

则
$$\begin{cases} \dfrac{\partial L}{\partial x} = yz - 2x\lambda = 0 & ① \\ \dfrac{\partial L}{\partial y} = xz - 2y\lambda = 0 & ② \\ \dfrac{\partial L}{\partial z} = xy - 2z\lambda = 0 & ③ \end{cases}$$

且
$$\frac{\partial L}{\partial \lambda} = x^2 + y^2 + z^2 - a^2 = 0 \qquad ④$$

式 ①$\times x+$式 ②$\times y+$式 ③$\times z$，并利用式 ④，得

$$\lambda = \frac{3xyz}{2a^2}$$

可解得 $x = y = z = \dfrac{\sqrt{3}}{3}a$. 故得唯一驻点$\left(\dfrac{\sqrt{3}}{3}a, \dfrac{\sqrt{3}}{3}a, \dfrac{\sqrt{3}}{3}a\right)$. 由问题的实际意义可知，它也是所求的极大值点和最大值点.

所以，当长方体的长、宽、高分别取$\dfrac{2\sqrt{3}}{3}a$，$\dfrac{2\sqrt{3}}{3}a$，$\dfrac{\sqrt{3}}{3}a$时，其体积最大.

22. 在底半径为 r，高为 h 的正圆锥内，内接一个体积最大的长方体，问该长方体的长、宽、高各应等于多少?

解：设长方体长为 $2x$，宽为 $2y$，高为 z(如图 8－6 所示)，按题意有

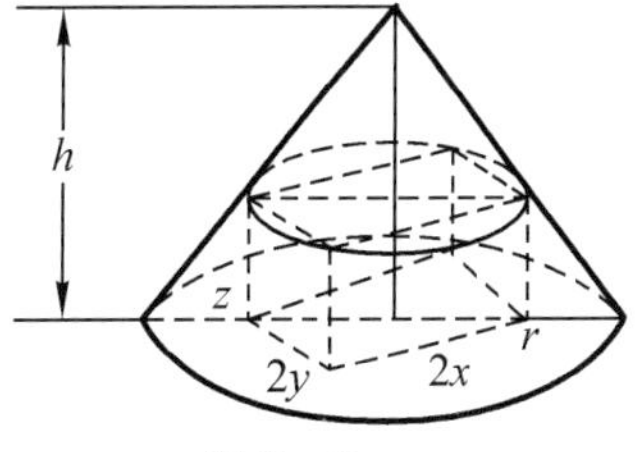

图 8－6

$$\frac{\sqrt{x^2+y^2}}{r} = \frac{h-z}{h}$$

即
$$x^2 + y^2 - \left(\frac{r}{h}\right)^2 (h-z)^2 = 0$$

长方体体积 $V = 4xyz$，设

$$L(x, y, z, \lambda) = xyz + \lambda\left[x^2 + y^2 - \frac{r^2}{h^2}(h-z)^2\right]$$

由
$$\begin{cases} \dfrac{\partial L}{\partial x} = yz + 2\lambda x = 0 & ① \\ \dfrac{\partial L}{\partial y} = xz + 2\lambda y = 0 & ② \\ \dfrac{\partial L}{\partial z} = xy + 2\lambda \dfrac{r^2}{h^2}(h-z) = 0 & ③ \end{cases}$$

及
$$\frac{\partial L}{\partial \lambda} = x^2 + y^2 - \frac{r^2}{h^2}(h-z)^2 = 0 \qquad ④$$

解得 $x = y = \dfrac{\sqrt{2}}{3}r$，$z = \dfrac{1}{3}h$，$V = \dfrac{8}{27}r^2 h$.

显然，由问题的实际意义，V 应有最大值，即当内接长方体长为$\dfrac{2\sqrt{2}}{3}r$，宽为$\dfrac{2\sqrt{2}}{3}r$，高为$\dfrac{1}{3}h$ 时，其体积最大，最大体积 $V = \dfrac{8}{27}r^2 h$.

23. 用拉格朗日乘数法计算下列各题：

(1) 欲围一个面积为 60 米^2 的矩形场地，正面所用材料每米造价 10 元，其余三面每米造价 5 元. 场地长、宽各为多少米时，所用材料费最少？

(2) 用 a 元购料，建造一个宽与深相同的长方体水池，已知四周的单位面积材料费为底面单位面积材料费的 1.2 倍，底面单位面积材料费为 m 元. 求水池长与宽(深)各为多少时，才能使容积最大.

(3) 设生产某种产品的数量与所用两种原料 A、B 的数量 x、y 间有关系式 $P(x, y)=0.005x^2y$. 欲用 150 元购料，已知 A、B 原料的单价分别为 1 元、2 元，问购进两种原料各多少，可使生产的产品数量最多？

解： (1) 设场地长为 x，宽为 y，则总造价

$$z=10x+5(2y+x)，且\ xy=60$$

设
$$F(x, y)=15x+10y+\lambda(xy-60)$$

由
$$\begin{cases}F'_x=15+\lambda y=0\\F'_y=10+\lambda x=0\end{cases}$$

及
$$xy-60=0$$

解得
$$x=2\sqrt{10}, \quad y=3\sqrt{10}$$

显然，z 应有最小值，所以场地长为 $2\sqrt{10}$ 米、宽为 $3\sqrt{10}$ 米时造价最省.

(2) 设水池长为 x，宽(深) 为 y，则容积 $V=xy^2$，且

$$mxy+1.2m(2xy+2y^2)=a$$

设
$$F(x, y)=xy^2+\lambda(3.4mxy+2.4my^2-a)$$

则
$$\begin{cases}F'_x=y^2+3.4\lambda my=0 & ①\\F'_y=2xy+3.4\lambda mx+4.8\lambda my=0 & ②\end{cases}$$

且
$$3.4mxy+2.4my^2-a=0 \qquad ③$$

由式 ① 得 $y=-3.4\lambda m$，代入式 ② 及式 ③，解得

$$x=\frac{4}{17}\sqrt{\frac{5a}{m}}, \quad y=\frac{1}{6}\sqrt{\frac{5a}{m}}, \quad V=\frac{5a}{153m}\sqrt{\frac{5a}{m}}$$

依题意 V 有最大值，所以当水池长为 $\frac{4}{17}\sqrt{\frac{5a}{m}}$，宽(深) 为 $\frac{1}{6}\sqrt{\frac{5a}{m}}$ 时容积最大，最大容积为 $\frac{5a}{153m}\sqrt{\frac{5a}{m}}$.

(3) 由题意 $P(x, y)$ 应满足条件 $x+2y=150$，设

$$F(x, y)=0.005x^2y+\lambda(x+2y-150)$$

由
$$\begin{cases}F'_x=0.01xy+\lambda=0\\F'_y=0.005x^2+2\lambda=0\end{cases}$$

及
$$x+2y-150=0$$

解得
$$x=100, \ y=25$$

显然函数 $P(x, y)$ 有最大值，所以购进原料 A、B 分别为 100 单位、25 单位时，可使生产的产品数量最多.

24. 求抛物线 $y^2=4x$ 上的点，使它与直线 $x-y+4=0$ 距离最近.

解： 平面上任一点(x, y)到直线 $x-y+4=0$ 的距离为

$$d=\left|\frac{x-y+4}{\sqrt{2}}\right|$$

由题意，求抛物线 $y^2=4x$ 上的点使其与直线 $x-y+4=0$ 的距离最短，即等价于求以 $y^2=4x$ 为约束条件时，$d^2=\frac{(x-y+4)^2}{2}$ 的极小值点.

设 $F(x, y)=\frac{1}{2}(x-y+4)^2-\lambda(y^2-4x)$

由
$$\begin{cases}F'_x=(x-y+4)+4\lambda=0\\F'_y=-(x-y+4)-2\lambda y=0\end{cases}$$

及
$$y^2-4x=0$$

解得
$$x=1,\ y=2$$

显然 d^2 存在最小值，所以抛物线 $y^2=4x$ 上的点$(1, 2)$到直线 $x-y+4=0$ 的距离最短.

※**25.** 用最小二乘法求与表 8-1 给定数据最符合的函数 $y=ax+b$.

表 8-1

x	10	20	30	40	50	60
y	150	100	40	0	-60	-100

解： 由最小二乘法，记 $D=\sum\limits_{i=1}^{6}(ax_i+b-y_i)^2$，令 $\frac{\partial D}{\partial a}=\frac{\partial D}{\partial b}=0$，即有

$$\begin{cases}a\sum\limits_{i=1}^{6}x_i^2+b\sum\limits_{i=1}^{6}x_i=\sum\limits_{i=1}^{6}x_iy_i\\a\sum\limits_{i=1}^{6}x_i+6b=\sum\limits_{i=1}^{6}y_i\end{cases}\qquad(*)$$

这里

$$\sum_{i=1}^{6}x_i^2=10^2+20^2+30^2+40^2+50^2+60^2=9\ 100$$

$$\sum_{i=1}^{6}x_i=10+20+30+40+50+60=210$$

$$\sum_{i=1}^{6}x_iy_i=10\times150+20\times100+30\times40+40\times0+50\times(-60)+60\times(-100)=-4\ 300$$

$$\sum_{i=1}^{6}y_i=150+100+40+0+(-60)+(-100)=130$$

代入方程组(*)，得

$$\begin{cases}9\ 100a+210b=-4\ 300\\210a+6b=130\end{cases}$$

解得
$$a=-\frac{177}{35},\ b=\frac{596}{3}$$

所以与给定数据最符合的函数为

$$y=-\frac{177}{35}x+\frac{596}{3}$$

26. 化二重积分 $\iint\limits_D f(x,y)\mathrm{d}x\mathrm{d}y$ 为二次积分（写出两种积分次序）.

(1) $D=\{(x,y)\,\big|\,|x|\leqslant 1,|y|\leqslant 1\}$.

(2) D 是由 y 轴，$y=1$ 及 $y=x$ 围成的区域.

(3) D 是由 x 轴，$y=\ln x$ 及 $x=\mathrm{e}$ 围成的区域.

(4) D 是由 x 轴，圆 $x^2+y^2-2x=0$ 在第一象限的部分及直线 $x+y=2$ 围成的区域.

(5) D 是由 x 轴与抛物线 $y=4-x^2$ 在第二象限内的部分及圆 $x^2+y^2-4y=0$ 在第一象限内的部分围成的区域.

解：(1) 区域 D 是一个矩形区域(如图 8-7 所示)，

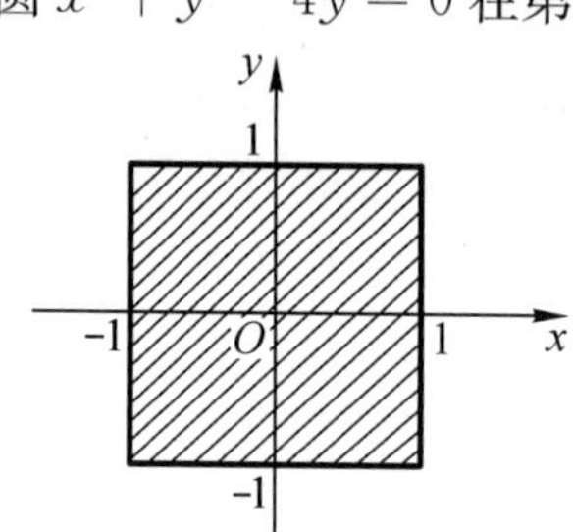

图 8-7

$$D=\{(x,y)\,|-1\leqslant x\leqslant 1,-1\leqslant y\leqslant 1\}$$

先对 x 积分，后对 y 积分，则

$$\iint\limits_D f(x,y)\mathrm{d}x\mathrm{d}y=\int_{-1}^{1}\mathrm{d}y\int_{-1}^{1}f(x,y)\mathrm{d}x$$

先对 y 积分，后对 x 积分，则

$$\iint\limits_D f(x,y)\mathrm{d}x\mathrm{d}y=\int_{-1}^{1}\mathrm{d}x\int_{-1}^{1}f(x,y)\mathrm{d}y$$

(2) 区域 D 如图 8-8 所示.

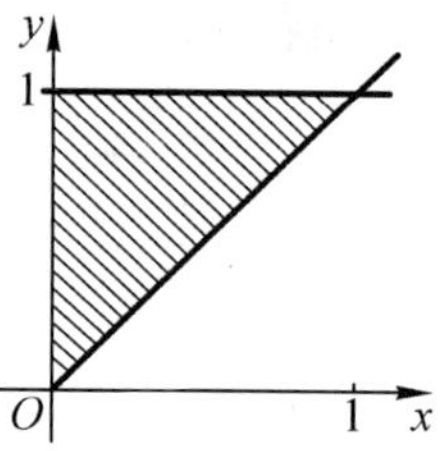

图 8-8

先对 x 积分，后对 y 积分，则积分区域 D 可写成

$$D=\{(x,y)\,|\,0\leqslant y\leqslant 1,0\leqslant x\leqslant y\}$$

所以

$$\iint\limits_D f(x,y)\mathrm{d}x\mathrm{d}y=\int_{0}^{1}\mathrm{d}y\int_{0}^{y}f(x,y)\mathrm{d}x$$

先对 y 积分，后对 x 积分，则积分区域 D 可写成

$$D=\{(x,y)\,|\,0\leqslant x\leqslant 1,x\leqslant y\leqslant 1\}$$

所以

$$\iint\limits_D f(x,y)\mathrm{d}x\mathrm{d}y=\int_{0}^{1}\mathrm{d}x\int_{x}^{1}f(x,y)\mathrm{d}y$$

(3) 区域 D 的图形如图 8-9 所示.

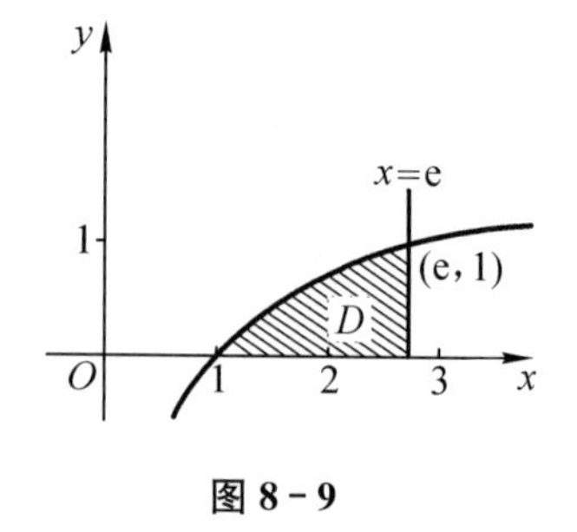

图 8-9

先对 x 积分，后对 y 积分，则积分区域 D 可写成

$$D=\{(x,y)\,|\,0\leqslant y\leqslant 1,\mathrm{e}^y\leqslant x\leqslant \mathrm{e}\}$$

所以

$$\iint\limits_D f(x,y)\mathrm{d}x\mathrm{d}y=\int_{0}^{1}\mathrm{d}y\int_{\mathrm{e}^y}^{\mathrm{e}}f(x,y)\mathrm{d}x$$

先对 y 积分，后对 x 积分，则积分区域 D 可写成

$$D=\{(x,y)\,|\,1\leqslant x\leqslant \mathrm{e},0\leqslant y\leqslant \ln x\}$$

所以

$$\iint_D f(x, y)\mathrm{d}x\mathrm{d}y=\int_1^{\mathrm{e}}\mathrm{d}x\int_0^{\ln x}f(x, y)\mathrm{d}y$$

(4) 区域 D 的图形如图 8－10 所示，其中圆 $x^2+y^2-2x=0$ 可化为 $(x-1)^2+y^2=1$.

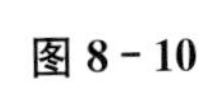

图 8－10

先对 x 积分，后对 y 积分，则积分区域 D 可写成

$$D=\{(x, y) \mid 0\leqslant y\leqslant 1, \; 1-\sqrt{1-y^2}\leqslant x\leqslant 2-y\}$$

所以

$$\iint_D f(x, y)\mathrm{d}x\mathrm{d}y=\int_0^1\mathrm{d}y\int_{1-\sqrt{1-y^2}}^{2-y}f(x, y)\mathrm{d}x$$

先对 y 积分，后对 x 积分，则积分区域 D 可分成两部分：D_1 和 D_2，其中

$$D_1=\{(x, y) \mid 0\leqslant x\leqslant 1, 0\leqslant y\leqslant \sqrt{2x-x^2}\}$$

$$D_2=\{(x, y) \mid 1\leqslant x\leqslant 2, 0\leqslant y\leqslant 2-x\}$$

所以

$$\iint_D f(x, y)\mathrm{d}x\mathrm{d}y=\int_0^1\mathrm{d}x\int_0^{\sqrt{2x-x^2}}f(x, y)\mathrm{d}y+\int_1^2\mathrm{d}x\int_0^{2-x}f(x, y)\mathrm{d}y$$

(5) 区域 D 的图形如图 8－11 所示.

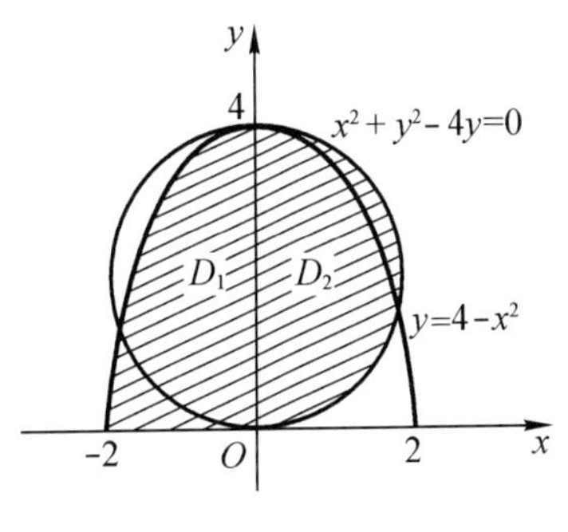

图 8－11

先对 x 积分，后对 y 积分，则积分区域 D 可写成

$$D=\{(x, y) \mid 0\leqslant y\leqslant 4, \; -\sqrt{4-y}\leqslant x\leqslant \sqrt{4y-y^2}\}$$

所以

$$\iint_D f(x, y)\mathrm{d}x\mathrm{d}y=\int_0^4\mathrm{d}y\int_{-\sqrt{4-y}}^{\sqrt{4y-y^2}}f(x, y)\mathrm{d}x$$

先对 y 积分，后对 x 积分，则积分区域 D 可分为两部分：D_1 和 D_2，其中

$$D_1=\{(x, y) \mid -2\leqslant x\leqslant 0, 0\leqslant y\leqslant 4-x^2\}$$

$$D_2=\{(x, y) \mid 0\leqslant x\leqslant 2, 2-\sqrt{4-x^2}\leqslant y\leqslant 2+\sqrt{4-x^2}\}$$

所以

$$\iint_D f(x, y)\mathrm{d}x\mathrm{d}y=\int_{-2}^0\mathrm{d}x\int_0^{4-x^2}f(x, y)\mathrm{d}y+\int_0^2\mathrm{d}x\int_{2-\sqrt{4-x^2}}^{2+\sqrt{4-x^2}}f(x, y)\mathrm{d}y$$

27. 交换二次积分的次序：

(1) $\int_1^2\mathrm{d}x\int_x^{x^2}f(x, y)\mathrm{d}y+\int_2^8\mathrm{d}x\int_x^8 f(x, y)\mathrm{d}y$

(2) $\int_0^1\mathrm{d}y\int_0^y f(x, y)\mathrm{d}x+\int_1^2\mathrm{d}y\int_0^{2-y}f(x, y)\mathrm{d}x$

解： (1) 由已知的二次积分可知，积分区域 D 可包括两部分：D_1 和 D_2，其中

$$D_1=\{(x, y)\mid 1\leqslant x\leqslant 2, x\leqslant y\leqslant x^2\}$$
$$D_2=\{(x, y)\mid 2\leqslant x\leqslant 8, x\leqslant y\leqslant 8\}$$

由此可得区域 D 的图形(如图 8－12 所示)，交换积分次序，可得原二次积分等于

$$\int_1^4 \mathrm{d}y\int_{\sqrt{y}}^{y} f(x, y)\mathrm{d}x+\int_4^8 \mathrm{d}y\int_2^y f(x, y)\mathrm{d}x$$

(2) 由已知的二次积分可知，积分区域 D 由 D_1 和 D_2 组成，其中

$$D_1=\{(x, y)\mid 0\leqslant y\leqslant 1, 0\leqslant x\leqslant y\}$$
$$D_2=\{(x, y)\mid 1\leqslant y\leqslant 2, 0\leqslant x\leqslant 2-y\}$$

由此可得区域 D 的图形(如图 8－13 所示)．交换积分次序，则原二次积分等于

$$\int_0^1 \mathrm{d}x\int_x^{2-x} f(x, y)\mathrm{d}y$$

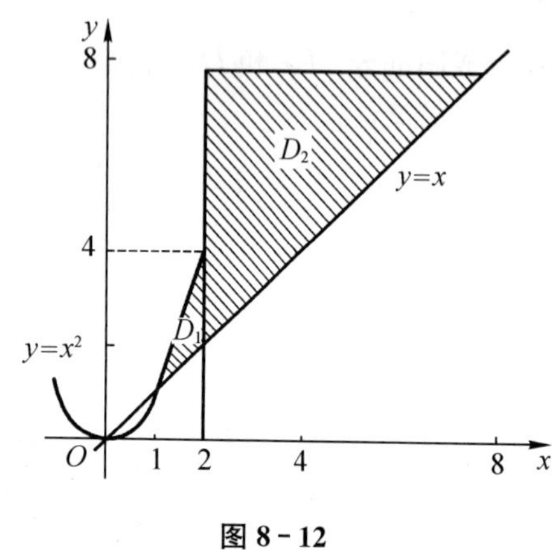

图 8－12

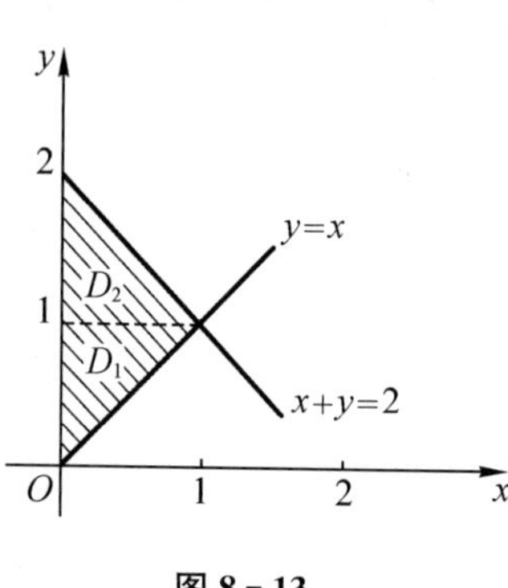

图 8－13

28. 求证：

$$\int_0^1 \mathrm{d}y\int_0^{\sqrt{y}} \mathrm{e}^y f(x)\mathrm{d}x=\int_0^1(\mathrm{e}-\mathrm{e}^{x^2})f(x)\mathrm{d}x$$

(提示：交换积分次序.)

证：交换等式左边累次积分的次序，有

$$\begin{aligned}\int_0^1 \mathrm{d}y\int_0^{\sqrt{y}} \mathrm{e}^y f(x)\mathrm{d}x&=\int_0^1 \mathrm{d}x\int_{x^2}^1 \mathrm{e}^y f(x)\mathrm{d}y\\&=\int_0^1 f(x)\left(\mathrm{e}^y\Big|_{x^2}^1\right)\mathrm{d}x\\&=\int_0^1(\mathrm{e}-\mathrm{e}^{x^2})f(x)\mathrm{d}x\end{aligned}$$

29. 计算下列二重积分：

(1) $\iint\limits_D x\mathrm{e}^{xy}\mathrm{d}\sigma$, $D=\{(x, y)\mid 0\leqslant x\leqslant 1, 0\leqslant y\leqslant 1\}$.

(2) $\iint\limits_D \dfrac{y}{(1+x^2+y^2)^{\frac{3}{2}}}\mathrm{d}\sigma$, $D=\{(x, y)\mid 0\leqslant x\leqslant 1, 0\leqslant y\leqslant 1\}$.

(3) $\iint\limits_D xy^2\mathrm{d}\sigma$, D 是由抛物线 $y^2=2px$ 和直线 $x=\dfrac{p}{2}$ $(p>0)$ 围成的区域.

(4) $\iint\limits_D (x+6y)\mathrm{d}\sigma$, D 是由 $y=x$, $y=5x$, $x=1$ 围成的区域.

(5) $\iint\limits_D (x^2+y^2)\mathrm{d}\sigma$，$D$ 是由 $y=x$，$y=x+a$，$y=a$，$y=3a\ (a>0)$ 围成的区域.

(6) $\iint\limits_D \mathrm{e}^{-(x^2+y^2)}\mathrm{d}\sigma$，$D$ 是圆域 $x^2+y^2\leqslant R^2$.

(7) $\iint\limits_D (4-x-y)\mathrm{d}\sigma$，$D$ 是圆域 $x^2+y^2\leqslant 2y$.

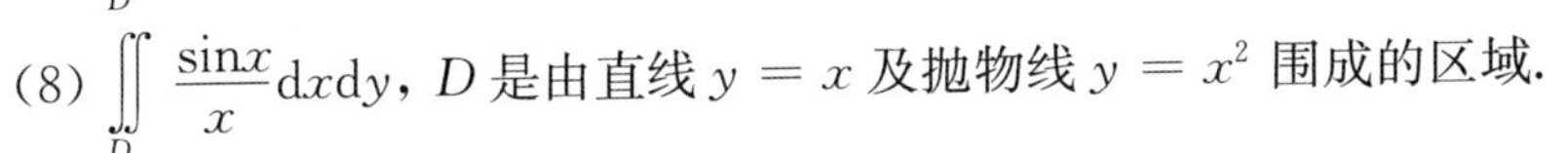

(8) $\iint\limits_D \frac{\sin x}{x}\mathrm{d}x\mathrm{d}y$，$D$ 是由直线 $y=x$ 及抛物线 $y=x^2$ 围成的区域.

（提示：化为二次积分时注意两种积分次序中有一种可以计算出这个二重积分.）

解：(1) 区域 D 为矩形区域，所以

$$\iint\limits_D x\mathrm{e}^{xy}\mathrm{d}\sigma=\int_0^1\mathrm{d}x\int_0^1 x\mathrm{e}^{xy}\mathrm{d}y=\int_0^1\mathrm{d}x\int_0^1\mathrm{e}^{xy}\mathrm{d}(xy)$$

$$=\int_0^1\left[(\mathrm{e}^{xy})\Big|_0^1\right]\mathrm{d}x=\int_0^1(\mathrm{e}^x-1)\mathrm{d}x$$

$$=(\mathrm{e}^x-x)\Big|_0^1=\mathrm{e}-2$$

(2) 区域 D 是矩形区域，所以

$$\iint\limits_D\frac{y}{(1+x^2+y^2)^{\frac{3}{2}}}\mathrm{d}\sigma$$

$$=\int_0^1\mathrm{d}x\int_0^1\frac{y\mathrm{d}y}{(1+x^2+y^2)^{\frac{3}{2}}}$$

$$=\int_0^1\mathrm{d}x\int_0^1\frac{\mathrm{d}(1+x^2+y^2)}{2(1+x^2+y^2)^{3/2}}$$

$$=\int_0^1\left[\frac{1}{2}\cdot(-2)\cdot(1+x^2+y^2)^{-\frac{1}{2}}\Big|_0^1\right]\mathrm{d}x$$

$$=\int_0^1\frac{\mathrm{d}x}{\sqrt{1+x^2}}-\int_0^1\frac{\mathrm{d}x}{\sqrt{2+x^2}}$$

$$=\ln(x+\sqrt{1+x^2})\Big|_0^1-\ln(x+\sqrt{2+x^2})\Big|_0^1$$

$$=\ln\frac{2+\sqrt{2}}{1+\sqrt{3}}$$

(3) 区域 D 的图形如图 8－14 所示. 所以

$$\iint\limits_D xy^2\mathrm{d}\sigma=\int_0^{\frac{p}{2}}\mathrm{d}x\int_{-\sqrt{2px}}^{\sqrt{2px}}xy^2\mathrm{d}y$$

$$=2\int_0^{\frac{p}{2}}\mathrm{d}x\int_0^{\sqrt{2px}}xy^2\mathrm{d}y$$

$$=2\int_0^{\frac{p}{2}}\left[\frac{1}{3}(xy^3)\Big|_0^{\sqrt{2px}}\right]\mathrm{d}x$$

$$=\frac{4\sqrt{2p}\cdot p}{3}\int_0^{\frac{p}{2}}x^{\frac{5}{2}}\mathrm{d}x$$

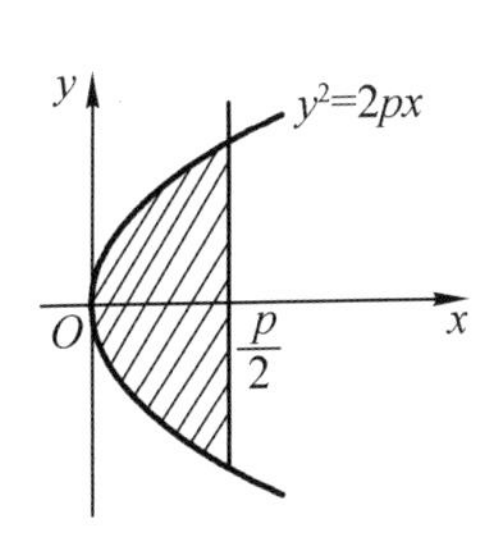

图 8－14

$$=\frac{8\sqrt{2}p\sqrt{p}}{21}x^{\frac{7}{2}}\Big|_0^{\frac{p}{2}}=\frac{p^5}{21}$$

(4) 区域 D 的图形如图 8－15 所示.

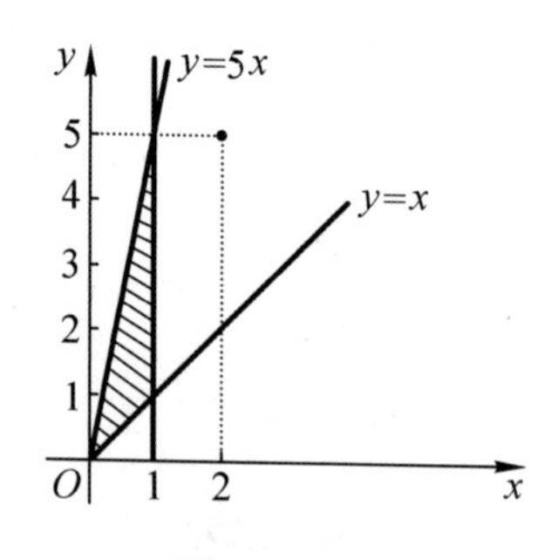

图 8－15

$$\iint\limits_D(x+6y)\mathrm{d}\sigma=\int_0^1\mathrm{d}x\int_x^{5x}(x+6y)\mathrm{d}y$$

$$=\int_0^1(xy+3y^2)\Big|_x^{5x}\mathrm{d}x$$

$$=\int_0^1 76x^2\mathrm{d}x=\frac{76}{3}$$

(5) 区域 D 的图形如图 8－16 所示.

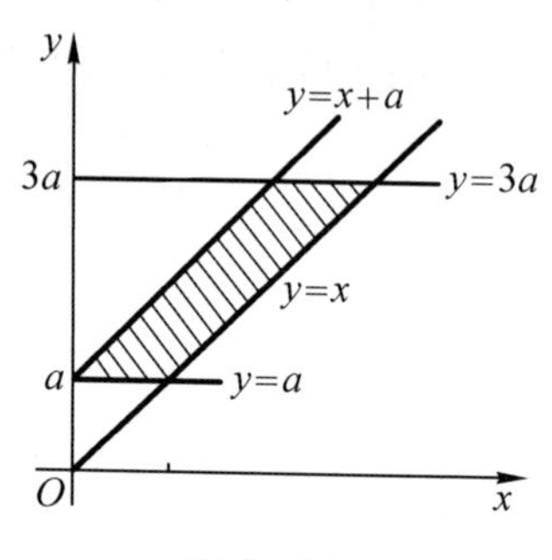

图 8－16

$$\iint\limits_D(x^2+y^2)\mathrm{d}\sigma$$

$$=\int_a^{3a}\mathrm{d}y\int_{y-a}^{y}(x^2+y^2)\mathrm{d}x$$

$$=\int_a^{3a}\left[\left(\frac{1}{3}x^3+xy^2\right)\Big|_{y-a}^{y}\right]\mathrm{d}y$$

$$=\int_a^{3a}\left(2ay^2-a^2y+\frac{1}{3}a^3\right)\mathrm{d}y$$

$$=\left(\frac{2}{3}ay^3-\frac{1}{2}a^2y^2+\frac{1}{3}a^3y\right)\Big|_a^{3a}$$

$$=14a^4$$

(6) 区域 D 的图形如图 8－17 所示. 由于被积函数中含有 x^2+y^2，且积分区域为圆域，故可在极坐标系中求此二重积分.

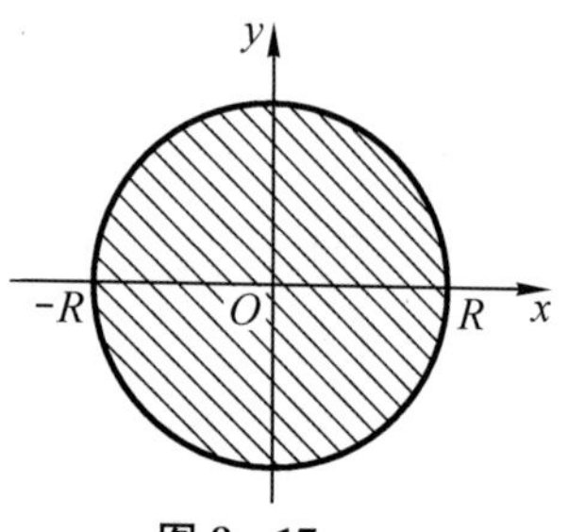

图 8－17

$$\iint\limits_D \mathrm{e}^{-(x^2+y^2)}\mathrm{d}\sigma=\int_0^{2\pi}\mathrm{d}\theta\int_0^R \mathrm{e}^{-r^2}r\mathrm{d}r$$

$$=\int_0^{2\pi}\left[-\left(\frac{1}{2}\mathrm{e}^{-r^2}\right)\Big|_0^R\right]\mathrm{d}\theta$$

$$=\left(-\frac{1}{2}\mathrm{e}^{-R^2}+\frac{1}{2}\right)2\pi$$

$$=\pi(1-\mathrm{e}^{-R^2})$$

(7) 区域 D 的图形如图 8－18 所示.

方法 1　在直角坐标系下直接计算，有

$$\iint\limits_D(4-x-y)\mathrm{d}\sigma$$

$$=\int_{-1}^1\mathrm{d}x\int_{1-\sqrt{1-x^2}}^{1+\sqrt{1-x^2}}(4-x-y)\mathrm{d}y$$

$$=\int_{-1}^1\left[\left(4y-xy-\frac{y^2}{2}\right)\Big|_{1-\sqrt{1-x^2}}^{1+\sqrt{1-x^2}}\right]\mathrm{d}x$$

$$= 2\int_{-1}^{1}(3\sqrt{1-x^2} - x\sqrt{1-x^2})\mathrm{d}x$$

$$= 6\int_{-1}^{1}\sqrt{1-x^2}\,\mathrm{d}x - 2\int_{-1}^{1}x\sqrt{1-x^2}\,\mathrm{d}x$$

$$= 6 \cdot \frac{\pi}{2} + \frac{2}{3}(1-x^2)^{\frac{3}{2}}\Big|_{-1}^{1} = 3\pi$$

图 8-18

注意，定积分$\int_{-1}^{1}\sqrt{1-x^2}\,\mathrm{d}x$ 的几何意义是半径为 1 的半圆的面积，所以可直接得到

$$\int_{-1}^{1}\sqrt{1-x^2}\,\mathrm{d}x = \frac{\pi}{2}$$

当然，我们也可以用换元法计算上面的定积分.

方法 2　因为积分区域 D 为圆域. 可先将二重积分化简，然后在极坐标系下计算此二

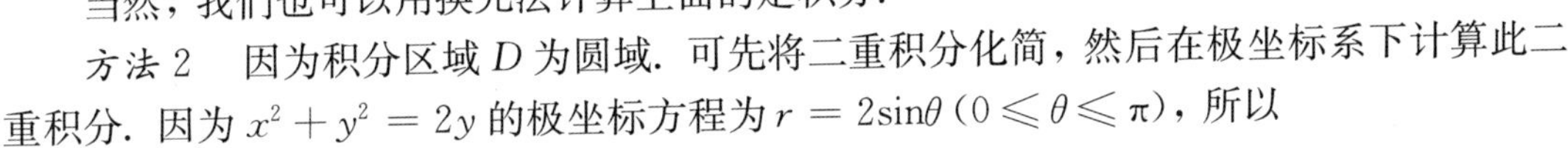

重积分. 因为 $x^2+y^2=2y$ 的极坐标方程为 $r=2\sin\theta\,(0\leqslant\theta\leqslant\pi)$，所以

$$\iint\limits_D(4-x-y)\mathrm{d}\sigma = \iint\limits_D 4\mathrm{d}\sigma - \iint\limits_D x\mathrm{d}\sigma - \iint\limits_D y\mathrm{d}\sigma$$

根据二重积分的几何意义，$\iint\limits_D \mathrm{d}\sigma$ 表示区域 D 的面积，故 $\iint\limits_D \mathrm{d}\sigma = \pi$. 又因为区域 D 关于 y 轴对称，所以

$$\iint\limits_D x\mathrm{d}\sigma = \int_0^2 \mathrm{d}y\int_{-\sqrt{2y-y^2}}^{\sqrt{2y-y^2}} x\mathrm{d}x = 0$$

从而

$$\iint\limits_D(4-x-y)\mathrm{d}\sigma = 4\pi - \iint\limits_D y\mathrm{d}\sigma = 4\pi - \int_0^{\pi}\mathrm{d}\theta\int_0^{2\sin\theta} r\sin\theta r\,\mathrm{d}r$$

$$= 4\pi - \int_0^{\pi}\sin\theta \cdot \left[\left(\frac{1}{3}r^3\right)\Big|_0^{2\sin\theta}\right]\mathrm{d}\theta$$

$$= 4\pi - \frac{8}{3}\int_0^{\pi}\sin^4\theta\mathrm{d}\theta$$

$$= 4\pi - \frac{8}{3} \cdot \frac{3}{8}\pi = 3\pi$$

(8) 区域 D 的图形如图 8-19 所示. 所以

$$\iint\limits_D \frac{\sin x}{x}\mathrm{d}\sigma = \int_0^1 \mathrm{d}x\int_{x^2}^{x}\frac{\sin x}{x}\mathrm{d}y$$

$$= \int_0^1 \frac{\sin x}{x} \cdot \left[y\Big|_{x^2}^{x}\right]\mathrm{d}x$$

$$= \int_0^1 \frac{\sin x}{x}(x-x^2)\mathrm{d}x$$

$$= \int_0^1 (\sin x - x\sin x)\mathrm{d}x$$

$$= \int_0^1 \sin x\mathrm{d}x + \int_0^1 x\mathrm{d}\cos x$$

$$= -\cos x\Big|_0^1 + x\cos x\Big|_0^1 - \int_0^1 \cos x\mathrm{d}x$$

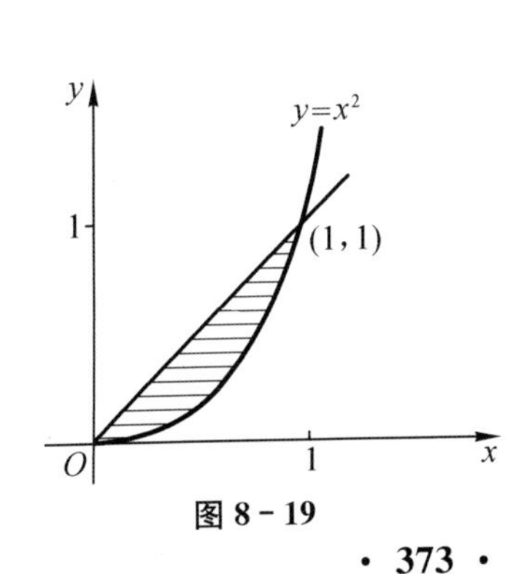

图 8-19

$$=-(\cos 1-1)+(\cos 1-0)-\sin x\Big|_0^1$$
$$=1-\sin 1$$

如果计算时先对 x 积分，后对 y 积分，则

$$\iint\limits_D \frac{\sin x}{x}\mathrm{d}\sigma=\int_0^1\mathrm{d}y\int_y^{\sqrt{y}}\frac{\sin x}{x}\mathrm{d}x$$

但是，被积函数 $\frac{\sin x}{x}$ 的原函数不能用解析表达式表出，这种计算次序将难以求得结果.

注释 （ⅰ）由本习题的第 26～29 题可以看出，在直角坐标系下，二重积分可按两种顺序化为累次积分. 由于积分顺序不同，计算的难易程度有时相差很大，甚至有时原函数不能用初等函数解析表示. 读者应通过练习，掌握二重积分化为累次积分的方法. 该方法也常用于某些证明题(如第 28 题). 一般地，计算步骤如下：

(a) 画出积分区域 D 的图形(草图)，有时需要求出图中有关曲线交点的坐标.

(b) 根据 D 的图形特点和被积函数的特点，确定积分次序是先对 x 积分，还是先对 y 积分，将二重积分化为累次积分.

(c) 化为累次积分时，可根据 D 的图形，写出 D 上点的坐标所需满足的不等式，以确定积分的上下限.

(d) 计算累次积分的值.

（ⅱ）如果积分区域关于 x 轴对称，则

$$\iint\limits_D f(x,y)\mathrm{d}\sigma=\begin{cases}0, & \text{若 } f(x,y) \text{ 关于 } y \text{ 是奇函数}\\ 2\iint\limits_{D_1} f(x,y)\mathrm{d}x\mathrm{d}y, & \text{若 } f(x,y) \text{ 关于 } y \text{ 是偶函数}\end{cases}$$

其中 $D_1=D\cap\{(x,y)\mid y\geqslant 0\}$.

如果积分区域 D 关于 y 轴对称，则

$$\iint\limits_D f(x,y)\mathrm{d}\sigma=\begin{cases}0, & \text{若 } f(x,y) \text{ 关于 } x \text{ 是奇函数}\\ 2\iint\limits_{D_2} f(x,y)\mathrm{d}x\mathrm{d}y, & \text{若 } f(x,y) \text{ 关于 } x \text{ 是偶函数}\end{cases}$$

其中 $D_2=D\cap\{(x,y)\mid x\geqslant 0\}$.

正确地运用这一结论，可简化计算.

（ⅲ）当积分区域是圆域、环域或圆域的一部分，被积函数具有 $f(x^2+y^2)$，$f\left(\frac{x}{y}\right)$ 或 $f\left(\frac{y}{x}\right)$ 等形式时，可在极坐标系下计算该二重积分，如第 29 题中的(6)、(7) 小题.

30. 计算下列曲线所围成的平面图形的面积：

(1) $y=x^2$，$y=x+2$

(2) $y=\sin x$，$y=\cos x$，$x=0$(位于第一象限内的部分)

(3) $y=x^2$，$y=x$，$y=2x$

解：(1) 曲线 $y=x^2$，$y=x+2$ 所围成的平面区域 D 如图 8－20 所示. 两条曲线交点的坐标分别为 $(-1,1)$，$(2,4)$. 所求面积

$$S=\iint_D \mathrm{d}\sigma=\int_{-1}^{2}\mathrm{d}x\int_{x^2}^{x+2}\mathrm{d}y=\int_{-1}^{2}(x+2-x^2)\mathrm{d}x$$

$$=\left(\frac{1}{2}x^2+2x-\frac{1}{3}x^3\right)\Big|_{-1}^{2}=\frac{9}{2}$$

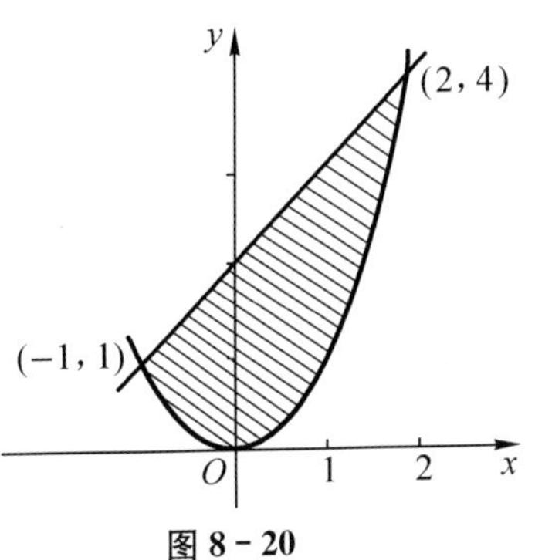

图 8－20

(2) 曲线 $y=\sin x$，$y=\cos x$，$x=0$ 所围成的平面区域 D 如图 8－21 所示. 两曲线交点的坐标为 $\left(\frac{\pi}{4},\frac{\sqrt{2}}{2}\right)$. 所求面积

$$S=\iint_D \mathrm{d}\sigma=\int_0^{\frac{\pi}{4}}\mathrm{d}x\int_{\sin x}^{\cos x}\mathrm{d}y$$

$$=\int_0^{\frac{\pi}{4}}(\cos x-\sin x)\mathrm{d}x$$

$$=(\sin x+\cos x)\Big|_0^{\frac{\pi}{4}}$$

$$=\sqrt{2}-1$$

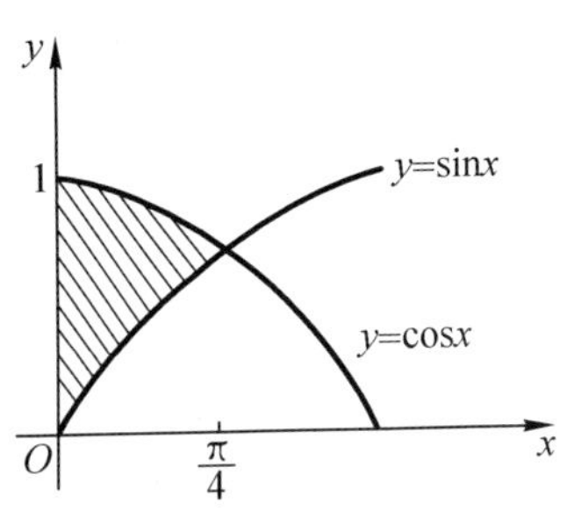

图 8－21

(3) 曲线 $y=x^2$ 及直线 $y=x$，$y=2x$ 所围成的区域如图 8－22 所示.

解方程组

$$\begin{cases}y=x\\ y=x^2\end{cases}\quad 和 \quad \begin{cases}y=2x\\ y=x^2\end{cases}$$

可得各曲线交点的坐标为 $(0,0)$，$(1,1)$，$(2,4)$.

于是所求区域 D 的面积

$$S=\iint_D \mathrm{d}x\mathrm{d}y=\int_0^1\mathrm{d}x\int_x^{2x}\mathrm{d}y+\int_1^2\mathrm{d}x\int_{x^2}^{2x}\mathrm{d}y$$

$$=\int_0^1(2x-x)\mathrm{d}x+\int_1^2(2x-x^2)\mathrm{d}x$$

$$=\frac{1}{2}x^2\Big|_0^1+\left(x^2-\frac{1}{3}x^3\right)\Big|_1^2$$

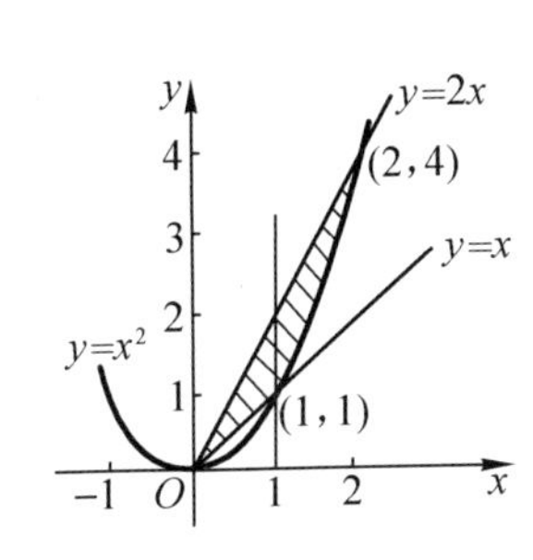

图 8－22

$$=\frac{7}{6}$$

31. 计算下列曲面所围成的立体的体积：

(1) $z=1+x+y$，$z=0$，$x+y=1$，$x=0$，$y=0$

(2) $z=x^2+y^2$，$y=1$，$z=0$，$y=x^2$

解：(1) 各曲面围成的立体是以曲面 $z=1+x+y$ 为顶，以区域

$$D=\{(x,y)\mid x\geqslant 0,\ y\geqslant 0,\ x+y\leqslant 1\}$$

(如图 8－23 所示) 为底，母线平行于 Oz 轴的曲顶柱体，故所求体积

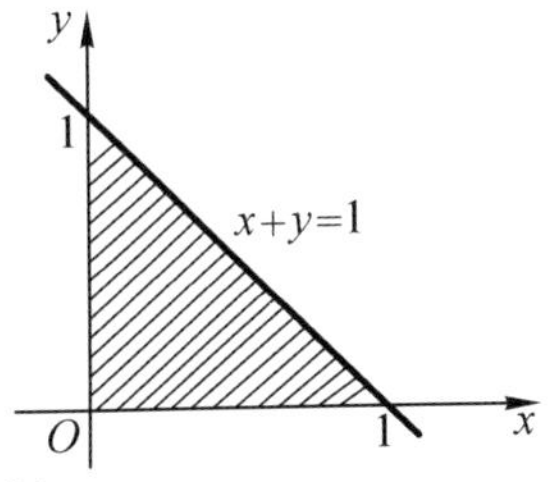

图 8－23

$$V=\iint_D(1+x+y)\mathrm{d}x\mathrm{d}y$$

$$=\int_0^1 dx\int_0^{1-x}(1+x+y)dy$$

$$=\int_0^1 \left(y+xy+\frac{1}{2}y^2\right)\Big|_0^{1-x}dx$$

$$=\int_0^1\left(\frac{3}{2}-x-\frac{1}{2}x^2\right)dx$$

$$=\left(\frac{3}{2}x-\frac{1}{2}x^2-\frac{1}{6}x^3\right)\Big|_0^1=\frac{5}{6}$$

(2) 各曲面围成的立体是以曲面 $z=x^2+y^2$ 为顶，以区域

$$D=\{(x, y)\mid y\leqslant 1, y\geqslant x^2\}$$

(如图 8－24 所示) 为底，母线平行于 Oz 轴的曲顶柱体，故所求体积

$$V=\iint_D (x^2+y^2)dxdy$$

$$=2\iint_{D_1}(x^2+y^2)dxdy$$

$$=2\int_0^1 dx\int_{x^2}^1 (x^2+y^2)dy$$

$$=2\int_0^1\left[\left(x^2y+\frac{1}{3}y^3\right)\Big|_{x^2}^1\right]dx$$

$$=2\int_0^1\left(-\frac{1}{3}x^6-x^4+x^2+\frac{1}{3}\right)dx$$

$$=2\left(-\frac{1}{21}x^7-\frac{1}{5}x^5+\frac{1}{3}x^3+\frac{1}{3}x\right)\Big|_0^1$$

$$=\frac{88}{105}$$

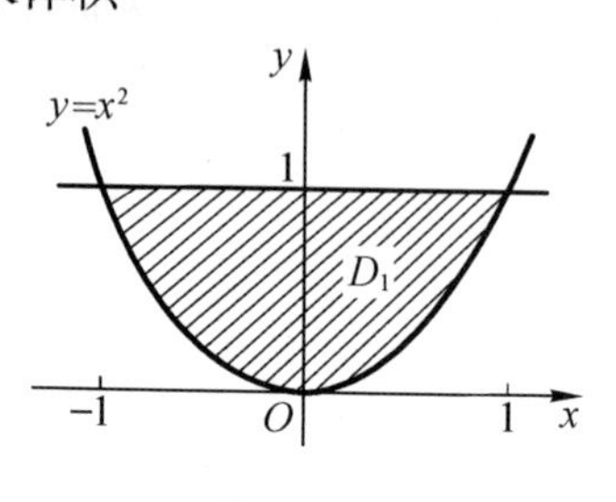

图 8－24

注释 当 $f(x, y)\geqslant 0$ 时，二重积分 $\iint\limits_D f(x, y)d\sigma$ 就是以曲面 $z=f(x, y)$ 为顶，以区域 D 为底，以平行于 z 轴的直线为母线的曲顶柱体的体积. 特别地，当 $f(x, y)\equiv 1$ 时，区域 D 的面积

$$A\equiv\iint_D d\sigma$$

该结论可直接用于计算某些立体的体积(如第 31 题)，或计算某些平面区域的面积(如第 30 题).

应注意，应用二重积分计算平面图形面积的方法与第六章中用定积分计算平面图形面积的方法本质上是完全相同的.

例如，在图 8－25 所示的两种情形中，区域 D 的面积

$$A=\iint_D dxdy=\int_a^b dx\int_{\varphi_1(x)}^{\varphi_2(x)}dy$$

$$= \int_a^b [\varphi_2(x) - \varphi_1(x)] \mathrm{d}x \qquad (图 8-25(a))$$

或
$$A = \iint_D \mathrm{d}x\mathrm{d}y = \int_c^d \mathrm{d}y \int_{\psi_1(y)}^{\psi_2(y)} \mathrm{d}x$$

$$= \int_c^d [\psi_2(y) - \psi_1(y)] \mathrm{d}y \qquad (图 8-25(b))$$

不难看出，这一结果与利用定积分计算平面图形面积的公式是一致的.

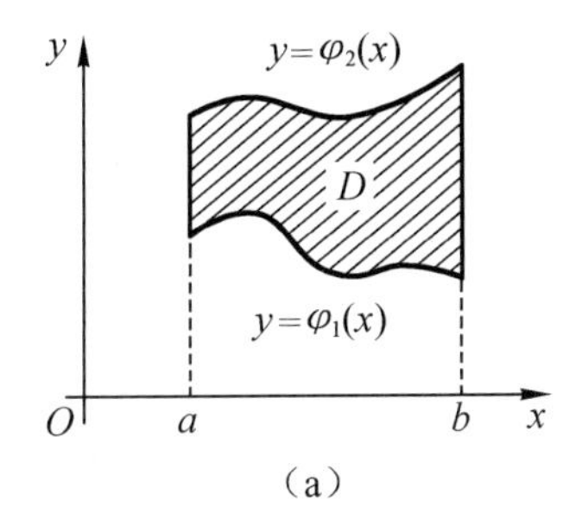

(a)

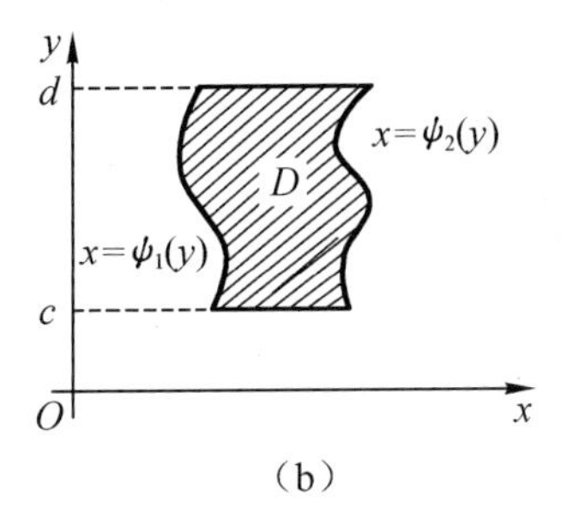

(b)

图 8-25

(B)

1. 在球 $x^2+y^2+z^2-2z=0$ 内部的点是[ ].

(A) $(0, 0, 2)$ (B) $(0, 0, -2)$

(C) $\left(\frac{1}{2}, \frac{1}{2}, \frac{1}{2}\right)$ (D) $\left(-\frac{1}{2}, \frac{1}{2}, -\frac{1}{2}\right)$

解：原方程可化为 $x^2+y^2+(z-1)^2=1$. 这是以点$(0, 0, 1)$为球心、以 1 为半径的球面.

(A) $(0, 0, 2)$ 与球心$(0, 0, 1)$的距离为 1，故$(0, 0, 2)$在球面上.

(B) $(0, 0, -2)$ 与球心$(0, 0, 1)$的距离为 $3>1$，故$(0, 0, -2)$在球外.

(C) $\left(\frac{1}{2}, \frac{1}{2}, \frac{1}{2}\right)$与球心$(0, 0, 1)$的距离为$\frac{\sqrt{3}}{2}<1$，故$\left(\frac{1}{2}, \frac{1}{2}, \frac{1}{2}\right)$在球内部.

故本题应选(C).

2. 点$(1, -1, 1)$在下面的某个曲面上，该曲面是[ ].

(A) $x^2+y^2-2z=0$ (B) $x^2-y^2=z$

(C) $x^2+y^2+2z=0$ (D) $z=\ln(x^2+y^2)$

解：(A) 将 $x=1$, $y=-1$, $z=1$ 代入方程左端，有

$$1^2+(-1)^2-2\times 1=0$$

故点在该曲面上，本题应选(A).

3. 点$(1, 1, 1)$关于 xy 平面对称的点是[ ].

(A) $(-1, 1, 1)$ (B) $(1, 1, -1)$

(C) $(-1, -1, -1)$ (D) $(1, -1, 1)$

解：一般地，点(a, b, c)关于xy平面对称的点是$(a, b, -c)$，故本题应选(B).

选项(A)中，点$(-1, 1, 1)$是$(1, 1, 1)$关于yz平面对称的点；(C)中，点$(-1,-1,-1)$是$(1, 1, 1)$关于原点对称的点；(D)中，点$(1, -1, 1)$是$(1, 1, 1)$关于xz平面对称的点.

4. 设函数$z=f(x, y)=\dfrac{xy}{x^2+y^2}$，则下列各结论中不正确的是[　　].

(A) $f\left(1, \dfrac{y}{x}\right)=\dfrac{xy}{x^2+y^2}$　　(B) $f\left(1, \dfrac{x}{y}\right)=\dfrac{xy}{x^2+y^2}$

(C) $f\left(\dfrac{1}{x}, \dfrac{1}{y}\right)=\dfrac{xy}{x^2+y^2}$　　(D) $f(x+y, x-y)=\dfrac{xy}{x^2+y^2}$

解：对于(A)，有

$$f\left(1, \frac{y}{x}\right)=\frac{1\times\frac{y}{x}}{1^2+\left(\frac{y}{x}\right)^2}=\frac{xy}{x^2+y^2}$$

故(A)正确.

类似可验证(B)和(C)均正确，故本题应选(D). 事实上，对于(D)有

$$\begin{aligned}f(x+y, x-y)&=\frac{(x+y)(x-y)}{(x+y)^2+(x-y)^2}\\&=\frac{x^2-y^2}{2(x^2+y^2)}\end{aligned}$$

5. 函数$z=\ln(y-x)+\dfrac{\sqrt{x}}{\sqrt{2-x^2-y^2}}$的定义域$D$的图形是[　　].

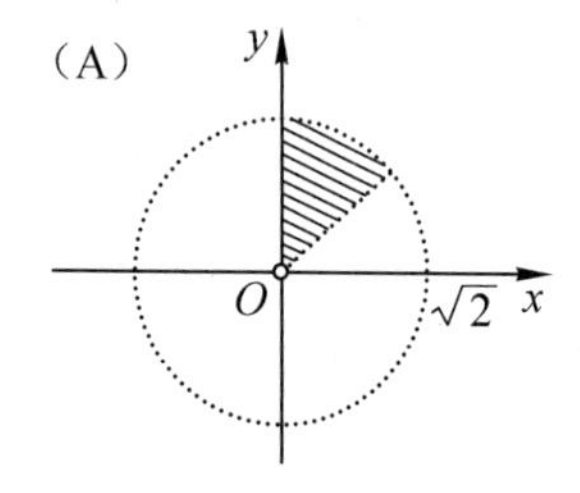

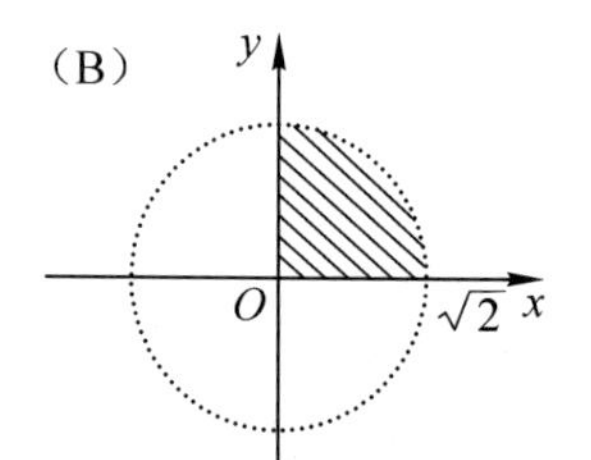

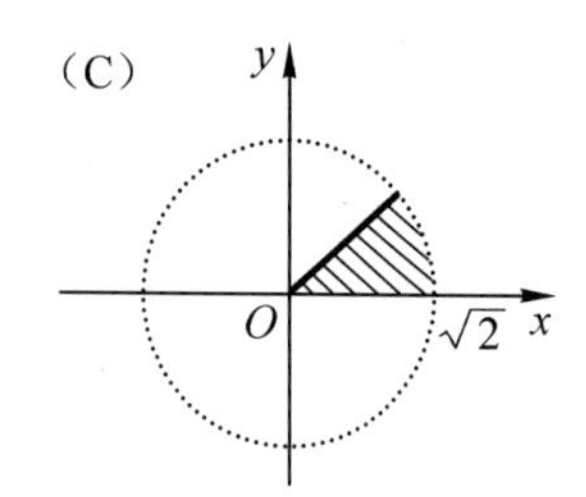

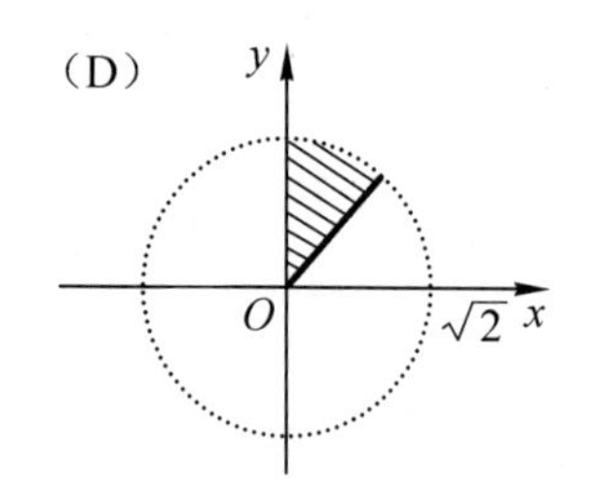

解：由已知函数可知，自变量x，y应满足

$$\begin{cases}y-x>0\\x\geqslant 0\\2-x^2-y^2>0\end{cases}\text{，即}\begin{cases}y>x\\x\geqslant 0\\x^2+y^2<2\end{cases}$$

由此可知，只有(A)的图形正确. 故本题应选(A).

6. 设函数 $z=f(x,y)$ 在点 (x_0,y_0) 处存在对 x，y 的偏导数，则 $f'_x(x_0,y_0)=$ [　　].

(A) $\lim\limits_{\Delta x\to 0}\dfrac{f(x_0-2\Delta x,y_0)-f(x_0,y_0)}{\Delta x}$

(B) $\lim\limits_{\Delta x\to 0}\dfrac{f(x_0,y_0)-f(x_0-\Delta x,y_0)}{\Delta x}$

(C) $\lim\limits_{\Delta x\to 0}\dfrac{f(x_0+\Delta x,y_0+\Delta y)-f(x_0,y_0)}{\Delta x}$

(D) $\lim\limits_{x\to x_0}\dfrac{f(x,y)-f(x_0,y_0)}{x-x_0}$

解：对于选项(A)，有

$$\begin{aligned}&\lim_{\Delta x\to 0}\frac{f(x_0-2\Delta x,y_0)-f(x_0,y_0)}{\Delta x}\\&=-2\lim\frac{f(x_0-2\Delta x,y_0)-f(x_0,y_0)}{-2\Delta x}\\&=-2f'_x(x_0,y_0)\end{aligned}$$

故(A)不正确. 对于选项(B)，有

$$\begin{aligned}&\lim_{\Delta x\to 0}\frac{f(x_0,y_0)-f(x_0-\Delta x,y_0)}{\Delta x}\\&=\lim_{\Delta x\to 0}\frac{f(x_0-\Delta x,y_0)-f(x_0,y_0)}{-\Delta x}\\&=f'_x(x_0,y_0)\end{aligned}$$

故本题应选(B). 类似可以验证(C) 和 (D) 均不正确.

7. 二元函数 $z=f(x,y)$ 的两个偏导数存在，且 $\dfrac{\partial z}{\partial x}>0$，$\dfrac{\partial z}{\partial y}<0$，则[　　].

(A) 当 y 保持不变时，$f(x,y)$ 是随 x 的减少而单调增加的

(B) 当 x 保持不变时，$f(x,y)$ 是随 y 的增加而单调增加的

(C) 当 y 保持不变时，$f(x,y)$ 是随 x 的增加而单调减少的

(D) 当 x 保持不变时，$f(x,y)$ 是随 y 的增加而单调减少的

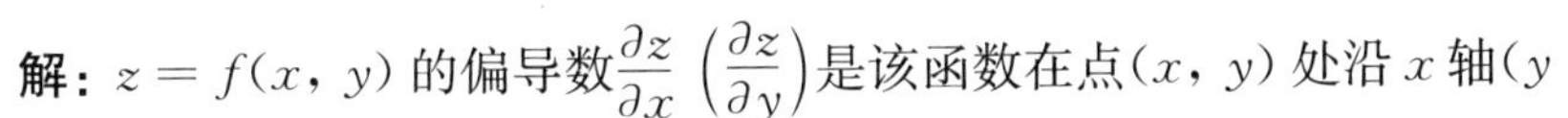

解：$z=f(x,y)$ 的偏导数$\dfrac{\partial z}{\partial x}$ $\left(\dfrac{\partial z}{\partial y}\right)$是该函数在点 (x,y) 处沿 x 轴(y 轴) 方向的变化率，所以由 $\dfrac{\partial z}{\partial x}>0$，$\dfrac{\partial z}{\partial y}<0$ 可得：当 y 保持不变时，$f(x,y)$ 是 x 的单调增函数；当 x 保持不变时，$f(x,y)$ 是 y 的单调减函数. 故本题应选(D).

8. 函数 $z=f(x,y)$ 在点 (x_0,y_0) 处可微的充分条件是[　　].

(A) $f(x,y)$ 在点 (x_0,y_0) 处连续

(B) $f(x,y)$ 在点 (x_0,y_0) 处存在偏导数

(C) $\lim\limits_{\rho\to 0}[\Delta z-f'_x(x_0,y_0)\Delta x-f'_y(x_0,y_0)\Delta y]=0$

(D) $\lim\limits_{\rho\to 0}\dfrac{\Delta z-f'_x(x_0,y_0)\Delta x-f'_y(x_0,y_0)\Delta y}{\rho}=0$

其中，$\rho=\sqrt{(\Delta x)^2+(\Delta y)^2}$

解: 函数 $f(x, y)$ 在点 (x_0, y_0) 处连续或存在偏导数都不能推出 $f(x, y)$ 在点 (x_0, y_0) 处可微，故(A) 和 (B) 均不正确.

根据全微分的定义，当 $f'_x(x_0, y_0)$，$f'_y(x_0, y_0)$ 都存在时，$f(x, y)$ 在点 (x_0, y_0) 处可微的充分必要条件是

$$\Delta z-[A\Delta x+B\Delta y]=o(\rho)$$

所以，由 $\Delta z-[f'_x(x_0, y_0)\Delta x+f'_y(x_0, y_0)\Delta y]=o(\rho)$ 可知，当(D) 成立时，$f(x, y)$ 在点 (x_0, y_0) 处可微，故本题应选(D).

注释 二元函数的连续性、偏导数存在和可微的相互关系与一元函数有所区别. 它们之间的关系可以图示如下：

$f(x, y)$ 的各偏导数存在 $\overset{\nRightarrow}{\Leftarrow}$ $f(x, y)$ 可微 $\overset{\nRightarrow}{\Leftarrow}$ $f(x, y)$ 的各偏导数连续

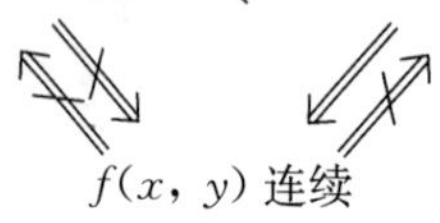

$f(x, y)$ 连续

但对一元函数 $f(x)$：

$f(x)$ 可导 $\Leftrightarrow$ $f(x)$ 可微 $\overset{\Rightarrow}{\nLeftarrow}$ $f(x)$ 连续

9. 已知函数 $f(x+y, x-y)=x^2-y^2$，则 $\dfrac{\partial f(x, y)}{\partial x}+\dfrac{\partial f(x, y)}{\partial y}=$[　　].

(A) $2x-2y$　　(B) $x+y$　　(C) $2x+2y$　　(D) $x-y$

解: 先求函数 $f(x, y)$ 的表达式，设 $u=x+y$，$v=x-y$，则 $f(u, v)=uv$，所以 $f(x, y)=xy$. 于是

$$\frac{\partial f(x, y)}{\partial x}+\frac{\partial f(x, y)}{\partial y}=y+x$$

故本题应选(B).

10. 已知函数 $f(xy, x+y)=x^2+y^2+xy$，则 $\dfrac{\partial f(x, y)}{\partial x}$，$\dfrac{\partial f(x, y)}{\partial y}$ 分别为[　　].

(A) $-1, 2y$　　(B) $2y, -1$　　(C) $2x+2y, 2y+x$　　(D) $2y, 2x$

解: 设 $u=xy$，$v=x+y$，则

$$f(u, v)=(x+y)^2-xy=v^2-u$$

所以 $f(x, y)=y^2-x$. 于是

$$\frac{\partial f(x, y)}{\partial x}=-1,\quad \frac{\partial f(x, y)}{\partial y}=2y$$

故本题应选(A).

11. 设 $z=f(ax+by)$，f 可微，则[　　].

(A) $a\dfrac{\partial z}{\partial x}=b\dfrac{\partial z}{\partial y}$　　(B) $\dfrac{\partial z}{\partial x}=\dfrac{\partial z}{\partial y}$

(C) $b\dfrac{\partial z}{\partial x}=a\dfrac{\partial z}{\partial y}$　　(D) $\dfrac{\partial z}{\partial x}=-\dfrac{\partial z}{\partial y}$

解：$\dfrac{\partial z}{\partial x}=f'(ax+by)\cdot(ax+by)'_x=af'(ax+by)$

$$\frac{\partial z}{\partial y}=f'(ax+by)\cdot(ax+by)'_y=bf'(ax+by)$$

由此可得 $b\dfrac{\partial z}{\partial x}=a\dfrac{\partial z}{\partial y}$.

故本题应选(C).

12. 设方程 $xyz+\sqrt{x^2+y^2+z^2}=\sqrt{2}$ 确定了函数 $z=z(x,y)$，则 $z(x,y)$ 在点$(1,0,-1)$处的全微分 $\mathrm{d}z=$[　　].

(A) $\mathrm{d}x+\sqrt{2}\mathrm{d}y$　　　　(B) $-\mathrm{d}x+\sqrt{2}\mathrm{d}y$

(C) $-\mathrm{d}x-\sqrt{2}\mathrm{d}y$　　　　(D) $\mathrm{d}x-\sqrt{2}\mathrm{d}y$

解：在方程 $xyz+\sqrt{x^2+y^2+z^2}=\sqrt{2}$ 两边对 x 求偏导数，有

$$yz+xyz'_x+\frac{x+zz'_x}{\sqrt{x^2+y^2+z^2}}=0$$

将 $x=1$，$y=0$，$z=-1$ 代入上式，得 $z'_x\Big|_{\substack{x=1\\y=0\\z=-1}}=1$.

类似可得$z'_y\Big|_{\substack{x=1\\y=0\\z=-1}}=-\sqrt{2}$.

由 $\mathrm{d}z=z'_x\mathrm{d}x+z'_y\mathrm{d}y$ 可得，在点$(1,0,-1)$处，$\mathrm{d}z=\mathrm{d}x-\sqrt{2}\mathrm{d}y$.

故本题应选(D).

13. 设方程 $F(x-z,y-z)=0$ 确定了函数 $z=z(x,y)$，$F(u,v)$ 具有连续偏导数，且 $F'_u+F'_v\neq 0$，则 $\dfrac{\partial z}{\partial x}+\dfrac{\partial z}{\partial y}=$[　　].

(A) 0　　(B) 1　　(C) -1　　(D) z

解：设 $u=x-z$，$v=y-z$，则由复合函数微分法，有

$$F'_x=F'_u\cdot u'_x=F'_u,\quad F'_y=F'_v\cdot v'_y=F'_v$$

$$F'_z=F'_u\cdot u'_z+F'_v\cdot v'_z=-(F'_u+F'_v)$$

于是

$$\frac{\partial z}{\partial x}=-\frac{F'_x}{F'_z}=\frac{F'_u}{F'_u+F'_v},\qquad \frac{\partial z}{\partial y}=-\frac{F'_y}{F'_z}=\frac{F'_v}{F'_u+F'_v}$$

所以，$\dfrac{\partial z}{\partial x}+\dfrac{\partial z}{\partial y}=1$.

故本题应选(B).

14. 二元函数 $z=x^3-y^3+3x^2+3y^2-9x$ 的极小值点是[　　].

(A) $(1,0)$　　(B) $(1,2)$　　(C) $(-3,0)$　　(D) $(-3,2)$

解：令

$$z'_x=3x^2+6x-9=0,\quad z'_y=-3y^2+6y=0$$

可得驻点(1, 0), (1, 2), (−3, 0), (−3, 2). 又

$$z''_{xx}=6x+6,\quad z''_{xy}=0,\quad z''_{yy}=-6y+6$$

对于点(1, 0), $z''_{xx}\Big|_{\substack{x=1\\y=0}}=12>0$, $z''_{xy}=0$, $z''_{yy}\Big|_{\substack{x=1\\y=0}}=6$. 所以, $P(1,0)=0-12\times 6=-72<0$. 可知(1, 0)为极小值点.

故本题应选(A).

注意, 用同样的方法可以判断(1, 2)和(−3, 0)不是极值点, 而(−3, 2)为极大值点.

15. 设 $f(x,y)=xy+\dfrac{a^3}{x}+\dfrac{b^3}{y}(a>0,b>0)$, 则[　　].

(A) $\left(\dfrac{a^2}{b},\dfrac{b^2}{a}\right)$是 $f(x,y)$ 的驻点, 但非极值点

(B) $\left(\dfrac{a^2}{b},\dfrac{b^2}{a}\right)$是 $f(x,y)$ 的极大值点

(C) $\left(\dfrac{a^2}{b},\dfrac{b^2}{a}\right)$是 $f(x,y)$ 的极小值点

(D) $f(x,y)$ 无驻点

解: 令 $f'_x(x,y)=y-\dfrac{a^3}{x^2}=0$, $f'_y(x,y)=x-\dfrac{b^3}{y^2}=0$, 解得 $x=\dfrac{a^2}{b}$, $y=\dfrac{b^2}{a}$. 可知 $\left(\dfrac{a^2}{b},\dfrac{b^2}{a}\right)$ 为 $f(x,y)$ 的驻点.

又 $f''_{xx}(x,y)=\dfrac{2a^3}{x^3}$, $f''_{xy}(x,y)=1$, $f''_{yy}(x,y)=\dfrac{2b^3}{y^3}$. 在点 $\left(\dfrac{a^2}{b},\dfrac{b^2}{a}\right)$处, 有 $f''_{xx}\left(\dfrac{a^2}{b},\dfrac{b^2}{a}\right)=\dfrac{2b^3}{a^3}>0$, $f''_{xy}\left(\dfrac{a^2}{b},\dfrac{b^2}{a}\right)=1$, $f''_{yy}\left(\dfrac{a^2}{b},\dfrac{b^2}{a}\right)=\dfrac{2a^3}{b^3}$, 所以

$$P\left(\frac{a^2}{b},\frac{b^2}{a}\right)=1-\frac{2b^3}{a^3}\cdot\frac{2a^3}{b^3}=-3<0$$

故 $f(x,y)$ 在该点处有极小值.

故本题应选(C).

16. 点(x_0,y_0)使 $f'_x(x,y)=0$ 且 $f'_y(x,y)=0$ 成立, 则[　　].

(A) (x_0,y_0) 是 $f(x,y)$ 的极值点

(B) (x_0,y_0) 是 $f(x,y)$ 的最小值点

(C) (x_0,y_0) 是 $f(x,y)$ 的最大值点

(D) (x_0,y_0) 可能是 $f(x,y)$ 的极值点

解: $f'_x(x_0,y_0)=0$ 且 $f'_y(x_0,y_0)=0$ 是 $f(x,y)$ 在点(x_0,y_0)处有极值的必要条件, 而非充分条件. 故由此条件只能说(x_0,y_0)可能是 $f(x,y)$ 的极值点.

故本题应选(D).

17. 设区域D是单位圆$x^2+y^2\leqslant 1$在第一象限的部分, 则二重积分$\iint\limits_D xy\,\mathrm{d}\sigma=$[　　].

(A) $\int_0^{\sqrt{1-y^2}}\mathrm{d}x\int_0^{\sqrt{1-x^2}}xy\,\mathrm{d}y$　　　　(B) $\int_0^1\mathrm{d}x\int_0^{\sqrt{1-y^2}}xy\,\mathrm{d}y$

(C) $\int_0^1 dy\int_0^{\sqrt{1-y^2}} xy dx$　　　　(D) $\frac{1}{2}\int_0^{\frac{\pi}{2}} d\theta\int_0^1 r^2\sin 2\theta dr$

解：把二重积分化为累次积分，关键是在一定的坐标系下确定积分次序和积分的上下限. 为此，先画出区域 D 的图形(见图 8－26).

在直角坐标系下，如果先对 y 积分，后对 x 积分，积分区域 D 可写为

$$D=\{(x, y) \mid 0\leqslant x\leqslant 1, 0\leqslant y\leqslant \sqrt{1-x^2}\}$$

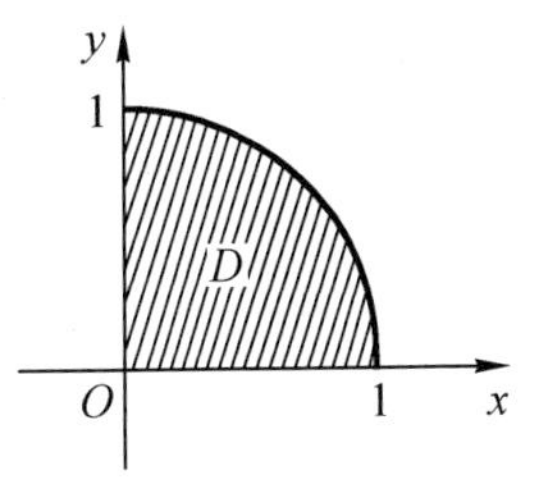

图 8－26

则二重积分

$$\iint_D xy d\sigma=\int_0^1 dx\int_0^{\sqrt{1-x^2}} xy dy$$

由此可看出(A) 和 (B) 都是错误的.

如果先对 x 积分，后对 y 积分，则积分区域 D 可写为

$$D=\{(x, y) \mid 0\leqslant y\leqslant 1, 0\leqslant x\leqslant \sqrt{1-y^2}\}$$

于是二重积分

$$\iint_D xy d\sigma=\int_0^1 dy\int_0^{\sqrt{1-y^2}} xy dx$$

因此(C) 是正确的.

在极坐标系下，区域 D 可表示为

$$D=\{(r, \theta) \mid 0\leqslant \theta\leqslant \frac{\pi}{2}, 0\leqslant r\leqslant 1\}$$

因此，二重积分

$$\iint_D xy d\sigma=\int_0^{\frac{\pi}{2}} d\theta\int_0^1 r\cos\theta\cdot r\sin\theta\cdot r dr$$

$$=\frac{1}{2}\int_0^{\frac{\pi}{2}} d\theta\int_0^1 r^3\sin 2\theta dr$$

可以看出，(D) 中的被积表达式是错误的.

18. $\int_0^1 dx\int_0^{1-x} f(x, y) dy=$[　　].

(A) $\int_0^{1-x} dy\int_0^1 f(x, y) dx$　　　　(B) $\int_0^1 dy\int_0^{1-x} f(x, y) dx$

(C) $\int_0^1 dy\int_0^1 f(x, y) dx$　　　　(D) $\int_0^1 dy\int_0^{1-y} f(x, y) dx$

解：由已知的累次积分可得积分区域

$$D=\{(x, y) \mid 0\leqslant x\leqslant 1, 0\leqslant y\leqslant 1-x\}$$

交换积分次序后，对 y 的积分上限应为常数，不可能是 $1-x$，故(A) 错.

(B) 中，先对 x 积分时，积分上限不应是 x 的表达式，故(B) 错.

而(C) 中，积分区域为矩形，显然与 D 不同，故(C) 错，于是，本题应选(D).

事实上，改变积分次序，积分区域可记为

$$D=\{(x, y) \mid 0\leqslant y\leqslant 1, 0\leqslant x\leqslant 1-y\}$$

由此可知选项(D) 正确.

19. 设 $D=\{(x, y) \mid x^2+y^2 \leqslant a^2\}$，若 $\iint\limits_D \sqrt{a^2-x^2-y^2}\,\mathrm{d}x\mathrm{d}y=\pi$，则$a=$[　　].

(A) 1　　(B) $\sqrt[3]{\frac{3}{2}}$　　(C) $\sqrt[3]{\frac{3}{4}}$　　(D) $\sqrt[3]{\frac{1}{2}}$

解：由区域 D 和被积函数的特点，在极坐标系下计算此二重积分，有

$$\begin{aligned}\iint\limits_D \sqrt{a^2-x^2-y^2}\,\mathrm{d}x\mathrm{d}y &= \int_0^{2\pi}\mathrm{d}\theta\int_0^a\sqrt{a^2-r^2}\,r\mathrm{d}r\\ &= 2\pi\cdot\left(-\frac{1}{2}\right)\int_0^a\sqrt{a^2-r^2}\,\mathrm{d}(a^2-r^2)\\ &= -\pi\cdot\frac{2}{3}(a^2-r^2)^{\frac{3}{2}}\Big|_0^a\\ &= \frac{2}{3}a^3\pi\end{aligned}$$

由$\frac{2}{3}a^3\pi=\pi$可得 $a=\sqrt[3]{\frac{3}{2}}$.

故本题应选(B).

20. 若 $\iint\limits_D \mathrm{d}x\mathrm{d}y=1$，则积分区域 D 可以是[　　].

(A) 由 x 轴，y 轴及 $x+y-2=0$ 围成的区域

(B) 由 $x=1$，$x=2$ 及 $y=2$，$y=4$ 围成的区域

(C) 由 $|x|=\frac{1}{2}$，$|y|=\frac{1}{2}$ 围成的区域

(D) 由 $|x+y|=1$，$|x-y|=1$ 围成的区域

解：二重积分$\iint\limits_D \mathrm{d}x\mathrm{d}y$ 表示区域D 的面积，所以只需画出区域 D 的草图，直接计算该图形的面积即可. 经计算，只有(C) 的区域面积为 1.

故本题应选(C).

21. 设 $f(x, y)$ 连续，且 $f(x, y)=xy+\iint\limits_D f(u, v)\mathrm{d}u\mathrm{d}v$，其中，$D$是由$y=0$，$y=x^2$，$x=1$ 围成的区域，则 $f(x, y)=$[　　].

(A) xy　　(B) $2xy$　　(C) $xy+\frac{1}{8}$　　(D) $xy+1$

解：二重积分 $\iint\limits_D f(u, v)\mathrm{d}u\mathrm{d}v$ 是一个数，记此数为 I，则 $f(x, y)=xy+I$. 在等式两边求 D 上的二重积分，得

$$\iint\limits_D f(x, y)\mathrm{d}x\mathrm{d}y = I = \iint\limits_D xy\mathrm{d}x\mathrm{d}y + I\iint\limits_D \mathrm{d}x\mathrm{d}y$$

所以

$$\begin{aligned}I &= \int_0^1\mathrm{d}x\int_0^{x^2}xy\mathrm{d}y + I\int_0^1\mathrm{d}x\int_0^{x^2}\mathrm{d}y\\ &= \int_0^1 x\cdot\left[\left(\frac{1}{2}y^2\right)\Big|_0^{x^2}\right]\mathrm{d}x + I\int_0^1\left(y\Big|_0^{x^2}\right)\mathrm{d}x\\ &= \int_0^1\frac{1}{2}x^5\mathrm{d}x + I\int_0^1 x^2\mathrm{d}x\end{aligned}$$

得 $$I=\frac{1}{12}+\frac{1}{3}I$$

解得 $I=\frac{1}{8}$. 于是 $f(x, y)=xy+\frac{1}{8}$.

故本题应选(C).

(二)参考题(附解答)

(A)

1. 设 $z=\sqrt{y}+f(\sqrt{x}-1)$，如果当 $y=1$ 时，$z=x$，求 $f(x)$ 和 $z=z(x, y)$ 的表达式.

解：当 $y=1$ 时，$z=x$，所以 $x=1+f(\sqrt{x}-1)$，即

$$f(\sqrt{x}-1)=x-1$$

得 $$z=\sqrt{y}+f(\sqrt{x}-1)=\sqrt{y}+x-1$$

令 $t=\sqrt{x}-1$，得 $x=(1+t)^2$，所以

$$f(t)=(1+t)^2-1=t(t+2)$$

即 $$f(x)=x(x+2)$$

2. 设 $f(x, y)=\sqrt{|xy|}$，求 $\frac{\partial f}{\partial x}, \frac{\partial f}{\partial y}$.

解：函数解析表达式中含有绝对值，应分别讨论.

当 $x>0$ 时，$f(x, y)=\sqrt{x|y|}$，直接对 x 求偏导数：

$$\frac{\partial f}{\partial x}=\frac{\sqrt{|y|}}{2\sqrt{x}}$$

当 $x<0$ 时，$f(x, y)=\sqrt{-x|y|}$，直接对 x 求偏导数：

$$\frac{\partial f}{\partial x}=\frac{\sqrt{|y|}}{2\sqrt{-x}}\cdot(-x)'_x=-\frac{\sqrt{|y|}}{2\sqrt{-x}}$$

当 $x=0$，$y\neq 0$ 时，由偏导数的定义有

$$\left.\frac{\partial f}{\partial x}\right|_{(0, y)}=\lim_{x\to 0}\frac{f(x, y)-f(0, y)}{x}$$

$$=\lim_{x\to 0}\frac{\sqrt{|x|\cdot|y|}}{x}=\infty$$

故此时偏导数 $\frac{\partial f}{\partial x}$ 不存在.

当 $x=0$，$y=0$ 时，由偏导数的定义有

$$\left.\frac{\partial f}{\partial x}\right|_{(0, 0)}=\lim_{x\to 0}\frac{f(x, 0)-f(0, 0)}{x}=0$$

类似可得：当 $y>0$ 时，$\frac{\partial f}{\partial y}=\frac{\sqrt{|x|}}{2\sqrt{y}}$；$y<0$ 时，$\frac{\partial f}{\partial y}=-\frac{\sqrt{|x|}}{2\sqrt{-y}}$；当 $x\neq 0$，$y=0$ 时，$\frac{\partial f}{\partial y}$ 不存在；当 $x=0$，$y=0$ 时，$\left.\frac{\partial f}{\partial y}\right|_{(0,0)}=0$.

3. 求下列函数的偏导数：

(1) $z=\mathrm{e}^{x^2+y^2}\sin(xy)$，求 $\frac{\partial z}{\partial x}$，$\frac{\partial z}{\partial y}$.

(2) $z=x^2\arctan\frac{y}{x}-y^2\arctan\frac{x}{y}$，求 $\frac{\partial^2 z}{\partial x\partial y}$.

解：(1) $\frac{\partial z}{\partial x}=\mathrm{e}^{x^2+y^2}\cdot(x^2+y^2)'_x\cdot\sin(xy)+\mathrm{e}^{x^2+y^2}\cos(xy)\cdot(xy)'_x$

$$=\mathrm{e}^{x^2+y^2}[2x\sin(xy)+y\cos(xy)]$$

注意到函数 $z=\mathrm{e}^{x^2+y^2}\sin(xy)$ 中，变量 x，y 互换后函数表达式不变(这被称为“对称性”)，直接得到

$$\frac{\partial z}{\partial y}=\mathrm{e}^{x^2+y^2}[2y\sin(xy)+x\cos(xy)]$$

(2) $$\frac{\partial z}{\partial x}=2x\arctan\frac{y}{x}+x^2\cdot\frac{1}{1+\left(\frac{y}{x}\right)^2}\cdot\left(-\frac{y}{x^2}\right)-y^2\cdot\frac{1}{1+\left(\frac{x}{y}\right)^2}\cdot\frac{1}{y}$$

$$=2x\arctan\frac{y}{x}-\frac{x^2y}{x^2+y^2}-\frac{y^3}{x^2+y^2}$$

$$=2x\arctan\frac{y}{x}-y$$

于是

$$\frac{\partial^2 z}{\partial x\partial y}=2x\cdot\frac{1}{1+\left(\frac{y}{x}\right)^2}\cdot\frac{1}{x}-1=\frac{x^2-y^2}{x^2+y^2}$$

4. 求下列函数的全微分：

(1) $z=x^{xy}$，求 $\mathrm{d}z$.

(2) $z=\ln(1+x^2+y^2)$，求在点 $(1,2)$ 处的全微分.

解：(1) 方法 1　先求 $\frac{\partial z}{\partial x}$，$\frac{\partial z}{\partial y}$. 求 $\frac{\partial z}{\partial x}$ 时，应注意函数的底和指数中均含有自变量 x.

$$\frac{\partial z}{\partial x}=(x^{xy})'_x=(\mathrm{e}^{xy\ln x})'_x$$

$$=\mathrm{e}^{xy\ln x}(xy\ln x)'_x$$

$$=x^{xy}\left(y\ln x+xy\cdot\frac{1}{x}\right)$$

$$=yx^{xy}(\ln x+1)$$

$$\frac{\partial z}{\partial y}=(x^{xy})'_y=x^{xy}\cdot\ln x\cdot(xy)'_y$$

$$=x^{xy+1}\ln x$$

所以　$\mathrm{d}z=z'_x\mathrm{d}x+z'_y\mathrm{d}y$

$$= y(\ln x+1)x^{xy}\mathrm{d}x + x^{xy+1}\ln x\mathrm{d}y$$

方法 2　利用微分形式不变性:

$$\begin{aligned}\mathrm{d}z &= \mathrm{d}(\mathrm{e}^{xy\ln x}) \\ &= \mathrm{e}^{xy\ln x}\mathrm{d}(xy\ln x) \\ &= x^{xy}\left(y\ln x\mathrm{d}x + x\ln x\mathrm{d}y + xy \cdot \frac{1}{x}\mathrm{d}x\right) \\ &= x^{xy}[y(\ln x+1)\mathrm{d}x + x\ln x\mathrm{d}y]\end{aligned}$$

(2) $z'_x = \dfrac{2x}{1+x^2+y^2}$，$z'_y = \dfrac{2y}{1+x^2+y^2}$，所以

$$z'_x\Big|_{\substack{x=1\\y=2}} = \frac{1}{3},\quad z'_y\Big|_{\substack{x=1\\y=2}} = \frac{2}{3}$$

因此　$\mathrm{d}z\Big|_{\substack{x=1\\y=2}} = \dfrac{1}{3}\mathrm{d}x + \dfrac{2}{3}\mathrm{d}y$

5. 已知$\dfrac{1}{u} = \dfrac{1}{x} + \dfrac{1}{y} + \dfrac{1}{z}$，且 $x > y > z > 0$，当三个自变量 x，y，z 分别增加一个单位时，哪个变量对函数 u 的变化影响最大?

解：由已知条件，$x > y > z > 0$，$\Delta x = 1$，$\Delta y = 1$，$\Delta z = 1$，设函数 u 相应的改变量为 Δu，则

$$\Delta u \approx \mathrm{d}u$$

在已知方程两边关于 x 求偏导数，得

$$-\frac{1}{u^2} \cdot u'_x = -\frac{1}{x^2}$$

所以　$u'_x = \dfrac{u^2}{x^2}$

类似地，$u'_y = \dfrac{u^2}{y^2}$，$u'_z = \dfrac{u^2}{z^2}$，所以

$$\begin{aligned}\mathrm{d}u &= u'_x\Delta x + u'_y\Delta y + u'_z\Delta z \\ &= u^2\left(\frac{1}{x^2}\Delta x + \frac{1}{y^2}\Delta y + \frac{1}{z^2}\Delta z\right) \\ &= u^2\left(\frac{1}{x^2} + \frac{1}{y^2} + \frac{1}{z^2}\right)\end{aligned}$$

由 $x > y > z > 0$ 知，$\dfrac{u^2}{x^2} < \dfrac{u^2}{y^2} < \dfrac{u^2}{z^2}$，由此可知 z 的变化对函数 u 的变化影响最大.

6. 设二元函数

$$f(x, y) = \begin{cases}(x^2+y^2)\sin\dfrac{1}{x^2+y^2}, & 若\ x^2+y^2 \neq 0 \\ 0, & 若\ x^2+y^2 = 0\end{cases}$$

试求 $f(x, y)$ 在点$(0, 0)$处的偏导数，并讨论 $f(x, y)$ 在点$(0, 0)$处是否可微.

解：当 $x = 0$，$y = 0$ 时，有 $x^2 + y^2 = 0$，所以

$$f'_x(0, 0) = \lim_{\Delta x \to 0}\frac{f(\Delta x, 0) - f(0, 0)}{\Delta x - 0}$$

$$= \lim_{\Delta x \to 0} \frac{(\Delta x)^2 \sin \frac{1}{(\Delta x)^2}}{\Delta x}$$

$$= \lim_{\Delta x \to 0} \Delta x \cdot \sin \frac{1}{(\Delta x)^2} = 0$$

类似可得 $f'_y(0, 0) = 0$.

在点(0, 0)处，有

$$\Delta z = f(\Delta x, \Delta y) - f(0, 0)$$

$$= [(\Delta x)^2 + (\Delta y)^2] \sin \frac{1}{(\Delta x)^2 + (\Delta y)^2}$$

所以 $$\lim_{\rho \to 0} \frac{\Delta z - f'_x(0, 0)\Delta x - f'_y(0, 0)\Delta y}{\rho} \quad (\rho = \sqrt{(\Delta x)^2 + (\Delta y)^2})$$

$$= \lim_{\rho \to 0} \sqrt{(\Delta x)^2 + (\Delta y)^2} \cdot \sin \frac{1}{(\Delta x)^2 + (\Delta y)^2} = 0$$

所以，函数 $z = f(x, y)$ 在点(0, 0)处可微，且

$$dz \Big|_{\substack{x=0 \\ y=0}} = 0 \cdot dx + 0 \cdot dy = 0$$

7. 设 $z = xf(x+y) + yg(x+y)$，f 和 g 有二阶连续导数，求 $\frac{\partial^2 z}{\partial x^2} - 2\frac{\partial^2 z}{\partial x \partial y} + \frac{\partial^2 z}{\partial y^2}$.

解：在 $z = xf(x+y) + yg(x+y)$ 两边分别对 x，y 求偏导数，得

$$\frac{\partial z}{\partial x} = f(x+y) + xf'(x+y) + yg'(x+y)$$

$$\frac{\partial z}{\partial y} = xf'(x+y) + g(x+y) + yg'(x+y)$$

所以

$$\frac{\partial^2 z}{\partial x^2} = 2f'(x+y) + xf''(x+y) + yg''(x+y)$$

$$\frac{\partial^2 z}{\partial x \partial y} = f'(x+y) + xf''(x+y) + g'(x+y) + yg''(x+y)$$

$$\frac{\partial^2 z}{\partial y^2} = xf''(x+y) + 2g'(x+y) + yg''(x+y)$$

于是

$$\frac{\partial^2 z}{\partial x^2} - 2\frac{\partial^2 z}{\partial x \partial y} + \frac{\partial^2 z}{\partial y^2} = 0$$

8. 设 $z = yf\left(\frac{x}{y}\right) + xg\left(\frac{y}{x}\right)$，其中 f 和 g 具有二阶连续导数，求 $x\frac{\partial^2 z}{\partial x^2} + y\frac{\partial^2 z}{\partial x \partial y}$.

解： $$\frac{\partial z}{\partial x} = y \cdot f' \cdot \frac{1}{y} + g + xg' \cdot \left(-\frac{y}{x^2}\right) = f' + g - \frac{y}{x}g'$$

$$\frac{\partial^2 z}{\partial x^2} = \frac{1}{y}f'' + g' \cdot \left(-\frac{y}{x^2}\right) - \frac{y}{x} \cdot g'' \cdot \left(-\frac{y}{x^2}\right) + \frac{y}{x^2}g'$$

$$= \frac{1}{y}f'' + \frac{y^2}{x^3}g''$$

$$\frac{\partial^2 z}{\partial x \partial y}=\left(-\frac{x}{y^2}\right)\cdot f''+g'\cdot\frac{1}{x}-\frac{1}{x}\cdot g'-\frac{y}{x}\cdot g''\cdot\frac{1}{x}$$

$$=-\frac{x}{y^2}\cdot f''-\frac{y}{x^2}\cdot g''$$

于是 $$x\frac{\partial^2 z}{\partial x^2}+y\frac{\partial^2 z}{\partial x \partial y}=0$$

9. 计算下列函数的偏导数：

(1) 设 $z=f(\mathrm{e}^x\sin y,\ x^2+y^2)$，其中 f 具有二阶连续偏导数，求 $\frac{\partial^2 z}{\partial x \partial y}$.

(2) 设 $z=x^3 f\left(xy,\ \frac{y}{x}\right)$，其中 f 具有二阶连续偏导数，求 $\frac{\partial^2 z}{\partial y^2}$，$\frac{\partial^2 z}{\partial x \partial y}$.

解：(1) 设 $u=\mathrm{e}^x\sin y$，$v=x^2+y^2$，则 $z=f(u,\ v)$，所以

$$\frac{\partial z}{\partial x}=\frac{\partial f}{\partial u}\cdot\frac{\partial u}{\partial x}+\frac{\partial f}{\partial v}\cdot\frac{\partial v}{\partial x}=\mathrm{e}^x\sin y\cdot f'_u\cdot+2x\cdot f'_v$$

$$\frac{\partial^2 z}{\partial x \partial y}=\mathrm{e}^x\cos y f'_u+\mathrm{e}^x\sin y\left[f''_{uu}\cdot\frac{\partial u}{\partial y}+f''_{uv}\cdot\frac{\partial v}{\partial y}\right]$$

$$+2x\left[f''_{vu}\cdot\frac{\partial u}{\partial y}+f''_{vv}\cdot\frac{\partial v}{\partial y}\right]$$

$$=\mathrm{e}^x\cos y\cdot f'_u+\mathrm{e}^{2x}\sin y\cos y\cdot f''_{uu}+2\mathrm{e}^x y\sin y\cdot f''_{uv}$$

$$+2x\mathrm{e}^x\cos y\cdot f''_{vu}+4xyf''_{vv}$$

$$=\mathrm{e}^x\cos y\cdot f'_u+\mathrm{e}^{2x}\sin y\cos y\cdot f''_{uu}$$

$$+2\mathrm{e}^x(y\sin y+x\cos y)f''_{uv}+4xyf''_{vv}$$

(2) 设 $u=xy$，$v=\frac{y}{x}$，则 $z=x^3 f(u,\ v)$，所以

$$\frac{\partial z}{\partial y}=x^3\left(\frac{\partial f}{\partial u}\cdot\frac{\partial u}{\partial y}+\frac{\partial f}{\partial v}\cdot\frac{\partial v}{\partial y}\right)=x^3\left(xf'_u+\frac{1}{x}f'_v\right)$$

$$=x^4 f'_u+x^2 f'_v$$

$$\frac{\partial^2 z}{\partial y^2}=x^4\left(xf''_{uu}+\frac{1}{x}f''_{uv}\right)+x^2\left(xf''_{vu}+\frac{1}{x}f''_{vv}\right)$$

$$=x^5 f''_{uu}+2x^3 f''_{uv}+xf''_{vv}$$

$$\frac{\partial^2 z}{\partial x \partial y}=4x^3 f'_u+x^4\left(yf''_{uu}-\frac{y}{x^2}f''_{uv}\right)+2xf'_v+x^2\left(yf''_{vu}-\frac{y}{x^2}f''_{vv}\right)$$

$$=4x^3 f'_u+2xf'_v+x^4 yf''_{uu}-yf''_{vv}$$

10. 设方程 $2\sin(x+2y-3z)=x+2y-3z$ 确定二元函数 $z=f(x,\ y)$，计算 $\frac{\partial z}{\partial x}+\frac{\partial z}{\partial y}$.

解：设 $F(x,\ y,\ z)=2\sin(x+2y-3z)-x-2y+3z$，则

$$\frac{\partial F}{\partial x}=2\cos(x+2y-3z)-1$$

$$\frac{\partial F}{\partial y}=4\cos(x+2y-3z)-2$$

$$\frac{\partial F}{\partial z}=-6\cos(x+2y-3z)+3$$

所以 $\quad \dfrac{\partial z}{\partial x}=-\dfrac{\dfrac{\partial F}{\partial x}}{\dfrac{\partial F}{\partial z}}=\dfrac{1}{3},\ \dfrac{\partial z}{\partial y}=\dfrac{2}{3}$

故 $\quad \dfrac{\partial z}{\partial x}+\dfrac{\partial z}{\partial y}=1$

11. 设函数 $z=f(u)$，方程 $u=\varphi(u)+\int_y^x P(t)\mathrm{d}t$ 确定 u 是 x，y 的函数，其中 $f(u)$，$\varphi(u)$ 可微；$P(t)$，$\varphi'(u)$ 连续，且 $\varphi'(u)\neq 1$，求 $P(y)\dfrac{\partial z}{\partial x}+P(x)\dfrac{\partial z}{\partial y}$.

解：由已知条件，变量间的关系如图 8-27 所示. 所以

$$\frac{\partial z}{\partial x}=f'(u)\frac{\partial u}{\partial x} \qquad ①$$

$$\frac{\partial z}{\partial y}=f'(u)\frac{\partial u}{\partial y} \qquad ②$$

在方程 $u=\varphi(u)+\int_y^x P(t)\mathrm{d}t$ 两边分别对 x，y 求偏导数，得

$$\frac{\partial u}{\partial x}=\varphi'(u)\cdot\frac{\partial u}{\partial x}+P(x)$$

$$\frac{\partial u}{\partial y}=\varphi'(u)\cdot\frac{\partial u}{\partial y}-P(y)$$

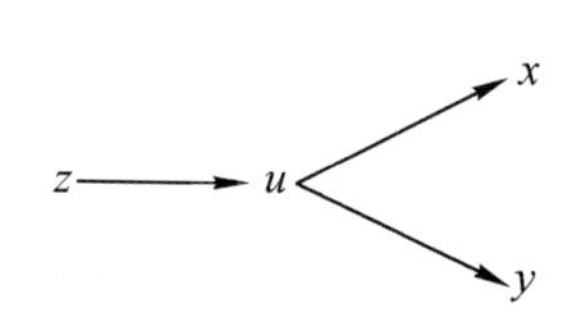

图 8-27

由此可得

$$\frac{\partial u}{\partial x}=\frac{P(x)}{1-\varphi'(u)},\qquad \frac{\partial u}{\partial y}=\frac{-P(y)}{1-\varphi'(u)} \qquad ③$$

由式①、式②、式③，有

$$P(y)\frac{\partial z}{\partial x}+P(x)\frac{\partial z}{\partial y}$$

$$=P(y)\cdot f'(u)\cdot\frac{P(x)}{1-\varphi'(u)}+P(x)f'(u)\cdot\frac{-P(y)}{1-\varphi'(u)}=0$$

12. 设 $u=f(x,y,z)$，$y=\sin x$，$\varphi(x^2,\mathrm{e}^y,z)=0$ 可确定函数 $z=z(x)$，若 f，φ 都具有一阶连续偏导数，且$\dfrac{\partial\varphi}{\partial z}\neq 0$，求 $\dfrac{\mathrm{d}u}{\mathrm{d}x}$.

解：由已知条件，变量间的关系如图 8-28 所示.
所以

$$\frac{\mathrm{d}u}{\mathrm{d}x}=\frac{\partial f}{\partial x}+\frac{\partial f}{\partial y}\cdot\frac{\mathrm{d}y}{\mathrm{d}x}+\frac{\partial f}{\partial z}\cdot\frac{\mathrm{d}z}{\mathrm{d}x}$$

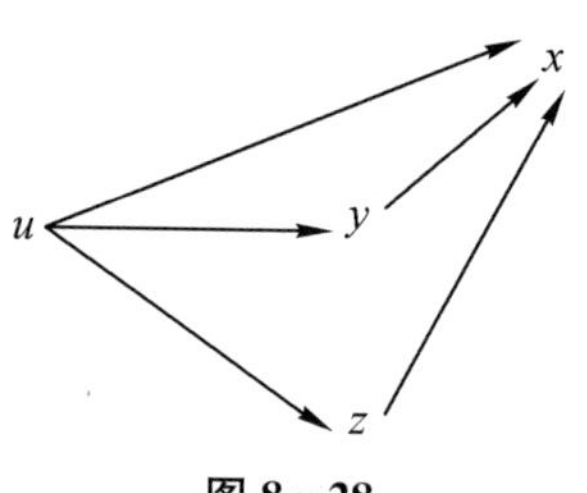

图 8-28

由 $y=\sin x$，得 $\dfrac{\mathrm{d}y}{\mathrm{d}x}=\cos x$.

在方程 $\varphi(x^2,\mathrm{e}^y,z)=0$ 两边对 x 求导数，得

$$2x\varphi_1'+\mathrm{e}^y\cos x\varphi_2'+\varphi_3'\frac{\mathrm{d}z}{\mathrm{d}x}=0$$

其中 φ_1'，φ_2'和 φ_3'分别表示 φ 关于 x^2，e^y 和 z 的偏导数，所以

$$\frac{\mathrm{d}z}{\mathrm{d}x}=-\frac{1}{\varphi_3'}(2x\varphi_1'+\mathrm{e}^y\cos x\cdot\varphi_2')$$

于是

$$\frac{\mathrm{d}u}{\mathrm{d}x}=\frac{\partial f}{\partial x}+\frac{\partial f}{\partial y}\cdot\cos x-\frac{\partial f}{\partial z}\cdot\frac{1}{\varphi_3'}(2x\varphi_1'+\mathrm{e}^{\sin x}\cos x\cdot\varphi_2')$$

13. 设方程 $F\left(x+\frac{z}{y},\ y+\frac{z}{x}\right)=0$ 确定了函数 $z=f(x,y)$，其中 F 为可微函数，求 $x\frac{\partial z}{\partial x}+y\frac{\partial z}{\partial y}$.

解：设 $u=x+\frac{z}{y}$，$v=y+\frac{z}{x}$，则 $F(u,v)=0$. 故

$$\frac{\partial F}{\partial x}=\frac{\partial F}{\partial u}\cdot\frac{\partial u}{\partial x}+\frac{\partial F}{\partial v}\cdot\frac{\partial v}{\partial x}=F_u'-\frac{z}{x^2}F_v'$$

$$\frac{\partial F}{\partial y}=\frac{\partial F}{\partial u}\cdot\frac{\partial u}{\partial y}+\frac{\partial F}{\partial v}\cdot\frac{\partial v}{\partial y}=-\frac{z}{y^2}F_u'+F_v'$$

$$\frac{\partial F}{\partial z}=\frac{\partial F}{\partial u}\cdot\frac{\partial u}{\partial z}+\frac{\partial F}{\partial v}\cdot\frac{\partial v}{\partial z}=\frac{1}{y}F_u'+\frac{1}{x}F_v'$$

所以

$$\frac{\partial z}{\partial x}=-\frac{\frac{\partial F}{\partial x}}{\frac{\partial F}{\partial z}}=\frac{-x^2yF_u'+yzF_v'}{x(xF_u'+yF_v')}$$

$$\frac{\partial z}{\partial y}=-\frac{\frac{\partial F}{\partial y}}{\frac{\partial F}{\partial z}}=\frac{xzF_u'-xy^2F_v'}{y(xF_u'+yF_v')}$$

由此可得

$$x\frac{\partial z}{\partial x}+y\frac{\partial z}{\partial y}=\frac{(z-xy)(xF_u'+yF_v')}{xF_u'+yF_v'}=z-xy$$

14. 求函数 $f(x,y)=(2ax-x^2)(2by-y^2)$ 的极值，其中 a，b 为非零常数.

解：令 $\begin{cases}f_x'=(2a-2x)(2by-y^2)=0\\ f_y'=(2ax-x^2)(2b-2y)=0\end{cases}$，得驻点 (a,b)，$(0,0)$，$(2a,0)$，$(0,2b)$，$(2a,2b)$. 又

$$f_{xx}''=-2(2by-y^2),\ f_{xy}''=(2a-2x)(2b-2y),\ f_{yy}''=-2(2ax-x^2)$$

在点 (a,b) 处，$P(a,b)=0-(-2b^2)(-2a^2)=-4a^2b^2<0$，且 $f_{xx}''\Big|_{\substack{x=a\\y=b}}=-2b^2<0$，所以在点 (a,b) 处有极大值 $f(a,b)=a^2b^2$.

在点 $(0,0)$ 处，$P(0,0)=(4ab)^2>0$，所以点 $(0,0)$ 不是极值点.

类似地，其他驻点经检验均不是极值点.

15. 求 $z=x+y-3$ 在闭区域 $x^2+y^2\leqslant 8$ 上的最大值和最小值.

解：首先考虑 $z=x+y-3$ 在开区域 $x^2+y^2<8$ 内是否有极值点. 因为

$$z_x'=1,\ z_y'=1$$

显然，$z=x+y-3$ 无驻点，在区域 $x^2+y^2<8$ 内部无最大值和最小值.

考虑 $z=x+y-3$ 在边界 $x^2+y^2=8$ 上的极值问题，这是一个条件极值问题. 设

$$L(x, y, \lambda)=x+y-3+\lambda(x^2+y^2-8)$$

令
$$\begin{cases} L'_x=1+2\lambda x=0 \\ L'_y=1+2\lambda y=0 \\ L'_\lambda=x^2+y^2-8=0 \end{cases}$$

可解得 $\begin{cases} x=2 \\ y=2 \end{cases}$, $\begin{cases} x=-2 \\ y=-2 \end{cases}$

它们是可能的极值点. 直接计算

$$z\Big|_{\substack{x=2\\y=2}}=1, \quad z\Big|_{\substack{x=-2\\y=-2}}=-7$$

由于二元连续函数在有界闭区域上必有最大值和最小值，从而可知，$z\Big|_{\substack{x=2\\y=2}}=1$ 为最大值，$z\Big|_{\substack{x=-2\\y=-2}}=-7$ 为最小值.

16. 某公司生产的一种数码产品同时在两个市场销售，售价分别为 p_1 和 p_2；销售量分别为 q_1 和 q_2；若两个市场的需求函数分别为

$$q_1=70-0.1p_1, \ q_2=50-0.05p_2$$

总成本函数为

$$C=250+80(q_1+q_2)$$

则该公司应如何确定该产品在两个市场的售价，才能使其获得的总利润最大? 最大总利润是多少?

解: 该公司的总成本函数为

$$\begin{aligned} C&=250+80(70-0.1p_1+50-0.05p_2) \\ &=9\ 850-8p_1-4p_2 \end{aligned}$$

该公司的总收益函数为

$$R=p_1q_1+p_2q_2=70p_1-0.1p_1^2+50p_2-0.05p_2^2$$

总利润函数为

$$L=R-C=78p_1-0.1p_1^2+54p_2-0.05p_2^2-9\ 850$$

要使总利润最大，令

$$L'_{p_1}=78-0.2p_1=0, \ L'_{p_2}=54-0.1p_2=0$$

解得 $p_1=390$，$p_2=540$. 因为驻点是唯一的，且由此问题的实际意义，该公司必可获得最大总利润. 所以，当 $p_1=390$，$p_2=540$ 时公司可获得最大总利润. 最大总利润为

$$\begin{aligned} L&=78\times390-0.1\times390^2+54\times540-0.05\times540^2-9\ 850 \\ &=19\ 940 \end{aligned}$$

17. 设生产某种产品必须投入两种要素，x_1 和 x_2 分别为两要素的投入量，Q 为产出量. 生产函数为 $Q=2x_1^\alpha x_2^\beta$，其中，α，β 为正常数，且 $\alpha+\beta=1$. 假设两种要素的价格分别为 P_1 和 P_2，试问:当产出量为 12 时，两要素各投入多少时可以使投入的总费用最小?

解: 需要在产出量 $2x_1^\alpha x_2^\beta=12$ 的条件下，求总费用 $P_1x_1+P_2x_2$ 的最小值. 为此作拉格朗日函数

$$F(x_1, x_2, \lambda)=P_1x_1+P_2x_2+\lambda(12-2x_1^{\alpha}x_2^{\beta})$$

令

$$\begin{cases}\dfrac{\partial F}{\partial x_1}=P_1-2\lambda\alpha x_1^{\alpha-1}x_2^{\beta}=0 & ①\\ \dfrac{\partial F}{\partial x_2}=P_2-2\lambda\beta x_1^{\alpha}x_2^{\beta-1}=0 & ②\\ \dfrac{\partial F}{\partial \lambda}=12-2x_1^{\alpha}x_2^{\beta}=0 & ③\end{cases}$$

由式 ① 和式 ②，得

$$\frac{P_2}{P_1}=\frac{\beta x_1}{\alpha x_2},\quad x_1=\frac{P_2\alpha x_2}{P_1\beta}$$

将 x_1 代入式 ③，得

$$x_2=6\left(\frac{P_1\beta}{P_2\alpha}\right)^{\alpha},\quad x_1=6\left(\frac{P_2\alpha}{P_1\beta}\right)^{\beta}$$

因驻点唯一，且实际问题存在最小值，故 $x_1=6\left(\dfrac{P_2\alpha}{P_1\beta}\right)^{\beta}$，$x_2=6\left(\dfrac{P_1\beta}{P_2\alpha}\right)^{\alpha}$ 时投入的总费用最小.

18. 计算下列二重积分：

(1) $\iint\limits_D e^{x^2}\mathrm{d}x\mathrm{d}y$，$D$ 是第一象限中由直线 $y=x$ 和曲线 $y=x^3$ 所围成的区域.

(2) $\iint\limits_D \dfrac{1-x^2-y^2}{1+x^2+y^2}\mathrm{d}x\mathrm{d}y$，$D$ 是 $x^2+y^2=1$，$x=0$ 和 $y=0$ 所围成的区域在第一象限的部分.

(3) $\iint\limits_D |y-2x|\,\mathrm{d}x\mathrm{d}y$，$D=\{(x,y)\,\big|\,|x|\leqslant 1,\ 0\leqslant y\leqslant 2\}$.

(4) $\iint\limits_D y\mathrm{d}x\mathrm{d}y$，$D$ 是由直线 $x=-2$，$y=0$，$y=2$ 以及曲线 $x=-\sqrt{2y-y^2}$ 所围成的区域.

解：(1) 区域 D 的图形如图 8－29 所示，则

$$\begin{aligned}&\iint\limits_D e^{x^2}\mathrm{d}x\mathrm{d}y\\&=\int_0^1\mathrm{d}x\int_{x^3}^{x}e^{x^2}\mathrm{d}y=\int_0^1(x-x^3)e^{x^2}\mathrm{d}x\\&=\frac{1}{2}\int_0^1 e^{x^2}\mathrm{d}x^2-\frac{1}{2}\int_0^1 x^2e^{x^2}\mathrm{d}x^2\\&=\frac{1}{2}e^{x^2}\Big|_0^1-\frac{1}{2}\int_0^1 te^t\mathrm{d}t\\&=\frac{1}{2}(e-1)-\frac{1}{2}(te^t-e^t)\Big|_0^1\\&=\frac{e}{2}-1\end{aligned}$$

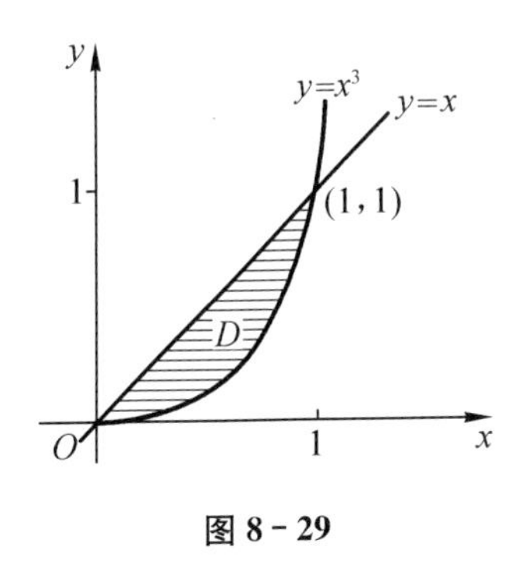

图 8－29

(2) 区域D的图形是以原点为圆心、1为半径的圆域位于第一象限的部分(图略去)，所以，利用极坐标，有

$$\iint_D \frac{1-x^2-y^2}{1+x^2+y^2}\mathrm{d}x\mathrm{d}y$$

$$=\int_0^{\frac{\pi}{2}}\mathrm{d}\theta\int_0^1 \frac{1-r^2}{1+r^2}r\mathrm{d}r$$

$$=\frac{\pi}{2}\int_0^1\left(\frac{2}{1+r^2}-1\right)r\mathrm{d}r$$

$$=\frac{\pi}{2}\left[\ln(1+r^2)-\frac{1}{2}r^2\right]\Big|_0^1$$

$$=\frac{\pi}{2}\left(\ln 2-\frac{1}{2}\right)$$

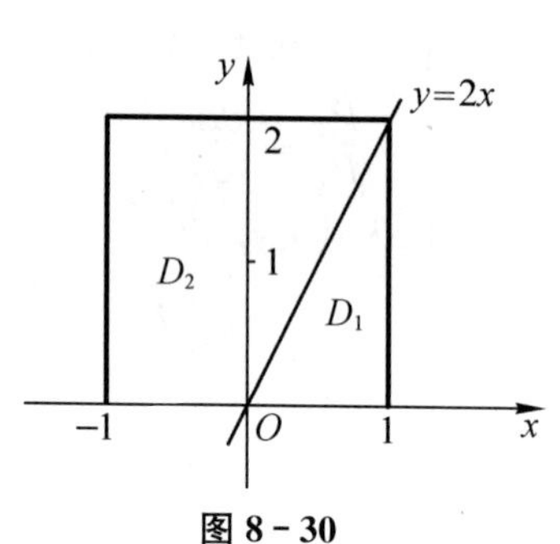

图 8-30

(3) 区域D是图8-30中的矩形，由于被积函数$f(x, y)=|y-2x|$，未去掉绝对值记号. 在图中作出曲线$y=2x$，于是区域D被曲线$y=2x$分为D_1和D_2两部分. 当$(x, y)\in D_1$时，$y\leqslant 2x$；当$(x, y)\in D_2$时，$y\geqslant 2x$. 于是

$$\iint_D |y-2x|\,\mathrm{d}x\mathrm{d}y=\iint_{D_1}|y-2x|\,\mathrm{d}x\mathrm{d}y+\iint_{D_2}|y-2x|\,\mathrm{d}x\mathrm{d}y$$

$$\iint_{D_1}|y-2x|\,\mathrm{d}x\mathrm{d}y=\int_0^1\mathrm{d}x\int_0^{2x}(2x-y)\mathrm{d}y$$

$$=\int_0^1\left[\left(2xy-\frac{1}{2}y^2\right)\Big|_0^{2x}\right]\mathrm{d}x=\int_0^1 2x^2\mathrm{d}x=\frac{2}{3}$$

$$\iint_{D_2}|y-2x|\,\mathrm{d}x\mathrm{d}y=\int_0^2\mathrm{d}y\int_{-1}^{\frac{y}{2}}(y-2x)\mathrm{d}x$$

$$=\int_0^2\left[(yx-x^2)\Big|_{-1}^{\frac{y}{2}}\right]\mathrm{d}y=\int_0^2\left(\frac{y^2}{4}+y+1\right)\mathrm{d}y$$

$$=\left(\frac{1}{12}y^3+\frac{1}{2}y^2+y\right)\Big|_0^2=\frac{14}{3}$$

所以 $$\iint_D |y-2x|\,\mathrm{d}x\mathrm{d}y=\frac{2}{3}+\frac{14}{3}=\frac{16}{3}$$

(4) 区域D的图形如图8-31所示.

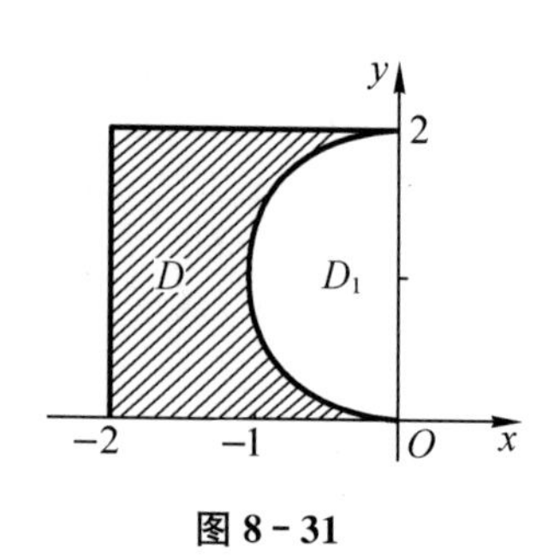

图 8-31

方法1 $D=\{(x, y)\,|-2\leqslant x\leqslant-\sqrt{2y-y^2},\ 0\leqslant y\leqslant 2\}$
所以

$$\iint_D y\mathrm{d}x\mathrm{d}y=\int_0^2\mathrm{d}y\int_{-2}^{-\sqrt{2y-y^2}}y\mathrm{d}x$$

$$=\int_0^2 y(-\sqrt{2y-y^2}+2)\mathrm{d}y$$

$$=\int_0^2 2y\mathrm{d}y-\int_0^2 y\sqrt{2y-y^2}\,\mathrm{d}y$$

$$= 4 - \int_0^2 y\sqrt{1-(y-1)^2}\,dy$$

设 $y-1=\sin t$，有 $dy=\cos t dt$. 当 $y=0$ 时，$t=-\frac{\pi}{2}$；$y=2$ 时，$t=\frac{\pi}{2}$.

$$\begin{aligned}\int_0^2 y\sqrt{1-(y-1)^2}\,dy &= \int_{-\frac{\pi}{2}}^{\frac{\pi}{2}}(1+\sin t)\cdot\cos^2 t dt \\ &= \int_{-\frac{\pi}{2}}^{\frac{\pi}{2}}\cos^2 t dt + \int_{-\frac{\pi}{2}}^{\frac{\pi}{2}}\cos^2 t\sin t dt \\ &= 2\int_0^{\frac{\pi}{2}}\frac{1+\cos 2t}{2}dt + 0 = \frac{\pi}{2}\end{aligned}$$

所以 $$\iint_D y dx dy = 4-\frac{\pi}{2}$$

方法 2　记直线 $x=0$ 与曲线 $x=-\sqrt{2y-y^2}$ 所围成的区域为 D_1(如图 8－31 所示)，则区域 $D+D_1$ 为一正方形区域，于是

$$\iint_D y dx dy = \iint_{D+D_1} y dx dy - \iint_{D_1} y dx dy$$

而 $$\iint_{D+D_1} y dx dy = \int_{-2}^0 dx\int_0^2 y dy = \int_{-2}^0\left(\frac{1}{2}y^2\Big|_0^2\right)dx = 4$$

在极坐标系下，$D_1=\{(r,\theta)\mid 0\leqslant r\leqslant 2\sin\theta,\ \frac{\pi}{2}\leqslant\theta\leqslant\pi\}$，所以

$$\begin{aligned}\iint_{D_1} y dx dy &= \int_{\frac{\pi}{2}}^{\pi}d\theta\int_0^{2\sin\theta}r\sin\theta\cdot r dr \\ &= \frac{1}{3}\int_{\frac{\pi}{2}}^{\pi}\sin\theta\cdot\left(r^3\Big|_0^{2\sin\theta}\right)d\theta = \frac{8}{3}\int_{\frac{\pi}{2}}^{\pi}\sin^4\theta d\theta \\ &= \frac{8}{12}\int_{\frac{\pi}{2}}^{\pi}\left(1-2\cos 2\theta+\frac{1+\cos 4\theta}{2}\right)d\theta \\ &= \frac{\pi}{2}\end{aligned}$$

得

$$\iint_D y dx dy = 4-\frac{\pi}{2}$$

(B)

1. 设 $f(xy, x+y)=\left(\frac{1}{x^2}+\frac{1}{y^2}\right)e^{x^2+y^2}$，则 $f(1,\sqrt{3})=$[　　].

(A) $\frac{4}{3}e^4$　　(B) e　　(C) e^4　　(D) $\frac{2}{3}e^4$

解：设 $u=xy$，$v=x+y$，则

$$\frac{1}{x^2}+\frac{1}{y^2}=\frac{x^2+y^2}{(xy)^2}=\frac{(x+y)^2-2xy}{(xy)^2}=\frac{v^2-2u}{u^2}$$

$$e^{x^2+y^2}=e^{(x+y)^2-2xy}=e^{v^2-2u}$$

所以，$f(u, v)=\frac{v^2-2u}{u^2}\cdot e^{v^2-2u}$，即 $f(x, y)=\frac{y^2-2x}{x^2}e^{y^2-2x}$. 于是$f(1, \sqrt{3})=e$. 故本题应选(B).

2. 二元函数 $f(x, y)=\begin{cases}\frac{xy}{x^2+y^2}, & (x, y)\neq 0\\ 0, & (x, y)=0\end{cases}$ 在点(0, 0)处[ ].

(A) 连续、偏导数存在　　(B) 连续、偏导数不存在

(C) 不连续、偏导数存在　　(D) 不连续、偏导数不存在

解：如果点(x, y)沿x轴趋于点(0, 0)，这时y恒为零，则$\lim\limits_{x\to 0}f(x, 0)=\lim\limits_{x\to 0}0=0$；如果点$(x, y)$沿$y$轴趋于点(0, 0)，这时$x$恒为零，则$\lim\limits_{y\to 0}f(0, y)=\lim\limits_{y\to 0}0=0$. 然而，当点$(x, y)$沿直线$y=kx$趋于点(0, 0)时，$\lim\limits_{x\to 0}f(x, kx)=\lim\limits_{x\to 0}\frac{kx^2}{x^2+k^2x^2}=\frac{k}{1+k^2}$，这是依赖于$k$的一个数. 这表明当点$(x, y)$以不同方式趋于点(0, 0)时，函数$f(x, y)$的值不能趋于一个固定的常数A. 所以当$(x, y)\to(0, 0)$时，函数$f(x, y)$无极限. $f(x, y)$在点(0, 0)处不连续.

又 $\lim\limits_{\Delta x\to 0}\frac{f(0+\Delta x, 0)-f(0, 0)}{\Delta x}=0$，所以 $f'_x(0, 0)=0$. 类似地，可知 $f'_y(0, 0)=0$. 故本题应选(C).

3. 设 $z=x^y y^x$，则 $x=\frac{\partial z}{\partial x}+y\frac{\partial z}{\partial y}$ 在点(2, 2)处的值为[ ].

(A) $64(1+\ln 2)$　　(B) $16(1+\ln 2)$

(C) $64(1-\ln 2)$　　(D) $32(1+\ln 2)$

解：$\frac{\partial z}{\partial x}\bigg|_{\substack{x=2\\y=2}}=(yx^{y-1}y^x+x^y y^x\ln y)\bigg|_{\substack{x=2\\y=2}}=16(1+\ln 2)$

类似可得 $\frac{\partial z}{\partial y}\bigg|_{\substack{x=2\\y=2}}=16(1+\ln 2)$. 所以

$$\left(x\frac{\partial z}{\partial x}+y\frac{\partial z}{\partial y}\right)\bigg|_{\substack{x=2\\y=2}}=64(1+\ln 2)$$

故本题应选(A).

4. 设函数 $f(u)$ 可微，且 $f'(0)=\frac{1}{2}$，则 $z=f(4x^2-y^2)$ 在点(1, 2)处的全微分 $dz\big|_{\substack{x=1\\y=2}}=$[ ].

(A) $2dx-4dy$　　(B) $4dx-2dy$

(C) $2dx+4dy$　　(D) $4dx+2dy$

解：$z'_x=f'(4x^2-y^2)(4x^2-y^2)'_x=8xf'(4x^2-y^2)$

$z'_y=f'(4x^2-y^2)(4x^2-y^2)'_y=-2yf'(4x^2-y^2)$

所以
$$dz\big|_{\substack{x=1\\y=2}}=[8xf'(4x^2-y^2)dx-2yf'(4x^2-y^2)dy]\big|_{\substack{x=1\\y=2}}=4dx-2dy$$

故本题应选(B).

5. 已知函数 $f(x, y)$ 存在二阶连续偏导数，且$\dfrac{\partial f}{\partial x}=\mathrm{e}^y+2ay\mathrm{e}^x+\dfrac{1}{x}$，$\dfrac{\partial f}{\partial y}=\mathrm{e}^x+x\mathrm{e}^y+\dfrac{b}{y}$，则[　　].

(A) $a=1$，b 为任意常数　　(B) a 为任意常数，$b=1$

(C) $a=\dfrac{1}{2}$，b 为任意常数　　(D) a 为任意常数，$b=2$

解：因为 $f(x, y)$ 存在二阶连续偏导数，故必有 $\dfrac{\partial^2 f}{\partial x\partial y}=\dfrac{\partial^2 f}{\partial y\partial x}$，而

$$\frac{\partial^2 f}{\partial x\partial y}=\mathrm{e}^y+2a\mathrm{e}^x,\quad \frac{\partial^2 f}{\partial y\partial x}=\mathrm{e}^x+\mathrm{e}^y$$

由 $\mathrm{e}^y+2a\mathrm{e}^x=\mathrm{e}^x+\mathrm{e}^y$，比较系数可知 $a=\dfrac{1}{2}$，b 为任意常数. 故本题应选(C).

6. 设当资本投入为 K、劳动投入为 L 时，某产品的产出量为 y，且 $y=AK^\alpha L^\beta$，其中，A，α，β 为常数，则 y 对资本的偏弹性 E_K 和对劳动的偏弹性 E_L 分别为[　　].

(A) $\dfrac{1}{\alpha}$，$\dfrac{1}{\beta}$　　(B) $\dfrac{1}{\beta}$，$\dfrac{1}{\alpha}$　　(C) β，α　　(D) α，β

解：根据偏弹性的意义，产出量 y 对资本的偏弹性

$$E_K=y'_K\cdot\frac{K}{y}=A\alpha K^{\alpha-1}L^\beta\cdot\frac{K}{AK^\alpha L^\beta}=\alpha$$

产出量 y 对劳动的偏弹性

$$E_L=y'_L\cdot\frac{L}{y}=A\beta K^\alpha L^{\beta-1}\cdot\frac{L}{AK^\alpha L^\beta}=\beta$$

故本题应选(D).

7. 定义在开区域 D 上的函数 $f(x, y)$ 对 D 内的任意一点(x, y) 都有$f'_x(x, y)=a$，$f'_y(x, y)=b$，a，b 为非零常数，则[　　].

(A) $f(x, y)$ 在 D 上可微

(B) $f(x, y)$ 在 D 上有极值

(C) $f(x, y)$ 在 D 上有最大值、最小值

(D) $f(x, y)$ 在 D 上为一常数

解：因为 $f(x, y)$ 的一阶偏导数 $f'_x(x, y)=a$，$f'_y(x, y)=b$ 在区域D 内为连续函数，所以 $f(x, y)$ 在 D 内可微. 故本题应选(A).

本题其他选项均不正确. 例如，设 $f(x, y)=ax+by$，则 $f'_x(x, y)=a$，$f'_y(x, y)=b$，在开区域 D 上，(B)、(C)、(D) 均不正确.

8. 考虑二元函数 $f(x, y)$ 的下面 4 条性质：

① $f(x, y)$ 在点(x_0, y_0) 处连续；

② $f(x, y)$ 在点(x_0, y_0) 处的两个偏导数连续；

③ $f(x, y)$ 在点(x_0, y_0) 处可微；

④ $f(x, y)$ 在点(x_0, y_0) 处的两个偏导数存在.

若用“$P\Rightarrow Q$”表示可由性质 P 推出性质 Q，则有[　　].

(A) ②⇒③⇒①　　　　(B) ③⇒②⇒①

(C) ③⇒④⇒①　　　　(D) ③⇒①⇒④

解：(A) $f(x, y)$ 在点 (x_0, y_0) 处的两个偏导数连续是 $f(x, y)$ 在点 (x_0, y_0) 处可微的充分条件，故 ②⇒③ 正确. 又 $f(x, y)$ 在点 (x_0, y_0) 处可微，则必有 $f(x, y)$ 在点 (x_0, y_0) 处连续，故 ③⇒① 正确. 因此本题应选(A).

由于 ③$\nRightarrow$②，故(B) 错；由于 ④$\nRightarrow$①，故(C) 错；由于 ①$\nRightarrow$④，故(D) 错.

9. 设 $z = xyf\left(\frac{y}{x}\right)$，其中 $f(u)$ 可导，则 $xz'_x + yz'_y = $[　　].

(A) 0　　(B) 1　　(C) z　　(D) $2z$

解：设 $u = \frac{y}{x}$，则

$$z'_x = yf(u) + xyf'(u)\cdot\left(-\frac{y}{x^2}\right) = yf(u) - \frac{y^2}{x}f'(u)$$

$$z'_y = xf(u) + xyf'(u)\cdot\frac{1}{x} = xf(u) + yf'(u)$$

所以 $xz'_x + yz'_y = 2xyf(u) = 2z$. 故本题应选(D).

10. 设 $f(x, y) = \int_0^{\sqrt{xy}} e^{-t^2}\,dt\ (x > 0, y > 0)$，则 $x\frac{\partial f}{\partial x} - y\frac{\partial f}{\partial y} = $[　　].

(A) 1　　(B) 0　　(C) $\sqrt{xy}\,e^{-xy}$　　(D) $\sqrt{\frac{y}{x}}\,e^{-xy}$

解：$\frac{\partial f}{\partial x} = e^{-xy}\cdot(\sqrt{xy})'_x = \frac{1}{2}\sqrt{\frac{y}{x}}\cdot e^{-xy}$

$$\frac{\partial f}{\partial y} = e^{-xy}\cdot(\sqrt{xy})'_y = \frac{1}{2}\sqrt{\frac{x}{y}}\cdot e^{-xy}$$

所以，$x\frac{\partial f}{\partial x} - y\frac{\partial f}{\partial y} = 0$. 故本题应选(B).

11. 设 $f(x, y)$ 在点 (x_0, y_0) 处可微，而 $f(x, y_0)$ 和 $f(x_0, y)$ 分别在 x_0，y_0 处取得极值，则 (x_0, y_0) 一定是 $f(x, y)$ 的[　　].

(A) 极大值点　　　　(B) 极小值点

(C) 驻点　　　　(D) 连续点

解：由题设条件可知，$f(x, y)$ 在点 (x_0, y_0) 处有偏导数 $f'_x(x_0, y_0)$ 和 $f'_y(x_0, y_0)$，又 $f(x, y_0)$ 在 x_0 处有极值，故 $f'_x(x_0, y_0) = 0$. 类似有 $f'_y(x_0, y_0) = 0$，所以 (x_0, y_0) 是 $f(x, y)$ 的驻点，故本题应选(C). 而(A)、(B) 未必成立.

对于(D)，由于 $f(x, y)$ 在点 (x_0, y_0) 处有偏导数未必能得到 $f(x, y)$ 在该点连续，故(D) 不一定成立.

12. 设函数 $z = (1 + e^y)\cos x - ye^y$，则函数 z[　　].

(A) 无极值　　　　(B) 有有限个极值

(C) 有无穷多个极小值　　　　(D) 有无穷多个极大值

解：令

$$z'_x = -(1+e^y)\sin x = 0,\quad z'_y = e^y(\cos x - 1 - y) = 0$$

可得 $\sin x = 0$ 和 $\cos x = 1 + y$，故驻点为$(k\pi, -1+\cos k\pi)$ $(k = 0, \pm 1, \pm 2, \cdots)$. 又

$$z''_{xx} = -(1+e^y)\cos x,\quad z''_{xy} = -e^y\sin x,\quad z''_{yy} = e^y(\cos x - 2 - y)$$

故当 $k = \pm 1, \pm 3, \cdots$ 时，驻点为$(k\pi, -2)$. 因为

$$z''_{xx}\Big|_{\substack{x=k\pi\\y=-2}} = 1 + e^{-2},\quad z''_{xy}\Big|_{\substack{x=k\pi\\y=-2}} = 0,\quad z''_{yy}\Big|_{\substack{x=k\pi\\y=-2}} = -e^{-2}$$

所以 $P(k\pi, -2) = 0 - (1+e^{-2})(-e^{-2}) = e^{-2}(1+e^{-2}) > 0$，可知驻点$(k\pi, -2)$$(k = \pm 1, \pm 3, \cdots)$ 不是极值点.

当 $k = 0, \pm 2, \pm 4, \cdots$ 时，驻点为$(k\pi, 0)$，所以

$$z''_{xx}\Big|_{\substack{x=k\pi\\y=0}} = -2 < 0,\quad z''_{xy}\Big|_{\substack{x=k\pi\\y=0}} = 0,\quad z''_{yy}\Big|_{\substack{x=k\pi\\y=0}} = -1$$

于是

$$P(k\pi, 0) = 0 - (-2)\cdot(-1) = -2 < 0$$

故函数在点$(k\pi, 0)$$(k = 0, \pm 2, \pm 4, \cdots)$ 处有极大值. 由此可知，本题应选(D).

13. 设 $f(x, y)$ 与 $\varphi(x, y)$ 均为可微函数，且 $\varphi'_y(x, y) \neq 0$. 已知(x_0, y_0)是 $f(x, y)$ 在约束条件 $\varphi(x, y) = 0$ 下的一个极值点，下列选项正确的是[ ].

(A) 若 $f'_x(x_0, y_0) = 0$，则 $f'_y(x_0, y_0) = 0$

(B) 若 $f'_x(x_0, y_0) = 0$，则 $f'_y(x_0, y_0) \neq 0$

(C) 若 $f'_x(x_0, y_0) \neq 0$，则 $f'_y(x_0, y_0) = 0$

(B) 若 $f'_x(x_0, y_0) \neq 0$，则 $f'_y(x_0, y_0) \neq 0$

解：记拉格朗日函数 $F(x, y, \lambda) = f(x, y) + \lambda\varphi(x, y)$. 已知$(x_0, y_0)$是 $f(x, y)$ 在约束条件 $\varphi(x, y) = 0$ 下的极值点，所以，存在 λ_0，使

$$\begin{cases} F'_x\,|_{(x_0, y_0)} = f'_x(x_0, y_0) + \lambda_0\varphi'_x(x_0, y_0) = 0 & ① \\ F'_y\,|_{(x_0, y_0)} = f'_y(x_0, y_0) + \lambda_0\varphi'_y(x_0, y_0) = 0 & ② \\ F_\lambda\,|_{(x_0, y_0)} = \varphi(x_0, y_0) = 0 & ③ \end{cases}$$

由 $\varphi'_y(x_0, y_0) \neq 0$ 及式②，得 $\lambda_0 = -\dfrac{f'_y(x_0, y_0)}{\varphi'_y(x_0, y_0)}$. 代入式①得

$$f'_x(x_0, y_0) - \frac{\varphi'_x(x_0, y_0)f'_y(x_0, y_0)}{\varphi'_y(x_0, y_0)} = 0$$

即 $$f'_x(x_0, y_0)\varphi'_y(x_0, y_0) = \varphi'_x(x_0, y_0)f'_y(x_0, y_0)$$

若 $\varphi'_y(x_0, y_0) \neq 0$，$f'_x(x_0, y_0) \neq 0$，则必有

$$f'_x(x_0, y_0)\varphi'_y(x_0, y_0) \neq 0$$

可知 $\varphi'_x(x_0, y_0)f'_y(x_0, y_0) \neq 0$，从而 $f'_y(x_0, y_0) \neq 0$. 故本题应选(D).

14. 累次积分 $\int_0^{\frac{\pi}{2}} d\theta \int_0^{\cos\theta} f(r\cos\theta, r\sin\theta) r dr$ 可以写成[ ].

(A) $\int_0^1 dx \int_0^{\sqrt{x-x^2}} f(x, y)dy$ (B) $\int_0^1 dx \int_0^{\sqrt{y-y^2}} f(x, y)dy$

(C) $\int_0^1 dy \int_0^{\sqrt{y-y^2}} f(x, y)dx$ (D) $\int_0^1 dy \int_0^{\sqrt{1-y^2}} f(x, y)dx$

解：在极坐标系下，积分区域

$$D=\left\{(r,\theta)\mid 0\leqslant\theta\leqslant\frac{\pi}{2},\ 0\leqslant r\leqslant\cos\theta\right\}$$

在直角坐标系中，该区域可记为

$$D=\{(x,y)\mid 0\leqslant x\leqslant 1,\ 0\leqslant y\leqslant\sqrt{x-x^2}\}$$ （如图 8-32 所示）

所以，原累次积分可化为

$$\int_0^1 \mathrm{d}x\int_0^{\sqrt{x-x^2}} f(x,y)\mathrm{d}y$$

故本题应选(A).

注意，在直角坐标系中，原累次积分还可以化为

$$\int_0^{\frac{1}{2}} \mathrm{d}y\int_{\frac{1}{2}-\sqrt{\frac{1}{4}-y^2}}^{\frac{1}{2}+\sqrt{\frac{1}{4}-y^2}} f(x,y)\mathrm{d}x$$

由此看出，(C)、(D) 均不正确.

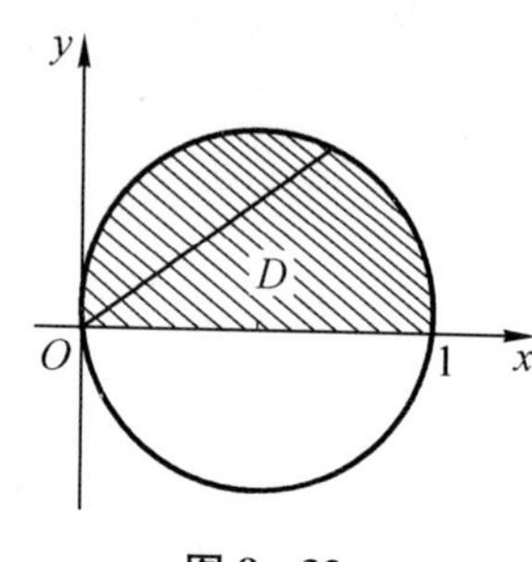

图 8-32

15. 设 $f(x)=g(x)=\begin{cases}a, & 0\leqslant x\leqslant 1\\ 0, & \text{其他}\end{cases}$ $(a>0)$，区域 D 表示全平面，则 $\iint\limits_D f(x)g(y-x)\mathrm{d}x\mathrm{d}y=$[　　].

(A) $2a^2$　　(B) a^2　　(C) $1-a^2$　　(D) $1+a^2$

解：由已知条件，有

$$g(y-x)=\begin{cases}a, & 0\leqslant y-x\leqslant 1\\ 0, & \text{其他}\end{cases}$$

可见，$f(x)g(y-x)$ 仅当在区域

$$D_1=\{(x,y)\mid 0\leqslant x\leqslant 1,\ 0\leqslant y-x\leqslant 1\}$$

（见图 8-33）上时，有 $f(x)g(y-x)=a^2$，在 D 的其他各点处均为零. 所以

$$\iint\limits_D f(x)g(y-x)\mathrm{d}x\mathrm{d}y=\iint\limits_{D_1} a^2\mathrm{d}x\mathrm{d}y=a^2\iint\limits_{D_1}\mathrm{d}x\mathrm{d}y$$

而 $\iint\limits_{D_1}\mathrm{d}x\mathrm{d}y$ 恰为区域 D_1 的面积，不难计算区域 D_1 的面积为 1，故 $\iint\limits_D f(x)g(y-x)\mathrm{d}x\mathrm{d}y=a^2$. 故本题应选(B).

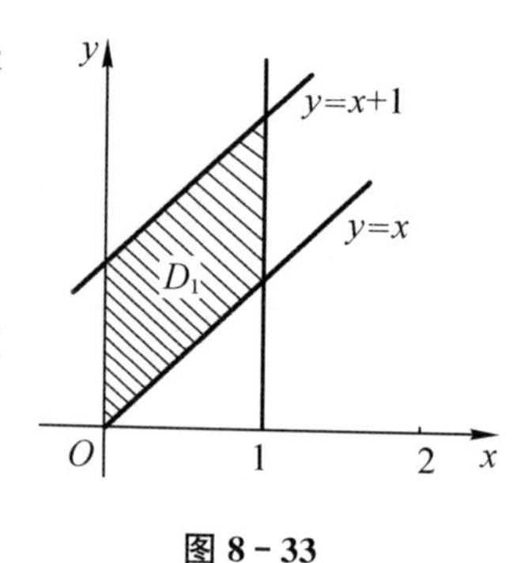

图 8-33

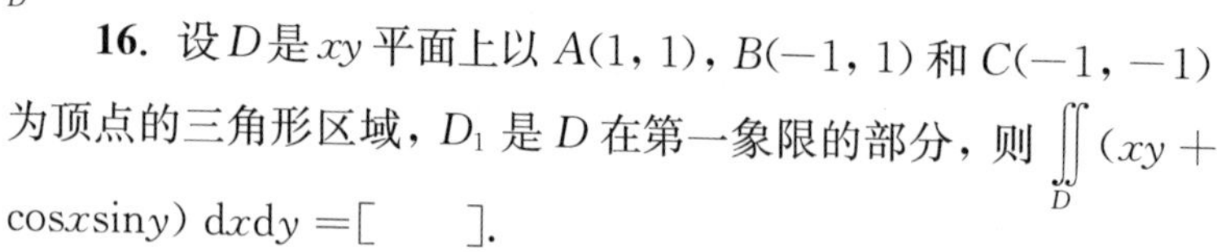

16. 设 D 是 xy 平面上以 $A(1,1)$，$B(-1,1)$ 和 $C(-1,-1)$ 为顶点的三角形区域，D_1 是 D 在第一象限的部分，则 $\iint\limits_D (xy+\cos x\sin y)\,\mathrm{d}x\mathrm{d}y=$[　　].

(A) 0

(B) $2\iint\limits_{D_1} xy\,\mathrm{d}x\mathrm{d}y$

(C) $2\iint\limits_{D_1}\cos x\sin y\mathrm{d}x\mathrm{d}y$

(D) $4\iint\limits_{D_1}(xy+\cos x\sin y)\mathrm{d}x\mathrm{d}y$

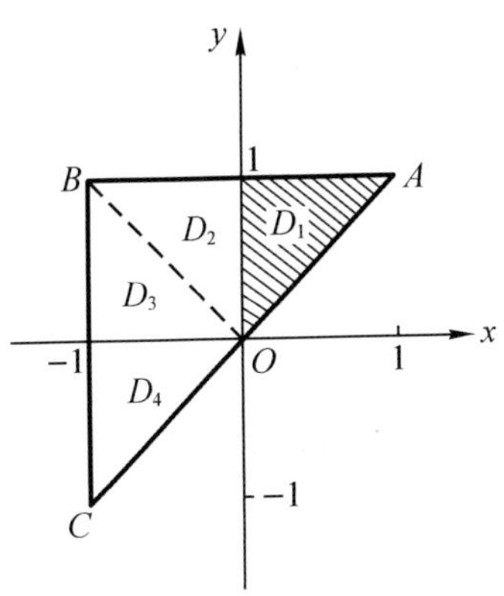

图 8－34

解：区域 D 和 D_1 的图形如图 8－34 所示．连接 OB，区域 D 可以被划分为 D_1，D_2，D_3，D_4 四部分．

$$\iint\limits_{D}(xy+\cos x\sin y)\mathrm{d}x\mathrm{d}y$$

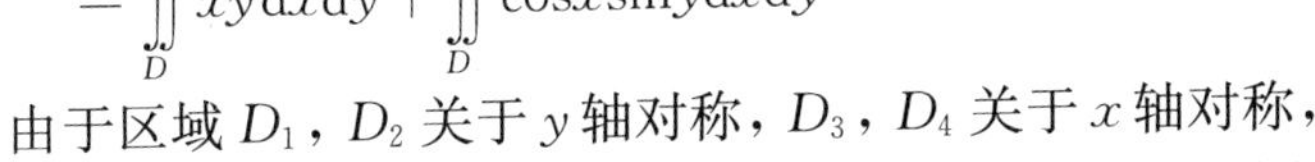

$$=\iint\limits_{D}xy\mathrm{d}x\mathrm{d}y+\iint\limits_{D}\cos x\sin y\mathrm{d}x\mathrm{d}y$$

由于区域 D_1，D_2 关于 y 轴对称，D_3，D_4 关于 x 轴对称，而 xy 关于 x 或 y 均为奇函数，所以(见本章(一) 习题解答与注释(A) 中第 29 题的注释)

$$\iint\limits_{D}xy\mathrm{d}x\mathrm{d}y=\iint\limits_{D_1+D_2}xy\mathrm{d}x\mathrm{d}y+\iint\limits_{D_3+D_4}xy\mathrm{d}x\mathrm{d}y=0$$

同时，$\cos x\sin y$ 是关于 x 的偶函数、关于 y 的奇函数，所以

$$\iint\limits_{D}\cos x\sin y\mathrm{d}x\mathrm{d}y=\iint\limits_{D_1+D_2}\cos x\sin y\mathrm{d}x\mathrm{d}y+\iint\limits_{D_3+D_4}\cos x\sin y\mathrm{d}x\mathrm{d}y$$

$$=2\iint\limits_{D_1}\cos x\sin y\mathrm{d}x\mathrm{d}y+0=2\iint\limits_{D_1}\cos x\sin y\mathrm{d}x\mathrm{d}y$$

故本题应选(C)．

第九章

01 02 03 04 05 06 07 08 09

微分方程与差分方程简介

(一) 习题解答与注释

(A)

1. 验证下列各给定函数是其对应微分方程的解:

(1) $y''-\dfrac{2}{x}y'+\dfrac{2y}{x^2}=0,\quad y=C_1x+C_2x^2$

(2) $y''-7y'+12y=0,\quad y=C_1e^{3x}+C_2e^{4x}$

(3) $xy''+2y'-xy=0,\quad xy=C_1e^{x}+C_2e^{-x}$

(4) $y''+3y'-10y=2x,\quad y=C_1e^{2x}+C_2e^{-5x}-\dfrac{x}{5}-\dfrac{3}{50}$

(5) $xyy''+x(y')^2-yy'=0,\quad \dfrac{x^2}{C_1}+\dfrac{y^2}{C_2}=1$

解: (1) 由 $y=C_1x+C_2x^2$, 可得

$$y'=C_1+2C_2x,\quad y''=2C_2$$

将 y, y' 和 y'' 的表达式代入方程左端, 有

$$\begin{aligned}y''-\frac{2}{x}y'+\frac{2y}{x^2}&=2C_2-\frac{2}{x}(C_1+2C_2x)+\frac{2}{x^2}(C_1x+C_2x^2)\\&=2C_2-\frac{2C_1}{x}-4C_2+\frac{2C_1}{x}+2C_2\\&=0\end{aligned}$$

故 $y=C_1x+C_2x^2$ 是对应微分方程的解.

(2) 由 $y=C_1e^{3x}+C_2e^{4x}$, 可得

$$y'=3C_1e^{3x}+4C_2e^{4x},\quad y''=9C_1e^{3x}+16C_2e^{4x}$$

将 y, y' 和 y'' 的表达式代入方程左端, 有

$$\begin{aligned}
&y''-7y'+12y\\
&=9C_1\mathrm{e}^{3x}+16C_2\mathrm{e}^{4x}-7(3C_1\mathrm{e}^{3x}+4C_2\mathrm{e}^{4x})+12(C_1\mathrm{e}^{3x}+C_2\mathrm{e}^{4x})\\
&=0
\end{aligned}$$

故 $y=C_1\mathrm{e}^{3x}+C_2\mathrm{e}^{4x}$ 是对应微分方程的解.

(3) 方程 $xy=C_1\mathrm{e}^{x}+C_2\mathrm{e}^{-x}$ 两边对 x 求导，得

$$y+xy'=C_1\mathrm{e}^{x}-C_2\mathrm{e}^{-x}$$

上式两边再对 x 求导，有

$$2y'+xy''=C_1\mathrm{e}^{x}+C_2\mathrm{e}^{-x}$$

即 $$xy''+2y'-xy=(C_1\mathrm{e}^{x}+C_2\mathrm{e}^{-x})-(C_1\mathrm{e}^{x}+C_2\mathrm{e}^{-x})=0$$

故 $xy=C_1\mathrm{e}^{x}+C_2\mathrm{e}^{-x}$ 是对应微分方程的解.

(4) 由 $y=C_1\mathrm{e}^{2x}+C_2\mathrm{e}^{-5x}-\dfrac{x}{5}-\dfrac{3}{50}$，可得

$$y'=2C_1\mathrm{e}^{2x}-5C_2\mathrm{e}^{-5x}-\frac{1}{5},\quad y''=4C_1\mathrm{e}^{2x}+25C_2\mathrm{e}^{-5x}$$

将 y，y' 和 y'' 的表达式代入方程左端，有

$$\begin{aligned}
&y''+3y'-10y\\
&=4C_1\mathrm{e}^{2x}+25C_2\mathrm{e}^{-5x}+3\left(2C_1\mathrm{e}^{2x}-5C_2\mathrm{e}^{-5x}-\frac{1}{5}\right)-10\left(C_1\mathrm{e}^{2x}+C_2\mathrm{e}^{-5x}-\frac{x}{5}-\frac{3}{50}\right)\\
&=2x
\end{aligned}$$

故 $y=C_1\mathrm{e}^{2x}+C_2\mathrm{e}^{-5x}-\dfrac{x}{5}-\dfrac{3}{50}$ 是对应微分方程的解.

(5) 方程 $\dfrac{x^2}{C_1}+\dfrac{y^2}{C_2}=1$ 两边对 x 求导，得

$$\frac{2x}{C_1}+\frac{2yy'}{C_2}=0\text{，即 }yy'=-\frac{C_2}{C_1}x$$

方程 $yy'=-\dfrac{C_2}{C_1}x$ 两边再对 x 求导，得

$$y'\cdot y'+yy''=-\frac{C_2}{C_1}$$

即 $(y')^2+yy''=-\dfrac{C_2}{C_1}$. 将此式和 $yy'=-\dfrac{C_2}{C_1}x$ 代入方程左端，有

$$xyy''+x(y')^2-yy'=x[yy''+(y')^2]-yy'=-\frac{C_2}{C_1}x+\frac{C_2}{C_1}x=0$$

故 $\dfrac{x^2}{C_1}+\dfrac{y^2}{C_2}=1$ 是对应微分方程的解.

2. 求下列各微分方程的通解或在给定初始条件下的特解：

(1) $(1+y)\mathrm{d}x-(1-x)\mathrm{d}y=0$

(2) $xy\mathrm{d}x+\sqrt{1-x^2}\,\mathrm{d}y=0$

(3) $(1+2y)x\mathrm{d}x+(1+x^2)\mathrm{d}y=0$

(4) $(xy^2+x)\mathrm{d}x+(y-x^2y)\mathrm{d}y=0$

(5) $y\ln x\mathrm{d}x+x\ln y\mathrm{d}y=0$

(6) $\frac{\mathrm{d}x}{y}+\frac{\mathrm{d}y}{x}=0$，$y\Big|_{x=3}=4$

(7) $\frac{x}{1+y}\mathrm{d}x-\frac{y}{1+x}\mathrm{d}y=0$，$y\Big|_{x=0}=1$

(8) $y'\sin x-y\cos x=0$，$y\Big|_{x=\frac{\pi}{2}}=1$

解：(1) 分离变量，得

$$\frac{1}{1+y}\mathrm{d}y=\frac{1}{1-x}\mathrm{d}x$$

两边积分，得

$$\ln(1+y)=-\ln(1-x)+\ln C$$

所以方程的通解为$(1-x)(1+y)=C$ (C 为任意常数).

(2) 分离变量，得

$$\frac{1}{y}\mathrm{d}y=-\frac{x}{\sqrt{1-x^2}}\mathrm{d}x$$

两边积分，得

$$\ln y=\sqrt{1-x^2}+\ln C$$

所以方程的通解为 $y=Ce^{\sqrt{1-x^2}}$ (C 为任意常数).

(3) 分离变量，得

$$\frac{1}{1+2y}\mathrm{d}y=-\frac{x}{1+x^2}\mathrm{d}x$$

两边积分，得

$$\frac{1}{2}\ln(1+2y)=-\frac{1}{2}\ln(1+x^2)+\frac{1}{2}\ln C$$

所以方程的通解为$(1+x^2)(1+2y)=C$ (C 为任意常数).

(4) 分离变量，得

$$\frac{y}{1+y^2}\mathrm{d}y=-\frac{x}{1-x^2}\mathrm{d}x$$

两边积分，得

$$\frac{1}{2}\ln(1+y^2)=\frac{1}{2}\ln(1-x^2)+\frac{1}{2}\ln C$$

所以方程的通解为$\frac{1+y^2}{1-x^2}=C$ (C 为任意常数).

(5) 分离变量，得

$$\frac{\ln y}{y}\mathrm{d}y=-\frac{\ln x}{x}\mathrm{d}x$$

两边积分，得

$$\frac{1}{2}\ln^2 y=-\frac{1}{2}\ln^2 x+C_1$$

所以方程的通解为 $\ln^2 x+\ln^2 y=C$ ($C=2C_1$，C_1 为任意非负常数).

(6) 分离变量，得

$$y\mathrm{d}y=-x\mathrm{d}x$$

两边积分，得

$$\frac{1}{2}y^2=-\frac{1}{2}x^2+\frac{1}{2}C$$

所以方程的通解为 $x^2+y^2=C$ (C 为任意非负常数).

将 $x=3$，$y=4$ 代入通解表达式，得 $C=25$，所以满足初始条件的特解为 $x^2+y^2=25$.

(7) 分离变量，得

$$y(1+y)\mathrm{d}y=x(1+x)\mathrm{d}x$$

两边积分，得方程的通解

$$\frac{1}{2}y^2+\frac{1}{3}y^3=\frac{1}{2}x^2+\frac{1}{3}x^3+C \quad (C\text{ 为任意常数})$$

将 $x=0$，$y=1$ 代入上式，得 $C=\frac{5}{6}$，所以满足初始条件 $y\Big|_{x=0}=1$ 的特解为 $\frac{1}{2}y^2+\frac{1}{3}y^3-\frac{1}{2}x^2-\frac{1}{3}x^3=\frac{5}{6}$，即

$$2y^3+3y^2-2x^3-3x^2=5$$

(8) 分离变量，得

$$\frac{1}{y}\mathrm{d}y=\frac{\cos x}{\sin x}\mathrm{d}x$$

两边积分，得

$$\ln y=\ln\sin x+\ln C$$

所以方程的通解为 $y=C\sin x$ (C 为任意常数).

将 $x=\frac{\pi}{2}$，$y=1$ 代入通解表达式，得 $C=1$，所以满足初始条件 $y\Big|_{x=\frac{\pi}{2}}=1$ 的特解为 $y=\sin x$.

3. 求下列各微分方程的通解或在给定初始条件下的特解：

(1) $y'=\frac{y}{y-x}$

(2) $(x+y)\mathrm{d}x+x\mathrm{d}y=0$

(3) $xy'-y-\sqrt{x^2+y^2}=0$

(4) $xy^2\mathrm{d}y=(x^3+y^3)\mathrm{d}x$

(5) $(y^2-3x^2)\mathrm{d}y-2xy\mathrm{d}x=0$，$y\Big|_{x=0}=1$

(6) $(x^2+y^2)\mathrm{d}x-xy\mathrm{d}y=0$，$y\Big|_{x=1}=0$

(7) $y'=\frac{y}{x}+\tan\frac{y}{x}$，$y\Big|_{x=1}=\frac{\pi}{4}$

解：(1) 原方程可写为 $y'=\dfrac{\frac{y}{x}}{\frac{y}{x}-1}$. 这是齐次微分方程. 设 $v=\frac{y}{x}$，则 $y=xv$，且

$$\frac{dy}{dx}=v+x\frac{dv}{dx}$$

原方程化为 $v+x\frac{dv}{dx}=\frac{v}{v-1}$，即

$$\frac{v-1}{2v-v^2}dv=\frac{1}{x}dx$$

两边积分，有

$$-\frac{1}{2}\int\frac{d(2v-v^2)}{2v-v^2}dv=\int\frac{1}{x}dx-\frac{1}{2}\ln C$$

即 $$-\frac{1}{2}\ln(2v-v^2)=\ln x-\frac{1}{2}\ln C$$

所以 $x^2(2v-v^2)=C$. 将 $v=\frac{y}{x}$ 代入，得

$$x^2\left(\frac{2y}{x}-\frac{y^2}{x^2}\right)=C$$

所以方程的通解为

$$2xy-y^2=C\quad(C\text{为任意常数})$$

注释 对于齐次微分方程 $\frac{dy}{dx}=f\left(\frac{y}{x}\right)$，可设 $v=\frac{y}{x}$，将方程化为 $x\frac{dv}{dx}=f(v)-v$. 从而分离变量化为

$$\frac{1}{f(v)-v}dv=\frac{1}{x}dx$$

两边积分，得到左端的一个原函数后，再将 $v=\frac{y}{x}$ 代入，从而可求得原方程的通解.

但应注意，如果数 α 是方程 $f(v)-v=0$ 的根，则 $v=\alpha$，即 $y=\alpha x$ 也是原方程的解.

(2) 原方程可写为 $\frac{dy}{dx}=-1-\frac{y}{x}$. 设 $v=\frac{y}{x}$，则 $\frac{dy}{dx}=x\frac{dv}{dx}+v$. 原方程可化为

$$x\frac{dv}{dx}+v=-1-v$$

即 $$\frac{1}{2v+1}dv=\frac{-1}{x}dx$$

两边积分，得

$$\frac{1}{2}\ln(2v+1)=-\ln x+\frac{1}{2}\ln C$$

所以 $(2v+1)x^2=C$. 将 $v=\frac{y}{x}$ 代入，得原方程的通解为

$$2xy+x^2=C\quad(C\text{为任意常数})$$

(3) 原方程可写成 $y'=\frac{y+\sqrt{x^2+y^2}}{x}$，即

$$\frac{dy}{dx}=\frac{y}{x}+\sqrt{1+\left(\frac{y}{x}\right)^2}$$

设 $v=\dfrac{y}{x}$，则 $\dfrac{\mathrm{d}y}{\mathrm{d}x}=x\dfrac{\mathrm{d}v}{\mathrm{d}x}+v$，原方程可化为

$$x\frac{\mathrm{d}v}{\mathrm{d}x}+v=v+\sqrt{1+v^2}$$

即
$$\frac{\mathrm{d}v}{\sqrt{1+v^2}}=\frac{1}{x}\mathrm{d}x$$

两边积分，得

$$\ln(v+\sqrt{1+v^2})=\ln x+\ln C$$

所以 $v+\sqrt{1+v^2}=Cx$，将 $v=\dfrac{y}{x}$ 代入，得原方程的通解为

$$y+\sqrt{x^2+y^2}=Cx^2\quad(C\text{ 为任意常数})$$

(4) 原方程可写成 $\dfrac{\mathrm{d}y}{\mathrm{d}x}=\dfrac{x^3+y^3}{xy^2}$，即

$$\frac{\mathrm{d}y}{\mathrm{d}x}=\frac{1}{\left(\dfrac{y}{x}\right)^2}+\frac{y}{x}$$

设 $v=\dfrac{y}{x}$，则 $\dfrac{\mathrm{d}y}{\mathrm{d}x}=x\dfrac{\mathrm{d}v}{\mathrm{d}x}+v$. 原方程可化为

$$x\frac{\mathrm{d}v}{\mathrm{d}x}+v=\frac{1}{v^2}+v$$

即
$$v^2\mathrm{d}v=\frac{1}{x}\mathrm{d}x$$

两边积分，得 $\dfrac{1}{3}v^3=\ln x+\dfrac{1}{3}\ln C$，即 $\mathrm{e}^{v^3}=Cx^3$.

将 $v=\dfrac{y}{x}$ 代入上式，得原方程的通解为

$$\mathrm{e}^{\frac{y^3}{x^3}}=Cx^3\quad(C\text{ 为任意常数})$$

(5) 原方程可写为 $\dfrac{\mathrm{d}y}{\mathrm{d}x}=\dfrac{2xy}{y^2-3x^2}$，即

$$\frac{\mathrm{d}y}{\mathrm{d}x}=\frac{2\left(\dfrac{y}{x}\right)}{\left(\dfrac{y}{x}\right)^2-3}$$

设 $v=\dfrac{y}{x}$，即 $y=vx$，则 $\dfrac{\mathrm{d}y}{\mathrm{d}x}=x\dfrac{\mathrm{d}v}{\mathrm{d}x}+v$. 原方程可化为

$$x\frac{\mathrm{d}v}{\mathrm{d}x}+v=\frac{2v}{v^2-3}$$

分离变量，得

$$\frac{v^2-3}{5v-v^3}\mathrm{d}v=\frac{1}{x}\mathrm{d}x\quad\text{或}\quad\left[-\frac{3}{5v}+\frac{2v}{5(5-v^2)}\right]\mathrm{d}v=\frac{1}{x}\mathrm{d}x$$

两边积分，得

$$-\frac{3}{5}\ln v-\frac{1}{5}\ln(5-v^2)=\ln x-\frac{1}{5}\ln C$$

即 $x^5(5-v^2)v^3=C$. 将 $v=\frac{y}{x}$ 代入，化简得原方程的通解为

$$5x^2y^3-y^5=C \quad (C\text{ 为任意常数})$$

将初始条件 $y\Big|_{x=0}=1$ 代入通解表达式，得 $C=-1$，故原方程在初始条件 $y\Big|_{x=0}=1$ 下的特解为

$$y^5-5x^2y^3=1$$

(6) 原方程可写成 $\frac{\mathrm{d}y}{\mathrm{d}x}=\frac{x}{y}+\frac{y}{x}$. 设 $v=\frac{y}{x}$，即 $y=vx$，则 $\frac{\mathrm{d}y}{\mathrm{d}x}=x\frac{\mathrm{d}v}{\mathrm{d}x}+v$，原方程可化为

$$x\frac{\mathrm{d}v}{\mathrm{d}x}+v=\frac{1}{v}+v$$

即 $v\mathrm{d}v=\frac{1}{x}\mathrm{d}x$. 两边积分，得

$$\frac{1}{2}v^2=\ln x+\frac{1}{2}\ln C$$

即 $v^2=2\ln x+\ln C$. 将 $v=\frac{y}{x}$ 代入，得原方程的通解为

$$\mathrm{e}^{\frac{y^2}{x^2}}=Cx^2 \quad (C\text{ 为任意常数})$$

将初始条件 $y\Big|_{x=1}=0$ 代入上式，得 $C=1$，故满足初始条件的特解为

$$x^2=\mathrm{e}^{\frac{y^2}{x^2}}$$

(7) 设 $v=\frac{y}{x}$，即 $y=vx$，则 $\frac{\mathrm{d}y}{\mathrm{d}x}=x\frac{\mathrm{d}v}{\mathrm{d}x}+v$. 原方程化为

$$x\frac{\mathrm{d}v}{\mathrm{d}x}+v=v+\tan v$$

化简，并分离变量，得 $\cot v\mathrm{d}v=\frac{1}{x}\mathrm{d}x$. 两边积分，得

$$\ln\sin v=\ln x+\ln C$$

即 $\sin v=Cx$. 将 $v=\frac{y}{x}$ 代入，可得原方程的通解为

$$\sin\frac{y}{x}=Cx \quad (C\text{ 为任意常数})$$

将初始条件 $y\Big|_{x=1}=\frac{\pi}{4}$ 代入上式，得 $C=\frac{\sqrt{2}}{2}$，所以原方程满足初始条件 $y\Big|_{x=1}=\frac{\pi}{4}$ 的特解为

$$\sin\frac{y}{x}=\frac{\sqrt{2}}{2}x$$

4. 求下列各微分方程的通解或在给定初始条件下的特解：

(1) $\frac{\mathrm{d}y}{\mathrm{d}x}+y=\mathrm{e}^{-x}$

(2) $\frac{dy}{dx}-\frac{ny}{x}=e^{x}x^{n}$

(3) $\frac{dy}{dx}-\frac{2y}{x+1}=(x+1)^{3}$

(4) $(x^{2}+1)\frac{dy}{dx}+2xy=4x^{2}$

(5) $\frac{dy}{dx}-2xy=xe^{-x^{2}}$

(6) $x\frac{dy}{dx}-2y=x^{3}e^{x}$，$y\Big|_{x=1}=0$

(7) $xy'+y=3$，$y\Big|_{x=1}=0$

(8) $(x^{2}-1)dy+(2xy-\cos x)dx=0$，$y\Big|_{x=0}=1$

解：(1) 对应的齐次线性方程为 $\frac{dy}{dx}+y=0$，其通解为 $y=Ce^{-x}$.

令 $y=u(x)e^{-x}$，则 $y'=u'e^{-x}-ue^{-x}$，代入原方程，得

$$u'e^{-x}-ue^{-x}+ue^{-x}=e^{-x}$$

化简得 $u'=1$，即 $du=dx$. 两边积分，得 $u(x)=x+C$. 所以原方程的通解为

$$y=e^{-x}(x+C)\quad (C\text{ 为任意常数})$$

(2) 对应的齐次线性方程为 $\frac{dy}{dx}-\frac{ny}{x}=0$，其通解为 $y=Cx^{n}$.

令 $y=u(x)x^{n}$，则 $\frac{dy}{dx}=x^{n}\frac{du}{dx}+nx^{n-1}u$. 代入原方程，得

$$x^{n}\frac{du}{dx}+nx^{n-1}u-\frac{n\cdot ux^{n}}{x}=e^{x}x^{n}$$

即 $\frac{du}{dx}=e^{x}$. 两边积分，得 $u(x)=e^{x}+C$. 所以原方程的通解为

$$y=x^{n}(e^{x}+C)\quad (C\text{ 为任意常数})$$

(3) 对应的齐次线性方程 $\frac{dy}{dx}-\frac{2y}{x+1}=0$ 的通解为 $y=C(x+1)^{2}$.

令 $y=u(x)(x+1)^{2}$，则

$$\frac{dy}{dx}=(x+1)^{2}\frac{du}{dx}+2(x+1)u$$

代入原方程，得

$$(x+1)^{2}\frac{du}{dx}+2(x+1)u-2(x+1)u=(x+1)^{3}$$

即 $\frac{du}{dx}=x+1$. 两边积分，得 $u(x)=\frac{1}{2}(x+1)^{2}+C$.

所以原方程的通解为

$$y=\frac{1}{2}(x+1)^{4}+C(x+1)^{2}\quad (C\text{ 为任意常数})$$

(4) 对应的齐次线性方程为 $(x^2+1)\frac{\mathrm{d}y}{\mathrm{d}x}+2xy=0$，其通解为 $y=\frac{C}{1+x^2}$.

令 $y=\frac{u(x)}{1+x^2}$，则 $\frac{\mathrm{d}y}{\mathrm{d}x}=\frac{1}{1+x^2}\cdot\frac{\mathrm{d}u}{\mathrm{d}x}-\frac{2xu}{(1+x^2)^2}$. 代入原方程，得

$$\frac{x^2+1}{1+x^2}\cdot\frac{\mathrm{d}u}{\mathrm{d}x}-\frac{2xu}{1+x^2}+2x\cdot\frac{u}{1+x^2}=4x^2$$

即 $\frac{\mathrm{d}u}{\mathrm{d}x}=4x^2$. 两边积分，得 $u(x)=\frac{4}{3}x^3+C$. 所以原方程的通解为

$$y=\frac{4x^3+3C}{3(x^2+1)}\quad(C\text{ 为任意常数})$$

(5) 对应的齐次线性方程为 $\frac{\mathrm{d}y}{\mathrm{d}x}-2xy=0$，其通解为 $y=C\mathrm{e}^{x^2}$.

令 $y=u(x)\mathrm{e}^{x^2}$，则 $\frac{\mathrm{d}y}{\mathrm{d}x}=\mathrm{e}^{x^2}\frac{\mathrm{d}u}{\mathrm{d}x}+2x\mathrm{e}^{x^2}u$. 代入原方程，得

$$\mathrm{e}^{x^2}\frac{\mathrm{d}u}{\mathrm{d}x}+2x\mathrm{e}^{x^2}u-2xu\mathrm{e}^{x^2}=x\mathrm{e}^{-x^2}$$

即 $\frac{\mathrm{d}u}{\mathrm{d}x}=x\mathrm{e}^{-2x^2}$. 两边积分，得 $u(x)=-\frac{1}{4}\mathrm{e}^{-2x^2}+C$. 所以原方程的通解为 $y=\left(-\frac{1}{4}\mathrm{e}^{-2x^2}+C\right)\mathrm{e}^{x^2}$，即

$$y=-\frac{1}{4}\mathrm{e}^{-x^2}+C\mathrm{e}^{x^2}\quad(C\text{ 为任意常数})$$

(6) 对应的齐次线性方程为 $x\frac{\mathrm{d}y}{\mathrm{d}x}-2y=0$，其通解为 $y=Cx^2$.

令 $y=u(x)x^2$，则 $\frac{\mathrm{d}y}{\mathrm{d}x}=x^2\frac{\mathrm{d}u}{\mathrm{d}x}+2xu$. 代入原方程，有

$$x^3\frac{\mathrm{d}u}{\mathrm{d}x}+2x^2u-2ux^2=x^3\mathrm{e}^x$$

即 $\frac{\mathrm{d}u}{\mathrm{d}x}=\mathrm{e}^x$. 两边积分，得 $u(x)=\mathrm{e}^x+C$. 所以原方程的通解为

$$y=x^2(\mathrm{e}^x+C)\quad(C\text{ 为任意常数})$$

将初始条件 $y\big|_{x=1}=0$ 代入上式，得 $C=-\mathrm{e}$. 所以原方程满足初始条件 $y\big|_{x=1}=0$ 的特解为

$$y=x^2(\mathrm{e}^x-\mathrm{e})$$

(7) 方法 1　原方程可写成

$$y'+\frac{1}{x}y=\frac{3}{x}\tag{*}$$

解对应的齐次线性方程 $y'+\frac{1}{x}y=0$，可得其通解为 $y=C\frac{1}{x}$.

令 $y=u(x)\cdot\frac{1}{x}$，则 $\frac{\mathrm{d}y}{\mathrm{d}x}=\frac{1}{x}\cdot\frac{\mathrm{d}u}{\mathrm{d}x}-\frac{u}{x^2}$. 代入式(*)，得

$$\frac{1}{x}\cdot\frac{\mathrm{d}u}{\mathrm{d}x}-\frac{u}{x^2}+\frac{1}{x}\cdot\frac{u}{x}=\frac{3}{x}$$

即 $\frac{du}{dx}=3$，所以 $u(x)=3x+C$. 原方程的通解为

$$y=\frac{3x+C}{x}\quad (C\text{ 为任意常数})$$

将 $x=1$，$y=0$ 代入上式，得 $C=-3$. 所以原方程在初始条件 $y\Big|_{x=1}=0$ 下的特解为 $y=\frac{3x-3}{x}$，即 $y=3-\frac{3}{x}$.

方法 2　将原方程改写为式(*)，则

$$p(x)=\frac{1}{x},\ q(x)=\frac{3}{x}$$

且 $\int p(x)dx=\ln x$（只取一个原函数）.

应用一阶非齐次线性方程的通解公式，有

$$y=e^{-\int p(x)dx}\left[\int q(x)e^{\int p(x)dx}dx+C\right]=\frac{1}{x}\left[\int \frac{3}{x}\cdot x dx+C\right]$$

即 $y=\frac{3x+C}{x}$　(C 为任意常数).

将 $x=1$，$y=0$ 代入通解表达式，得 $C=-3$，所以原方程在初始条件 $y\Big|_{x=1}=0$ 下的特解为

$$y=3-\frac{3}{x}$$

(8) 方法 1　原方程可化为

$$\frac{dy}{dx}+\frac{2x}{x^2-1}y=\frac{\cos x}{x^2-1}\tag{*}$$

这是一阶非齐次线性方程. 对应的齐次线性方程为

$$\frac{dy}{dx}+\frac{2x}{x^2-1}y=0$$

可求得其通解为 $y=C\cdot\frac{1}{x^2-1}$.

令 $y=u(x)\cdot\frac{1}{x^2-1}$，则 $\frac{dy}{dx}=\frac{1}{x^2-1}\cdot\frac{du}{dx}-\frac{2xu}{(x^2-1)^2}$，代入方程(*)，得

$$\frac{1}{x^2-1}\cdot\frac{du}{dx}-\frac{2xu}{(x^2-1)^2}+\frac{2x}{x^2-1}\cdot\frac{u}{x^2-1}=\frac{\cos x}{x^2-1}$$

即 $\frac{du}{dx}=\cos x$. 两边积分，得 $u(x)=\sin x+C$. 所以原方程的通解为

$$y=\frac{\sin x+C}{x^2-1}\quad (C\text{ 为任意常数})$$

将初始条件 $y\Big|_{x=0}=1$ 代入上式，得 $C=-1$，所以原方程满足初始条件 $y\Big|_{x=0}=1$ 的特解为

$$y=\frac{\sin x-1}{x^2-1}$$

方法 2　直接应用一阶非齐次线性方程的通解公式. 先将原方程化为式(*)，则

$$p(x)=\frac{2x}{x^2-1},\ q(x)=\frac{\cos x}{x^2-1}$$

$$\int p(x)\mathrm{d}x=\ln(x^2-1)\quad(\text{只取一个原函数})$$

所以，原方程的通解

$$\begin{aligned}y&=\mathrm{e}^{-\int p(x)\mathrm{d}x}\left[\int q(x)\mathrm{e}^{\int p(x)\mathrm{d}x}\mathrm{d}x+C\right]\\&=\frac{1}{x^2-1}\left[\int\frac{\cos x}{x^2-1}\cdot(x^2-1)\mathrm{d}x+C\right]\\&=\frac{\sin x+C}{x^2-1}\end{aligned}$$

由初始条件 $y\Big|_{x=0}=1$，得 $C=-1$，故原方程在初始条件 $y\Big|_{x=0}=1$ 下的特解为 $y=\dfrac{\sin x-1}{x^2-1}$.

注释　一阶微分方程的一般形式是

$$F(x,\ y,\ y')=0$$

在求解时，应首先判断该方程是否可分离变量，如果它是可分离变量的方程，则分离变量后两边积分，就可求出方程的通解.

如果它是一阶齐次微分方程，则可化为 $\dfrac{\mathrm{d}y}{\mathrm{d}x}=f\left(\dfrac{y}{x}\right)$ 或 $\dfrac{\mathrm{d}x}{\mathrm{d}y}=f\left(\dfrac{x}{y}\right)$ 的形式，利用变换 $v=\dfrac{y}{x}$ 或 $v=\dfrac{x}{y}$，原方程必可化为可分离变量的方程.

如果它是一阶非齐次线性方程，则可利用“参数变易法”或“公式法”求得方程的通解.

本书配套教材要求读者掌握可分离变量的微分方程、齐次微分方程和一阶线性微分方程的解法.

5. 求下列各微分方程的通解或在给定初始条件下的特解：

(1) $\dfrac{\mathrm{d}^2y}{\mathrm{d}x^2}=x^2$　　(2) $y''=\mathrm{e}^{2x}$

(3) $y''-y'=x$　　(4) $xy''+y'=0$

(5) $yy''-(y')^2-y'=0$　　(6) $y''+\sqrt{1-(y')^2}=0$

(7) $y'''=y''$　　(8) $y''=3\sqrt{y}$，$y\Big|_{x=0}=1$，$y'\Big|_{x=0}=2$

解： (1) 在方程 $\dfrac{\mathrm{d}^2y}{\mathrm{d}x^2}=x^2$ 两边积分，得

$$\frac{\mathrm{d}y}{\mathrm{d}x}=\frac{1}{3}x^3+C_1$$

上式两边再积分一次，得原方程的通解

$$y=\frac{1}{12}x^4+C_1x+C_2\quad (C_1,\ C_2\text{ 为任意常数})$$

(2) 在方程 $y''=e^{2x}$ 两边积分，得

$$y'=\frac{1}{2}e^{2x}+C_1$$

上式两边再积分一次，得原方程的通解

$$y=\int\left(\frac{1}{2}e^{2x}+C_1\right)dx$$

即
$$y=\frac{1}{4}e^{2x}+C_1x+C_2\quad (C_1,\ C_2\text{ 为任意常数})$$

(3) 令 $y'=p$，则 $y''=p'$. 原方程化为

$$p'-p=x$$

这是关于 p 的一阶线性微分方程，利用公式法，可得

$$p=e^{\int dx}\left(\int xe^{-\int dx}dx+C_1\right)=e^x\left(\int xe^{-x}dx+C_1\right)$$
$$=e^x[(-x-1)e^{-x}+C_1]$$

即
$$y'=-x-1+C_1e^x$$

两边再积分一次，得原方程的通解

$$y=-\frac{1}{2}x^2-x+C_1e^x+C_2\quad (C_1,\ C_2\text{ 为任意常数})$$

(4) 令 $y'=p$，则 $y''=p'$，原方程可化为

$$xp'+p=0$$

分离变量得 $\frac{dp}{p}=-\frac{1}{x}dx$，由此可得

$$y'=p=\frac{C_1}{x}$$

两边再积分，得原方程的通解

$$y=C_1\ln x+C_2\quad (C_1,\ C_2\text{ 为任意常数})$$

(5) 令 $y'=p$，则 $y''=\frac{dp}{dx}=\frac{dp}{dy}\cdot\frac{dy}{dx}=p\frac{dp}{dy}$. 原方程化为

$$yp\frac{dp}{dy}-p^2-p=0$$

分离变量得 $\frac{dp}{p+1}=\frac{1}{y}dy$. 两边积分，有

$$\ln(p+1)=\ln y+\ln C_1$$

即 $p+1=C_1y$. 因为 $y'=p$，故 $y'=C_1y-1$. 分离变量，有

$$\frac{dy}{C_1y-1}=dx$$

两边积分得 $\frac{1}{C_1}\ln(C_1y-1)=x+\bar{C}$，即

$$C_1y-1=e^{C_1x+C_1\bar{C}}$$

记 $C_2 = e^{C_1\overline{C}}$，则原方程的通解为

$$C_1 y - 1 = C_2 e^{C_1 x} \quad (C_1, C_2 \text{ 为任意常数})$$

(6) 令 $p = y'$，则 $y'' = \frac{dp}{dx} = \frac{dp}{dy} \cdot \frac{dy}{dx} = p\frac{dp}{dy}$. 原方程可化为

$$p\frac{dp}{dy} + \sqrt{1-p^2} = 0$$

分离变量，有 $\frac{p\,dp}{\sqrt{1-p^2}} = -dy$. 两边积分，得

$$\sqrt{1-p^2} = y + C_1$$

由此解得 $p = \pm\sqrt{1-(y+C_1)^2}$，即

$$\frac{dy}{dx} = \pm\sqrt{1-(y+C_1)^2} \quad \text{或} \quad \pm\frac{dy}{\sqrt{1-(y+C_1)^2}} = dx$$

两边积分，得原方程的通解为

$$x = \pm\arcsin(y+C_1) + C_2$$

(7) 令 $p = y''$，则原方程化为 $\frac{dp}{dx} = p$. 解得 $p = C_1 e^x$，即 $y'' = C_1 e^x$. 两边积分，得

$$y' = C_1 e^x + C_2$$

两边再积分，得原方程的通解

$$y = C_1 e^x + C_2 x + C_3 \quad (C_1, C_2, C_3 \text{ 为任意常数})$$

(8) 令 $p = y'$，则 $y'' = \frac{dp}{dx} = \frac{dp}{dy} \cdot \frac{dy}{dx} = p\frac{dp}{dy}$. 原方程化为

$$p\frac{dp}{dy} = 3\sqrt{y}$$

解得 $\frac{1}{2}p^2 = 2y^{\frac{3}{2}} + C_1$. 由初始条件：当 $x = 0$ 时，$y = 1$，$y' = 2$，可得 $C_1 = 0$. 所以 $p = 2y^{\frac{3}{4}}$，即

$$\frac{1}{2}y^{-\frac{3}{4}}dy = dx$$

两边积分，得

$$2y^{\frac{1}{4}} = x + C_2$$

由初始条件 $y\big|_{x=0} = 1$，可得 $C_2 = 2$. 所以原方程满足初始条件的特解为 $2y^{\frac{1}{4}} = x + 2$.

注释 二阶微分方程的一般形式为 $F(x, y, y', y'') = 0$. 教材及习题中仅讨论几种简单的二阶微分方程，其共同特点是通过适当的变换可化为一阶微分方程.

(i) 最简单的二阶微分方程：一般形式为

$$y'' = f(x)$$

积分两次就可求得方程的通解.

(ⅱ) 不显含未知函数 y 的二阶微分方程：一般形式为

$$y''=f(x, y')$$

为求得方程的通解，令 $y'=p$，则 $y''=p'$. 原方程化为一阶微分方程

$$p'=f(x, p)$$

(ⅲ) 不显含自变量 x 的二阶微分方程：一般形式为

$$y''=f(y, y')$$

为求得方程的通解，令 $y'=p(y)$，即 y' 是 y 的函数，则 $y''=\frac{\mathrm{d}p}{\mathrm{d}x}=\frac{\mathrm{d}p}{\mathrm{d}y}\cdot\frac{\mathrm{d}y}{\mathrm{d}x}=p\frac{\mathrm{d}p}{\mathrm{d}y}$，把原方程化为一阶微分方程

$$p\frac{\mathrm{d}p}{\mathrm{d}y}=f(y, p)$$

读者应熟悉这几种方程的特点，掌握这几种方程的解法.

6. 储存苹果经常有腐烂的情况. 根据经验，一个月内腐烂苹果数目的增长速度为好苹果数目的三十分之一. 若储存 A 个好苹果，求描述在某时刻腐烂苹果数目的表达式.

解： 设一个月内某时刻 t 腐烂苹果数目为 $Q(t)$. 此时好苹果数目为 $A-Q(t)$. 由题意，有

$$Q'=\frac{1}{30}(A-Q),\ Q(0)=0$$

分离变量，得

$$\frac{\mathrm{d}Q}{A-Q}=\frac{1}{30}\mathrm{d}t$$

两边积分，得 $-\ln(A-Q)=\frac{1}{30}t+C_1$，即

$$A-Q=\mathrm{e}^{-\frac{t}{30}}\cdot\mathrm{e}^{-C_1}$$

记 $C=\mathrm{e}^{-C_1}$，得 $Q=A-C\mathrm{e}^{-\frac{t}{30}}$（$C$ 为常数）. 由初始条件 $Q(0)=0$，有 $0=A-C$，得 $C=A$. 故所求表达式为 $Q(t)=A(1-\mathrm{e}^{-\frac{t}{30}})$.

7. 某林区现有木材 10 万米^3，如果在每一瞬时木材的变化率与当时的木材数成正比，假设 10 年内该林区有木材 20 万米^3，试确定木材数 P 与时间 t 的关系.

解： 由题设条件，有

$$\frac{\mathrm{d}P}{\mathrm{d}t}=kP\text{（}k\text{ 为常数），且 }P\Big|_{t=0}=10,\ P\Big|_{t=10}=20$$

解得方程的通解为 $P=C\mathrm{e}^{kt}$（C 为任意常数）.

由初始条件，有

$$10=C\mathrm{e}^{0}\quad 且\quad 20=C\mathrm{e}^{10k}$$

所以 $C=10$，$k=\frac{1}{10}\ln 2$，即所求木材数与 t 的关系为 $P=10\mathrm{e}^{\frac{\ln 2}{10}t}=10\cdot 2^{\frac{t}{10}}$（万米^3）.

8. 加热后的物体在空气中冷却的速度与每一瞬时物体温度 T 和空气温度 T_0 之差成正

比，比例系数为 k，试确定物体温度 T 与时间 t 的关系.

解：设在时刻 t 物体的温度为 $T=T(t)$. 由题意可得

$$\frac{dT}{dt}=-k(T-T_0)$$

分离变量，得 $\frac{dT}{T-T_0}=-kdt$. 两边积分，有

$$\ln(T-T_0)=-kt+\ln C$$

所以 $T=T_0+Ce^{-kt}$（C 为任意正常数）.

注意，当 $t\to+\infty$ 时，$T\to T_0$，即充分长时间后，物体温度将与空气温度一致.

9. 某商品的需求量 Q 对价格 P 的弹性为 $-P\ln 3$. 已知该商品的最大需求量为 1 200（即当 $P=0$ 时，$Q=1\,200$），求需求量 Q 对价格 P 的函数关系.

解：由需求弹性的定义，有

$$\frac{P}{Q}\cdot\frac{dQ}{dP}=-P\ln 3\text{，且 }Q\Big|_{P=0}=1\,200$$

分离变量，得 $\frac{dQ}{Q}=-\ln 3dP$. 两边积分，有

$$\ln Q=-P\ln 3+\ln C$$

所以 $Q=Ce^{-P\ln 3}=C\cdot 3^{-P}$. 由初始条件 $Q\Big|_{P=0}=1\,200$，得 $C=1\,200$. 于是该商品需求量与价格的关系为

$$Q=1\,200\cdot 3^{-P}$$

10. 在某池塘内养鱼，该池塘最多能养鱼 1 000 条. 在时刻 t，鱼数 y 是时间 t 的函数 $y=y(t)$，其变化率与鱼数 y 及 $1\,000-y$ 成正比. 已知在池塘内放养鱼 100 条，三个月后池塘内有鱼 250 条，求放养 t 个月后池塘内鱼数 $y(t)$ 的公式.

解：由题意，有

$$y'=ky(1\,000-y)\text{，且 }y\Big|_{t=0}=100\text{，}y\Big|_{t=3}=250$$

方程可分离变量，化为 $\frac{dy}{y(1\,000-y)}=kdt$，即

$$\left[\frac{1}{1\,000y}+\frac{1}{1\,000(1\,000-y)}\right]dy=kdt$$

两边积分，得 $\frac{1}{1\,000}[\ln y-\ln(1\,000-y)]=kt+\frac{1}{1\,000}\ln C$，所以

$$\frac{y}{1\,000-y}=Ce^{1\,000kt}$$

将初始条件 $y\Big|_{t=0}=100$，$y\Big|_{t=3}=250$ 代入，得

$$C=\frac{1}{9}\text{，}k=\frac{\ln 3}{3\,000}$$

所以放养 t 个月后池塘内鱼数满足关系

$$\frac{y}{1\,000-y}=\frac{1}{9}\cdot 3^{\frac{t}{3}}$$

即 $$y=\frac{1\,000\cdot 3^{\frac{t}{3}}}{9+3^{\frac{t}{3}}}$$

注释 微分方程的理论和方法在自然科学及经济管理中具有广泛的应用，本习题的第 6 ～ 10 题是较简单的微分方程应用题. 求解这类问题的一般步骤是：先假设问题中的未知函数，建立关于未知函数的微分方程，并确定初始条件，最后求出方程的通解或满足初始条件的特解.

11. 求下列各微分方程的通解或在给定初始条件下的特解：

(1) $y''-4y'+3y=0$　　(2) $y''-y'-6y=0$

(3) $y''-6y'-9y=0$　　(4) $y''+4y=0$

(5) $y''-5y'+6y=0$，$y'\big|_{x=0}=1$，$y\big|_{x=0}=\frac{1}{2}$

(6) $y''+y'-2y=0$，$y'\big|_{x=0}=0$，$y\big|_{x=0}=3$

(7) $y''-6y'+9y=0$，$y'\big|_{x=0}=2$，$y\big|_{x=0}=0$

(8) $y''+3y'+2y=0$，$y'\big|_{x=0}=1$，$y\big|_{x=0}=1$

名师解题

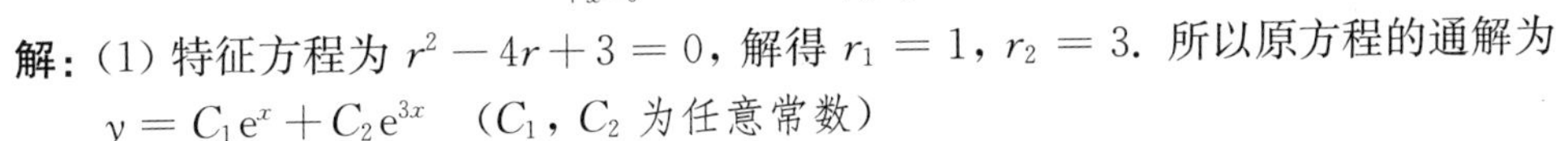

解：(1) 特征方程为 $r^2-4r+3=0$，解得 $r_1=1$，$r_2=3$. 所以原方程的通解为

$$y=C_1\mathrm{e}^{x}+C_2\mathrm{e}^{3x}\quad(C_1,C_2\text{ 为任意常数})$$

(2) 特征方程为 $r^2-r-6=0$，解得 $r_1=-2$，$r_2=3$. 所以原方程的通解为

$$y=C_1\mathrm{e}^{-2x}+C_2\mathrm{e}^{3x}\quad(C_1,C_2\text{ 为任意常数})$$

(3) 特征方程为 $r^2-6r-9=0$. 由求根公式，有

$$r=\frac{6\pm\sqrt{36+36}}{2}=3\pm3\sqrt{2}$$

得特征方程的根 $r_1=3+3\sqrt{2}$，$r_2=3-3\sqrt{2}$，所以原方程的通解为

$$\begin{aligned}y&=C_1\mathrm{e}^{(3+3\sqrt{2})x}+C_2\mathrm{e}^{(3-3\sqrt{2})x}\\&=\mathrm{e}^{3x}(C_1\mathrm{e}^{3\sqrt{2}x}+C_2\mathrm{e}^{-3\sqrt{2}x})\quad(C_1,C_2\text{ 为任意常数})\end{aligned}$$

(4) 特征方程为 $r^2+4=0$. 该方程有共轭复根 $r_1=2\mathrm{i}$，$r_2=-2\mathrm{i}$. 所以原方程的通解为

$$y=C_1\cos2x+C_2\sin2x\quad(C_1,C_2\text{ 为任意常数})$$

(5) 特征方程为 $r^2-5r+6=0$，解得 $r_1=2$，$r_2=3$. 所以原方程的通解为

$$y=C_1\mathrm{e}^{2x}+C_2\mathrm{e}^{3x}\quad(C_1,C_2\text{ 为任意常数})$$

又 $y'=2C_1\mathrm{e}^{2x}+3C_2\mathrm{e}^{3x}$. 将 $y\big|_{x=0}=\frac{1}{2}$，$y'\big|_{x=0}=1$ 代入上述两式，得

$$C_1+C_2=\frac{1}{2},\quad 2C_1+3C_2=1$$

解得 $C_1=\frac{1}{2}$，$C_2=0$. 故原方程在给定初始条件下的特解为 $y=\frac{1}{2}\mathrm{e}^{2x}$.

(6) 特征方程为 $r^2+r-2=0$，解得 $r_1=1$，$r_2=-2$. 所以原方程的通解为

$$y=C_1\mathrm{e}^x+C_2\mathrm{e}^{-2x}\quad(C_1,C_2\text{ 为任意常数})$$

又 $y'=C_1\mathrm{e}^x-2C_2\mathrm{e}^{-2x}$. 将 $y\big|_{x=0}=3$，$y'\big|_{x=0}=0$ 代入上述两式，得

$$C_1+C_2=3,\quad C_1-2C_2=0$$

解得 $C_1=2$，$C_2=1$. 故原方程在给定初始条件下的特解为$y=2\mathrm{e}^x+\mathrm{e}^{-2x}$.

(7) 特征方程为 $r^2-6r+9=0$，方程有相等实根 $r_1=r_2=3$. 所以原方程的通解为

$$y=(C_1+C_2x)\mathrm{e}^{3x}$$

又 $y'=[3C_1+C_2(1+3x)]\mathrm{e}^{3x}$. 将 $y\big|_{x=0}=0$，$y'\big|_{x=0}=2$ 代入上述两式，得

$$C_1=0,\ 3C_1+C_2=2$$

解得 $C_1=0$，$C_2=2$. 故原方程在给定初始条件下的特解为 $y=2x\mathrm{e}^{3x}$.

(8) 特征方程为 $r^2+3r+2=0$，解得 $r_1=-1$，$r_2=-2$. 所以原方程的通解为

$$y=C_1\mathrm{e}^{-x}+C_2\mathrm{e}^{-2x}\quad(C_1,C_2\text{ 为任意常数})$$

又 $y'=-C_1\mathrm{e}^{-x}-2C_2\mathrm{e}^{-2x}$. 将 $y\big|_{x=0}=1$，$y'\big|_{x=0}=1$ 代入上述两式，得

$$C_1+C_2=1,\quad -C_1-2C_2=1$$

解得 $C_1=3$，$C_2=-2$. 故原方程在给定初始条件下的特解为 $y=3\mathrm{e}^{-x}-2\mathrm{e}^{-2x}$.

注释 二阶常系数齐次线性微分方程的一般形式为

$$y''+py'+qy=0$$

对应的特征方程为 $r^2+pr+q=0$. 为求得此微分方程的通解，可以先解对应的特征方程 $r^2+pr+q=0$，其根记为 r_1，r_2.

(ⅰ) 如果 r_1，r_2为两个不等实根，则原微分方程的通解为

$$y=C_1\mathrm{e}^{r_1x}+C_2\mathrm{e}^{r_2x}\quad(C_1,C_2\text{ 为任意常数})$$

(ⅱ) 如果 $r_1=r_2=r$ 为两个相等实根，则原微分方程的通解为

$$y=(C_1+C_2x)\mathrm{e}^{rx}\quad(C_1,C_2\text{ 为任意常数})$$

(ⅲ) 如果 $r_1=\alpha+\mathrm{i}\beta$，$r_2=\alpha-\mathrm{i}\beta$ 为一对共轭复根，则原微分方程的通解为

$$y=\mathrm{e}^{\alpha x}(C_1\cos\beta x+C_2\sin\beta x)\quad(C_1,C_2\text{ 为任意常数})$$

12. 求下列微分方程的通解或在给定初始条件下的特解：

(1) $y''-6y'+13y=14$　　(2) $y''-2y'-3y=2x+1$

(3) $y''+2y'-3y=\mathrm{e}^{2x}$　　(4) $y''-y'-2y=\mathrm{e}^{2x}$

(5) $y''+4y=8\sin2x$

(6) $y''-4y=4$，$y'\big|_{x=0}=0$，$y\big|_{x=0}=1$

(7) $y''+4y=8x$，$y'\big|_{x=0}=4$，$y\big|_{x=0}=0$

(8) $y''-5y'+6y=2\mathrm{e}^x$，$y'\big|_{x=0}=1$，$y\big|_{x=0}=1$

名师解题

解: (1) 方法1(待定系数法) 先解原方程对应的齐次方程 $y''-6y'+13y=0$. 由于特征方程为 $r^2-6r+13=0$，得其根为 $r_1=3+2\mathrm{i}$，$r_2=3-2\mathrm{i}$. 所以，对应的齐次方程的通解为

$$y^*=\mathrm{e}^{3x}(C_1\cos 2x+C_2\sin 2x)\quad (C_1,\ C_2\ 为任意常数)$$

再求原方程的一个特解，设 $\tilde{y}=A$，并代入原方程，得 $A=\frac{14}{13}$. 故原方程的通解为 $y=y^*+\tilde{y}$，即

$$y=(C_1\cos 2x+C_2\sin 2x)\mathrm{e}^{3x}+\frac{14}{13}$$

方法2(参数变易法) 原方程对应的齐次方程的通解为

$$y^*=\mathrm{e}^{3x}(C_1\cos 2x+C_2\sin 2x)\quad (C_1,\ C_2\ 为任意常数)$$

设原方程的一个特解为

$$\tilde{y}=v_1(x)\mathrm{e}^{3x}\cos 2x+v_2(x)\mathrm{e}^{3x}\sin 2x$$

其中 $v_1(x)$，$v_2(x)$ 需满足：

$$\begin{cases}\mathrm{e}^{3x}\cos 2x\cdot v_1'+\mathrm{e}^{3x}\sin 2x\cdot v_2'=0\\(\mathrm{e}^{3x}\cos 2x)'\cdot v_1'+(\mathrm{e}^{3x}\sin 2x)'\cdot v_2'=14\end{cases}$$

化简得
$$\begin{cases}\cos 2x\cdot v_1'+\sin 2x\cdot v_2'=0\\-\sin 2x\cdot v_1'+\cos 2x\cdot v_2'=7\mathrm{e}^{-3x}\end{cases}$$

解得 $\quad v'_1=-7\mathrm{e}^{-3x}\sin 2x$，$v'_2=7\mathrm{e}^{-3x}\cos 2x$

所以
$$v_1(x)=-7\int\mathrm{e}^{-3x}\sin 2x\mathrm{d}x=\frac{7}{13}(2\cos 2x+3\sin 2x)\mathrm{e}^{-3x}$$

$$v_2(x)=7\int\mathrm{e}^{-3x}\cos 2x\mathrm{d}x=\frac{7}{13}(-3\cos 2x+2\sin 2x)\mathrm{e}^{-3x}$$

于是 $\tilde{y}=\frac{14}{13}$. 故原方程的通解为

$$y=(C_1\cos 2x+C_2\sin 2x)\mathrm{e}^{3x}+\frac{14}{13}\quad (C_1,\ C_2\ 为任意常数)$$

注释 二阶常系数非齐次线性方程的一般形式为

$$y''+py'+qy=f(x),\qquad 其中\ f(x)\neq 0$$

其通解可按以下步骤进行.

(ⅰ) 先解对应的齐次方程 $y''+py'+q=0$，得齐次方程的通解

$$y^*=C_1u_1+C_2u_2\quad (C_1,\ C_2\ 为任意常数)$$

(ⅱ) 求原方程 $y''+py'+q=f(x)$ 的一个特解 $\tilde{y}$. 一般可用以下两种方法：

(a) 待定系数法. 假设待定特解 $\tilde{y}$ 与 $f(x)$ 的形式类似但含有待定系数(这时，称 $\tilde{y}$ 为试解)，将 $\tilde{y}$ 代入原方程，并确定各待定系数，从而求得原方程的特解 $\tilde{y}$. 为说明取试解的条件和形式，可列表如下(见表9-1，表中 $P_m(x)=a_0+a_1x+\cdots+a_mx^m$，根据 $f(x)$ 可能的不同形式，给出了试解应取的形式)：

表 9-1

$f(x)$ 的形式	取待定特解的条件	所取试解的形式
$f(x)=P_m(x)$	零不是特征方程的根	$\tilde{y}=Q_m(x)=A_0+A_1x+\cdots+A_mx^m$ $A_0,A_1,A_2,\cdots,A_m$ 为待定常数
	零是特征方程的单根	$\tilde{y}=xQ_m(x)$
	零是特征方程的二重根	$\tilde{y}=x^2Q_m(x)$
$f(x)=e^{\alpha x}P_m(x)$ α 为实常数	α 不是特征方程的根	$\tilde{y}=e^{\alpha x}Q_m(x)$
	α 是特征方程的单根	$\tilde{y}=xe^{\alpha x}Q_m(x)$
	α 是特征方程的二重根	$\tilde{y}=x^2e^{\alpha x}Q_m(x)$
$f(x)=e^{\alpha x}(a_1\cos\beta x+a_2\sin\beta x)$ α,a_1,a_2,β 均为实常数	$\alpha\pm i\beta$ 不是特征方程的根	$\tilde{y}=e^{\alpha x}[A_1\cos\beta x+A_2\sin\beta x]$ A_1,A_2 为待定常数
	$\alpha\pm i\beta$ 是特征方程的根	$\tilde{y}=xe^{\alpha x}[A_1\cos\beta x+A_2\sin\beta x]$

(b) 参数变易法. 设原方程的一个特解为

$$\tilde{y}=v_1(x)u_1+v_2(x)u_2$$

解方程组 $\begin{cases}u_1v_1'+u_2v_2'=0\\u_1'v_1'+u_2'v_2'=f(x)\end{cases}$

求得 v_1' 和 v_2'，积分后可求得 v_1 和 v_2. 从而得到特解

$$\tilde{y}=v_1(x)u_1+v_2(x)u_2$$

(ⅲ) 由步骤(ⅰ)和(ⅱ)可得原方程的通解

$$y=y^*+\tilde{y}=C_1u_1+C_2u_2+\tilde{y}\quad(C_1,C_2\text{ 为任意常数})$$

一般地说，求特解的两种方法各有优劣，但是当 $f(x)$ 的形式较简单时，用待定系数法计算量较小，故以下各题求特解时，均采用待定系数法.

(2) 原方程对应的齐次方程为 $y''-2y'-3y=0$，其特征方程为 $r^2-2r-3=0$，解之得 $r_1=-1$，$r_2=3$，所以对应的齐次方程的通解为

$$y^*=C_1e^{-x}+C_2e^{3x}\quad(C_1,C_2\text{ 为任意常数})$$

设原方程的一个特解为 $\tilde{y}=A_0+A_1x$. 将 $\tilde{y}$ 代入原方程，得

$$-2A_1-3(A_0+A_1x)=2x+1$$

解得 $A_0=\frac{1}{9}$，$A_1=-\frac{2}{3}$. 所以 $\tilde{y}=\frac{1}{9}-\frac{2}{3}x$，于是原方程的通解为

$$y=C_1e^{-x}+C_2e^{3x}-\frac{2}{3}x+\frac{1}{9}\quad(C_1,C_2\text{ 为任意常数})$$

(3) 原方程对应的齐次方程为 $y''+2y'-3y=0$，其特征方程为 $r^2+2r-3=0$，解得 $r_1=-3$，$r_2=1$，所以原方程对应的齐次方程的通解为

$$y^*=C_1e^{-3x}+C_1e^{x}\quad(C_1,C_2\text{ 为任意常数})$$

由于 $f(x)=e^{2x}$，故可设原方程的一个特解为 $\tilde{y}=Ae^{2x}$，将 $\tilde{y}$ 代入原方程，得

$$4Ae^{2x}+4Ae^{2x}-3Ae^{2x}=e^{2x}$$

解得 $A=\frac{1}{5}$. 所以 $\tilde{y}=\frac{1}{5}e^{2x}$. 于是原方程的通解为

$$y = C_1 e^{-3x} + C_2 e^x + \frac{1}{5} e^{2x} \quad (C_1, C_2 \text{为任意常数})$$

(4) 原方程对应的齐次方程为 $y'' - y' - 2y = 0$，其特征方程 $r^2 - r - 2 = 0$，解得 $r_1 = -1$，$r_2 = 2$，所以原方程对应的齐次方程的通解为

$$y^* = C_1 e^{-x} + C_1 e^{2x} \quad (C_1, C_2 \text{为任意常数})$$

由于 $f(x) = e^{2x}$，故可设原方程的一个特解 $\tilde{y} = Axe^{2x}$. 将 $\tilde{y}$ 代入原方程，有

$$4Ae^{2x} + 4Axe^{2x} - (Ae^{2x} + 2Axe^{2x}) - 2Axe^{2x} = e^{2x}$$

可得 $A = \frac{1}{3}$. 所以 $\tilde{y} = \frac{1}{3}xe^{2x}$. 于是原方程的通解为

$$y = C_1 e^{-x} + C_2 e^{2x} + \frac{x}{3} e^{2x} \quad (C_1, C_2 \text{为任意常数})$$

(5) 原方程对应的齐次方程为 $y'' + 4y = 0$，其特征方程为 $r^2 + 4 = 0$，可得 $r_1 = -2i$，$r_2 = 2i$，所以对应的齐次方程的通解为

$$y^* = C_1 \cos 2x + C_2 \sin 2x \quad (C_1, C_2 \text{为任意常数})$$

由于 $f(x) = 8\sin 2x$，故可设原方程的一个特解为 $\tilde{y} = x(A_1 \cos 2x + A_2 \sin 2x)$. 将 $\tilde{y}$ 代入原方程，有

$$4(A_2 - A_1 x)\cos 2x - 4(A_1 + A_2 x)\sin 2x$$
$$+ 4x(A_1 \cos 2x + A_2 \sin 2x) = 8\sin 2x$$

可得 $A_1 = -2$，$A_2 = 0$，所以 $\tilde{y} = -2x\cos 2x$.

于是，原方程的通解为

$$y = C_1 \cos 2x + C_2 \sin 2x - 2x\cos 2x$$
$$= (C_1 - 2x)\cos 2x + C_2 \sin 2x$$

(6) 原方程对应的齐次方程为 $y'' - 4y = 0$，其特征方程 $r^2 - 4 = 0$ 的根为 $r_1 = -2$，$r_2 = 2$，所以对应的齐次方程的通解为

$$y^* = C_1 e^{-2x} + C_2 e^{2x} \quad (C_1, C_2 \text{为任意常数})$$

由于 $f(x) = 4$，故可设原方程的一个特解为 $\tilde{y} = A$. 将 $\tilde{y}$ 代入原方程，有 $0 - 4A = 4$，得 $A = -1$. 所以，$\tilde{y} = -1$.

于是，原方程的通解为

$$y = C_1 e^{-2x} + C_2 e^{2x} - 1 \quad (C_1, C_2 \text{为任意常数})$$

将初始条件 $y'\big|_{x=0} = 0$，$y\big|_{x=0} = 1$ 代入上式，有

$$C_1 + C_2 - 1 = 1, \qquad -2C_1 + 2C_2 = 0$$

解得 $C_1 = 1$，$C_2 = 1$. 所以，原方程在所给初始条件下的特解为

$$y = e^{-2x} + e^{2x} - 1$$

(7) 原方程对应的齐次方程为 $y'' + 4y = 0$，其特征方程 $r^2 + 4 = 0$ 的根为 $r_1 = -2i$，$r_2 = 2i$. 所以，对应的齐次方程的通解为

$$y^* = C_1 \cos 2x + C_2 \sin 2x \quad (C_1, C_2 \text{为任意常数})$$

由于 $f(x) = 8x$，可设原方程的一个特解为 $\tilde{y} = A_0 + A_1 x$. 将 $\tilde{y}$ 代入原方程，有

$$4(A_0 + A_1 x) = 8x$$

得 $A_0=0$，$A_1=2$，所以 $\tilde{y}=2x$，原方程的通解为

$$y=C_1\cos 2x+C_2\sin 2x+2x \quad (C_1,C_2\text{ 为任意常数})$$

又 $y'=-2C_1\sin 2x+2C_2\cos 2x+2$

将初始条件 $y'\big|_{x=0}=4$，$y\big|_{x=0}=0$ 代入上述两式，有

$$C_1=0,\quad 2C_2+2=4$$

解得 $C_1=0$，$C_2=1$. 于是，原方程在给定初始条件下的特解为

$$y=\sin 2x+2x$$

(8) 原方程对应的齐次方程为 $y''-5y'+6y=0$，其特征方程 $r^2-5r+6=0$ 的根为 $r_1=2$，$r_2=3$，所以对应的齐次方程的通解为

$$y^*=C_1e^{2x}+C_2e^{3x} \quad (C_1,C_2\text{ 为任意常数})$$

由于 $f(x)=2e^x$，可设原方程的一个特解为 $\tilde{y}=Ae^x$. 将 $\tilde{y}$ 代入原方程，有

$$Ae^x-5Ae^x+6Ae^x=2e^x$$

得 $A=1$，所以 $\tilde{y}=e^x$，原方程的通解为

$$y=C_1e^{2x}+C_2e^{3x}+e^x \quad (C_1,C_2\text{ 为任意常数})$$

又 $y'=2C_1e^{2x}+3C_2e^{3x}+e^x$

将初始条件 $y'\big|_{x=0}=1$，$y\big|_{x=0}=1$ 代入上述两式，有

$$C_1+C_2+1=1,\ 2C_1+3C_2+1=1$$

解得 $C_1=0$，$C_2=0$. 于是，原方程在给定初始条件下的特解为 $y=e^x$.

13. 求下列函数的差分：

(1) $y_x=c$ (c 为常数)，求 Δy_x.

(2) $y_x=x^2+2x$，求 $\Delta^2 y_x$.

(3) $y_x=a^x(a>0,\ a\neq 1)$，求 $\Delta^2 y_x$.

(4) $y_x=\log_a x\ (a>0,\ a\neq 1)$，求 $\Delta^2 y_x$.

(5) $y_x=\sin ax$，求 Δy_x.

(6) $y_x=x^3+3$，求 $\Delta^3 y_x$.

解：(1) $\Delta y_x=y_{x+1}-y_x=c-c=0$

(2) $\Delta y_x=y_{x+1}-y_x=(x+1)^2+2(x+1)-x^2-2x$

$$=2x+3$$

所以 $\Delta^2 y_x=\Delta(\Delta y_x)=\Delta(2x+3)$

$$=[2(x+1)+3]-(2x+3)=2$$

(3) $\Delta y_x=y_{x+1}-y_x=a^{x+1}-a^x=(a-1)a^x$

$$\Delta^2 y_x=\Delta(\Delta y_x)=\Delta[(a-1)a^x]$$

$$=(a-1)\Delta(a^x)=(a-1)^2a^x$$

(4) $\Delta y_x=y_{x+1}-y_x=\log_a(x+1)-\log_a x=\log_a\left(1+\dfrac{1}{x}\right)$

$$\Delta^2 y_x=\Delta(\Delta y_x)=\Delta\left[\log_a\left(1+\frac{1}{x}\right)\right]$$

$$= \log_a\left(1+\frac{1}{x+1}\right)-\log_a\left(1+\frac{1}{x}\right)$$

$$= \log_a \frac{x(x+2)}{(x+1)^2}$$

$$= \log_a\left(1-\frac{1}{(x+1)^2}\right)$$

(5) $\Delta y_x = y_{x+1} - y_x = \sin a(x+1) - \sin ax$

$$= 2\cos a\left(x+\frac{1}{2}\right)\cdot \sin\frac{a}{2}$$

(6) $\Delta y_x = y_{x+1} - y_x = (x+1)^3 + 3 - x^3 - 3 = 3x^2 + 3x + 1$

$$\Delta^2 y_x = \Delta(\Delta y_x) = [3(x+1)^2 + 3(x+1) + 1] - [3x^2 + 3x + 1]$$
$$= 6x + 6$$

$$\Delta^3 y_x = \Delta(\Delta^2 y_x) = 6(x+1) + 6 - 6x - 6 = 6$$

14. 证明下列各等式：

(1) $\Delta(u_x v_x) = u_{x+1}\Delta v_x + v_x \Delta u_x$

(2) $\Delta\left(\dfrac{u_x}{v_x}\right) = \dfrac{v_x \Delta u_x - u_x \Delta v_x}{v_x v_{x+1}}$

证：(1) 由差分定义，有

$$\Delta(u_x v_x) = u_{x+1}v_{x+1} - u_x v_x$$
$$= u_{x+1}(v_{x+1} - v_x) + v_x(u_{x+1} - u_x)$$
$$= u_{x+1}\Delta v_x + v_x \Delta u_x$$

(2) $$\Delta\left(\frac{u_x}{v_x}\right) = \frac{u_{x+1}}{v_{x+1}} - \frac{u_x}{v_x} = \frac{u_{x+1}v_x - u_x v_{x+1}}{v_x v_{x+1}}$$

$$= \frac{u_{x+1}v_x - u_x v_x + u_x v_x - u_x v_{x+1}}{v_x v_{x+1}}$$

$$= \frac{v_x(u_{x+1} - u_x) - u_x(v_{x+1} - v_x)}{v_x v_{x+1}}$$

$$= \frac{v_x \Delta u_x - u_x \Delta v_x}{v_x v_{x+1}}$$

注释　求函数 y_x 的一阶差分，可直接利用定义：$\Delta y_x = y_{x+1} - y_x$.

求函数 y_x 的高阶差分，可直接利用定义、性质或其展开式. 例如，第 13(6) 题中，$y_x = x^3 + 3$，除上面题解中给出的解法外，也可按下面的求解方法计算：

$$\Delta y_x = \Delta(x^3 + 3) = \Delta(x^3) + \Delta(3) = \Delta(x^3)$$
$$= (x+1)^3 - x^3 = 3x^2 + 3x + 1$$

$$\Delta^2 y_x = y_{x+2} - 2y_{x+1} + y_x$$
$$= [(x+2)^3 + 3] - 2[(x+1)^3 + 3] + (x^3 + 3)$$
$$= 6x + 6$$

$$\begin{aligned}\Delta^3 y_x &= y_{x+3} - 3y_{x+2} + 3y_{x+1} - y_x \\ &= [(x+3)^3 + 3] - 3[(x+2)^3 + 3] \\ &\quad + 3[(x+1)^3 + 3] - (x^3 + 3) \\ &= 6\end{aligned}$$

15. 确定下列方程的阶：

(1) $y_{x+3} - x^2 y_{x+1} + 3y_x = 2$

(2) $y_{x-2} - y_{x-4} = y_{x+2}$

解：(1) 方程中含未知函数附标的最大值与最小值的差为 $(x+3)-x=3$，故该方程为 3 阶差分方程.

(2) 类似于(1)，由 $(x+2)-(x-4)=6$，可知该方程为 6 阶差分方程.

16. 验证函数 $y_x = C_1 + C_2 2^x$ 是差分方程

$$y_{x+2} - 3y_{x+1} + 2y_x = 0$$

的解，并求 $y_0 = 1$，$y_1 = 3$ 时方程的特解.

解：将 $y_x = C_1 + C_2 2^x$ 代入方程左端，有

$$\begin{aligned}y_{x+2} - 3y_{x+1} + 2y_x &= C_1 + C_2 2^{x+2} - 3(C_1 + C_2 2^{x+1}) + 2(C_1 + C_2 2^x) \\ &= C_2 2^x (2^2 - 3 \cdot 2 + 2) = 0\end{aligned}$$

所以 $y_x = C_1 + C_2 2^x$ 是方程的解.

将初始条件 $y_0 = 1$，$y_1 = 3$ 代入上式，有

$$1 = C_1 + C_2, \quad 3 = C_1 + 2C_2$$

解得 $C_1 = -1$，$C_2 = 2$. 所以满足所给初始条件的特解为 $y_x = -1 + 2^{x+1}$.

17. 设 Y_x，Z_x，U_x 分别是下列差分方程的解：

$$y_{x+1} + ay_x = f_1(x), \quad y_{x+1} + ay_x = f_2(x), \quad y_{x+1} + ay_x = f_3(x)$$

求证：$W_x = Y_x + Z_x + U_x$ 是差分方程

$$y_{x+1} + ay_x = f_1(x) + f_2(x) + f_3(x)$$

的解.

证：将 $W_x = Y_x + Z_x + U_x$ 代入方程

$$y_{x+1} + ay_x = f_1(x) + f_2(x) + f_3(x)$$

的左端，有

$$\begin{aligned}y_{x+1} + ay_x &= W_{x+1} + aW_x \\ &= Y_{x+1} + Z_{x+1} + U_{x+1} + a(Y_x + Z_x + U_x) \\ &= (Y_{x+1} + aY_x) + (Z_{x+1} + aZ_x) + (U_{x+1} + aU_x) \\ &= f_1(x) + f_2(x) + f_3(x)\end{aligned}$$

即 W_x 为方程 $y_{x+1} + ay_x = f_1(x) + f_2(x) + f_3(x)$ 的解.

本题的结论可以作为定理使用，称为差分方程的叠加原理.

18. 求下列差分方程的通解及特解：

(1) $y_{x+1}-5y_x=3$　　$\left(y_0=\dfrac{7}{3}\right)$

(2) $y_{x+1}+y_x=2^x$　　$(y_0=2)$

(3) $y_{x+1}+4y_x=2x^2+x-1$　　$(y_0=1)$

(4) $y_{x+2}+3y_{x+1}-\dfrac{7}{4}y_x=9$　　$(y_0=6,\ y_1=3)$

(5) $y_{x+2}-4y_{x+1}+16y_x=0$　　$(y_0=0,\ y_1=1)$

(6) $y_{x+2}-2y_{x+1}+2y_x=0$　　$(y_0=2,\ y_1=2)$

解：(1) 原方程对应的齐次方程为 $y_{x+1}-5y_x=0$，其中 $a=5$，所以齐次方程的通解为

$$y_x^*=A5^x\quad(A\text{ 为任意常数})$$

由于 $f(x)=3$，设原方程的一个特解为 $\tilde{y}_x=k$，将 $\tilde{y}_x$ 代入原方程，有 $k-5k=3$，得 $k=-\dfrac{3}{4}$，即 $\tilde{y}_x=-\dfrac{3}{4}$. 因此原方程的通解为

$$y_x=-\frac{3}{4}+A5^x\quad(A\text{ 为任意常数})$$

将 $y_0=\dfrac{7}{3}$ 代入上式，得 $A=\dfrac{37}{12}$，故原方程在给定初始条件下的特解为

$$y_x=-\frac{3}{4}+\frac{37}{12}\times 5^x$$

(2) 原方程对应的齐次方程为 $y_{x+1}+y_x=0$，其中 $a=-1$，所以齐次方程的通解为

$$y_x^*=A(-1)^x\quad(A\text{ 为任意常数})$$

由于 $f(x)=2^x$，设原方程的一个特解为 $\tilde{y}_x=k2^x$，将 $\tilde{y}_x$ 代入原方程，有 $k2^{x+1}+k2^x=2^x$，得 $k=\dfrac{1}{3}$，即 $\tilde{y}=\dfrac{1}{3}\cdot 2^x$，所以原方程的通解为

$$y_x=\frac{1}{3}\cdot 2^x+A(-1)^x\quad(A\text{ 为任意常数})$$

将 $y_0=2$ 代入上式，有 $2=\dfrac{1}{3}+A$，得 $A=\dfrac{5}{3}$. 因此原方程满足所给初始条件的特解为

$$y_x=\frac{1}{3}\cdot 2^x+\frac{5}{3}(-1)^x$$

(3) 原方程对应的齐次方程为 $y_{x+1}+4y_x=0$，其中 $a=-4$，所以齐次方程的通解为

$$y_x^*=A(-4)^x\quad(A\text{ 为任意常数})$$

由于 $f(x)=2x^2+x-1$，可设原方程的一个特解为 $\tilde{y}_x=B_0+B_1x+B_2x^2$，将 $\tilde{y}_x$ 代入原方程，有

$$B_0+B_1(x+1)+B_2(x+1)^2+4(B_0+B_1x+B_2x^2)=2x^2+x-1$$

对比等式两边同次项系数，得

$$\begin{cases}5B_2=2\\5B_1+2B_2=1\\5B_0+B_1+B_2=-1\end{cases}$$

解得 $B_0=-\frac{36}{125}$，$B_1=\frac{1}{25}$，$B_2=\frac{2}{5}$. 因此 $\tilde{y}_x=-\frac{36}{125}+\frac{1}{25}x+\frac{2}{5}x^2$，原方程的通解为

$$y_x=-\frac{36}{125}+\frac{1}{25}x+\frac{2}{5}x^2+A(-4)^x \quad (A\text{ 为任意常数})$$

将初始条件 $y_0=1$ 代入上式，得 $A=\frac{161}{125}$，故原方程满足所给初始条件的特解为

$$y_x=-\frac{36}{125}+\frac{1}{25}x+\frac{2}{5}x^2+\frac{161}{125}(-4)^x$$

注释 一阶常系数线性差分方程的一般形式为

$$y_{x+1}-ay_x=f(x) \quad (a\neq 0,\text{常数}) \qquad ①$$

对应的齐次方程为

$$y_{x+1}-ay_x=0 \qquad ②$$

可以证明：如果 y_x^* 是齐次差分方程②的通解，$\tilde{y}_x$ 是非齐次差分方程①的一个特解，则非齐次差分方程①的通解为

$$y_x=y_x^*+\tilde{y}_x$$

一阶常系数线性差分方程①的通解的求解步骤如下：

(ⅰ) 求对应的齐次方程②的通解，可以得到方程②的通解为

$$y_x^*=Aa^x \quad (A\text{ 为任意常数})$$

(ⅱ) 求原方程①的一个特解 $\tilde{y}_x$. 一般地，可根据 $f(x)$ 的形式，设定特解 $\tilde{y}$ 的形式(称为试解)，代入原方程①后，确定 $\tilde{y}_x$. 这一方法称为待定系数法(比较系数法).

非齐次差分方程①的特解 $\tilde{y}_x$ 所取试解的形式见表 9-2 [表中 $P_n(x)=b_0+b_1x+\cdots+b_nx^n$($b_0$，$b_1$，…，$b_n$ 均为已知常数)；$Q_n(x)=B_0+B_1x+\cdots+B_nx^n$($B_0$，$B_1$，…，$B_n$ 均为待定常数)]：

表 9-2

方程①中 $f(x)$ 的形式	试取特解的条件	试取特解的形式
$f(x)=P_n(x)$	$a\neq 1$	$\tilde{y}_x=Q_n(x)$
	$a=1$	$\tilde{y}_x=xQ_n(x)$
$f(x)=b^x\cdot P_n(x)$ ($b\neq 0$，常数)	$-a+b\neq 0$	$\tilde{y}_x=b^xQ_n(x)$
	$-a+b=0$	$\tilde{y}_x=xb^xQ_n(x)$

在经济管理应用中，常见的一阶常系数线性差分方程大多取表中的两种形式，而 $f(x)$ 的其他形式已超出了本书配套教材的要求.

(4) 对应的齐次方程为 $y_{x+2}+3y_{x+1}-\frac{7}{4}y_x=0$，特征方程为 $\lambda^2+3\lambda-\frac{7}{4}=0$，特征根 $\lambda_1=-\frac{7}{2}$，$\lambda_2=\frac{1}{2}$. 因此对应的齐次方程的通解为

$$y_x^*=A_1\left(-\frac{7}{2}\right)^x+A_2\left(\frac{1}{2}\right)^x \quad (A_1,A_2\text{ 为任意常数})$$

由于 $f(x)=9$，可设原方程的一个特解为 $\tilde{y}_x=k$. 将 $\tilde{y}_x$ 代入原方程，有 $k+3k-\frac{7}{4}k=9$，得 $k=4$. 因此 $\tilde{y}_x=4$，原方程的通解为

$$y_x=A_1\left(-\frac{7}{2}\right)^x+A_2\left(\frac{1}{2}\right)^x+4 \quad (A_1,A_2\text{ 为任意常数})$$

将初始条件 $y_0=6$，$y_1=3$ 代入上式，有

$$\begin{cases}6=A_1+A_2+4\\3=-\frac{7}{2}A_1+\frac{1}{2}A_2+4\end{cases}$$

解得 $A_1=\frac{1}{2}$，$A_2=\frac{3}{2}$，所以原方程在所给初始条件下的特解为

$$y_x=\frac{1}{2}\left(-\frac{7}{2}\right)^x+\frac{3}{2}\left(\frac{1}{2}\right)^x+4$$

(5) 原方程对应的特征方程为 $\lambda^2-4\lambda+16=0$，其特征根 $\lambda_1=2+2\sqrt{3}\mathrm{i}$，$\lambda_2=2-2\sqrt{3}\mathrm{i}$. 又

$$r=\sqrt{16}=4,\quad \tan\theta=\frac{\sqrt{4\times16-4^2}}{4}=\sqrt{3}$$

故 $\theta=\frac{\pi}{3}$. 因此原方程的通解为

$$y_x=4^x\left(A_1\cos\frac{\pi x}{3}+A_2\sin\frac{\pi x}{3}\right) \quad (A_1,A_2\text{ 为任意常数})$$

将初始条件 $y_0=0$，$y_1=1$ 代入上式，有

$$A_1=0,\quad 1=4\left(\frac{1}{2}A_1+\frac{\sqrt{3}}{2}A_2\right)$$

解得 $A_1=0$，$A_2=\frac{1}{2\sqrt{3}}$. 所以原方程在所给初始条件下的特解为

$$y_x=\frac{4^x}{2\sqrt{3}}\sin\frac{\pi x}{3}$$

(6) 原方程对应的特征方程为 $\lambda^2-2\lambda+2=0$，其特征根 $\lambda_1=1+\mathrm{i}$，$\lambda_2=1-\mathrm{i}$. 又

$$r=\sqrt{2},\quad \tan\theta=\frac{\sqrt{4\times2-2^2}}{2}=1$$

故 $\theta=\frac{\pi}{4}$. 因此原方程的通解为

$$y_x=(\sqrt{2})^x\left(A_1\cos\frac{\pi x}{4}+A_2\sin\frac{\pi x}{4}\right) \quad (A_1,A_2\text{ 为任意常数})$$

将初始条件 $y_0=2$，$y_1=2$ 代入上式，有

$$2=A_1,\quad 2=\sqrt{2}\left(A_1\cos\frac{\pi}{4}+A_2\sin\frac{\pi}{4}\right)$$

解得 $A_1=2$，$A_2=0$. 因此原方程在所给初始条件下的特解为

$$y_x=2(\sqrt{2})^x\cos\frac{\pi x}{4}$$

19. 设某产品在时期t的价格、总供给与总需求分别为P_t、S_t与D_t，并设对于$t=0, 1, 2, \cdots$，有

(1) $S_t = 2P_t + 1$ (2) $D_t = -4P_{t-1} + 5$ (3) $S_t = D_t$

(Ⅰ)求证：由(1)、(2)、(3)可推出差分方程$P_{t+1} + 2P_t = 2$；

(Ⅱ)已知P_0时，求上述方程的解.

(Ⅰ)**证**：由条件(1)、(2)、(3)，有

$$2P_t + 1 = -4P_{t-1} + 5$$

即$P_t + 2P_{t-1} = 2$. 将t改写为$t+1$，得

$$P_{t+1} + 2P_t = 2$$

(Ⅱ)**解**：(Ⅰ)中方程对应的齐次方程为$P_{t+1} + 2P_t = 0$，其中$a = -2$. 因此齐次方程的通解为

$$P_t^* = A(-2)^t \quad (A\text{ 为任意常数})$$

由$f(t) = 2$，设原方程的一个特解为$\widetilde{P}_t = k$. 将$\widetilde{P}_t$代入原方程，有$k + 2k = 2$，得$k = \frac{2}{3}$. 所以原方程的通解为

$$P_t = \frac{2}{3} + A(-2)^t \quad (A\text{ 为任意常数})$$

将初始条件$P\Big|_{t=0} = P_0$代入上式，得$A = P_0 - \frac{2}{3}$. 于是原方程满足给定初始条件的特解为

$$P_t = \frac{2}{3} + \left(P_0 - \frac{2}{3}\right)(-2)^t$$

(B)

1. 关于微分方程$\frac{d^2y}{dx^2} + 2\frac{dy}{dx} + y = e^x$的下列结论：

① 该方程是齐次微分方程 ② 该方程是线性微分方程

③ 该方程是常系数微分方程 ④ 该方程为二阶微分方程

其中正确的是[ ].

(A) ①，②，③ (B) ①，②，④

(C) ①，③，④ (D) ②，③，④

解：因为$f(x) = e^x$，未知函数的一阶、二阶导数的系数均为常数，且次数为1，所以该方程是二阶常系数线性微分方程，结论 ②，③，④ 正确. 故本题应选(D).

2. 微分方程$x\ln x \cdot y'' = y'$的通解是[ ].

(A) $y = C_1 x\ln x + C_2$ (B) $y = C_1 x(\ln x - 1) + C_2$

(C) $y = x\ln x$ (D) $y = C_1 x(\ln x - 1) + 2$

解：本题中的微分方程为二阶微分方程，故其通解中应含有两个独立的任意常数. 由此可排除选项中的(C)和(D).

对于(A)和(B)，可直接计算验证(A)不是方程的通解，而(B)是方程的通解. 事实上，

对于(B)

$$y' = C_1(\ln x - 1) + C_1 = C_1\ln x, \quad y'' = \frac{C_1}{x}$$

所以 $x\ln x \cdot y'' = C_1\ln x = y'$，即 $y = C_1x(\ln x - 1) + C_2$ 是原方程的通解.

综上分析，本题应选(B).

3. 下列方程中有一个是一阶微分方程，它是[　　].

(A) $(y - xy')^2 = x^2yy''$

(B) $(y'')^2 + 5(y')^4 - y^5 + x^7 = 0$

(C) $(x^2 - y^2)\mathrm{d}x + (x^2 + y^2)\mathrm{d}y = 0$

(D) $xy'' + y' + y = 0$

解： 微分方程中出现的未知函数导数的最高阶数，称为微分方程的阶. 由此可知，(A)、(B)、(D) 均为二阶微分方程，(C) 为一阶微分方程，故本题应选(C).

4. 下列等式中有一个是微分方程，它是[　　].

(A) $u'v + uv' = (uv)'$　　(B) $\dfrac{u'v - uv'}{v^2} = \left(\dfrac{u}{v}\right)'$　$(v \neq 0)$

(C) $\dfrac{\mathrm{d}y}{\mathrm{d}x} + \mathrm{e}^x = \dfrac{\mathrm{d}(y + \mathrm{e}^x)}{\mathrm{d}x}$　　(D) $y'' + 3y' + 4y = 0$

解： (A) 和 (B) 分别是两个函数乘积和商的求导公式，不是微分方程.

(C)中，右端 $= \dfrac{\mathrm{d}(y + \mathrm{e}^x)}{\mathrm{d}x} = \dfrac{\mathrm{d}y + \mathrm{e}^x\mathrm{d}x}{\mathrm{d}x} = \dfrac{\mathrm{d}y}{\mathrm{d}x} + \mathrm{e}^x$，这是一个恒等式. 只有(D) 是微分方程，故本题应选(D).

5. 微分方程 $yy'' - 2(y')^2 = 0$ 的通解是[　　].

名师解题

(A) $y = \dfrac{1}{C_1 - C_2x}$　　(B) $y = \dfrac{1}{C_1 - C_2x^2}$

(C) $y = \dfrac{1}{C - x}$　　(D) $y = \dfrac{1}{1 - Cx}$

解： 二阶微分方程的通解中应含有两个任意常数，故可排除(C) 和 (D)，只需验证(A) 和 (B).

(A)　$y' = \dfrac{C_2}{(C_1 - C_2x)^2}$，　$y'' = \dfrac{2C_2^2}{(C_1 - C_2x)^3}$

将 y'，y'' 代入原方程，有

$$yy'' - 2(y')^2 = \frac{1}{C_1 - C_2x} \cdot \frac{2C_2^2}{(C_1 - C_2x)^3} - 2\left(\frac{C_2}{(C_1 - C_2x)^2}\right)^2 = 0$$

故本题应选(A).

6. 用待定系数法求方程 $y'' + 2y' = 5$ 的特解时，应设特解[　　].

(A) $\tilde{y} = a$　　(B) $\tilde{y} = ax^2$

(C) $\tilde{y} = ax$　　(D) $\tilde{y} = ax^2 + bx$

解： 微分方程为二阶常系数线性微分方程. 对应的齐次方程 $y'' + 2y' = 0$ 的特征方程为 $r^2 + 2r = 0$，得特征根 $r_1 = -2$，$r_2 = 0$. 由于零是特征方程的单根，原方程中 $f(x) = 5$，所以应设特解 $\tilde{y} = ax$. 故本题应选(C).

7. 下列等式中有一个是差分方程，它是[　　].

(A) $-3\Delta y_x = 3y_x + a^x$　　(B) $2\Delta y_x = y_x + x$

(C) $\Delta^2 y_x = y_{x+2} - 2y_{x+1} + y_x$　　(D) $\Delta(u_x v_x) = u_{x+1}\Delta v_x + v_x \Delta u_x$

解: (A) 由于 $-3\Delta y_x = -3(y_{x+1} - y_x)$，因此原式化为

$$-3y_{x+1} + 3y_x = 3y_x + a^x$$

即 $-3y_{x+1} = a^x$. 它不是差分方程.

(B) 可改写为 $2(y_{x+1} - y_x) = y_x + x$，即

$$2y_{x+1} - 3y_x = x$$

这是一阶差分方程，故本题应选(B).

(C) 和 (D) 均为恒等式，不是差分方程.

8. 下列差分方程中，不是二阶差分方程的是[　　].

(A) $y_{x+3} - 3y_{x+2} - y_{x+1} = 2$　　(B) $\Delta^2 y_x - \Delta y_x = 0$

(C) $\Delta^3 y_x + y_x + 3 = 0$　　(D) $\Delta^2 y_x + \Delta y_x = 0$

解: (A) 方程中未知函数附标的最大值与最小值的差为 $(x+3)-(x+1)=2$，故(A)是二阶差分方程.

(B) 方程中所含差分的最高阶数是二阶，并且，由

$$\begin{aligned}\Delta^2 y_x - \Delta y_x &= (y_{x+2} - 2y_{x+1} + y_x) - (y_{x+1} - y_x)\\ &= y_{x+2} - 3y_{x+1} + 2y_x\end{aligned}$$

可知(B) 为二阶差分方程.

(C) 从形式上看所含差分的最高阶数是三阶. 但是，由于

$$\begin{aligned}\Delta^3 y_x + y_x + 3 &= (y_{x+3} - 3y_{x+2} + 3y_{x+1} - y_x) + y_x + 3\\ &= y_{x+3} - 3y_{x+2} + 3y_{x+1} + 3\end{aligned}$$

可以看出，(C) 仍是二阶差分方程.

由上面分析，本题应选(D). 实际上，由

$$\begin{aligned}\Delta^2 y_x + \Delta y_x &= (y_{x+2} - 2y_{x+1} + y_x) + (y_{x+1} - y_x)\\ &= y_{x+2} - y_{x+1}\end{aligned}$$

可看出(D) 不是二阶差分方程，故本题应选(D).

9. 差分方程 $y_x - 3y_{x-1} - 4y_{x-2} = 0$ 的通解是[　　].

(A) $y_x = (-1)^x A + B4^x$　　(B) $y_x = B(-1)^x$

(C) $y_x = (-1)^x + B4^x$　　(D) $y_x = A4^x$

解: 原方程可改写为 $y_{x+2} - 3y_{x+1} - 4y_x = 0$，这是二阶常系数齐次差分方程，其通解中应含有两个任意常数，由此可排除(B)、(C)、(D). 故本题应选(A).

10. 函数 $y_x = A2^x + 8$ 是下面某一差分方程的通解，这个方程是[　　].

(A) $y_{x+2} - 3y_{x+1} + 2y_x = 0$　　(B) $y_x - 3y_{x-1} + 2y_{x-2} = 0$

(C) $y_{x+1} - 2y_x = -8$　　(D) $y_{x+1} - 2y_x = 8$

解: 不难看出，(A) 和 (B) 均为二阶差分方程，$y_x = A2^x + 8$ 仅含一个任意常数，故可排除(A) 和 (B).

对于(C)，由于 $f(x) = -8$，$a = 2$，可设原方程的一个特解为 $\tilde{y}_x = k$，代入原方程，有

$k-2k=-8$，得 $k=8$，可见 $y_x=A2^x+8$ 必为(C) 的通解. 故本题应选(C).

(二) 参考题(附解答)

(A)

1. 求下列微分方程的通解或在给定初始条件下的特解：

(1) $e^y(1+x^2)dy-2x(1+e^y)dx=0$，$y\Big|_{x=1}=0$

(2) $xy'=y+\sqrt{y^2-x^2}$

(3) $x^2y'+xy=y^2$，$y\Big|_{x=1}=1$

(4) $(x\cos y+\sin 2y)dy-dx=0$

解：(1) 分离变量，原方程可化为

$$\frac{e^y}{1+e^y}dy=\frac{2x}{1+x^2}dx$$

两边积分，得

$$\ln(1+e^y)=\ln(1+x^2)+\ln C$$

即　　$1+e^y=C(1+x^2)$　或　$e^y=C(1+x^2)-1$

将 $y\Big|_{x=1}=0$ 代入上式，可得 $C=1$，所以原方程满足所给初始条件的特解为 $e^y=x^2$.

(2) 原方程可化为

$$y'=\frac{y}{x}+\sqrt{\left(\frac{y}{x}\right)^2-1}$$

这是一个齐次微分方程.

令 $u=\frac{y}{x}$ 或 $y=ux$，则 $y'=u+xu'$. 于是原微分方程化为

$$xu'=\sqrt{u^2-1}$$

分离变量，得

$$\frac{du}{\sqrt{u^2-1}}=\frac{1}{x}dx$$

两边积分，可得

$$\ln(u+\sqrt{u^2-1})=\ln x+\ln C$$

即　　$u+\sqrt{u^2-1}=Cx$

把 $u=\frac{y}{x}$ 代入上式，可得

$$\frac{y}{x}+\sqrt{\left(\frac{y}{x}\right)^2-1}=Cx$$

所以原方程的通解为

$$y+\sqrt{y^2-x^2}=Cx^2 \quad (C\text{ 为任意常数})$$

注意，在分离变量时，两边曾除以 $x\sqrt{u^2-1}$，这样原方程可能丢失$x\sqrt{u^2-1}=0$ 的解. 令 $x=0$ 和$\sqrt{u^2-1}=0$，可得 $x=0$ 或 $y=\pm x$. 由于 $u=\frac{y}{x}$，$x\neq 0$，可知 $x=0$ 不是微分方程的解. 把 $y=x$ 和 $y=-x$ 代入原方程两边可知，$y=\pm x$ 是方程的解. 因此，原方程的全部解为

$$y+\sqrt{y^2-x^2}=Cx^2 \quad (C\text{ 为任意常数})$$

$$y=\pm x$$

(3) 原方程可以化为 $y'=\frac{y^2-xy}{x^2}$，即

$$y'=\left(\frac{y}{x}\right)^2-\frac{y}{x}$$

令 $u=\frac{y}{x}$，即 $y=ux$，则 $y'=u+xu'$. 原方程化为 $u+xu'=u^2-u$，即 $xu'=u^2-2u$. 分离变量，得

$$\frac{\mathrm{d}u}{u^2-2u}=\frac{1}{x}\mathrm{d}x$$

两边积分，得

$$\frac{1}{2}[\ln(u-2)-\ln u]=\ln x+C_1$$

即$\frac{u-2}{u}=Cx^2(C=\mathrm{e}^{2C_1})$. 将 $u=\frac{y}{x}$ 代入，得原方程的通解

$$\frac{y-2x}{y}=Cx^2$$

将 $y\Big|_{x=1}=1$ 代入上式，得 $C=-1$，所以原方程在所给初始条件下的特解为$\frac{y-2x}{y}=-x^2$，即

$$y=\frac{2x}{1+x^2}$$

(4) 把 x 看作 y 的函数，原方程可化为

$$\frac{\mathrm{d}x}{\mathrm{d}y}-x\cos y=\sin 2y$$

这是以 x 为未知函数的一阶非齐次线性方程，其通解为

$$x=\mathrm{e}^{\int\cos y\mathrm{d}y}\left[\int\mathrm{e}^{-\int\cos y\mathrm{d}y}\cdot\sin 2y\mathrm{d}y+C\right]$$

$$= e^{\sin y}\left[2\int e^{-\sin y}\cdot \sin y\cdot \cos y dy + C\right]$$

$$= e^{\sin y}\left[2\int \sin y d(-e^{-\sin y}) + C\right]$$

$$= e^{\sin y}[-2(\sin y e^{-\sin y} + e^{-\sin y}) + C]$$

即　$x = Ce^{\sin y} - 2(1+\sin y)$　（C 为任意常数）

2. 求下列微分方程的通解或在给定条件下的特解：

（1）$y'' - 2y' - e^{2x} = 0$，　$y\Big|_{x=0} = 1$，　$y'\Big|_{x=0} = 1$

（2）$y'' + 2y' + 2y = \sin 2x$

（3）$y'' + 2y' + y = xe^x$

（4）$y'' + y = e^x \sin x$

解：（1）原方程对应的齐次方程为 $y''-2y'=0$，其特征方程 $r^2-2r=0$ 的根为 $r_1=0$，$r_2=2$. 因此，对应的齐次方程的通解为

$$y^* = C_1 + C_2e^{2x}\quad (C_1, C_2\text{ 为任意常数})$$

由于 $f(x)=e^{2x}$，可设原方程的一个特解为 $\tilde{y} = Axe^{2x}$，则

$$\tilde{y}' = (A+2Ax)e^{2x},\quad \tilde{y}'' = 4A(1+x)e^{2x}$$

将 $\tilde{y}'$，$\tilde{y}''$ 代入原方程，有

$$4A(1+x)e^{2x} - 2(A+2Ax)e^{2x} = e^{2x}$$

解得 $A=\dfrac{1}{2}$，所以 $\tilde{y} = \dfrac{1}{2}xe^{2x}$. 于是，原方程的通解为

$$y = y^* + \tilde{y} = C_1 + \left(C_2 + \frac{1}{2}x\right)e^{2x}\quad (C_1, C_2\text{ 为任意常数})$$

将 $y\Big|_{x=0}=1$ 和 $y'\Big|_{x=0}=1$ 代入通解，可得 $C_1=\dfrac{3}{4}$，$C_2=\dfrac{1}{4}$，故原方程在所给初始条件下的特解为

$$y = \frac{3}{4} + \frac{1}{4}(1+2x)e^{2x}$$

（2）原方程对应的齐次方程为 $y''+2y'+2y=0$，其特征方程 $r^2+2r+2=0$ 的根为 $r_1=-1-\mathrm{i}$，$r_2=-1+\mathrm{i}$. 因此，对应的齐次方程的通解为

$$y^* = (C_1\cos x + C_2\sin x)e^{-x}\quad (C_1, C_2\text{ 为任意常数})$$

由于 $f(x)=\sin 2x$，可设原方程的一个特解为

$$\tilde{y} = A_1\cos 2x + A_2\sin 2x$$

则　$\tilde{y}' = -2A_1\sin 2x + 2A_2\cos 2x$，$\tilde{y}'' = -4A_1\cos 2x - 4A_2\sin 2x$

代入原方程，有

$$(-2A_1+4A_2)\cos 2x - (4A_1+2A_2)\sin 2x = \sin 2x$$

所以 $-2A_1+4A_2=0$，$-4A_1-2A_2=1$，解得 $A_1=-\dfrac{1}{5}$，$A_2=-\dfrac{1}{10}$，故 $\tilde{y} = -\dfrac{1}{5}\cos 2x -$

$\frac{1}{10}\sin 2x$. 从而原方程的通解为

$$y=-\frac{1}{5}\cos 2x-\frac{1}{10}\sin 2x+(C_1\cos x+C_2\sin x)e^{-x}\quad (C_1,C_2\text{ 为任意常数})$$

(3) 原方程对应的齐次方程为 $y''+2y'+y=0$，其特征方程 $r^2+2r+1=0$ 的根为 $r_1=r_2=-1$. 因此对应的齐次方程的通解为

$$y^*=(C_1+C_2x)e^{-x}\quad (C_1,C_2\text{ 为任意常数})$$

又 $f(x)=xe^x$，设原方程的一个特解为 $\tilde{y}=(A_0+A_1x)e^x$，则

$$\tilde{y}'=(A_0+A_1+A_1x)e^x,\quad \tilde{y}''=(A_0+2A_1+A_1x)e^x$$

代入原方程，有 $(4A_0+4A_1+4A_1x)e^x=xe^x$，解得 $A_0=-\frac{1}{4}$，$A_1=\frac{1}{4}$，所以 $\tilde{y}=\left(-\frac{1}{4}+\frac{1}{4}x\right)e^x$. 于是原方程的通解为

$$y=(C_1+C_2x)e^{-x}-\frac{1}{4}(1-x)e^x\quad (C_1,C_2\text{ 为任意常数})$$

(4) 原方程对应的齐次方程为 $y''+y=0$. 其特征方程 $r^2+1=0$ 的根为 $r_1=-\mathrm{i}$，$r_2=\mathrm{i}$，所以对应的齐次方程的通解为

$$y^*=C_1\cos x+C_2\sin x\quad (C_1,C_2\text{ 为任意常数})$$

由于 $f(x)=e^x\sin x$，可设原方程的一个特解为 $\tilde{y}=e^x(A_1\cos x+A_2\sin x)$，则

$$\tilde{y}'=e^x[(A_1+A_2)\cos x+(-A_1+A_2)\sin x]$$

$$\tilde{y}''=e^x(2A_2\cos x-2A_1\sin x)$$

代入原方程，有

$$e^x[(A_1+2A_2)\cos x+(-2A_1+A_2)\sin x]=e^x\sin x$$

解得 $A_1=-\frac{2}{5}$，$A_2=\frac{1}{5}$，所以 $\tilde{y}=e^x\left(-\frac{2}{5}\cos x+\frac{1}{5}\sin x\right)$.

故原方程的通解为

$$y=C_1\cos x+C_2\sin x+e^x\left(-\frac{2}{5}\cos x+\frac{1}{5}\sin x\right)\quad (C_1,C_2\text{ 为任意系数})$$

3. 已知连续函数 $f(x)$ 满足条件

$$f(x)=\int_0^{3x}f\left(\frac{t}{3}\right)dt+e^{2x}$$

求 $f(x)$.

解: 在已知等式两边对 x 求导，得

$$f'(x)=3f(x)+2e^{2x}$$

即 $f'(x)-3f(x)=2e^{2x}$. 解此一阶线性微分方程，得

$$f(x)=e^{\int 3dx}\left[\int 2e^{2x}\cdot e^{-\int 3dx}dx+C\right]$$

$$=e^{3x}\left(2\int e^{-x}dx+C\right)=e^{3x}(C-2e^{-x})$$

所以 $f(x)=Ce^{3x}-2e^{2x}$（C 为任意常数）.

在已知等式中，令 $x=0$，可知 $f(0)=1$，代入上式，得 $C=3$，所以 $f(x)=3e^{3x}-2e^{2x}$.

4. 设 $f(x)=\sin x-\int_0^x (x-t)f(t)\mathrm{d}t$，其中 $f(x)$ 为连续函数，求 $f(x)$.

解： $f(x)=\sin x-x\int_0^x f(t)\mathrm{d}t+\int_0^x tf(t)\mathrm{d}t$

两边对 x 求导，得

$$f'(x)=\cos x-\int_0^x f(t)\mathrm{d}t-xf(x)+xf(x)$$

$$=\cos x-\int_0^x f(t)\mathrm{d}t$$

$$f''(x)=-\sin x-f(x)$$

即

$$f''(x)+f(x)=-\sin x$$

这是二阶常系数非齐次线性微分方程，设 $y=f(x)$，则初始条件为

$$y\Big|_{x=0}=f(0)=0,\quad y'\Big|_{x=0}=f'(0)=1$$

对应的齐次方程为 $f''(x)+f(x)=0$，不难求得其通解为

$$y^*=C_1\cos x+C_2\sin x\quad(C_1,C_2\text{ 为任意常数})$$

设非齐次方程的一个特解为 $\tilde{y}=x(A_1\cos x+A_2\sin x)$，用待定系数法可得 $A_1=\frac{1}{2}$，$A_2=0$. 于是

$$\tilde{y}=\frac{1}{2}x\cos x$$

所以非齐次方程的通解为

$$y=C_1\cos x+C_2\sin x+\frac{1}{2}x\cos x$$

将 $y\Big|_{x=0}=0$，$y'\Big|_{x=0}=1$ 代入通解表达式中，得 $C_1=0$，$C_2=\frac{1}{2}$.

所以 $f(x)=\frac{1}{2}\sin x+\frac{x}{2}\cos x$.

5. 设函数 $y=y(x)$ 满足微分方程 $y''-3y'+2y=2e^x$，且其图形在点 $(0,1)$ 处的切线与曲线 $y=x^2-x+1$ 在该点的切线重合，求函数 $y=y(x)$.

解： 方程 $y''-3y'+2y=2e^x$ 对应的齐次方程为

$$y''-3y'+2y=0$$

其通解为 $y^*=C_1e^x+C_2e^{2x}$（C_1，C_2 为任意常数）.

设原方程的一个特解为 $\tilde{y}=Axe^x$，代入原方程，有

$$Ae^x(2+x)-3Ae^x(1+x)+2Axe^x=2e^x$$

可得 $A=-2$，所以 $\tilde{y}=-2xe^x$，则原方程的通解为

$$y=C_1e^x+C_2e^{2x}-2xe^x$$

又 $y=y(x)$ 与曲线 $y=x^2-x+1$ 在点 $(0,1)$ 处有公切线，可知 $y\Big|_{x=0}=1$，$y'\Big|_{x=0}=$

-1. 代入通解表达式，得

$$C_1+C_2=1,\quad C_1+2C_2=1$$

解得 $C_1=1$，$C_2=0$，故所求函数 $y=(1-2x)e^x$.

6. 已知某品牌一款智能手机的净利润 P 与广告费支出 x(单位：十万元) 有如下关系：

$$P'=b-a(x+P)$$

其中 $a>0$，$b>0$ 为常数，且 $P(0)=P_0>0$. 求 $P=P(x)$.

解：原方程可化为

$$P'+aP=b-ax$$

这是一阶非齐次线性微分方程，其中，$p(x)=a$，$q(x)=b-ax$，所以，此微分方程的通解为

$$P=P(x)=e^{-\int a\mathrm{d}x}\left[\int(b-ax)e^{\int a\mathrm{d}x}\mathrm{d}x+C\right]$$

$$=e^{-ax}\left[\int(b-ax)e^{ax}\mathrm{d}x+C\right]$$

$$=\frac{b+1}{a}-x+Ce^{-ax}$$

由于初始条件 $P(0)=P_0$，所以

$$P_0=\frac{b+1}{a}-0+C$$

得 $\quad C=P_0-\dfrac{b+1}{a}$. 于是

$$P(x)=\left(P_0-\frac{b+1}{a}\right)e^{-ax}-x+\frac{b+1}{a}$$

7. 设某商品的需求量 D 和供给量 S 对价格 P 的函数分别为

$$D(P)=\frac{a}{P^2},\quad S(P)=bP$$

且 P 是时间 t 的函数，同时满足方程

$$\frac{\mathrm{d}P}{\mathrm{d}t}=k[D(P)-S(P)]$$

其中，a，b，k 为常数. 求：

(1) 需求量与供给量相等时的均衡价格 P_e；

(2) 当 $t=0$，$P=1$ 时的价格函数 $P(t)$；

(3) $\lim\limits_{t\to+\infty}P(t)$.

解：(1) 令 $D(P)=S(P)$，即

$$\frac{a}{P^2}=bP$$

则均衡价格 $P_e=\sqrt[3]{\dfrac{a}{b}}$.

(2) 将 $D(P)$ 与 $S(P)$ 的表达式代入方程，得

$$\frac{\mathrm{d}P}{\mathrm{d}t}=k\left(\frac{a}{P^2}-bP\right)=\frac{k(a-bP^3)}{P^2}$$

分离变量并两边积分，得

$$\int \frac{P^2 \mathrm{d}P}{a-bP^3} = \int k \mathrm{d}t$$

$$-\frac{1}{3b}\ln|a-bP^3| = kt + C_1$$

$$a-bP^3 = \pm \mathrm{e}^{-3b(kt+C_1)} = C\mathrm{e}^{-3bkt}$$

将 $t=0$，$P=1$ 代入上式求得 $C=a-b$. 将 $C=a-b$ 代入通解并求出 P，即得

$$P(t) = \sqrt[3]{\frac{a}{b} + \left(1-\frac{a}{b}\right)\mathrm{e}^{-3bkt}} = \sqrt[3]{P_{\mathrm{e}}^3 + (1-P_{\mathrm{e}}^3)\mathrm{e}^{-3bkt}}$$

(3) $\lim\limits_{t\to+\infty} P(t) = \lim\limits_{t\to+\infty} \sqrt[3]{P_{\mathrm{e}}^3 + (1-P_{\mathrm{e}}^3)\mathrm{e}^{-3bkt}} = P_{\mathrm{e}}$

8. 求下列差分方程的通解或在给定条件下的特解：

(1) $2y_{x+1} - y_x = 3\left(\frac{1}{2}\right)^x \quad (y_0 = 1)$

(2) $3y_{x+1} - 2y_x = \left(-\frac{1}{4}\right)^x + 3x^2$

(3) $y_{x+2} - 4y_{x+1} + 4y_x = 3^x \quad (y_0 = 2,\ y_1 = 5)$

解：(1) 原方程可化简为

$$y_{x+1} - \frac{1}{2}y_x = \frac{3}{2}\left(\frac{1}{2}\right)^x$$

即 $a=\frac{1}{2}$，$f(x) = \frac{3}{2}\left(\frac{1}{2}\right)^x$，则对应的齐次方程的通解为

$$y_x^* = A\left(\frac{1}{2}\right)^x$$

因为 $-a+b = \left(-\frac{1}{2}\right) + \left(\frac{1}{2}\right) = 0$，非齐次方程的特解应具有的形式为

$$\tilde{y}_x = Bx\left(\frac{1}{2}\right)^x$$

代入原方程，可得 $B=3$. 于是，原方程的通解为

$$y_x = A\left(\frac{1}{2}\right)^x + 3x\left(\frac{1}{2}\right)^x \quad (A\text{ 为任意常数})$$

将 $y_0 = 1$ 代入上式，得 $A=1$. 因此，原方程在所给初始条件下的特解为

$$y_x = (1+3x)\left(\frac{1}{2}\right)^x$$

(2) 方程可化简为

$$y_{x+1} - \frac{2}{3}y_x = \frac{1}{3}\left(-\frac{1}{4}\right)^x + x^2$$

即 $a=\frac{2}{3}$，$f(x) = \frac{1}{3}\left(-\frac{1}{4}\right)^x + x^2$，则对应的齐次方程的通解为

$$y_x^* = A\left(\frac{2}{3}\right)^x$$

由差分方程的叠加原理可知，在求原方程的特解时，可以分别求方程

$$y_{x+1}-\frac{2}{3}y_x=\frac{1}{3}\left(-\frac{1}{4}\right)^x,\quad y_{x+1}-\frac{2}{3}y_x=x^2$$

的特解. 分别设两个方程的特解为

$$\tilde{y}_x=B_0\left(-\frac{1}{4}\right)^x,\quad \bar{y}_x=B_1+B_2x+B_3x^2$$

分别代入上述两个方程，求得

$$B_0=-\frac{4}{11},\quad B_1=45,\quad B_2=-18,\quad B_3=3$$

从而原方程的通解为

$$y_x=A\left(\frac{2}{3}\right)^x-\frac{4}{11}\left(-\frac{1}{4}\right)^x+3x^2-18x+45$$

(3) 原方程对应的齐次方程为 $y_{x+2}-4y_{x+1}+4y_x=0$，其特征方程$\lambda^2-4\lambda+4=0$有特征根 $\lambda_1=\lambda_2=2$，所以对应的齐次方程的通解为

$$y_x^*=(C_1+C_2x)2^x$$

设原方程的一个特解为 $\tilde{y}_x=A3^x$. 将 $\tilde{y}_x$ 代入原方程，可得 $A=1$，即 $\tilde{y}_x=3^x$. 于是，原方程的通解为

$$y_x=y_x^*+\tilde{y}_x=(C_1+C_2x)2^x+3^x\quad(C_1,C_2\text{ 为任意常数})$$

将 $y_0=2$，$y_1=5$ 代入上式，可得 $C_1=1$，$C_2=0$，所以原方程在所给初始条件下的特解为

$$y_x=2^x+3^x$$

(B)

1. 微分方程 $y''+\frac{2}{1-y}(y')^2=0$ 的通解是[　　].

(A) $y=1+\frac{1}{Cx-1}$　　(B) $y=1+\frac{1}{x+C}$

(C) $y=1+\frac{1}{C_1+C_2x}$　　(D) $y=1+\frac{1}{C_1-C_2x}$

解: 二阶微分方程的通解中应含有两个任意常数，故可排除(A) 和 (B).

对于(C)，有

$$y'=-\frac{C_2}{(C_1+C_2x)^2},\quad y''=\frac{2C_2^2}{(C_1+C_2x)^3}$$

将 y，y'，y'' 代入原方程，有

$$\frac{2C_2^2}{(C_1+C_2x)^3}-2(C_1+C_2x)\cdot\frac{C_2^2}{(C_1+C_2x)^4}=0$$

即 $y=1+\frac{1}{C_1+C_2x}$ 是方程的通解. 故本题应选(C).

2. 设 $y=f(x)$ 是方程 $y''+2y'+2y=0$ 的一个解，若 $f(x_0)>0$，且$f'(x_0)=0$，则函数 $f(x)$ 在点 x_0 处[　　].

(A) 取得极大值　　(B) 取得极小值

(C) 某个领域内单调增加　　(D) 某个领域内单调减少

解：由 $f'(x_0)=0$ 可知，$x=x_0$ 是 $f(x)$ 的驻点，又

$$f''(x_0)+2f'(x_0)+2f(x_0)=0,\quad f(x_0)>0$$

所以 $f''(x_0)=-2f(x_0)<0$. 可知 $x=x_0$ 是 $f(x)$ 的极大值点. 故本题应选(A).

3. 微分方程 $y\ln x\mathrm{d}x+x\ln y\mathrm{d}y=0$ 满足初始条件 $y\Big|_{x=\mathrm{e}}=\mathrm{e}$ 的特解是[　　].

(A) $\ln x^2+\ln y^2=0$　　(B) $\ln x^2+\ln y^2=2$

(C) $\ln^2 x-\ln^2 y=0$　　(D) $\ln^2 x+\ln^2 y=2$

解：由初始条件 $y\Big|_{x=\mathrm{e}}=\mathrm{e}$ 可知，(A) 和 (B) 不满足此条件，应排除，故只考虑(C) 和 (D).

对于(C)，在 $\ln^2 x-\ln^2 y=0$ 两边求微分，得

$$\frac{2}{x}\ln x\mathrm{d}x-\frac{2}{y}\ln y\mathrm{d}y=0$$

即

$$y\ln x\mathrm{d}x-x\ln y\mathrm{d}y=0$$

所以(C) 不是方程的解.

对于(D)，在 $\ln^2 x+\ln^2 y=2$ 两边求微分，得

$$\frac{2}{x}\ln x\mathrm{d}x+\frac{2}{y}\ln y\mathrm{d}y=0$$

即

$$y\ln x\mathrm{d}x+x\ln y\mathrm{d}y=0$$

且满足初始条件，故(D) 是微分方程在初始条件下的特解. 故本题应选(D).

4. 设某商品的需求量 Q 对价格 P 的弹性为 $\frac{1}{2}P$. 当价格 $P=2$ 时，该商品的需求量为 $Q=4$，则该商品的需求函数为 $Q(P)=$[　　].

(A) $4\mathrm{e}^{-\frac{1}{2}P-1}$　　(B) $4\mathrm{e}^{-\frac{1}{2}P+1}$

(C) $4\mathrm{e}^{\frac{1}{2}P-1}$　　(D) $4\mathrm{e}^{\frac{1}{2}P+1}$

解：需求弹性 $\eta=-Q'(P)\frac{P}{Q}$. 由已知有 $\eta=\frac{1}{2}P$，于是可得微分方程

$$\frac{1}{Q}Q'=-\frac{1}{2}$$

两边积分，可得此微分方程的通解 $Q=C\mathrm{e}^{-\frac{1}{2}P}$. 由 $Q\Big|_{P=2}=4$ 可确定 $C=4\mathrm{e}$，所求需求函数为

$$Q=4\mathrm{e}^{-\frac{1}{2}P+1}$$

故本题应选(B).

5. 设 $y_1(x)$ 和 $y_2(x)$ 是二阶常系数线性方程 $y''+py'+qy=0$ 的两个特解，而 $C_1y_1+C_2y_2$(其中，C_1，C_2 为任意常数) 是该方程的通解，其充分条件是[　　].

(A) $y_1y_2'-y_2y_1'=0$　　(B) $y_1y_2'-y_2y_1'\neq 0$

(C) $y_1y_2'+y_2y_1'=0$　　(D) $y_1y_2'+y_2y_1'\neq 0$

解：因为 $C_1y_1+C_2y_2$ 可成为 $y''+py'+qy=0$ 的通解的充分条件是 y_1，y_2 线性无关，

即 $\frac{y_1}{y_2} \neq$ 常数. 由此可知 $\left(\frac{y_1}{y_2}\right)' \neq 0$，也就是

$$\frac{y_1' y_2 - y_1 y_2'}{y_2^2} \neq 0$$

即 $y_1 y_2' - y_2 y_1' \neq 0$. 故本题应选(B).

6. 设连续函数 $f(x)$ 满足方程 $f(x) = \int_0^x f(t)\mathrm{d}t + \mathrm{e}^x$，则 $f(x) = [\quad]$.

(A) $(1-x)\mathrm{e}^x$　　(B) $x\mathrm{e}^x$

(C) $(1+x)\mathrm{e}^x$　　(D) $(1+x)\mathrm{e}^{-x}$

解: 在方程 $f(x) = \int_0^x f(t)\mathrm{d}t + \mathrm{e}^x$ 两边求导，得

$$f'(x) - f(x) = \mathrm{e}^x$$

这是一阶非齐次线性方程，可求得其通解为 $f(x) = (C+x)\mathrm{e}^x$(C 为任意常数). 又

$$f(0) = \int_0^0 f(t)\mathrm{d}t + 1 = 1$$

可得 $C=1$. 因此，$f(x) = (1+x)\mathrm{e}^x$. 故本题应选(C).

7. 已知 $y = \mathrm{e}^{2x} + (x+1)\mathrm{e}^x$ 是二阶常系数非齐次线性方程 $y'' + ay' + by = c\mathrm{e}^x$ 的一个特解，则常数 a，b，c 的值分别为[　　].

(A) -3，2，-1　　(B) 3，-2，1

(C) 3，-2，-1　　(D) -3，-2，1

解: 将 $y = \mathrm{e}^{2x} + (x+1)\mathrm{e}^x$ 代入原方程，有

$$(4+2a+b)\mathrm{e}^{2x} + (3+2a+b)\mathrm{e}^x + (1+a+b)x\mathrm{e}^x = c\mathrm{e}^x$$

比较等式两端同类项系数，得

$$\begin{cases} 4+2a+b=0 \\ 3+2a+b=c \\ 1+a+b=0 \end{cases}$$

解此方程组，得 $a=-3$，$b=2$，$c=-1$. 故本题应选(A).

8. 微分方程 $y'' + y = x^2 + 1 + \sin x$ 的特解形式可设为[　　].

(A) $\tilde{y} = ax^2 + bx + c + A\sin x$

(B) $\tilde{y} = ax^2 + bx + c + A\cos x$

(C) $\tilde{y} = x(ax^2 + bx + c + A_1\sin x + A_2\cos x)$

(D) $\tilde{y} = ax^2 + bx + c + x(A_1\sin x + A_2\cos x)$

解: 原方程对应的齐次方程为 $y'' + y = 0$，其特征方程 $r^2 + 1 = 0$ 的根为 $r_1 = -\mathrm{i}$，$r_2 = \mathrm{i}$. 因此对应的齐次方程 $y'' + y = 0$ 的通解为

$$y^* = C_1\cos x + C_2\sin x \quad (C_1, C_2 \text{ 为任意常数})$$

记 $f_1(x) = x^2 + 1$，$f_2(x) = \sin x$，则方程 $y'' + y = f_1(x)$ 的特解形式应取为 $ax^2 + bx + c$；而方程 $y'' + y = f_2(x)$ 的特解形式应取为 $x(A_1\sin x + A_2\cos x)$. 利用叠加原理，原方程的特解形式应设为(D).

9. 已知 $y_1(x) = 4x^3$，$y_2(x) = 3x^2$ 是差分方程

$$y_{x+2}+a(x)y_{x+1}=f(x)$$

的两个解，则该差分方程的通解为[　　].

(A) $4A_1x^3+3A_2x^2$　　(B) $4Ax^3-3x^2$

(C) $A(4x^3-3x^2)+3x^2$　　(D) $A(4x^3-3x^2)$

解：由已知条件，该差分方程对应的齐次差分方程 $y_{x+2}+a(x)y_{x+1}=0$ 的一个解为

$$y_x=4x^3-3x^2$$

所以对应的齐次差分方程的通解是

$$y_x=A(4x^3-3x^2)\quad (A\text{ 为任意常数})$$

而原差分方程的通解应为

$$y_x=A(4x^3-3x^2)+3x^2$$

故本题应选(C).

10. $y_x=C_1(-3)^x+C_2 2^x$(C_1，C_2 为任意常数) 是差分方程

$$y_{x+2}+ay_{x+1}+by_x=0$$

的通解的充分必要条件是[　　].

(A) $a=1$，$b=-6$　　(B) $a=-6$，$b=1$

(C) $a=-1$，$b=6$　　(D) $a=1$，$b=6$

解：(A) 若 $a=1$，$b=-6$，则差分方程 $y_{x+2}+y_{x+1}-6y_x=0$ 的特征方程$\lambda^2+\lambda-6=0$ 的根为$\lambda_1=-3$，$\lambda_2=2$. 因此，差分方程 $y_{x+2}+y_{x+1}-6y_x=0$ 的通解为 $C_1(-3)^x+C_2 2^x$，即(A) 是充分条件. 反之，若 $y_x=C_1(-3)^x+C_2 2^x$ 为差分方程 $y_{x+2}+ay_{x+1}+by_x=0$ 的通解，则将通解代入该方程，有

$$C_1(-3)^x(9-3a+b)+C_2 2^x(4+2a+b)=0$$

得

$$\begin{cases}9-3a+b=0\\4+2a+b=0\end{cases}$$

解得 $a=1$，$b=-6$，即(A) 也是必要条件. 故本题应选(A).